Chemische Technologie der Gespinstfasern

III. Teil

Chemische Technologie der Gespinstfasern

Praktisches Hilfs- und Lehrbuch
für Bleicher, Färber, Drucker und Ausrüster
sowie zum Unterricht an
Fach- und Hochschulen

von

Dr. Eugen Ristenpart
Professor an der Gewerbeakademie und Färbereischule zu Chemnitz

III. Teil:

DIE PRAXIS DER FÄRBEREI

unter

Berücksichtigung der Appretur

Zugleich als dritte Auflage von
„Das Färben und Bleichen"
von
Dr. Herzfeld

BERLIN W
VERLAG von M. KRAYN
1926

Die Praxis der Färberei

unter

Berücksichtigung der Appretur

Dritte, gänzlich neubearbeitete Auflage

von

Prof. Dr. E. Ristenpart

Zugleich dritte Auflage von Dr. Herzfeld
„Das Färben und Bleichen", Teil III

Mit 118 Abbildungen

BERLIN W
VERLAG von M. KRAYN
1926

Gedruckt bei Carl Seifert, Köstritz (Thür.).

Vorwort.

Die zunehmende Anwendung der Chemie auf die Färbevorgänge bewirkt die *schnell fortschreitende Entwicklung* des neuzeitlichen Färbereibetriebes. Besonders rufen die alljährlich erscheinenden Teerfarbstoffe oft durch ihre neue Anwendungsweise tiefgehende Umwälzungen hervor. Auf die Vorschrift für den neuen Farbstoff muß sich der Betrieb umstellen. Nächst der Gespinstfaser bestimmt der Farbstoff ausschlaggebend das Färbeverfahren.

Ein Buch über Färberei muß daher vornehmlich die *Farbstoffe* in den Kreis der Betrachtung ziehen. Deshalb sind die im I. Teil der alten Auflage nur flüchtig angeführten Farbstoffe in der neuen Auflage ganz ausführlich behandelt worden.

Bei der Besprechung der Farbstoffe ist die *praktische Anwendung* in den Vordergrund gestellt. Die Färbevorschriften sind bis ins Einzelne genau angegeben, damit sie z. B. im Unterricht an der Färbereischule ausgeprobt werden können. Besonders berücksichtigt sind auch die für die Verwendung so wichtigen Echtheitsverhältnisse und das auf der verschiedenen Löslichkeit beruhende Egalisierungsvermögen.

Die *Chemie der Farbstoffe* selber ist nur soweit besprochen, als sie auch dem praktischen Färber verständlich und nützlich ist. Einzelheiten, wie z. B. Darstellung und Formel der Farbstoffe, findet der Leser in der Chemischen Technologie des Verfassers (1925).

Viele veraltete Verfahren und Apparate konnten gestrichen werden. Infolgedessen ist der Umfang der alten Auflage nur ganz unwesentlich überschritten worden.

Die Benutzung der *Ostwald'schen Farbenlehre* hat die Darstellung wieder sehr erleichtert. An Stelle der früher üblichen langatmigen und doch unzureichenden Farbbenennungen sind die knappen und genauen Farbzeichen getreten.

Die Farbstoffabriken *Ciba*, *Durand* und *Geigy* haben das Buch durch Beilagen mit ausgefärbten Mustern geschmückt. Die *deutschen Textilmaschinenfabriken* haben Zeichnungen ihrer neuesten Maschinen beigesteuert. Besonders wertvolle Anregungen für den maschinellen Teil verdanke ich Herrn Oberingenieur Fritz *Reich* in Chemnitz.

Ihnen allen sei an dieser Stelle gedankt.

Chemnitz, Ostern 1926. E. *Ristenpart.*

Inhaltsverzeichnis.

Die Farbenfreude.

„Die Menschen empfinden im allgemeinen eine große Freude an der Farbe; das Auge bedarf ihrer wie es des Lichtes bedarf". Mit diesen Worten kennzeichnet Goethe die dem Menschen angeborene Farbenfreude.

Das Gesetz biologischer Entwicklung sagt uns, daß die Menschen der Vorzeit bunte Farben noch nicht zu unterscheiden vermochten; die Außenwelt erschien ihrem nur mit Hilfe der Stäbchen empfangenden Auge in abgestuftem Grau. Mit der Ausbildung der Zäpfchen im Auge lernte der Mensch auch die bunten Farben, zunächst Gelb und Blau, dann auch Rot und Grün sehen. Auf dieser Stufe der Verfeinerung unseres Sehorgans stehen wir gegenwärtig und dürfen als höchstwahrscheinlich annehmen, daß die Aufnahmefähigkeit des menschlichen Auges sich auch in Zukunft noch über ihre jetzigen Fähigkeiten hinaus steigern wird. Der Mensch der Zukunft wird wahrscheinlich auch „metamere" Farben sehen und unterscheiden können, für die das Auge der Gegenwart noch blind ist (S. 23).

Die Farbenfreude ist eine natürliche Folge des Farbensehens. Denn die Umwandlung von Energie bei der Betätigung eines unserer Sinnesorgane vermittelt in der einfachsten Weise eine Glücksempfindung. So erklärt es sich, daß dem farbenfrohen Menschen die farbenprächtigen Darbietungen der Natur bald nicht mehr genügten, daß er vielmehr daran ging, die Gegenstände seiner Umgebung selber mit Farben zu schmücken.

Geschichte der Färberei.

Die ersten Versuche mögen gewiß recht kindlich und unbeholfen gewesen sein. Darüber berichtet uns kein Geschichtsschreiber. Selbst über den Zustand der Färbekunst bei den uns bekannten alten Kulturvölkern fließen die Nachrichten gar spärlich. Die Erkenntnis von der Wichtigkeit der Aufzeichnungen gewerblicher Gepflogenheiten für die Beurteilung einer Kulturepoche hat sich erst in der Neuzeit durchgerungen.

Nur die Chinesen und Japaner besitzen eine wirklich technologische Literatur; aber wir fangen erst an, diese literarischen Schätze zu heben.

Bei den Indern, Ägyptern, Griechen und Römern sind wir auf die Schilderungen farbenprächtiger Gewänder in ihren Dichtungen angewiesen, um daraus Rückschlüsse auf die Technik ihrer Gespinstfärberei zu ziehen. Selbst Plinius läßt uns hier vielfach im Stich.

Zweimal hat die Färberei eine Umwälzung von Grund aus erfahren, das erste Mal durch die Entdeckung Amerikas und der dortigen Farbhölzer, das zweite Mal durch die Einführung der künstlichen Anilinfarbstoffe. Diese beiden bedeutenden Ereignisse teilen die Geschichte der Färberei in drei Abschnitte:

1. Bis zur Entdeckung Amerikas.

Bereits um 2000 vor Chr. färbten die Chinesen Seide in den verschiedensten Farben: Gelb für den Kaiser und die Kaiserin, Veil für die kaiserlichen Nebenfrauen, Blau, Rot und Schwarz für die Ritter ersten, zweiten und dritten Grades. Für Blau diente Indigo, für Rot Cochenille.

Von den Griechen und Römern lesen wir bei Plinius (Hist. nat. **19**, 1), daß man nicht nur Wolle mit Purpur und anderen Farbstoffen färbte, sondern sogar dem spröderen Flachs ein waschechtes Gelb, Blau, ja Schwarz zu erteilen wußte.

Plinius führt etwa zwölferlei Farbmittel auf, die wir aber heute nicht mehr alle einwandfrei wiederzuerkennen vermögen. Deshalb seien hier nur diejenigen acht erwähnt, bei denen dies einigermaßen gelingt:

1. Genista (Hist. nat. **16**, 18), unser Färbeginster, für Gelb.

2. Der Nußbaum (Hist. nat. **15**, 22), Rinde und grüne Fruchtschale für Braun.

3. Rubia, Erythrodanus (Hist. nat. **19,** 4; **24,** 11), unsere Färberröte (S. 47).

4. Anchusa (Hist. nat. **22,** 20), unsere Alkanna, die Wurzel des Ochsenzungenkrautes; sie diente bereits den Römerinnen als Schminke.

5. Coccus (Hist. nat. **9,** 41; **15,** 8), unser Kermes, die gegetrockneten Leiber der weiblichen auf dem Laub der Steineiche (ilex) lebenden Schildlaus; sie ähnelt der Cochenille (S. 87).

6. Murex trunculus und brandaris (Hist. nat. **9,** 25), die Purpurschnecken, erstere für stumpfes Blau, letztere für Rot, beide zusammen für Purpur, das Symbol höchster Würde. Über das Aussehen des Purpurs haben sich Philologen und Fachgelehrte lange gestritten. Wahrscheinlich war die Farbe nicht rot, wie früher angenommen wurde, sondern veil. P. Friedländer (B. **1909,** 765) hat als Farbstoff der Purpurschnecke, murex brandaris, den heute bedeutungslosen 6,6′-Dibromindigo von rötlichveilem Farbton festgestellt.

Die Purpurfärberei beschreibt die Kaiserin Eudoxia in ihrem Buche (Violarium, herausgegeben von Villoison, Anecdota gräca, Venedig 1781): Die Schnecke wurde an den felsigen Ufern Phöniziens erbeutet, zerstückelt, mit Salz bestreut und in einen heißen Kessel geworfen. Die eingeschrumpften Fleischteile wurden aus dem abgeschiedenen Saft herausgefischt und die Wolle sofort in die heiße, klare, grüne Brühe eingetaucht. Die Farbe entwickelte sich erst an der Sonne, d. h. durch Verhängen an der Luft.

Die mühselige Gewinnung und die umständliche Färbeweise erklären die Kostbarkeit der Färbung, die noch dadurch erhöht wurde, daß die römischen Kaiser den Purpur zum Regal erhoben. Mit dem Verfall des römischen und griechischen Kaiserreichs nahm auch der Gebrauch des Purpurs mehr und mehr ab und erlosch im 12. Jahrhundert gänzlich.

7. Glastrum oder Vitrum (Hist. nat. **19,** 3; **21,** 6), unser Waid, die zu einem Teig zermahlene und in Klumpen geformte Pflanze Isatis tinctoria, für Blau. Die Färbung geschah offenbar ebenfalls mittels Küpe (S. 53).

8. Indigo (Hist. nat. **35,** 27), s. a. Reinking T. **1924,** 734.

9. Lotos medicago arborea (Hist. nat. **16,** 30), unser Elsterbeerbaum, dessen Rinde und Wurzel zur Erzeugung von „Mode“-farben diente.

Plutarch (Vita Numae, Cap. 71) berichtet, daß im alten Rom die Färberei als Handwerk betrieben wurde und daß Numa Pompilius eine Färberzunft (Collegium tinctorum) errichtete.

Mit dem Verfall des griechischen Kaiserreichs und dem Aufblühen Venedigs durch seinen Handel mit dem Osten gelangten zwei weitere Farbmittel nach dem Abendland, das Brasilienholz und der Indigo, beide aus Indien.

Brasilienholz ist die als „Sapanholz" bezeichnete Abart des Rotholzes (S. 46) und hat später Brasilien, wo es auch gefunden wurde, den Namen gegeben.

1300 entdeckte Rucellai, ein Florentiner Kaufmann, die Fähigkeit gewisser Flechtensorten, unter der Einwirkung faulenden Harnes blaurote Farbstoffe zu liefern. Er begründete so den Orseillehandel der Stadt Florenz.

1548 veröffentlichte der Venetianer Giovanni Ventura Rosetti, nachdem er 16 Jahre lang Italien und die Levante bereist, unter dem Pseudonym Plictho alle möglichen Färbevorschriften. Die meisten beziehen sich auf Wolle, die vor dem Färben immer stark alaunt wurde. Wir lesen dort, daß Kreß mit Rost in Essig, Rot mit Kermes oder Rotholz in Weißwein, Veil mit Orseille, Blau mit Indigo aus mittels Honig und Eichenasche bereiteter Küpe, Grün mit Grünspan und Schwarz mit Rost und Galläpfeln oder Sumach gefärbt wurde.

In Deutschland und seinen Nachbarländern stand es damals um die Färbekunst noch viel bedenklicher, so daß man zwischen den nach einheimischen Verfahren arbeitenden Schlechtfärbern und den in die italienischen Künste eingeweihten Schönfärbern unterschied.

Näheres darüber findet sich in dem in der staatlichen Bücherei zu Berlin befindlichen, 1514 in Straßburg erschienenen Büchlein „Von Farben. Von mancherlei farben auff garn, leinwandt, holtz, beyn, leder usw." Es erschien in zweiter Auflage unter dem Titel „Mangmeisterey" und ist auch mit Holzschnitten versehen.

2. Bis zur Einführung künstlicher Farbstoffe.

Die Entdeckung Amerikas 1492 hat die Färberei Europas nach zweierlei Richtung befruchtet: Im allgemeinen durch die Bekanntschaft mit der hochentwickelten Kultur der Azteken und Inkas und im besonderen durch die Einfuhr amerikanischer natürlicher Farbstoffe.

Fernando Cortez war von der Pracht der von den Azteken hergestellten Gewänder so überrascht, daß er eine Sendung Kleider, Mäntel und Teppiche Karl V. zum Geschenk machte. Die von der deutschen Regierung um 1880 herum vorgenommenen Ausgrabungen der mit Geräten und Gewändern ausgestatteten Mumien belehren uns über den Stand der Färberei bei den Inkas. Die Baumwolle ist immer nur indigo-blau oder katechu-braun gefärbt;

dagegen erstrahlt die Wolle in allen möglichen Farben (W. Reiß und A. Stübel, Das Totenfeld von Ancon in Peru. Berlin 1884).

Die ungebildeten Eroberer jener Kulturreiche wußten freilich vor allen Dingen den Marktwert der Farbmittel zu schätzen, mit deren Hilfe so prächtige Farbwirkungen zu erzielen waren. So kam es, daß um jene Zeit Spanien den seither von Italien allein betriebenen Handel mit Farbstoffen an sich riß.

Freilich begann nun ein erbitterter Kampf der einheimischen Farbmittel Kermes, Waid und Krapp gegen die amerikanischen Eindringlinge Cochenille, Indigo und Farbhölzer. So traf das Blauholz ein Verbot der Königin Elisabeth, das erst 1673 von Karl II. aufgehoben wurde. Der Regensburger Reichstag 1594 verbot den Indigo. Auf die Dauer konnte natürlich der Siegeszug der hochwertigeren amerikanischen Farbmittel nicht aufgehalten werden.

Ein Mann von dem durchdringenden Verstande und der Tatkraft eines Colbert konnte diesem Kampf nicht gleichgültig gegenüber stehen. So kam dieser Minister Ludwig XIV. zu einer gesetzlichen Regelung in seinen Statuts des Teinturiers vom 13. August 1669.

Um dem Käufer gefärbter Ware von vorneherein eine gewiße Gewähr für die Dauerhaftigkeit der Färbung zu geben, teilte er die zu färbenden Stoffe und auch die Färber in zwei Klassen nach dem Gesichtspunkt: echt oder unecht. Er konnte sich dabei auf die schon bestehende Unterscheidung zwischen Schön- und Schlechtfärbern stützen. Die Schönfärber erhielten zu ausschliesslichem Gebrauch zugewiesen: Kurkuma (!), Wau, Galläpfel, Sumach, Kochenille, Kermes, Krapp, Waid und Indigo. Die Schlechtfärber durften blos mit Farbhölzern (!), Saffran, Orleans, Orseille und Lackmus färben.

Ein solches Gesetz muß damals nötig gewesen sein, um dem Übelstand des unwissenschaftlichen Ausprobens der damaligen Färber zu steuern. Dem Anhänger der Gewerbefreiheit von heute mag es als amtsherrische Härte erscheinen. Aber gerade dieses rückschrittliche Gesetz hat den Fortschritt in der Färberei befruchtet, indem es zum ersten Male die Aufmerksamkeit der Gelehrten auf dieses bisher nur nach Grundsätzen der Erfahrung bearbeitete Gebiet lenkte. Die französische Akademie, die royal society in London und auch deutsche Gelehrte brachten Veröffentlichungen über Gegenstände der Färberei als theoretische Ergänzungen zu den praktischen Vorschriften des Colbert'schen Gesetzes.

Freilich enthalten diese wissenschaftlichen Abhandlungen vielfach tiefsinnige Grübeleien über den Färbevorgang, von denen im Abschnitt über Färbetheorien die Rede sein wird und von denen der damalige praktische Färber wenig Nutzen hatte. Aber langsam bricht sich doch mehr und mehr die richtige Erkenntnis der beim Färben sich abspielenden Vorgänge Bahn, indem die auf Beobachtung, Messung und Wägung gegründete Chemie des 19. Jahrhunderts auf die Färberei angewandt wurde.

Als wichtige Staffeln in der Entwicklung im 18. Jahrhundert seien angeführt:

1747 die Einführung der Türkischrotfärberei aus Griechenland nach Frankreich und anschließend daran der Anbau von Krapp im Elsaß und Südfrankreich.

1749 die Erzeugung des bereits 1710 von dem Berliner Alchemisten Diesbach zufällig erhaltenen Berliner Blaus auf Geweben aus Eisenvitriol und mit Blut geglühter Potasche durch Macquer.

1771 die Herstellung des ersten künstlichen Farbstoffes, der Pikrinsäure, aus Indigo durch Woulfe.

1785 die Bleiche mit Chlorwasser durch Berthollet und anschließend daran 1798 die Bereitung von Chlorkalk durch Tennant.

1793 die Sodagewinnung nach Leblanc.

Das 19. Jahrhundert brachte dann noch im Jahre 1822 die Synthese des Ultramarins durch Gmelin. Das Ultramarin kam früher als lapis lazuli aus Persien zu uns und kostete 2400 M. das kg. Heute kostet es etwa 4 M. und wird durch Zusammenschmelzen von 100 Teilen Kaolin, 41 Teilen Natriumsulfat, 41 Teilen Soda, 17 Teilen Harz und 13 Teilen Schwefel bereitet.

Doch vermochten alle diese Geschenke der Chemie die auf ihr erfahrungsmäßiges Wissen stolzen Färber noch nicht von dem wohltätigen Einfluß der wissenschaftlichen Durchdringung ihres Gewerbes zu überzeugen. Das geschah erst mit der Entdeckung der Teerfarbstoffe, die durch die Leuchtkraft ihrer Farben alle früheren Farbmittel in den Schatten stellten.

3. Bis zur Jetztzeit.

1856 entdeckte W. H. Perkin, der 17jährige Assistent von A. W. Hofmann, das Mauvein, den ersten technisch verwertbaren Teerfarbstoff, durch Oxydation von Anilin mit Kaliumbichromat. Damit eröffnete er die Klasse der Anilinfarbstoffe, die durch ihre Schönheit gegenüber den älteren Farbstoffen bestachen.

Die damit einsetzende Verwendung künstlicher Farbstoffe bahnte der Erkenntnis der *Notwendigkeit wissenschauftlicher Forschung auch auf dem Gebiete der Färberei* den Weg. Aber nur allmählich gelang es, die Vorurteile zu überwinden, die in jahrzehntelanger Erfahrung und eigennütziger Geheimniskrämerei wurzelten.

Da hieß es erst die künstlichen Farbstoffe seien *giftig*. Man wies auf das mit Hilfe von Arsensäure hergestellte Fuchsin. Dieses aber bildet nur eine Ausnahme ebenso wie Safranin, Metanilgelb und Orange II. Die überwiegende Mehrzahl ist nicht giftiger als die Naturfarbstoffe. Einige wie Auramin und Methylviolett als gelbes und blaues Pyoktanin (Eitertöter), ferner die Methylenblaubase als Analgetikum (Schmerzstiller) sind sogar auch Heilmittel; Methylenblau wird gegen Malaria, Carcinom und Brigthsche Nierenkrankheit eingespritzt.

Dann sollten die künstlichen Farbstoffe nicht *echt* sein, weil in der Tat die ersten basischen Vertreter in dieser Beziehung zu wünschen übrig ließen. Man wies auf die Farben der Gewänder ägyptischer Mumien, die 3—4000 Jahre überstanden haben, auf die Farben der Kleider christlicher Heiliger, die, den Sakristeien entnommen, noch so schön leuchten als wären sie „gestern gefärbt". Man bedachte nicht, daß diese alten Gewebe sorgfältig vor dem Einfluß von Licht und Luft geschützt aufbewahrt werden und daß sie unter gleiche Verhältnisse gebracht wie die künstlichen Farbstoffe mindestens ebenso schnell verbleichen.

Von Neuem angefacht wurde die Begeisterung für die Teerfarbstoffe als *Gräbe* und *Liebermann* 1868 in dem *Alizarin* der Krappwurzel einen Abkömmling des Anthracens erkannten und als ihnen auf Grund dieser Erkenntnis 1869 die Synthese aus Dibromanthrachinon mit schmelzendem Alkali gelang. Vom Alizarin leiteten sich dann eine ganze Reihe neuer *echter Beizenfarbstoffe für die Wollfärberei* ab.

1876 fand *Roussin* das *Orange II*, den ersten sauren Azofarbstoff, dem *Caro* 1877 die billigen *Echtrots* hinzufügte. Sie begannen Cochenille und Orseille aus der Wollfärberei zu verdrängen. Ihre einfache Färbeweise beruhte auf ihrer Eigentümlichkeit als Sulfosäure und veranlaßte die Sulfirung auch der schon bekannten basischen Farbstoffe. So erhielt *Caro* 1877 das Säurefuchsin und Säureviolett 4 RS.

Das Jahr 1884 brachte eine für die Baumwollfärberei überaus wichtige Erfindung, das *Kongo*, den ersten *substantiven*

Azofarbstoff, durch Böttiger. Diesem wegen seiner Säureempfindlichkeit von den Färbern zunächst als „Lackmus" verspotteten Farbstoff folgten bald echtere derselben Klasse, die die alten umständlichen Pflanzenfarbstoffe ablösten und die Baumwollfärberei von Grund aus umwälzten.

1887 fand A. G. Green das Primulin und die sich davon durch Diazotieren und Entwickeln auf der Faser ableitenden „Ingrain"-farben. Sie sind die Vorläufer der heute so wichtig gewordenen auf der Faser erzeugten Farbstoffe, zu denen auch das Eisrot und schließlich das Naphtholrot gehören.

1893 eröffnete Vidal die Klasse der Schwefelfarbstoffe mit seinem durch Schmelzen von Aminophenol mit Natriumpolysulfid erhaltenen Vidalschwarz. Auch diesem folgten eine ganze Reihe echterer Vertreter, bis die Gruppe im Hydronblau einen gewissen krönenden Abschluß fand.

1897 gelang der B A S F. die technisch lohnende Darstellung des Indigo rein. Dadurch nahm die Küpenfärberei einen ungeahnten Aufschwung, nicht nur des Indigo selbst, der nun in immer gleichbleibender Reinheit zur Verfügung stand, sondern auch seiner vielen echten Abkömmlinge, die fast alle Farben des Spektrums wiedergeben. Die indigoiden Farbstoffe erlangten 1911 mit dem von Engi erfundenen Indigogelb einen gewissen Abschluß.

1898 brachte die B A S F. den ersten nachchrombaren Azofarbstoff für Wolle, das Palatinchromschwarz A, heraus. Ihm folgten bald eine ganze Reihe von Chromfarbstoffen, die es an Echtheit mit den alten Alizarinfarbstoffen aufnehmen und sich viel einfacher färben lassen.

1901 ist das Geburtsjahr des von R. Bohn entdeckten Indanthrenblaus. Dieser Farbstoff ebenso wie die ihm folgende Gruppe der Indanthrenfarbstoffe überdauerte die mit ihm gefärbte Baumwollfaser. Dadurch war nun auch der Baumwollfärber in die Lage versetzt, den höchsten Ansprüchen auf Echtheit der gefärbten Ware zu genügen.

So reich wurde der Färber von der chemischen Wissenschaft beschenkt. Die Verfahren wurden einfacher, billiger und besser.

So kann z. B. die Türkischrotfärbung jetzt in ebensoviel Tagen zu Ende geführt werden wie früher in Wochen.

Die Farbstoffabriken begnügen sich aber nicht mehr mit der Synthese neuer Farbstoffe lediglich, um die Palette des Färbers zu bereichern, vielmehr sind sie in steter Fühlung mit den Bedürfnissen der praktischen Färberei bestrebt, solche Farbstoffe zu erzeugen, die diesen Bedürfnissen entgegenkommen. So hat sich ein ersprießliches Zusammenarbeiten zwischen Farbstofferzeugung und Farbstoffverbrauch zu beiderseitigem Vorteil herausgebildet.

1915 fand Wilhelm Ostwald die Ordnung der Farben auf Grund ihrer Meßbarkeit. Die Segnungen dieser Kulturtat erstreckten sich natürlich weit über das begrenzte Gebiet der Gespinstfärberei. Doch wird auch diese an ihrem Teile in zunehmendem Maße Nutzen daraus ziehen.

Farbenlehre.

Über den Begriff Farbe herrscht im allgemeinen noch eine bedauerliche Unkenntnis. Diese spiegelt sich in dem mannigfachen Mißbrauch des Wortes wider. Man spricht von Anilin-„farbe“ und meint -„farbstoff“, von Öl-„farbe“ und meint -„tünche“, von blauer „Farbe“ und meint blaues „Licht“.

Alles das ist Farbe nicht; denn es gehört nicht unbedingt zum Farbensehen. Farben kann man auch bei geschlossenem Auge sehen, wenn auf dasselbe ein unfreiwilliger Stoß ausgeübt wird. Farbe ist daher lediglich Empfindung.

Gemeinhin sind 4 Dinge erforderlich damit die Empfindung Farbe zustande komme.

1. Bewegungsenergie in der besonderen Form, die wir Licht nennen.

2. Farbstoff, der infolge seiner besonderen chemischen Zusammensetzung die Lichtenergie ändert.

3. Das Auge, die Empfangsstelle für die Energie mit den anschließenden Nerven, die zum Gehirn leiten.

4. Die Seele, die die energetischen Meldungen zu dem Bewußtsein einer bestimmten Farbe umformt.

Danach unterscheiden wir eine physikalische, chemische, physiologische und psychologische Farbenlehre.

Geschichte der Farbenlehre.

Die wissenschaftliche Farbenlehre beginnt mit Isaac Newton 1704. Damals unterschied Newton zuerst die einzelnen Lichtarten auf Grund ihrer verschiedenen Brechbarkeit und der von ihnen hervorgerufenen verschiedenen Farben im Spektrum. Er ordnete bereits die Farben von Rot über Gelb bis Veil in einem Kreis. Die Lücke zwischen Veil und Rot sollte durch die daraus zu ermischenden Purpurfarben geschlossen werden. Als verhängnisvoll erwies sich seine Einteilung in 7 Grundfarben, die „Regenbogenfarben“: Rot, Orange, Gelb, Grün, Blau, Indigo, Violett.

Demgegenüber ergab die Färbereipraxis, daß man alle vorkommenden Farben aus 3 Grundfarben Gelb, Rot und Blau ermischen konnte (Dufay 1837 in einer Abhandlung über Schönfärberei in den Denkschriften der Pariser Akademie). Dieser Gedanke der 3 Grundfarben wurde zum ersten Male 1758 von dem Göttinger Astronomen Johann Tobias Mayer (1723—1762) in seinem Farbendreieck dargestellt.

1772 hat der Augsburger Philosoph, Mathematiker, Astronom und Physiker Johann Heinrich Lambert solche Farbmischungen aus Pigmenten hergestellt, und zwar mit Gummigut, Karmin und Berliner Blau. Das aus den 3 Grundfarben ermischte Schwarz legte er in den Mittelpunkt des Grunddreiecks. Darüber erhoben sich immer kleiner werdende Dreiecke mit den Abstufungen nach Weiß, erhalten durch immer dünneres Auftragen auf weißes Papier. Das reine Weiß bildete die Spitze der dreiseitigen Pyramide.

Goethe's „Beiträge zur Optik“ 1791 und „zur Farbenlehre“ 1810 pflegen mehr die psychologische Seite, weniger die logisch-mathematische Ordnung. Mit Bezug auf letztere schenkte er der 1809 veröffentlichten „Farbenkugel“ des Malers Philipp Otto Runge volle Beachtung.

Runge ersetzt das Grunddreieck Lamberts durch einen Kreis, den Äquator der Kugel. In diesem sind in 12 Stufen die reinen Farben nach Rot, Gelb und Blau geordnet. Der Nordpol enthält das reine Weiß, der Südpol das reine Schwarz, das Innere der Kugel alle Mischungen aus reiner Farbe, Weiß und Schwarz.

Chevreul's „chromatisch-hemisphärische Konstruktion" 1861 stellt demgegenüber einen Rückschritt dar. Der Direktor der chemischen Abteilung der Gobelin-Manufaktur zu Paris ist von seinen Zeitgenossen überschätzt worden.

Hermann Helmholtz, geb. 1821 zu Potsdam, gest. 1894 zu Charlottenburg, Schüler des Physiologen Johannes Müller, verdanken wir 3 wichtige Fortschritte in der Entwicklung der Farbenlehre:

1. Die Klarstellung der Begriffe „additive" und „subtraktive" Mischung.

2. Den 8-stufigen physiologischen Farbenkreis mit den 4 Grundfarben Gelb, Rot, Blau und Grün.

3. Die Dreifaltigkeit der Farbe. Als ihre 3 Veränderlichen nannte er: Ton, Reinheit und Helligkeit. Die Irreführung mit Bezug auf die dritte Veränderliche erklärt sich daraus, daß er nur mit Spektralfarben arbeitete, die kein Schwarz enthalten.

James Clerk Maxwell, geb. 1831 zu Edinburg, gest. 1860, hat sich 1857 zuerst an der Farbenmessung versucht. Er brachte im Farbenkreisel 3 Scheiben mit Zinnober, Ultramarin und Schweinfurter Grün an und verstellte sie solange, bis sie bei der Drehung ein neutrales Grau ergaben. Dasselbe Grau erzielte er durch Einstellen einer Weiß- und Schwarzscheibe und konnte nun Gleichungen aufstellen, deren linke Seite die Summe der zur Wirkung kommenden Mengen Buntfarbe und deren rechte die Summe von Weiß und Schwarz enthielt.

Abb. 1.

Der kürzlich verstorbene Physiologe Ewald Hering hat in seiner Lehre vom Lichtsinn, 1905—11, an die Stelle der Helmholtzschen Helligkeit als dritte Veränderliche die „Schwärzlichkeit" gesetzt. Er konstruierte zuerst das farbtongleiche Dreieck mit den Ecken r = Reinheit, w = Weiße und s = Schwärze. Es enthält in stetigen Übergängen alle Abkömmlinge desselben Farbtons (Abb. 4). Hering war aber zu wenig Mathematiker, um von dieser qualitativen Darstellung zur quantitativen Messung überzugehen.

Diesen letzten entscheidenden Schritt tat 1914 Wilhelm Ostwald. (Abb. 1.) Er ordnete alle Farben in einem vernunftgemäßen Farbkörper und gab die Verfahren zur Messung der 3 Veränderlichen an.

Die Ostwaldsche Farbenlehre.

Eine Farbe ist gegeben durch die Festlegung dreier Veränderlicher: Farbton, Weißgehalt (w) und Schwarzgehalt (s). Der Gehalt an Vollfarbe (v) braucht nicht angeführt zu werden, da er sich nach der von Ostwald gefundenen Farbengleichung

$$v + w + s = 1$$

als Ergänzung von $w + s$ zu 1 jeweils errechnen läßt.

Ordnet man zunächst die Farbtöne nach ihrer Ähnlichkeit, so erhält man eine in sich zurückkehrende Reihe, also einen Kreis wie in Abb. 2 (s. Tafel von Unesma) dargestellt. Zum Anfangspunkt der Farbtonreihe wählt man die hellste Stelle, das reine Gelb, und schreitet im Sinne des Uhrzeigers durch die warmen zu den kalten Farben vor.

Die Einteilung des Farbtonkreises geschieht unter Berücksichtigung der Schwelle für die Unterschiedsempfindung. Die Schwelle beträgt etwa $^1/_{100}$ d. h. das menschliche Auge vermag gewöhnlich 100 verschiedene Farbtöne zu erkennen. Liegen zwei Farbtöne näher beisammen als $^1/_{100}$ des ganzen Kreisumfangs, so wird die Unterscheidung undeutlich oder überhaupt unmöglich. Unter Zugrundelegung der Hundertteilung des Farbtonkreises erhalten die 8 Hauptfarbtöne der Abb. 2 die Bezeichnungen

Gelb 00	Kreß 13	Rot 25	Veil 38
U-blau 50	Eisblau 63	Seegrün 75	Laubgrün 88

Die Bruchzahlen sind abgerundet.

Dic Farbtöne der unteren Reihe sind die Gegenfarben der oberen. Ostwald hat die Einordnung der Farbtöne in dem Kreise nach dem Gesetz der inneren Symmetrie vorgenommen, d. h. 2 Farben müssen immer zu ihrer Mischfarbe symmetrisch liegen. So ergibt Gelb 00 und Rot 25 zu gleichen Teilen gemischt, den Farbton des Kreß 13, Veil 38 und Eisblau 63 das U-blau (für Ultramarinblau abgekürzt) 50.

Für die Bedürfnisse der Praxis kommt man im allgemeinen mit 24 Farbtönen aus, so daß es genügt, zwischen die obigen 8 Hauptfarbtöne noch die weiteren 16 einzuschalten:

Gelb 04, 08	Kreß 17, 21	Rot 29, 33	Veil 42, 46

U-blau 54, 58 Eisblau 67, 71 Seegrün 79, 83 Laubgrün 92, 96
Diese kann man als Farbtonnormen benutzen.

In neuerer Zeit sind diese 24 Farbtonnormen einfacher mit den Zahlen 1 bis 24 bezeichnet worden; die nachstehende Tabelle zeigt die entsprechenden Zahlen, wobei die alten eingeklammert sind:

Gelb	1 (00)	2 (04)	3 (08)	Ublau	13 (50)	14 (54)	15 (58)
Kreß	4 (13)	5 (17)	6 (21)	Eisblau	16 (63)	17 (67)	18 (71)
Rot	7 (25)	8 (29)	9 (33)	Seegrün	19 (75)	20 (79)	21 (83)
Veil	10 (38)	11 (42)	12 (46)	Laubgrün	22 (88)	23 (92)	24 (96)

Diese 24 Farbtöne sind weder in der Natur noch in künstlichen Färbungen gleichmäßig verbreitet. Vielmehr fehlen uns besonders die eisblauen und seegrünen Töne auffallend. Daher rührt es auch, daß unser Auge solche Farbtöne schwerer zu unterscheiden vermag als die häufiger vorkommenden übrigen, an denen es sich mehr zu üben Gelegenheit hatte.

Bezieht man die Farbtöne des 100-teiligen Ostwaldschen Farbenkreises auf die Farbtöne des nach Wellenlängen fortschreitenden Spektrums, so ergibt sich die Abb. 3 und damit folgende zwei Schwierigkeiten:

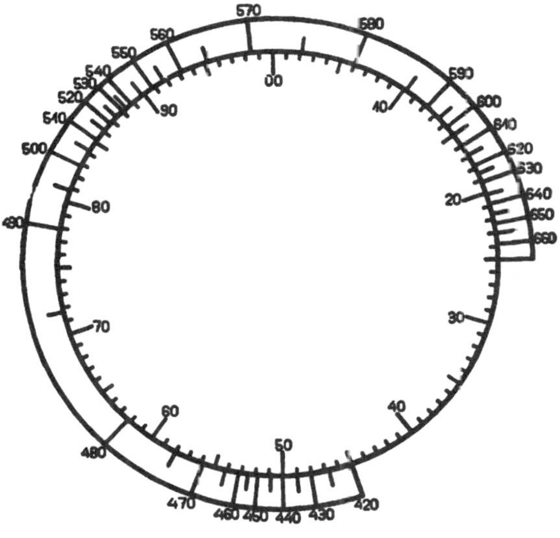

Abb. 3.

1. Wie vermag eine physikalische Ursache wie die Wellenlänge eine Empfindungsreihe von grundsätzlich anderem Typus, nämlich die der Farbtöne, zu bewirken?

2. Wie kommen die Purpurtöne — Rot 25 bis Veil 42 — zustande, für die die Wellenlängen gänzlich fehlen?

Außen das kreisförmig umgebogene Spektrum in Wellenlängen, innen der hundertteilige Farbkreis.

Ostwald löste diese Schwierigkeiten durch die Erkenntnis:

1. Die Körperfarben sind durchaus nicht aus homogenen Lichtern von einer Wellenlänge gebildet, sondern sie sind grundsätzlich Lichtgemische, die sich über einen mehr oder weniger großen Teil des Spektrums erstrecken.

2. Die Purpurtöne entstehen aus Lichtern von beiden Enden des Spektrums.

Die reinsten Farben werden durch „Farbenhalbe“ gebildet. Die Farbenhalbe werden von Wellenlängen begrenzt, die sich im Farbenkreis gegenüberliegen und um je einen Viertelkreis von dem Farbton abstehen.

Fehlen im Farbenhalb Lichter, so wird ein Teil der reinen Farbe durch Schwarz ersetzt: die Farbe wird dunkler.

Kommen zu dem eigenen Farbenhalb noch Lichter aus dem Gegenfarbenhalb, so wird ein Teil der reinen Farbe durch Weiß ersetzt; die Farbe wird heller.

Findet, wie gewöhnlich, beides gleichzeitig statt, so wird die reine Farbe zum Teil sowohl durch Schwarz wie durch Weiß ersetzt; die Farbe wird durch Beimischung eines gewissen Grau getrübt.

Diese Verhältnisse lassen sich vortrefflich mit Hilfe des zuerst von Ewald Hering angewendeten farbtongleichen Dreiecks (Abb. 4, s. Tafel von Unesma), veranschaulichen. Die Abbildung enthält in Form eines Rhombus die farbtongleichen Dreiecke der beiden Gegenfarben Gelb und Blau.

Die 3 Ecken der Dreiecke enthalten seitlich die reine Farbe, oben das reine Weiß, unten das reine Schwarz.

Die 3 Kanten enthalten von der reinen Farbe zum Weiß hin die „hellklaren“ Farben, die durch Zusatz von Weiß zur Vollfarbe entstehen, von der reinen Farbe zum Schwarz hin die „dunkelklaren“ Farben, die aus Vollfarbe und Schwarz gemischt sind, und von Weiß zum Schwarz hin die „unbunten“ Farben, die „Grauleiter“.

Im Innern des Dreiecks liegen die „trüben“ Farben, die neben reiner Farbe einen gewissen Betrag Weiß und Schwarz enthalten.

Wilhelm Ostwald hat das Heringsche farbtongleiche Dreieck dadurch ganz wesentlich vervollkommnet, daß er die Meßbarkeit der Farbe mit Bezug auf ihre drei Veränderlichen Farbton, Weiß- und Schwarzgehalt erfand; erst dadurch ermöglichte er die gesetzmäßige Einordnung sämtlicher Abkömmlinge eines Farbtons im farbtongleichen Dreieck.

Er begann mit der Einteilung der Grauleiter in Sprossen. Den Abstand der einzelnen Sprossen wählte er so, daß sie einerseits dem praktischen Unterscheidungsbedürfnis, andererseits dem Fechnerschen Gesetz genügten.

Vor dauernder Belichtung zu schützen!

Abb. 2.

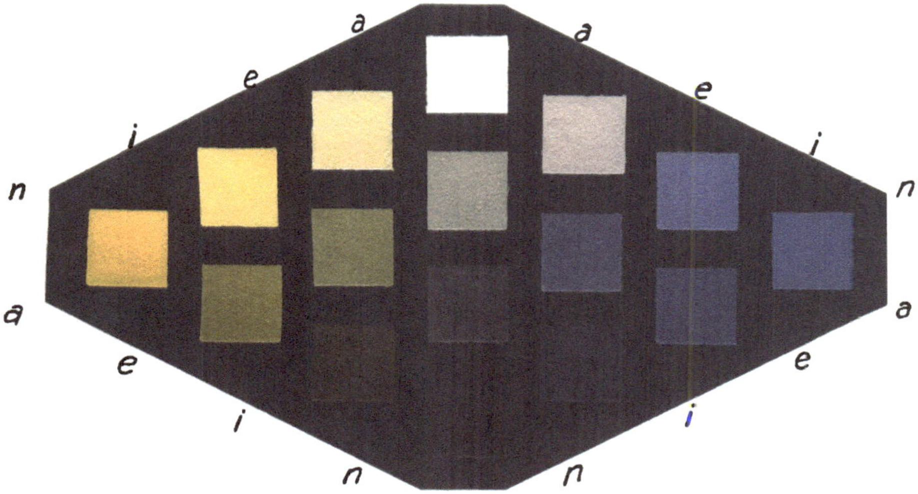

Abb. 4.

Hergestellt vom **Verlag Unesma, G. m. b. H., Leipzig**

Ristenpart-Herzfeld, Chem. Technologie der Gespinstfasern. III. Teil. Verlag von M. Krayn, Berlin

Das menschliche Auge vermag gewöhnlich etwa 100 verschiedene Grau zu erkennen; für den *täglichen Gebrauch* kommt man mit etwa 10—12 aus.

Das *Weber-Fechnersche* Gesetz sagt aus, daß die Reize in geometrischer Reihe abgestuft werden müssen, um in arithmetischer Reihe empfunden zu werden. Also ein Reiz muß viermal so stark sein, damit er doppelt so stark empfunden wird. Man kann auch sagen: Die Empfindungen sind wie die Logarithmen der Reize. Im Fall der Grauleiter werden die Reize durch den Weißgehalt dargestellt. Dieser ist also in geometrischer Reihe abzustufen, um gleichabständig zu wirken.

Unter Berücksichtiguung der beiden erwähnten Gesichtspunkte, teilte *Ostwald* den Abstand von Weiß 100 bis zum Grau mit 10 Weiß in 10 *psychologisch gleichabständige Stufen* ein:

100	79	63	50	40	32	25	20	16	12,6	10.

Jedes folgende Glied entsteht aus dem vorhergehenden durch Vervielfältigung mit 0,79. Weitere 10 Stufen von 10 bis 1 können aus den vorigen leicht durch jeweilige Teilung durch 10 gebildet werden usw.

10	7,9	6,3	5,0	4,0	3,2	2,5	2,0	1,6	1,3	1.

Diese 20 Stufen stellen *Punkte* auf der Graureihe dar; für den tatsächlichen Gebrauch ist es zweckentsprechender nicht Punkte, sondern *Strecken* zu haben, die für einen gewissen Bereich von Farben gelten. Man wählt daher für den Abstand von einer Stufe zur nächsten den *Mittelwert* und bezeichnet ihn zweckmäßig durch einen Buchstaben. Auf solche Weise entstehen die *Graunormen*:

89	71	56	45	36	28	22	18	14	11
a	b	c	d	e	f	g	h	i	k

8,9	7,1	5,6	4,5	3,6	2,8	2,2	1,8	1,4	1,1
l	m	n	o	p	q	r	s	t	u

0,89	0,71	0,56	0,45	0,36
v	w	x	y	z

Die Normen sind die Farben, die man unter Ausschließung der dazwischenliegenden überall da benutzen sollte, wo man die Wahl frei hat. Erfahrungsgemäß kommt man mit der Hälfte der angegebenen Stufen gut aus, so daß die Zwischenstufen b, d, f usf. übersprungen werden können.

Es bedeutet also der Buchstabe e ein Grau mit 36 Weiß und 64 Schwarz, und dieses Grau dient im alltäglichen Gebrauch als Vertreter für alle seine Nachbarn im Bereich von Grau d bis Grau f oder 45—28 Weiß. Man gewinnt mithin ein sehr einfaches Farbzeichen für dieses bestimmte Grau vom Weißgehalt 36.

Die Einteilung der hellklaren und der dunkelklaren Reihe ergibt sich nun nach denselben Regeln. Denn für die hellklare Reihe gilt das Gesetz, daß in den Mischungen von Weiß mit Vollfarbe die Vollfarbe sich dem Weiß gegenüber geradeso verhält wie Schwarz. Das Weiß übernimmt also auch hier die Rolle des Reizes und die Abstufungen können in der gleichen Weise wie bei der Graureihe erfolgen. Es bedeutet mithin der Buchstabe e die Mischung aus 36 Weiß und 64 Vollfarbe. Für die dunkelklare Reihe gilt das Gesetz, daß in den Mischungen von Vollfarbe mit Schwarz die Vollfarbe sich dem Schwarz gegenüber geradeso verhält wie das Weiß. Hier wirkt also die Vollfarbe als Reiz und die Abstufungen können wiederum genau wie in der Grauleiter erfolgen. Hier bedeutet der Buchstabe e die Mischung aus 36 Vollfarbe und 64 Schwarz.

Die Einteilung der im Innern des Dreiecks gelegenen, weiß und schwarzhaltigen „trüben" Farben ergibt sich einfach aus folgender Überlegung:

Zieht man durch einen Punkt der hellklaren Reihe eine Parallele zur dunkelklaren, so liegen offenbar auf dieser Geraden, einer sog. „Weißgleichen," lauter Farben gleichen Weißgehaltes. Z. B. enthält die durch i gezogene Weißgleiche lauter Farben vom Weißgehalt i.

Zieht man umgekehrt durch einen Punkt der dunkelklaren Reihe eine Parallele zur hellklaren, so liegen auf dieser „Schwarzgleichen" lauter Farben gleichen Schwarzgehalts.

Folglich ist der Weiß- und Schwarzgehalt einer Farbe im Innern des Dreiecks gegeben durch den Weiß- und Schwarzgehalt der Weiß- und Schwarzgleichen, auf deren Schnittpunkt er liegt.

Damit sind alle Punkte des farbtongleichen Dreiecks zahlenmäßig mit Bezug auf ihren Weiß- und Schwarzgehalt festgelegt. Wählt man für die Weiß- und Schwarzgehalte die oben für die Graureihe angegebenen Werte als Normen, so sind alle Farben des farbtongleichen Dreiecks genormt. Zugleich liefert die Angabe dieses Weiß- und Schwarzgehaltes eine einfache eindeutige Bezeichnungsweise der betreffenden Farbe, das „Farbzeichen". Dieses besteht aus der Farbtonnummer, dem Buchstaben für den Weiß- und dem Buchstaben für den Schwarzgehalt. So bedeutet z. B. 00 i e, das Gelb mit dem Weißgehalt 14 und dem Schwarzgehalt 64.

Die 24 farbtongleichen Dreiecke der 24 Farbtonnormen, so um die gemeinsame Grauachse angeordnet, daß die 24 Vollfarben ihre richtige Lage im Farbtonkreis einnehmen, ergeben den Ostwaldschen Farbkörper in Gestalt eines Doppelkegels. Die obere Spitze enthält das reine Weiß, die untere das reine Schwarz, die Achse die Graustufen, der größte Umfangskreis die Vollfarben, der obere Kegelmantel die hellklaren, der untere die dunkelklaren, das Innere des Doppelkegels die trüben Farben. Die Abbildung 4 stellt einen Hauptschnitt durch den Farbkörper verkleinert dar. Die Stufen sind nur bis zu n vorhanden, und es ist jedes Mal eine Zwischenstufe übersprungen.

Die für die Farbzeichen auf der vorigen Seite angegebenen Zahlenwerte gelten in gleicher Weise für die warmen Farben vom Farbton 93—33 wie für die kalten Farben von 43—83, soweit der Weißgehalt in Frage kommt. Was den Schwarzgehalt betrifft, so gelten sie nur für die warmen Farben. Für die kalten Farben muß man den natürlichen Schwarzgehalt berücksichtigen, von dem diese Farben auf keine Weise zu befreien sind. Dies geschieht nach Ostwald, indem man von der Reinheit der warmen Gegenfarbe ein Drittel abzieht und dem Schwarz hinzufügt. So ist z. B. 00 09 11, also 00 l a, gleichwertig mit 50 09 38 und diesem Blau kommt das Zeichen 50 l a zu.

Die Werte der Buchstaben für den Schwarzgehalt der kalten Farben steigen mithin mit zunehmendem Gehalt an Vollfarbe oder abnehmendem Weißgehalt. Die letztere Abhängigkeit gibt die folgende Tabelle wieder.

Weißgehalt	Schwarzgehalt					
	a	c	e	g	i	l	n
c	18						
e	24	48					
g	30	52	68				
i	36	56	71	80			
l	41	59	73	82	87		
n	45	63	76	84	89	92	
p	49	66	78	85	90	93	95
r	53	69	80	86	91	94	95,6
t	56	71	81	88	92	94,5	96,1
v	60	73	83	89	93	95	96,6
x	63	76	85	90	93,5	95,5	97
z	66	78	86	91	94	96	97,3

Von den Ostwaldschen Farbzeichen ist in diesem Buche überall da Gebrauch gemacht, wo es sich um eine eindeutige Kennzeichnung einer Farbe handelt. Es gehört namentlich für den Farbtüchtigen nicht allzuviel Vorstellungsvermögen dazu, mit Hilfe des Farbkreises und des farbtongleichen Dreiecks den Farbkörper zu veranschaulichen. Weitere wertvolle Hilfen gewähren die Musterbeispiele von Ausfärbungen, deren Farbzeichen im Text jeweils angegeben sind.

Dem minder Farbtüchtigen sei die Anschaffung des Ostwaldschen Farbkörpers empfohlen, der die zwölf Hauptschnitte auf Papier gefärbt in Buchform enthält. Wenn auch diese Ausfärbungen nur bis zum Weißgehalt p durchgeführt sind, so ist es doch nicht schwierig in Gedanken die fehlenden Weißgleichen mit r, t usw. anzufügen und zu ergänzen. Die einschlägige Literatur ist am Schluß dieses Buches verzeichnet.

Anwendungen der Farbenlehre.

a) Die Farbenmessung.

α. Die Messung der unbunten oder grauen Farben geschieht mit Hilfe des Halbschatten-Photometers oder „Hasch". Sie ist also eigentlich eine Lichtmessung und beruht auf dem Grundsatz, daß zwei verschiedene Grau dann gleich hell aussehen, wenn die sie beleuchtenden Lichtmengen im umgekehrten Verhältnis ihrer Helligkeit stehen. Z. B. erscheint das Grau 50 ebenso hell wie das Grau 25, wenn es nur halb so viel Licht erhält wie dieses.

Die Helligkeit 100 hat das Normalweiß nach Ostwald, eine Schicht von reinstem gefälltem Bariumsulfat (Permanentweiß). Dieses dient als Maß für das Grau, indem es soweit verdunkelt wird, bis es diesem an Helligkeit gleich kommt.

Handlicher und billiger, wenn auch nicht so genau ist die Messung mit Hilfe der Grauleitern. Auf diesen sind die Graustufen (S. 16) in Form von Leimaufstrichen durch Mischen von Zinkweiß oder Lithopone mit Elfenbeinschwarz (Knochenkohle) oder Frankfurter Schwarz (trocken destillierte Kohle) hergestellt. Zur Beseitigung des Blaustiches wird Goldocker beigemischt.

Auch die Messung des Glanzes nach Douglas ist eine Lichtmessung. Die Maßzahl des Glanzes ist die Lichtmenge, die über die normale Zerstreuung hinaus unter dem Spiegelwinkel 22½° zurückgeworfen wird. Sie beträgt z. B. für Hemdentuch 31, Maschinenpapier 40, merc. Serge 65, Kunstdruckpapier 118, Kunstseide 171 und Glas auf schwarzem Samt 660.

β. Die Messung der bunten Farben zerfällt in die Bestimmung des Farbtons einerseits und des Weiß- und Schwarzgehalts andererseits.

Die Messung des Farbtons erfolgt nach dem Gesetz: Gegenfarben, d. h. im Farbkreis sich gegenüberliegende Farben mischen sich zu gleichen Teilen zu neutralem Grau. Bestimmt man daher die Farbe, die mit der zu untersuchenden vermischt Grau ergibt, so ist sie die Gegenfarbe und die um 50 verschobene Nummer des Farbkreises ist die des gesuchten Farbtons. Als Apparat für derartige Mischungen hat sich der Polarisationsfarbenmischer, Ostwald's „Pomi" oder Chrometer bewährt. Neuer ist das Pulfrich'sche Stufenphotometer der Firma Zeiß.

Die Messung des Weißgehaltes geschieht auf Grund folgender Überlegung: Irgend ein Gegenstand werde im Lichte seiner Gegenfarbe betrachtet, z. B. durch ein entsprechendes farbiges Glas, ein sog. „Sperrfilter", das also Licht von der Eigenfarbe des Gegenstandes nicht durchläßt. Er wird dann genau so hell erscheinen wie ein Grau von demselben Weißgehalt. Denn nur dieser geht ja durch das Sperrfilter wie überhaupt durch jedes Filter hindurch.

Die Messung des Schwarzgehaltes erfolgt umgekehrt durch Betrachtung des Gegenstandes durch ein „Paßfilter". Das Paßfilter läßt sämtliche Lichter von der Farbe des Gegenstandes durch, außerdem natürlich sein Weiß. Die Summe seines Gehaltes an Vollfarbe und Weiß $v + w$ wird daher nunmehr dem Weißgehalt w_0 des ebenso hell erscheinenden Grau gleich sein müssen. Folglich sind auch die Schwarzgehalte als Ergänzungen zu 100 gleich; denn es ist sowohl $v + w + s = 100$ als auch $w_0 + s_0 = 100$. Mithin $s = s_0$.

Die Kennzahl gibt Farbton, Weiß- und Schwarzgehalt. Damit ist eine Farbe vollständig gekennzeichnet. So bedeutet die Kennzahl 21 12 36 zunächst den Farbton 21, d. h. ein um 4 Einheiten nach Kress abgestuftes Rot, weiter den niedrigen Weißgehalt 12; das Rot ist also ziemlich tief und schließlich den geringen Schwarzgehalt 36: Es liegt also ein recht reines Rot von der Reinheit 52 vor.

Ostwald hat eine Sammlung von farbigen Aufstrichen mit beigefügten Kennzahlen auf Papierkärtchen als „Farbenatlas" herausgegeben. Anstatt die Farbe eines Gegenstandes selbst zu messen, braucht man nur das Kärtchen von gleicher Farbe aufzusuchen und dessen Kennzahl nachzusehen.

Die Kennzahlen haben in erster Linie analytische Bedeutung. Sie sind für die Farbe, was die Schwingzahl für den Ton, also für die zweckentsprechende Verwendung ziemlich weitläufig. Nützlicher erweisen sich in der Tonkunst die Noten und in der Farbkunst die Farbzeichen. Sie behalten für den Farbton die Ziffern 00—99 bei, für den Weiß- und Schwarzgehalt tritt dagegen an Stelle der Ziffern die Reihe der Buchstaben. Ihre Reihe entspricht der logarithmischen Reihe S. 17, also psychologisch gleich empfundenen Abständen. Danach erhält das obige beispielsweise Rot mit der Kennzahl 21 12 36 das Farbzeichen 21 i c.

Der durch die Grauleiter vermittelten Messung der unbunten Farben entspricht die Messung der bunten Farben mittels der

Farbleitern. Diese enthalten je einen der 28 „wertgleichen“ Kreise des Farbkörpers sprossenartig in Gestalt einer einfachen Reihe. Wertgleich sind die Farben gleichen Weiß- und Schwarzgehalts. Neuerdings sind die Farbleitern durch Anordnung in doppelter Reihe verkürzt und noch handlicher gestaltet worden.

b) Die Mischung der Farben.

Der Reichtum an künstlichen Farbstoffen scheint eine besondere Mischlehre überflüssig zu machen. Technische Gründe machen aber auf gewissen Gebieten, z. B. der Buntphotographie und dem Buntdruck eine weitgehende Beschränkung der farbigen Bestandteile zur Pflicht.

Mit Helmholtz unterscheiden wir additive und subtraktive Farbenmischung.

Die additive Farbenmischung geschieht entweder optisch durch Zuspiegelung oder durch Zusammenfügung mittels Doppelbrechung (Pomi S. 22) oder physiologisch durch Unterschreiten der zeitlichen (Farbkreisel S. 12) oder örtlichen Schwelle. Die zeitliche Schwelle beträgt etwa $^1/_{30}$ Sekunde, d. h. zwei Bilder verwachsen zu einem, wenn sie in einem Abstand von weniger als $^1/_{30}$ Sekunde auf einander folgen. Die örtliche Schwelle liegt etwa bei 1 Bogenminute, d. h. mindestens unter diesem Winkel müssen zwei Gegenstände gesehen werden, um noch auseinander gehalten werden zu können. (Mischelung verschieden gefärbter Fasern zu „Melangen“.)

Die subtraktive Farbenmischung geschieht entweder durch Hintereinanderschalten zweier bunter Gläser oder durch Mischen von Farbstoffen oder durch Mischen farbiger Lösungen. Der letzteren Art kann man die Gespinstfärberei zuordnen, die auf einer kolloiden Verteilung der Farbstoffe in der durchsichtigen Faser beruht. (S. a. H. Maschek: Die Nutzanwendung der Ostwald’schen Farbenlehre durch den praktischen Färber T. **1925,** 342).

Die Gesetze der additiven Farbenmischung sind von Newton angedeutet, von dem Mathematiker H. G. Grassmann zum Ausdruck gebracht und von Maxwell experimentell bewiesen worden. Sie lauten:

1. Alle Übergänge zwischen Farben sind stetig.
2. Es gibt metamere Farben, d. h. solche, die bei verschiedener Zusammensetzung gleich aussehen.
3. Gleich aussehende Farben geben gleich aussehende Mischungen.

4. Die Mischfarbe von 2 Farben liegt im analytischen Farbkörper auf der Verbindungsgeraden und teilt sie im umgekehrten Verhältnis der Mengen ihrer Bestandteile.

Die Gesetze der subtraktiven Farbenmischung stimmen mit Bezug auf 1. und 2. mit denen der additiven überein. Dagegen lauten sie mit Bezug auf 3. und 4.:

3. Gleich aussehende Farben geben meist verschieden aussehende Mischungen.

4. Die Mischfarben liegen nicht auf einer geraden Verbindungslinie.

Gegenfarben geben Schwarz, bzw. wenn sie weißhaltig sind, Grau. Gelb und Blau geben dabei ein trübes Grün infolge der mit der Verdünnung eintretenden Verschiebung des Farbtons nach Grün.

Mischung mit Weiß oder Verdünnung bewirkt zunächst ein Klarerwerden der Farbe, bis das Übermaß an Schwarz weggenommen und zu Grau abgestumpft ist. Weiter nähert sich der Farbton der grünen Mitte des Spektrums, die der spektralen Lücke im Farbkreis gegenüber liegt.

Nur Rot wird veiler, wenn das im Veil stehende Stück seines Farbenhalbes noch verhältnismäßig klein ist; dann ist eine geringe Vermehrung des Veil bereits von großem Einfluß.

Die Mischung mit farbtonverschiedenen Farben fällt um so trüber aus, je weiter die Farbtöne auseinander stehen. Waren bei der additiven Farbenmischung die Mischlinien gerade, so sind sie bei der subtraktiven nach außen gebogen. Bei jener trat Weiß, hier tritt das weniger auffällige Schwarz hinzu. Bei jener muß man mindestens 6 bis 8 Farben nehmen, um einigermaßen wertgleiche Mischlinge zu erhalten. Bei dieser kommt man mit weniger, nämlich 5 aus: 00, 25, 38, 50 und 67.

Der Dreifarbendruck arbeitete seither unvollkommen mit dem physikalischen Dreier 00, 33, 67 (G_1, R_3, E_2); desgleichen die Farbenphotographie mit dem physiologischen Dreier 21, 54, 88 (K_3, U_2, L_1).

c) Das Farbensehen.

Der Lichtreiz bewirkt in dem empfangenden nervösen Organ die Hervorrufung eines Nervenstroms, der sich mit mäßiger Geschwindigkeit durch den Nerv in das Gehirn ausbreitet. Dort werden neue Nervenströme erzeugt (wahrscheinlich ausgelöst); diese führen zur Empfindung.

Außer der Empfindlichkeit besitzt das Sinnesorgan eine weitere wertvolle Eigenschaft in seiner geringen Trägheit. Es kehrt schnell wieder in den Ruhezustand zurück, den es unter der Einwirkung des Reizes verlassen mußte. Würde es länger in dem neuen Zustand verweilen, so würde es auf einen abermaligen gleichen Reiz anders gegenwirken, als nach voraufgegangener Ruhe. Wir würden nicht imstande sein, gleichartige Reize gleich zu empfinden. Die Empfindungen könnten nicht mehr als eindeutige unmißverständliche Boten aus der Außenwelt gelten.

Von dem Vorhandensein der Trägheit unseres Sehorgans vermag man sich leicht durch die Erscheinung der „Nachbilder" zu überzeugen.

Betrachtet man einen sehr hellen Gegenstand, etwa für einen Augenblick die Sonne, und schließt dann das Auge, so sieht man dasselbe Bild noch einige Zeit in abklingender Stärke.

Diesem „positiven" Nachbild kann man ein „negatives" nachfolgen lassen, wenn man das wieder geöffnete Auge auf einen hellen Grund richtet. Man erblickt dann das Bild dunkel auf hellem Grunde, also wie ein photographisches Negativ.

Das zuerst erscheinende positive Nachbild verschwindet, wenn der erzeugende Lichteindruck nur schwach war, so schnell, daß man es kaum wahrnimmt; auch hilft die Gewohnheit mit, die uns solche lästige Nachbilder nicht mehr beachten läßt, ebenso wie der Müller das Klappern seiner Mühle nicht mehr zu hören pflegt.

Das später erscheinende negative Nachbild wird schon deutlicher wahrgenommen.

Das negative Nachbild eines bunten Gegenstandes erscheint in der Gegenfarbe, und zwar nicht nur auf hellem, sondern auch auf dunklem Grunde, also auch bei geschlossenen Augen.

Fechner faßt die negativen Nachbilder als Ermüdungserscheinung auf. Das Auge ist durch die Beanspruchung für die vorgelegte Farbe unempfindlicher geworden, für die Gegenfarbe ist es noch frisch geblieben und antwortet daher auf ihren Reiz verhältnismäßig stärker.

Hering nimmt eine aktive Gegenwirkung der Netzhaut an, durch welche die entgegengesetzte Empfindung hervorgerufen wird. Er bezeichnet diese polar entgegengesetzten Vorgänge als Assimilation und Dissimilation. Er erklärt so überhaupt das Zustandekommen der Gegenfarben.

Was das Nachbild in der Zeit, das ist der Kontrast im Raume. Betrachtet man eine Grauleiter, deren Felder unmittelbar aneinander stoßen, so ist jedes Feld an einem Rande aufgehellt, am anderen abgedunkelt. Die Aufhellung findet neben dem dunkleren, die Abdunkelung neben dem helleren Nachbar statt. Der Kontrast ist also immer negativ, indem die helle Nachbarschaft den Nachbar verdunkelt, die dunkle dagegen ihn aufhellt.

Der bunte Kontrast sucht die Gegenfarbe zu erzeugen. Betrachtet man einen Farbkreis, dessen Felder unmittelbar aneinander stoßen, so ist jedes Feld nach den Rändern zu abgeschattet. So zeigt das Veil nach den roten Nachbarn zu einen blauen, nach den blauen Nachbarn zu einen roten Rand.

Die Kontrastfarbe tritt uns im allgemeinen ebensowenig wie die positiven Nachbilder ins Bewußtsein. So erscheint ein graues Feld auf rotem Grund erst bei längerem Hinsehen Grün — wobei dann das negative Nachbild mitwirken kann. Die Erscheinung tritt aber sofort auf, wenn man das graue Feld mit einem Maschengewirk oder mit Pauspapier bedeckt, welches das übrige Aussehen des grauen Flecks verdeckt und nur die Farbe zur Wirkung kommen läßt.

Sowohl die Lehre von den Nachbildern als auch die vom Kontrast sind von der größten Bedeutung für das praktische Abmustern von Farben. Es lassen sich daraus die folgenden beiden Regeln ableiten:

1. Mustere nur mit ausgeruhtem Auge.

2. Entferne aus dem Musterraum jeden anderen gefärbten Gegenstand. Als Anstrichfarbe für die Wände usw. empfiehlt sich das neutrale Grau.

Mit Neutralgrau sind auch die Wände des Farbenvergleichers „Textilsidor“ nach D. R. P. 411750 von R. Dorias, Chemnitz ausgestrichen. Der „Farbenkomparator“ von Zeiß nach Anagben der Firma Wolfrum in Außig ist ein Doppelfernrohr. Die Bilder beider Muster werden wie beim Hasch nebeneinander gelegt. Man sieht 2 farbige Halbkreise.

3. Mustere bei Tageslicht. Bei künstlichem Licht, das an blauen Lichtern ärmer ist, sehen metamere Farben verschieden aus.

Ein dem Tageslicht nahezu gleichkommendes künstliches Licht ist das Moorelicht. Es wird in Geißlerröhren durch hochgespannten Wechselstrom erzeugt, die mit Spuren Kohlensäure gefüllt sind und von der A.G. für Elektrizitäts-Industrie, Berlin, geliefert.

Eine Annäherung an das Tageslicht bedeutet auch der Wiskott-Spiegel-Reflektor der Tageslichtlampe G. m. b. H., Berlin SW 68 (T. **1921,** 358).

Man hat versucht auch bei sonstigem künstlichen Licht zu mustern, indem man aus diesem den Überschuß an roten Strahlen durch gefärbte Gläser hinwegnahm. Dr. H. Weisz, Wien, hat eine Tageslichtbrille erdacht (L. Monatsschr. f. T. **1924,** 359). Sie wird unter dem Namen Luminabrille von der Lumina-Gesellschaft für Lichttechnik, Wien VI., Schmalzhofgasse 8, hergestellt.

d) Die Harmonie der Farben.

Der Hauptsatz der Schönheitslehre lautet Gesetzlichkeit

= Harmonie. Seine Allgemeingültigkeit findet sich in allen Künsten bestätigt.
Die harmonischen Intervalle in der Tonkunst haben folgende Schwingzahlenverhältnisse: Oktave 1 : 2, Quinte 2 : 3, Quarte 3 : 4, gr. Terz 4 : 5 und kl. Terz 5 : 6.

Tonkunst wie Dichtkunst haben ihren zahlenmäßigen Rythmus; ebenso die Baukunst.

Auch die Schönheit der Kristalle beruht auf ihrer Bildung nach einfachen Gesetzen, für die die räumliche Gestaltung ihrer Molekeln maßgebend ist.

Die Meßbarkeit und die damit zusammenhängende Ordnung der Farben gestattet nun auch Gesetzlichkeit und damit Harmonie in der Farbkunst zu schaffen.

Die grauen Harmonien sind am einfachsten. Je nach dem Abstand der Stufen unterscheiden wir:

einstufige: ace, ceg, egi, gil, iln, lnp, nprprbt,.
zweistufige: aei, cgl, ein, glp, inr, lpt.
dreistufige: agn, cip, elr, gnt.

Die bunten Harmonien sind verwickelter. Wir unterscheiden zunächst farbtongleiche und wertgleiche Harmonien. Erstere sind dem farbtongleichen Dreieck, diese den wertgleichen Farbkreisen entnommen.

A. Farbtongleiche Harmonien. Auf Seiten des farbtongleichen Dreiecks sowie auf ihren Parallelen lassen sich nach denselben Gesetzen wie bei den grauen Farben Harmonien entwickeln.

a) Die Grauaxe und ihre Parallelen, die „Schattenreihen“, liefern durch Gleichabständigkeit der drei Stufen die schönsten Harmonien. Sie enthalten zugleich die wahren Schatten im Gegensatz zu den falschen. Letztere pflegte man seither durch Anwendung stufenmäßig konzentrierter Bäder auszufärben.

Den in dem üblichen Verfahren steckenden Fehler hat zuerst Leonardo da Vinci für die Malerei entdeckt. Er gab die Vorschrift: Um einen Schatten zu erhalten, wirf einen wirklichen Schatten auf die Farben und male dementsprechend. Das heißt aber ins Technische übersetzt: mische der Farbe in zunehmenden Mengen Schwarz zu und nicht wie seither reinen Farbstoff.

Einen zweiten Fehler hat W. Ostwald angegeben. Er wies auf die Farbtonänderung hin, die mit dem Verdünnen oder Verstärken des Farbstoffes verbunden ist und bis 10 Einheiten des Farbtonkreises betragen kann.

b) Die dunkelklare Reihe und ihre Parallelen, die Weißgleichen, liefern durch Gleichabständigkeit der Stufen Harmonien, deren hellere Farben zugleich die reineren sind; daher findet nach dieser Seite hin ein Aufglühen und Leuchten statt.

c) Die hellklare Reihe und ihre Parallelen, die Schwarzgleichen, liefern nach demselben Gesetz schwerverständliche, aber darum vielleicht besonders reizvolle Harmonien. Diese Harmonien enthalten nämlich den psychischen Widerspruch, daß die helleren Stufen unreiner sind als die dunkleren.

Während die Harmonien unter a) entweder der Grauaxe entnommen sind, also nur aus Grau bestehen oder aus einer anderen Schattenreihe entstammen und dann nur bunt sind, gestatten die Harmonien unter b) und c) die gleichzeitige Verwendung von unbunt und bunt. Dabei ist wohl zu beachten, daß zu einer bunten Farbe nur das auf der Weiß- oder Schwarzgleichen liegende Grau stimmt, kein anderes.

Daher ist der von Schneiderinnen und Putzmacherinnen so häufig gehörte Satz: „Weiß und Schwarz verderben keine Farbe" grundfalsch. Weiß paßt nur zu hellklaren und Schwarz nur zu dunkelklaren Farben. Die herrliche Zusammenstellung Schwarz-Weiß-Rot beruht in ihrer Wirkung darauf, daß von sämtlichen Farben des Farbkreises nur das Rot in der Reinheit hergestellt werden kann, die sowohl der hell-, wie der dunkelklaren Reihe entspricht. Jede andere Farbe wirkt, weil noch weiß- oder schwarzhaltig, neben dem Weiß und Schwarz schmutzig. Um mit ihr harmonisch zu wirken, müßte das Weiß zu einem schwarzreicheren und das Schwarz zu einem weißreicheren Grau umgestimmt werden.

B. Wertgleiche Harmonien. Früher kannte man nur farbtonverschiedene Harmonien. (Goethe). Erst die neue Farbenlehre hat den farbtongleichen Harmonien den gleichen Rang zugesprochen. Die farbtonverschiedenen Harmonien werden den wertgleichen Kreisen entnommen in Gestalt von 2, 3, 4 oder 6 gleichabständigen Farben.

a) Die Zweier oder Gegenfarben wurden von geschmackvollen Beobachtern früher häufig nicht als harmonisch anerkannt. Das hatte meistens zwei Gründe:

1. Die betreffenden Gegenfarben waren nicht wertgleich, d. h. sie entstammten nicht demselben Farbkreise mit gleichem Schwarz- und Weißgehalt.

2. Sie entstammten dem falschen 6teiligen Farbtonkreis. Allerdings darf nicht außer Acht gelassen werden, daß die Zweier in den reinsten Kreisen überaus heftig wirken, in den unreinen Kreisen wird die Wirkung zunehmend sanfter.

b) Die Dreier (Triaden) sind von jeher schön empfunden

worden. Besonders reizvoll wirken die unvollständigen Dreier, d. h. die Zweier, die man durch Weglassung einer Farbe aus dem Dreier erhält. Die Dreier wirken neu auf uns, weil sie weder durch einen physikalischen noch durch einen physiologischen Vorgang, ähnlich wie die Zweier, von selbst entstehen.

c) Die Vierer, Sechser, Achter usw. wirken ebenfalls als unvollständige Dreier oder Zweier besonders schön.

C. Harmonien höherer Ordnung. Fast immer wird die Aufgabe lauten: Zu einer gegebenen Farbe eines Kleides, einer Wand usw. soll eine harmonische Farbe gesucht werden. Dann können solche harmonische Farben sowohl aus dem farbtongleichen Dreieck als auch aus dem wertgleichen Kreise entnommen werden und wir erhalten zusammengesetzte Harmonien. Der Ringstern, der einerseits von den drei zugehörigen Rein-, Weiß- und

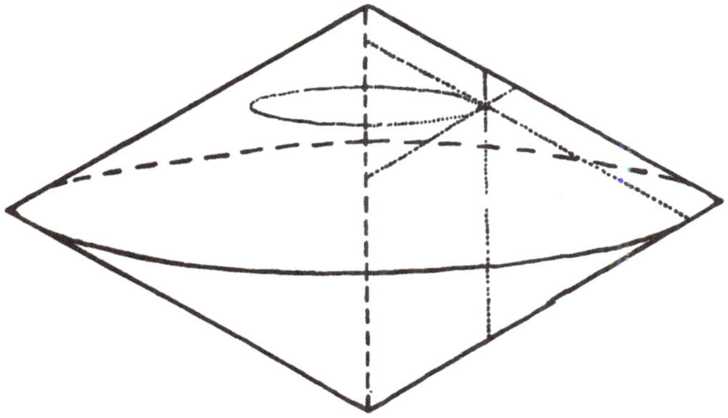

Abb. 5.

Schwarzgleichen, andererseits von dem wertgleichen Kreise gebildet wird, enthält alle zu einer Farbe harmonischen Farben (Abb. 5). Ihre Anzahl beträgt 38.

Die häufig geäußerte Ansicht, daß man in der Farbkunst wie in der Tonkunst auch Dissonanzen haben müsse, ist irrig. Die Tonkunst wirkt durch zeitliche Aufeinanderfolge. Zwei Akkorde erklingen gleichzeitig und widersprechen sich; dann aber werden sie durch einen neuen Akkord aufgelöst, zu dem sie durch einen gesetzlichen Schritt gelangen. Der Farbkunst dagegen fehlt das zeitliche Element; eine Dissonanz, in einen Teppich hineingewebt oder auf eine Tapete gedruckt, bleibt dorthin gebannt und harrt vergebens der Auflösung.

Häufig werden bei der Zusammenstellung farbiger Harmonien

Fehler dadurch gemacht, daß die Form vernachlässigt wird. Hierbei sind zwei Regeln zu befolgen:

1. Die Formen müssen in sich harmonisch wirken.
2. Form und Farbe müssen in harmonischer Wechselwirkung zu einander stehen.

Hat man eine Harmonie aus 3 Farben a, b, und c, die in drei Formen 1, 2 und 3 untergebracht werden können, so kann dies in sechs verschiedenen Ordnungen ausgeführt werden:

a1 b2 c3 a1 b3 c2 b1 a2 c3 b1 c2 a3 c1 a2 b3 c1 b2 a3

Von diesen sechs Ausführungen sind meist eine oder zwei am schönsten. Die Richtschnur dafür hat Ostwald in das Reimwort zusammengefaßt: „Je kleiner, um so reiner". Man wird also die reinsten, leuchtenden Farben auf der kleinsten Fläche anbringen.

Das Vorhandensein sämtlicher Farben im Normenatlas oder ihre leichte Erzeugung mittels der Farborgel ermöglicht dem Musterzeichner sich die harmonische Wirkung von farbigen Zusammenstellungen ganz nach Belieben vor Augen zu führen.

Die Lehre vom Färben.

Färben heißt, einem Gegenstand Farbstoff dauerhaft einverleiben so, daß er die gewünschte Farbe annimmt. Drei Dinge sind es also, die wir gedanklich mit dem Begriff Färben verbinden:

1. Der Farbstoff soll in das Innere des Gegenstandes eindringen. Im Gegensatz dazu steht das Anstreichen und Malen.

2. Die Färbung soll dauerhaft sein, also den durch die Art der Verwendung bedingten Beanspruchungen genügend Stand halten.

3. Die Farbe soll unserem Wunsche entsprechen. Das gewerbliche Färben vollzieht sich fast immer so, daß ein vorgelegtes Muster genau nachzufärben ist.

Den Gegenstaz zum Färben bildet das Bleichen; hier wird möglichst viel Farbstoff weggenommen, zur Annäherung an das gewünschte Weiß.

Dagegen ist das Beizen dem Färben verwandt; der Ausdruck beizen stammt von Beißen und aus einer Zeit, wo man glaubte, die widerspenstige Faser müsse aufgebissen oder geöffnet werden, um sie für das nachfolgende Färben zugänglich zu machen. Nach unserer heutigen Auffassung heißt beizen, der Faser einen Stoff einverleiben, der sich nachher mit dem Farbstoff zu einer dauerhaften gewünschten Färbung vereinigt. Diese Vereinigung ist fast immer rein chemischer Natur so, daß die Färbung auf Beize als ein einfacher chemischer Vorgang aufgefaßt werden kann. Nicht so das vorangehende Beizen, welches ebenso wie das Färben ohne Beize verwickelter Natur ist.

Über den beim Färben (und Beizen) der Faser sich abspielenden Vorgang ist viel gegrübelt worden, z. T. auch von Forschern, die der gewerblichen Färberei fern gestanden haben (S. 5). So wird es verständlich, daß die ersten auf Grund rein begrifflicher Überlegungen abgeleiteten Lehrmeinungen das gewerbliche Färben wenig zu befruchten vermochten. Man war sich zu wenig darüber klar, daß der Färbevorgang keineswegs einheitlich ist; er wechselt nicht nur mit der Farbstoffklasse, sondern auch mit der Faserart, die zur Verwendung kommt. Ehe auf die vielen von den verschiedensten Forschern ausgesprochenen Anschauungen über den Färbevorgang eingegangen werden soll, empfiehlt es sich eine kurze Übersicht der hauptsächlichen Verfahren in der gewerblichen Färberei zu geben.

Wolle wird in der Regel mit einem „sauren" Farbstoff gefärbt. Verwendet man z. B. 2 % Orange II in 50facher Flotte, so zieht der Farbstoff beim Aufwärmen von kalt bis zum Kochen mehr und mehr auf die Faser unter entsprechender Aufhellung des Bades. Begünstigt wird das Aufziehen durch Zusatz von Glaubersalz und Schwefelsäure. Dabei können sog. Unifarbstoffe wie z. B. Echtrot wasserklar ausziehen, während sog. Egalisierungsfarbstoffe wie z. B. Patentblau in erheblichen Mengen im Farbbade zurück bleiben.

Baumwolle wird in der Regel mit einem „substantiven" Farbstoff gefärbt, verhält sich aber dabei ganz anders. Selbst in nur 30facher Flotte und trotz beträchtlicher Zusätze von Salz gelingt es niemals das Bad wasserklar ausziehen zu lassen. Dagegen ist es nicht ausgeschlossen, daß dasselbe Farbbad durch Wolle auf Zusatz von Essigsäure vollständig erschöpft wird.

Eine dritte Klasse von Farbstoffen, die „basischen" verhält sich wiederum verschieden je nachdem, ob Wolle oder Baumwolle gefärbt werden soll. Ein mit Essigsäure versetztes Fuchsinbad wird von Wolle fast ganz erschöpft, von Baumwolle kaum verändert. Dagegen kann Baumwolle „sekundär" gefärbt werden, nachdem sie mit Tannin gebeizt wurde.

Eine vierte Klasse von Farbstoffen, die eigentlichen „Beizen"-farbstoffe, vermag weder Wolle noch Baumwolle „primär" zu färben. So gibt z. B. Alizarin auf Wolle eine ganz wertlose gelbe Färbung. Wird aber die Wolle oder auch Baumwolle vorher mit Tonerde gebeizt, so erhält man in sekundärer Färbung ein hervorragend echtes Rot.

Zu den sekundären Färbungen müssen auch die mit Küpen- und Schwefelfarbstoffen gerechnet werden, weil hier zunächst der mit Hydrosulfit oder Natriumsulfid reduzierte Farbstoff „substantiv" angefärbt und darauf durch den Luftsauerstoff in der Faser unlöslich gemacht wird.

Sekundäre Färbungen sind weiter die „auf der Faser erzeugten", sei es durch Oxydation (Anilinschwarz) oder Kondensation (Nitrosoblau) oder Kupplung (Eisrot) oder Doppelumsetzung (Chromgelb).

Eine eigenartige Stellung für sich nehmen die Pigmentfarbstoffe ein, die trotz ihrer Wasserunlöslichkeit unmittelbar rein mechanisch von der Faser angezogen werden. So wird Baumwolle mit Ultramarin gebläut, mit Ocker gegilbt.

Aus dieser Zusammenstellung der üblichen Färbeverfahren ergibt sich ohne Weiteres wie schwer, ja wie verfehlt es sein muß, eine einfache Regel aufstellen zu wollen, nach der sich alle diese verschiedenen Vorgänge vollziehen sollen.

Ein weiteres Hindernis ist das Dunkel, in das die chemische Zusammensetzung der gebräuchlichen Gespinstfasern noch immer gehüllt ist. Von einzelnen Fasern, insbesondere den tierischen, nimmt man sogar an, daß sie während des Färbens chemische Zersetzungen durch Hydrolyse erleiden so, daß ganz neue Atomgruppen entstehen, die in der ursprünglichen Faser nicht vorhanden waren. Erinnert sei auch an die durchgreifende Änderung die die Baumwollfaser durch das Merzerisieren erleidet, wobei sie in ebenfalls chemisch noch nicht aufgeklärtes Cellulosehydrat übergeht, das sich viel stärker anfärbt als die ursprüngliche Baumwolle. Aus alle dem geht hervor, daß die Erforschung der Vorgänge beim Färben eines der schwierigsten Gebiete der Wissenschaft bildet. Immerhin wird sich aus der nun folgenden Geschichte ergeben, daß gerade auf diesem Gebiet fleißige Arbeit geleistet worden ist.

Die ersten überlieferten Arbeiten in dieser Richtung sind die von Hellot und Dufay. Zu einer Zeit, als erst die einfachsten chemischen Reaktionen aufgeklärt waren, ist Hellot (L'art de la teinture des laines. Paris 1734.) bestrebt gewesen, die Vorgänge im Färbebade zu ergründen. Als allgemeines Prinzip des Färbens nimmt er an, daß im heißen Färbebade sich die Poren der Fasern öffnen und die Farbstoffpartikelchen aus ihrer Lösung aufgenommen und festgehalten werden, „gleich wie ein Diamant in der Fassung eines Ringes". Beim Erkalten und Trocknen schließen sich die Poren wieder, und die darin eingeschlossenen Farbstoffteilchen sind zugleich vor der Einwirkung des Wassers und des Sonnenlichtes geschützt. Dufay (Observations physiques sur le mélange de quelques couleurs à la teinture. Paris 1737.) geht in seinen Betrachtungen einen Schritt weiter. Nach seiner Ansicht dringt der Farbstoff nicht nur in die Poren der Faser ein, sondern lagert sich auch auf der Oberfläche ab. Er findet in dieser Annahme eine Erklärung für die Verschiedenheit der Echtheitseigenschaften der

Färbungen. Er erkennt ferner, daß nicht alle Farbstoffe in gleicher Weise sich auf die Faser niederschlagen, und auch nicht alle mit gleicher Kraft haften bleiben. Obgleich Hellot und Dufay in dem Verhalten von Farbstoff zur Faser einen mechanischen Vorgang erblicken, wird der letztere wegen seiner Betrachtungen über das verschiedene Verhalten einzelner Farbstoffe von den Anhängern der späteren chemischen Theorie als Vorkämpfer dieser angesehen.

Bergmann (Mémoires des savants étragers, IX. 1776.), dem wir hauptsächlich die Ausbildung der qualitativen Analyse verdanken, hat den Begriff der chemischen Affinität für die Aufklärung bestimmter Vorgänge beim Färben benutzt. Durch die Verschiedenheit der Affinitäten der Fasern erklärt er u. a. die Tatsache, daß die Indigosulfosäure dem Wasser von der Wollfaser vollständig entzogen wird, während Seide nur eine verhältnismäßig kleine Menge dieses Farbstoffes aufzunehmen imstande ist. Bergmann kann somit als Begründer der chemischen Theorie gelten.

Durch die Arbeiten Bergmanns wurde Macquer, anfangs ein Anhänger Hellots (L'art de la teinture de la soie, 1763.) beeinflußt (Dictionnaire de chimie, 1778). Er sucht die mechanische Ablagerung des Farbstoffes auf die Faser mit der mehr oder weniger großen gegenseitigen Affinität beider in Einklang zu bringen und deutet an, daß die durch Affinität bewirkte Anlagerung die Natur des auf der Oberfläche der Faser haftenden Farbstoffes verändere, indem eine innige Verbindung mit der Faser stattfinde. Macquer und Berthollet (Elements de l'art de la teinture, 1791), welch letzterer die Ansichten Macquers teilt und in bestimmterer Form zum Ausdruck bringt, haben zuerst von der Bildung einer chemischen Verbindung zwischen Farbstoff und Faser gesprochen.

Henry (Nature of colouring matters, 1790) versucht durch Analyse die Verschiedenheit der Affinitäten zu erklären. Bei der trockenen Destillation der Faserstoffe findet er, daß die animalischen Fasern stickstoffhaltig sind und schließt daraus, daß die Konstitution für die Affinität bestimmend sei.

Zur Erklärung der Erscheinung, daß eine Faser nicht allen Farbstoffen gegenüber die gleiche Affinität besitzt, unterscheidet Bancroft (Philosophy of permanent colours and the best means of producing them by dyeing and calico printing. London 1794) zwischen adjektiven Farbstoffen, das heißt solchen, die zum Färben eines Hilfsmittels, einer Beize, bedürfen, und substantiven oder solchen, die ohne Beize färben.

Chevreul (Cours de chimie appliquée, II. 1834—1864) veröffentlicht umfangreiche Untersuchungen über das Wesen der Färberei. Er spricht nicht nur der Faser, sondern auch dem Wasser eine Affinität für den Farbstoff zu und ist der Ansicht, daß eine Färbung nur dann zustande kommen könne, wenn die Affinität der Faser zum Farbstoff stark genug sei, die Affinität des Lösungsmittels zu überwinden. Er unterscheidet ferner zwischen Affinität und Kontaktwirkung, von Berzelius katalytische Wirkung genannt, weil sich nicht alle Erscheinungen in der Färberei durch die Affinitätslehre erklären ließen.

Alle diese Arbeiten hatten zur Befestigung der chemischen Theorie beigetragen. Es wurde ohne Beweise als feststehend angesehen, daß sich beim Färben eine chemische Umsetzung vollziehe, und schienen schon in Vergessenheit zu geraten, als der Glasgower sei. Die Arbeiten Hellots und Dufays wurden scharf kritisiert Fabrikant Crumm und der Chemiker Persoz die chemische Theorie energisch angriffen zu Gunsten der physikalischen Erklärung der Färbevorgänge.

Von der Erwägung ausgehend, daß die Struktur der Baumwolle sich verändern müsse, wenn die Faser mit dem Farbstoff eine chemische Verbindung eingehe, verwirft Crumm (Proceedings of the Philos. Soc. of Glasgow.) die chemische Theorie. Er vergleicht die Färberei mit der Schluckung von Gasen durch Kohle und führt aus, daß in der Färberei die Schluckung des Farbstoffes von dem Gefüge der Faser abhänge. Mit Hilfe des Mikroskops stellt er fest, daß der gelöste Farbstoff in die Zellen der Faser eindringt und sich darin in unlöslicher Form niederschlägt.

Bolley, (Kritische und experimentelle Beiträge zur Theorie der Färberei Zürich 1859) ein Anhänger der mechanischen Theorie, hat die früheren Ansichten experimentell geprüft und kritisiert, ohne selbst eine These aufzustellen, und Mills (Journal of the Chem. Soc., 1879, 1883, 1889) hat die Anwendung des Gesetzes der chemischen Massenwirkung beim Färben von Seide mit Fuchsin studiert und die Ergebnisse seiner Untersuchungen in mathematischen Formeln ausgedrückt, die von späteren Forschern fast unberücksichtigt blieben.

Müller-Jacobs (The Textile Colourist, 1884/85) führt das Färben auf Endosmose und Exosmose zurück. Nach ihm wirken die Zellwände der Fasern als Membranen, die den gelösten Farbstoff entweder diffundieren lassen oder als Niederschlag festhalten. Je durchlässiger die Membranen, desto schwieriger lassen sie sich färben.

Zur Zeit der Einführung der Anilinfarbstoffe hatte sich die mechanische Theorie bereits befestigt, als Knecht durch experimentelle Arbeiten, die die Schluckung der Farbstoffe auf chemischer Grundlage erklärten, der chemischen Theorie neue Wege wies. Für deren Begründung wird angeführt, daß die Faser den Farbstoffen gegenüber eine doppelte Rolle spielt, einmal die einer Säure, dann die einer Base. Knecht (Berichte, 1888. 1556.) untersuchte das Verhalten von Wolle und Seide zu Fuchsin quantitativ, und fand, daß die der aufgenommenen Farbbase entsprechende Menge Säure in der Lösung zurückblieb. Diese Tatsache gilt ihm als Beweis, daß sich keine mechanische Ablagerung, sondern eine chemische Umsetzung vollzogen hat.

Andere haben die Versuche Knechts wiederholt und seine Ergebnisse nicht bestätigt. Sie haben Bedenken gegen diese Verallgemeinerung vereinzelter Beobachtungen geäußert. Zwei wesentliche Merkmale der chemischen Verbindung fehlen: das konstante Mengenverhältnis der Faser und des Farbstoffes nach chemischen Äquivalenten und das Verschwinden der besonderen Eigenschaften beider Komponenten.

Rosenstiehl erklärte diesen Mangel durch den Vergleich mit dem Vorgang bei der Schwärzung einer Silbermünze. Danach sollten sich nur die oberflächlichen Schichten der Faser mit dem Farbstoffe im richtigen Molekularverhältnis verbinden. Knecht selber half sich durch die Annahme, daß die substantiven Färbungen auf Wolle eigentlich adjektive seien, indem die beim Kochen der Wolle mit Wasser allmählich abgespaltene Lanuginsäure als Beize diene. Wie erklärt sich aber das Färben der Seide und gar der Baumwolle? Diese Fasern spalten beim Färben keine der Lanuginsäure ähnliche Stoffe ab! Und wie will man mit Hilfe der chemischen Theorie den Vorgang erklären, daß fuchsingefärbte Seide zwar seifenecht ist, aber in Alkohol getaucht, blutet?

Auf Grund dieser Überlegungen hat Witt (Chemische Technologie der Gespinstfasern, I, 373.) nach einer anderen Erklärung gesucht. Sie erschien unter dem Titel „Zur Theorie des Färbeprozesses“ in Lehnes Färber-Zeitung 1890/91, Heft 1. Schon vorher hatte van t'Hoff (Zeitschrift für phys. Chemie, V., **1890**, 322.) den Begriff fester Lösung eingeführt und diese in amorphe und kristallisierte eingeteilt. Gefärbte Gläser dienen für die erste, isomorphe Mischungen als Beispiel für die zweite Gruppe. Witt faßte auch die Färbevorgänge als Lösungserscheinungen auf, und nahm an, daß die Farbstoffe von den Fasern gelöst werden. Diese chemische Lösungstheorie stimmt mit der mechanischen Theorie nicht überein, denn sie ist auf die Verschiedenheit der Löslichkeit der verschiedenen Farbstoffe einerseits in der Faser, und anderseits im Wasser aufgebaut. Der Färbevorgang läßt sich mit dem Ausschütteln wässriger Lösungen durch Äther in Parallele stellen. Substantive Farbstoffe sind hiernach solche, die in der Faser leichter löslich sind als in Wasser. Die Verteilung erfolgt nach dem Henry'schen Gesetz für Lösungen $\frac{\text{C-Flotte}}{\text{C-Faser}} = K$ (s. S. 37)

Die Arbeiten von Knecht und Witt sind für die meisten nachfolgenden Forschungen auf dem Gebiete der Färbetheorien grundlegend gewesen; die Arbeiten Knechts für die chemische, die Witts für die physikalische Theorie, obgleich letzterer mit der Einführung des Begriffs der starren Lösung gerade die chemische Theorie stützen wollte.

Leo Vignon (Comptes rendus, 1890, 285 und 909) kommt auf Grund seiner thermochemischen Untersuchungen zu der Annahme, die Fixierung der Farbstoffe auf der Faser sei ein rein chemischer Vorgang, und die Fähigkeit der Fasern, Farbstoffe aufzunehmen, stehe mit ihrer chemischen Energie in Zusammenhang.

L. Hwass (Färberzeitung, 1890/91, 221) wird durch seine Studien über die Beschwerung der Seide zu der Annahme geführt, daß molekulare Kohäsions- oder Adhäsionskräfte das Zustandekommen einer Färbung bedingen. Die Wirkung des Salzes beim Färben substantiver Farbstoffe erklärt er durch die Herabsetzung der Anziehungskraft des Wassers für den Farbstoff, welcher daher leichter an die Faser abgegeben wird.

G. Spohn (Dingler's Polyt. Journal, 287, 1893, 210) benutzt zu seinen Untersuchungen das Mikroskop und schließt aus der mechanischen Ablagerung von Bleichromat und Manganbister auf Baumwolle, daß eine einfache mechanische Ablagerung des Farbstoffes in und auf der Faser stattfinde, auch wenn sich diese mit unseren optischen Hilfsmitteln nicht beobachten lasse.

C. O. Weber (Dingler's Polyt. Journal 283, 1892, 158) teilt die Ansicht Müller-Jacobs, daß der Farbstoff in das in der Baumwolle enthaltene Wasser diffundiere und erklärt die substantive Färbung der Baumwolle als eine unter osmotischem Drucke des Färbebades in der Baumwolle erzeugte, wässrige Lösung von sehr kleinem Diffusionsvermögen.

Walker und Appleyard (Journ. Chem. Soc., 1896) ist es nicht gelungen, eine Bestätigung für die Wittsche Theorie der starren Lösung zu finden. Ihre Versuche, die auch den Einfluß der elektrolytischen Dissoziation einschließen, lassen die Aufstellung einer eigenen Theorie aber nicht zu.

R. Gnehm (Färberzeitung, 1894/95, 361) nimmt eine Zwischenstellung zwischen der chemischen und physikalischen Theorie ein, indem er meint, ein kleiner Teil des Farbstoffes werde chemisch gebunden, der größere nur mechanisch abgelagert. Sein Schüler E. Rötheli (Zeitschrift f. angew. Ch., 1898, 482) versuchte in einer Inaugural-Dissertation Belege für diese Theorie zu liefern.

v. Georgievics (Wiener Monatshefte für Chemie 1894, 705) hat nachgewiesen, daß in einzelnen Fällen, z. B. Indigokarmin auf Seide die Verteilung des Farbstoffs zwischen Flotte und Faser durch die Beziehung $\frac{\sqrt[x]{\text{C-Flotte}}}{\text{C-Faser}} = K$ (onstante) ausgedrückt werden kann.

C-Flotte bedeutet den im Bad verbleibenden, C-Faser den von der Faser aufgenommenen Farbstoff; x hängt von der Natur des Farbstoffes und der Faser ab und ist größer als 1.

Dieser „Verteilungssatz“ gilt für das Färben der Wolle

und Seide mit basischen und sauren, sowie der Baumwolle mit substantiven Farbstoffen; schließlich für das Tannieren der Baumwolle.

Die im Verteilungssatz ausgesprochene Gesetzmäßigkeit verlangt, daß der Stoff in beiden Mitteln (Flotte und Faser) im gleichen chemischen Zustand vorhanden sei, schließt also eine chemische Umsetzung aus. Dagegen entspricht sie den „Adsorptions"-erscheinungen bei Kolloiden, zu denen ja auch die Fasern gehören.

Georgievics zeigte weiter, daß in sehr verdünnten Lösungen $x = 1$ wird, also $\frac{\text{C-Flotte}}{\text{C-Faser}} = K$ ist und die Verteilung nach dem Henry'schen Gesetz für Lösungen verläuft. Erst später bei steigender Konzentration wird $x > 1$ und der Vorgang eine Adsorption (Sorptionstheorie Chem. Ztg. **1914**, 445).

Durch seine Untersuchungen über Kolloidal-Lösungen veranlaßt, hat F. Krafft (B. **1899**, 1608) eine neue Färbetheorie aufgestellt, nach welcher kolloidale Salzlösungen als Membranbildner beim Färbeprozeß auftreten: Kolloidale Salze scheiden sich aus ihren Lösungen in der Form sphäroidaler Gebilde aus, die zu dünnen Membranen zusammengedrückt werden können und die Fähigkeit besitzen, an der Oberfläche fester Körper zu haften. Die hochmolekularen substantiven Farbstoffe sind solche Kolloide und haften daher an der Faser, welche ihrerseits kolloide Oberflächen besitzt. Die Farbstoffe mit niedrigem Molekulargewicht besitzen keine kolloidalen Eigenschaften und erfordern zum Färben die Mitwirkung kolloidaler Salze, wie Tannin, Seifen, Metallhydroxyde, mit denen sie unlösliche Lacke, die Kolloidalverbindungen sind, bilden. Auf diese Weise wird die Faser mit einer schützenden Membranschicht überzogen, ähnlich wie in der Malerei die Gegenstände einen farbigen Überzug erhalten.

Daß die früher löslich gewesenen Farbstoffe als Färbungen unlöslich in und auf der Faser sitzen, erklärt P. D. Zacharias (Die Theorie der Färbevorgänge, Berlin, Verlag für Textilindustrie, 1908) damit, daß die Farbstofflösungen im Innern und auf der Oberfläche der Faser gerinnen und unlösliche Gele ausscheiden.

L. Pelet-Jolivet (Die Theorie des Färbeprozesses, Dresden, Steinkopff, 1910) hat die Regeln der Berührungselektrizität zur Erklärung der Färbevorgänge herangezogen. Zellulose ist ein negativ geladenes Gel, Keratin amphoter elektrisch, d. h. in neutraler bzw. schwach alkalischer Lösung negativ, in saurer Lösung positiv geladen. Färbung findet statt, wenn Faser- und Farbstoffkolloid entgegengesetzt geladen sind. Von den Farbstoffen sind negativ geladen: die basischen und sauren, positiv: Benzidin-, Schwefel-, Küpen- und Beizenfarbstoffe, sowie Gerbsäure (s. a. H. Maschek, Kolloidchemische Ansichten über das Färben D. F. Z. **1919,** 356).

Wichtige Aufschlüsse gibt auch der kapillare Aufstieg von Farbstoffen aus Lösungen in Gewebestreifen nach F. Goppelsröder (Kolloidzeitschrift 1909 und 1910). Als Regel nimmt Pelet-Jolivet an, daß der Aufstieg um so schwächer ist, je stärker die Adsorption ist.

Einen wichtigen Fortschritt bildet die neuerliche Erkenntnis der Bedeutung der Teilchengröße („Dispersität“) der Farbstoffe in Lösung für die Aufnahme durch die Faser. R. Haller (Kolloidzeitschrift **22,** 49; **23,** 100; **30,** 249) hat 1918 gezeigt, daß ein Farbstoff dann am besten „zieht“, wenn seine Teilchengröße der zu färbenden Faser angepaßt ist. Durch Zusatz von Elektrolyten kann man die Teilchengröße steigern; daher der Salzzusatz beim Färben der substantiven Farbstoffe auf Baumwolle. R. Auerbach (Kolloidzeitschrift **30,** 166; **31,** 37) fand dann weiter, daß die vergröbernde Wirkung der Salze proportional ihrer fällenden Wirkung gegenüber Kolloiden ist, d. h. je stärker fällend das Salz ist, um so weniger genügt davon, um den Farbstoff möglichst ausziehen zu lassen. R. Bartunek (L. M. f. T. I. **1924,** 42) hat festgestellt, daß die beste Teilchengröße für Baumwolle, Flachs, Hanf in der angeführten Reihenfolge abnimmt; dementsprechend braucht Flachs 9 % und Hanf 12 % weniger Salz als Baumwolle. Er berechnete das Verhältnis ihren absoluten Durchmesser zu 5 — 4,4 $\mu\mu$. (S. a. Nowak: Färbebäder als disperse Systeme, T. **1925,** 427).

Neuerdings (T. **1925,** 669) haben Haller und Ruperti darauf hingewiesen, wie wenig Berechtigung der Ausdruck hat, der Farbstoff sei auf der Faser „fixiert“. Abgesehen von der leichten Beweglichkeit des Farbstoffes von der Faser nach außen wie er in dem Bluten der „substantiven Baumwollfärbungen“ in Wasser oder in dem Abreiben von Indigo und Eisrot zu Tage tritt, haben sie festgestellt, daß auch in der Faser selbst der Farbstoff sehr beweglich sein kann. Eine Eisrotfärbung auf Chardonnetseide verschiebt beim Kochen in Wasser ihren Farbton von 27 nach 31, wird also blauer. Während die Färbung vorher unter dem Mikroskop homogen erscheint, zeigen sich nachher körnige Ablagerungen in der Faser. Die vorher hochdispersen Farbstoffteilchen sind also vergröbert worden. Die gleiche Erscheinung zeigen Färbungen auf Baumwolle und zwar mit Eisfarbstoffen sowohl als mit Küpenfarbstoffen und mit Chromgelb, ferner mit substantiven Farbstoffen und mit Alizarin; letzteres allerdings auf nicht geölter Baumwolle; denn das Öl verhindert die Kondensation der Teilchen.

Haller nimmt als Ursache dieser Bewegung von Farbstoffteilchen die Veränderung des Quellungszustandes der Faser an. So erklärt er auch aus der Quellfähigkeit des Verdickungsmittels das Abwandern des aufgedruckten Farbstoffes aus diesem in die Faser während des 1—2stündigen Dämpfens.

Zusammenfassend kann gesagt werden, daß es unmöglich ist, alle Färbevorgänge unter einem einzigen Gesichtspunkt zu sammeln. Ja, nicht einmal bei einem einzelnen Vorgang kommen nur einerlei Kräfte zur Wirkung, seien es mechanische, chemische, kolloidchemische oder elektrische, vielmehr dürften alle die genannten Kräfte, die eine mehr, die andere weniger eine Rolle spielen.

Die Farbstoffe.

Die chemischen Hilfsmittel zur Veredlung der Gespinstfasern sind im I. Teil, die Gespinstfasern selbst im II. Teil ausführlich behandelt worden. Das dritte stoffliche Element der Gespinstfärberei sind die Farbstoffe.

Bis um die Mitte des vorigen Jahrhunderts standen der Färberei nur die von der Natur gebotenen Farbstoffe aus dem Pflanzen-, Tier- und Mineralreich zur Verfügung, und in dem Jahrtausende alten Gewerbe hat man es verstanden, mit dem verhältnismäßig Wenigen eine Fülle brauchbarer, zum Teil sehr echter Färbungen herzustellen, die uns heute noch ungeteilte Bewunderung abgewinnen.

Die in ihren ersten Anfängen auch an Zufallserfindungen so reiche Farbstoffchemie hat Mühe gehabt, sich auf Kosten der Naturfarbstoffe durchzusetzen. Die zweite Hälfte des vorigen Jahrhunderts brachte aber eine so kräftige und fruchtbringende Tätigkeit der Farbstoffabriken, daß die Naturfarbstoffe einer nach dem anderen künstlichen Farbstoffen Platz machen mußten. Es ist den Bemühungen der Forscher gelungen, die chemische Natur mancher Farbstoffe des Pflanzen- und Tierreiches zu bestimmen. Einige sind, teils praktisch, teils auch nur im Laboratorium künstlich dargestellt worden; die meisten haben künstlichen Farbstoffen weichen müssen, die entweder schöner und lebhafter, oder auch echter, in fast allen Fällen aber billiger und einfacher anzuwenden sind.

Vom Standpunkt der neueren Chemie aus ist die alte Einteilung der Farbstoffe in natürliche und künstliche nicht mehr zu rechtfertigen. Das Einreihen der Naturfarbstoffe in die bei den Teerfarbstoffen üblichen Klassen ist jedoch in manchen Fällen nicht möglich, weil die Konstitution vieler natürlicher Farbstoffe nicht mit Sicherheit bekannt ist. Wir werden daher im vorliegenden Werke der alten Übung folgen und die natürlichen Farbstoffe gesondert behandeln. Ebenfalls altem Brauche folgend, behandeln wir die Mineralfarben im Anschluß an die natürlichen Farbstoffe, obwohl sie, soweit sie für die Textilindustrie in Betracht kommen, fast ausschließlich künstlich hergestellt werden.

A. Natürliche Farbstoffe.

a) Pflanzliche Farbstoffe.

Das Pflanzenreich hat von alters her bei weitem die größte Zahl der für die Färberei verwendbaren Farbstoffe geliefert. Nur eine beschränkte Anzahl hat heute noch für den Färber Bedeutung, und gerade die wichtigsten Naturfarbstoffe, Indigo und Krapp, wenn sie zurzeit auch noch in geringerem Maßstabe Verwendung finden, sind durch die synthetisch dargestellten, reinen Farbstoffe, Indigotin und Alizarin, fast vollständig ersetzt worden. Diese Farbstoffe können heute auch als künstliche Farbstoffe angesprochen werden.

I. Gelb und Kress.

Die chemische Natur der natürlichen gelben Farbstoffe ist durch Untersuchungen der letzten Jahre zumeist festgestellt. Es hat sich dabei ergeben, daß die meisten auf denselben chemischen Körper zurückzuführen sind. So sind die färbenden Bestandteile des Gelbholzes, des Fisettholzes, des Quercitron, des Wau und der Kreuzbeeren = Morin, Fisetin, Quercetin, Luteolin und Rhamnetin als Flavonverbindungen erkannt worden (v. Kostanecki B. **1904**, 784; **1905**, 3587).

1. Gelbholz.

Eigenschaften: Das echte Gelbholz, auch alter Fustik oder gelbes Brasilholz genannt, ist das Kernholz des Färber-Maulbeerbaums, Morus tinctoria. Es wird hauptsächlich aus Mittel-Amerika und Westindien eingeführt. Das Holz hat eine hellbraune Farbe, ist mit roten Adern durchzogen und kommt in Scheiten von 10 bis 200 kg in den Handel. Für den Gebrauch des Färbers wird es, wie die andern Hölzer, geraspelt oder zu Pulver gemahlen. Ferner kommt es als Gelbholzextrakt, auch Kubaextrakt genannt, vor. Der Extrakt ist entweder fest oder sirupartig. Verfälschungen sind vornehmlich Melasse und Dextrin. Daneben kommen häufig noch vor: Glyzerin, Zinksulfat, Alaun, Querzitron und Kurcuma-Extrakt, Teerfarbstoffe usw. Eine Gelbholzabkochung ist im konzentrierten Zustande geruchlos und von zusammenziehendem Geschmack. Alkalien färben die Abkochung dunkelrot, Zinnsalz oder Alaun bringen gelben, Bleiazetat einen kressen, Eisenoxydsalz einen grünlichbraunen Niederschlag hervor.

Anwendung: Das Gelbholz dient hauptsächlich in der Wollfärberei, weniger in der Seidenfärberei. Selten wird es zum Färben von Baumwolle benutzt, weil die Farben nicht seifenecht sind.

Baumwolle beizt man mit Aluminiumazetat und befestigt mit Natriumphosphat. Beim Ausfärben erhält man ein drittes Gelb.

Wolle wird mit Gelbholz weniger zu Gelb gefärbt, da die Farbe allmählich in Braun übergeht, sondern mit Blauholz und Alizarinfarbstoffen zu Braun, Oliv, Grün und Schwarz.

Braun stellte man früher in der Regel durch gleichzeitige Benutzung mehrerer roter natürlicher Farbstoffe her. Die Anwendung von Krapp gab hierbei die schönsten und festesten Farben.

Oliv erzielte man durch Beizen mit Kupfer- und Eisenbeizen mit oder ohne Weinstein und Ausfärben mit Gelbholz.

Grün erhielt man durch Auffärben von Gelbholz auf Indigoküpengrund und zuvoriges Beizen mit Alaun und Weinstein.

Siedet man die Wolle mit Alaun und Weinstein, Eisen- und Kupfervitriol an, setzt später Gelbholz hinzu und färbt im frischen Bade mit Blauholz aus, so erhält man ein echtes Schwarz.

Zur Herstellung von Gelb auf der Faser diente als Beize Aluminiumsulfat oder Kaliumbichromat oder Zinnsalz. Das letztere wurde am häufigsten angewandt, weil hierbei die echtesten und lebhaftesten Färbungen erzielt werden. Man siedet mit 8 % Zinnsalz und 8 % Weinstein an und färbt im besonderen Bade aus. Soll die Farbe in einem Bade hergestellt werden, so nimmt man nur 4 % Weinstein und setzt 2 % Oxalsäure zu. Nicht so lebhafte Färbungen werden in einem Bade durch Zusatz von 4 % Alaun und 2 % Oxalsäure erreicht.

Einige Verwendung findet Gelbholz noch in der Seidenfärberei, in Verbindung mit Blauholz zu Tiefschwarz.

2. Fisettholz.

Eigenschaften: Das Holz bildet das Kernholz des Gerber- oder Perrückenbaumes (Rhus cotinus), eines strauchartigen Gewächses. Andere Namen des Holzes sind: Junger Fustik, Zandeholz, ungarisches Gelbholz. Der färbende Bestandteil ist das Fisetin. Das Fisettholz kommt aus Ungarn, Italien, Tirol usf. in Form dicker Knüppel, die außen bräunlich, innen gelblichgrün sind.

Anwendung: Die Anwendung ist auf die Wollfärberei beschränkt. Man färbt in einem Bade mit Zinnsalz und Weinstein und erhält ein lebhaftes drittes Gelb. Mit Kupfer und Eisenbeizen in Verbindung mit Weinstein erhält man Olive. Die Farben sind walkecht, aber nicht lichtecht.

3. Querzitron.

Eigenschaften: Unter diesem Namen versteht man die Rinde der schwarzen Eiche oder Färbereiche (Quercus tinctoria), die in Nord-Amerika wächst. Die Rinde wird, nachdem sie von einer schwarzen Oberhaut befreit ist, welche die Schönheit des Farbtons beeinträchtigen würde, zu Pulver gemahlen. Das bräunlich gelbe Pulver besitzt einen schwachen, nicht unangenehmen Geruch und bitteren Geschmack.

Querzitronextrakt kommt in flüssiger und in fester Form in den Handel. Der flüssige Extrakt wird an der Luft dunkler. 1 Teil fester Extrakt ist gleichwertig mit 5 Teilen Rinde und 1 Teil flüssiger Extrakt mit 3 Teilen Rinde. Der färbende Bestandteil ist das Querzitrin, ein Glykosid. Daneben befindet sich noch eine bedeutende Menge Gerbsäure. Beim Kochen mit verdünnten Säuren zerfällt das Querzitrin in Rhamnose und in Querzetin. Um die der Reinheit des Farbtones der Querzitronrinde schädliche Gerbsäure möglichst abzuscheiden, pflegt man der Abkochung vor dem Färben Leimlösung oder saure Milch zuzusetzen. Auf Zusatz von Kalkwasser, jedoch nicht im Überschuß, soll sich der Niederschlag schneller zu Boden setzen.

Anwendung: Querzitron wird auf alle Fasern gefärbt. In der Echtheit kommt es dem Gelbholz gleich. Die Färbeverfahren sind dieselben wie bei Gelbholz.

Baumwolle wird mit Aluminiumazetat von 8° Bé vorgebeizt und im besonderen Bade bei mittlerer Temperatur ausgefärbt. Man erhält ein schönes Goldgelb. Zu einem hellen Gelb muß schwächer gebeizt und mit weinger Farbstoff gefärbt werden. In einem Bade kann man mit Zusatz von 3 % Zinnsalz färben. Eisensalze geben Braun und Schwarzbraun.

Wolle wird in einem Bade unter Zusatz von Alaun oder Aluminiumsulfat gefärbt. Setzt man noch Weinstein und Zinnsalz zu, so wird ein drittes Gelb erzielt.

Seide wird mit Alaun vorgebeizt und bei mäßiger Temperatur ausgefärbt.

Flavin. Querzitronrinde wird mit Alkalien ausgezogen und der Auszug mit Schwefelsäure gekocht. Der erhaltene Extrakt wird unter dem Namen Flavin allgemein statt Querzitron gebraucht. Er besteht wesentlich aus Querzetin. Da er keine Gerbsäure enthält, so ist die erzielte Farbe lebhafter. Die Färbekraft von gutem Flavin ist 16 mal größer als die der Querzitronrinde. Zum Färben löst man Flavin in heißem Wasser. Man erhält eine trübe Lösung, die an der Luft bald bräunlich wird. Sie muß daher bald in Gebrauch genommen werden. Eisenoxydulsalze geben einen dunkelgrünlichen, Zinnchlorür oder Tonerde einen gelben Niederschlag. Der Farbstoff wird nur für Wollfärberei benutzt. Man färbt in einem Bade wie bei Querzitron. Statt Weinstein kann man Oxalsäure nehmen. Flavin einfach ist ziemlich reines Querzitrin, das sich beim Einengen des Querzitronauszuges auf 10° Bé ausscheidet.

4. Kurkuma oder Gelbwurzel.

Eigenschaften: Kurkuma sind die getrockneten Wurzeln des Kurkuma-Ingwers (Curcuma longa), einer in China und Ostindien heimischen Pflanze. Außer in Wurzeln erscheint Kurkuma häufig in gemahlenem Zustande als Pulver. Als solches wird es jedoch gewöhnlich verfälscht und zwar mit dünnen Wurzelfasern, Erbsenmehl, Sand usw. Die Gelbwurzeln enthalten als färbenden Bestandteil einen schwachsauren Farbstoff, das Curcumin.

Anwendung: Kurkuma diente in der Baumwollfärberei namentlich zum Abtönen roter Farben, z. B. des Safranis, in der Seidenfärberei zum Färben billiger zusammengesetzter Farben wie Braun, Olive. Es besitzt die Eigenschaft, ohne weitere Beizen Baumwolle zu färben wie die Benzidinfarbstoffe. Die Farbe ist jedoch unecht gegen Licht, Seife und Alkali. Sogar Speichel reicht hin, die Farbe zu röten. Die gelbe Farbe läßt sich indessen jedesmal durch Säure wiederherstellen. Ebenso ist es in der Wollfärberei.

5. Wau.

Eigenschaften: Wau, (franz. Gaude, engl. weld) auch Streichkraut, Färbergras, Färberreseda oder Gelbkraut genannt, ist eine in Mittel-Europa angebaute oder auch wild wachsende krautartige Pflanze (Reseda luteola), welche seit ältesten Zeiten zum Gelbfärben gedient hat. Die Pflanze wird nach dem Aufblühen geerntet und getrocknet. Die ganze Pflanze außer der Wurzel dient zum Gelbfärben. Das getrocknete Kraut sieht lebhaft gelb aus. Der färbende Bestandteil ist das Luteolin. Die gelbe Abkochung wird beim Verdünnen mit Wasser grünlich, riecht eigentümlich und schmeckt bitter.

Anwendung: Wau ist auf Baumwolle nicht seifenecht.

Wolle wird mit Alaun mit oder ohne Zusatz von Weinstein vorgebeizt und im besonderen Bade gefärbt. Die Farbe ist ziemlich licht- und walkecht, echter als Gelbholz. Ein Zusatz von Zinnsalz zum Färbebade macht grünlich; siedet man mit Ferrosulfat und Weinstein an, so erhält man oliv.

Vielfache Anwendung fand Wau in der Seidenfärberei, weil die erzielten Töne licht- und seifenecht sind. Die Seide wird zunächst mit Seife abgezogen, dann mit Alaun gebeizt, gespült und im besondern Bade ausgefärbt. Dann wird im frischen Seifenbade und in schwachem Essigsäurebad geschönt, um der Seide den gewünschten Griff zu geben.

6. Kreuzbeeren, Gelbbeeren.

Eigenschaften: Sie sind die getrockneten Früchte verschiedener Arten Rhamnus, wie rhamnus tinctoria, welche in Südeuropa und Asien vorkommen. Der Farbstoff ist darin als Glycosid, Xanthorhamnin, enthalten, das leicht in Rhamnose und Rhamnetin gehalten wird.

Anwendung: Hauptsächlich als Extrakt in der Kattundruckerei.

7. Katechu.

S. I. Teil S. 133.

II. Rot.

1. Rotholz.

Eigenschaften: Rotholz oder Brasilienholz heißt das Kernholz verschiedener rotgefärbter Hölzer der Gattung Caesalpinia. Das Rotholz wird in Süd-Amerika, Ost- und West-Indien gewonnen und gelangt teils in großen Blöcken, teils in länglichen Stücken in den Handel. Der Färber erhält es meistens geraspelt, gemahlen oder als Extrakt und zwar als syrupdicke Flüssigkeit von 30° Bé oder als festen Extrakt. Die beste Rotholzsorte ist Fernambuko- oder Brasilienholz von Caesalpinia crista. Unter demselben Namen werden auch viele andere Sorten verkauft wie das Bahiarotholz von Caesalpinia Brasiliensis. Sapanholz, fälschlich Japanholz, von Caesalpinia sapan, stammt aus Ceylon und Siam und kommt an Güte dem Brasilienholz nicht nach.

Gutes Rotholz ist hart und schwer, so daß es im Wasser untersinkt, und besitzt einen süßlichen Geschmack. Als färbenden Bestandteil enthält es das Brasilin, $C_{16}H_{10}O \cdot (OH)_4$, welches durch Oxydation erst in den eigentlichen Farbstoff, Brasilëin, übergeht. Wie Blauholz nimmt es daher an Färbekraft zu, wenn es in geraspeltem Zustande längere Zeit einer Gärung unterworfen wird. Die Abkochung ist lebhaft hellrot, durch Zustaz von Säuren wird sie gelb, durch Alkalien blau bis purpurrot. Mit Tonerde gebeizte Stoffe werden rot gefärbt, Chromoxyd gibt ein braunoliv und

Eisenoxyd ein veil bis schwarz. Alle Farben sind jedoch gegen Licht und gegen Waschen unecht.

Anwendung: Man verwendet es gegenwärtig nur noch im Kattundruck als Blende. Früher wurde es auch in der Baumwollfärberei gebraucht: Man erhält die dauerhaftesten Färbungen beim vorherigen Beizen der Faser mit Gerbstoff. Dieser Beize folgt dann eine kalte Lösung von Aluminiumsulfat und dann das Ausfärben im frischen Bade bei nicht zu hoher Temperatur. Mit Aluminiumsulfat und Zinnsalz erhält man ein Rosa.

2. Sandelholz.

Eigenschaften: Die beste Sorte führt den Namen Kaliaturholz. Das Holz stammt vom Sandelbaume, Pterocarpus santalinus, der auf Ceylon und Ost-Indien wächst. Meistens wird die gemahlene Form verwendet. (Flugsandel.) Der Farbstoff des Holzes, das Santalin, welches durch Alkalien oder Alkohol ausgezogen wird und zu 16—17 % darin enthalten ist, ist vermutlich ein Anthrazenabkömmling.

Anwendung: Das Sandelholz gibt echtere Färbungen als Rotholz und wurde zum Färben loser Wolle und Wollzeuge angewandt. Man benutzte als Beize Alaun oder Aluminiumsulfat und Weinstein und färbte in besonderem Bade aus. Mit Kaliumbichromat erhält man ein bräunliches Rot.

Camholz, Gabanholz, Barwood oder Camwood gleicht in den Eigenschaften dem Sandelholz, stammt aber von einem anderen Baume aus Sierra-Leone und Berbice.

3. Krapp.

Eigenschaften: Krapp oder Färberröte ist die getrocknete Wurzel von Rubia tinctorum und anderer Arten. Die Pflanzen wurden früher in Holland, Frankreich, Elsaß, Ungarn, Bayern, Schlesien stark gebaut, gegenwärtig hat der Anbau in den meisten Ländern fast gänzlich aufgehört, infolge der künstlichen Herstellung des im Krapp enthaltenen Farbstoffes, des Alizarins. Ruberythrinsäure, der färbende Bestandteil des Krapp spaltet sich in Glukose und Alizarin. 1868 führten Graebe und Liebermann den Aufbau des Alizarins aus dem Anthracen des Teers aus.

Anwendung: Zwei bis drei Jahre alte Wurzeln werden wegen ihres reicheren Farbstoffgehalts den jüngeren vorgezogen. Früher wurde der Krapp in großem Maßstabe für die Türkischrot-Färberei der Baumwolle und Wolle verwendet, heute findet er nur noch beschränkte Anwendung in der Gärungsküpe der Wollfärberei. Auch die aus dem Krapp dargestellten Extrakte, wie Krappblumen, Fleurs de garance, madder flowers, ferner Garancine, Garanceux (schwächeres Garancine) und Alizarine tinctoriale (konzentriertes Garancine) werden kaum noch angewandt. In der Wollfärberei kann man Alaun oder Aluminiumsulfat und Weinstein zum Ansieden anwenden. Man erhält dann ein rötliches-braun. Wird gegen Ende des Ausfärbens Zinnchlorür zugesetzt, so erzielt man ein Scharlach; man kann auch gleich von vornherein mit Zinnchlorür und Weinstein ansieden. Die mit Krapp erzielte Farbe ist echt in bezug auf Licht, Feuchtigkeit und Luft, Säuren und Alkalien. Man erhält indessen mit Alizarin dieselben echten Töne auf eine einfachere und billigere Weise.

4. Orseille (Archil), Cudbear, Persio, roter Indigo.

Eigenschaften: Die Orseille wird aus mehreren Flechtenarten (Roccella und Lecanora) hergestellt, die an den Küsten des Mittelmeeres, den Azoren und Kanarischen Inseln, ferner an der Ostküste von Afrika und Westküste von Südamerika vorkommen. Die gemahlenen und durch Kochen im Wasser erweichten Flechten werden mit Ammoniakwasser (früher mit faulem Harn) einer Gärung unterworfen. Nach etwa 4 Wochen erhält man einen rotveilen Orseilleteig von veilchenartigem Geruche. Ein ammoniakalischer Geruch deutet auf schlechte Beschaffenheit der Orseille hin. Der Farbstoff muß in gut verschlossenen Gefäßen aufbewahrt werden, da er durch Austrocknen sehr leidet. Der färbende Bestandteil ist das Orceïn, das durch Lösen des Orseilleteiges in Wasser erhalten wird, wobei die eigentliche Flechtensubstanz zurückbleibt. Diese Flüssigkeit zur Syrupdicke eingedampft, gibt den Orseilleextrakt (25° Bé), der oft mit Blauholz- oder Rotholzextrakt oder entsprechenden Teerfarbstoffen wie z. B. Fuchsin verfälscht wird.

Anwendung: Orseille war früher ein sehr wichtiger Farbstoff für Wolle und ebenso teilweise für Seide. Obgleich lichtunecht, war er wegen seines Egalisierungsvermögens geschätzt. Er diente viel zur Herstellung von Lila, zu Misch- und Modefarben, sowie zum Übersetzen anderer Farben. Orseille färbt in saurem, alkalischen und neutralen Bade gleich gut. Jetzt ist sie durch künstliche Farbstoffe wie: Azocarmin, Fuchsin S, Azofuchsin, Säureviolett, Palatinscharlach u. a. m. verdrängt worden, welche billiger, licht- und waschechter sind.

5. Orlean, Orellana, Roucou (frz.), Anatto (engl.), Arnotto.

Eigenschaften: Orlean bildet eine teigförmige rote Masse, die aus den Samenkapseln des Orleanbaumes (Bixa orellana) durch Ausziehen mit Wasser und Gärenlassen der Flüssigkeit gewonnen wird. Der Baum ist in den wärmsten Gegenden von Südamerika heimisch, wird ferner in Westindien, auf den Sandwich-Inseln usw. gebaut. Guter Orlean muß eine hochrote Farbe besitzen, lebhaft und feurig sein. Verfälscht wird er mit Ocker, Ziegelmehl, Kolkothar (rotes Eisenoxyd) usw. Orlean ist unlöslich in Wasser, dagegen löslich in Alkohol und Äther mit kreßroter, in Alkalien mit dunkelroter Farbe. Er enthält einen roten und einen gelben Farbstoff. Der rote Farbstoff wird Bixin genannt, der gelbe Farbstoff amorphes Bixin. Um den Orlean zum Färben vorzubereiten, wird er kurz vor dem Färben mit 75 % Natrium- oder Kaliumkarbonat 1/4 Stunde gekocht. Die alkalische Lösung läßt sich längere Zeit unverändert aufbewahren.

Anwendung: Orlean färbt ohne Beize Baumwolle, Wolle und Seide, die Farben sind jedoch unbeständig, so daß sich die Anwendung fast ganz auf Seide beschränkte.

6. Safflor.

Eigenschaften: Die getrockneten Blummenblätter der Färberdistel (Carthamus tinctorius) aus Ost-Indien, Ägypten, Süd-Europa, auch in Deutschland gepflanzt, kommen unter dem Namen Safflor in den Handel. Der Farbstoff ist das Carthamin.

Anwendung: Man färbt in schwach angesäuertem Bade alle Fasern, namentlich jedoch Baumwolle und Seide rosa.

Um eine gleichmäßige Färbung auf Baumwolle zu erzielen behandelt man dieselbe in einer kalten Lösung des Farbstoffes in Soda; warme Bäder beeinträchtigen die Schönheit der Farben. Meistens wird Safflor als Safflorextrakt angewandt. Vor Entdeckung des Safranins und der Eosine, hatte Safflor eine große Bedeutung, jetzt wird der Farbstoff kaum mehr gebraucht.

III. Blau.

1. Indigo.

Indigo war schon im Altertum bekannt und stand neben dem Purpur im höchsten Ansehen [1]). Vor und nach der Einführung des Indigos in den deutschen Färbereien wurde mit Waid blau gefärbt. Die Verwendung von

[1]) Reinking. Über die Kenntnis des Indigos und der Küpenfärberei im Altertum. T. 1924, 733.

Indigo war bis zur Mitte des achtzehnten Jahrhunderts bei strenger Strafe verboten. Der Waid ist gegenwärtig gänzlich verdrängt, auch heute noch gehört Indigo (freilich aus Teer hergestellt) zu den wichtigsten Farbstoffen.

Gewinnung: Der wertvolle Indigo wird aus den Blättern verschiedener Indigopflanzen gewonnen, die namentlich in Ostindien, dann auch in Mittel- und Süd-Amerika angebaut werden. Der Samen wird wie Weizen oder Hafer gesät. Im Juni oder Juli findet die Ernte statt. Die frischen oder getrockneten Blätter werden in einem großen Bottich mit Wasser eingeweicht. Nach 14—15 Stunden tritt eine stürmische Gärung ein, die Flüssigkeit nimmt eine gelbe Farbe an und an der Oberfläche bildet sich ein blaues Häutchen. Die Flüssigkeit wird nunmehr in einen zweiten Behälter, die Schlagkufe, abgelassen, wo sie mit Schaufeln mehrere Stunden durchgearbeitet wird, der Indigo scheidet sich in fester Form ab. Zur Beförderung des Absetzens wird Kalkwasser zugesetzt. Der breiartige Niederschlag wird durch Tücher geseiht, die Masse in Würfel geschnitten und getrocknet. 300 kg Pflanzen geben durchschnittlich 1 kg Indigo.

Ammoniak-Indigo ist Indigo nach einem verbesserten Verfahren hergestellt. In die Schlagkufe wird Ammoniak gebracht, wodurch eine größere Ausbeute an Indigo erzielt wird. Die Färbekraft des so erzielten Indigo soll größer sein. Er scheint weniger Indigbraun und harzige Bestandteile zu enthalten.

Die Indigo-Sorten. Die asiatischen Sorten sind am stärksten auf dem Markte vertreten. Unter denselben ragt Bengalindigo hervor mit dunkelblauer Farbe, gleichmäßigem Korn und einem Gehalt von mehr als 75 % Indigblau. Weniger wertvoll ist die hellblauere Sorte, die auch beim Reiben mit dem Fingernagel keinen so lebhaften Glanz gibt. Am geringwertigsten sind die Stücke mit einem Stich ins graue oder grünliche. Bengalindigo tritt in fast 40 Sorten auf, die durch Bezeichnungen wie superfein, feinblau, blauviolett usw. unterschieden werden. An Qualität nahe steht Madras. Weniger geschätzt ist Java. Die westindischen Sorten sind Coromandel und Manilla. Von den amerikanischen Sorten kommt Guatemala und Caracas dem Bengalindigo gleich, während der brasilianische mehr Mittelsorte ist. Die vorzüglichste und leichteste Sorte von Guatemala-Indigo ist Floras, die zweite Sobras und die geringste Cortes. Nach der Farbe werden wieder verschiedene Klassen unterschieden. Die afrikanischen Sorten haben sich noch nicht eingeführt.

Der Indigo kommt in würfelförmigen Stücken, die oft zerbrochen sind, in den Handel. Die Farbe ist dunkelblau mit einem purpurroten Stich. Die Stücke sind meist ohne Glanz und besitzen einen schwachen, eigentümlichen Geruch. Der Bruch ist erdig und trocken. Durch Reiben mit dem Fingernagel wird auf frischem Bruche ein mehr oder minder starker Kupferglanz erzeugt, die sogenannte Nagelprobe der Färber. Der durch Gärung schwarz gewordene Inidgo wird verbrannter oder kohliger

Indigo genannt. *Sandiger* Indigo zeigt im Innern sandige Stellen. Die Stücke des *fleckigen* Indigos sind mit kleinen, etwa nadelkopfgroßen, weißen Punkten besät. *Ausgewitterter* Indigo hat einen schimmelähnlichen Anflug. *Gebänderter* Indigo läßt deutlich verschiedene farbige Schichten erkennen, *kalter* Indigo haftet an der Zunge. Nach Größe und Form unterscheidet man halbstückigen Indigo, Stücke, die absichtlich oder zufällig in zwei Hälften gespalten sind, grob zerbrochenen und kleinstückigen Indigo usw.

Eigenschaften: Der Indigo enthält mehrere Stoffe. Den wertvollsten Bestandteil, das Indigoblau oder *Indigotin*; daneben mineralische Bestandteile, besonders Kalk, dann eine leimartige Substanz, *Indigleim*, ferner einen braunen Stoff, *Indigbraun* und einen roten Farbstoff, *Indigrot*. Das Indigoblau ist nicht in der Pflanze fertig gebildet enthalten, sondern entsteht durch Gärung und dabei eintretende Spaltung aus dem in der Pflanze befindlichen farblosen *Indican*, welcher auch durch Säuren in *Indoxyl* und Traubenzucker zerfällt. Das Indoxyl wird durch den Luftsauerstoff zu Indigo oxydiert:

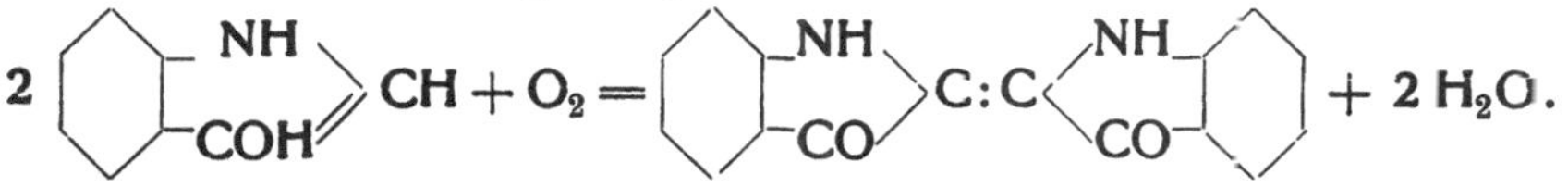

Der Gehalt an Indigoblau schwankt zwischen 20—75 %. Indigo muß leicht sein, auf dem Wasser schwimmen, darf beim Trocknen bei 100° nicht mehr als 3—4 % verlieren, beim Verbrennen nur 7—9 % Asche hinterlassen. Verfälscht wird der Indigo oft mit Stärkemehl, Harz, Schiefermehl, Farbhölzerextrakt, Teerfarbstoffen, Berlinerblau usf.

Indigoblau ist unlöslich in Wasser, Alkohol, Äther, Salzsäure und verdünnter Schwefelsäure. Löslich dagegen in rauchender Schwefelsäure, auch in Benzol, Anilin, Chloroform und Amylalkohol.

Salpetersäure und Hypochlorit oxydieren zu Isatin

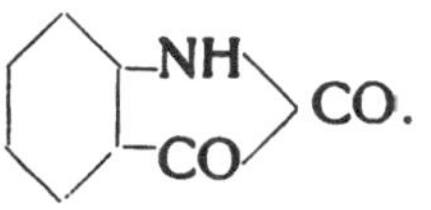

Durch reduzierende Mittel unter Mitwirkung von Alkalien wird Indigoblau in *Indigweiß* überführt und gelöst. An der Luft oxydiert sich das Indigweiß wieder zu Indigoblau. Als verwendete Reduktionsmittel und Alkalien sind namentlich anzuführen: Eisenvitriol und Kalk, Zinkstaub und Kalk, Natriumhydrosulfit und Natronlauge, Dextrose und Ätzkali usf.

Die Fähigkeit, leicht reduziert zu werden, wird in der Praxis zum *Lösen des Indigos* und zum Färben mit demselben benutzt. Der durch Reduktionsmittel entstehende freie Wasserstoff verbindet sich mit Indigoblau zu Indigweiß:

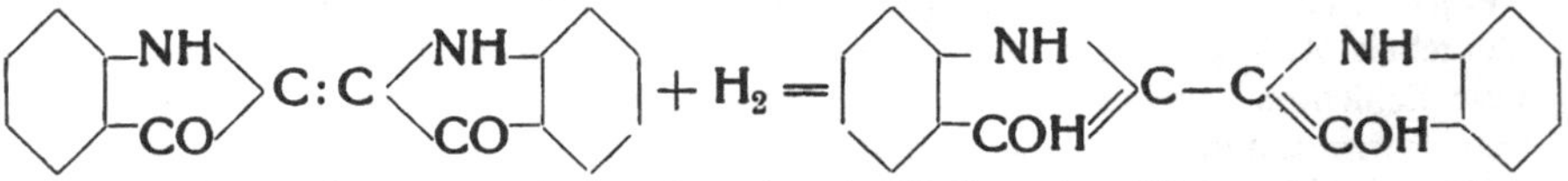

Indigweiß löst sich in der durch Kalk oder Natronlauge alkalisch gemachten Flüssigkeit. Eine solche alkalische Indigolösung nennt man Küpenlösung oder kurzweg Küpe. Wird eine Faser hineingetaucht, so nimmt sie Indigweiß auf, wird die Faser wieder der Luft ausgesetzt, so verwandelt der Sauerstoff der Luft das Indigweiß zu Indigoblau, indem der Sauerstoff sich mit 2 Wasserstoffatomen zu Wasser verbindet. Diesen Vorgang auf der Faser nennt man das Vergrünen der Faser. Das Indigweiß geht durch grün in blau über.

$$\underset{\text{Indigoweiß}}{C_{16}H_{12}N_2O_2} + \underset{\text{Sauerstoff}}{O} = \underset{\text{Indigblau}}{C_{16}H_{10}N_2O_2} + \underset{\text{Wasser.}}{H_2O}$$

Indigoanalyse. Die Wertbestimmung des Indigo's, d. h. des Gehaltes an reinem Indigotin kann nach sehr verschiedenen Methoden erfolgen. Als geeignetste seien folgende genannt:

1. Mit Hilfe von Permanganat wird Indigo zu Isatin oxydiert. Man bringt 1 g Indigo durch Behandeln mit 7 ccm konzentrierter Schwefelsäure während ½ Stunde bei 95° zur Lösung, verdünnt mit Wasser auf 100 ccm und filtert in einen Liter-Maßkolben. 20 ccm der Lösung 1:1000 verdünnt man mit 300 ccm destilliertem Wasser und titriert mit eingestellter Permanganatlösung. Die Permanganatlösung enthält ½ g $KMnO_4$ im l und wird auf einen Indigo von bekanntem Gehalt eingestellt.
2. Nach Rawson wird Indigo in einer Leuchtgas- oder Wasserstoffatmosphäre in einem Kolben durch Kalkwasser und Natriumhydrosulfit reduziert. Die gebildete Lösung wird gemessen, ein Teil abpipettiert und durch Luft oxydiert. Das ausgeschiedene Indigotin wird, nachdem vorher Indigorot durch Extraktion mit Alkohol entfernt ist, gewogen. (Chemical News L 1,255.)

$$5\,\underset{\text{Indigo}}{C_{16}H_{10}N_2O_2} + 4\,KMnO_4 + 6\,H_2SO_4 \rightarrow$$
$$10\,\underset{\text{Isatin}}{C_8H_5NO_2} + 4\,MnSO_4 + 2\,K_2SO_4 + 6\,H_2O.$$

1 ccm $\frac{10}{n}$ $KMnO_4$ theoretisch = 6,55 mg praktisch etwa = 7,5 mg Indigo.

3. Brylinski bestimmt Indigotin durch Extraktion mit Eisessig.

Vorbereitung zum Färben. Bevor der Indigo in den Färbereien zur Verwendung gelangt, muß er auf's feinste gemahlen und geschlämmt werden. Die verschiedene Härte der Indigosorten setzt dem Mahlen oft großen Widerstand entgegen. Dann empfiehlt sich 12- bis 24 stündiges Einweichen des Indigos in Natronlauge von 4° Bé. Das Mahlen wird dann in kürzester Zeit erfolgen können. Hierzu dienen besonders Indigomühlen, sie sind S. 191 beschrieben.

Anwendung: *a.* Die Anwendung des Indigos in der Baumwollfärberei beschränkt sich auf das Färben in kalt geführten Küpen, kurzweg kalte Küpen genannt. Nach den zur Reduktion gebrauchten Mitteln unterscheidet man die Vitriol- und die Zinkstaubküpe. Mit den kalten Küpen erreicht man auf Baumwolle die besten Erfolge. Man erzielt ein lebhafteres Blau und beim späteren Überfärben mit gelben Farbstoffen ein leuchtenderes Grün als wenn man auf warmer Küpe färben würde. Eine Ausnahme macht die Hydrosulfitküpe, auf welcher man bei Einhaltung einer geringen Wärme mit gutem Erfolg auch Baumwolle färben kann. Die Küpenführung ist ausführlicher S. 179 beschrieben.

I. Die Vitriolküpe. Die Küpe wird aus Indigo, Eisenvitriol und gelöschtem Kalk hergestellt. Die Gewichtsverhältnisse werden am besten mit Bezug auf Indigo rein BASF. in Teig 20 % angegeben. Beim Ansetzen einer starken Stammküpe wird nach der Vorschrift der BASF. (Indigo rein BASF. S. 83) folgendermaßen verfahren:

15 kg Indigo rein BASF. in Teig werden mit etwa 30 l Wasser von 60° gemischt. Vorher hat man 18 kg gebrannten Kalk mit Wasser zu einem zarten, dünnen Brei gelöscht; diesen gibt man 60° warm zu dem Indigo, fügt hierzu unter Rühren 12 kg Eisenvitriol, gelöst in 50 l Wasser von 60° und füllt mit Wasser auf 250 bis 300 l auf.

Der Ansatz bleibt, indem man von Zeit zu Zeit durchrührt, 4 bis 6 Stunden zugedeckt stehen. Bis dahin muß er gelb geworden sein und einen schönen kupferfarbigen Schaum, die sog. Blume, besitzen.

Die Färbeküpe wird folgendermaßen bereitet: Die Flotte wird zunächst einige Zeit vorher vorgeschärft, indem man auf 100 l 1 kg Vitriol und $1^{1}/_{2}$ kg Ätzkalk zusetzt und umrührt.

Den Stammansatz füllt man in die mit Wasser zu $^{2}/_{3}$ gefüllte

Färbeküpe, rührt durch, läßt absitzen und beginnt mit dem Färben. Man hält die Küpen am besten bei 20 bis 24°.

Die Vitriolküpen werden meistens nicht nachgespeist; man färbt täglich dreimal je 50 Pfund Garn und rührt nach jedesmaligem Färben um („stößt auf"). Durch 26- bis 28 maliges Färben, also in etwa 10 Tagen soll die Küpe erschöpft sein.

Ist die Küpenflüssigkeit nach Zusatz der erwähnten Bestandteile grünlich, so ist noch unveränderter Indigo vorhanden. Es muß alsdann Eisenvitriol zugesetzt werden. Bei einer sehr dunkel gefärbten Flüssigkeit ist Kalkmangel vorhanden. Anderseits darf auch kein Überschuß an Kalk beigefügt werden. In diesem Falle wird zu wenig Farbe von der Faser aufgenommen; man sagt dann, die Küpe ist „scharf" oder „setzt schlecht auf". Ein Überschuß an Eisenvitriol erzeugt eine „leise" Küpe; die erzielte Färbung ist wenig echt.

Der Eisenvitriol muß von grünlicher Farbe sein, frei von Eisenoxyd, Kupfer- und Tonerde. Ein Eisenoxydgehalt wird schon an der gelben Farbe erkannt. Die Beimengungen tragen nicht zur Reduktion bei, sondern bewirken einen Verlust an Kalk und vermehren den Bodensatz. Kupfer wirkt oxydierend und führt einen Teil des Indigweiß in Indigblau über.

Ein Teil des Kalkes kann auch durch Kalium- oder Natriumkarbonat ersetzt werden. Den Kalk ganz durch die genannten Alkalien vertreten zu lassen oder gar Ätznatron zu nehmen, empfiehlt sich nicht, da bei Gegenwart von Kalk die Baumwolle stets rascher gefärbt wird und durch den an der Oberfläche der Küpenflüssigkeit fein verteilten kohlensauren Kalk das Indigweiß am besten vor Oxydation geschützt wird.

T h e o r i e d e r K ü p e. Der chemische Vorgang bei dieser Küpe ist folgender: Der Kalk zersetzt den Eisenvitriol und bildet Kalziumsulfat und Eisenhydroxydul:

$$\underset{\text{Eisenvitriol}}{FeSO_4} + \underset{\text{Kalk}}{Ca(OH)_2} = \underset{\text{Kalziumsulfat}}{CaSO_4} + \underset{\text{Eisenhydroxydul.}}{Fe(OH)_2}$$

Das Eisenhydroxydul ist bestrebt in Gegenwart des fein verteilten Indigos sich in Eisenhydroxyd zu verwandeln, wirkt deshalb auf das Wasser ein und zersetzt dasselbe. Der Sauerstoff des Wassers verwandelt das Hydroxydul in Eisenhydroxyd und Wasserstoff wird frei:

$$\underset{\text{Eisenhydroxydul}}{2\,Fe(OH)_2} + \underset{\text{Wasser}}{2\,H_2O} = \underset{\text{Eisenhydroxyd}}{Fe_2(OH)_6} + \underset{\text{Wasserstoff.}}{H_2}$$

Der frei gewordene Wasserstoff verbindet sich mit dem Indigblau und führt es in Indigweiß über, löslich im Überschuß von Kalk:

$$C_{16}H_{10}N_2O_2 + H_2 = C_{16}H_{12}N_2O_2$$

Indigblau Wasserstoff Indigweiß.

Die Baumwolle wird in gut genetztem Zustand in die Küpe gebracht. Man kocht sie vorher in Wasser, mit oder ohne Zusatz von Soda ab. Nachdem man die Blume abgeschöpft, werden die Strähne auf Stöcken in die Küpe gehängt, 2 bis 5 Minuten auf- und niedergezogen, herausgenommen, abgewunden, aufgeschlagen und gelüftet, um zu vergrünen. Zur Erzielung dunkler Blau geht man in weitere stärkere Küpen, bis die gewünschte Farbe erzielt ist. Durch Spülen in einem verdünnten Schwefelsäurebad von 1,5 bis 2° Bé wird die Faser von anhaftendem Kalziumkarbonat befreit, gleichzeitig auch die Farbe belebt. Zum Schluß wird in fließendem Wasser gespült, abgewunden und getrocknet.

Um Indigo zu sparen, wurde häufig, z. B. mit Katechu oder Sandelholz vorgefärbt, worauf man beim Ausfärben mit weniger Indigo dunklere Töne erreichte. Umgekehrt wird oft Indigogrund vorgefärbt und ein anderer Farbstoff aufgefärbt.. Man überfärbt mit Zinnsalz, Eisen und Blauholz oder man bringt grüne oder blaue basische Teerfarbstoffe auf die Faser.

Der Bodensatz der Küpe enthält als wertvollsten Bestandteil Indigblau, daneben Kalziumsulfat, Eisenhydroxyd, Indigbraun, Indigrot, Indigleim. Aus dem Bodensatz kann man den Indigo durch Zersetzen des Niederschlags mittelst starker Salzsäure gewinnen. Die überstehende klare Flüssigkeit wird von dem sich absetzenden Indigotin abgegossen.

II. Die Zinkstaubküpe. Die vorige Küpe hat den Nachteil, daß sie rasch dickflüssig wird. Um dies möglichst zu verhindern, schlug Stahlschmidt im Jahre 1866 vor, Zinkpulver oder Zinkstaub zur Reduktion des Indigos zu verwenden. Zinkstaub ist ein graues, schweres Pulver und besteht aus fein verteiltem Zink, Zinkoxyd, Zinksulfid und einigen anderen Metallen. Das Pulver muß gut verschlossen und trocken aufgehoben werden. Der Kalk sei stein- und sandfrei.

Bereitung der Stammküpe (Indigo rein BASF. S. 81): 10 kg Indigo Teig 20 % SB. werden mit 1,2 kg Zinkstaub, der mit 20 l Wasser von 50 bis 60° angerührt wurde, vermischt und 4—5 kg Ätzkalk, zu gleichmäßigem Brei gelöscht, zugegeben.

Man füllt mit Wasser von 50 bis 60° auf 80 bis 100 l auf und rührt von Zeit zu Zeit gut durch. Nach etwa 5 Stunden ist die Küpe gelb und gebrauchsfertig.

Bereitung der Färbeküpe: Das Wasser ist vorzuschärfen, um so stärker, je schwächer die Küpe, durchschnittlich mit 1/4 kg Zinkstaub und 1 kg vorher zu Brei gelöschtem Ätzkalk.

Verwendet man statt Indigo Teig Pulver, so ist vorher fein zu mahlen; nur die L-Marken sind bereits fein genug.

Die warme Stammküpe soll nicht allzulang stehen, um Indigoverluste zu vermeiden.

Da die Färbeküpe besonders in der ersten Zeit noch Wasserstoff entwickelt, „treibt", so ist jedesmal vor dem Färben „aufzustoßen", um das im Satz eingeschlossene Gas auszutreiben. Der von dem Gas mit nach oben genommene Satz würde die Ware beschmutzen.

Auch hier ist die günstigste Temperatur für die Küpenführung 20 bis 24°.

Der Vorteil der Zinkstaubküpe besteht zunächst in der längeren Haltbarkeit. Sie wird erst in 6 bis 8 Monaten schlammig, die Vitriolküpe schon in drei Monaten. Der Verlust an Indigo ist geringer (normal 10 %). Das Ansetzen und Führen der Küpe ist einfach und billig.

Theorie der Küpe. Zinkstaub besitzt die Eigenschaft gelöschten Kalk zu zersetzen

$$Zn + Ca(OH)_2 \longrightarrow ZnO_2Ca + H_2.$$

Der Wasserstoff führt das Indigblau in Indigweiß über, welches sich im Überfluß von Kalk sogleich löst (s. Binz und Rung, Z. f. a. Ch. **1899**, 489).

III. Hydrosulfitküpe. Schützenberger schlug 1871 die Verwendung von Natriumhydrosulfit als Reduktionsmittel für Indigo vor, in Verbindung mit Kalk beziehungsweise mit Kalk und Natronlauge. Die Hydrosulfitküpe ist für Baumwolle wichtig bei der Kontinueküpenfärberei der Stückware und zum Färben von Garn in Form von Kops und Spulen.

Das gelöste Hydrosulfit hat den Vorteil, rascher als die vorigen ungelösten Reduktionsmittel Indigo in Indigoweiß überzuführen; trotzdem ist der Vorgang nicht so heftig, daß etwa ein Teil Indigo zerstört würde. Während durch Überreduktion in der Vitriolküpe 20 bis 25 % und in der Zinkstaubküpe 10 % Verlust an Indigo entstehen können, werden hier höchstens 1 bis 2 % Indigo zerstört.

Ein weiterer Vorzug der Hydrosulfitnatronküpe ist das Fehlen des Bodensatzes. Auch braucht die Färbung nicht wie bei den beiden vorigen Küpenarten abgesäuert zu werden.

Freilich zeigt die Färbung nicht den häufig beliebten Rotstich und Kupferton.

Bereitung der Stammküpe (Indigo rein BASF. 91): 50 kg Indigo rein 20 % werden in einem Holzfaß mit 100 l Wasser und 30 l Natronlauge 40° Bé angerührt und 8,5 kg Hydrosulfit conc. BASF. Pulver eingerührt, ohne daß zuviel Luft hinzutritt. Zugleich wird durch Einleiten von Dampf auf 45° erwärmt.

Nach ungefähr ½ Stunde ist die Reduktion so weit, daß die Lösung von einer Glasplatte gelb und klar abläuft und in etwa 30 Sekunden vergrünt.

Bereitung der Färbeküpe: Das Wasser wird einige Stunden vorher mit 50 g Hydrosulfit auf 1000 l vorgeschärft. Dann gießt man die Stammküpe durch einen Trichter unter die Flotte.

Den richtigen Gehält an Hydrosulfit erkennt man an der Zeitdauer des Vergrünens. Den Gehalt an Natronlauge prüft man mit Phenolphtaleinpapier, das immer deutlich rot werden soll.

Man kann auch statt mit fertigem Hydrosulfit mit einem Gemisch Zinkstaub-Bisulfit, welches einem angeteigten Gemenge von Indigo und Kalk zugesetzt wird, eine brauchbare Küpe bereiten, welche besonders in der Wollfärberei benutzt wird (Indigo rein BASF. 94).

IV. Gärungsküpen. Diese werden hauptsächlich in überseeischen Ländern gebraucht, wo neben billigen Arbeitskräften reichliche Gärungsmittel zu haben sind. Die Gärungsküpen erteilen dem Färbegut den sog. Indigogeruch und einen gedeckteren, weniger kupfrigen Ton. Der bei der Gärung bei Gegenwart von Alkali freiwerdende Wasserstoff verküpt den Indigo.

Als Gärungsmittel dienen Kleie, Mehl, Brot, Sirup, Datteln usw., als Alkalien Kalk, Pottasche, Soda. Die Küpen werden rein erfahrungsmäßig geführt. Ein Beispiel möge genügen:

Pottascheküpe: Auf 200 l Wasser von 55 bis 60° gibt man 1,5 kg Krapp, 1,5 kg Pottasche, 1 kg Indigo rein 20 % S und 1,5 kg Kleie. Am folgenden Tage, wenn die Gärung „ankommt" und die rote Farbe des Krapps verschwindet, schärft man mit jedesmal ½ kg Pottasche aus und setzt 1 kg Indigo nach. Ebenso am dritten Tage. Phenolphtaleinpapier muß deutlich rot werden. Man färbt bei 50° und trocknet ohne zu spülen.

β. Die Anwendung des Indigos in der Wollfärberei ist ebenso ausgedehnt. Das Färben geschieht in warmen

Küpen, d. h. bei einer Temperatur von ungefähr 50 ° C. Nach den Reduktionsmitteln unterscheidet man die Gärungsküpen, Waid- und Sodaküpen und die Hydrosulfitküpe. Gefärbt wird in großen gußeisernen oder kupfernen Gefäßen von 1½ bis 2 m Tiefe, 1½ bis 2 m unterem und 2 bis 2½ m oberem Durchmesser. Zur bequemeren Handhabung werden sie auch zu einem Teile in den Boden versenkt, eingemauert, und zwar so, daß der größere obere Teil von einem Kanal umgeben ist, in welchem Dampf zur Erwärmung der Küpe eingeführt wird. Der Bodensatz wird bei dieser Einrichtung nicht aufgerührt und eine regelmäßige Temperatur eingehalten. Das Umrühren während des Ansetzens der Küpe wird entweder durch eine mechanische Rührvorrichtung bewirkt oder mittelst einer Handkrücke.

I. Die Waidküpe. Der Name Waidküpe rührt davon her, daß Jahrhunderte lang in Deutschland einzig diese Küpe, mit Waid angesetzt, zum Blaufärben benutzt wurde. Erst zu Anfang des 17. Jahrhunderts begann man Indigo zuzusetzen. Hieraus ging allmählich die jetzt gebräuchliche Waidküpe hervor, bei welcher Waid nur doch dazu dient, die Gärung einzuleiten.

Zum Ansetzen von 8 bis 9000 l nimmt man: 50 kg Waid, am besten, solchen, der vorher noch nicht gegoren, 20 kg Indigo rein Teig 20 % S, 10 kg Krapp, 3 kg Kalk, 5 kg Soda und 10 kg Kleie.

Die Ansätze sind in den verschiedenen Färbereien sehr verschieden.

Man füllt zunächst den Kessel zur Hälfte mit Wasser, fügt den mit nicht über 70 ° warmem Wasser erweichten und zerkleinerten Waid und den Indigo hinzu, rührt um und bringt die Temperatur auf 60 ° C. Alsdann rührt man den Krapp, die Kleie und fast allen Kalk hinein. Die Küpe wird dann 12 bis 24 Stunden zugedeckt ruhen gelassen, unter Beibehaltung einer Temperatur von 45 bis 50 ° C. Nach je 3 Stunden muß aufgerührt werden. Es beginnt alsdann die Gärung, die sich durch ein leises Geräusch zu erkennen gibt. Geht die Gärung zu stark, so daß der Bodensatz aufgeworfen wird, so muß noch ½ kg Kalk zugesetzt werden. Ist dagegen die Gärung zu schwach, so kann sie durch Zusatz von Kleie befördert werden. Die Gärung ist gut, wenn an der Oberfläche blaue Adern und ein leichter Schaum, die Blume, von schön blauer Farbe, und kupfrige Flecken sich zeigen. Die Küpenflüssigkeit nimmt eine grünlichgelbe Farbe an. Der Bodensatz, auch Küpenmark genannt, mit der Krücke heraufgeholt, ist grünlich und wird an der Luft braun. Der Geruch ist im allgemeinen angenehm, weder süßlich noch stechend. Nach weiteren 12 bis 24 Stunden wird die Küpe zum „Eröffnen“ fertig sein. Diesen Zeitpunkt erkennt man an einem ½ Stunde lang hineingehängten Wollappen, Stahl genannt, nach dem holländischen Staal(-Muster), der grünlichgelb herauskommt und an der Luft langsam blau wird. Die Probe darf jedoch erst 2 Stunden nach vorhergegangenem Aufrühren gemacht werden. Die Hauptsache bei der nicht ganz leichten Führung der Waidküpe besteht darin, stets den gehörigen Kalkgehalt zu treffen. Ein Überschuß beeinträchtigt die erforderliche Gärung; zu wenig Kalk steigert sie so, daß der Bodensatz fault und die Küpe verdirbt. Nach dem Färben muß die Küpe durch neue Mengen von Kalk und Kleie, sowie nach je zwei Tagen mit 8 kg Indigo rein Teig 20 % nachgespeist werden. Die Temperatur von 50° C muß stets beibehalten werden. Nach 9 Monaten wird die Küpe so dickflüssig, daß kein Zusatz mehr gemacht werden kann. Die Küpe wird dann zum Färben von hellen Tönen benutzt, bis sie ganz abgefärbt ist, worauf der ganze Inhalt abgeschöpft wird.

Theorie der Küpe (A. Fitz B. **1878**, 1890; Wendelstadt und Binz B. **1906**, 1627). Infolge der Gärung von Waid und Kleie entsteht aus dem Zucker des Krapps und der Stärke zuerst Milchsäure. Diese setzt sich bald um in Buttersäure, Kohlensäure und Wasserstoff. Letzterer führt das Indigblau in Indigoweiß über:

$$\underset{\text{Milchsäure}}{2\,C_3H_6O_3} = \underset{\text{Buttersäure}}{C_4H_8O_2} + \underset{\text{Kohlensäure}}{2\,CO_2} + \underset{\text{Wasserstoff}}{2\,H_2}.$$

Das Indigoweiß löst sich in der ammoniakalisch gewordenen Flüssigkeit. Der Kalk dient, wie schon erwähnt, zur Regelung der Gärung und zur Zersetzung der bei der Gärung des Waids gebildeten Ammoniaksalze, um Ammoniak in Freiheit zu setzen. Außerdem sättigt der Kalk die durch Gärung gebildete Säure, welche sonst das Ammoniak neutralisieren und dem Indigoweiß das Lösungsmittel nehmen würde. Der Kalk bindet auch Indigobraun. Hieraus geht die wichtige Rolle des Kalkes hervor; auch zeigt sich, wie verwickelt die Vorgänge bei der Waidküpe sind.

Krankheiten der Küpe. Die Störungen, denen eine Waidküpe ausgesetzt ist, nennt man die Krankheiten der Küpe. Sie entspringen dem falschen Verlauf der Gärung infolge von zuviel oder zu wenig Kalkzusatz.

Bei einer guten Küpe hält sich stets die faule und saure Gärung das Gleichgewicht.

Infolge von zu geringem Zusatz von Kalk wird eine stärkere Gärung hervorgerufen, die schließlich den Indigo zerstören kann. Die Färber nennen den Zustand das Durchgehen oder Faulwerden der Küpe, erkennbar an dem faulen Geruche, an dem Verschwinden der Blume und dem trüben, rotgelblichem Aussehen der Flotte. Phenolphtaleinpapier wird nicht mehr gerötet. Dieser äußerst nachteiligen Störung ist die Waidküpe besonders stark ausgesetzt. Bringt man einen blaugefärbten Lappen, Wächter genannt, in die Küpe, so wird dieser allmählich, statt stärker geblaut zu werden, an Farbe abnehmen. Zu Beginn des „Durchgehens" ist die Küpe zu retten. Ein Zusatz von Kalk mäßigt die schnell fortschreitende Fäulnis.

Setzt man zuviel Kalk zu, so tritt ein anderer Übelstand ein, die Verschärfung oder das Scharfwerden der Küpe. Der Kalküberschuß schlägt das Indigoweiß aus seiner Lösung nieder. Ein gegen das Licht gehaltener Tropfen zeigt eine fast wasserhelle Farbe, der rötlich braune Bodensatz verändert an der Luft die Farbe nicht, Adern und Blume fehlen ganz und die Flotte selbst hat eine dunkelbraune Farbe. Die durch Aufrühren entstandenen Luftblasen bleiben lange stehen und sehen grünlich-weiß aus. Die Gärung wird bald gänzlich aufhören. Um dieselbe wieder hervorzurufen, wird ein Sack mit Kleie mehrere Stunden in die Küpe hineingehängt. Durch die Gärung der Kleie entstehen Säuren, welche den überschüssigen Kalk neutralisieren und unschädlich machen. Einfacher als Kleie ist ein geringer Zusatz von Eisenvitriol oder von verdünnter Schwefelsäure, die sich mit Kalk umsetzt. Die Gärung, durch Kleie hervorgerufen, kann zuweilen so heftig werden, daß sie, wenn sie nicht durch Kalk gemäßigt wird, bald in faule Gärung übergeht, die die Küpe dann in äußerstem Grade verdirbt.

Ein großer Fehler der Küpe wird von vielen Färbern verkannt, weil diese meistens ihre Aufmerksamkeit den vorgenannten beiden Punkten zuwenden. Die zu färbende Ware kommt blaßgraublau zum Vorschein. Man nennt dies das gebrochene Grün. Bodensatz und Flüssigkeit haben eine bräunlichgrüne Farbe. Die Küpe hat eine sehr geringe oder gar keine Blume. Die Adern sind fast unbemerkbar. Es fehlt der eigentümliche Geruch. Dieser Zustand entsteht, wenn der angewandte Waid bei seiner Zubereitung zu stark gegoren, wenn die Küpe zu lange und zu oft in Gebrauch gewesen und wenn unregelmäßig oder übereilig gespeist worden. Die vorwaltende Essiggärung unterdrückt die faule

Gärung. Die gebildete Essigsäure neutralisiert das Ammoniak (siehe oben), so daß die Reduktion des Indigos gehemmt wird. Letzterer bleibt unaufgelöst im Bade und färbt dasselbe grün. Um die Küpe wieder instand zu bringen, erwärmt man ohne Kalk zuzugeben und fügt einige Pfund nicht gegorenen Waid zu. Nach 12 Stunden wird die Küpe wieder hergestellt sein. Nach anderer Anweisung soll man Eisenvitriol in geringer Menge bei tüchtigem Umrühren zufügen.

Das Färben. Bevor die Wolle auf die Küpe gebracht wird, muß sie, wie immer beim Färben, sorgfältig entfettet und gewaschen sein. In noch feuchtem Zustand gelangt sie als lose Wolle, Garn oder Gewebe, in die Küpe, von welcher man vorher die Blume abgeschöpft hat.

Lose Wolle wird in einem Netz gefärbt, in welchem sie vollständig frei unter der Oberfläche der Flotte schwimmen kann. Mit einer Stange wird sie in dem Netze langsam hin und her bewegt. Bei größeren Mengen bringt man statt eines Netzes in der Tiefe eines Meters eine Trift an, das ist ein Rahmen mit darüber gespanntem, ausgestrecktem Netz aus starken Schnüren. Die Trift verhindert das Aufrühren des Bodensatzes. Nachdem die Wolle ½ bis 2 Stunden lang in dieser Weise behandelt worden, wird sie herausgenommen, in große Netze gebracht, damit die Flüssigkeit ablaufen kann und die dann noch überschüssige Flüssigkeit abgequetscht. Zum Vergrünen wird sie nunmehr auf Haufen ausgebreitet. Nach einiger Zeit wird schwach abgesäuert und gründlich gespült.

Garne werden an Kordeln gefärbt und unter der Oberfläche der Flotte umgezogen.

Wollenes Tuch wird über einer Trift unter der Oberfläche der Küpe über Quetschrollen eine Zeitlang hin und hergeführt, je nach der zu erzielenden Färbung und je nach der Durchdringlichkeit des Stoffes. Nach dem Färben wird abgesäuert und gewaschen. Um jede Spur lose anhängenden Indigos noch zu entfernen, wird das Tuch nach dem Färben mit Seife und Walkerde gewalkt. Zuweilen kocht man die Ware noch vorher mit Alaun und dämpft, wodurch größere Lichtechtheit und geringeres Abschmutzen erzielt wird.

II. Die Sodaküpe. Diese Küpe ging aus dem Bestreben hervor, die Waidküpe zu vereinfachen. Sie wurde von einem Färber in Louvier (Frankreich) aufgefunden. Der Ansatz ist verschieden von der Waidküpe, weil kein Waid gebraucht wird. Folgende

Bestandteile werden für 6—8000 Liter angewandt (Indigo rein BASF S. 240): 13 kg Indigo rein Teig 20 % S, 8 kg Syrup, 6 kg Krapp, 14 kg Soda, 20 kg Kleie, 3 kg Kalk. Man setzt an wie bei der Waidküpe. Jedesmal nach vollendetem Färben wird auf 50 bis 55° erwärmt und 8 kg Indigo sowie 3 kg Syrup hinzugesetzt. Die Sodaküpe ist nicht in dem Maße der Gefahr des Durchgehens und des Scharfwerdens ausgesetzt wie die Waidküpe, trübt sich auch nicht so leicht, weshalb ununterbrochen darauf gefärbt werden kann. Sie gerät zwar schneller in Unordnung als die Waidküpe, ist jedoch trotzdem leichter zu führen als diese. Sie hält bis 1½ Jahre. Besonders ist sie zum Färben halbwollener Waren geeignet.

III. Die Hydrosulfitküpe. Diese Küpe ist, wie schon oben gesagt, ganz das Ergebnis wissenschaftlicher Forschung. Das Reduktionsmittel ist die von Schützenberger im Jahre 1871 aufgefundene hydroschweflige Säure. Von Schützenberger und Lalande wurde sie zuerst zur Reduktion von Indigo vorgeschlagen. Anfangs wurde die Küpe nur für die Druckerei gebraucht, gegenwärtig findet sie besonders in der Wollfärberei viel Verwendung, wo sie große Vorteile vor der Waidküpe zeigt. Sie ist nicht den Unzuträglichkeiten der Waidküpe ausgesetzt, kann sehr leicht fast von einem Laien geführt werden, hinterläßt fast keinen Schlamm bei jahrelanger Anwendung und gibt ebenso volle und lebhafte Färbungen wie die anderen Küpen. Sie läßt sich schnell in Gang setzen.

Ansatz der Stammküpe (Indigo rein BASF S. 268):
Für 3000 l Färbeküpe werden
7,5 kg Indigo rein BASF Teig 20 % mit
15 l Wasser von 60° angerührt und
1,8 l Natronlauge 40° Bé zugesetzt. Dann werden
1,5 kg Hydrosulfit konz. BASF Pulver eingerührt und ½ Stunde auf 60 bis 65° gehalten.

Dann soll die Küpe von einer Glasplatte gelb und klar ablaufen. Etwaige dunkle Punkte sind nicht reduzierter Indigo: Es fehlt an Hydrosulfit. Grünlich weiße Trübung deutet auf ungelöstes Indigoweiß. Es fehlt an Natronlauge. Phenolphtaleinpapier soll ganz schwach rosa gefärbt werden.

Ansatz der Färbeküpe:

Das Wasser wird bei 50° mit 1 l Ammoniak und 150 g Hydrosulfit vorgeschärft. Dann werden 10 l Leimlösung 1:10 und schließlich die Stammküpe eingerührt. Der Leim verhindert nach D. R. P.

152 907 der BASF als Kolloid das Ausfallen des Indigoweiß trotz der ungenügenden Gegenwart der für die Wolle gefährliche Natronlauge.

Bei der Hydrosulfitkalkküpe ist die Natronlauge durch Kalk ersetzt.

Bei der Bisulfitzinkkalkküpe wird das Hydrosulfit vom Färber unmittelbar beim Küpenansatz bereitet. In dieser Form hat sich die Hydrosulfitküpe zuerst in England eingeführt und ist auch noch trotz ihrer Nachteile dort in Gebrauch. Sie heißt deshalb auch „englische Küpe".

Ansatz der Stammküpe (Indigo rein BASF S. 272):

10 kg Indigo rein BASF. 20% werden mit
5 l Wasser von 80 bis 90° und
10 l Kalkmilch 20% gemischt und mit einem Gemisch von
12 l Bisulfit 32° Bé und
1,2 kg Zinkstaub versetzt. Darauf wird mit Wasser von 60 bis 70° auf 60 l aufgefüllt und gelegentlich gerührt, bis die Küpe gelb geworden ist.

Ansatz der Färbeküpe:

Das Wasser wird bei 50 bis 55° mit einer Mischung von 2 l Bisulfit und 200 g Zinkstaub vorgeschärft und nach ½ Stunde die Stammküpe eingerührt.

Bei richtigem Stand sieht die Küpe grüngelb aus; zu scharfe Küpen sehen hellgelb, mangelhaft reduzierte trübe aus; im ersteren Falle setzt man verdünnte Essigsäure, im letzteren von der zum Vorschärfen angewandten Mischung zu.

Über die Führung der Hydrosulfitküpe und insbesondere ihren Ansatz mit bereits reduziertem Indigo s. S. 193 ff.

Indigokarmin, Indigosulfosäure, löslich Indigoblau (Indigo soluble); Indigotin, welcher Name aber eigentlich nur reines, aus Indigo gewonnenes Indigoblau bezeichnen sollte.

Indigokarmin besteht aus indigoblau-sulfosaurem Natrium. Vom Indigo unterscheidet es sich durch seine Löslichkeit. Es wird dargestellt durch Behandeln von fein gemahlenem Indigo mit rauchender oder konzentrierter Schwefelsäure, Verdünnen mit Wasser und Neutralisieren der Lösung mit Soda unter Zusatz von Kochsalz, bis die Flüssigkeit nur noch schwach sauer reagiert. Das indiogblausulfosaure Natrium scheidet sich dann in dunkelblauen Flocken aus. Der Niederschlag wird ausgewaschen und in teigartiger Beschaffenheit oder getrocknet und gepulvert verkauft. Der Farbstoff ist leicht löslich.

Setzt man Alaun zur Lösung des Indigos in Schwefelsäure und rührt Stärkemehl hinein, so erhält man das sogenannte Neublau oder Waschblau, zum Bläuen der Wäsche bestimmt, das in viereckigen Stückchen oder gepulvert in den Handel gelangt.

Sächsischblaufärberei. Das Färben mit Indigokarmin wurde in Sachsen im Jahre 1740 zuerst benutzt.

Da die übrigen Bestandteile des natürlichen Indigos das Sächsischblau leicht grünlich und unrein machen, so wurden sie vor dem Färben durch ein besonderes Verfahren entfernt. Man löste 1 Teil Indigo in 4 bis 8 Teilen rauchender Schwefelsäure, ließ die Lösung mehrere Tage stehen, und erhitzte dann im Wasserbade solange, bis der Indigo vollständig gelöst war. Die Indigolösung schüttete man allmählich in 20 bis 30 Teile Wasser, wobei ein Teil der verunreinigenden Bestandteile des Indigos sich zu Boden setzte. In die klare Lösung wurde rein gewaschene lose Wolle gebracht, die Flüssigkeit zum Sieden erhitzt und 24 Stunden ruhen gelassen. Die Wolle färbte sich schwarzblau, indem sie Indigosulfosäure und noch einige andere Verbindungen aufnahm. Sie wurde abtropfen gelassen, mit Wasser gewaschen und in einem Kessel mit Wasser und etwas Pottasche, Soda oder Ammonkarbonat gebracht; man ließ $1/4$ Stunde kochen. Die blauen Säuren verließen die Wolle und färbten das Wasser. Die Wolle blieb schmutzig-rotbraun zurück, gefärbt mit Indigorot, auf welches das Alkali wenig einwirkt. Die übrig gebliebene Flüssigkeit war nunmehr zum Blaufärben von Wolle und Seide geeignet. Man nannte dies Blau ein abgezogenes Blau.

Das Sächsischblau kann man auch so darstellen: Naturindigo zu grobem Pulver zerrieben, wird $1/4$ Stunde in konzentrierte Salzsäure eingeweicht, mit Wasser verdünnt, gefiltert und gewaschen; 1 Teil getrockneter Indigo wird dann in 5 bis 6 Teile konzentrierter Schwefelsäure eingegeben, 1 Stunde auf 50 bis 60° erwärmt und 24 Stunden stehen gelassen.

Das Sächsischblau wurde nur auf Wolle und Seide gefärbt. Wolle wird vorher mit 4—5% Alaun und 1% Weinstein gebeizt und bei einer Temperatur von 75° C im besondern Bade ausgefärbt. Auf der Faser bildet sich sodann indigodisulfosaure Tonerde. Seide wird in heißer Lösung von 25% Alaun längere Zeit eingeweicht. Dem Färbebad wird 10% Alaun zugesetzt. Nach dem Färben wird mit Essigsäure oder Weinsäure geschönt. Die Farbe läßt sich mit Kochenille, Gelbholz, Blauholz, Orseille usw. abtönen.

Die mit Indigosulfosäure, d. h. Karmin erhaltenen Farben sind lebhafter als Küpenblau, aber weniger echt gegen Seife, Licht und auch gegen Walken; zum Herstellen von Modefarben fand aber dieser lösliche Indigo auf Wolle ziemlich Verwendung; heute ersetzen ihn Teerfarbstoffe.

2. Waid.

Eigenschaften: Die frischen Blätter der Waidpflanze, die in Deutschland und anderen Ländern Europas wächst, enthalten

Indoxyl, an eine Zuckerart gebunden; sie werden in Bottichen mit Wasser übergossen und in leichte Gärung versetzt, dann zu Ballen geformt, getrocknet und in den Handel gebracht. Die Waidkugeln sind gewöhnlich dunkelbläulichgrün oder gelblichgrün, häufig mit Schimmel bedeckt. Durch das Alter verbessern sie sich. Die beste Sorte kommt aus Süd-Frankreich und führt den Namen Pastel.

Anwendung: Waid wird nur noch als gärungserregender Zusatz, weniger als farbstoffvermehrendes Mittel bei der Waidküpe gebraucht. Früher diente er ausschließlich zum Blaufärben. 100 kg Waid haben dieselbe Färbekraft wie 2 kg Indigo.

3. **Blauholz,** Campecheholz, Logwood.

Eigenschaften: Es ist das vom weißen Splint befreite rote feste Kernholz des in Süd- und Mittelamerika heimischen Baumes Haematoxylon campechianum. Das Holz kommt in Stücken oder Scheiten, für den Färber geraspelt oder gemahlen, in den Handel. In letzterem Zustande kann es mit rotem Sand oder Rothölzern verfälscht werden. Das Kernholz hat außen eine dunkelrote bis braunrote, innen eine gelbliche Farbe, einen schwachen, veilchenartigen Geruch und zusammenziehenden, bitteren Geschmack. Beim Anfeuchten mit Ammoniakflüssigkeit färbt sich das Holz dunkelveil. Die farbreichste Sorte, das eigentliche Campecheholz, aus der Campechebai, ist jetzt fast erschöpft. An Güte nahestehend ist Monte-Christo-Blauholz aus Domingo und Jamaikaholz. Geringer ist Domingoholz; am farbstoffärmsten Martinique und Guadeloupe, welche auch unvollkommen vom Splint befreit sind. Von allen Farbhölzern wird Blauholz am meisten gebraucht und ist auch jetzt noch ein wichtiger Farbstoff.

Der Farbstoff erzeugende Bestandteil ist das Haematoxylin, welches durch Oxydation in das gefärbte Haemateïn, den eigentlichen Farbstoff übergeht. Aus diesem Grunde läßt man auch das zerkleinerte, geraspelte Blauholz an der Luft fermentieren, d. h. man schüttet es in Haufen, feuchtet wiederholt mit Wasser an und schaufelt öfters um. Im Sommer genügen oft schon wenige Tage, im Winter braucht man einige Wochen. An Wasser werden 40—80 % aufgenommen. Ein solches Blauholz gibt eine kräftigere Farbflotte. Die Späne von solchem fermentierten Blauholz zeigen eine dunkelrote Färbung. Die Abkochung des Blauholzes in Wasser ist dunkelrot; sie wird durch Säuren heller, durch Alkalien purpur, durch Bleizucker entsteht ein blauer Niederschlag.

B l a u h o l z e x t r a k t. Häufig kommt das Blauholz als Extrakt in den Handel, sowohl flüssig, 30 bis 35° Bé stark, als fest unter dem Namen Haemateïn (auch in Pulverform. Feuerlein, Stuttgart).) Mit größerer Leichtigkeit als mit den Hölzern lassen sich mit Extrakt schnell beliebig starke Farbbäder herstellen. Man spart das Raspeln und das Auskochen des Holzes. Der Extrakt im festen Zustand ist von schwarzbrauner Farbe, fettglänzendem, muscheligen Bruche, in Wasser nicht völlig löslich, indem bald größere, bald geringere Mengen harziger Bestandteile zurückbleiben. Aus diesem Grunde werden die flüssigen Extrakte vielfach vorgezogen, weil diese sich leichter und klarer lösen. Der Extrakt wird zuweilen durch Kastanienrinden- oder Fichtenrindenextrakt, durch Melasse, Dextrin, Glaubersalz, Kreide, Gummi, Stärke und Sirup verfälscht. Der Aschengehalt für reinen Extrakt darf 3 % nicht übersteigen. Ist er geringer, so ist damit allerdings auch nicht unbedingte Reinheit erwiesen. 15 kg Blauholzextrakt sollen in der Wirkung ungefähr 100 kg Blauholz gleichkommen. (1 : 7).

D a s A u s z i e h e n d e r F a r b h ö l z e r geschieht meistens durch Auskochen des geraspelten Holzes in offenen Gefäßen durch hinzugeleiteten Dampf oder in geschlossenen Gefäßen unter mehr oder weniger starkem Druck (Farbholzkocher). Bei letzterem Verfahren wird jedoch ein Teil des Farbstoffes unwirksam, weil gleichzeitig viel mißfarbige Bestandteile mit ausgezogen werden. Beim Auskochen unter Druck wurden in Farbholzextraktfabriken 14—16 % fester Extrakt gewonnen, während bei Anwendung eines Auslaugeverfahrens bei Siedehitze des Wassers der Gehalt auf 20 % stieg. Auch wird der Extrakt bei weitem farbkräftiger und schöner. Um sowohl das Farbholz richtig auszunutzen, als auch der Farbflotte nicht zu schaden, setze man daher die Farbhölzer nicht zu hoher Temperatur aus. Das Auskochen muß in hölzernen oder kupfernen und darf keineswegs in eisernen Gefäßen geschehen.

Zur vollständigen Überführung von Haematoxylin in Haemateïn wird nach dem Verfahren von G e i g y Extrakt von 25° Bé mit verdünnter Lösung von Natriumnitrit (1½—6 %) verrührt, nach zwei- bis dreitägigem Rühren auf 40 bis 45° erwärmt und allmählich mit verdünnter Schwefelsäure versetzt.

In Wollfärbereien wird das für eine Farbe benötigte Blauholz noch zuweilen, in Säcke gefüllt, kurz vor der Verwendung auskocht. Wenig empfehlenswert ist die Methode, das Blauholz gleich in Spänen mit der Ware zugleich zuzugeben wie dies bei Stückwarenfärberei geschieht.

Anwendung: Indigoersatz ist eine veilblaue Flüssigkeit, welche durch Kochen von Extrakt mit Chromazetat und Glyzerin erhalten wird. Man kann damit Baumwolle einbadig blauschwarz färben.

Die „Carminfarben“ von A. Th. Böhme, Dresden-N., sind etwas ähnliches; gelöste Blauholz-Chromlacke, unter Zusatz von Rotholz und Gelbholz, mit denen man einbadig modegrau färben kann.

Noir réduit, Direktschwarz für Baumwolle, ist eine bräunlich schwarze Flüssigkeit für den Kattundruck. Darstellung nach D. F. Z. 1890 S. 36:

3 kg Natriumbichromat werden in 13,2 kg Essigsäure 7° Bé erhitzt und dazu 31,50 kg Blauholzextrakt 30° Bé gegeben. Der starke, körnige Niederschlag wird in 15,78 kg Bisulfitlösung 30° Bé bei 95° C gelöst. Dient hauptsächlich im Zeugdruck mit Chromazetat.

Über die Untersuchung von Noir réduit s. K. Brass, L. M. f. Text **1925**, 263.

Direktschwarz (für Wolle) = Kaiserschwarz, Bonsors Schwarz werden hergestellt durch Kochen von 2 bis 6 Teilen Blauholz mit 3 Teilen Kupfer- und 2 Teilen Eisenvitriol- und Chromsalzen unter Zusatz von Oxalsäure (D. R. P. 102 313 und 172 662).

Blauholzuntersuchung.

Das beste Verfahren beruht auf einer Probefärbung einerseits auf chromsäurehaltiger, andererseits auf chromoxydhaltiger Wolle.

Die chromsäurehaltige Wolle wird durch Ansieden mit 1 % Kaliumbichromat und 0,44 % Schwefelsäure erhalten. Sie gestattet die Ermittlung des Gehalts an Haematoxylin, indem man einerseits innerhalb 0,05 bis 0,5 % abgestufte Ausfärbungen mit reinem Haematoxylin, andererseits eine so starke Ausfärbung mit dem zu untersuchenden Blauholzauszug herstellt, daß die erhaltene Färbung in den Bereich der Haematoxylinfärbungen fällt und mit diesen verglichen werden kann.

Die chromoxydhaltige Wolle wird durch Ansieden mit 3 % Chromfluorid und 3 % Weinstein hergestellt. Man färbt einerseits mit reinem Haemateïn in Stufen innerhalb 0,05 bis 0,5 % aus, andererseits zum Vergleich mit dem zu untersuchenden Blauholzauszug.

Von Holz bereitet man sich einen Auszug von 10 g auf den Liter, von unoxydiertem Extrakt nimmt man 5 g 30° Bé oder 2 g fest auf den Liter destillierten Wassers und färbt Wollappen von 5 g mit etwa 40 ccm der Lösung.

Die erhaltene Färbung bewerte man nicht nur nach Farbtiefe, sondern auch nach Farbreinheit.

Die chemische Analyse tritt hinter der färberischen zurück. Sie gestattet nur gewisse Verfälschungen von Extrakten nachzuweisen.

Fremde Zusätze lassen sich ermitteln, indem man aus der Lösung des Extraktes Haematoxylin, Haemateïn und Gerbstoffe durch Zusatz von Eisenhydroxyd ausfällt und das Filtrat eindampft. Es sollen nicht mehr wie 2,5% Rückstand verbleiben.

Ist der Rückstand beträchtlich, so kann man auf Melasse prüfen, indem man nach Inversion mit Fehling'scher Lösung titriert; 20 % Melasse sind nicht ungewöhnlich.

Mit Blauholz werden baumwollene, wollene und Seidenstoffe hauptsächlich in den Farben blau und schwarz, dann auch grau, purpur und mode gefärbt.

a. In der Baumwollsträhnfärberei verwendet man Blauholz ausschließlich zur Herstellung verschiedener Schwarz.

Man beizt die Baumwolle kalt mit holzessigsaurem oder salpetersaurem Eisen, befestigt mit Soda und färbt im Blauholzbade aus. Um jedoch eine echtere Farbe zu erzielen, erzeugt man vorher auf der Faser gerbsaures Eisen, indem man die Baumwolle mehrere Stunden in ein Gerbstoffbad, wie Sumach, Galläpfel usw. legt und dann erst die Eisenbeize folgen läßt. Um jede Spur Säure zu entfernen und um ein basisches Eisensalz auf der Faser zu erhalten, folgt mehrmaliges Durchziehen der Ware durch Kalkmilch oder Kreidebad. In einigen Färbereien gibt man bei feinen Baumwollgarnen vorher einen hellblauen Grund mit Indigoküpe und färbt dann wie oben angeführt. Man erhält das bekannte Echtschwarz.

Man kann auch dem eben erwähnten Eisenbade Aluminiumsulfat zufügen und durch Natriumphosphat befestigen. Hat man in heißem Katechubade gebeizt, so ist es notwendig, vor der Eisenbeize mit Kaliumbichromat hinterher zu behandeln. Das Auffärben geschieht in besonderem Bade mit Blauholz und einer Spur Gelbholz. Häufig setzt man noch Kupfersulfat oder Marseiller Seife oder Soda zu.

A. Eisenschwarz (billig).

I. Sumachschwarz.

1. 30 bis 50 % Sumachabkochung oder 10 bis 20 % Extrakt, heiß eingehen, über Nacht liegen lassen, am anderen Morgen abwinden.
2. Eisenbeize 4 bis 5° Bé, kalt, 1/2 Stunde, waschen.
3. Kreidebad 4 g im l. Dies kann auch durch Kalkwasser nach dem Sumach vor der Beize ersetzt werden.
4. Ausfärben mit 50 % Holz oder 10 bis 15 % Extrakt, unter Zusatz von 1/2 % Kupfervitriol, um den rostbraunen Ton durch einen grünblauen zu ersetzen. Man färbt von kalt bis kochend und erhält ein Blauschwarz; für Tiefschwarz gibt man 1 1/2 % Gelbholzextrakt hinzu. Nach dem Färben spülen und handwarm seifen mit 5 g im Liter.

II. Kalkschwarz.

1. 4 % Blauholzextrakt, heiß bis kalt, abwinden.
2. 3 % Kalk zur Kalkmilch gelöscht, abwinden.
3. 1 % Eisenvitriol, abwinden, lüften.
4. 6 % Blauholzextrakt.

III. Blausteinschwarz (Manchesterschwarz).

1. 2 1/2 % Quercitronextrakt fest, 7 1/2 % Blauholzextrakt fest } heiß, über Nacht einstecken, abwinden
2. 1 1/4 % Kupfervitriol kalt 1 Stunde, abwinden.
3. Bad 1 + 2 1/2 % Soda 1 1/2 Stunden, abwinden.
4. Bad 2, abwinden.
5. Bad 1, abwinden.
6. 1 1/4 % Eisenvitriol, abwinden, lüften.
7. Bad 1, abwinden, waschen, seifen bei 20°.

Bei Herstellung von Manchesterschwarz wird mit Gerbstoff, Sumach oder Galläpfeln vorgebeizt, hierauf die Faser mehrere Male abwechselnd durch Kupfervitriol-Lösung gezogen und mehrere Stunden in heißem Blauholzbade gefärbt. Vor dem letzten Eingehen ins Färbebad wird Eisenvitriol zum Abdunkeln zugesetzt.

Das Eisenschwarz kann auch auf Indigogrund gefärbt werden, oder auf Berlinerblaugrund; man gibt dann statt des Kreidebades ein Bad mit 18 % Kaliumferrozyanid und Salzsäure, geht dann auf die erste Eisenbeize zurück und färbt mit 4 % Blauholzextrakt bei 75°; schließlich gibt man noch ein Bad von 4 % Quercitronextrakt und 20 % Sumach.

B. Chromschwarz.

Zur Herstellung von walkechtem Chromschwarz wird die Baumwolle zuerst mit 10 bis 30 % Blauholzextrakt kochend gefärbt und im Bade mehrere Stunden ruhen gelassen. Man geht alsdann 1/2 Stunde lang in eine kalte Lösung von 1 bis 8 % Kaliumbichromat und 1 bis 6 % Kupfervitriol. Dann aufs Blauholzbad zurück mit 4 % kalzinierter Soda und färbt mit 10 bis 16 % Blauholzextrakt von kalt bis kochend weiter aus.

β. Für Stückfärberei beizt man auch mit holzessigsaurem Eisen, nimmt 3/4 Stunden durch die Hotflue, läßt über Nacht liegen, befestigt mit Soda und färbt mit Blauholz und Quercitron aus.

Das nachstehende Verfahren eignet sich z. B. für leichte Moiré, Shirting, Jaconnet, welche durch Appretur gefüllt werden.

Das Gewebe wird zunächst mit Blauholzeisengrau vorgefärbt, bleibt auf Rollen aufgewickelt über Nacht liegen und wird dann gebeizt. Man löst hierzu 28 kg Eisenvitriol und 14 kg holzessigsauren Kalk in 300 l Wasser.

Nach zweimaligem Beizen wird abgequetscht, worauf die Ware über Nacht liegen bleibt. Hierauf wird sie durch 25 g Kreide im Liter oder durch Kalkwasser von 1/4 bis 1/8 ° Bé mit der fünffachen Menge Wasser verdünnt genommen Nach sorgfältigem Waschen wird ausgefärbt.

Man nimmt zunächst durch 30 Liter Blauholzabkochung (für 380 m Gewebe) auf dem Jigger kalt einmal hin und her. Alsdann geht man zum eigentlichen Ausfärben mit 100 bis 120 l Blauholz- und 16 bis 24 l Gelbholzabkochung 2 ° Bé über. Die Ware wird unter langsamem Erwärmen drei- bis fünfmal durchgenommen; dann setzt man Soda zu und erwärmt auf 70 ° C. Man läßt nochmals durchlaufen, treibt langsam zum Kochen und läßt sechs- bis achtmal durchlaufen, worauf das Bad in der Regel erschöpft ist.

Durch den Zusatz von Soda wird das Brechen der Farbflotte zum Teil verhindert, die Ware erhält aber hierdurch einen Stich ins Veil und das Bad zieht schlechter aus. Besser, allerdings auch teurer, ist ein Zusatz von 4 bis 5 Liter Türkischrotöl, welches mit Natronlauge abgestumpft ist. Nach dem Zusatz soll die Flotte rosarot oder bläulichrot, nicht aber gelblichrot oder gelblich aussehen. Die rosarote Farbe weist auf einen Überschuß von Alkali, die bläulichrote auf einen von Säure hin. Ein Überschuß von Alkali wird durch Essigsäure, ein Überschuß von Säure durch Soda oder Kreide neutralisiert.

Das oben beschriebene Verfahren kann in folgender Weise abgeändert werden:

Man klotzt das Gewebe mit Kastanienextraktlösung von 2 ° Bé, läßt über Nacht liegen, nimmt hierauf durch schwaches Kalkwasser, beizt mit Eisenbeize von 2 ° Bé, läßt wieder über Nacht liegen und färbt schließlich mit Blauholz und Gelbholz unter Zusatz von wenig Katechulösung aus.

Bessere Waren werden statt mit Gerbstofflösung mit kochender Blauholzbrühe von 1/2 bis 1 ° Bé geklotzt und über Nacht liegen gelassen, worauf, wie vorhin beschrieben, verfahren wird.

Ein weiteres Verfahren besteht darin, daß man mit einer Lösung aus drei Teilen Blauholzextrakt von 1 ° Bé und einem Teil Kastanienextrakt von 1/2° Bé klotzt, durch Natronwasserglas von 1/4° Bé nimmt, hierauf beizt und wie oben ausfärbt. Man erhält hierdurch ein echteres und tieferes Schwarz.

Für derartige billige graue bis schwarze Futterstoffe hat man Kontinufärbemaschinen. Die Ware läuft erst durch eine Rollenkufe mit Blauholzbrühe und dann sofort durch eine zweite mit Eisenvitriol und Kreide oder holzsaurem Eisen.

Derartige Waren werden stark appretiert; daher muß auch die Appretmasse mit Blauholzextrakt und Beizen angefärbt werden.

γ. Blauholz ist für die Herstellung von echtem Schwarz auf Wolle lange Zeit hindurch bis zur Einführung von Alizarinschwarz der Hauptfarbstoff gewesen. Die Wahl der Beize richtet sich nach dem verlangten Farbton, je nachdem man ein einfaches Schwarz, Tiefschwarz oder Blauschwarz zu erzeugen wünscht.

Man unterscheidet demnach fünf Hauptarten von Schwarz: Ordinärschwarz (auf einem Bade), Chromschwarz, Eisenschwarz, vorgeblautes Schwarz (Sedanschwarz) und Kombinationsschwarz.

I. Für Ordinärschwarz wird die Wolle mit Blauholz unter Zusatz von Gerbstoff, Sumach oder Mirabolanen angesotten und mit vorher aufgelöstem Eisenvitriol gedunkelt. Ein geringer Zusatz von Weinstein zum Sud erhöht die Echtheit. Will man einen lebhaft rötlichen Ton, so fügt man Sandel hinzu. Ist der Farbton nicht dunkel genug, so läßt man im Korbe nachdunkeln. Das Färbebad wird z. B. bestellt mit 50 % Blauholz, 4 % Sumach, 2 % Sandel, 0,75 % Weinstein. Man kocht 1 Stunde, schreckt auf 60° ab und dunkelt mit 8 % Eisenvitriol (und vielleicht 1/3 Kupfervitriol) durch 1/2 stündiges Kochen nach.

II. Für Buckskinstoffe, Militärhosentuche, Modewaren wird fast ausschließlich das billige, blumige und säureechte Chromschwarz verwendet. Die Wolle bleibt weich und offen. Beim längeren Tragen wird der Farbton jedoch lichter und bekommt einen grünlichen Schein; dem wirkt Alizarinrot, dem Färbebade zugesetzt, entgegen.

Man siedet z. B. mit 3 % Chromkali, 1,75 % Kupfervitriol, 2 % Alaun und 1 % Schwefelsäure 1 1/2 bis 2 Stunden an, wäscht und färbt mit 15 % flüssigem oder 9 % festem Blauholzextrakt aus. Falls die Farbe zu hell ist, setzt man noch 1 % Kupfervitriol zu, kocht 1/2 Stunde und läßt im Korbe nachdunkeln. Man kann auch ohne Kupfersalz und Alaun ansieden. Das erhaltene Schwarz ist jedoch matter und weniger haltbar gegen Walke und Licht. Nachchromen erhöht die Echtheit.

Beim Ausfärben muß die Flotte klar werden, je nach dem Wasser gelblich oder rötlich. Kocht die Flotte schwärzlichtrübe oder blau, so muß man verdünnte Schwefelsäure unter kräftigem Umrühren tropfenweise so lange zusetzen, bis die Blauholzflotte beim Aufziehen gelb durchscheint.

III. Eisenschwarz gibt tiefe und lichtechte Schwarztöne. Man siedet mit 4 bis 6 % Eisenvitriol, 4 % Kupfervitriol, 4 % Weinstein und 5 % gemahlenem Gelbholz während $1^3/_4$ Stunden an, läßt über Nacht liegen und färbt mit 40 bis 50% Blauholz aus. Für feurige Töne wird Gelbholz weggelassen und statt dessen $1^1/_2$ % Alaun genommen. Es empfiehlt sich, vor dem Ausfärben die Wolle 24 Stunden und länger an der Luft auszubreiten. Auch ein längeres Ruhen im Sud wirkt vorteilhaft; namentlich widerspenstige Wolle, z. B. Gerberwolle, wird willfähriger, Blauholz aufzunehmen.

Zum Umfärben bereits in anderen Farben gefärbter Garne auf Schwarz bedient man sich der holzessigsauren Eisenbeize anstatt Eisenvitriols.

IV. Schwarz mit Küpengrund, das heute nur noch wenig erzeugt wird, kann man auf zweierlei Art herstellen, entweder nach dem Anblauen auf der Küpe auf einem Bade oder vorgesotten.

Nach der ersten Methode wird auf der Küpe mittelblau vorgeblaut, gespült und ausgefärbt mit 28% Blauholz, 2,8 % Gelbholz, 16 % Camwood, $4^1/_2$ % Mirabolan, $2^1/_2$ % Weinstein in 2 Stunden bei Siedetemperatur. Danach wird zum Abdunkeln $1^1/_2$ Stunden mit 10 % Eisenvitriol gekocht.

Nach der zweiten Art wird nach dem Anblauen mit 16 % sog. Salzburger Vitriol (70 % Eisen- und 30 % Kupfervitriol), 4 % Weinstein und 1 % Kupfervitriol $1^3/_4$ Stunden angesotten und mit 40 % Blauholz ausgefärbt.

Färbt man Chromschwarz auf Küpengrund, so muß man beim Ansud Milchsäure verwenden.

V. Sog. Kombinationsschwarz. Dieses wird auf Herrenstoffe gefärbt und verbindet die schöne Blume des Blauholzschwarzes mit der Lichtechtheit der Säureschwarze.

Man färbt je nach Härte des Wassers mit 2 bis 3 % Oxalsäure, dem gut gelösten Säurefarbstoff, z. B. Amidonaphtolschwarz oder Amidoschwarz-Marken und Blauholz 1 Stunde kochend an und entwickelt die Färbung durch weiteres $^3/_4$ bis 1 stündiges Kochen nach Zugabe von 6 bis 8 % Eisenvitriol und 3 bis 4 % Kupfervitriol.

Vor Zugabe der Beizen soll das Bad hellgelb ausgezogen sein, sonst ist es erst durch Nachsatz von Oxalsäure zu erschöpfen.

Mit schwer durchzufärbenden Stoffen geht man bei 50° C ein (s. S. 332).

VI. Holzblau findet wegen seiner schönen Farbe trotz der mangelhaften Lichtechtheit noch immer auf billige Buckskinstoffe oder auf Unterschußgarn für echtblaue Waren Verwendung. Man siedet 2 Stunden lang mit 12 % Alaun, 5 % Weinstein, $2^1/_2$% Oxalsäure und färbt nach eintägigem Liegen im Sud in einem Bade mit

50 % Blauholz bei einstündigem Kochen aus. Man kann auch die Wolle mit 2 % Kaliumbichromat und 1 % Oxalsäure ansieden und mit Benzylviolett (J) oder Erioglaucin (G) und Blauholz ausfärben.

Bei Anwendung von Chromsalzen ist stets zu beachten, ob dieselben als Chromsäure oder Chromoxyd wirken und die Natur des Blauholzextraktes danach zu wählen. Chromsäure erzeugt auf fermentiertem und schon zu Haemateïn oxydiertem Extrakt durch Überoxydation Mißfarben; nicht oxydierter Farbstoff wird ein gutes Schwarz geben, da dann erst Haemateïn gebildet wird. Chromoxydbeize wird mit nicht oxydiertem, hauptsächlich Haematoxylin haltendem Extrakt keine gute Färbung geben, wohl aber mit einem Haemateïn haltendem, fermentiertem und oxydiertem Extrakt (v. Cochenhausen, L. M. f. T. **1890**, 556).

δ. Zum Schwarzfärben der Seide ist Blauholz immer noch unentbehrlich. Die verschiedenen Färbeverfahren sind ziemlich umständlich, und erfordern sorgfältiges Arbeiten und praktische Erfahrung. Immerhin bildet die Schwarzfärberei den wichtigsten Teil der Seidenfärberei und mit dem Färben wird die Beschwerung der Faser verbunden, die bis 200 % getrieben wird. Für die Herstellung von Schwarz besitzt fast jede Färberei ihre eigenen Vorschriften. Bald wird eine leichte, bald eine beschwerte Ware, bald diese oder jene Abtönung des Schwarz gewünscht. Schließlich verhält sich die Seide nach Qualität und Herkunft verschieden. Partien verschiedener Sorten, gleich behandelt, ergeben ungleiche Beschwerung, wie z. B. Canton-Seide viel leichter ausfällt als chinesische usw. Schwarz wird mit oder ohne Beschwerung entweder auf roher Seide oder auf Souple oder abgekochter Seide hergestellt.

I. Auf Rohseide wird Schwarz selten gefärbt (sog. Hartschwarz). Es wird genetzt, ein oder mehrere Male mit salpetersaurem Eisen gebeizt, bei 30 bis 35° abgebrannt, auf 40 % frischen Katechu bei 30° gestellt, gewaschen und mit 8 l Blauholz (für das Pfund) und Gelbholz und 45 % Seife bei 30° ausgefärbt.

II. Soupleseide wird zuerst in 50° C warmem Wasser genetzt, dann in salpetersaurem Eisen gebeizt. Nach dem Beizen wird kalt gewaschen, dann in einer lauwarmen Sodalösung behandelt. Je nach der Erschwerung wird 1 bis 5mal gebeizt.

a) Hierauf wird mit Blutlaugensalz und Salzsäure in der Kälte gefärbt und gewaschen. Das Souplieren oder Weichmachen wird gleichzeitig mit dem Erschweren bei 90 bis 95° C auf einem Bad mit 20 % Dividivi, Galläpfel oder einem anderen Gerbstoff ausgeführt, die Seide bleibt unter wiederholtem Umziehen 1 bis 3 Stunden darin, bis das Bad erkaltet ist, worauf man noch 10 % Zinnsalz zufügt und abermals 1 bis 1½ Stunde umzieht; dann bringt man die Seide auf ein Seifenbad bei 30 bis 35° C mit 25 bis 30 % Seife und aviviert mit 5 bis 15 % Olivenöl. Beizt man nur einmal mit Eisenbeize, so ergibt sich 40 bis 50 % Erschwerung (leichter Souple). Bei zweimaligem Beizen erhält man 60 bis 70 %, 3 Eisenbäder geben 80 % und endlich 4 Bäder 80 bis 100 % Erschwerung. Dieses Schwarz wird auch Tanninschwarz genannt, im Gegensatz zu den nachfolgenden Verfahren, bei welchen Blauholz benutzt wird. Die Farbe ist nicht schwer herzustellen und sehr tragecht. Die Seide erhält ein weiches Gefühl, weshalb man dieses Schwarz vielfach auf Nähseide und Stickseide usw. erzeugt.

b) Nach einer anderen Vorschrift folgt auf die Eisenbeizen ein Bad mit 100 % Dividivi- oder Galläpfelabkochung, dann erst ein Bad mit 20 % Blutlaugensalz und Salzsäure, weiter ein Bad mit 75 % holzessigsaurem Eisen und zuletzt ein Bad mit 100 % Blauholzabkochung und Soda. Schließlich wird mit Essigsäure und darauf mit Olivenöl, das in etwas Sodalösung emulgiert wird, aviviert. Nach jedem Bad muß gut gespült werden.

c) Sog. Persan-souple wird mit Eisenbeize, Katechu und Blauholz hergestellt:

1. Netzen;
2. Eisenbeize 32° Bé; Waschmaschine; 17 % Soda bei 35° C ½ Stunde; Waschen. Der Vorgang 2. wird je nach der Höhe der Beschwerung öfter wiederholt;
3. Blaumachen mit 20 % Kaliumferrozyanid und 30 % Salzsäure 21° Bé 1 Stunde bei 40°; 1 Wasser;
4. 15 % Eisenvitriol, 5 % Zinnchlorür und Blauholzabkochung (1 : 20) mit dem dritten Teil Wasser verdünnt, ¾ Stunden; auswringen, über Nacht hängen lassen und am anderen Morgen, ohne zu waschen, auf
5. Katechu 13° Bé, mit 10 % Zinnchlorür versetzt, 1 Stunde bei 50°, 1 Stunde bei 72°. Nachdem auf 50° erkaltet ist, gibt man noch 20 % Zinnchlorür in 4 Abschnitten hinzu, treibt auf 60° und zieht 8 Stunden im erkaltenden Bade um; auswringen — das Zinn macht blauer —
6. Waschen und eine Handvoll wiegen. Ist diese noch nicht schwer genug, so gibt man noch 5 bis 10 % Zinnchlorür hinzu, sowie etwas frischen Katechu, stellt wieder bei 50° auf und zieht 8 Stunden auf dem erkaltenden Bade um;

7. 60 % Divi 1 Stunde bei 30 bis 35°; Waschmaschine;
8. Ausfärben mit Blauholz (1/3 Abkochung und 2/3 Wasser) und 1 1/2 % Methylviolett 1/4 Stunde bei 25°, 1/4 Stunde bei 35°, 1 Stunde bei 40° unter Zusatz von 100 % Seife; Schleudern;
9. Absäuern mit Essigsäure;
10. Avivage mit 10 % Leim, 1 % Öl und Essigsprit bei 40°.

Wird das Methylviolett statt in das Ausfärbebad in den Divi gegeben, so kann es durch Behandlung der fertigen Färbung mit Alkohol nicht nachgewiesen werden.

d. Der sog. Extrakt-souple oder „Dons" wird nach folgender Vorschrift hergestellt:

1. Netzen;
2. 500 % Kastanienextrakt und 50 % Divi 90° C so lange, bis die „Nagelprobe" ergibt, daß der Souple weich ist. Die Nagelprobe besteht darin, daß ein Faden, über den Nagel gezogen, nicht abbricht, sondern langsam auseinandergeht. Eine andere Probe besteht darin, daß man mit dem Finger auf die Seide drückt; dann soll die Fingerstelle deutlich sichtbar sein. Man steckt schließlich ein und wringt am anderen Morgen ab;
3. 1 Wasser von 30° C; (dieses wird zum Auffüllen des Extraktbades benutzt); auswringen, schleudern;
4. Holzsaures Eisen 4° Bé 40° C 1 Stunde, 5mal umziehen, auswringen; 1 Stunde aushängen (nach 1/2 Stunde umhängen); schleudern;
5. Bad 2. Auf dem alten Bade 7mal umziehen, einstecken, am anderen Morgen auswringen;
6. 2 Wasser; schleudern;
7. = 4. 8. = 5. 9. = 6. 10 = 4. 11. = 6.
12. Frisches Bad mit 150 % Kastanienextrakt = 2° Bé bei 30° C, einstecken, am anderen Morgen auswringen; Waschmaschine, schleudern;
13. = 4. 14. = 6. 15. = 12.

12 bis 14 werden so oft wiederholt, bis das vorgeschriebene Gewicht erreicht ist. Nach dem letzten Extraktbad wird ausgewrungen; Waschmaschine; schleudern;

16. 100 % Divi bei 32° C 1 Stunde; Waschen; schleudern;
17. = 16. Dieser zweite Divi muß klar bleiben, er darf nicht schwarzgrau aussehen;
18. 3 bis 4 Wasser; schleudern;

19. altes holzsaures Eisen 4° Bé kalt ¾ Stunden; 11 mal umziehen;
20. 2 Wasser; schleudern;
21. Blaumachen mit 12 % Kaliumferrizyanid und 14 % Weinsäure. Man zieht 7 mal auf dem Zyanid um, gibt die Weinsäure zu, zieht 3 mal um, erwärmt auf 30° C und zieht noch 7 mal um. Man mustert und erwärmt je nach dem gewünschten Ton noch bis 35° C; abwringen; Waschmaschine; abwringen.
22. Schwacher Divi bei 35° C (für 1 kg Seide 1 l altes Bad). Der Divi drückt den roten Schein; Waschmaschine;
23. Avivage mit 10 % Öl, 10 % Leim und 40 % Essigsäure 30%ig.

III. Für Schwarz auf abgekochte Seide ist als Grundbedingung festzuhalten, daß die Seide nach dem Abziehen sorgfältig gewaschen werden muß, zuerst in warmem, dann in kaltem Wasser, am besten auf der Garnwaschmaschine (Abb. 6).

a) Leicht-Schwarz unter pari, 5 bis 15 % Verlust. Man färbt zunächst bei 50° C mit 5 % Katechu, 20 % Gelbholz, 4 % Kupfervitriol, 20 % Eisenvitriol unter fleißigem Umziehen während zwei Stunden, dann wird gewaschen, geschleudert und ausgefärbt bei 50 bis 90° C mit 100 bis 150 % Blauholz und 20 bis 25 % Seife. Ein haltbareres Schwarz wird erzeugt, wenn man vorher mit salpetersaurem Eisen von 30° Bé 2 bis 3 Stunden lang grundiert, dann gründlich wäscht, auf einem Bad von 30% Gelbholz bei 50° C 1 bis 1½ Stunden behandelt („abbrennt") und mit Blauholz ausfärbt.

Bei dem sog. Englisch Schwarz wird nach der Eisenbeize mit 50 % Gelbholz, 10 % Eisenvitriol, 2 % Kupferazetat gefärbt und dann mit Blauholz und Seife wie oben ausgefärbt.

Schwarz für Hüte (Velbel). Die abgekochte Organsinseide kommt auf ein schwaches holzessigsaures Eisenbad von 2° Bé (oder auch salpetersaures Eisen), wird gewaschen und dann auf Katechu gebracht. Dem Katechu kann Gelbholz oder Wauabkochung beigemischt werden. Nach nochmaligem gutem Waschen wird der nicht befestigte Gerbstoff durch ganz schwaches holzessigsaures Eisen fortgenommen, dann wird auf Blauholz und Seife bei 50 bis 55° C ausgefärbt und mit Seife aviviert. Hauptsache bei diesem Schwarz ist, daß die Farbe der Seide beim Bügeln der Zylinderhüte nicht umschlägt.

Chromschwarz („Vegetalschwarz"). Der Blauholzchromlack ist licht- und waschechter als der Blauholzeisenlack. Deshalb färbt man Schirmstoffe chromschwarz. Die abgekochte Seide wird 12 Stunden in Chromchlorid BASF. 20° Bé eingelegt, am anderen Morgen gewaschen und auf warmes Wasserglas ½° Bé gestellt. Darauf zieht man 2 Stunden auf 60 % Katechu und 10 % Gelbholz bei 40—60° C um, gibt ein paar Wasser und färbt mit 50 % Seife und 10 l Blauholzabkochung 1 : 20 von 50 bis 70° C. Echtgemacht wird durch folgende Nachbehandlung: Man stellt auf 14 % Sumachextrakt bei 35—50° C, wäscht und gibt ein Bad von 1 % Antimonsalz. Zum Schluß wird wie üblich aviviert.

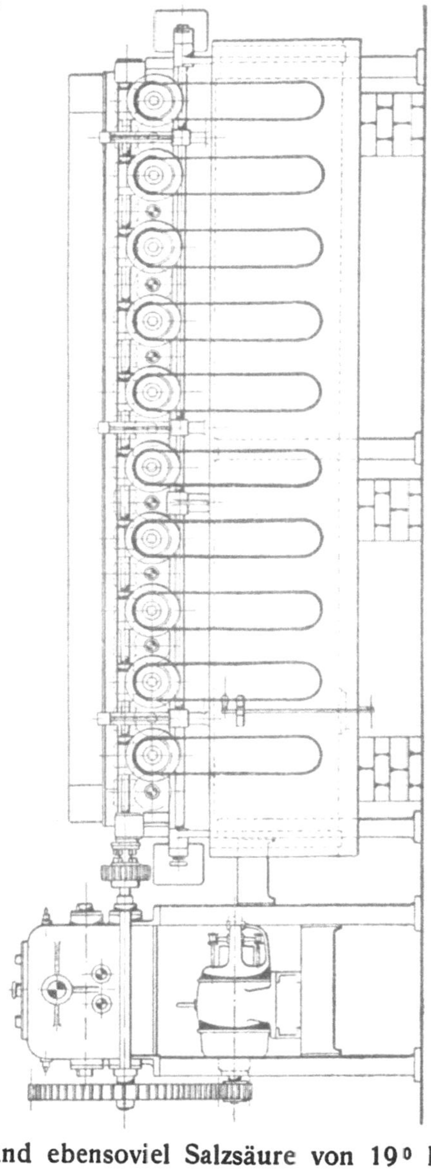

Abb. 6. Garnwaschmaschine von C. O. Haubold, Chemnitz.

Für ganz besonders lichtechte Schwarz wird das Blauholz durch Alizarinfarbstoffe ersetzt.

b) pari Schwarz. Ursprüngliches Gewicht bis höchstens 10 % Erschwerung. Man grundiert auf salpetersaurer Eisenbeize von 29° Bé, wäscht, brennt mit heißem Wasser ab und seift bei 85 bis 90° C, wäscht nochmals gründlich, bläut hierauf mit 15 bis 18 % gelbem Blutlaugensalz und ebensoviel Salzsäure von 19° Bé. Die Salzsäure wird in 2 Teilen dem Bade zugesetzt. Man zieht so lange um, bis die blaue Farbe gleichmäßig erscheint, wäscht, schleudert und geht dann in ein heißes Bad von 50 bis 75 % Katechu, dem etwas Zinnsalz (etwa 10 g Zinnsalz auf 1/2 kg Seide) zugegeben wird, ein. Man zieht während 2 bis 3 Stunden in holzessigsaurer Eisenbeize von 10° Bé um, wäscht und färbt wie oben aus.

Bei der Herstellung des Lyonerschwarz wird gleich nach der Entwicklung des Berlinerblau mit holzessigsaurem Eisen gebeizt. Dann folgt das Katechubad und schließlich noch eine kalte Beize mit Alaun oder Aluminiumsulfat, um der Seide einen blauschwarzen Farbton zu geben. Wird bei dem folgenden Ausfärben mit Blauholz und Seife der Farbton zu blau, so setzt man etwas Gelbholz zu.

c) Schwerschwarz. 20 bis 100 % über pari. Dieses Schwarz wird auf Organsin und Trame gefärbt für Atlas, Taffetas usw.

1. Je nach dem Erschwerungsgrad wird 3 bis 10 mal in salpetersaurem Eisen von 29° Bé gebeizt, wobei zwischen jedem Beizzug mit kaltem Wasser gewaschen und bei 60° C abgebrannt wird.

2. Nach jeder 3. oder 4. Eisenbeize wird mit 40 % Marseillerseife in siedender Lösung geseift.

3. Nach sorgfältigem Waschen und Schleudern wird bei 50° blau gefärbt. Die Gewichtsverhältnisse von dem hierzu dienenden gelben Blutlaugensalz und der entsprechenden Menge Salzsäure von 21° Bé (je 20 bis 30 %) richten sich nach dem auf der Seide bereits befestigten Eisenoxyd.

$$2\,Fe_2O_3 + 3\,K_4Fe(CN)_6 + 12\,HCl \rightarrow Fe_4(Fe[CN]_6)_3 + 12\,KCl + 6\,H_2O.$$

Danach kommen auf 320 Teile Eisenoxyd 1266 Teile Kaliumferrozyanid und 1460 Teile 30 %ige Salzsäure. Man kann annehmen, daß die erste Eisenbeize 5, die zweite 4 und die dritte 3 % Eisenoxyd auf die Faser bringt. Für 3 Eisenbeizen nehme man 40 % Kaliumferrozyanid und 50 % Salzsäure.

Man zieht zunächst ohne Säurezusatz 3mal um, gibt die Hälfte der Salzsäure zu, zieht 3mal um, fügt den Rest der Salzsäure zu und zieht nochmals 5mal um. Das Blaumachen hat nicht nur den Zweck die Seide zu beschweren, sondern auch ihr einen starken marineblauen Grund zu geben, um ein satteres Schwarz zu erhalten. Auch verträgt das Berlinerblau besser die nachfolgenden Gerbstoffbäder.

4. Nach gutem Spülen geht man mit der Seide in ein Katechubad von 85° C ein (200 bis 300 % Katechu), zieht die Seide darin um und fügt zum Schluß 10 bis 15 % Zinnsalz hinzu. Dieser Zusatz ist von Wichtigkeit, da die Befestigung des Katechu durch Bildung

von gerbsaurem Zinn wesentlich erleichert wird. Bei schwacher Beschwerung (etwa bis 30 %) unterbleibt der Zusatz.

5. Hierauf wird geseift, um der Seide ihren Glanz und ihren Griff wiederzugeben, wobei der aufsitzende Niederschlag von Katechu und Zinnsalz entfernt wird. Das Seifen geschieht auf einem alten Blauholzbade, in dem schon einmal Seide gefärbt wurde. Je nach der Erschwerung fügt man diesem Bade noch 30 bis 40 % Marseillerseife zu, erhitzt zum Kochen, geht mit der Seide ein und beläßt sie 2 Stunden auf dem Bade.

6. Man geht dann 4 bis 5 Stunden auf ein zweites kochendes schwächeres Katechubad (100 bis 300 % Katechu), und läßt über Nacht ruhen.

7. Dann wird nochmals geseift, gewaschen,

8. behufs Befestigung der letzten Katechumenge in holzessigsaurem Eisen von 2° Bé 1 Stunde langsam umgezogen, abgewrungen, dann 5 bis 6 Stunden gut zugedeckt auf dem Schragen ruhen gelassen und

9. schließlich nochmals 1 Stunde lang bei 50° C auf das oben erwähnte erste Katechubad zurückgegangen. Dies geschieht, damit Blauholz und Eisen nicht gleich hintereinander kommen, da in diesem Falle regelmäßig Flecken von metallischem Glanz entstehen.

10. Dem Waschen folgt das Überfärben mit 150 bis 170 % Blauholz (nicht Extrakt) und 80 bis 100 % Seife. Bei 40° C wird eingegangen, dann die Temperatur langsam auf 55° gesteigert. Im Anfang muß rasch umgezogen werden. Die Temperatur läßt man langsam auf 70° C steigen. Will man ein braunes Schwarz, so färbt man bei 70 bis 75° C aus, will man dagegen ein blaues Schwarz, so muß man etwas höher, etwa auf 80 bis 85° C erhitzen und hilft mit bläulichem Methylviolett nach. Nach 1 bis 1¼ Stunden ist das Färben beendet.

11. Weichmachen mit einer Emulsion von Öl in heißer Pottaschelösung oder Avivieren in demselben Bade nach vorherigem Zusatz von Säure. Auf diese Weise erhält man eine Beschwerung von 50 bis 60 %. Gewöhnlich wird dieses Schwarz auf abgekochter Organsin hergestellt.

Bei einer 10maligen Beizung mit Eisen erreicht man eine Beschwerung von 100 %, in der Regel auf abgekochter Trame. In diesem Falle wird nach dem Färben mit Blauholz abermals mit holzessigsaurem Eisen von 3° Bé gebeizt und ein Katechubad (300 %) gegeben; darauf wird nochmals in Blauholz und Seife ausgefärbt.

Das durch den Zusatz von Zinnsalz zum Katechu etwas umständliche Verfahren hat man später ganz allgemein dadurch abgekürzt, daß man vom Blaumachen auf heißen Katechu 3° Bé stellte, darin über Nacht erkalten ließ und am anderen Morgen die gewaschne Seide direkt mit 100 bis 150 % Blauholz und 80 bis 100 % Seife ausfärbte.

Anfang der siebziger Jahre wurde in Lyon die Beschwerung mit Zinnchlorid in die Seidenschwarzfärberei eingeführt; zunächst nur für Souple, dann auch für Cuit.

Die gut genetzte Rohseide wurde 1 bis 2 Stunden auf Zinnchlorid 30° Bé gestellt („gepinkt"), gut geschleudert, gewaschen, auf 15 % Soda kalz. bei 40° umgezogen und einmal kalt, einmal warm gewaschen. Das „Pinken" wurde 1 bis 4mal wiederholt. Dann wurde mit 40 bis 50 % Seife entbastet, gut gewaschen und auf Eisenbeize gestellt. Von hier ab glich das Verfahren dem unter Schwerschwarz beschriebenen, nur daß das Katechubad unter Weglassung von Zinnsalz auf 7 bis 8° Bé verstärkt wurde. Da die Eisenbeize nun nicht mehr zum Beschweren, sondern hauptsächlich zur Erzeugung des Berlinerblaugrundes angewandt wurde, so begnügte man sich mit 1, höchstens 2 Eisenbeizen. Man erhielt bereits mit einem Pinkzug 40 bis 60 % Erschwerung, mit dreien 90 bis 110 %.

Auch fand man, daß die mit Blauholz-Seife ausgefärbte Seide zu erneuter Gerbstoffaufnahme fähig geworden war. Man besaß hierin ein Mittel, eine voraussichtlich zu leicht ausfallende Partie nachzubeschweren. In diesem Falle stellte man von dem ersten Katechu auf ein altes Blauholzseifenbad, dann 2 Stunden auf holzessigsaures Eisen 2 bis 3° Bé, darauf nach gutem Auswringen und Lüften in zugedecktem Zustande — angetrocknete Stellen werden bräunlich — und Waschen auf warmen Katechu 1° Bé („Abschwärzen"), dann auf 2 Wasser und färbte schließlich mit Blauholz und Seife aus. Man erhält so ein Blauschwarz. Will man nur ein Tiefschwarz, so kann man auch vom ersten Blauholzseifenbad schleudern und sofort auf das alte Katechubad zurückgehen und schließlich ausfärben („Doppelschwarz").

Anfang der neunziger Jahre erfand Gillet das „Überblaupinken". Die mit Rohpink und Eisenbeize beschwerte Seide wird nach dem Blaumachen auf Zinnchlorid und Natriumphosphat gestellt, geseift und kommt dann erst auf Katechu. Das Zinnchlorid ist wieder 30° Bé stark, das Natriumphosphat darf aber nur 5° Bé stark und nicht warm sein, sonst wird durch seine alkalische Wirkung der

Berlinerblaugrund wieder zerstört. Weil sich dies nie ganz vermeiden läßt, wird dem Blauholzausfärbebad Alkaliblau hinzugefügt. Mit 4 bis 5 Rohpinken, 3 Eisenbeizen und 1 Überpink erhält man 160 bis 200 % Erschwerung. Besonders echt wird das Schwarz, wenn man nach dem Ausfärben nochmals auf 20 bis 30 % warmen Katechu stellt. Der Griff wird besonders gut mit Zitronensaft in der Avivage, die durch Emulgieren von 2 bis 3 % Olivenöl in Soda bereitet wird. Häufig gibt man auch 2 bis 3 % Leim oder 3 bis 4 % Ozonstärke in die Avivage.

Die seitherigen zinnbeschwerten Schwarz hatten den Nachteil, daß beim Rohpinken auch der Seidenbast Zinn aufnahm, das beim Entbasten wieder abgelöst wurde. Aus diesem Grunde sind die Rohpinkschwarz wohl überall durch das „Monopolschwarz" verdrängt worden, das die Zinnbeschwerung auf entbastete Seide gestattet. Es handelt sich im Wesentlichen um eine Übertragung des schon seit langem in der Seidenbuntfärberei üblichen Beschwerungsverfahrens auf die Schwarzfärberei (siehe II. Teil).

Die entbastete Seide wird 2, 3 oder 4mal abwechselnd auf Zinnchlorid und Natriumphosphat gestellt. Nach dem letzten Natriumphosphatbad wird warm geseift, geschleudert und direkt auf heißem Katechu 6 bis 10° Bé gegangen. Die Seide schwillt hier stark auf und färbt sich goldgelb. Um zu vermeiden, daß sie sich beim Erkalten des Bades trübt, empfiehlt es sich, nach zwei- bis dreistündigem Umziehen vom Bade zu nehmen, zu schleudern und zu waschen. Die Gewichtszunahme im erkaltenden Katechubade ist nur gering und geht in der Regel auf Kosten des Glanzes der Seide. Sollte die Partie auf dem Katechu trübe geworden sein, so läßt sich die Trübung nur durch ein abermaliges frisches, heißes Katechubad wieder entfernen.

Ausgefärbt wird mit 60 % Seife und 15 % festem Blauholzextrakt, der zu 30 % oxydiert ist. Um das Gelb des Katechus und das Rot des Blauholzes zu decken, werden dem Färbebad 1 bis 3 % Methylenblau und Methylengrün zugesetzt.

Versuche das beschriebene Monopolschwarz mit dem obigen Eisenschwarz in der Weise zu vereinigen, daß auf ein bis vier Zinnphosphatzüge ein bis drei Eisenbeizen folgen, worauf blau gemacht wird usw., haben nach Ristenpart nicht zu dem gewünschten Ergebnis geführt.

Dagegen läßt sich das Monopolschwarz gut zu einem Blauschwarz („Neuschwarz, Bordo, Superieur") färben durch Einschaltung von holzessigsaurem Eisen. So wird z. B. ein Monopolbordo folgendermaßen auf Organzin gefärbt:

1. Pinken. 2. Natriumphosphat 5 bis 6° Bé, 40 bis 45° C. 3. 36 % Seife 38°. 4. Katechu 9° Bé 70° warm. 5. Anfärben mit Blauholz und 70 % Seife. 6. Holzsaures Eisen 5° Bé. 7. Kaltes Blauholzbad. 8. Abschwärzen mit dünnem Katechu. 9. Ausfärben auf dem alten Blauholzbad mit 40 % Seife und 8 l Blauholzlösung 1:20 für 1 kg Seide.

Das Monopolschwarz verlangt weiches Wasser. Durch die oberflächlichen Ausscheidungen von Kalkseife, aber auch von phosphorsaurem und gerbsaurem Zinn wird der natürliche Glanz der Seide beeinträchtigt.

Beim Monopolschwarz machte man bald die Erfahrung, daß gepinkte Seide sehr aufnahmefähig für unoxydierten Blauholzextrakt ist, daß diese Aufnahmefähigkeit umso größer ist, je weniger die Seide vorher mit Katechu erschwert worden war. Diese Beobachtung ähnelt derjenigen, die man über das Verhältnis der Katechubeschwerung zur vorherigen Aufnahme von Phosphorsäure im Natriumphosphatbad früher gemacht hatte. Öffentlich erwähnt worden ist die Beschwerung der Seide mit Blauholzextrakt zuerst von P. Heermann in einem Vortrage am 29. Mai 1909. Das Verfahren wurde zuerst von I. P. Lohe in Elberfeld-Sonnborn unter dem Namen Radiumschwarz oder Elektroschwarz heraus gebracht.

Bemerkenswert ist, daß reines Haematoxylin die Zinnphosphat-Seide gar nicht beschwert, daß vielmehr eine Mischung mit Haemateïn infolge teilweiser Oxydation am günstigsten wirkt. So wurde durch Versuche folgende Gewichtszunahmen ermittelt:

90 %	Haematoxylin, chemisch rein	— 1 %
90 %	Haemateïn, „ „	10,3 %
100 %	Blauholzextrakt, unoxydiert (7 bis 8 % Haemateïn)	25 %
100 %	„ 25 % oxydiert	21,8 %

Diese Beobachtung entspricht wiederum derjenigen, die man macht, wenn man Zinnphosphatseide mit reinem Katechu zu beschweren versucht; auch hier erweisen sich gebrauchte Bäder als vorteilhafter (siehe II. Teil).

Die Zinnphosphatseide wird zunächst mit 100 % Seife und 100 % unoxydiertem festem Blauholzextrakt gefärbt. Man geht bei 45° ein, erwärmt nach einer halben Stunde auf 55 bis 65° und nach einer weiteren halben Stunde auf 75°. Nun wird aufgeschlagen und die Lösung von 2½ % Methylengrün, ½ % Methylenblau und 45 %

Seife durch ein Sieb zugegeben und bei 60° fertig gefärbt. Mit 5 Pinkzügen erreicht man so 200 % über pari. Das Schwarz hat nur etwa 17 % Asche gegenüber 20 % bei Monopolschwarz.

Durch geeignete Zusammenstellung der einzelnen Beschwerungsmittel läßt sich jede gewünschte Beschwerung erzielen. So erhält man nach van Hinsberg

50 %	mit 1 Pinkzug	180 % Katechu	30 % oxydiertem u.	50 % unoxyd. Extrakt
70 „	„ 2 „		30 „ „	„ 40 „ „ „
80 „	„	220 „ „	30 „ „	„ 60 „ „ „
100 „	„ 3 „		30 „ „	„ 30 „ „ „
120 „	„		40 „ „	„ 50 „ „ „
130 „	„	250 „ „	40 „ „	„ 60 „ „ „
150 „	„ 4 „		40 „ „	„ 40 „ „ „
170 „	„	350 „ „	35 „ „	„ 65 „ „ „
200 „	„ 5 „	400 „ „	35 „ „	„ 65 „ „ „

Der Prozentgehalt an Seife soll mit der Beschwerungshöhe übereinstimmen. Zwischen dem Aufwärmen des Bades auf 50, 60 und 70° wird jedesmal dreimal gezogen, einmal durchgesetzt und aufgeworfen. Man läßt 2 Stunden bei 70° C. Die beiden Blauholzpulver müssen vorher gut aufgekocht und die zugesetzten Anilinfarbstoffe gut verrührt werden. Nach dem Färben kommt Organzin direkt auf den Schlußkatechu, Tram erhält noch vorher ein Kondenswasser.

ε. Blauholzschwarz auf Schappe wird weniger hoch beschwert wie Seide: Schappe für Samt höchstens 30 bis 40 %, für Plüsch 70 bis 80 %.

Die Rohschappe wird zunächst entbastet, indem zunächst durch 5 bis 10 % Soda lauwarm der meiste Schmutz entfernt und dann auf 20 bis 25 % Seife kochend heiß aufgestellt wird.

Man unterscheidet Ordinärschwarz ohne und Brillantschwarz mit Alkaliblaugrund.

Ordinärschwarz erhält man z. B. auf folgende Weise: Man beizt 2 Stunden mit Eisenbeize 10 bis 25° Bé, wäscht und stellt heiß auf 25 bis 50 % Katechu; schließlich wird mit Blauholz und Seide ausgefärbt; oder man legt in Alaunlösung 5° Bé, windet ab und färbt mit 15 bis 20 % Gelbholz unter Nachsatz von 10 bis 15 % Eisenvitriol lauwarm vor. Nach einigen Stunden wird abgewunden, gelüftet, gewaschen und mit Blauholz und Seife ausgefärbt.

Brillantschwarz färbt man mit 2 bis 4 % Alkaliblau und Seife vor, spült und entwickelt heiß mit verdünnter Schwefelsäure. Dann stellt man auf Eisenbeize 10 bis 15° Bé, wäscht, gibt 25 % Katechu warm, wäscht und färbt mit Blauholz und Seife aus.

Außer diesen besonders für Schappe geeigneten Verfahren lassen sich auch die für Seide angegebenen mit kleinen Abänderungen auf Schappe übertragen, wenn man die Vorsicht beobachtet, daß die Beschwerung nicht zu hoch ausfällt.

So erhält man ein Ordinärblauschwarz auf 100 Pfd. Schappe 200/2 nach folgender Vorschrift:

1. Abkochen mit 8 % Soda und 60 % Seife.
2. 50 % Alaun und 15 % Gelbholz bei 40° C. 2 Wasser.
3. Holzsaures Eisen 4° Bé, aushängen über Nacht.
4. Färben mit 1200 l Blauholzlösung 1 : 20 von 30 bis 45°.

ζ. Blauholzschwarz auf Stroh wird gefärbt, indem man das Stroh 3 bis 4 Stunden mit 4 % oxydiertem Blauholzextrakt kocht und mit 4 % Eisenvitriol bei 50° nachbehandelt. Holz wird ähnlich wie Stroh gefärbt.

Untersuchung schwarzgefärbter Seide.

1. Wasserbestimmung: Man trocknet die Seidenprobe bei 140° solange, bis kein Gewichtsverlust mehr stattfindet.

2. Ausziehen mit Wasser: Man behandelt ½ Stunde mit destilliertem Wasser und dampft den Auszug auf dem Wasserbade ein. Zinkchlorid, Magnesiumchlorid, Glyzerin und Leim gehen in Lösung und können im Rückstand bestimmt werden.

3. Ausziehen mit heißem Alkohol: Etwa aufgesetzte Anilinfarbstoffe gehen in Lösung.

4. Behandlung mit Äther im Soxleth (I. Teil S. 297): Fett oder Wachs sind in Äther löslich und bleiben beim Verdampfen zurück. Der Äther wird auf dem Wasserbad in den leeren Soxleth hinauf verdampft. Der Rückstand wird zuerst mit kochendem Alkohol behandelt; löst er sich hierbei und scheidet sich beim Abkühlen in Kristallen aus, so ist Bienenwachs zugegen; ist dagegen der Rückstand unlöslich, so kann Öl, Fett oder Paraffin zugegen sein; gibt man ein wenig Natronlauge zur Mischung und kocht das Ganze, so wird etwa vorhandenes Öl oder Fett verseift und gelöst, während Paraffin unverändert bleibt.

5. Behandlung mit ½prozentiger Salzsäure nach Ristenpart (F. Ztg. **1909**, 45). Diese Behandlung gibt Aufschluß über das Farbverfahren, insbesondere darüber, ob ein Blauschwarz nach dem alten echten Verfahren mit holzsaurem Eisen gebeizt oder nur durch Überfärben mit Methylengrün erzeugt wurde (nach dem letzteren Verfahren schmutzt es leicht ab).

½ g des Musters wird mit 10 bis 20 ccm ½ prozentiger Salzsäure gekocht. Der salzsaure Auszug wird abgegossen. Die Faser wird

<table>
<tr><th colspan="2">entfärbt (hellgelb)
der Auszug wird</th><th colspan="3">dunkelgrün
der Auszug wird</th></tr>
<tr><td rowspan="2">schwarzbraun und färbt sich auf Zusatz von Kalkwasser nicht veil: kein Blauholz; auf Zusatz eines Tropfens Kaliumferrozyanid blau: Eisen. Reines Gerbsäure- (Tannin, Sumach, Katechu) Eisenschwarz.</td><td rowspan="2">rosa und färbt sich auf Zusatz von Kalkwasser veil: Blauholz; nach 5facher Verdünnung mit dest. Wasser auf Zusatz von Kaliumferrozyanid keine Grün- bis Blaufärbung: Kein holzsaures Eisen.</td><td rowspan="3">hellgelb und färbt sich auf Zusatz v. Kalkwasser nicht veil: kein Blauholz; nach 5fach. Verdünnung auf Zusatz von Kaliumferrozyanid Grün- bis Blaufärbung: Holzsaures Eisen. Reines Gerbsäure-eisenschwarz auf Berlinerblaugrund.</td><td colspan="2">rosa und färbt sich auf Zusatz von Kalkwasser veil: Blauholz. Nach 5facher Verdünnung auf Zusatz von Kaliumferrozyanid:</td></tr>
<tr><td rowspan="2">Keine Grün- b. Blaufärbung: kein holzsaures Eisen. Blauholz-tiefschwarz auf Berlinerblaugrund.</td><td rowspan="2">Grün- bis Blaufärbung: Holzsaures Eisen. Blauholz-blauschwarz (Neuschwarz usw.) auf Berliner Blaugrund.</td></tr>
<tr><td colspan="2">Dieses ist mit holzsaurem Eisen hergestellt, wenn die ursprüngliche schwarze Seide 1/2 Stunde in siedendheiße Blauholzseifenlösung eingelegt über veil und blau nach Grün umschlägt.</td></tr>
</table>

Außer an der dunkelgrünen Färbung der abgezogenen Seide läßt sich der Blaugrund einfach dadurch nachweisen, daß man die abgezogene Seide bis zur Farblosigkeit des Waschwassers wäscht und mit 10 bis 20 ccm 1/2 prozentiger Sodalösung kocht. Das Berlinerblau wird unter Bildung von Natriumferrozyanid nach folgender Gleichung zerstört:

$$Fe_4(Fe[CN]_6)_3 + 6\ Na_2CO_3 + 6\ H_2O \longrightarrow$$
$$2\ Fe_2(OH)_6 + 3\ Na_4Fe(CN)_6 + 6\ CO_2$$

Der alkalische Auszug wird abgegossen, abgekühlt, mit Salzsäure übersäuert und mit einem Tropfen Eisenchlorid versetzt. Die Fällung von Berlinerblau beweist zugleich seine Gegenwart auf der zu untersuchenden Seide.

Das Schwarz wird nicht verändert bei Anilinschwarz und bei allen mit Teerfarbstoffen hergestellten Schwarz. Schwefelige Säure macht Anilinschwarz grün, Alizarinschwarz bleibt unverändert. In beiden ist Chrom in der Asche nachzuweisen.

6. Behandlung mit verdünnten alkalischen Flüssigkeiten. Die erwähnte Säurebehandlung entfernt bei Blauholz- und blaustichigem Tanninschwarz nicht ganz die Farbe von

der Faser, sondern hinterläßt blaue Stellen. Diese können durch Behandlung in schwacher Natronlauge entfernt werden, welche Gerbstoff beseitigt, das Berliner Blau zersetzt und Eisenoxyd auf der Faser ablagert, das durch abermalige Behandlung mit verdünnter Säure zum größten Teil entfernt werden kann. Nach der Behandlung in dem Säure- und alkalischen Bade wird die Seide gut gewaschen, getrocknet (140 ° C.) und gewogen. Aus den gefundenen Zahlen läßt sich eine Mindestbeschwerung berechnen. Durch eine Veraschung der entschwerten Seide kann man sich davon überzeugen, wieviel mineralische Beschwerung nicht abgezogen worden ist.

7. Aschenbestimmung. Diese läßt auf den Grad der Beschwerung und den Chrakter des Beschwerungs- und Beizmittels schließen. 1 g Seide wird in einem Porzellantiegel verbrannt. Nach dem Abkühlen in einem Exsikkator wird gewogen. Gewöhnliche Seidenwaren enthalten weniger als 1 % Asche. Beträgt die Asche 1 bis 3 %, so rührt sie von einer Beize her. Bei Schwarz beweist so niedrige Asche, daß die Seide nicht beschwert und entweder mit Teerfarbstoff oder mit Tanninschwarz gefärbt wurde.

Die folgenden Übersichten geben wertvolle Anhaltspunkte:

1. Blaugemachtes Schwarz auf Cuit (Tiefschwarz)

Asche in %	1-2	3-4	4-5	6-8	9-11	12-13	14-17	18-19	19-20	20-21
Beschwerung	90-pari	pari-10	10-20	20-30	30-40	40-50	50-60	60-70	70-80	80-90

Asche in %	21-22	22-23	24-25	25-26	26-27	27-28	29-30	31-32	33-34
Beschwerg.	90-100	100-110	110-120	120-130	130-140	140-150	150-160	160-170	170-180

Für Blauschwarz, insbesondere Superieur, rechnet man jeweils 10 % mehr.

2. Blaugemachtes Schwarz auf Souple (Persan)

Asche in %	1—2	4,8	7,6	9,8
Beschwerung	pari	40—50	100—110	190—200

3. Dons-souple

Asche in %	6—7
Beschwerung	170—180

4. Monopolsouple (x Pinknatron, Katechu, Blauholz)

Asche in %	6—7 (x = 1)	13—14 (x = 2)	22—23 (x = 4)
Beschwerung	90—100	120—130	200—220

Die Zahlen sind sämtlich von Partien aus dem Betriebe entnommen; in anderen Betrieben werden sie geringen Abweichungen unterworfen sein.

b) Tierische Farbstoffe.

1. Purpurschnecke.

Einer der ältesten Farbstoffe tierischen Ursprungs ist der Farbstoff der Purpurschnecke, der im Altertum von den Tyriern entdeckt und verwendet wurde; er hat besonders wissenschaftliche Bedeutung erlangt, seit es Friedländer 1909 gelang, aus dem mühsam gewonnenen Saft der Schnecken einen Farbstoff zu erhalten, der sich als 6,6'-Di-brom-Indigo erwies.

2. Kochenille.

Eigenschaften: Unter diesem Namen kommen die getrockneten Insekten der Nopal-Schildlaus, Coccus cacti, von der Größe und Gestalt einer Wanze in den Handel. Aeußerlich sind sie grau, innen blutrot, beim Zerreiben erhält man ein bläulichrotes Pulver. Das Insekt wird in eigens dazu bestimmten Pflanzungen in Mexiko, Peru, Brasilien und Java gezüchtet. Nur die ungeflügelten Weibchen werden kurz vor dem Eierlegen eingesammelt und durch siedendes Wasser oder durch Dörren auf Eisenblechen getötet. Die färbende Eigenschaft ist dem Gehalt an Carminsäure zuzuschreiben, welche bis zu 15 % darin enthalten und nach Liebermann (B. 1914, 1213) ein Anthrachinonfarbstoff ist. Cochenilleabkochung wird durch Alkalien veil, durch Säuren rotgelb gefärbt, Alaun verändert die Farbe ins Purpurrote, Zinnsalze ins Scharlachrote. Die Cochenille wird häufig dadurch verfälscht, daß schon mit Wasser ausgezogene Cochenille, mit Gips oder Kalkpulver oder auch mit schwefelsaurem Baryt bestreut, zugesetzt wird. In feuchter Luft nimmt die Cochenille bis 12 % Wasser auf. Zum Gebrauche wird sie vorher in einer Mühle gemahlen.

Mischt man gepulverte Cochenille mit der dreifachen Menge Ammoniak und dampft dann nach vierwöchentlichem Stehen dieses Gemisch mit einem Zusatz von Alaun ein, so erhält man eine teigartige Masse, genannt Ammoniak-Cochenille. Diese ist bei weitem ausgiebiger und lebhafter.

Anwendung: Cochenille dient zur Erzeugung blauroter (carmoisin) und gelbroter (scharlach) Töne auf Wolle. In der Baumwollfärberei findet sie keine Anwendung, nur selten in der Seidenfärberei. In der Wollfärberei ist sie stark durch die Ponceau's verdrängt, da diese leichter und billiger aufzufärben sind.

Zur Erzielung blauroter Töne auf Wolle beizt man mit Aluminiumsulfat und Weinstein oder Oxalsäure.

Um gelbrote Töne zu erhalten, beizt man mit Zinnchlorür und Weinstein oder Oxalsäure und färbt in demselben Bade aus. Man wendet in der Praxis die Einbad-Methode an, weil hierbei ein lebhafteres Scharlach erzeugt wird. Statt reines Zinnsalz nimmt man meistens Zinnchlorür und Zinnchlorid zusammen, sog. Zinnlösung. Zum Abtönen setzt man etwas Flavin oder Fisettholz zu. Die Cochenillefärbung ist lichtecht und kann auch mäßiges Walken ertragen. Beim Waschen nimmt sie eine mattere Farbe an, kann aber durch Spülen der Ware in mit Essigsäure angesäuertem Wasser wieder lebhaft gemacht werden. Cochenillerot wird noch für Rot bei Militärtuchen verwendet für Kragen und Aufschläge der Uniformen.

3. **Färbelack,** Lak-dye.

Eigenschaften: Dieser Farbstoff ist der Cochenille sehr ähnlich und wird aus dem Stock- oder Körnerlack mit Soda ausgezogen. Der Stocklack enthält 10 % Farbstoff und 68 % Harz; er fließt durch den Stich der Lackschildlaus (Coccus lacca) aus den Zweigen verschiedener Feigenbäume (Sapindaceen) Ostindiens aus. Lakdye kommt als schwarzes gemahlenes Pulver in den Handel. Der färbende Bestandteil ist nach R. E. Schmidt B. **1887,** 1285 Laccainsäure, $C_{20}H_{14}O_{10}$, zweifellos ein Anthrachinonabkömmling. Lakdye enthält nur 10—13 % Farbstoff, 15—18 % mineralische Bestandteile und 64—67 % organische Beimengungen. Bevor man zum Färben schreitet, muß der Harzgehalt entfernt werden. Zu diesem Zwecke wird der Farbstoff mit der nötigen Menge Zinnlösung zu einem Teig verrieben und 24 Stunden stehen gelassen. Zuweilen setzt man etwas Salzsäure zu. Der Farbstoff löst sich auf, während Harz zurückbleibt. Die rote Lösung wird verdünnt zum Färben benutzt. Anwendung: Das Färben geschieht genau wie mit Cochenille. Man erhält eine ähnliche Farbe, die weniger lebhaft, aber voller ist, weshalb sie für dauerhafter, licht- und walkechter gehalten wird. Lakdye wird deshalb oft mit Cochenille vereint gebraucht.

c) Mineralische Farbstoffe.

Die Zahl der in der Färberei der Textilstoffe gebrauchten mineralischen Farbstoffe ist gering. Hauptsächlich kommen in Betracht:

1. **Chromgelb** und **Chromorange,** auf der Faser durch doppelte Umsetzung erzeugt und wegen ihrer Licht- und Wetterbeständigkeit z. B. für Marquisenstoffe und Posamenten verwendet. Chrom-

gelb hat den Farbton 05—15; Chromorange kann bis 24 gehen. Der Ton hängt von der Korngröße ab. Mit Chromgelb und besonders Chromorange gefärbter Baumwollzwirn dient zu Zündschnur.

Chromgelb ist unlösliches Bleichromat und wird durch Niederschlagen von Bleisulfat oder Bleihydroxyd auf der Faser und nachfolgendes Behandeln mit Kaliumbichromat hergestellt.

Die Baumwolle wird mit einer Lösung von Magnesiumsulfat und dann mit basisch essigsaurem Blei behandelt. Nach einigem Liegen wird gut gewaschen, eine halbe Stunde bei 50° C in Kaliumbichromat umgezogen und schließlich gründlich gewaschen.

Zur Bildung des Bleihydroxyds wird die Ware durch Kalkwasser, darauf durch basisch essigsaures Blei gezogen und nochmals zur Bindung der bei dem Niederschlagen des Bleihydroxyds freiwerdenden Säure auf Kalkwasser genommen. Oder die Ware wird mit Bleisalzlösung getränkt und durch Ammoniak gezogen. Die Entwicklung des gelben Bleichromats geschieht in derselben Weise wie oben angegeben.

Chromgelb zeichnet sich durch Lebhaftigkeit, Licht-, Seif- und Chlorechtheit aus; gegen Alkalien, die Chromgelb in das rötliche basische Chromat (Chromorange) überführen, ist es empfindlich; Chromorange entsteht, wenn Chromgelb einige Minuten durch kochendes Kalkwasser genommen wird. Säuren führen Chromorange wieder in Chromgelb über. Starke Säuren und Alkalien entfärben das Chromgelb, schwefelwasserstoffhaltige Luft schwärzt. Die Färbungen reiben ab.

Das sogenannte Chromgrün wird durch Überfärben von Indigo mit Chromgelb hergestellt. Es lassen sich hierfür genaue Vorschriften nicht geben; die Tiefe des Indigogrundes muß sich nach dem gewünschten Grün richten; die Herstellung erfordert einige Übung, da Chromgelb nachträglich wegen der Alkaliempfindlichkeit mit Indigo nicht übersetzt werden kann.

2. **Eisenchamois** und Khaki, Eisen- bzw. Gemische von Eisen- und Chromhydroxyd, durch Einwirkung von Alkalien auf Eisen- bzw. Chromsalze auf der Faser niedergeschlagen, geben hervorragend licht- und wetterfeste Färbungen; sie dienen hauptsächlich zum Färben von Baumwollgeweben für militärische Zwecke. Rostgelb hat den Ton 09—12.

Das Eisenchamois ist heute durch substantive und Schwefelfarben zum Teil verdrängt; da es aus Eisenhydroxyd besteht, ist es säureempfindlich. Zum Färben von Chamois wird die Ware mit salpetersaurem oder essigsaurem Eisen getränkt, getrocknet und über Nacht verhängt. Das Hydroxyd wird dann in einem heißen Bade von 10 g Kreide oder 5 g Wasserglas im Liter auf der Faser entwickelt.

Rostgelb wird wegen seiner Licht- und Wetterechtheit noch auf baumwollene Spitzen, Gardinen und Garne für Buntgewebe gefärbt. Für die Wickelgamaschen und Fußlappen schrieb die Heeresverwaltung Rostgelb vor. Dunkle Färbungen reiben ab.

Durch Verbindung verschiedener Metalloxyde, hauptsächlich von Chrom, Eisen und Kupfer, auf der pflanzlichen Faser kann eine Reihe widerstandsfähiger, modefarbiger Töne erzeugt werden, die unter dem Namen Khaki besonders für Bekleidungs- und Ausrüstungsstücke für Militärzwecke Verwendung finden. Es würde zu weit führen, auf die einzelnen Herstellungsweisen einzugehen (siehe auch Theis, Khaki auf Baumwolle, Berlin 1903). Im allgemeinen wird die Ware mit Mischungen von Chromalaun und salpetersaurem oder holzessigsaurem Eisen getränkt, kochend mit Soda fixiert, gedämpft und mit Wasserglaslösung kochend nachbehandelt.

3. **Manganbister** wird durch Niederschlagen von Manganhydroxydul auf der Faser und nachfolgende Oxydation erzeugt. Es war früher hauptsächlich in der Kattundruckerei im Gebrauch, weil es lange Zeit das einzige für Ätzartikel geeignete Braun war. Der Ton liegt bei 12.

Manganbister wird auch heute noch hergestellt, doch haben die auf der Faser erzeugten braunen Azofarben in neuerer Zeit seiner Verwendung Abbruch getan. Das Gewebe wird mit einer Lösung von Manganchlorür und Manganazetat getränkt, deren Konzentration sich nach der Tiefe des Braun richtet. Hierauf wird durch kochende Natronlauge von 15—20° Bé passiert, an der Luft oxydiert, schließlich heiß mit Kaliumbichromat oder kalt mit Natriumhypochlorit behandelt und gut gewaschen. Die Natronlauge muß vor dem Gebrauch mit Kalk kaustiziert werden, um die Bildung von Mangankarbonat durch in der Lauge befindliches Natriumkarbonat zu verhindern.

4. **Berliner Blau** wird aus Eisensalzen und Blutlaugensalz auf der Faser gebildet und besonders in der Seidenfärberei für erschwertes Blauholzschwarz verwendet. Es hat den Ton 54—63.

Berliner Blau wird nur noch in geringem Maße in der Baumwollfärberei gebraucht. Die Ware wird mit Natriumstannat und darauffolgender Schwefelsäure vorbehandelt und dann abwechselnd durch Lösungen von Eisenoxydsalzen und gelbem Blutlaugensalz genommen.

Berliner Blau läßt sich in kolloide Lösung bringen entweder hochdispers durch Zusammenbringen von Eisenchlorid und Kaliumferrozyanid in ganz verdünnten Lösungen oder, indem man zunächst aus den beiderseitigen gesättigten Lösungen eine steife Paste von Berliner Blau erzeugt und diese mit Wasser verdünnt.

5. Schließlich ist noch Kupfergrün zu erwähnen, die eigentümliche, hellgrüne Färbung, welche durch Imprägnieren von Baumwoll- und Leinengeweben mit Kupferoxydammoniak entsteht. Durch dieses Verfahren werden Stoffe für Wagendecken, Zelte usw. gleichzeitig wasserdicht gemacht.

B. Teerfarbstoffe.

Die Ausgangsstoffe für die Farbstoffindustrie werden bekanntlich bei der Destillation von Steinkohlenteer in flüssiger und fester Form gewonnen: Benzol, Toluol, Phenol, Naphtalin und Anthrazen.

Wie diese in Farbstoffe übergehen, hat zuerst O. N. Witt aufgeklärt. Er stellte eine Reihe chromophore (farbtragende) Gruppen auf, deren Eintritt in den farblosen Kohlenwasserstoff die Muttersubstanz des Farbstoffes, das Chromogen erzeugt. Die Chromogene (Farberzeuger) werden zu Farbstoffen, wenn eine salzbildende auxochrome Gruppe hinzutritt. Letztere verleiht dem Körper zugleich einen ausgesprochenen basischen oder sauren Charakter. So haben z. B. die Nitrofarbstoffe die Gruppe NO_2, die Azofarbstoffe die Gruppe N_2, die Anthrazenfarbstoffe die Gruppe $\left.\begin{matrix}CO\\CO\end{matrix}\right>$ als chromophore Gruppe. Tritt zu den Chromogenen die salzbildende Aminogruppe (NH_2) oder die Hydroxylgruppe (OH), so erhalten wir in dem einen Falle einen basischen, in dem anderen einen sauren Farbstoff.

Mit Hilfe der Chromophore und Chromogene kann man in mehr oder weniger zahlreiche Klassen einteilen.

Eine derartige Betrachtung liegt aber außerhalb des Rahmens dieses Buches, das Wissenswerte darüber ist aus Büchern, wie: Georgievics, Lehrbuch der Farbenchemie, Leipzig und Wien 1922; Fr. Mayer, Chemie der organischen Farbstoffe, Berlin 1923;

E. Ristenpart, Chemische Technologie der organischen Farbstoffe, Leipzig, J. A. Barth 1924; G. Schultz, Farbstofftabellen, Berlin 1923, zu entnehmen.

Da das Buch hauptsächlich dem praktischen Standpunkt sich unterordnet, so werden die künstlichen Farbstoffe nach der Art ihrer Verwendung eingeteilt.

a) Basische Farbstoffe.

Eigenschaften: Die basischen Farbstoffe sind die ältesten Teerfarbstoffe; sie werden heute noch in allen Zweigen der Färberei verwendet; sie sind salzsaure, schwefelsaure, essigsaure oder salpetersaure Salze, in einzelnen Fällen auch Zinkchloriddoppelsalze organischer Farbbasen.

In Wasser und Alkohol lösen sich die basischen Farbstoffe mit Ausnahme einiger Druckmarken; besonders bei hartem Wasser ist der Farbstoff vor dem Lösen mit Essigsäure anzurühren, da sonst der Kalk des Wassers die Farbbase abscheiden und diese beim Erwärmen verharzen würde. Aus der Lösung wird der Farbstoff durch Tannin oder durch Pikrinsäure bei Anwesenheit von Natriumazetat gefällt. Durch diese Reaktion lassen sich basische Farbstoffe in Substanz erkennen. Färbungen basischer Farbstoffe werden durch Kochen mit angesäuertem, absoluten Alkohol abgezogen und in Lösung gebracht. Man kann auch die Färbung mit Natronlauge behandeln, mit Äther ausschütteln und den abgegossenen Äther mit Essigsäure ansäuern. Sind basische Farbstoffe vorhanden, so färbt sich der Äther an.

Die basischen Farbstoffe geben schon mit ¼—½ % Farbstoff satte Farben sowohl auf Wolle als auf Baumwolle.

Die Färbungen der basischen Farbstoffe zeichnen sich vor fast allen anderen Baumwollfärbungen durch besondere Lebhaftigkeit aus und finden aus diesem Grunde Verwendung besonders für feurige Töne. Die Lichtechtheit der meisten basischen Farbstoffe ist aber gering. Auch die Reibechtheit läßt zu wünschen übrig.

Anwendung:

α. Für Baumwolle zeigen diese Farbstoffe mit wenigen Ausnahmen keine Verwandtschaft; auf mit Gerbstoffen und Antimon (oder, seltener, anderen Metallen) gebeizter Baumwolle bilden sie verhältnismäßig waschechte Lacke.

Mit Gerbstoff lassen sich die basischen Farbstoffe aus ihren Lösungen niederschlagen; der entstehende Niederschlag ist im neutralen Bade nicht ganz unlöslich; er löst sich mehr in Säure, worauf sich ein Patent der Farbwerke Höchst zum Färben der Baumwolle mit basischen Farbstoffen gründet. (S. 95). Um den Lack unlöslich und widerstandsfähiger gegen Wasser zu machen, wird mit Metallsalz befestigt. Am häufigsten werden hierfür Antimonsalze verwendet, mit deren Hilfe ein unlöslicher Tannin-Antimon-Farbstofflack gebildet wird.

Die gebräuchlichste Methode zum Färben mit basischen Farbstoffen ist diejenige auf Tannin-Antimongrund. Zu diesem Zwecke wird die Baumwolle mit Tannin getränkt und dieses hierauf in Brechweinstein befestigt.

Die Menge des Gerbstoffes richtet sich nach der Tiefe der Färbung; in der Regel genügen 1—2 % Tannin für helle, 3—4 % für mittlere und 5—6 % für dunkle Färbungen. Nach dem Tannieren wird ohne zu waschen abgequetscht und auf einem Bade, welches die Hälfte der angewendeten Tanninmenge an Brechweinstein enthält, fixiert.

Lose Baumwolle und Garn werden in dem etwa die zehn- bis fünfzehnfache Wassermenge vom Gewicht der Baumwolle enthaltenden Tanninbad bei 90° C eine halbe bis eine Stunde umgezogen und dann mehrere Stunden, vorteilhaft über Nacht, im Bade gelassen. Hierauf wird ausgeschleudert oder ausgewunden und eine halbe Stunde lang bei 25° C mit Brechweinstein befestigt. Der Brechweinstein ist mit Schlemmkreide abgestumpft. Zum Schluß wird gründlich gewaschen (und leicht geseift).

Stückware wird auf dem Jigger oder auf dem Foulard gebeizt. Beim Beizen im Jigger geht man in das heiße Tanninbad ein, arbeitet bei abgestelltem Dampf etwa 1—1½ Stunden und befestigt kalt in ¼—½ Stunde. Beim Arbeiten auf dem Foulard verwendet man eine Lösung von 5—20 g Tannin im Liter und gibt der Ware 2—4 Züge anfänglich heiß, später in erkaltendem Bade. Befestigt wird in 1—2 Zügen in einer Brechweinsteinlösung von 2—10 g im Liter.

Die Tanninbäder können wiederholt gebraucht werden. Zum Weiterarbeiten auf altem Bade ist die Hälfte der ursprünglichen Menge Tannin zuzugeben. Für helle Farben müssen frische Beizbäder bereitet werden.

Für dunkle Farben kann statt mit Tannin mit billigeren gerbstoffhaltigen Mitteln, wie Sumach, Divi-Divi, Myrabolanen usw. gebeizt werden. Durchschnittlich entsprechen 3—4 kg Sumachextrakt oder 5—6 kg Sumachblätter 1 kg Tannin.

An Stelle von Brechweinstein können auch andere Antimonverbindungen verwendet werden; es entsprechen: 100 Teile Brechweinstein 90 Teilen Antimonsalz (Antimonfluorid-Ammoniumsulfat) von E. de Haën, 66 Teilen Patentsalz (Antimon-Natrium-Fluorid) von R. Koepp & Co. oder 100 Teilen Antimonin (Antimonyl-Kalzium-Bilactat) von C. H. Böhringer Sohn, bei dessen Verwendung der Flotte Essigsäure zugesetzt werden muß.

An Stelle der Tannin-Brechweinsteinbeize wird für tiefe und trübe Farben mit Gerbstoff und Eisensalzen gebeizt. Die Baumwolle wird in der für Tannin angegebenen Weise mit Sumachlösung gebeizt und dann in einem kalten Bade von holzessigsaurem Eisen von 2—4° Bé befestigt. In besonderen Fällen wird die Färbung auf Gerbstoff-Brechweinstein mit Eisensalzen abgedunkelt. Zinnsalz, Alaun, Zinkvitriol u. a. m. sind als Ersatz für Antimonoxyd angewendet worden, jedoch auf Kosten der Echtheit der Färbung.

So geringe Affinität die basischen Farbstoffe für die ungebeizte Baumwollfaser haben, um so leichter werden sie von der gebeizten Faser angezogen. In vielen Fällen geht der Farbstoff schon im kalten Bade so rasch auf, daß unegale Färbungen entstehen; es ist daher nötig, den gelösten Farbstoff in mehreren Teilen zuzugeben oder durch Ansäuern mit Essigsäure ein zu schnelles Aufziehen zu verhindern. Ein Überschuß von Essigsäure muß vermieden werden, weil dadurch das Aufziehen unter Umständen ganz verhindert wird.

Dem Färbebade gibt man 1—1½ % Essigsäure und einen Teil des Farbstoffes, den man durch Anteigen mit etwas Essigsäure und Übergießen mit heißem Wasser löst, zu. Man zieht ¼ Stunde im kalten Bade um, schlägt auf und fügt den Rest des Farbstoffes zu. Wird das Bad in der Kälte nicht erschöpft, so steigert man die Temperatur langsam bis auf 50° C.

Stückware wird auf der Kufe, dem Jigger, seltener auf dem Foulard gefärbt. Das Färbebad wird, wie oben angegeben, bereitet, die Flotte möglichst lang gehalten, um unegales Aufziehen zu verhindern und das Bad bis zum Kochen gebracht.

Auf Ölbeize oder Öl-Tonerdebeize geben einige basische Farbstoffe, wie Irisamin, Rhodamin, lebhaftere Färbungen, sie sind aber weniger licht- und waschecht als solche auf Tanninbeize. Die Baumwolle wird mit einer Lösung von Türkischrotöl 1 : 10 gebeizt und kalt ausgefärbt, auch wird vor dem Färben noch durch 5 Liter essigsaurer Tonerde 5° Bé in 1000 Liter Wasser genommen.

Nach einem den Höchster Farbwerken patentierten Einbad-Verfahren wird das kalte Bad mit 5—6 % Essigsäure, 1—2 % Tannin und $1/4$—1 % Farbstoff besetzt. Man färbt etwa $3/4$ Stunden, wobei man die Temperatur des Bades allmählich auf 60° C treibt. Hierauf wird die Färbung mit $1/2$—1 $1/2$ % Brechweinstein in kaltem Bade befestigt.

Die Janusfarbstoffe der Farbwerke Höchst, Azofarbstoffe von stark basischem Charakter, lassen sich auf ungebeizte Baumwolle färben und durch nachfolgendes Behandeln mit Tannin und Brechweinstein befestigen. Man geht bei 90° C in das mit Essigsäure schwach angesäuerte Bad, das 5 % Zinksulfat und einen Teil der Farbstofflösung enthält, ein, zieht einige Male um und setzt dann den Rest der Farbstofflösung in mehreren Malen zu. Nach einer halben Stunde werden 20 % Kochsalz zugegeben und eine Stunde weiter gefärbt. Nach dem Spülen wird bei 50° $1/4$ Stunde mit 2—6 % Tannin und hierauf $1/2$ Stunde kalt mit 1—3 % Brechweinstein befestigt.

1920 brachten Bayer als Ersatz für Tannin-Brechweinstein das Katanol heraus.

Katanol ist ein Teerabkömmling und halb so teuer wie Tannin. Zum Beizen ist nur ein Bad erforderlich, da die Nachbehandlung mit Brechweinstein entfällt. Trotzdem sind die Färbungen mit Katanol gebeizt waschechter als die mit Tannin. Die mit Katanol gebeizte Baumwolle ist ebenso weiß, wie die mit Tannin.

Katanol wird in kochend heißem Wasser gelöst und in Flottenverhältnis 1 : 10—1 : 12 angewandt. Je nach der Tiefe der zu erzielenden Färbung verwendet man

3 — 6 % Katanol,
$1^1/_2$— 3 % Soda,
25 —50 % Kochsalz.

Sollte die Flotte sich nach Zusatz des Salzes trüben, so genügt wenig Soda, um wieder klare Lösung zu erhalten.

Man geht bei 60—70° ein, windet nach 1—2 Stunden ab, spült gut und färbt wie üblich, indem man bei 30° neutral oder schwach essigsauer eingeht und innerhalb $3/4$ Stunden auf 50—60° erwärmt.

Stückware wird in 4—5facher Flotte gebeizt. 4—6 Enden genügen. Zum Schluß gibt man 5—10 % Kochsalz zu.

Die Katanolbäder können laufend gebraucht werden. In diesem Falle löst man 15—20 g im Liter Flotte und gibt von der Lösung für jede neue Partie soviel nach als verbraucht wurde.

Katanol ist nicht eisenempfindlich und kann daher auch auf eisernen Apparaten angewandt werden.

Brillantgrün, Chrysoidin und Bismarckbraun müssen mit 2 % Essigsäure gefärbt werden.

Die Echtheiten, insbesondere die Waschechtheit der Färbung wird erhöht, wenn man auf die alten Beizbäder zurückgeht. Man behandelt je ½ Stunde auf dem mit der Hälfte der Ansatzmenge verstärkten Tanninbad und Brechweinsteinbad und spült.

Die Lichtechtheit wird erhöht, wenn man in das letzte Bad bei feuchter Ware 100—150, bei trockener 50—70 g Chrosozin (G) auf den Liter gibt. Chrosozin Geigy erhält man durch Auflösen von 70 g Kupfervitriol in 300 ccm heißem Wasser, Abkühlenlassen, Zugeben von 600 g Glykose und Verdünnen auf 1 l. Die Wirkung des Chrosozins läßt nach einigen Wäschen nach.

β. Leinen wird wie Baumwolle gebeizt und gefärbt, indessen dringen die Beiz- und Farbstofflösungen nur unvollständig in die Faser ein. Überhaupt ist Leinen bedeutend weniger aufnahmefähig als Baumwolle, weshalb das Färben mehr Zeit in Anspruch nimmt. Um gutes Durchfärben zu erreichen, muß unter Zusatz von etwas Säure heiß und kochend, aber nicht zu stark mit Tannin gebeizt und dem Färbebade Essigsäure oder Alaun zugegeben werden.

γ. Die basischen Farbstoffe können auf Jute ohne Beize befestigt werden. Die gewaschene oder auch vorgebleichte Jute wird solange in der Farbstofflösung bei 70—80° C umgezogen, bis der gewünschte Farbton erreicht ist. Die Farbstofflösung muß dem Färbebade nach und nach zugesetzt werden. Kalkfreies Wasser ist erwünscht.

δ. Beim Färben der Nesselfaser mit basischen Farbstoffen wird mit Tannin gebeizt. Für helle Töne benutzt man 2—3 %, für dunkle 7—8 % Tannin. Man arbeitet bei 20—30° C eine Stunde und befestigt mit 3 g Antimonsalz im Liter für helle Farben, mit 7 g im Liter für dunkle Farben. Zusatz von Türkischrotöl macht die Farben echter und glänzender. Bei hellen Farben kann das Antimonsalz fortbleiben, bei mittleren wird nach dem Färben ein Tanninbad gegeben. Der Glanz und die Geschmeidigkeit wird durch ein schwaches Glyzerin- oder Ölbad erhöht; auch nachfolgendes Seifen wirkt vorteilhaft.

Wird nach dem Färben und Trocknen gesengt und lüstriert, so erhält man einen Ersatz für Schappeseide.

ε. Basische Farbstoffe werden auch zum Färben von Kunstseide verwendet und zwar auf Nitratseide ohne vorherige Beize. Da die Färbungen jedoch, abgesehen von den Janus-Farbstoffen, nicht genügend wasserecht sind, so müssen sie für höhere Ansprüche nachtanniert werden. Kupferammonseide muß immer wie Baumwolle vorher tanniert werden. Viskose kann hell und mittel auch ohne Beize gefärbt werden. Man färbt mit 5—10 % Essigsäure kalt und erwärmt langsam auf 50—60°.

ζ. Auf Wolle werden die basischen Farbstoffe im neutralen oder schwach saurem Bade gefärbt; seit Einführung der sauren Farbstoffe haben sie jedoch an Bedeutung verloren und werden nur in einzelnen Zweigen der Wollfärberei, z. B. für Fantasie- und Zephyrgarne, verwendet.

Das Färben ist sehr einfach; bloßes Umziehen in der warmen Lösung des Farbstoffes genügt, um diese nahezu auszuziehen. Diese fast quantitative Aufnahme der basischen Farbstoffe durch die Wollfaser bildete, wie bereits auf Seite 35 erwähnt, die Grundlage für die chemische Theorie des Färbens, da man annahm, daß die Wolle, welcher der Charakter als Säure zugeschrieben wurde, mit der Farbstoffbase sich zu einer salzartigen Verbindung vereinigte.

Man geht mit der Ware in ein handwarmes Bad ein, setzt die Farbstofflösung nach und nach zu und erhöht die Temperatur allmählich bis zur Erreichung der gewünschten Farbe. Es empfiehlt sich, die Temperatur nach dem Kochen etwas sinken zu lassen, damit die Farbstoffe besser ausgezogen werden. Das Wasser muß weich sein, andernfalls ist ein Zusatz von Essigsäure oder Weinsäure erforderlich. Bei manchen Farbstoffen verwendet man vorteilhaft etwas Marseiller Seife.

Um ein zu rasches Ausziehen des Farbstoffes zu verhindern, setzt man bei einigen Farbstoffen Essigsäure dem Färbebade zu, andere, welche langsam ziehen, erfordern einen Zusatz von Alaun, wieder andere, wie Viktoriablau, müssen mit Glaubersalz und Schwefelsäure oder Weinsteinpräparat gefärbt werden. Die Rhodamine ziehen sowohl neutral, als auch im angesäuerten Bade.

Zur Herstellung ganz zarter Farbtöne wird die Wolle in einem gut schäumenden Seifenbade (5 % Marseiller Seife) gefärbt und nachher im Schwefelkasten gebleicht. Beim Färben im essigsauren Bade vor dem Schwefeln werden die Färbungen nicht so feurig, als beim Arbeiten auf dem Seifenbade.

η. Seide färbt man mit basischen Farbstoffen im Bastseifenbade, das mit Essigsäure oder seltener mit Weinsäure abgestumpft oder „gebrochen“ wird.

Die Bastseife verhindert das allzu schnelle Aufziehen der Farbstoffe, begünstigt die Gleichmäßigkeit der Färbungen und erhält der Seide den natürlichen Glanz. Man erklärt dies damit, daß einerseits der von der Seide herrührende Leimgehalt der Bastseife die Unreinigkeiten des Farbstoffes zurückhält, anderseits die Seife gleichzeitig avivierend auf die Farbe wirkt. Schappeseide sowie Soupleseide müssen auch deshalb in einem Bastseifenbade gefärbt werden, damit sie beim Färben nicht soviel an Gewicht einbüßen. Würde man in einem reinen Seifenbade färben, so würde die Faser entschält werden. Ganz abgekochte Seide kann auch in einem gewöhnlichen Seifenbade gefärbt werden.

Ein gutes Bastseifenbad stellt man her durch Mischen von $1/3$ der beim Abkochen der Seide erhaltenen Seife mit soviel verdünnter Säure, bis ein saurer Geschmack deutlich eintritt, worauf mit $2/3$ Wasser verdünnt wird.

Kalkhaltiges Wasser ist zu vermeiden, andernfalls muß die Seifenlösung vor dem Wasserzusatz oder das Wasser selbst vorher angesäuert werden. Der Farbstoff wird gelöst dem Seifenbade allmählich zugegeben.

Man geht mit der Seide in das kalte oder lauwarme Färbebad ein und steigert langsam die Temperatur unter beständigem Umziehen. In den meisten Fällen genügt eine Temperatur von 65° C und nur selten braucht man die Hitze zum Siedepunkt zu treiben; in der Regel soll die Temperatur 80° C nicht übersteigen.

Nach dem Färben wird gewaschen und die Seide in einem schwachsauren Bade lauwarm aviviert. Man verwendet hierzu Weinsäure oder Essigsäure.

Mit einzelnen basischen Farbstoffen, wie z. B. Methylenblau, färbt man entweder auf frischem heißen Seifenbade oder auf ungebrochenem Bastseifenbade ohne Zusatz einer Säure und aviviert dann mit Säure. Mit Fuchsin färbt man auch, wenn man einen bläulichen Ton erhalten will, auf lauwarmem Bade mit Weinsäure oder ebensoviel Essigsäure und aviviert mit denselben Säuren. Starke Säuren dürfen nicht angewendet werden, da sich die Farbe hierdurch verändert. Auramin färbt man in neutralem Bade bei 60—70° C ohne Zusatz. Man gibt die Farblösung in mehreren Teilen in das Färbebad und zieht rasch um. Nach dem Färben wird mit sehr wenig Essigsäure aviviert.

Die Wasserechtheit aller basischen Farbstoffe wird durch eine Nachbehandlung mit Tannin und Antimon erhöht. Man stellt die gefärbte Seide auf eine warme Lösung von 10—20 g Tannin im Liter, windet ab und zieht auf einem frischen Bade mit 5—10 g Brechweinstein im Liter $1/2$ Stunde um, spült und aviviert.

Gesellschaft für Chemische Industrie in Basel (J).

1. **1,5 % Auramin G** auf gebleichter Baumwolle Tannin-Brechweinsteinbeize.	
2. **1,5 % Rhodamin 6 G** auf gebleichter Baumwolle · Tannin-Brechweinsteinbeize.	
3. **1,5 % Rhodamin B** auf gebleichter Baumwolle Tannin-Brechweinsteinbeize.	
4. **3 % Kitonechtviolett 10 B** auf Wolle mit Schwefelsäure gefärbt.	
5. **3 % Säureblau RBF** auf Wolle mit Essigsäure und Schwefelsäure gefärbt.	
6. **3 % Kitonreinblau V** auf Wolle mit Schwefelsäure gefärbt.	
7. **3 % Kitonechtgrün V** auf Wolle mit Schwefelsäure gefärbt.	

I. Gelb und Kreß.

1. A u r a m i n I, II, und O. Die nicht verschnittene Marke O liefert zu 1 % auf gebleichter tannierter Baumwolle gefärbt das Gelb **01** 6,5 20. Die Färbung fluoresziert. Auf Wolle und Seide wird es in neutralem Bade gefärbt. Auf Halbwolle und Halbseide dient es viel zum Nachfärben der Baumwolle oder der Seide. Es findet auch viel Verwendung zum Gilben. L. = 4; L. E. = 2; W. E. = 4.

2. A u r a m i n G (I_1) ist damit verwandt. Das beigefügte Muster hat die Kennzahl **02** 2,5 25. L. = 4; L. E. 2—3; W. E. 3—4.

Akridinfarbstoffe sind:

3. P h o s p h i n, X a n t h i n (G. E, I), L e d e r g e l b (G. E.), P h i l a d e l p h i a g e l b G (A), aus den Abfällen der Fuchsinfabrikation gewonnen, ist hauptsächlich wichtig für die Lederfärberei, dient aber auch für Crême auf Baumwolle. Die Kennzahl der 2 % igen Ausfärbung auf tannierter Baumwolle ist **15** 3,5 63. L. = 5; L. E. = 2; W. E. = 3—4. Auf Wolle und Seide wird es selten verwendet.

4. B e n z o f l a v i n (G. E.) verhält sich ähnlich. Die 2 % ige Ausfärbung auf gebleichter tannierter Baumwolle hat die Kennzahl **08** 2,8 36. L. = 1; L. E. = 2; W. E. = 4.

Sehr waschechte Färbungen auf tannierter Baumwolle liefern auch:

5. A k r i d i n g e l b (L.).

6. A k r i d i n o r a n g e N O (L); die Kennzahl der 3 % igen Färbung auf gebleichter, tannierter Baumwolle ist **17** 2,5 45.

7. A k r i d i n o r a n g e R e x t r a (L).

Die Akridinfarbstoffe fluoreszieren grünlich.

8. T h i o f l a v i n T (C), M e t h y l e n g e l b H (M), R h o d u l i n g e l b T (By). Die 2 % ige Ausfärbung auf gebleichter tannierter Baumwolle ist **01** 2,2 30. Sie ist wasch-, alkali-, säure- und chlorecht, sowie reduktionsbeständig. L. E. = 1—2; W. E. = 4.

9. C h r y s ö i d i n; die Marke R krist. extra konz. (t. M.) färbt auf tannierte Baumwolle das Braungelb **15** 2,5 55. L. = 3; L. E. = 2; W. E. = 3—4; für helle Färbungen auch ohne Tannin. Auf Wolle und Seide wird neutral gefärbt.

10. J a n u s g e l b, ein lichtechter gut egalisierender Farbstoff, besonders für Halbwolle und Kunstseide. Die 1 % ige Färbung auf Kunstseide ergibt **10** t. a.

11. B i s m a r c k b r a u n, der wichtigste basische braune Farb-

stoff, unter den verschiedensten Namen im Handel: Phenylenbraun (t. M.), Manchesterbraun (C), Vesuvin (B, M), Lederbraun (C), Excelsiorbraun (W). Auf Baumwolle, Jute, Leder und Papier viel benutzt, selten auf Wolle; es ist nur mäßig licht- und waschecht, wenig alkali- aber gut säureecht. Nachkupfern und Nachchromen erhöht die Echtheit.

Baumwolle wird auf Tannin-Antimonbeize bei 50—60° gefärbt. Die erhaltenen Farben sind lebhafter als mit Katechu, daher werden Katechufärbungen oft mit Bismarckbraun überfärbt. Die Gerbsäure des Katechu dient hier als Beize. Helle braune Farben können ohne Beize gefärbt werden. Die Marke G 000 (G. E.) ergibt zu 1,5 % auf gebleichter, tannierter Baumwolle die Kennzahl **18** 3,5 64. L. = 4; L. E. = 2; W. E. = 2—3.

Jute wird bei 90° ohne Beize gefärbt.

Wolle wird ebenfalls im neutralen Bade ohne Zusatz gefärbt; durch Zufügen von 4—6 % Alaun zum Färbebade wird die Färbung röter und satter.

Seide wird im schwachen Seifenbade bei 60° gefärbt.

12. Janusbraun R (M) übertrifft Bismarckbraun nur wenig an Echtheit. Die 1 % ige Färbung auf Kunstseide ergibt das Farbzeichen **20** p. g. L. E. = 4; W. E. = 4 (auf Baumwolle).

II. Rot und Veil.

1 Fuchsin, Diamantfuchsin, Rubin (A). Unreinere Sorten führen den Namen: Cerise, Marron, Grenadin, Geranium, usw. Fuchsin wird häufig mit Farbstoffen gemischt und kommt dann unter besonderem Namen wie: Fuchsinscharlach (mit Auramin), Cardinal (mit Safranin), Juchtenrot (mit Chrysöidin) in den Handel.

Fuchsin besitzt nur eine geringe Lichtechtheit L. E. = 1, die Wasch- und Alkaliechtheit ist mäßig W. E. = 3—4, gegen schwache Säuren ist es beständig, durch starke wird es gebräunt S. E. = 1. Trotz seiner wenig hervorragenden Echtheiten wird es doch vielfach verwendet auf Baumwolle, Wolle, Seide, Leinen, Jute und auch auf Leder, Holz u. a. m. Man löst es am besten mit etwas Essigsäure und durch Aufgießen von kochendem Wasser. L. = 4.

Als basischer Farbstoff läßt es sich auf Baumwolle nur auf Gerbstoff-Antimonbeize ausfärben. Die 0,6 %ige Färbung von Fuchsin krist (t. M.) hat die Kennzahl **36** 2,2 86.

Auf Wolle wird Fuchsin wie die andern basischen Farbstoffe bei 95° C mit 10 % Glaubersalz ohne Zusatz gefärbt.

Auf Seide färbt man in mit Weinsäure, Zitronensäure oder Essigsäure schwach gebrochenem Bastseifenbade oder in frischem Seifenbad bei 60—80°; nachher schönen mit verdünnter Essigsäure.

Synthetische Fuchsine sind:

2. Parafuchsin (K) und 3. Neufuchsin (M., G. E.). Ihre 0,4- bzw. 0,5 %ige Ausfärbung auf gebleichter tannierter Baumwolle hat die Kennzahl **38** 3,5 83 bzw. **37** 2,9 79. Sie sind demnach blauer und reiner als die des alten Fuchsins; die Echtheiten sind die gleichen.

Pyronin-Farbstoffe sind die Rhodamine. Sie fluoreszieren grün:

4. Rhodamin B (I_3) liefert zu 1,5 % auf gebleichte tannierte Baumwolle gefärbt das Rot **38** 04 47. L. = 4; L. E. = 1; W. E. = 3—4; ist gut licht- und ziemlich seifen- und schwefelecht. Mit Orange II oder Tartrazin zusammen, liefert es prachtvolle Ponceautöne. Auf Tannin-Antimonbeize sind die Färbungen etwas matt, auf Aluminium-Ölbeize aber sehr lebhaft. Auf Wolle färbt man mit 2 % Alaun und 2 % Weinstein kochend; auf Seide in gebrochenem Bastseifenbade und schönt mit Essigsäure.

5. Rhodamin 6 G (J_2) gibt zu 1,5 % auf gebleichte, tannierte Baumwolle gefärbt das Rot **32** 06 43. L. = 5; L. E. = 1; W. E. = 4.

6. Safranin (G_4) ist ein Azin-Farbstoff von ziemlich guter Echtheit. Die 1 % ige Färbung auf tannierter Baumwolle gibt das Rot **29** 2,2 57. L. = 4; L. E. = 2; W. E. = 3—4. Die Mischung mit Auramin heißt Safraninscharlach.

Schöne Rosa liefert auch:

7. Brilliantrhodulinrot B (By). Die Färbung auf tannierter Baumwolle ist gut licht- und waschecht; sie ist auch reduktionsbeständig. L. E. = 1—2; W. E. = 2.

8. Indulinscharlach. Wegen seiner wasch-, chlor- und ziemlich lichtechten Färbung auf tannierter Baumwolle besonders im Kattundruck verwandt; ferner als Katalysator bei der Rongalit-Ätze. L. = 4; L. E. = 2—3; W. E. = 4.

9. Methylviolett B. Messingglänzende Bruchstücke. Die wässrige Lösung wird durch Mineralsäure zuerst blau, dann grün und zuletzt schmutzig braun gefärbt. Alkalien scheiden die Farbstoffbase ab. Die 0,7 % ige Ausfärbung der Marke extra konz. (t. M.) auf tannierte Baumwolle hat die Kennzahl **47** 02 88.

Methylviolett wird auch viel zu Tinten, Tintenstiften und Stempelfarben benutzt; ferner zum Färben von Wolle, Seide und Papier. L. = 4; L. E. = 1; W. E. = 3—4.

10. Methylviolett 10 B. Die 0,6 %ige Ausfärbung der Marke extra konz. (t. M.) auf tannierter Baumwolle hat die Kennzahl **48** 2,5 83. L. = 4; L. E. = 1; W. E. = 3—4.

11. Kristallviolett. Die Kennzahl der 0,5 %igen Ausfärbung der Marke krist. extra (t. M.) auf tannierter Baumwolle ist **48** 2,2 84.

12 Methylenviolett 3 RA (M) ist lichtechter und dient daher im Kattundruck. L. E. = 4—5; W. E. = 4.

13. Echtneutralviolett B (C). Auf tannierter Baumwolle ziemlich licht- und waschecht. L. E. = 2; W. E. = 4.

III. Blau.

1. Setoglauzin (G_1) und 2. Setozyanin (G_2) dienen ihrer guten Lichtechtheit wegen für den Tanninätzartikel im Kattundruck, ferner in der Seidenfärberei. Die 3/4 %igen Ausfärbungen auf tannierter Baumwolle haben die Kennzahlen **71** 02 70 bzw. **62** 2,5 68. L. = 5 bzw. 1; L. E. = 1; W. E. = 2.

3. Neusolidgrün 3 B (I) ergibt zu 1 % auf tannierte gebleichte Baumwolle gefärbt die Kennzahl **65** 3,2 65. L. = 20; L. E. = 1; W. E. = 2.

4. Viktoriablau B (B, I). 1 % auf gebleichte tannierte Baumwolle gefärbt gibt die Kennzahl **51** 2,9 78. Leider ist das feurige Blau nicht lichtecht. Zu beachten ist auch, daß der Farbstoff in kaltem Wasser sehr schwer löslich ist. L. = 4; L. E. = 1; W. E. = 3—4.

5. Neublau R (C), Baumwollblau R extra (A), Naphtolblau R (t. M.) gibt zu 2 % auf gebleichte tannierte Baumwolle gefärbt **47** 2,2 96, gehört also eigentlich dem Farbton nach zur vorigen Gruppe. Das Blau ist nicht schön, aber ziemlich echt. Der Farbstoff reizt die Schleimhäute. L. = 4; L. E. = 4; W. E. = 1.

6. Neublau B (C), Echtmarineblau G (GE) liefert zu 2 % **52** 3,5 85. L. = 4—3; L. E. = 3—4; W. E. = 4.

7. Neumethylenblau GG (C) gibt zu 2 % **52** 3,5 85. L. E. = 2; W. E. = 4.

8. Methylenblau (G_3). Für Färberei ist es meist mit 1/2 Mol. Zinkchlorid und 1/2 Mol. Wasser kristallisiert im Handel. Für Druckerei dienen die zinkfreien D-Marken. Die 1 %ige Aus-

J. R. Geigy A. G., Basel (G.)

1.
Setoglaucin
$^3/_4$ %
auf mit Tannin-Brechweinstein gebeizten und geätzten Baumwollstoff gefärbt

2.
Setocyanin
$^3/_4$ %
auf mit Tannin-Brechweinstein gebeizten und geätzten Baumwollstoff gefärbt

3.
Methylenblau D pur
1 %
auf mit Tannin-Brechweinstein gebeizten Baumwollstoff (wie oben, nur nicht geätzt)

4.
Safranin superfein doppelt B
1 %
auf mit Tannin-Brechweinstein gebeizten Baumwollstoff (wie oben, nur nicht geätzt)

5.
Säureviolett 5 B extra
2 %
schwefelsauer auf Wolle

6.
Eriocyanin A
2 %
schwefelsauer auf Wolle

7.
Methylblau H lösl.
1 %
auf Seide in mit Schwefelsäure gebrochenem Bastseifenbade

färbung der Marke D pur (G) auf tannierte Baumwolle hat die Kennzahl **54** 3,5 73, ist also sehr rein; deshalb dient Methylenblau vielfach zum Schönen anderer stumpferer Blau. Außerdem ist es gut wasch-, licht- und chlorecht. L. = 5; L. E. = 3; W. E. = 3—4.

9. Methylengrün G extra konz. (t. M.) färbt dagegen zu 1,25 % auf tannierte Baumwolle das trübe **65** 1,6 94,5. Dafür ist es sehr echt und wird deshalb viel für Seidenschwerschwarz zusammen mit Blauholz gebraucht. L. = 4; L. E. = 6; W. E. = 4.

10. Neumethylenblau N (C), Methylenblau NN (B) färbt zu 2 % auf gebleichte tannierte Baumwolle **50** 2,2 83, also röter als Methylenblau; auch ist es säureechter, aber weniger alkali-echt. L. = 5; L. E. = 3; W. E. = 3—4.

11. Echtblau spritlöslich, Indaminblau B, R, NB (M), Druckblau R (C), Spritindulin (B), ferner die gleich mit Azetin als Lösungsmittel gemischten Azetindulin (M) und Azetinblau (B), schließlich die Nigrosine dienen hauptsächlich im Kattundruck. Die 1,5 %ige Färbung von Indaminblau NB extra (M) auf gebleichter tannierter Baumwolle hat das Farbzeichen **50** p. g. L. E. = 5; W. E. = 4—5.

12 Diphenblau (A) und Äthylblau (M) dienen als Ersatz für Azetinblau. L. = 5; L. E. = 5; W. E. = 4.

13. Indazin M, GB, L, P (C) färbt ein gut licht-, säure- und alkali-echtes Stahlblau auf Baumwolle und Halbseide. Die 2 %ige Ausfärbung von Indazin M auf gebleichte tannierte Baumwolle hat die Kennzahl **49** 2,2 93. L. E. = 2—3; W. E. = 4.

14. Janusblau (M), Indoinblau R (B), Echtbaumwollblau R (GE), Naphthindon (C), Diazinblau BR (K) dient für wasch- und alkali-echtes Indigoblau auf Baumwolle und Leinen. 0,75 % Diazinblau BR und 2 % Naphthindon auf gebleichter tannierter Baumwolle geben **50** 03 92 bzw. **49** 1,4 96,5. Eine Mischung von Diazinblau mit Methylenblau ist als Bengalin (K) im Handel. L. = 3; L. E. = 3; W. E. = 4.

15. Janusgrün (M), Diazingrün S (K) färbt zu 0,5 % auf gebleichter tannierter Baumwolle **62** 3,5 90. Im Gegensatz zu den übrigen Janusfarbstoffen wenig lichtecht. L. E. = 2; W. E. = 4.

IV. Grün.

1. Malachitgrün. Der Farbstoff erscheint in grünglänzenden Kristallen oder in Pulverform, je nachdem das schwefelsaure, oxalsaure oder Zinkdoppelsalz der Farbbase vorkommt. In heißem

Wasser wie in Alkohol ist der Farbstoff mit blaugrüner Farbe löslich. Kalkhaltiges Wasser schadet, weshalb etwas Essigsäure dem Färbebade zugesetzt werden muß. Jn den Handel gelangt der Farbstoff unter verschiedenen Namen: Solidgrün (C., I), Neugrün (t. M.), Bittermandelölgrün (t. M.), Benzalgrün OO (GE), Neuviktoriagrün (Oxalat, B., t. M.), Diamantgrün B (B). Der Farbstoff wird sowohl für Baumwolle wie Wolle und Seide sehr viel gebraucht.

Baumwolle wird mit Tannin und Brechweinstein oder mit Sumach und Brechweinstein gebeizt und dann kalt, später im lauwarmen Bade während ½ Stunde ausgefärbt.

Die 0,8%ige Färbung der Marke krist. extra konz. (t. M.) auf tannierter Baumwolle hat die Kennzahl **80** 02 90. Am Licht verschießt sie nach Gelb (R. Haller, Z. f. d. g. T. **1923**, 308). L. = 5; L. E. = 1; W. E. = 3—4.

Für lebhafte Farben kann mit Türkischrotöl und Alaun oder Aluminiumsulfat vorgebeizt werden. Ein recht dunkles Grün wird erzielt, indem man zunächst mit Tannin oder Sumach beizt, dann in schwacher holzessigsaurer Eisenbeize und hierauf im Kreidebad behandelt.

Jute wird kochend ohne weiteren Zusatz gefärbt. Die Färbungen sind lebhaft und gut waschecht.

Wolle kann im neutralen Bade ohne weiteren Zusatz gefärbt werden, vorausgesetzt, daß das Wasser kalkfrei ist. Andernfalls wird etwas Weinsteinpräparat zugefügt. Man färbt ½ Stunde, wäscht und trocknet. Statt Weinsteinpräparat kann Alaun oder Aluminiumsulfat oder Glaubersalz und Schwefelsäure genommen werden. Die so erzielte Farbe ist indessen nicht walk- und lichtecht und schmutzt ab. Besser beizt man die Wolle bei 40° C mit sogenannter Schwefelbeize, (10—20 % Natriumthiosulfat und 2 bis 5 % Schwefelsäure 66° Bé); man steigert die Temperatur innerhalb 1 Stunde auf 80° C und wäscht dann gut aus. Andere geben noch 5—10 % Alaun zu, um das Filzigwerden der Wolle zu verhindern. Im besondern Bade wird dann bei 50—60° C ausgefärbt.

Seide wird in mit Essigsäure oder Schwefelsäure ganz leicht gebrochenem Bastseifenbade gefärbt. Nach dem Färben schönt man mit Essigsäure.

Man vermeide kupferne Gefäße und wende nur Holzgefäße oder innen verzinnte Kupferkessel an.

2. Brillantgrün. Dieser Farbstoff, dem vorhergehenden sehr nahe verwandt, erscheint in goldglänzenden kleinen Kristallen, die

jedoch ihren Glanz verlieren und blaugrün werden. Im Handel unter verschiedenen Namen wie Smaragdgrün (B., I., t. M.), Diamantgrün G (B), Aethylgrün (A).

Die 0,8%ige Färbung der Marke krist. extra konz. (t. M.) auf tannierter Baumwolle hat die Kennzahl 81 02 88.

Überraschend ist die vorzügliche Lichtechtheit der beiden basischen Grün, wenn sie z. B. im „Kalkgrün" als Lack auf ein Substrat niedergeschlagen werden.

V. Schwarz.

Wie aus der Farbenlehre hervorgeht, kann ideales Schwarz und Grau, das vollständig frei von Buntfarbe wäre, nicht verwirklicht werden. Die im Handel befindlichen schwarzen Farbstoffe können nur Notbehelfe darstellen. Sie enthalten immer noch einen mehr oder weniger großen Anteil an Gelb, Rot, Blau oder Grün. Ihre Güte hängt natürlich ganz wesentlich davon ab, wie wenig sie von diesen unerwünschten Bestandteilen aufweisen, wie nahe sie den neutralen Punkt erreichen. Dieses wird vielfach durch entsprechende Mischung von Buntfarben erstrebt.

So ist das Juteschwarz (B) ein Gemisch von Grenadin und Marron (S. 100) mit Bismarckbraun (S. 99) und Malachitgrün (S. 103).

Ziemlich neutrale Grau erhält man mit dem einheitlichen Nigrosin (S. 103), das auch als Grau R (I) im Handel ist. Das Grau auf Tannin-Antimonbeize ist licht- und seifenecht und wird daher gern im Kattundruck angewandt. Es dient auch zum Färben von Leder und Papier.

Ein vorzügliches Schwarz für Seide und Kunstseide stellt das Janusschwarz (M), Diazinschwarz (K) dar.

b) Saure Farbstoffe.

Eigenschaften:

Die sauren Farbstoffe enthalten Sulfogruppen.

Ihre Echtheitseigenschaften auf ihrem Hauptanwendungsgebiet, der Wollfärberei, können, was Wasch- und Lichtechtheit anbelangt, sehr verschieden sein. Die Lichtechtheit erstreckt sich von den so unechten sauren Triphenylmethanfarbstoffen bis zu den ausgezeichnet echten sauren Alizarinfarbstoffen. Sehr gut licht- und waschecht sind durchweg die von Geigy 1912 herausgebrachten Polarfarbstoffe; sie sind auch verhältnismäßig walkecht. Die von der Ciba vor einigen Jahren erfundenen Neolanfarbstoffe weisen die Echtheit von Beizenfarbstoffen auf abgesehen von der geringeren Pottingechtheit. Diese chromhaltigen Wollfarbstoffe geben bei einfacher Färbeweise klare Töne. Sie werden mit viel (bis 8 %) Schwefelsäure gefärbt; diese wird aber nur nach und nach angesetzt, so daß die Wolle nicht geschädigt wird (T. 1925, 676 und D.R.P. 416379).

Anwendung:

α. In der Baumwollfärberei werden nur wenige saure Farbstoffe gebraucht. Sie besitzen weder Verwandtschaft zur Baumwollfaser, noch werden sie durch Tannin befestigt. Sie können dagegen zum Färben von Jute, Kokosfaser und ähnlichen pflanzlichen Faserstoffen benutzt werden. Auf Baumwolle sind sie wasser- und waschunecht, aber lichtecht. Sie werden deshalb nur für besondere Artikel, z. B. für Buchbinderkaliko, verwendet.

Man färbt entweder mit 3—10 % Alaun und 20—40 % Kochsalz auf kurzer Flotte bei 50° C und trocknet, ohne zu spülen, oder die Ware wird über Nacht in zinnsaures Natron von 6° Bé eingelegt und, ohne zu spülen, zwei Stunden mit 10—20 % Alaun oder 5—10 % basisch schwefelsaurer Tonerde behandelt und unter Zusatz von etwas Essigsäure bei 50° C ausgefärbt. Die Farbbäder ziehen nicht aus und werden weiter benutzt.

Die Phtaleïn-Farbstoffe: Eosin, Erythrosin, Phloxin, Rose Bengale usw., werden bei 30° C in konzentriertem Kochsalzbade in ½—1 Stunde gefärbt und, ohne zu spülen, getrocknet. Einige andere saure Farbstoffe, wie Wasserblau, Indulin, Alkaliblau, lassen sich wie basische Farbstoffe auf Tanninbeize färben, doch sind diese Färbungen nicht waschecht.

Auf Jute werden die sauren Farbstoffe mit 2 % Essigsäure und 1—10 % Alaun gefärbt.

β. In der Wollfärberei werden die sauren Farbstoffe am meisten angewendet. Diese Färbweise schont die Wollfaser am meisten. Zum Färben verwendet man einen Zusatz von Säure, um die Farbstoffsalze im Farbbade zu zerlegen und die Farbstoffsäure in Freiheit zu setzen. Hierzu dienen Schwefelsäure, Natriumbisulfat (Weinsteinpräparat), Essigsäure, zuweilen Ameisensäure und Oxalsäure. Schwefelsäure und Natriumbisulfat haben die gleiche Wirkung, doch ist für die Herstellung von lebhaften Farben, insbesondere von Scharlach, wegen des Eisengehaltes des käuflichen Bisulfats der Schwefelsäure der Vorzug zu geben. Bei Farbstoffen, welche im schwefelsauren Bade zu rasch auf die Faser gehen, verwendet man

Ameisensäure oder Essigsäure. Oxalsäure setzt man kalkhaltigem Wasser beim Färben mit kalkempfindlichen Farbstoffen zu.

Um gleichmäßige Farben zu erhalten, ist ein Zusatz von Glaubersalz zum Färbebade meist notwendig. Ein solcher Zusatz kann beim Arbeiten mit Weinsteinpräparat fortfallen, da dieses eine Verbindung von Schwefelsäure und Glaubersalz darstellt.

Man bereitet das Bad mit der nötigen Menge Farbstofflösung, 10 % Weinsteinpräparat oder 10 % Glaubersalz und 4 % Schwefelsäure vom Gewicht der Wolle, geht mit der Ware bei 40° C ein und steigert die Temperatur allmählich zum Sieden. Im allgemeinen erfordern die sauren Farbstoffe 1—1½ stündiges Kochen.

Einzelne Farbstoffe sind in saurem salzhaltigem Wasser auch in der Hitze schwer löslich und deshalb schwierig gleich zu färben. Andere sind leicht löslich und bereiten weniger Schwierigkeiten; bei letzteren kann man bei höherer Temperatur, sogar bei Siedehitze, in das Färbebad eingehen. Es empfiehlt sich jedoch auch hier, besonders mit Rücksicht auf die Wolle, bei niedriger Temperatur einzugehen und die Temperatur allmählich zu erhöhen. Den Farbstoff setzt man vorteilhaft in mehreren Anteilen zu, oder man kocht zuerst einige Zeit im neutralen Bade und gibt die Säure nach und nach zu. Auf keinen Fall dürfen die Farbstoffe in der sauren Flotte gelöst oder als Pulver zugesetzt werden, es entstehen sonst leicht Ausscheidungen, die zur Fleckenbildung auf der Ware führen.

Je nach der Natur des zu verwendenden Farbstoffes, der zu färbenden Ware oder des gewünschten Farbtones muß die oben gegebene Färbeweise entsprechend abgeändert werden. Es wurde bereits erwähnt, daß die dem Färbebade zugesetzte Säure die Farbstoffsäure in Freiheit setzt und das Aufziehen bewirkt. Je stärker die Säure oder je größer die Säuremenge im Bade, desto rascher werden die Farbstoffsäuren in Freiheit gesetzt und von der Wolle aufgenommen, umgekehrt verursachen schwache Säuren oder geringe Säuremengen langsameres Aufziehen. Dem Glaubersalz fällt die Rolle zu, die Wirkung der Säure zu mildern, d. h. den Farbstoff in der Farbflotte zurückzuhalten und das Aufziehen zu verlangsamen. Zieht der Farbstoff langsam auf, so wird einerseits besser durchgefärbt, andererseits werden gleichmäßige Färbungen erhalten, weil von den anfangs zu dunkel gefärbten Stellen Farbstoff abgelöst und auf den Stellen aufgefärbt wird, auf welchen anfänglich zu wenig Farbstoff abgelagert wurde.

Eine Abänderung der Färbeweise muß daher stattfinden beim Arbeiten mit Farbstoffen, deren Säuren besonders leicht in Freiheit gesetzt werden, d. h. raschziehenden, schweregalisierenden Farbstoffen, beim Färben dichter, schwer gewalkter Ware oder bei der Herstellung heller Farben. Man kann hierzu einerseits die Glaubersalzmenge erhöhen, wodurch das Aufziehen verlangsamt und bessere Durchfärbung erreicht wird, oder man kann andererseits den gleichen Zweck durch Herabsetzen der Säuremengen oder durch Verwendung einer schwächeren Säure erreichen. Im ersteren Falle verwendet man bis 100 % und mehr Glaubersalz und 4 % Schwefelsäure, im anderen 10—20 % Glaubersalz und 1—3 % Schwefelsäure oder 10—20 % Glaubersalz und 2—5 % Essigsäure unter Zusatz von 1—2 % Schwefelsäure oder 2—5 % Essigsäure zum Erschöpfen des Bades.

Ferner kann man die nötige Säure langsam im Färbebade selbst erzeugen durch die Anwendung von schwefelsaurem, essigsaurem oder oxalsaurem Ammoniak, welche beim Kochen unter Entweichen von Ammoniak sich zersetzen, wobei das Bad allmählich immer saurer wird. Das kochende Bad wird zuerst mit 10 % Essigsäure (50 %) bestellt, die Farbstofflösung hinzugefügt und dann mit Ammoniak versetzt, bis das Wasser nur noch schwach sauer reagiert, oder man setzt dem Bade 5—10% essigsaures Ammoniak hinzu. Man geht mit der Ware ein und kocht 1½—2 Stunden, wobei erforderlichen Falles zum Ausziehen zweimal je 2 % Essigsäure oder 2 % Essigsäure und 1 % Schwefelsäure zugesetzt werden.

Statt der essigsauren Verbindung läßt sich auch das sich langsamer zersetzende schwefelsaure Ammoniak verwenden. In dem Maße, als freie Schwefelsäure entsteht, geht der Farbstoff und zwar sehr gleichmäßig auf die Faser. Nach genügendem Kochen ist das Bad ausgezogen. Bei der nächsten Partie kann wieder mit Ammoniak neutralisiert und auf dem Bade beliebig lange weiter gearbeitet werden.

Bei einer Reihe saurer Farbstoffe wird die Walkechtheit durch eine Nachbehandlung, sei es durch Chromkali, Chromfluorid, Alaun oder Kupfervitriol, erhöht und solche Farbstoffe finden vielfache Verwendung zum Abtönen von Beizenfarbstoffen (S. 332).

Die Alkalibau-Marken werden in schwach alkalischem Bade unter Zusatz von Borax oder Wasserglas in Mengen von etwa 2 bis 5 % vom Gewicht der Ware bei Siedetemperatur in ½ bis 1 Stunde gefärbt, gut gespült und auf frischem Bade, dessen Temperatur für die grünstichigen Marken 50° bis 60° C., für die rotstichigen 70° bis 80° C. betragen soll, in 1/4 Stunde unter Zusatz von 2 bis 5 % Schwefelsäure 66° Bé oder der entsprechenden Menge Weinsteinpräparat entwickelt.

Die Pyronin(Resorcin)farbstoffe, wie Eosin, Erythrosin, Phloxin, Rose Bengale werden auf kochendem Bade, dem man etwas Essigsäure oder Alaun oder Zinnchlorid zusetzt, gefärbt, oder man läßt die Wolle zuerst in einem Bade, welches 2 kg Alaun und 3/4 kg Weinstein enthält, 20 bis 30 Minuten kochen, gibt den Farbstoff zu, zieht einige Zeit um, läßt aufkochen und beläßt weitere 20 bis 30 Minuten im Bade.

γ. Seide wird ähnlich wie mit basischen Farbstoffen gefärbt, nur nimmt man zum Brechen des Bastseifenbades die stärkere Schwefelsäure an Stelle der Essigsäure. Man verwendet auch Schwefelsäure zum Avivieren.

Die Alkali-Farbstoffe, wie Alkaliblau usw. werden in einem kochenden neutralen oder alkalischen (Borax) Seifenbade (10 Teile Marseillerseife auf 1000) gefärbt, nach gründlichem Waschen in einem heißen Schwefelsäurebade entwickelt, dann nochmals kalt mit etwas Schwefelsäure aviviert.

I. Gelb und Kreß.

1. Chinolingelb ist das reinste saure Gelb, ausgezeichnet durch Lichtechheit. Wolle mit 3 % Chinolingelb wasserlöslich (A) unter Zusatz von 4 % Schwefelsäure und 10 % Glaubersalz ausgefärbt, erhält das Gelb **00** 2,2 15, also die Norm **00 r. a.** L. = 5; L. E. = 3; W. E. = 3.

Die Marke KT extra konz. (By) eignet sich besonders für beschwerte Seide. L. = 4; L. E. = 2; W. E. = 4.

2. Echtgelb. Die 2 %ige Färbung von Echtgelb G (W) auf ungebleichtem Wollstoff in schwefelsaurem Bade ergibt **07** 3,2 38. L. = 5; L. E. = 4; W. E. = 4.

3. Orange II (B), P (GE), extra (C), Goldorange (By, t. M., W), Mandarin G (A); ziemlich licht-, säure- und alkali-echt und wichtig für Wolle, Seide und Halbwolle, besonders für Modefarben. Die 1,5 %ige Färbung von Orange P (GE) auf Wolle ergibt **18** 02 17, also nahezu die Reinheit r. a. L. = 5; L. E. = 4; W. E. = 1.

4. Kitonechtorange G (I_9) ergibt zu 2 % auf Wolle gefärbt **16** 2,5 25. Die Färbung egalisiert gut und ist sehr lichtecht.

5. Azoflavin 3G extra (t. M.), RR (B), 3R (t. M.), Azogelb (K), Azosäuregelb (A), Indischgelb (By) sind durch Nitrierung von Orange IV erhaltene Gemenge. Unreine Farbstoffmarken können beim Lagern der damit gefärbten Ware Salpetersäure abspalten. Das neuere Azoflavin FF (B) zeigt diesen Nachteil nicht. Die 1,5 %ige Färbung von Azoflavin 3G extra konz. (t. M.) ergibt **08** 2,2 38. Sie ist säureecht. L. = 3; L. E. = 3; W. E. = 2.

6. Metanilgelb extra (A, B, C, D, G, GE, K, M, S, W) ist giftig, wird aber außer für Wolle viel für Papier und Lackfarben verwendet. Die 0,5 %ige Färbung von Metanilgelb OOO (GE) ergibt **10** 3,2 17. L. = 4; L. E. = 3; W. E. = 3.

7. Tartrazin (B), Hydrazingelb O (GE), Echtwollgelb G (K); sehr licht- und waschecht. Die 1 %ige Färbung von Hydrazingelb O auf Wolle ergibt **04** 3,5 15, also die Norm 04 **p. a.** L. = 5; L. E. = 4; W. E. = 4.

8. Dem Tartrazin stehen nahe Flavazin L und S (M), L. = 4; L. E. = 6; W. E. = 2—3, Echtlichtgelb G und 3G (By) Guineaechtgelb 3G (A) und Kitonechtgelb 3G (I_8) und Polargelb (G_{22} und $_{23}$).

Zugehörige Kennzahlen sind:

2,5 % Echtlichtgelb 3G auf Damentuch	**02** 3,5 15,	
3 % Guineaechtgelb 3G auf Wolle	**04** 1,4 15,	L. = 4; L. E. = 7; W. E. = 2;
3 % Kitonechtgelb 3G auf Wolle	**04** 3,2 20,	L. = 5; L. E. = 7; W. E. = 5;
2 % Polargelb 5G konz. auf Wolle	**04** 2,2 48,	die Norm **04 r. c.** L. = 5; L. E. = 6; Wa. E. = 4—5;
2 % Polargelb 2G konz. auf Wolle	**06** 2,5 33.	L. = 5; L. E. = 5—6; Wa. E. = 4—5.

9. Tuchechtorange G (I_{11}). 3 % essigsauer auf Wolle gefärbt geben **21** 1,6 30.

10. Polarorange R konz. (G_{24}). 3 % schwach essigsauer auf Wolle gefärbt geben **21** 1,6 40, also die Norm **21 t. c.** L. = 3; L. E. 5; Wa. E. = 5.

11. Naphtolgelb S ist ein klares feuriges Gelb, das in der Wollstückfärberei wegen guten Egalisierens eine große Rolle spielt. Die 1,5 %ige Färbung von Naphtholgelb S konz. (t. M.) auf Wolle ergibt **03** 1,6 27. Sie ist nur mäßig licht- und waschecht. L. = 5; L. E. = 1; W. E. = 3.

Gesellschaft für Chemische Industrie in Basel (J).

8. **2% Kitonechtgelb 3 G** auf Wolle mit Schwefelsäure gefärbt.	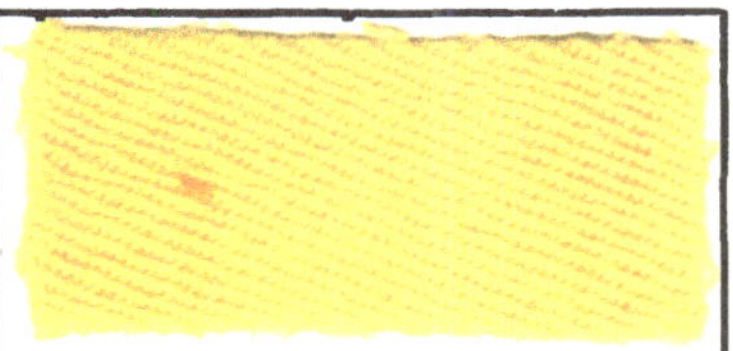
9. **2% Kitonechtorange G** auf Wolle mit Schwefelsäure gefärbt.	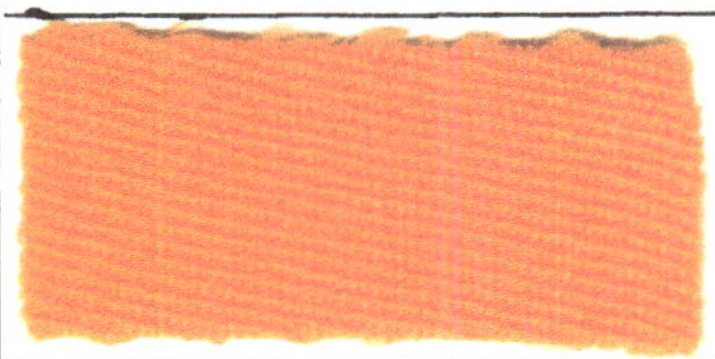
10. **2% Kitonlichtrot 4BL** auf Wolle mit Schwefelsäure gefärbt.	
11. **3% Tuchechtorange G** auf Wolle mit Essigsäure gefärbt.	
12. **4% Tuchechtrot B** auf Wolle mit Essigsäure gefärbt.	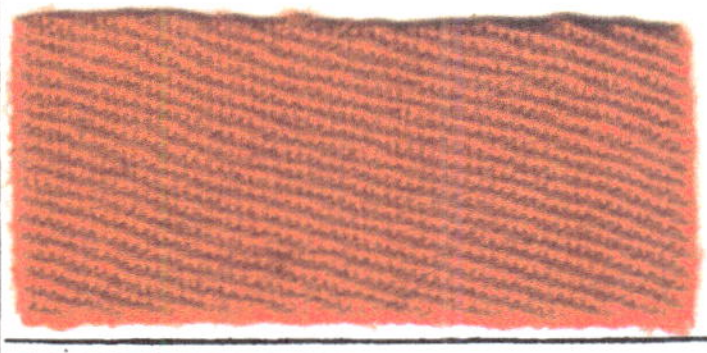
13. **7% Tuchechtschwarz 4BN** auf Wolle mit Essigsäure gefärbt.	
14. **3% Säurerhodamin 2 R** auf Wolle mit Schwefelsäure gefärbt.	

12. Amidogelb E (M) ist, wie das vorige, ein Nitrofarbstoff, aber so gut löslich, daß er auch auf Apparaten gefärbt werden kann. Kupfer und Blei ändern die Farbe nicht, Eisen macht stumpfer. Die Färbung ist alkali- und lichtecht.

II. Rot und Veil.

1. Säurefuchsin (C, G), NS (G), Fuchsin S (B). In Alkohol unlöslich. Die wässrige Lösung wird durch Alkali entfärbt, durch Säuren gelb. Die 2%ige Färbung von Säurefuchsin NS auf Wolle ergibt **34** 02 65, ist also röter und reiner als die des Fuchsins (S. 100). Sie ist wenig licht- und waschecht, kommt aber gut gleich und wird daher noch viel auf Wolle und Seide verwendet. L. = 5; L. E. = 1; W. E. = 1.

2. Formylviolett S4B (C), Säureviolett 5 B (G_5), 4 B (B). 2% Säureviolett 5 B auf Wolle haben die Kennzahl **48** 1,4 86. L. = 3; L. E. = 2; W. E. = 4.

3. Säureviolett 6 BN (B, I). Die wässrige Lösung wird durch Alkali entfärbt, durch Säuren rot bis kress. 2,5% auf Wolle mit Schwefelsäure gefärbt geben **50** 1,4 82, also die Norm **50** t c. L. = 3; L. E. = 2; W. E. = 2.

4. Alkaliviolett 6 B (B, I) heißt so, weil es Wolle auch im alkalischen Bade zu färben vermag; 2,5% mit Essigsäure gefärbt, geben **50** 2,2 75. Die Färbung ist nicht lichtecht, aber schön gleichmäßig und walkecht. L. = 4; L. E. = 1; W. E. = 3.

Ganz wesentlich echter sind die neueren von Meister Lucius und Brüning herausgebrachten Pyroninfarbstoffe:

Eosine.

Hierhin gehören eine Anzahl roter Farbstoffe, auch Resorzinfarbstoffe genannt, die sich durch besondere Lebhaftigkeit auszeichnen und namentlich auf Seide ein prächtiges Farbenspiel hervorrufen — eine Übertragung der den Farbstofflösungen eigentümlichen Fluoreszenz auf die Fasern.

Für Baumwolle werden sie nur verwendet, wenn keine Echtheitsansprüche gestellt werden; auf Wolle für Phantasiegarne und leichte Stückware für den Orient. In der Druckerei von Seide, Baumwolle und Wolle werden sie teils als Selbstfarben, teils als Beizenfarbstoffe gebraucht. Ferner finden sie Verwendung in der Färberei von Leder, Federn, Stroh und Holz, zur Lackfabrikation, für Tinten und Seifen.

Zum Lösen der Eosine darf kein kalkhaltiges Wasser verwendet werden, da sonst Farbstoffverlust eintritt. Das Wasser muß in diesem Falle mit Essigsäure neutralisiert werden. Man unterscheidet:

5. Eosin A, G (B), GG F (C). 2 % GG F auf Wolle mit Essigsäure und Glaubersalz gefärbt, geben **25** 1,4 40. L. = 5; L. E. = 1; W. E. = 4.

6. Safrosin (I), Eosin BN (B), Methyleosin BW (D), B (L), Eosinscharlach B (C). Wolle wird 3 % B **27** 02 44 gefärbt. L. = 5; L. E. = 2; W. E. = 4.

7. Erythrosin bläulich (M), Eosin J (B), Jodeosin B, Dianthine B, in Wasser mit kirschroter Farbe ohne Fluoreszenz löslich. Wolle wird mit 1½ % **29** 2,5 35 gefärbt. Die wenig echte Färbung fluoresziert stark. L. = 5; L. E. = 1; W. E. = 4.

8. Rose bengale (B), B (M). Das braunrote Pulver löst sich in Wasser ohne Fluoreszenz. L. = 5. Die 1,5 %ige Färbung von B auf Flanell hat die Kennzahl **32** 1,6 49 und fluoresziert kaum. Sie ist wenig echt. L. E. = 1; W. E. = 4. Der Farbstoff dient daher mehr in der Papier- und Lackfärberei.

Das Färben auf Baumwolle kann auf verschiedene Weise geschehen. Das einfachste Verfahren mit gutem Erfolg ist ein Zusatz von Kochsalzlösung, 4—5° Bé stark, zum Färbebad, doch darf dasselbe nicht allzu verdünnt sein. Man färbt lauwarm aus, windet ab und trocknet ohne zu waschen. Einen kirschroten Ton erhält man durch vorheriges 2—3stündiges Beizen in warmer Lösung von 5 % zinnsaurem Natron, Abwinden und ebenso langes Beizen in 5 % basischem Alaun und folgendes Ausfärben. Eine sattere Farbe wird erhalten durch Tränken der Baumwolle mit $^1/_5$ % Türkischrotöl, Trocknen und Dämpfen, Beizen in essigsaure Tonerde von 7° Bé, Trocknen, Kreiden, Waschen und Ausfärben. Türkischrotöl kann auch durch ein Seifenbad ersetzt werden.

Vor dem Färben wird die Baumwolle gebleicht.

Jute wird bei Zusatz von wenig Alaun und Essigsäure kochend ausgefärbt, gewaschen und getrocknet.

Wolle wird in kochendem Bade mit 10 % Essigsäure gefärbt.

Seide wird im mit Essigsäure gebrochenen Bastseifenbade gefärbt.

9. und 10. Echtsäureviolett A2R und B. Die Kennzahlen der 1,5%igen Färbungen auf Flanell sind **36** 1,3 77 und **44** 2,2 87.

11. Säurerosamin A. 4 % auf Seide färben **33** p c.

J. R. Geigy A. G., Basel (G.)

8.
Erioglaucin extra
2 %
schwefelsauer auf Wolle

9.
Eriogrün B
2 %
schwefelsauer auf Wolle

10.
Chromazonrot A
3 %
schwefelsauer auf Wolle

11
Dyphenylchlorgelb B
3 %
auf gebleichte Baumwolle mit 20 % Glaubersalz krist

12.
Eriochromgelb S
2 %
auf Wolle nachgechromt
(s. Rückseite)

13.
Terra Cotta R R N
3 %
auf mit Chrom geklotzten und geätzten Baumwollstoff ohne Zusatz gefärbt

14.
Eriochromrot B
3 %
auf Wolle nachgechromt
(s. Rückseite)

Allgemeine Färbevorschrift für Eriochromfarbstoffe.

Man geht bei ca. 60° C., bei Eriochromschwarz T nicht unter 80° C., unter Zusatz von 3–5 % Essigsäure in das Färbebad ein, arbeitet 1/4 Stunde ohne Dampf, wärmt langsam zum Kochen. Nach halbstündigem Kochen setzt man 2 % Schwefelsäure zu und lässt noch 1/4—1/2 Stunde weiterkochen, wonach die Färbeflotte klar ausgezogen ist. Hierauf entwickelt man die Farbe mit 1,5 % Chromkali durch 1/2—3/4 stündiges Kochen.

12. Echtsäureblau R. 4% auf Seide färben **53** p g ohne Fluoreszenz.

13. Echtsäureeosin G (M), Säurerhodamin 2 R (I_{14}). 3 % Säurerhodamin auf Wolle schwefelsauer gefärbt haben die Kennzahl **27** 5,5 06 mit starker Fluoreszenz. L. E. = 1—2; W. E. = 4.

14. Echtsäurephloxin A. 3% auf Wolle ergeben die Kennzahl **29** 5,5 20 mit starker Fluoreszenz.

15. Echtsäurefuchsin G. 3 % auf Wolle färben **32** 2,5 37 mit weniger Fluoreszenz.

Bei den folgenden Azofarbstoffen unterscheidet man:

a. Egalisierungsfarbstoffe.

16 und 17. Azofuchsin B und G. (By). Sie bilden einen vorzüglichen Ersatz für Orseille, licht- und schwefelechter, nur nicht walkecht. 2,5 % G auf Damentuch gefärbt, haben die Kennzahl **31** 2,2 64.

18.—20. Chromotrop 2R, 6B und 10B(M). Die 2%igen Färbungen auf Flanell ergeben **27** 02 42, bzw. **35** 02 78, bzw. **37** 1,5 82.

21. Chromazonrot A (G_{10}). 3 % auf Wollstück ergeben **27** 02 55. L. = 4; L. E. = 6; W. E. = 3.

Die letzten 6 Farbstoffe schlagen beim Nachchromen ihrer roten Färbungen zu Blau bis Schwarz um, sind aber leider gegen Blauholz zu teuer.

22. Eosamin B (A). Die 3%ige Färbung auf Wollstück hat die Kennzahl **25** 1,4 45, ist also die Norm **25 t c.** Sie ist mäßig waschecht, aber im Gegensatz zu Eosin lichtecht. L. = 4; L. E. = 6; W. E. = 2.

23. Lanafuchsin SB und SG (C), Sorbinrot (B), Azogrenadin S (By), Azosäurerot B (M), Wollrot SB (GE). 3 % auf Wollstoff gefärbt ergeben für SG **26** 02 57, für SB **28** 02 69. L. = 5; L. E. = 4; W. E. = 3.

24. Guineakarmin B (A) gibt zu 3 % auf Wollstück **29** 1,4 63, also die Norm **29 t. e.** L. = 5; L. E. = 6—7; W. E. = 2.

25. Azosäurefuchsin G (M) gibt zu 2,5 % auf Flanell gefärbt **31** 2,2 68. L. = 4; L. E. = 5; W. E. = 2—3.

26. Kitonlichtrot 4 BL (I_{10}) gibt zu 2 % auf Wollstück **32** 2,5 69. L. = 40; L. E. = 8; W. E. = 3; W. K. = 2.

β. Unifarbstoffe.

Diese können im Gegensatz zur vorigen Gruppe nicht dem kochenden Bade zugesetzt werden, da sie zu leicht ungleich aufziehen; aus demselben Grunde werden sie meist für sich allein und für dunkle Farben angewandt.

27. Echtrot A (A, B, By, GE, K), Rozellin (C, t. M.). Dieser älteste Vertreter der Echtrotklasse ist in kaltem Wasser wenig löslich; er egalisiert noch verhältnismäßig gut, ist auch dekatur- und karbonisierecht, aber wenig licht- und waschecht. 1,5 % (GE) auf Wollstück geben **25** 2,5 42, also die Norm **25 r. c.** L = 3—4; L. E. = 2; W. E. = 2.

28. Krozeinscharlach 4BX (K), Kochenillerot A (B), Neukoccin (A, M), Brillantponceau 4R (C), Viktoriascharlach 4R (t. M.), Ponceau 3R (W) liefert zu 25 % auf Wollstoff **25** 2,2 45, also die Norm **25 r. c.** L. = 5; L. E. = 4; W. E. = 3.

29. Ponceau 2R (M, A, B), Brillantponceau R (t. M.) gibt zu 2,5 % auf Merino das leuchtende **25** 1,8 28. L. = 5; L. E. = 2—3; W. E. = 2.

30. Kristallponceau (B), 6R (C, M), 6RF (A, K) gibt zu 2,5 % auf Merino **26** 02 42. L. = 5; L. E. = 4; W. E. = 2.

31. Tuchechtrot B (I_{12}) färbt essigsauer zu 4% auf Wolle **25** 1,6 52. L. = 80; L. E. = 6; W. E. = 4; W. K. = 3.

32. Brillantkrozein (By), O (K), bläulich (M), M (C), extra konz. (t. M.) Baumwollscharlach (B), Ponceau BO extra (A). 2 % Brillantkrozein (t. M.) färben auf Wolle **25** 02 38, also die Norm **25 r. c.** L. = 5; L. E. = 5; W. E. = 3.

33. Echtrot C (B), Azorubin (GE, t. M.), A (C), S (A), Chromotrop FB (M). 2,5 % Azorubin (GE) auf Wolle ergeben **26** 2,2 47; sehr licht-, schwefel- und karbonisierecht. Nachchromen macht blau. L. = 4—5; L. E. = 3; W. E. = 2—3.

34. Echtrot D (B), Azosäurerubin BB (W), Naphtholrot S (B), O (C, M), Amaranth (C, M), Bordeaux S (A), Tuchrot (t. M.), Wollrot (K). 4 % Azosäurerubin BB auf ungebleichtem Wollstoff ergeben **27** 02 59. L. = 5; L. E. = 3; W. E. = 4.

35. Echtrot B (L, B), Bordeaux B (M), BL (C), B extra (A), R (t. M.). 3 % Echtrot B (L) geben auf Wolle **29** 1,4 75. L. = 4; L. E. = 3; W. E. = 4.

36—38. Polarrot G, RS, B konz. (G_{25} bis $_{27}$) färben zu je 3 % auf Wolle im schwach essigsaurem Bade **24** 1,6 38 bzw. **25** 1,6 48

22.
Polargelb 5 G conc.
2 %
schwach essigsauer auf Wolle
(s Rückseite)

23.
Polargelb 2 G conc.
2 %
schwach essigsauer auf Wolle
(s Rückseite)

24
Polarorange R conc.
3 %
schwach essigsauer auf Wolle
(s Rückseite)

25.
Polarrot G conc.
3 %
schwach essigsauer auf Wolle
(s. Rückseite)

26.
Polarrot R S conc.
3 %
schwach essigsauer auf Wolle
(s. Rückseite)

27.
Polarrot B conc.
3 %
schwach essigsauer auf Wolle
(s. Rückseite)

28.
Polarrotbraun V conc.
3 %
schwach essigsauer auf Wolle
(s Rückseite)

Färbevorschriften für Polarfarben.

Die Polarfarben zeichnen sich auf Wolle und Seide bei einfachster Färbeweise durch sehr gute *Licht-* und *Waschechtheit* und verhältnismässig gute *Walkechtheit* aus, so dass sie eine leichte Walke gut aushalten.

Man färbt dieselben unter Zusatz von 2—3 % Essigsäure, geht bei 50—60° C. in das Färbebad ein, bleibt ½ Stunde bei 70° C., treibt zum Kochen und kocht ½ Stunde,

oder:

man färbt ¾—1 Stunde kochend unter Zusatz von 10 % Glaubersalz krist. und 5 % essigsaurem Ammon,

oder:

man färbt unter Zusatz von 10—20 % Glaubersalz krist. ca. ½ Stunde bei 90—95° C., setzt 1—2 % Essigsäure zu und färbt bei gleicher Temperatur eine weitere ½ Stunde.

bzw. **27** 1,6 80. Die mittlere Färbung ist die Norm **25 t. c.** L. = 5, 3, 3—4; L E. = 5, 5, 4—5; Wa. E. = 5.

39. Polar-Rotbraun V konz. (G_{28}) färbt zu 3 % **29** 1,6 96,5, also die Norm **29 t. p.** Die Polarfarben lassen sich nachchromen, sind aber meist schon so genügend walkecht. L. = 4; L. E. = 6; Wa. E. = 4—5.

40. und 41. Alizarin-rubinol R und 5 G (By) färben zu 2 bzw. 2,5 % auf Wolle **33** 05 41, also die Norm **33 n. c.**, bzw. **26** 05 15. Letzteres fluoresziert. L. E. = 7; W. E. = 4.

42. Alizarin-direktviolett R (M) färbt zu 2½ % auf Merino **48** 2,2 89. Nachchromen bläut. L. nicht gut; L. E. = 7; W. E. = 2.

III. Blau.

1. Alkaliblau 7 B—B und R—6 R werden wegen Reinheit und verhältnismäßiger Lichtechtheit viel auf Kammgarn, Halbwolle und Seide verwendet. Bemerkenswert ist ihre eigentümliche Färbeweise: 1 % Alkaliblau H 5 B (GE) mit 2 % Borax auf Wolle auf gefärbt und auf frischem Bade mit 3 % Schwefelsäure bei 70 bis 80° C entwickelt, gibt **52** 2,2 70. L. = 5; L. E. = 3; W. E = 4. Kalt werden grünlichere Töne erzeugt. Man kann im Entwicklungsbade mit sauren Farbstoffen abtönen, z. B. mit Naphtol- oder Chinolingelb. Seide wird im Bastseifenbade gefärbt.

2. Wasserblau 6 B—R, Baumwollblau 3 B (G), extra (M), Methylblau (C, G, M, t. M.), Reinblau (C), Seidenblau (B), Lichtblau (By, t. M.). Wegen der schönen lebhaften Farbe finden sie trotz geringer Echtheit noch Verwendung besonders für Seide; sie färben schwer gleichmäßig. 7 % Methylblau H löslich (G_7) gibt auf Seide in mit Schwefelsäure gebrochenem Bastseifenbad **54** 2,2 60. L. = 5; L. E. = 3; W. E. = 4.

3. Erioglauzin (G_8), Neptungrün BR (B). 2 % Erioglauzin extra färben auf Wolle das reine Blau **59** 2,2 73. L. = 5; L. E. = 3; W. E. = 4. Eriochlorin ist die Marke A, gemischt mit Gelb und Violett.

4. Nachtgrün A konz. (t. M.),. Benzylgrün (I) färbt gut gleich und alkali-, walk- und schwefelecht; auch ist es chrombeständig. 2,5 % Nachtgrün färben auf Wolle **73** 1,6 70, dessen Reinheit (t. c!) besonders bei künstlicher Beleuchtung besticht. L. = 4; L. E. = 2; W. E. = 3.

5. Patentblau V (A, M), Neptunblau G (B), Kitonreinblau V (I_6) ist wohl das wichtigste Blau der Gruppe. Es färbt gut gleich und ist licht- und alkali-echt. Ein vorzüglicher Ersatz für das alte Indigokarmin (S. 63). Es wird auch viel für beschwerte Seide gebraucht. Die 2,5 %ige Färbung von Patentblau V auf Merino ergibt **63** 1,4 75, die von 3 % Kitonreinblau V (I_6) **62** 1,4 73. L. = 5; L. E. = 3; W. E. = 3.

6. Patentblau A (M, A), Brillantsäureblau A (By), Neptunblau B (B), Tetrazyanol A (C) ist noch wasser- und walkechter. 2,5 % Patentblau A auf Merino geben **64** 1,6 71. L. = 4; L. E. = 2—3; W. E. = 3—4.

7. Cyanin B (M) ist noch licht- und waschechter wie Patentblau. 2,5 % auf Merino ergeben **58** 2,2 75. L. = 5; L. E. = 3; W. E. = 3.

8. Zyanol extra (C) gibt zu 3 % auf Wolle **58** 2,8 84. L. E. = 4—5; W. E. = 3.

9. Eriozyanin A (G_6) gibt zu 2 % auf Wolle **50** 2,2 85. L. = 5; L. E. = 2; W. E. = 4.

10. Kitonechtviolett 10 B (I_4) gibt zu 3% auf Wolle **50** 2,2 85. L. = 5; L. E. = 1—2; W. E. = 5.

11. Säureblau RBF (I_5) zu 3 % auf Wolle **52** 02 78. L. = 3—4; L. E. = 7; W. E. = 4.

12. Zyanolgrün B (C), Wollgrün S (B, I, S), BS (By). Zyanolgrün färbt zu 3 % auf Wolle **72** 02 88. L. = 4; L. E. = 2—3; W. E. = 4.

13. Säurezyanine (A). Sie färben gut gleich und werden daher viel für Marineblau auf Wollstück gebraucht. 4 % BFL ergeben **50** 1,4 93, also die Norm **50 t. i.** L. = 5; L. E. = 6; W. E. = 3.

14. Indozyanin B (A) ist verwandt, färbt aber nicht so gut gleich. Es muß daher kochend mit 5 % Ammonsulfat gefärbt werden. 4 % geben **51** 1,4 97,5. Die Färbung ist an Licht- und Waschechtheit den Chromfarbstoffen (S. 337) ebenbürtig. L. = 5; L. E. = 6; W. E. = 5—4.

15. Alizarinsaphirol B (By), Alizarinsaphirblau B (I) ist der erste Vertreter der in der Wollenechtfärberei wegen ihrer vorzüglichen Lichtechtheit geschätzten Alizarinfarbstoffe. Es färbt gut gleich. 2,5 % Alizarinsaphirol SE färben im Schwefelsäure-Glaubersalzbad auf Damentuch **50** 2,2 82, also die Norm **50 r. g.**

16. Alizarindirektblau EB (M) gibt zu 2,5 % auf Merino **52** 05 82. L. = 4; L. E. = 7; W. E. = 2—3.

17. Alizarindirektgrün G (M), Alizarinzyaningrün E (By), Alizarinbrillantgrün (C). 2,5 % Alizarindirektgrün geben auf Merino **71** 2,5 85. Durch Nachchromen wird die Färbung gelber und trüber. So geben 3 % Alizarinzyaningrün mit 1,5 % Kaliumbichromat nachbehandelt auf Herrenstoff **75** 2,2 93, also die Norm **75 r. l.** L. = 2; L. E. = 7; W. E. = 3.

18. Anthrachinonblau SR (B). L. = 3; L. E. = 7; W. E. = 3—4.

19. Alizarinreinblau B (By).

20. Alizarinzyanol (C).

21. Zyananthrol R (B). L. = 3; L. E. = 6; W. E. = 3.

22. Alizarinastrol B (By). 2,5 % geben auf Damentuch **58** 3,5 75, also die Norm **58 p. e.**

IV. Grün.

Die Zahl der sauren grünen Farbstoffe ist nicht sehr groß; der verbreitetste Farbstoff ist das:

1. Säuregrün (I), Guineagrün 2G (A), Lichtgrün SF gelblich (B), 2G konz. (t. M.). Die Färbekraft ist geringer als die des basischen Malachitgrün. Der Farbstoff ist indessen in vielen Fällen geeigneter, weil er sich mit sauren Farbstoffen wie Säureviolett und Säurefuchsin zu Indigoblau, mit Naphtholgelb zu oliv usw. vereinigen läßt. Die 2 %ige Färbung von Lichtgrün 2G konz. auf Wolle ergibt **82** 2,2 75. Sie ist weder alkali- noch säureecht. L. = 5; L. E. = 2; W. E. = 4.

2. Eriogrün B (G_9). 2 % auf Wolle mit Schwefelsäure ergeben **82** 2,5 80. L. = 5; L. E. = 4; W. E. = 4.

3. Eriogrün extra (G), Naphthalingrün V (I, M). 3 % auf Wolle ergeben **84** 1,4 82.

4. Kitonechtgrün V (I_7). 3 % auf Wolle ergeben **75** 02 78. L. = 4—5; L. E. = 3; W. E. = 5.

V. Schwarz.

1. Indulin, Nigrosin, Silbergrau, Anilingrau, Echtblau BA, für Wolle (A), Echtblau R (B, C, M), sind Sulfosäuren des Indulins und geben auf Wolle und Seide gut licht-, wasch- und säureechte Graublau; sie werden leicht ungleich, deshalb färbt man am besten erst in neutralem Bad und setzt allmählig Natriumbisulfat zu. Die 0,75 %ige Färbung von Nigrosin B

(t. M.) auf Wolle gibt **51** 09 86. L. = 4; L. E. = 5; W. E. = 4. Der Farbstoff zieht auch noch auf tannierte Baumwolle, ist dann aber wenig echt.

2. Palatinschwarz (B), Wollschwarz 4B, 6B (A), sind viel verwendete Wollfarbstoffe von guter Licht-, Wasch-, Säure- und Alkali Echtheit. L. = 4; L. E. = 4; W. E. = 3. Nachgechromt wird die Färbung wasch- und lichtechter, auf Seide wasserecht. Auf Halbwolle dient es für zweifarbige Artikel, da Baumwolle nur sehr wenig angefärbt wird; es färbt gut gleich.

3. Brillantschwarz B (B), Naphtolschwarz B (C) und Azosäureschwarz (M) ist ein schönes, säurebeständiges Schwarz von guter Licht- und Tragechtheit; es färbt gut gleich und dient daher oft zum Auffärben getragener Kleider. L. = 4; L. E. = 6; W. E. = 3. Die Färbungen sind waschecht, bluten aber bei starker Walke ins Weiße.

4. Naphtylaminschwarz D (C). L. E. = 6; W. E. = 3. Die nachgekupferten Marken R, RNB und NBB sind sehr lichtecht und dekaturecht. Die Marke 4 B ist gemischt und Naphtholblauschwarz.

5. Azidolschwarz 5B (t. M.) läßt Baumwolle ganz, Seide fast ganz weiß. L = 4; L. E. = 6; W. E. = 4—5.

6. Nerol (A). Die L.-Marken sind unempfindlich gegen hartes Wasser. Das Schwarz ist licht- und waschecht. L. = 4; L. E. = 6; W. E. = 5.

7. Naphtholblauschwarz (C), Azidolschwarz 6G extra (t. M.) geben ein grünliches, licht-, wasch- und schwefelechtes Schwarz, das gern mit Blauholzschwarz zusammen auf Wolle erzeugt wird. L. = 4; L. E. = 6; W. E. = 3.

8. Tuchechtschwarz 4BN (I_{13}). Mit Essigsäure zu färben, sehr echt, mit Hydrosulfit ätzbar; dient auch für Seide.

c) Substantive oder direkte Farbstoffe.

Eigenschaften:

Die substantiven Farbstoffe haben in der Baumwollfärberei infolge ihrer einfachen Anwendungsweise im Laufe der Zeit die erste Stelle eingenommen. Die verschiedenen Farbstoffabriken bringen sie unter Gruppenbezeichnungen, wie Benzo- (B), Diamin- (C), Chikago-, Kolumbia-, Kongo-, Sambesi- (A), Dianil- (M), Eboli- (L), Naphthamin- (K), Oxamin- (B), Renol- (t. M.) usw. Farbstoffe in den Handel; sie sind Sulfo- oder Karbonsäuren von Disazo- und Polyazofarbstoffen.

Im Gegensatz zu den basischen und den Beizen-Farbstoffen färben die substantiven Farbstoffe die pflanzliche Faser direkt an; ihrer Verwandtschaft zur Baumwolle verdanken sie die Bezeichnung Direktfarbstoffe. Man nennt sie auch Salzfarbstoffe, weil dem Färbebade Kochsalz oder Glaubersalz zugefügt wird, um das Aufziehen auf die Faser zu befördern.

Anwendung:

a. Die Verwendung in der Baumwollfärberei hat die größte Verbreitung gefunden. Die Färbungen sind einfach und billig.

Die Zusätze zum Färbebade richten sich nach der Natur der einzelnen Farbstoffe. Langsam ziehende Farbstoffe werden in neutralem Salzbade mit 10—30% und mehr Kochsalz gefärbt. Die Mehrzahl der in diese Gruppe gehörigen Farbstoffe erfordern jedoch je nach der Tiefe der herzustellenden Färbung ½—2% kalz. Soda und 10—20% Kochsalz oder Glaubersalz. Einige schwerlösliche werden im alkalischen Bade mit 2—5% Soda, auch ohne Salzzusatz, gefärbt. Zuweilen wird Natriumphosphat an Stelle von Soda verwendet. Man teilt deshalb die substantiven Farbstoffe auch in neutral färbende, schwach alkalisch und stark alkalisch färbende ein.

Im allgemeinen wird auf kurzer Flotte kochend ¾—1 Stunde gefärbt. Der gelöste Farbstoff wird zuerst, dann Salz und Soda, nötigenfalls in mehreren Anteilen, dem Färbebade zugegeben. Die substantiven Farbstoffe lassen sich auch kalt oder lauwarm färben und klotzen, man arbeitet dann aber in konzentrierteren Bädern.

Lose Baumwolle und Vorgarn wird gewöhnlich in mechanischen Apparaten nach dem Packsystem (Abb. 42) gefärbt, Garn in Kops- und Kreuzspulenform sowohl in Apparaten des Packsystems, wie nach dem Aufstecksystem (Abb. 57). Strähngarn wird auf der Barke (Abb. 25), Gewebe auf dem Jigger oder der Paddingmaschine (Abb. 70) gefärbt; seltener kommt hierfür die Färbekufe (Abb. 63) in Anwendung. Wo es sich um Stapelfarben, wie Schwarz, Blau, Braun handelt, werden Kontinufärbemaschinen (Abb. 30) mit Vorteil benutzt.

Für **Echtfärberei** genügen die substantiven Farbstoffe meist nicht. Wohl zeichnen sich einzelne substantive Farbstoffe durch besondere Widerstandsfähigkeit gegen bestimmte Einflüsse aus, erweisen sich aber gleichzeitig als zu wenig echt in anderer Beziehung. So sind z. B. Benzoechtblau und Brillantechtblau (By) und verschiedene andere Farbstoffe genügend lichtecht und übertreffen Indigo in dieser Hinsicht, ihre geringe Waschechtheit aber macht sie für die Zwecke der Echtfärberei weniger geeignet, weshalb sie nur für die Färberei von Stoffen in Betracht kommen, die im Gebrauch wohl der Einwirkung von Luft und Licht ausgesetzt sind, wiederholter Wäsche aber nicht unterworfen werden. Andere Farbstoffe widerstehen der Wäsche verhältnismäßig gut, verändern aber am Licht schnell den Farbton.

Man war deshalb bestrebt, die Echtheit der substantiven Farbstoffe zu erhöhen; bei vielen Farbstoffen wird durch eine Nachbehandlung die fertige Färbung in einer oder der anderen Richtung widerstandsfähiger.

So wird die Waschechtheit gewisser Farbstoffe verbessert

a) durch Nachbehandlung mit Chromsalzen. Die gut gespülten Färbungen werden mit 2—3 % Chromkali bzw. Chromnatron oder Chromfluorid oder Chromalaun unter Zusatz von 1—1½ % Essigsäure ½ Stunde bei 60—80° C nachbehandelt, gespült und getrocknet. Durch Zusatz von Essigsäure bleiben die Nachbehandlungsbäder klar.

b) durch Nachbehandlung mit Formaldehyd bei einigen direkten Farbstoffen.

Die gefärbte und gespülte Ware wird 20—30 Minuten heiß bis kochend mit 3 % Formaldehyd unter Zusatz von 1—2 % Chromkali behandelt.

c) durch Nachbehandlung mit diazotiertem Paranitranilin, wodurch auch der Farbton vertieft wird. Dieses Verfahren beruht auf Kupplung des auf die Baumwolle aufgefärbten Farbstoffes mit dem diazotierten Paranitranilin. Alle Farbstoffe kommen für diese Nachbehandlungsweise in Betracht, die noch eine freie Aminogruppe enthalten. Doch wird das Verfahren nur für eine beschränkte Anzahl, hauptsächlich brauner und schwarzer Farbstoffe benutzt.

Die gespülten Färbungen werden in einem kalten Bade, welches das diazotierte Paranitranilin, Soda und Natriumazetat enthält, ½ Stunde umgezogen und gut gespült. Man verwendet für 100 kg Baumwolle je nach Tiefe der Färbung 30—70 l diazotiertes Paranitranilin (2 kg zu 200 l Lösung), ½—1 kg kalzinierte Soda und 200—400 g Natriumazetat. Beim Kuppeln von Färbungen auf loser Baumwolle oder in mechanischen Apparaten läßt man Soda und Natriumazetat fort und erhöht die Menge Paranitranilin um etwa ein Viertel.

Diazotiertes Paranitranilin:

2 kg Paranitranilin C (C) werden mit

15 l kochend heißem Kondenswasser übergossen, umgerührt u. mit
5 l Salzsäure 20° Bé versetzt. Nach erfolgter Lösung werden
35 l kaltes Wasser zugegossen. Das salzsaure Salz scheidet sich als gelber Brei aus. Nach völligem Erkalten werden
1,1 kg Natriumnitrit in
7 l kaltem Wasser gelöst, eingerührt. Nach 20 Minuten wird mit kaltem Wasser auf
200 l eingestellt.

Um die umständliche Herstellung der Diazolösungen zu umgehen, können haltbare Diazoverbindungen verwendet werden, die unter verschiedenen Bezeichnungen von den Farbstofffabriken auf den Markt gebracht werden, z. B. Nitrazol CF (C), Benzonitrol (By), Azophor (M), Nitrosamin (B) usw. Das Arbeiten mit diesen Entwicklern ist einfacher als mit Paranitranilin, stellt sich aber teurer.

Man verrührt 2—4 % Nitrazol mit wenig kaltem Wasser, bringt es mit einer genügenden Menge kalten Wassers vollständig in Lösung und setzt 0,2—0,4 % Soda und 0,1—0,125 % Natriumazetat zum Kupplungsbade. Die Behandlung der Ware ist die gleiche wie beim Arbeiten mit Paranitranilin.

Nach der Vorschrift 14 (Tabellarische Übersicht **1903**, 22) wird die erforderliche Menge Benzonitrolteig mit wenig kaltem Wasser angeteigt, durch weiteren Wasserzusatz auf 30 l aufgefüllt und dem mit Wasser und der nötigen Salzsäure bestellten Kuppelungsbade zugegeben. Nach ½ Stunde fügt man Soda und Natriumazetat, in Wasser gelöst, zu, geht mit der Ware ein und zieht ½ Stunde um. Zum Schluß gut spülen.

Für helle Färbungen (bis 2 % Farbstoff) gebraucht man für 100 kg Baumwolle:

3 kg	Benzonitrolteig,
1900 ccm	Salzsäure 21° Bé,
750 g	Natriumazetat,
250 g	Soda, kalz.,

für dunkle Färbungen (über 2 % Farbstoff) nimmt man 3—4 kg Benzonitrolteig, und erhöht die übrigen Zusätze im Verhältnis.

1921 (Übersicht S. 25) empfehlen Bayer die Kupplung mit ihrem Parazol FB. 100 Teile Pulver entsprechen etwa 18 Teilen Paranitranilin. 1 kg Parazol FB wird mit wenig kaltem Wasser angeteigt und, mit mehr Wasser gelöst, in das kalte Entwicklungsbad gegeben. Man setzt 60 g Soda kalz. und 60 g Natriumazetat nach, soviel, daß das Bad Kongopapier nicht mehr bläut. Die Ware wird ½

Stunde umgezogen, gespült und zwecks besserer Waschechtheit kochend geseift.

Die Nachbehandlung mit Azophorrot PN geschieht auf kaltem Bade mit 1—2 % Azophorrot und 1—2 % Natriumazetat ½ Stunde, worauf gut gewaschen wird.

Die Arbeitsweise mit Nitrosaminrot weicht etwas ab:

Für 100 Pfund (engl.) Baumwolle rührt man 1½ kg Nitrosaminrot in Teig mit 25 l kaltem Wasser an und gibt unter Rühren langsam 600 g Salzsäure 20° Bé zu. Nach ca. ½stündigem Stehenlassen gießt man das Gemisch in das kalte Kupplungsbad und fügt kurz vor Gebrauch die Lösung von 600 g Natriumazetat zu, geht mit der Ware ein und zieht ½ Stunde um. Zum Schluß wird gründlich gewaschen. Je nach der Tiefe der Färbung wird die Menge an Nitrosaminrot und dementsprechend auch die anderen Zusätze vermehrt oder vermindert.

d) durch Diazotierung des Farbstoffes auf der Faser und Kupplung. Häufiger als die Nachbehandlung mit Diazolösungen wird das umgekehrte Verfahren angewandt und der Farbstoff, der eine freie Aminogruppe haben muß, auf der Faser diazotiert und dann mit einem Amin oder Phenol gekuppelt. Für dieses Verfahren kommen auch Farbstoffe zur Anwendung, die direkt gefärbt wertlos sind, wie das Diaminogen (C) u. a. m. Andere Farbstoffe, wie Primulin, verändern den Farbton vollständig (S. 27).

Gefärbt wird in der für substantive Farbstoffe gebräuchlichen Weise. Die gespülte Ware wird dann auf einem frischen, kalten Bade in ¼ Stunde diazotiert. Das Diazotierungsbad wird je nach der Tiefe der Färbung mit 1½—3 % Natriumnitrit und 5—7½ % Salzsäure 20° Bé oder 3—5 % Schwefelsäure 60° Bé beschickt. Beim Arbeiten auf mechanischen Apparaten oder auf dem Jigger werden kleinere Mengen Nitrit und Säure genommen. Nach dem Diazotieren wird kurz in angesäuertem Wasser gespült und sofort entwickelt. Die diazotierte Färbung muß vor dem Entwickeln vor direktem Sonnenlicht geschützt werden.

In dem Entwicklungsbad bilden sich durch die Kupplung neue unlösliche, waschechte Azofarbstoffe auf der Faser. Die verschiedenen Entwickler geben verschieden gefärbte Verbindungen. Die gebräuchlichsten Entwickler sind:

β-Naphthol, β-Naphtholnatrium (Entwickler A [By]);

Phenol (Entwickler J [By]);

Resorzin (Orangeentwickler R [B], Entwickler F [By]);

2,6-naphtholsulfosaures Natrium = (Schäffersalz);
m-Phenylendiamin = Entwickler E (By); das Chlorhydrat ist = Oxaminentwickler M (B) = Entwickler C (By);
Toluylendiamin (Entwickler H [By], Diamin C S [C]);
Äthyl-α-Naphthylamin = Oxaminentwickler R (B);
Äthyl-β-Naphthylamin B (B), (Bordoentwickler B [By]);
Naphthylaminäther N (C), Aminodiphenylamin (Echtblauentwickler A D [C]);
2, 8, 6-Aminonaphtholsulfosäure γ (Entwickler G [By], Blauentwickler AN [C]).

Seltener gebraucht werden:

2, 3-Dioxynaphthalinsulfosäure = Entwickler E S (By);
Nitrobenzidin = Entwickler N B (By);
Karbazol = Karbazolentwickler (C);
1, 3, 5-Phenyl-methyl-pyrazodon = Entwickler Z (By);
Nerogen D für Sambesischwarz D (A).

Die Phenole: β-Naphthol, α-Naphthol, Resorzin, Phenol werden mit Natronlauge und kochendem Wasser; Schäffersalz, Phenylendiamin, Toluylendiamin mit Soda und kochendem Wasser; Äthyl-α- und -β-Naphthylamin, Aminonaphtholsulfosäure γ mit Salzsäure und kochendem Wasser gelöst.

Man verwendet auf 100 kg Baumwolle (Cassella Handbuch 1923, 60):

β-Naphthol: 450—900 g oder 4½—9 l nachstehender Lösung: 1 kg β-Naphthol wird mit 870 ccm Natronlauge 40° Bé übergossen und mit kochendem Wasser zu 10 l gelöst.

Phenol: 250—500 g oder 2½—5 l folgender Lösung: 1 kg Phenol wird mit 2½ l Natronlauge 40° Bé übergossen und mit kochendem Wasser zu 10 l gelöst.

Resorzin: 350—700 g oder 3½—7 l folgender Lösung: 1 kg Resorzin wird mit 1 l Natronlauge 40° Bé übergossen und mit kochendem Wasser auf 10 l gebracht.

m-Phenylen- bzw. Toluylendiamin: 350—700 g oder 3½—7 l folgender Lösung: 1 kg Diamin und 300 g Soda kalz. werden mit kochendem Wasser zu 10 l gelöst.

Äthyl-β-Naphthylamin: ¾—1½ kg oder 37½—75 l folgender Lösung: 1 kg Äthyl-β-Naphthylamin wird mit 200 ccm Salzsäure übergossen und mit kochendem Wasser zu 50 l gelöst.

Aminodiphenylamin: ¾—1½ kg oder 37½—75 l folgender Lösung: 1 kg Aminodiphenylamin wird mit 400 ccm Salzsäure übergossen und mit kochendem Wasser auf 50 l gelöst.

Beim Arbeiten auf alten Bädern verringert sich der Verbrauch um etwa ein Viertel.

Man geht 15—30 Minuten auf das kalte Entwicklungsbad und spült gut.

Einzelne Entwickler, wie z. B. Naphthol, Toluylendiamin und Resorzin, ferner Äthyl-β-Naphthylamin und Aminodiphenylamin können miteinander gemischt werden. Zur Erhöhung der Lichtechtheit werden die entwickelten Färbungen mit Kupfervitriol nachbehandelt, das Kupfervitriol kann auch dem Diazotierbad zugefügt werden.

Zuweilen wird die diazotierte Färbung statt mit einem Entwickler in einem 50° C warmen Bade 15—20 Minuten lang mit 2½—5 % kalz. Soda behandelt, wodurch die Aminogruppe wahrscheinlich durch die Hydroxylgruppe ersetzt wird.

Durch Nachbehandlung mit Kupfervitriol wird auch die Lichtechtheit einer Anzahl von substantiven Farbstoffen erhöht. Die Ware wird zu diesem Zweck mit 1—3 % Kupfervitriol und 2—3 % Essigsäure 30 %ig bei 60—80° C nachbehandelt.

Eine Nachbehandlung mit Chrom- und Kupfersalzen verbessert Licht- und Waschechtheit. Je nach Tiefe der Färbung beschickt man das Bad mit 1—2 % Chromkali, 1—2 % Kupfervitriol und 2 bis 5 % Essigsäure vom Gewicht der Ware und behandelt die gefärbte Ware ½ Stunde bei 60—80° C.

Durch eine Nachbehandlung mit Chlorkalk werden Färbungen von Primulin in lebhafte Kreß von guter Licht- und Waschechtheit verwandelt. Die gefärbte Baumwolle wird zu diesem Zweck in einem kalten Chlorkalkbade von ½° Bé ½ Stunde behandelt, hierauf gespült, abgesäuert und nochmals gespült. Durch Erhöhen der Temperatur wird der Farbton röter.

β. Wolle färben die substantiven Farbstoffe ähnlich wie die sauren, nur egalisieren sie nicht mit Glaubersalz und Säure, sondern nur mit Ammoniumazetat oder -sulfat. Im allgemeinen genügt die Walkechtheit substantiver Färbungen nur bescheidenen Ansprüchen, dagegen ist die Licht- und Waschechtheit auf Wolle erheblich besser als auf Baumwolle. Sie verdanken ihre Einführung der einfachen Färbeweise und ihrer zum großen Teil guten Schwefelechtheit; auch werden in neutralen Bädern die pflanzlichen Beimengungen angefärbt; in solchen Fällen braucht daher nicht karbonisiert zu werden.

Man färbt entweder neutral unter Zusatz von 10—20 % Glaubersalz oder mit 10—20 % Glaubersalz und 5 % Ammoniumazetat. Man geht bei 60° C ein, treibt zum Kochen und kocht ½—1 Stunde. Säurezusatz zum Ausziehen des Farbstoffes ist nicht zu empfehlen, da leicht ungleichmäßige Färbungen entstehen.

Cassella empfehlen in ihrem Handbuch II, 1912, 17, für einzelne ihrer Diaminfarbstoffe eine Nachbehandlung mit Metallsalzen, wodurch die Echtheit der Färbungen den an schwere Walkartikel gestellten Forderungen entsprechen sollen (vgl. S. 124):

a) Erhöhung der Wasch- und Walkechtheit. Dem ausgezogenen Färbebade setzt man ½—2 % Chromkali (etwa das halbe Gewicht des angewandten Farbstoffs) oder 1—3½ % Chromfluorid (etwa die gleiche Menge wie Farbstoff, jedoch nicht mehr als 3½ %) zu und kocht noch ½ Stunde.

b) Erhöhung der Lichtechtheit. Man verfährt in gleicher Weise unter Anwendung von ebensoviel Kupfervitriol als Farbstoff.

Ist das Färbebad nicht ausgezogen, so nimmt man die Nachbehandlung zweckmäßig in einem besonderen Bade unter Zusatz von 3—4 % Essigsäure vor.

γ. Viele substantive Farbstoffe geben auf Seide, ähnlich wie auf Wolle, Färbungen von sehr guter Wasser-, Wasch- und Walkechtheit.

Man färbt nach Cassella, Handbuch II, S. 219, helle Farben im neutralen, dunkle im mit Essigsäure schwach gebrochenem Bastseifenbade, dem man gegen Ende des Färbens etwas Essigsäure zum Erschöpfen des Bades nachsetzt. Man geht bei 40° C ein, bringt langsam zum Kochen und arbeitet nahe bei Kochhitze etwa noch ¾ Stunde. Nach dem Färben wird gespült und mit Essigsäure oder Weinsäure aviviert.

Einzelne Direktfarbstoffe werden durch Nachbehandlung mit Metallsalz echt. Man verfährt in gleicher Weise, wie bei Baumwolle (S. 124), spült gut und aviviert.

Durch Diazotieren und Entwickeln werden einzelne direkte Färbungen auf Seide ebenso wasch- und walkecht, wie auf Baumwolle (S. 122). Primulin widersteht nach dieser Behandlung sogar dem Entbasten der Seide im Stück und kann mit unabgekochter Seide verwoben werden. Die gefärbte Seide wird mit 3 % Natriumnitrit und 9 % Salzsäure oder 6 % Schwefelsäure behandelt und nach dem Spülen sofort in gleicher Weise und mit denselben Mengenverhältnissen wie Baumwolle entwickelt. Man spült gut, seift heiß und aviviert.

δ. Größere Bedeutung als in der Wollfärberei haben die substantiven Baumwollfarbstoffe in der Färberei **gemischter Gewebe** erlangt, da sie pflanzliche und tierische Fasern in einem Bade ziemlich gleich färben. Hierbei hat man es in der Hand, die eine oder die andere Faser stärker zu decken, da manche Farbstoffe leichter auf Baumwolle, andere leichter auf Wolle oder Seide ziehen. Auch färbt sich Baumwolle bereits in der Kälte, Wolle dagegen erst in der Wärme.

I. Gelb und Kreß.

1. Chrysamin G, (A, By, L, t. M.), sehr lichtecht aber wenig alkali- und säureecht. L. = 3; L. E. = 7; W. E. = 2—3. Mit Kupfervitriol und Chromkali nachbehandelt, wird es licht- und waschechter. L. E. = 8; W. E. = 4—5. Ebenso steigt durch Nachbehandeln mit diazotiertem Paranitranilin und Kupfervitriol die Wasch- und Lichtechtheit. Es dient hauptsächlich im Kattundruck.

2. Kongoorange RL (A, By, L); 3 % geben auf gebleichter Baumwolle **17** 08 30; auch auf Wolle wegen guter Walkechtheit benutzt. L. = 5; L. E. = 6; W. E. = 2.

3—4. Toluylenorange G und R (GE), Alkaliorange GT und RT (W), Renolorange G und R (t. M.), Plutoorange G und R (By), Pyraminorange RT (B). Die 2% ige Ausfärbung von Toluylenorange G und R auf gebleichte Baumwolle mit 5 % Soda und 20 % Glaubersalz ergibt **10** 7,5 42 bzw. **16** 14 58. L. = 4; L. E. = 3; W. E. = 2—3. Mit Chromkali und Kupfervitriol nachbehandelt wird die Färbung echter, auch auf Halbseide und Halbwolle verwendet.

5. Diaminbraun M (C), Dianilbraun MH (M), Naphthaminbraun H (K), Direktdunkelbraun M (L), Oxaninbraun R (B). Die 2 % ige Färbung von Diaminbraun M auf gebleichte Baumwolle ergibt **22** 03 84. L. = 3—4; L. E. = 3; W. E. = 2—3. Durch Nachbehandeln mit Kupfersulfat und Chromkali sehr waschecht; diazotiert und auf der Faser mit Diamin oder β-Naphthol entwickelt tief dunkelbraun; durch Säuren etwas gerötet. Auf Wolle wird die gekupferte walkechte Färbung auch viel verwendet; auf Halbwolle werden beide Fasern gleichmäßig gefärbt, ein Ersatz für Katechu.

6. Toluylengelb (GE). 2 % auf gebleichte Baumwolle ergeben **07** 03 40. L. = 4; L. E. = 1; W. E. = 3—4.

7—8. Toluylenbraun G und R (GE). 3 % auf gebleichte Baumwolle mit 3 % Soda und 20 % Glaubersalz gefärbt, geben **18** 03 63 bzw. **19** 04 60. L. = 2—3 bzw. 4; L. E. = 3; W. E. = 2—3.

9. Brillantgelb (By, GE, L). 2 % mit Kochsalz und Essigsäure auf Baumwolle gefärbt, ergeben **07** 06 20. Die Färbung ist sehr alkaliempfindlich und wird daher mehr nur noch auf Papier erzeugt.

10. Chrysophenin G (A, By, L), Aurophenin O (M), Chrysobarin G (t. M.), Pyramingelb G (B) ist alkali- und zugleich licht- und chlorecht. Es findet daher ausgedehnteste Anwendung auf Baumwolle, Wolle und Seide. Die 2,5 %ige Färbung von Chrysophenin G (L) im neutralen Salzbade auf gebleichte Baumwolle hat die Kennzahl **08** 08 25. L. = 3; L. E. = 4; W. E. = 2—3.

11—12. Kongobraun G (A) [Naphthaminbraun 4G (K)] und R (A), [Renolbraun RG (t. M.)] sind wichtig für Baumwolle, Wolle und Halbwolle; direkt gefärbt nur ziemlich licht- und mäßig waschecht, mit Kupfervitriol nachbehandelt sehr licht- und gut waschecht; sie egalisieren auch gut und zeigen gute Säure- und Alkali-Echtheit. Auf Baumwolle färbt man in einem Bade mit 10—20 gr Glaubersalz und ½—2 gr Soda in 1 l von 50° C bis kochend, auf Wolle ohne Soda, ebenso auf Halbwolle, die sich sehr gleichmäßig auf beiden Fasern färbt. 2 % Naphthaminbraun 4 G auf gebleichten Baumwollstoff ergeben **21** 3,7 60. L. E. = 6; W. E. = 3. 4 % Renolbraun RG auf Baumwolle **19** 3,5 65. L. = 4; L. E. = 6; W. E. = 2—3.

13. Diaminbronze G (C). Das schwarze Pulver gibt zu 2 % auf gebleichter Baumwolle **09** 04 94. L. E. = 3; W. E. = 4. Säurer röten, Nachkupfern oder Kuppeln mit Diazo-p-Nitralinin macht echter. Auf Halbwolle wird die Wolle etwas lebhafter und muß mit Naphtholschwarz nachgedunkelt werden.

14. Primulin (A, By, C, GE, K, M), A (B), Polychromin (G) wurde zuerst von der englischen Fabrik Brooke, Simpson, Spiller & Cie. in den Handel gebracht, jetzt von den meisten Farbstoffwerken. Es färbt in neutralem oder alkalischem Bade Baumwolle Primelgelb mit guter Wasch- und Säureechtheit. Wichtig ist das Primulin als erster sog. „Entwicklungsfarbstoff", der verschiedene Farben auf der Faser selbst ergibt. Behandelt man das Primulin auf der Faser mit einer salzsauren Lösung von Natriumnitrit, so wird es diazotiert und diese Diazoverbindung vereinigt sich wie andere Diazoverbindungen mit Phenolen oder Aminen, sog. Ent-

wicklern (S. 122), und gibt dann je nach der Natur der Entwicklers einen verschieden gefärbten Azofarbstoff. So erzeugte Farben wurden Ingrainfarben genannt; auf diese Weise erhät man mit β-Naphthol: rot, mit Resorzin: kreß, mit Phenol: gelb, mit Metaphenylendiamin: braun, Äthyl-β-Naphthylamin: bordeaux, mit R-salz: marron. Die Färbungen zeigen meist gute Wasch-, Walk- und Säureechtheit. Sie lassen sich auf allen Fasern herstellen. Nur der Marronentwickler verträgt sich nicht mit Wolle.

Primulinbad: Die anzuwendende Farbstoffmenge richtet sich nach dem zu erreichenden Farbton. Für Gelb und Kreß nimmt man 3 %, für Rosa ¼—½ %, für alle übrigen Farben 5 % Primulin und 5 % Kochsalz. Das Bad ist stets konzentriert zu halten. Im andern Falle würde die Farbe zu schwach ausfallen. Die Anwendung einer größeren Menge Kochsalz ist schädlich; ein Teil des Farbstoffs würde ausgeschieden und der Farbton matt und unrein erscheinen. Nach dem Färben wird gut gewaschen, damit die Ware nicht abfärbt. Das Färbebad zieht nicht aus und kann weiter benutzt werden. Man braucht dann nur 2 % Farbstoff und ½ % Kochsalz beizufügen. 7 % Primulin (K) im Glaubersalzbad auf gebleichtem Baumwollstoff gefärbt, ergeben **04** 06 45, also die Norm **04 n. c.** L.E. = 3; W.E. = 3. Doch ist die direkte Färbung zu lichtunecht; nachträgliches Chloren macht sie lichtecht, L.E. = 7; W.E. = 4.

Nitritbad: Die anzuwendende Menge Nitrit wird auf die zur Verwendung gelangende Wassermenge bezogen. Je mehr Wasser, desto mehr Nitrit. Auf 3 l Wasser nimmt man 20 g. Das Nitritbad wird mit ziemlich viel Schwefelsäure oder Salzsäure versetzt. Das Bad muß stark sauer sein, nach salpetriger Säure riechen, andernfalls werden die Farben matt und ungleich. Auch muß das Nitritbad kalt gehalten werden, sonst verflüchtigt sich zuviel salpetrige Säure. Die Ware darf nach dem Bade nicht lange lagern, sondern muß sofort nach sorgfältigem Spülen in das Entwicklungsbad gelangen. 5 Minuten Umziehen genügt. Das Bad läßt sich verwenden, so lange dasselbe noch nach salpetriger Säure riecht und sauer schmeckt.

Entwicklungsbad: Die Entwicklungsbäder dürfen nicht zu schwach genommen werden. Wird das Bad durch ungenügendes vorhergegangenes Spülen sauer, so entwickelt sich die Farbe matt oder gar nicht. Das Bad kann kalt, warm oder heiß benutzt werden. Bei dichten Geweben oder gemischten Waren wird man das letztere vorziehen. Das Bad kann 5 bis 6 mal benutzt werden. Man vermeide kupferne Gefäße.

Gesellschaft für Chemische Industrie in Basel (J).

15. 1,5 % **Chlorantinlichtgelb 4 GL** auf gebleichter Baumwolle Glaubersalz-Soda-Verfahren.	
16. 1,5 % **Chlorantinlichtgelb RL** auf gebleichter Baumwolle Glaubersalz-Soda-Verfahren	
17. 2 % **Chlorantinlichtorange G** auf gebleichter Baumwolle Glaubersalz-Soda-Verfahren.	
18. 3 % **Direktcatechin GR** auf ungebleichter Baumwolle Glaubersalz-Soda-Verfahren.	
19. 2 % **Chlorantinlichtviolett 2 RL** auf gebleichter Baumwolle Glaubersalz-Soda-Verfahren.	
20. 3 % **Chlorantinlichtblau 2 GL** auf gebleichter Baumwolle Glaubersalz-Soda-Verfahren	
21 0,5 % **Chlorantinlichtgrau GLN** auf gebleichter Baumwolle Glaubersalz-Soda-Verfahren	

Auch zum Herstellen photographischer Bilder auf der Faser kann dies Verfahren dienen: Ein mit Primulin gefärbter und mit Nitrit diazotierter Stoff wird mit einem photographischen Negativ belegt und dem Licht ausgesetzt; nur an den nicht vom Licht getroffenen Stellen bleibt das diazotierte Primulin fähig, sich mit dem Entwickler zu einem Farbstoff zu vereinigen; es tritt daher nach der Entwicklung deutlich das photographische Bild auf der Faser hervor.

15. Chloramingelb (By), Diaminechtgelb B, C, FF (C), Diphenylchlorgelb (G$_{11}$), Direktechtgelb FF und B (I$_{27}$ und $_{28}$), BN (L), Kolumbiagelb (A), Naphthamingelb N (K), Oxydianilgelb G, O (M) alkali-, säure-, chlor- und lichtecht und vorzüglich egalisierend. 2 % Direktechtgelb FF (I$_{27}$) und B (I$_{28}$) geben auf gebleichter Baumwolle im Glaubersalz-Sodabad **06** 09 25 bzw. **07** 08 32. 3 % Diphenylchlorgelb (G$_{11}$) mit 20 % Glaubersalz auf gebleichte Baumwolle gefärbt ergeben **08** 08 35. L. = 4; L. E. = 5—6; W. E. = 2.

Primulinazofarbstoffe sind:

16. Thiazolgelb G (By), Naphthaminreingelb (K), billig, aber unecht, durch Alkali gerötet. L. = 4; L. E. = 5—6; W. E. = 2.

17. Pyramingelb R (B). L. = 3; L. E. = 2; W. E. = 3.

18. Baumwollorange G (B). L. = 5; L. E. = 3; W. E. = 2—3.

19. Alkalibraun (W), Benzobraun 5 R (By).

20. Dianilgelb 3 G (M). L. E. = 3; W. E. = 2.

21. Alkaligelb (W), Baumwollgelb R (B), Oriolgelb (G). L. = 4; L. E. = 4; W. E. = 2—3.

Primulin läßt sich auch durch Anlagerung von Diazo-p-Nitranilin entwickeln. Desgleichen die Farbstoffe mit den Vorsilben: Benzonitrol (By), Diaminnitrazol (C), Para- (By), Paranil- (A), Paraphor (M), Nitranil- (I) (vergl. S. 120), z. B.:

22. Paragelb ergibt zu 3 % auf baumwollenen Flanell **10** 5,5 35.

23. Paralichtbraun GR zu 3 % auf baumwollenen Arbeiterstoff **21** 2,2 90, also die Norm **21 r. l.**

Azofarbstoffe sind weiter:

24—25. Chlorantinlichtgelb 4 GL und RL (I$_{15}$ und $_{16}$).

26. Chlorantinlichtorange G (I$_{17}$) und

27. Direktkatechin GR (I$_{18}$)

mit den Kennzahlen:

24. **03** 07 20.
25. **07** 07 15.
26. **15** 06 20.
27. **17** 06 75.

Die Chlorantinlichtfarbstoffe zeichnen sich durch Lichtechtheit, Direktkatechin durch Säure- und Schweißechtheit aus. Letzteres eignet sich auch besonders für die Apparatefärberei und kann sowohl mit Kupfervitriol als auch mit Formaldehyd nachbehandelt werden.

Stilbenfarbstoffe sind:

28. Kurkumin S (A, By, L), Diaminechtgelb A (C), Direktgelb T (I), Naphthamingelb G (K), Renolgelb R (t. M.), Sonnengelb (G); sie sind sehr lichtecht, säure- und chlorecht und werden auf Baumwolle mit 25 % Kochsalz und 1 % Essigsäure gefärbt. 2 % Kurkumin S ergeben so auf gebleichter Baumwolle **10** 08 20. L. = 5; L. E. = 7; W. E. = 3.

Gute Licht- und Säureechtheit zeigen auch die Mikadofarbstoffe:

29. Mikadogoldgelb 2G, 4G usw. (L), und

30. Mikadoorange (A, By, L).

Auf Baumwolle wird kochend mit 10—50 gr Salz im l Flotte in möglichst kurzer Flotte 1½ Stunden lang gefärbt. Der Farbstoff wird allmählich zugegeben. Auf Seide erhält man in mit Schwefelsäure gebrochenem Bastseifenbade echte Färbungen; durch Nachbehandeln mit Chromsulfat werden die Färbungen ganz wasserecht. Auf Halbseide färbt sich im neutralen Bade nur die Baumwolle, ebenso auf Halbwolle. Hier färbt man für einfarbige Artikel die Wolle mit Säuregelb, Orange II u. a. m., welche neutral auf Wolle ziehen. Für zweifarbige Artikel färbt man erst die Wolle sauer und dann nach gutem Spülen die Baumwolle.

Die Kennzahlen der 3 %igen Ausfärbungen der Mikadogoldgelb-Marken auf gebleichter Baumwolle mit 25 % Kochsalz sind: 2G **08** 6,5 35, also die Norm **08 n. c.**; 4G **08** 6,4 30; 6G **07** 06 20; 8G **06** 6,5 25.

Dem Mikadogoldgelb stehen nahe: Chlorantingelb G (I), Formalgelb (G), Naphthamingelb 2G, 3G (K), Renolgelb G (t. M.), Stilbengelb G (B); dem Mikadoorange Direktorange G (G), Naphthylaminorange 2R (K) und Mikadobraun (L). Doch sind die braunen Marken nicht mehr licht- und chlorecht.

II. Rot und Veil.

1. Kongo (A), Kosmosrot (B), Kottonrot (t. M.). Die 1,5 %ige Ausfärbung von Kottonrot konz. (t. M.) ergibt auf Baumwolle **23** 3,2 45. Durch Säuren wird sie nach Schwarzblau ver-

ändert. Auch die übrigen lebhaften Rot dieser Gruppe haben diesen Mangel. Ihm abzuhelfen, kann man mit dem allerdings nicht billigen Solidogen (M) nachbehandeln. L. = 4; L. E. = 1; W. E. = 3.

2. Benzopurpurin 4 B (A, By, L, t. M.) wird noch zu billiger Nachahmung von Türkischrot benutzt; 2,5 % Benzopurpurin 4 BP (GE) mit 5 % Soda und 20 % Glaubersalz auf gebleichte Baumwolle gefärbt geben **23** 5,5 40. L. = 3; L. E. = 1; W. E. = 3—4.

3. Diaminechtrot F (C), Kolumbia- (A), Benzo- (By), Oxamin- (B) -echtrot F, Dianilechtrot PH (M), Naphthaminrot H (K), Triazolechtrot C (GE) ist ziemlich lichtecht und dient daher für Plüsch- und Möbelstoffe. Nachbehandeln mit Chromfluorid macht wasch-, walk- und säureechter. Am meisten wird der Farbstoff für Wolle gebraucht. 3 % Diaminechtrot F auf gebleichte Baumwolle geben **24** 3,5 70. L. = 3; L. E. = 3; W. E. = 2—3.

4. Toluylenrot (GE), Azetopurpurin 8 B (A), Oxaminscharlach B (B) ist blauer und säureechter. 2,5 % Toluylenrot mit 2,5 % Seife und 50 % Glaubersalz auf gebleichte Baumwolle gefärbt geben **27** 5,5 40. Die Färbung ist auch gut wasch-, alkali-, schwefel-, chlor- und lichtecht. L. = 4; L. E. = 5; W. E. = 2.

5. Diaminviolett N (C), Dianilviolett H (M), Naphthaminviolett N (K), Benzoechtviolett NC (By) ist licht- und bügelecht, besonders auf Wolle und Seide. 2 % Diaminviolett N auf gebleichter Baumwolle geben **36** 04 86. L. E. = 5; W. E. = 3.

6—7. Azomauve R und B (GE) geben zu 3 % auf gebleichte Baumwolle mit 5 % Soda und 20 % Glaubersalz gefärbt **48** 2,5 96 und **49** 2,5 96. L. = 3; L. E. = 5; W. E. = 3. Sie sind mäßig echt, geben aber diazotiert und mit m-Toluylendiamin entwickelt ein wasch- und alkaliechtes Schwarz.

8. Benzoechtscharlach 4 BS (By) und Kolumbiaechtscharlach 4 B (A) sind durch Säureechtheit ausgezeichnet und geben zu 3 bzw. 4 % auf Baumwolle ausgefärbt **26** 04 42 bzw. **25** 03 45. L. = 5; L. E. = 5; W. E. = 2.

9. Brillantbenzoechtviolett BL (By) gibt zu 2 % im Glaubersalz-Sodabad auf Baumwollsatin gefärbt **46** 5,5 80, also die Norm **46 g. g.** L. E. = 4—5; W. E. = 1—2.

Entwicklungsfarbstoffe sind:

10. Primulin (S. 127). Die 7 %ige Färbung von Primulin (K)

diazotiert und mit 2-Naphthol entwickelt, ergibt **26** 2,8 57. Sie ist waschecht, aber wenig lichtecht. L. = 5; L. E. = 1; W. E. = 3.

11—12. Rosanthren RN und BN (I_{23} und $_{24}$). 3 % sodaalkalisch auf gebleichte Baumwolle gefärbt, diazotiert und mit 2-Naphthol entwickelt, geben **24** 3,8 35 und **26** 03 47. L. = 70 bzw. 50; L. E. = 2; W. E. = 4.

13. Die Diazobrillantscharlach (By), Diaminazo- (C), Naphthaminecht- (K) und Diazanil- (M) -scharlach. 3 % Diaminazoscharlach 4 B auf gebleichte Baumwolle gefärbt, diazotiert und mit 2-Naphthol entwickelt geben **25** 2,2 45, also die Norm **25 r. c.** L. E. = 1—2; W. E. = 2—3.

14. Diazolichtrot 7 BL (By) zu 3 % auf baumwollenen Köper ausgefärbt und mit 1,5 % 2-Naphthol entwickelt geben **27** 5,5 58. L. E. = 3—4; W. E. = 2.

15. Diazolichtviolett 3 RL (By) ebenso gefärbt **40** 04 85. Beide sind mit Rongalit weiß ätzbar und auch für Seide zu verwenden. L. E. = 4; W. E. = 4.

Ein Azofarbstoff ist ebenfalls:

16. Chlorantinlichtviolett 2 RL (I_{19}). Die Kennzahl der Ausfärbung ist **34** 05 73. L. = 40; L. E. = 7; W. E. = 1.

Thiazolazofarbstoffe sind:

17. Diaminrosa BD (C), Dianilrosa BD (M). Die 0,5 %ige Färbung von Diaminrosa BD (C) auf gebleichte Baumwolle unter Zusatz von Universalöl, Soda und Glaubersalz gibt **33** 16 31, also die Norm **33 l. c.** Sie ist licht- und waschecht. L. E. = 5; W. E. = 1—2.

18. Erika BN (A) gibt zu 0,3 % auf gebleichte Baumwolle mit 5 % Glaubersalz gefärbt **34** 23 25 und ist ebenfalls licht-, chlor- und säureecht. L. = 4; L. E. = 6; W. E. = 2—3.

III. Blau.

1. Benzamin-, Benzo-, Diamin-, Kongoblau BX, Dianilblau HG, Ebolineublau 2B, Naphthaminblau BXR. 2 % Diaminblau BX geben auf gebleichter Baumwolle **49** 3,5 91, alkali-, aber wenig lichtecht. L. E. = 1—2; durch Nachkupfern lichtechter. Das gleiche gilt von den folgenden.

2. Azoschwarzblau (GE) gibt zu 3 % auf gebleichte Baumwolle **50** 03 94. L. = 3—4; L. E. = 4—5; W. E. = 3—2.

3. Benzamin-, Benzo-, Diamin-, Kongoblau 3B gibt zu 3 % **51** 3,9 90. L. E. = 1—2.

Gesellschaft für Chemische Industrie in Basel (J).

22. **5 % Carbidechtschwarz G** auf ungebleichter Baumwolle Glaubersalz-Soda-Verfahren.	
23. **3 % Rosanthren RN** auf gebleichter Baumwolle Glaubersalz-Soda-Verfahren, diazotiert, u. mit B-Naphtol gekuppelt.	
24. **3 % Rosanthren 3 BN** auf gebleichter Baumwolle Glaubersalz-Soda-Verfahren, diazotiert, u. mit B-Naphtol gekuppelt.	
25. **3 % Diazoechtblau 2 RW** auf gebleichter Baumwolle Glaubersalz-Soda-Verfahren, diazotiert, u. mit B-Naphtol gekuppelt.	
26. **3 % Diazoechtblau BRW** auf gebleichter Baumwolle Glaubersalz-Soda-Verfahren, diazotiert, u. mit B-Naphtol gekuppelt.	
27. **2 % Direktechtgelb FF** auf gebleichter Baumwolle Glaubersalz-Soda-Verfahren.	
21. **2 % Direktechtgelb B** auf gebleichter Baumwolle Glaubersalz-Soda-Verfahren.	

4. Benzorotblau G, Diaminblau LG, Kolumbiablau G (A) gibt zu 3 % **51** 3,5 89. L. = 4; L. E. = 1; W. E. = 2.

5. Naphthazurin BB (GE) gibt zu 3 % **54** 5,5 80, also die Norm **54 n. g.** L. = 4; L. E. = 2—1; W. E. = 3—2; säure- und alkaliecht, läßt sich diazotieren und mit 2-Naphthol oder Toluylendiamin zu Schwarz entwickeln.

6. Benzamin-, Benzo-, Diamin-, Kongo-, Renolreinblau, Dianilblau H 6G, Naphthaminblau 7B, Oxaminreinblau 5B. 2 % Diaminreinblau geben **56** 5,5 80. L. E. = 1.

7. Brillantbenzoblau, Chikagoblau 6B, Diaminreinblau FF, Oxaminreinblau 6B. 1 % Chikagoblau 6B ergibt mit 10 % Glaubersalz auf gebleichte Baumwolle **57** 15 60, mithin das klarste Blau dieser Reihe (i. c!) L. = 5; L. E. = 3; W. E. = 2—3.

8. Brillantechtblau B (By) gibt zu 3 % mit Glaubersalz auf Baumwollsatin gefärbt **50** 3,5 80. L. E. = 5—6; W. E. = 1.

9. Benzoechtblau B zu 3 % gibt **50** 3,5 80; die Färbung ist lichtecht. L. E. = 5; W. E. = 1.

10. Solaminblau BF (A) gibt zu 3 % auf ungebleichter Baumwolle unter Zusatz von 20 % Glaubersalz die lichtechte Färbung **52** 3,5 87; wird auch viel auf Halbwolle gefärbt. L. = 4—5; L. E. = 7; W. E. = 2.

Entwicklungsfarbstoffe sind:

11. Diaminogenblau BB (C), Diazanilblau BB (M). 3 % Diaminogenblau NB auf gebleichte Baumwolle gefärbt und mit 2-Naphthol entwickelt geben **49** 2,2 94. L. E. = 3—4. Nachkupfern verbessert die an sich gute Lichtechtheit.

12. Diaminogenreinblau N (C) gibt zu 3 % ebenso gefärbt **53** 3,8 84. L. E. = 3.

13. Naphthogenblau 2R (A) gibt zu 4 % mit 2-Naphthol entwickelt **48** 2,2 95. L. = 4—5; L. E. = 7; W. E. = 5.

14—15. Diazoechtblau 2RW und BRW (I_{25} und $_{26}$) geben zu 3 % auf gebleichte Baumwolle sodaalkalisch gefärbt und mit 2-Naphthol entwickelt **48** 2,5 97 und **51** 3,2 94.

IV. Grün.

1. Kolumbiagrün (A), Direktgrün CO (L) hat gute Echtheiten, nur ist es mäßig waschecht; es egalisiert gut und ist auch alkalisch färbbar. Für Baumwolle und Halbwolle verwendet. Auf Halbseide gefärbt, läßt es die Seide fast weiß. 3 % Kolumbia-

grün auf ungebleichte Baumwolle geben **82** 3,5 94. L. = 4; L. E. = 4; W. E. = 2.

Kolumbiaschwarzgrün D (A) ist ihm in Echtheit sehr ähnlich und wird besonders zum Abdunkeln benutzt.

2. Diamingrün, Renolgrün B, Alkaligrün D (W) mit 20 % Kochsalz oder Glaubersalz gefärbt, zieht langsam und gut auf auf Baumwolle. 2 % Diamingrün B auf gebleichter Baumwolle geben **83** 3,5 93. Es ist säure- und alkaliecht, aber mäßig licht- und nicht chlorecht. L. = 4; L. E. = 3; W. E. = 3. Durch Kupfersulfat wird es gebräunt, durch Chromen tritt keine Veränderung ein. Auf Wolle mit 10 % Glaubersalz und 3 % Essigsäure gefärbt widersteht es normaler Walke. Auf Halbwolle färbt es neutral Wolle und Baumwolle gleich. Auf Halbseide färbt es Baumwolle stärker.

Diamingrün G ist ähnlich, aber teurer; auf Baumwolle, mit Chromfluorid nachbehandelt, hält es starke Wäsche und leichte Walke aus. Auf Wolle sauer gefärbt und mit Chromfluorid nachbehandelt wird es sehr wasch- und walkecht.

3. Benzogrün FFG gibt zu 4 % auf baumwollenen Satin im Glaubersalz-Sodabade das schöne Grün **85** 4,5 90 von guter Alkaliechtheit. Auch für Halbwolle und Halbseide und in der Apparatefärberei verwendet.

4. Diaminnitrazolgrün S (C) gibt zu 3 % auf gebleichte Baumwolle gefärbt und mit Nitrazol C (S. 121) gekuppelt **84** 2,8 96. L. E. = 2.

V. Schwarz.

1. Kolumbiaschwarz FF extra (A), Patentdianilschwarz FF extra (M) sind ziemlich licht- und waschecht; Alkaliechtheit und Egalisiervermögen sind gut. Sie sind sehr säureecht und vertragen heißes Nachfärben in saurem Bade, sind daher zur Halbwollfärberei sehr geeignet. Auf Baumwolle dienen sie vielfach als Blauholzersatz, auch als Untergrund für Anilinschwarzfärbungen. Auf Baumwolle werden sie mit 3,5 % Farbstoff und 20 % Glaubersalz gefärbt. L. = 4; L. E. = 4; W. E. = 2.

2. Nyanzaschwarz (A) egalisiert auch gut, ist ziemlich licht- und waschecht, wird durch Säuren blauer. L. = 2—3; L. E. = 3; W. E. = 2. Wird auf Baumwolle und Halbwolle wie die vorigen gefärbt und gibt auf Wolle schwefel- und walkechte Färbungen.

3. Diaminschwarz R O (C), Naphthaminschwarz BVE (K), Oxaminschwarz 2R (B) wird viel zum Abdunkeln und Grundieren verwendet. L. E. = 3; W. E. = 3. Diazotiert und entwickelt mit β-Naphthol, Resorzin, Phenol, Naphthylaminäther, Blauentwickler, Diamin dient es zu sehr wasch- und walkechten blauschwarzen bis tiefblauen Färbungen.

4. Diaminschwarz B O ist ähnlich, nur blauer und lebhafter; es wird ebenfalls diazotiert und entwickelt.

5. Diaminschwarz BH, Dianilschwarz ES, Direktschwarz HB (L), Diazo-, Oxaminschwarz BHN, Naphthaminschwarz CE, Renolaminschwarz BHN. 2% Diaminschwarz BH mit Glaubersalz und Soda auf gebleichte Baumwolle gefärbt geben **50** 04 92, also die Norm **50 p. i.** Der Farbstoff färbt gut gleich und wird daher gern auf Apparaten gebraucht. L. = 4; L. E. = 2—3; W. E. = 2. Die entwickelten Färbungen sind noch lebhafter blauschwarz. Alle drei (3—5) färben auf Halbwolle die Baumwolle stärker.

6. Diaminschwarz HW ist mehr grünschwarz, sonst den andern ähnlich; nur die direkten Färbungen sind von Bedeutung, besonders auf Halbwolle.

7. Oxydiaminschwarz N gibt ein tiefes Schwarz von geringerer Lichtechtheit (2), viel für lose Baumwolle, für säureechte Schwarz- und Futterstoffe verwendet.

8. Die Diamintiefschwarz Cr. SS und OO geben mit 5% säure- und lichtechte Tiefschwarz; gechromt sind die Färbungen walkecht. L. E. = 3. Mit diazotiertem Paranitranilin nachbehandelt, gibt SS wie auch Oxydiaminschwarz sehr waschechte Braun.

9. Diaminschwarzblau B findet viel auf Halbwolle Verwendung, da es Baumwolle und Wolle gleichmäßig färbt. L. E. = 3.

10. Diamineralschwarz B, 6B geben, mit Kupfervitriol und Chromkali nachbehandelt, auf Baumwolle echte Blau- bis Tiefschwarz; gefärbt wird mit 2% Soda und 20% Glaubersalz. L. E. = 3—4.

11. Naphthaminschwarz RE (K) gibt zu 2% im sodaalkalischen Glaubersalzbad auf ungebleichte Baumwolle gefärbt **50** 04 91, also die Norm **50 p. i.** Durch Diazotieren und Entwickeln mit m-Toluylendiamin erhält man ein säure- und waschechtes Schwarz.

12—13. Baumwollschwarz E und RW (B), Direkttiefschwarz RW und EW extra (By), Patentdianilschwarz EBV und EW extra konz. (M), Renolschwarz R extra und G (t. M.) dienen unmittelbar für Tiefschwarz (erste Marken) und Blauschwarz (zweite Marken). Sie liefern auf Baumwolle mit 3,5 % schon billige satte Schwarz; L. = 5; L. E. = 2; W. E. = 2—3; auf Halbwolle mit Säureschwarz zusammen sind sie neutral färbbar; auf Seide ziemlich wasserecht; auf Baumwolle mit 5—20 % Glaubersalz und 2—6 % Soda gefärbt, lassen sie sich aber auch mit Diazo-p-Nitralinin kuppeln.

14—15. Naphthamindirektschwarz FF (K) und Karbonschwarz AW (K) liefern bereits zu 3—3,5 % unmittelbar im Glaubersalz-Sodabad ein licht- und säureechtes Schwarz auf Baumwolle. L. E. = 3; W. E. = 2—3.

16. Die Plutoschwarze (By) sind sehr wasch- und säureecht und daher für Halbwolle geeignet, wobei die Wolle nach der Baumwolle sauer gefärbt wird; sie werden auf Baumwolle mit Soda und Kochsalz gefärbt. Die Marke G kann mit Chromkali nachbehandelt werden. Desgleichen

17. Benzoechtgrau C (By).

18. Benzochromschwarz B und N, mit Chromkali und Kupfervitriol nachbehandelt, reib-, wasch- und säureechtes Schwarz von guter Luft- und Lichtechtheit; es wird gern mit Anilinschwarz zusammen angewandt.

19. Diaminogen B extra gibt zu 4,5 % auf Baumwolle gefärbt und mit 2-Naphthol entwickelt ein Indigoblau, mit Diamin CS ein Tiefschwarz. L. E. = 4—5.

20. Diazoschwarz B, R usw. (By), diazotiert und mit β-Naphthol oder Phenylendiamin entwickelt, geben rötliches bzw. blaues Schwarz. Die Färbungen sind ebenfalls von guter Echtheit. Die mit der Marke „3 B" erhaltenen Färbungen werden durch Kupfern sehr licht- und waschecht. Auf Baumwolle und auf Wolle finden sie vielfach Verwendung. Auf Baumwolle wird mit 15 % Kochsalz und 3 % Soda, auf Wolle ohne Soda gefärbt.

21. Diazobrillantschwarz B färbt direkt mit 10 % Kochsalz Baumwolle rot (Benzopurpurin 6 B), diazotiert und mit β-Naphthol entwickelt Blauschwarz.

22. Sambesischwarz BR zeigt, direkt gefärbt, gute Echtheiten; L = 4; L. E. = 6; W. E. = 2; gekupfert wird es sehr lichtecht; L. E. = 8. Diazotiert und entwickelt gibt es mit 2-Naphthol dunkle Marineblau, mit Toluylendiamin Schwarz, mit Resorzin Russischgrün von guter Wschechtheit. Sambesischwarz F gibt gut wasch-, licht- und alkaliechte — L. = 4; L. E. = 6; W. E. = 2—3

— Färbungen, die mit Kupfervitriol und Chromkali nachbehandelt, sehr licht- und waschecht sind; es dient so zu Marineblau und als Küpengrund. Die diazotierte und entwickelte Färbung ist gekupfert ebenfalls sehr echt. Wird auf Baumwolle, Halbwolle und Halbseide viel verwendet; die Seide wird nur schwach veil gefärbt. Sambesischwarz D ist lichtecht; L. E. = 7; die Waschechtheit auf Baumwolle mäßig; W. E. = 2; dient für Blauschwarz, Grau und Mischfarben auf Baumwolle. Auf Halbwolle ist es von Bedeutung, und färbt übereinstimmend Baumwolle und Wolle. Die diazotierte und entwickelte Färbung gibt ein waschechtes Dunkelblau mit 2-Naphthol, ein Tiefschwarz mit Toluylendiamin oder Nerogen D. Im letzteren Falle besonders lichtecht. Sambesischwarz V ist licht-, alkali- und säureecht, ein volles, blumiges Schwarz, das mit Toluylendiamin entwickelt wird.

23. Chromanilschwarz (A) geben mit Chromkali und Kupfervitriol nachbehandelt sehr licht- und waschechte Blau- und Tiefschwarz; viel auf Baumwolle und Kunstwolle verwendet, in letzterem Falle oft mit Chromfarbstoffen zusammen. L. = 4; L. E. = 8; W. E. = 4—5.

Mit Formaldehyd kann nachbehandelt werden:

24. Karbidechtschwarz G (I_{22}), lichtecht und leichtlöslich. Auch säure- und alkaliecht. Auch als Grau sehr zu empfehlen.

D. Schwefel-Farbstoffe.

Eigenschaften: Die Schwefelfarbstoffe werden von den einzelnen Fabriken durch besondere Namen gekennzeichnet: so Schwefel- (A), Kryogen- (B), Katigen- (By), Immedial- (C), Eklips- (G), Pyrogen- (I), Thion- (K), Pyrol- (L), Thiogen- (M), Thioxin- (GE) und Auronal-(t. M.)-Farbstoffe.

In vielen Fällen dienen sie als Ersatz für Anilinschwarz, Indigo und Katechu.

Der erste Schwefelfarbstoff, Cachou de Laval, wurde im Jahre 1873 von Croissant und Bretonnière in Laval entdeckt und durch Schmelzen von organischen Abfallstoffen mit Alkalisulfhydraten hergestellt. Dieser braune Farbstoff, der heute kaum noch Verwendung findet, war der einzige Vertreter dieser Farbstoffgruppe, bis im Jahre 1893 das aus p-Aminophenol hergestellte und nach dem Erfinder benannte Vidal-Schwarz in den Handel kam.

Von dieser Zeit an beschäftigten sich alle Farbstoffabriken mit der Auffindung und Herstellung von Schwefelfarbstoffen.

Die ersten Erfolge hatten Cassella mit der Einführung des Immedialschwarz zu verzeichnen, das durch Schmelzen von Dinitrooxydiphenylamin mit Schwefel und Natriumsulfid entsteht.

Die Schwefelfarbstoffe sind nach ihren färberischen Eigenschaften substantive Farbstoffe; sie unterscheiden sich aber von den direkten Farbstoffen darin, daß sie in Wasser unlöslich sind. Mit Hilfe von Natriumsulfid werden die Farbstoffe, ähnlich den Küpenfarbstoffen, erst zu leichtlöslichen Leukoverbindungen reduziert, gehen als solche auf die Faser und werden durch Einwirkung von Luft oder anderen oxydierenden Mitteln auf der Faser in den unlöslichen Farbstoff übergeführt.

Die Konstitution der Schwefelfarbstoffe ist bisher nicht mit Bestimmheit festgestellt worden. Vidal nahm an, daß in dem von ihm aus Paraaminophenol hergestellten Farbstoff ein Diphenylkern bestehe, in welchem der Schwefel in Orthostellung zur NH-Gruppe stehe und ein Thiazin bilde. Dieser Ansicht wurde anfänglich die Löslichkeit der Schwefelfarbstoffe in Natriumsulfid entgegengehalten; diese deutet auf anwesende SH-Gruppen. Die Hoechster Farbwerke gaben im Jahre 1904 in ihrem Werk „Thiogenfarbstoffe" folgende Theorie:

Die für Schwefelfarbstoff charakteristische Gruppe ist —SH oder eine ähnliche Gruppe, wie z. B. die Disulfidgruppe: S—S oder auch eine polysulfidische Gruppe; die Schwefelfarbstoffe wären demnach als Merkaptane:

—C—SH oder als die entsprechenden Di- oder auch Polysulfide, z. B.:

—C—S—S—C— anzusprechen.

Diese experimentell begründete Anschauung ermöglicht, sich eine Vorstellung von dem Vorgang beim Färben der Schwefelfarbestoffe auf Baumwolle zu machen, wenn damit auch noch keine vollkommene Erklärung gegeben ist. Die Schwefelfarbstoffe haben als Leukoverbindungen starke Verwandtschaft zur Zellulose, stärker als Indigweiß; diese feste Bindung, sowie die Echtheit, vor allem die Reibechtheit der Färbungen, führen zu der Ansicht, daß eine chemische Verbindung zwischen Leuko-Schwefelfarbstoff einerseits und Zellulose anderseits zu Stande kommt. Für diese Auffassung spricht eine Analogie und ein Experiment.

Die Analogie hat man in dem Verhalten des den obigen Schwefelfarbstoffmerkaptanen bezw. Di- oder Polysulfiden; —CSH bzw. —CS—SC— ganz ähnlich konstituierten Schwefelkohlenstoffs CS_2 bzw. der diesem entsprechenden Xanthogensäure CS(SH)(OH) zur Zellulose: Bekanntlich reagiert die Zellulose beeits in der Kälte mit der größten Leichtigkeit mit Schwefelkohlenstoff und Natronlauge zu dem Xanthogensäure-Ester der Zellulose; nämlich $CS\genfrac{}{}{0pt}{}{\diagup S\text{-Zellulose Rest}}{\diagdown ONa}$ (Viscose); dementsprechend kann man einen ähnlichen Komplex in den Schwefelfarbstoffen, etwa $\genfrac{}{}{0pt}{}{\diagdown}{\diagup}C - S -$, annehmen, der mit Zellulose den entsprechenden Äther der Zellulose, nämlich $\genfrac{}{}{0pt}{}{\diagdown}{\diagup}C - S\text{-Zellulose-Rest}$ bilden wird, also eine chemische Verbindung mit Zellulose.

Experimentell wird diese Anschauung durch folgendes gestützt. Mischt man die schwefelalkalische Lösung eines Schwefelfarbstoffes mit einer schwefelalkalischen Lösung von Viscose (Xanthogensäure-Ester der Zellulose), so wird der Farbstoff, auch wenn beide Lösungen stark schwefelalkalisch gehalten werden, quantitativ ausgefällt, und zwar in Form einer Verbindung mit der Zellulose. Andere Kolloide, wie Wasserglas, Leim usw. bewirken dies nicht, ein Beweis, daß eine chemische Wirkung auf den Schwefelfarbstoff stattfinden muß (s. a. Binz und C. Räth B. 1925, 309).

Die guten Echtheitseigenschaften haben die Schwefelfarbstoffe für den Färber besonders wertvoll gemacht. Ein Übelstand ist allerdings die geringe Widerstandsfähigkeit gegen Chlor; dadurch wird die Verwendung für Buntwebeartikel und im Zeugdruck beschränkt.

Infolge des Gehaltes an Alkalisulfiden sind die Schwefelfarbstoffe hygroskopisch; es ist daher nötig, sie an trockenem, nicht zu warmem Orte aufzubewahren, ferner muß die Berührung mit Säuren und sauren Dämpfen vermieden werden, weil sich sonst Schwefelwasserstoff bildet. Nach jedesmaligem Gebrauch ist das Farbstoffgefäß sorgfältig zu schließen.

Die Schwefelfarbstoffe sind im allgemeinen in Wasser unlöslich und müssen erst mittelst Natriumsulfid in ihre lösliche Form übergeführt werden. Einige enthalten aus der Fabrikation genügend Natriumsulfid und können ohne weiteren Zusatz in Wasser gelöst werden, die Mehrzahl jedoch erfordert eine beträchtliche Menge Alkalisulfid. Zum Lösen wird der Farbstoff mit der nötigen Menge Natriumsulfid in einem hölzernen oder verzinnten Gefäß mit der zehn- bis zwanzigfachen Menge kochenden Wassers übergossen. Die Menge des erforderlichen Natriumsulfids ist verschieden und richtet sich nach den Vorschriften der Farbstoffabriken für die einzelnen Farbstoffe. Durch ungenügenden Zusatz von Natriumsulfid geht der Farbstoff nicht vollständig in Lösung, zu große Mengen wirken dagegen aussalzend auf den Farbstoff. Durch Tüpfeln der Lösung auf ein Stückchen Filterpapier überzeugt man sich, ob der Farbstoff vollständig gelöst ist. Bei genügend Natriumsulfid billdet die Flüssigkeit einen gefärbten Hof; bei zu wenig zeigen sich Ausscheidungen und der Hof ist farblos.

Anwendung: Die Färbeapparate dürfen keine kupferne oder messingene Teile enthalten, da diese von der alkalisulfidischen Flotte angegriffen werden, auch auf den Farbstoff schädlich einwirken.

Das Wasser soll möglichst weich sein, weil zu hartes Wasser Bronzieren der Färbungen herbeiführen kann. In offenen Färbeapparaten kann das Wasser durch Aufkochen mit Soda vor dem Zusatz der Farbstofflösung verbessert werden; beim Färben in mechanischen Apparaten verwendet man Kondenswasser, da auch geringe Niederschläge einen schädlichen Einfluß auf die Färbung haben können. Der Zusatz von Soda oder Natronlauge zum Färbebade dient sowohl zum Ausfällen etwa im Wasser enthaltener Kalziumsalze, als auch zur Erhaltung der nötigen Alkalinität der Flotte.

Der gelöste Farbstoff wird durch ein Sieb oder Tuch der mit Soda aufgekochten Flotte zugesetzt und das Bad einige Minuten lang gekocht. Man arbeitet auf kurzer Flotte und setzt zum besseren Aufziehen des Farbstoffes auf die Faser Kochsalz oder Glaubersalz zu. Die Menge dieser Zusätze richtet sich nach der erforderlichen Tiefe der Färbung und nach der Konzentration der Flotte. Bei langer Flotte und beim Färben von dunklen Tönen wird die Salzmenge reichlicher bemessen als beim Färben heller Töne und in konzentrierten Flotten; hier kann unter Umständen der Zusatz von Salz unterbleiben.

Bei richtigem Stand des Bades soll die Farbflotte etwa 7° Bé zeigen, 9° Bé aber nicht übersteigen.

Da die Farbbäder nicht ausziehen, werden sie nach entsprechender Aufbesserung weiter benutzt. Die hierzu nötige Farbstoffmenge verringert sich bei der zweiten und dritten Partie und bleibt nachher annähernd gleich.

Durch Zusatz von Türkischrotöl wird schnelleres Netzen und besseres Durchfärben erreicht.

In den meisten Fällen wird nahe der Siedetemperatur gefärbt, doch lassen sich mit vielen Farbstoffen bei 50° C oder auch im kalten Bade Färbungen herstellen, die in bezug auf Echtheit den im siedenden Bade hergestellten gleichkommen. Man beschickt nur das Ansatzbad mit mehr Farbstoff.

Die Färbedauer beträgt im allgemeinen für mittlere und dunkle Töne ¾—1 Stunde.

Einen Übelstand bei Verwendung der Schwefelfarbstoffe bildete anfänglich das Bronzieren des Farbstoffes auf der Faser; deshalb mußte man unter der Flotte färben. Die Fabrikation ist aber jetzt so weit vorgeschritten, daß die meisten Farbstoffe ohne Gefahr des Bronzierens, wie direkte Baumwollfarbstoffe, über der Flotte gefärbt werden können, und nur einige blaue Farbstoffe erfordern noch besondere Vorsicht und werden daher unter der Flotte gefärbt.

Nach dem Färben muß gründlich ausgequetscht und gespült werden. Schon aus Sparsamkeitsrücksichten ist es geboten, durch Quetschwalzen oder gutes Abwinden die überschüssige Flüssigkeit zu entfernen; dies ist aber auch für den guten Ausfall der Färbungen notwendig, da die Flüssigkeit, die nur mechanisch an der Oberfläche des Materials haftet, schnell oxydiert und die Färbungen bronzig oder streifig macht.

Aus demselben Grunde wird das Material nach dem Ausquetschen möglichst rasch auf das erste Spülbad gebracht, und so oft in klarem Wasser gespült, bis das Waschwasser klar abläuft. Das erste Waschwasser enthält häufig mehr oder weniger Farbstoff und wird deshalb zuweilen benutzt, um frische Bäder anzusetzen oder laufende aufzubessern. Zuweilen wird eine geringe Menge Natriumsulfid dem ersten Spülbade zugesetzt, um reibechtere Färbungen zu erhalten. Dem letzten Waschwasser kann etwas Soda zugegeben werden, damit die Faser durch die Oxydation des darin zurückgebliebenen Schwefels auf Lager nicht morsch wird. Dem letzten Bade können Seifen, Öle oder Fette zum Schönen zugefügt werden.

In der Regel genügt die direkte Färbung; nur zuweilen ist zur vollen Entwicklung oder zur Erhöhung der Echtheit eine Nachbehandlung notwendig. Entweder wird an feuchter, warmer Luft zur vollständigen Oxydation der Farbe gedämpft oder verhängt, oder auch mit Metallsalzen oder alkalischen Oxydationsmitteln behandelt.

So genügt bei einigen blauen Schwefelfarbstoffen die Einwirkung des atmosphärischen Sauerstoffes nicht, diese müssen daher noch gedämpft werden. Zu diesem Zweck wird die ausgequetschte oder geschleuderte, nicht gewaschene Baumwolle in einen Dämpfkasten gebracht und ½—1 Stunde Dampf und Luft ausgesetzt. Wird auf mechanischen Färbeapparaten gearbeitet, so kann in diesen gedämpft werden; Stückware kann durch ein oder zwei Züge durch den Mather-Platt gedämpft werden, wobei aber für die nötige Zufuhr von Luft zu sorgen ist.

Die Nachbehandlung mit Metallsalzen (vgl. S. 120) hat hauptsächlich den Zweck, die Licht- und Waschechtheit zu erhöhen, erstere mit Kupfersalzen, letztere mit Chromsalzen. Häufig werden Kupfer- und Chromsalze zusammen verwendet. Gewöhnlich benutzt man etwa 1—2 % Chromkali, 1—2 % Kupfervitriol und 3—5 % Essigsäure 30 %ig auf das Gewicht der Ware berechnet. Die Lösung der Metallsalze wird in das mit der Essigsäure versetzte Bad gegeben, und das Bad zum Kochen gebracht. Das gefärbte und gut gewaschene Material wird ½ Stunde darin umgezogen. Gründliches Spülen vor der Nachbehandlung und die Verwendung von Essigsäure ist notwendig, da sonst der Ware etwa noch anhaftendes Alkali die Metallsalze zersetzen und unwirksam machen würde. Zum Schluß wird nochmals gut gewaschen, Schwarz unter Zusatz von etwas Soda oder Ammoniak zum Spülwasser, um etwaige Säure zu neutralisieren.

Schwefelschwarz sollte immer zum Schluß ein Bad mit 5 bis 10 g Natriumformiat oder -acetat im l erhalten, damit Schwefelsäure, die sich beim Lagern an der Luft durch Oxydation entwickeln könnte, unschädlich gemacht wird. Sie setzt sich zu Natriumsulfat und harmloser Ameisen- oder Essigsäure um.

Man hat gefunden, daß Spuren Säure die weitere Bildung von Schwefelsäure katalytisch beschleunigen. Deshalb ist die Gefahr besonders groß bei schwefelschwarzer Kette, die nachträglich im halbwollenen Stück sauer überfärbt oder geschwefelt wird. Solche Stücke müssen unbedingt nach dem Färben oder Schwefeln mit Natriumacetat nachbehandelt weden.

Fr. Eppendahl, Färb.-Zeitung **1911**, S. 44, hat weiter festgestellt, daß die Oxydation des im Farbstoff enthaltenen Schwefels zu Schwefelsäure auch durch eine Nachbehandlung mit Eisen- oder Kupfersalzen katalytisch beschleunigt, daß sie dagegen durch Nachbehandlung mit Kaliumbichromat unterbunden wird. Letzteres ist einfach durch vollständiges Ausoxydieren des Schwefels bereits in der Färberei zu erklären; es bleibt mithin kein noch beim Lagern oxydierbarer Schwefel mehr übrig. Zu dem gleichen Zweck und mit demselben Erfolg ist daher auch eine Nachbehandlung mit Natriumperborat von Urban vorgeschlagen worden.

Cassella empfehlen in ihrem kleinen Handbuch **1923**, S. 99 das Natriumperborat unter der Bezeichnung „Immedialentwickler" zum Nachbehandeln einerseits der Immedialindone, -indogene und -direktblau, andererseits der Immedialblau, -grünblau und -neublau.

Die ersteren werden 20 Minuten bei 40—50° C mit 0,5—1 % Perborat behandelt, geschleudert und getrocknet.

Die letzteren werden ½ Stunde bei 40—50° C auf 1—2 % Perborat gestellt, langsam auf 80° C getrieben bis zur vollständigen Entwicklung und zum Schluß nochmals gespült.

Die Nachbehandlung mit anderen alkalischen Oxydationsmitteln (Natriumsuperoxyd und Natriumhypochlorit) wird nicht mehr angewandt.

Um die mit Schwefelfarbstoffen hergestellten Färbungen lebhafter zu machen, übersetzt man mit basischen Farbstoffen. Die Schwefelfarbstoffe wirken als Beize für basische Farbstoffe, wodurch bis zu 0,3 % basischer Farbstoff fixiert werden kann. Das Überfärben geschieht in einem mit Essigsäure angesäuerten Bade, in welchem die Ware kalt behandelt wird (s. S. 148).

1. Lose Baumwolle wird auf dem Bottich oder in mechanischen Apparaten nach dem Packsystem gefärbt.

Beim Färben auf dem Bottich geht man mit der trockenen, vorher geöffneten Baumwolle in das kochende Färbebad ein und bewegt unter der Flotte etwa eine Stunde. Das Flottenverhältnis beträgt etwa 1 : 20. Nach dem Färben wird die Baumwolle geschleudert oder in Körben abtropfen gelassen und auf Maschinen gewaschen. Häufig läßt man nach dem Färben die Färbeflotte in einen unter dem Färbebottich stehenden Behälter abfließen, wäscht in dem Bottich, sammelt das erste Waschwasser in einem zweiten Behälter und spült dann auf der Waschmaschine fertig. Zum Färben weiterer Partien wird die Flotte wieder in den Bottich heraufgepumpt und in entsprechender Weise aufgefrischt. Beim Schleudern der gespülten Ware in kupfernen Zentrifugen sollte sie in Tücher eingeschlagen werden.

Die lose Baumwolle wird in der Regel nicht nachbehandelt. Nur Schwefelblau muß zur Entwicklung der Farbe warm gelagert oder gedämpft werden.

Die gefärbte Baumwolle wird geschleudert und, ohne vorher zu waschen, einige Stunden lang, oder über Nacht, in Haufen liegen gelassen.

Zum Dämpfen kann ein beliebiger mit Packtuch ausgeschlagener Kasten oder eine Färbekufe eingerichtet werden. Man läßt dann den mit Luft vermischten Dampf auf dem Boden des Kastens einströmen und bringt über dem Dampfrohr einen durchlochten Doppelboden oder Lattenboden an, auf dem die zu dämpfende Ware gleichmäßig aufgeschichtet wird. Strähngarn wird zweckmäßig auf Latten aufgehängt im Dämpfkasten gedämpft. Während des Dämpfens ist der Kasten mit einem Deckel verschlossen, der mit Jute oder Filz überzogen ist.

Dampfzuleitungen D, wovon eine den Innenraum indirekt heizt und die zweite direkte mit einem Luftinjektor L versehen ist, liefern den Dampf und die Wärme. Zugleich mit dem Dampf wird Luft zugeführt; hierzu dient der Injektor, der in das Dampfrohr mittels Flanschen eingeschraubt wird. Soll das Gefäß A sonst zum Färben benutzt, die hierzu dienende Dampfleitung nicht gestört werden, so wird eine kleine Abzweigung angebracht. (Abb. 7.) Je heißer und trockener der Dampf ist, desto schneller und lebhafter entwickelt sich die Färbung. In der Regel genügt halbstündiges Dämpfen;

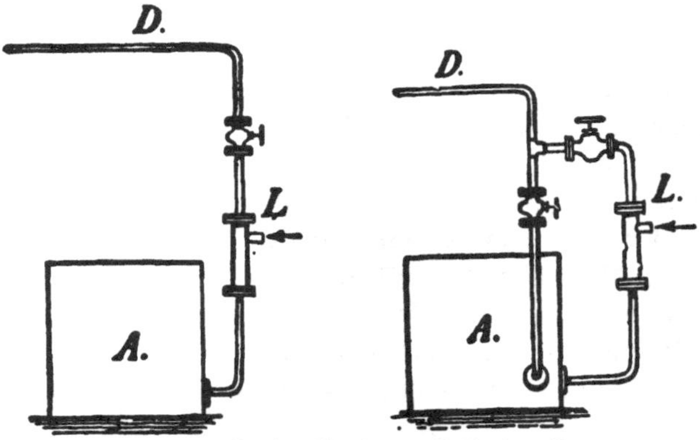

Abb. 7. Barke für Immedialfarbstoffe.

darauf wird der Dampf abgedreht und die Ware noch eine halbe Stunde in dem Dämpfkasten belassen. Nach dem Dämpfen wird in heißem Wasser gespült, nach Bedarf geseift und hierauf getrocknet.

Wenn es sich um das Färben größerer Quantitäten loser Baumwolle handelt, wird in m e c h a n i s c h e n A p p a r a t e n aus Eisen, Nickel oder vernickeltem Eisen gearbeitet (Seite 344). Die möglichst kurz gehaltene Färbflotte wird durch eine Pumpe durch das Material gedrückt; die Pumpe muß luftdicht arbeiten, da angesaugte Luft die Flotte oxydieren würde. Man färbt etwa 1 Stunde, drückt die Flüssigkeit rasch ab und spült sofort im Apparat mit kaltem Wasser.

Die Nachbehandlung mit Metallsalzen kann ebenfalls im Apparat vorgenommen werden, ebenso das Dämpfen, zu welchem Zweck ein Dampfrohr mit Luftinjektor angebracht werden muß.

K a r d e n b a n d und V o r g e s p i n s t werden wie lose Baumwolle behandelt.

2. Strähngarn wird mit Schwefelfarbstoffen ähnlich wie mit direktziehenden Farbstoffen gefärbt. Die Färbekufen müssen etwas abgeändert werden; zum Heizen der Bäder dürfen nur Eisen- oder Bleirohre verwendet werden; alle sonstigen Kupfer- und Messingteile müssen durch solche aus Eisen oder Blei ersetzt werden. Da die Farbbäder nicht ausziehen und weitergebraucht werden, so arbeitet man am besten mit indirektem Dampf. Die Heizrohre sollen die ganze Länge der Barke einnehmen und am Boden mehrmals entlang geführt werden. Wo direkter Dampf verwendet werden muß, soll dieser möglichst hoch gespannt und trocken sein.

Die Garne brauchen in der Regel vor dem Färben nicht abgekocht zu werden, weil die anhaftenden Öle und Fette in der heißen alkalischen Färbeflotte verseift werden. Diese Verunreinigungen reichern sich aber auf alten Bädern mit der Zeit an, so daß dann frische Bäder angesetzt werden müssen. Das Garn wird, wenn nötig, mit etwa 3 % Soda abgekocht. Zum Färben bringt man das Garn auf Stöcken in das kochende Bad und zieht schnell um, worauf der Dampf abgestellt wird. Hierauf zieht man wieder in Zwischenräumen von etwa 10 Minuten um, im ganzen $^3/_4$—1 Stunde. Einige Schwefelfarbstoffe oxydieren an der Luft schnell und führen deshalb leicht zu bronzigen Färbungen, die auch durch weiteres Umziehen nicht ganz beseitigt werden können. Diese Oxydation tritt, besonders bei dunklen Färbungen an dem Teil des Garnes ein, der über die Flüssigkeit herausragt. Man benutzt daher vielfach statt der geraden Holzstöcke gebogene Eisenrohre oder Stäbe, auf welchen das Garn vollständig von der Flotte bedeckt wird (Abb. 8). Diese Vorsichtsmaßregel ist jedoch nur bei Farbstoffen nötig, die sehr leicht oxydieren; die übrigen, heute die Mehrzahl, können wie substantive Farbstoffe auf geraden Stöcken gefärbt werden. Zu schnelle Oxydation kann auch durch Vermehrung des Natriumsulfids verhindert werden, wobei aber zu beachten ist, daß ein Überschuß das Aufziehen des Farbstoffes verlangsamt. Arbeitet man auf gebogenen Eisenrohren, so werden diese am unteren Teile mit Baumwolle umwickelt oder durch Einfetten mit Mineralöl oder Abkochen mit Soda vor Rostbildung geschützt.

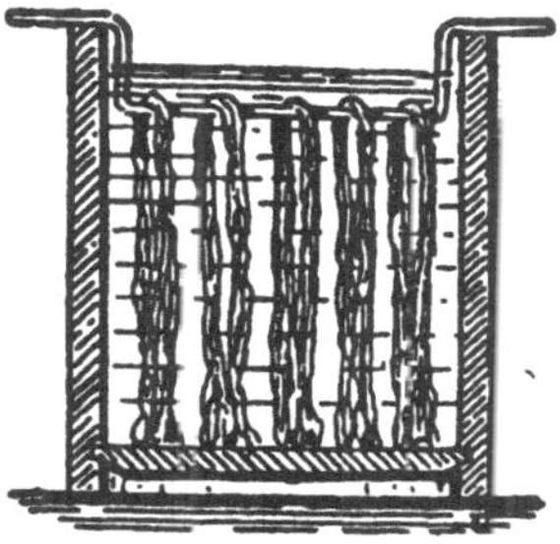
Abb. 8.

Nach dem Färben wird das Garn stockweise zwei- bis dreimal schnell umgezogen, sofort abgequetscht oder abgewunden. Das

Garn darf nicht, wie sonst üblich, aufgeschlagen werden. Schnelles Abquetschen oder Abwinden des Garnes und unmittelbar darauffolgendes Waschen sind für gleichmäßigen Ausfall der Färbungen unerläßlich. Je stärker und gleichmäßiger abgequetscht wird, und je besser gespült wird, desto reibechter und egaler fallen die Färbungen aus.

Man bringt daher eiserne Quetschwalzen an der Stirnseite der Färbekufe an (Abb. 9). Die obere Walze kann zum Einschieben des Garnes gehoben werden.

Abb. 9.

Ihre Achse liegt in Schlitzen, die beim Heben und Senken als Führung dienen. Ein Hebelarm in Verbindung mit einem Kniehebel besorgt das Heben und Senken. Ein ebensolcher Kniehebel befindet sich auf der andern Seite der Wanne. Beide Hebelsysteme sind durch eine quer über die Wanne verlaufende Achse miteinander verbunden, so daß die obere Walze auf beiden Seiten gleichmäßig gehoben und gesenkt wird. Die untere Walze ist mit einer Kurbel versehen.

Nach dem Färben wird die obere Walze gehoben, der (möglichst kurze) Stock mit dem darauf hängenden Garn zwischen beiden Walzen durchgeschoben und auf die untere Walze aufgelegt. Der eine Arbeiter drückt den Hebel nieder, der andere dreht die Kurbel. Dadurch wird das Garn zwischen den Walzen hindurchgezogen und ausgepreßt.

Nach dem Abquetschen geht man direkt auf das erste Spülbad. Man zieht vier- bis fünfmal um und spült mit frischem Wasser fertig. In der Regel genügen drei Wäschen. Das Alkali muß gründlich entfernt sein, damit es die Färbung nicht nachträglich verändert. Das erste Spülbad, welches Farbstoff und Natriumsulfid enthält, wird zur Ergänzung des alten Färbebades und zum Lösen neuen Farbstoffes benutzt.

Im allgemeinen wird folgendermaßen gearbeitet:

Die im Verhältnis von etwa 1 : 20 angesetzte Flotte wird mit der angegebenen Menge Soda aufgekocht und von dem ausgeschiedenen Kalkschlamm befreit. Der Farbstoff wird in einem Holzkübel zusammen mit dem Natriumsulfid mit der sechs- bis achtfachen Menge kochenden Wassers übergossen und, wenn nötig, aufgekocht. Die Farbstofflösung wird hierauf in das Färbebad gegeben, welches nochmals aufgekocht wird, worauf die Flotte vollständig klar sein soll. (Tüpfelprobe!)

Türkischrotöl bewirkt langsames Aufziehen und besseres Durchfärben; sein Zusatz unterbleibt besser bei hartem Wasser.

Leim erhöht die Lebhaftigkeit der rötlichen Schwefelfarbstoffe (Immedial-bordo, -marron, -prune-, rotbraun). Man setzt $^1/_5$ des Farbstoffgewichtes zu.

Alsdann wird das Salz zugegeben, nochmals aufgekocht, der Dampf abgestellt und mit dem Garn eingegangen.

Beim Arbeiten auf alten Bädern erfordern diese bei der zweiten Partie etwa $^3/_4$ und bei der dritten und weiteren Partien nur etwa $^1/_2$—$^2/_3$ der ursprünglichen Farbstoffmenge. Der Zusatz von Natriumsulfid muß nach dem Aussehen der Flotte bemessen werden; bei ungenügendem Gehalt wird das Bad trüb und zeigt bei der Tüpfelprobe Ausscheidungen von Farbstoff, während das Bad klar bleibt, wenn es genügend Natriumsulfid enthält. Durch langes Stehen oxydiert sich das in der Flotte befindliche Natriumsulfid; der Farbstoff fällt aus. Das Bad muß dann durch Zusatz von Natriumsulfid und Aufkochen wieder gebrauchsfähig gemacht werden.

Nach dem Spülen wird entweder gleich getrocknet oder noch einer Nachbehandlung unterworfen.

α. Die Nachbehandlung durch Dämpfen ist bei manchen blauen Farbstoffen zur vollen Entwicklung der Farbe notwendig. Auch in anderen Fällen wird die Lebhaftigkeit, bei Schwarz auch der Blaustich durch Dämpfen erhöht. Zum Dämpfen kann ein gewöhnlicher, innen mit Packtuch ausgeschlagener Holzbottich verwendet werden.

β. Statt durch Dämpfen kann die Färbung auch durch ein 1—2stündiges Verhängen oder feuchtwarmes Lagern entwickelt werden. Das gut abgewundene und ausgeschlagene Garn wird bei gewöhnlicher Temperatur auf Stöcken hängen gelassen und darauf gewaschen oder das Garn wird noch möglichst warm in Körbe oder Holzbehälter gelegt, die mit Ölpapier oder Wachstuch bekleidet sind; die Behälter werden oben zugedeckt, um das Abkühlen oder Eintrocknen zu verhindern. Das Blau entwickelt sich in einigen Stunden im Trockenraum bei etwa 60° C. Nach dem Herausnehmen wird das Garn heiß gespült und nach Bedarf geseift.

γ. Die Nachbehandlung mit Metallsalzen s. S. 142. Nachbehandlung mit 3 % Kaliumbichromat und 3—5 % Essigsäure allein schönt blaue und schwarze Färbungen und verhindert die Veränderung heller Färbungen durch Nachoxydation.

δ. Die Nachbehandlung mit alkalisch wirkenden Salzen, wie Ammoniak, Borax, Soda (3—5 g im l), essigsaurem Natron (5—10 g im l) u. a. m. s. S. 142.

ε. Die Nachbehandlung von blauen Schwefelfarbstoffen mit Natriumperborat s. S. 142a.

ζ. Durch Überfärben mit Blauholz wird der Farbton vertieft. Das gewaschene Material wird bei 40—50° C mit 1—2 % Blauholzextrakt und 1 % Kupfervitriol etwa 20 Minuten behandelt.

Vielfach werden Färbungen von Schwefelfarbstoffen mit basischen Farbstoffen übersetzt, um die Lebhaftigkeit des Tones zu erhöhen. Das Überfärben geschieht nach Verfahren 28 der BASF (Leitfaden **1913**, 166) in kaltem, mit 1—3 % Essigsäure angesäuertem Bade, dem die Lösung des basischen Farbstoffes nach und nach zugesetzt wird. Cassella (Handbuch I, **1923**, 95) empfehlen den Aufsatz im kalten bis warmen Seifenbade.

Für Schwefelschwarz als Grund unter Anilinschwarz (S. 277) wird die Baumwolle in der angegebenen Weise vorgefärbt, aber nur halb so stark wie für volles Schwarz. Alsdann wird mit Anilinschwarz in bekannter Weise überfärbt.

Zum Färben von Strähngarn mit Sulfinfarben in mechanischen Apparaten dienen ausschließlich Apparate nach dem Packsystem, wie sie durch Abb. 42, Seite 345, veranschaulicht sind.

Beim Arbeiten mit den leicht oxydierenden Schwefelfarbstoffen muß die Absaugevorrichtung gut arbeiten, um nach dem Färben die Farbflotte schnell aus der Ware entfernen zu können. Häufig wird auch bei ungenügender Absaugevorrichtung nach beendetem Färben nur ein Teil der Farbflotte abgesogen, während der andere Teil, mit Wasser verdünnt weiter kreist. Dieses Verdünnen wiederholt man so oft, bis die Flüssigkeit klar abläuft oder man setzt dem ersten Spülbade 2—3 g Natriumsulfid auf den Liter zu, macht etwas warm und läßt 10 Minuten einwirken.

3. Kettengarne werden a) nur noch selten laufend auf Rollenkufen, b) meistens auf dem Kettbaum in mechanischen Apparaten, c) zuweilen nach dem Packsystem gefärbt.

a) Je nach den maschinellen Einrichtungen zum Färben von Kettengarnen wechseln die Vorschriften für die Bestellung des Färbebades. Man nimmt in der Regel für das Ansatzbad nicht die absolute Menge des für ein bestimmtes Gewicht Ware nötigen Farbstoffes, sondern berechnet den für die erforderliche Tiefe der Färbung notwendigen Farbstoff auf den Liter Flotte. Je kürzer die Färbedauer, desto konzentrierter muß das Ansatzbad gehalten werden. Wenn die Kette längere Zeit in der Flüssigkeit bleibt oder die Maschine mehrmals durchläuft, so wird das Bad mit weniger Farbstoff bestellt. Die Flüssigkeit, die von der Ware aufgenommen wird, muß durch Zulauf neuer Flotte von gleicher Konzentration während des Arbeitens ergänzt werden.

Es ist besonders auf gründliches Spülen der Ketten zu achten; dem letzten Spülbad oder der Schlichte für Schwarz setzt man zweckmäßig etwas Soda oder Natriumazetat zu.

Häufig wird die Kette nach dem letzten Spülbade getrocknet und dann geschlichtet.

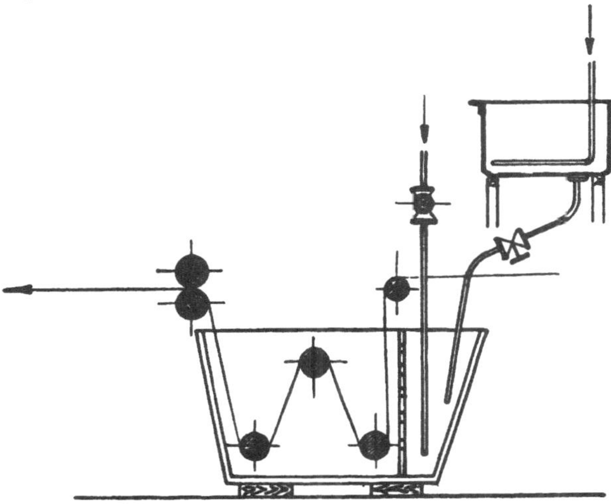

Abb. 10. Schlichtmaschine nach Cassella.

Billige und helle Ketten können auch in der Schlichtmaschine gefärbt werden. In diesem Falle durchlaufen sie zwei mit Dampfschlangen versehene Färbetröge, werden in einem dritten Troge gespült und laufen dann in den Schlichttrog. Zwecks gleichmäßiger Verteilung der Farbflotte beim Nachspeisen empfiehlt es sich eine durchlochte Zwischenwand in den Farbtrog einzulassen. Abb. 10.

Ketten, die nach dem Färben zur Entwicklung der Farbe gedämpft werden müssen, werden gut abgequetscht, in Baumwolltücher eingeschlagen und, wie bei Strähngarn S. 147 angegeben, gedämpft.

b) Zum Färben auf dem Kettbaum werden besondere Apparate verwendet, wie sie S. 352 beschrieben sind. Man färbt bei Siedetemperatur in 1—1½ Stunden.

c) Die Kettengarne werden nach dem Packsystem genau wie Strähngarne gefärbt.

4 Kreuzspulen werden hauptsächlich auf Apparaten des Packsystems gefärbt, indem die Spulen fest verpackt und die Zwischenräume mit loser Baumwolle oder sonstigem Material ausgefüllt werden.

Auch wird der auf Seite 363 beschriebene Schaumapparat verwendet. Man verwendet etwas mehr Natriumsulfid wie gewöhnlich und unterläßt für helle Färbungen den Salzzusatz. Für Schwarz verwendet man z. B.

	Immedialkarbon B	Natriumsulfid krist.	Soda	Glaubersalz krist.
Ansatz	10–12%	25—30%	2%	20%
Nachsatz	6—7%	12—18%	½%	5%

Mit Schwefelschwarz gefärbte Kreuzspulen werden häufig geschönt, indem man sie nach dem Schleudern in lauwarmem Wasser mit 1—2 % Fett und etwas Soda, wohl auch 1—2 % Stärke bewegt und nach einiger Zeit wieder schleudert.

5. Für das Färben von Kops mit Schwefelfarbstoffen haben sich einige der S. 358 beschriebenen Kopsapparate erfolgreich in der Praxis eingeführt, so die Apparate von U. Pornitz & Co., Zittauer Maschinen-Fabrik u. a. m.

6. Stückware wird entweder a) auf dem Jigger oder b) auf der Kontinufärbemaschine oder c) auf dem Foulard gefärbt.

a) Die gebräuchlichste Färbeart ist die auf dem Jigger in der für substantive Farbstoffe üblichen Weise. (S. 119).

Das Gewebe muß kantengleich aufgewickelt sein und langsam ohne Faltenbildung laufen. Häufig werden zwei Jigger zusammengenommen.

Der erste Jigger, der Farbjigger, ist in ganz geringer Entfernung über dem Flottenspiegel mit einer in gebogenen Hebeln gelagerten eisernen Quetschwalze mit Gummibezug versehen. Die Quetschwalze erhält noch besondere Gewichtsbelastung und eine Einrichtung, um die Druckwalze von der Zugwalze abzuheben. Die Quetschvorrichtung tritt erst nach beendetem Färben in Tätigkeit, von ihr aus geht das Gewebe erst in den zweiten Jigger, den Spüljigger, in welchem es so lange mit kaltem Wasser gewaschen wird, bis das Spülwasser farblos abläuft. Durch entsprechende Leitwalzen kann ein Spüljiger mit mehreren hintereinanderstehenden

Farbjiggern verbunden werden. Man arbeitet in kurzer Flotte, im Verhältnis 1 : 3 bis 1 : 5. Die Flotte wird durch indirekten Dampf im Kochen erhalten.

Bei Geweben, die rollenden Druck nicht vertragen, wie Velvet, Cords usw., wird nach beendetem Färben nicht abgequetscht, sodern direkt gespült.

Zur Vermeidung einer zu raschen Oxydation und hierdurch bedingten ungleichmäßigen Anfärbung der Leisten sind besondere Maschinen gebaut worden, bei welchen das Färben der Gewebe unter

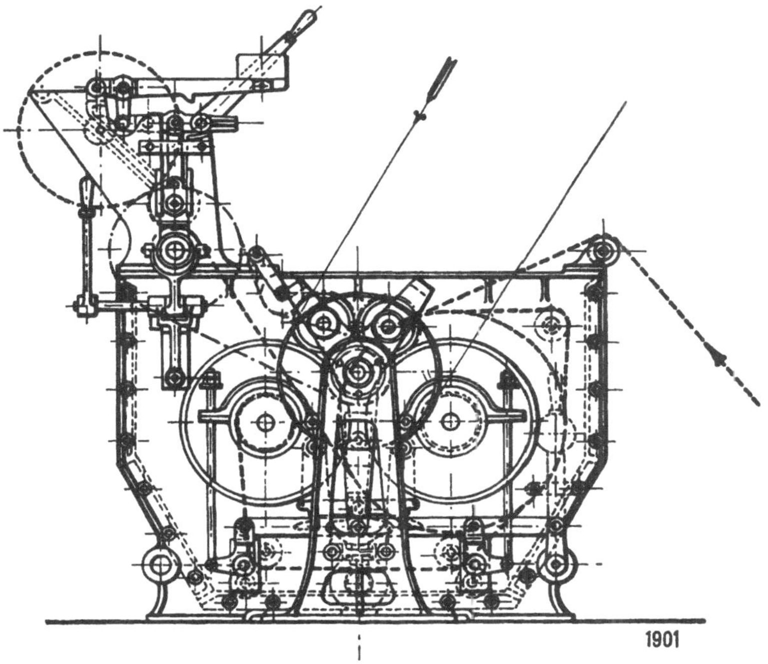

Abb. 11. Unterflottenjigger der Zittauer Maschinenfabrik.

der Flotte geschieht. Die Umsteuerung wird automatisch bewirkt. (Abb. 11).

b) In der Stückfärberei kommt die Continuefärbmaschine nur da in Anwendung, wo es sich um die Herstellung von Stapelfarben in großen Mengen handelt. Man bedient sich eines aus vier Abteilungen bestehenden Rollenkastens.

In dem ersten Kasten wird die rohe Ware ausgekocht und durchläuft dann die drei folgenden, die gleichmäßig mit Farbstoff besetzt sind. Die Geschwindigkeit der Maschine ist so geregelt, daß die Ware etwa 3 Minuten mit der Farbflotte in Berührung bleibt.

Nach dem Durchgang durch die Farbkästen legt sich die Ware mechanisch ab und wird dann gespült.

Cassella empfehlen in ihrem Handbuch 1923, S. 327 nur zwei Farbkästen, danach einen Luftlauf und zum Schluß 1 oder 2 Spülkufen.

Die blauen Stücke, die durch Dämpfen zu entwickeln sind, werden nach dem Färben nur abgequetscht und, ohne zu spülen, entweder in dem gewöhnlichen Dämpfer der Druckereien oder in dem hölzernen Dämpfkasten Abb. 12 aus Cassella, Handbuch 1923, S. 334 auf Latten gehängt.

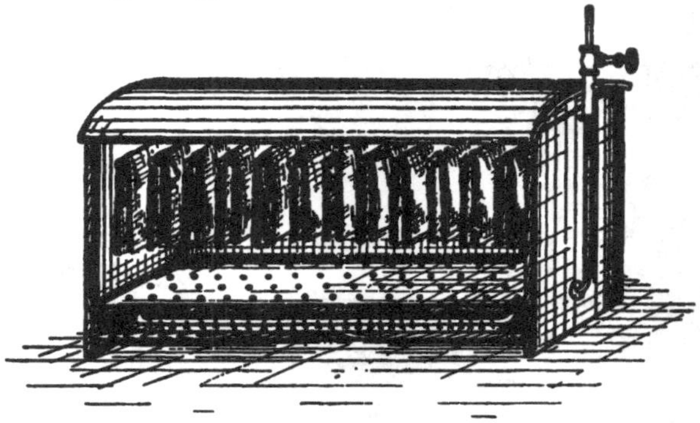

Abb. 12.

7. Die Versuchung lag nahe, die Schwefelfarbstoffe, die in der Baumwollfärberei eine so große Bedeutung erlangt hatten, auch auf die Wollfärberei zu übertragen, wenn auch hierfür ein Bedürfnis nicht anzuerkennen ist. Trotzdem wurde eine Reihe von Patenten angemeldet und zum Teil erteilt, die sich auf diesen Gegenstand beziehen. Die Schwierigkeit, Wolle mit Schwefelfarbstoffen zu färben, beruht bekanntlich auf der zerstörenden Wirkung des Natriumsulfids namentlich bei höherer Temperatur auf die Wolle.

Nach D. R. P. 199 167 der Höchster Farbwerke vom Jahre 1907 wird durch Zusatz von Bisulfit zum Färbebade der schädigende Einfluß des Natriumsulfids auf die Wolle soweit abgeschwächt, daß ohne nachteilige Wirkung auf die Faser gute Färbungen erhalten werden. Nach dem „Ratgeber" genannter Firma, 4. Auflage 1911, S. 200, setzt man dem schwefelalkalischen Farbbade Bisulfit bis zur annähernd neutralen Reaktion zu und färbt kalt in einer Stunde aus; nach dem Färben wird abgequetscht, gespült und nötigenfalls gesäuert.

Der neutrale Stand des Bades wird geprüft, indem man zu einem auf Fließpapier gegebenen Tropfen Phenolphtaleinlösung (5 g

Phenolphtaleïn im Liter Alkohol 60 %) zugibt. Tritt nach 15 bis 20 Sekunden schwache Rotfärbung ein, so ist das Bad färbegerecht, tritt die Färbung früher ein, so muß Bisulfit zugesetzt werden, im anderen Falle Natriumsulfid.

Praktische Bedeutung hat das Verfahren nicht erlangt hauptsächlich deshalb, weil immerhin eine Schwächung der Faser damit verbunden ist. Nach Levinstein (J. Soc. Dyers & Co. **23**, 205) nimmt die Wolle erst dann Schwefelfarbstoff an, wenn sie durch das Alkali angegriffen ist. Über das Färben von Halbwolle mit Schwefelfarbstoffen siehe Seite 504.

Die Übersicht, Seite 154, zeigt deutlich, wie sich die Farbtöne im ersten Kreß und im ersten U-blau zusammendrängen.

Normen sind: III. 2, 6 und 8 = **50 pi**; III. 3 = **50 pl**; IV. 1. = **71 rn** und IV. 3 = **96 li.**

Stark vertreten ist auch das Schwarz. Z. B.

Bezeichnung	%	Gefärbt unter Zusatz von % Natriumsulfid krist.	Auf	
V. Schwarz				
1. Auronalschwarz N extra (t. M.) .	6	12	baumwollenen Köper	
2. Auronalschwarzpaste NG extra .	7	4,5	„ „	
3. Immedialbrillantkarbon FG (C) .	4,5	9	ungebleichte Baumwolle	L. E. = 7
4. Immedialkarbon B und B . . .	4,5	9	„ „	L. E = 7
5. Immedialschwarz NBB und NGG	7	7	„ „	L. E. = 7
6. Immedialschwarz V extra . .	12	9	„ „	L. E. = 7
7. Indokarbon S	7	14	„ „	L. E. = 7
8. Schwefelschwarz AW extra (A) .	9	13,5	„ „	
9. Schwefefschwarz T extra (A) .	9	27	„ „	

Die Zusätze an Glaubersalz krist. und Soda calc. betragen z. B. bei 8. und 9. 60 bzw. 10 %.

Bezeichnung	%	Gefärbt auf	Licht- und Waschechtheit	Kennz
I. Gelb und Kress				
1. Thioxingelb G (GE) . . .	6	gebleichte Baumwolle	L. E. = 4—5; W. E. = 3	10 3,8
2. Immedial-olive 3 G (C) . .	8	„ „	L. E. = 5	10 3,5
3. Schwefelbraun OB extra (A)	4	ungebleichte Baumwolle		11 5,5
4. Schwefelgelb R extra (A) .	6	„ „		12 3,3
5. Katigenbronze GL (By) . .	10	baumwollenen Arbeiterstoff		12 2,5
6. Katigengelbbraun RL (By) .	10	„ „		14 05
7 Immedialgelbolive 5 G (C) .	8	gebleichte Baumwolle	L. E. = 4	14 2,9
8. Auronalbraun 2 G (t. M.) .	6			15 2,8
9. Thioxin-orange R (GE) . .	6	„ „	L. E. = 5; W. E. = 4	15 03
10. Katigen-katechu B (By) . .	12	baumwollenen Arbeiterstoff		16 03
11. Immedial-orange C (C) . .	6	gebleichte Baumwolle	L. E. = 3	16 3,5
12. Immedial-katechu O (C) . .	7	„ „	L. E. = 3	16 3,
13. „ „ R (C) . .	7	„ „	L. E. = 3	18 3,
II. Rot und Veil				
1. Immedial-bordo GF (C) . .	8	„ „	L. E. = 4	22 03
2. Thiogen-purpur O (M) . .	10	„ „	L. E. = 3; W. E. = 3	37 04
3. Immedial-indon-violett B conc. (C)	7	„ „	L. E. = 4	47 3,5
4. Immedial-indon RR conc. (C)	6	„ „	L. E. = 4	48 2,
III. Blau				
1. Schwefel-indigo B (A) . .	8	ungebleichte Baumwolle		49 2,
2. „ -blau B extra (A) .	8	„ „		50 3,
3. Immedial-blau CR (C) . .	6	gebleichte Baumwolle[1]	L. E. = 4	50 3,
4. „ -neublau G conc. (C)	7	„ „ [1]	L. E. = 4	50 2,
5. „ -direktblau 4 B extra conc. (C)	7	„ „ [1]	L E. = 4	50 4,
6. Thioxin-indigo B (GE) . .	6	„ „	L. E. = 6; W. E. = 4—5	50 3,
7. Katigen-azurin WR extra conc. (By)	4	baumwollenen Arbeiterstoff		50 03
8. Katigen-direktblau RF extra (By)	8	„ „		50 03
9. Immedial-indogen GCL conc. (C)	7	gebleichte Baumwolle	L. E. = 4	51 3,
10. Immedial-indon JBN conc. (C)	6	„ „	L. E. = 4	51 2,
11. Pyrogen-direktblau grünlich (I)	8	ungebleichte Baumwolle	L. E. = 3; W E. = 3	50 02
12. Pyrogen-indigo (I)	10	„ „	L. E. = 3; W. E. = 2	54 04
13. Thion-blau B (K)	4	gebleichte Baumwolle[2]		54 09
IV. Grün				
1. Immedial-grün BB extra (C)	8	„ „	L. E. = 4	71 2,
2. Katigen-brillantgrün 3 G (By)	15	baumwollenen Arbeiterstoff		85 05
3. Thioxin-olive G (GE) . .	6	gebleichte Baumwolle	L. E. = 6; W. E. = 4—5	96 09

[1]) Nachbehandelt mit Bichromat und Kupfersulfat.

[2]) Durch Oxydation entwickelt.

e) Küpen-Farbstoffe.

Eigenschaften: Bis vor etwa 25 Jahren kannte man nur einen Küpenfarbstoff, den Indigo, dessen Färbungen auch deshalb kurzweg Küpenblau genannt wurden. Noch heute ist Indigo für Wolle der wichtigste blaue Farbstoff.

Der Einführung des synthetischen Indigos folgten rasch eine Anzahl gechlorter und gebromter Indigos, ferner Thioindigorot und Thioindigoscharlach u. a. Während diese „indigoiden“ Farbstoffe, sich zum Färben von pflanzlischen wie tierischen Fasern eignen, kommen die Küpenfarbstoffe, die sich von Anthrachinon ableiten, nur für die Baumwollfärberei in Betracht. Zu diesen gehören die Indanthren- (B), Algol- (By), Cibanon- (I) und Helindon-(M)farbstoffe.

Anwendung: Die Küpenfarbstoffe werden nicht als solche, sondern nach der Reduktion in Form löslicher, sogenannter Leukoverbindungen in der „Küpe“ auf die Faser gebracht. Diese Leukoverbindungen zeigen fast immer eine andere Farbe wie der Farbstoff selbst; sie werden durch Oxydation an der Luft in diesen zurückverwandelt. Jn der Indigofärberei nennt man diesen Vorgang das „Vergrünen“, bei den übrigen Küpenfarbstoffen allgemein das „Verlüften“ oder „Verhängen“.

Nach K. Brass (T. 1925, 673) kommt die Küpenfärbung auf folgende Weise zustande: Die Küpe enthält das Alkali(Natrium)-salz der Küpensäure. Dieses hat keine Verwandtschaft zur Zellulose; erst die durch die Kohlensäure der Luft in Freiheit gesetzte Küpensäure verbindet sich mit der Zellulose und diese Zwischenstufe Zellulose-Küpensäure wird durch den Luftsauerstoff zu der echten Färbung oxydiert.

Die außerordentliche Echtheit der meisten Küpenfarbstoffe gegen Witterungseinflüsse, Licht, Wäsche und Chlor, ermöglicht ihre Verwendung für im Stück gebleichte Buntwebeartikel. Die Küpenfarbstoffe teilt man auf Grund ihrer chemischen Zusammensetzung in die drei großen Gruppen der Hydron-, Anthrachinon- und -indigoiden Farbstoffe ein.

a. Hydronfarbstoffe (C).

Eigenschaften: Sie bilden eine Gruppe für sich; ihrer Entstehungsweise und Geschichte nach schließen sich die ersten Vertreter an die Schwefelfarbstoffe an. Wird nämlich die zu dem Schwefelfarbstoff Indokarbon (S. 153) führende Schwefelschmelze mit mehr Schwefel vorgenommen, so entsteht das 1909 von Herz erhaltene Hydronblau.

Hydronblau G und R (C) färben auf Baumwolle Indigotöne von hervorragender Echtheit und gutem Egalisiervermögen. Vor dem Indigo haben sie voraus:

1. Einfachere Färbeweise; selbst dunkle Blau lassen sich in einem Zuge herstellen, auch auf Apparaten.
2. Größere Reibechtheit.
3. Größere Waschechtheit (W. E. = 5).
4. Größere Billigkeit, besonders in dunklen Blau's.
5. Größere Schlichtechtheit; die Farbe hellt beim Schlichten nicht auf (L. E. = 6 bzw. 5).

Anwendung: Gefärbt wird mit Hydrosulfit und Natronlauge nach folgender Vorschrift (Kleines Handbuch der Färberei (C) I, S. 42):

	Für helle und mittlere Blau		Für dunkle Blau	
	Ansatz	Nachsatz	Ansatz	Nachsatz
Farbstoff Teig 20%	2—15%	2—12%	20—30%	15—22%
Hydrosulfit konz.	2—7,5%	2—6%	10—15%	7½—11%
Natronlauge 40° Bé	2—7,5%	2—4%	10—15%	6—8%

Dem 50—60° warmen Bade gibt man die Natronlauge und den Farbstoff zu und rührt das Hydrosulfit langsam in Pulverform oder besser in kaltem Wasser gelöst hinein. Man rührt, bis vollkommen gelbe Lösung erfolgt ist.

Zugabe von Türkischrotöl verlangsamt das Aufziehen und empfiehlt sich zum Durchfärben hartgedrehter Garne.

Man geht mit der gut genetzten Ware bei 50—60° ein und färbt ½—1 Stunde. Wird Garn nicht auf gebogenen Eisenrohren, sondern auf geraden Stöcken gefärbt, so empfiehlt es sich, die Hydrosulfitmenge etwas zu erhöhen, um der Oxydation durch Berührung mit der Luft entgegenzuwirken. Die Flotte soll immer goldgelb aussehen.

Zum Schluß wird abgequetscht, gleichmäßig abgewrungen, ½—1 Stunde verhängt und gut gespült.

Anstatt zu verhängen, kann man auch nach dem Spülen mit ½—¾ % Perborat bei 40—50° C 10—15 Minuten oxydieren.

Besonders lebhaft wird die Farbe, wenn man nach dem Spülen mit 1—2% Perborat bei höherer Temperatur oxydiert; man geht bei 50—60° ein und treibt innerhalb einer halben Stunde zum Kochen.

Die an sich schon hervorragende Koch- und Lichtechtheit wird durch eine heiße Nachbehandlung mit 3—4 % Kupfervitriol und 3—5 % Essigsäure noch gesteigert. (S. 142).

Zum Schluß werden die nachbehandelten Färbungen gut gespült.

Hydronblaufärbungen halten ein Chloren mit etwas alkalischem ½—¾° Bé starkem Hypochlorit aus. Nach dem Bleichen wird gespült und in ¼° Bé starker Salzsäure abgesäuert. Zum Schluß folgt ein Bad von ½—1 ccm Natriumbisulfit im l, worauf gespült und unter Umständen geseift wird.

Hydronblau kann mit anderen Farbstoffen übersetzt werden. Basische Farbstoffe färbt man kalt mit 3—5 % Essigsäure, indem man den Farbstoff auf mehrere Male zugibt und langsam auf 40—50° erwärmt, substantive Farbstoffe wie üblich oder im letzten Spülbad (bei geringen Mengen) oder im heißen Seifenbad, Immedialfarbstoffe wie üblich im Natriumsulfidbad. (S. 148).

Durch Ersatz des Hydrosulfits beim Verküpen teilweise durch Natriumsulfid oder völlig durch Glukose läßt sich die Färbung von Hydronblau weiter verbilligen.

Nach der Ergänzungsvorschrift 3322 b (C) verwendet man:

	Ansatz	Nachsatz (beim Weiterfärben)
Hydronblau Teig 20%ig	6—30%	4—20%
Natriumsulfid krist.	6—30%	4—20%
Natronlauge 40° Bé	3—15%	2—8%
Hydrosulfit konz.	2—5%	1½—3%

Man gibt dem 70° warmen Bade Natriumsulfid, Natronlauge und Farbstoff zu und rührt das Hydrosulfit in kaltem Wasser gelöst ein. Gefärbt wird wie oben.

Nach Ergänzungsvorschrift 3322 (C) verwendet man:

	Ansatz	Nachsatz
Hydronblau Teig 20%ig	15—30%	10—20%
Glukose	30—45%	7½—15%
Natronlauge 40° Bé	30—45%	7½—15%

Der Farbstoff wird mit der Lauge und dann mit der in der 20fachen Menge kochend heißen Wassers gelösten Glukose übergossen. Man rührt gut durch und kocht nötigenfalls nochmals kurz auf. Nach einigen Minuten ist der Farbstoff reduziert und kann dem Färbebade zugegeben werden. Man färbt ½—1 Stunde bei 70—80°, nachdem für die erste Färbung im Ansatzbad mit ½ ccm Lauge und ½ g Glukose auf den Liter vorgeschärft wurde. Nach dem Färben wird wie oben verfahren.

Neuere Hydronfarbstoffe (C) sind nachstehend zusammengestellt.

Sie werden im allgemeinen mit Hydrosulfit und Natronlauge verküpt, zuweilen mit Salzzusatz. Die folgende Übersicht gibt einige Beispiele von Ansätzen für 50 kg Baumwollgarn:

	Natronlauge 40° Bé	Universalöl	Hydrosulfit konz.	Färbetemperatur	Farbe der Küpe
Hydron-					
1. gelb NF in Teig 2,5—10 kg	10—20 kg		2½—5 kg	60°	olivebraun
2—3. braun G und R in Teig 2,5—20 kg	1¼—6 kg		¾—4 kg	50°	braun
4. orange R in Teig 5—30 kg	2½—12 kg	0,6—3 kg	1¼—4 kg	40—50°	gelb
5. scharlach BB in Teig 5—30 kg	2½—12 kg	0,6—3 kg	1¼—4 kg	40—50°	gelb
6—7. rosa FF oder FB i. T. 1,5—15 kg	0,9—9 kg	0,75—7,5 kg	0,45—4,4 kg	40—50°	grünlich gelb
8—9. bordeaux R oder B i. T. 2,5—20 kg	1¼—6 kg		¾—4 kg	50°	schwarzgrün braunolive
10. marineblau C Teig 30%ig 2½—10 kg	3—7½ kg		3—5 kg	60—70°	braun
11. reinblau FK in Teig 1—5—20 kg	2—2½—5 kg	1—1¼—2 kg	1½—2—4 kg	kalt	braungelb
12—13. grün B oder G in Teig 2,5—15 kg	10—30 kg		2½—7½ kg	60°	blaugrün
14—15. olive R oder GN i. T. 2½—20 kg	1¼—6 kg		¾—4 kg	50°	rotbraun

Hydronrosa, -orange und -scharlach werden vorher bei 70° für sich verküpt und dann erst dem mit 0,4 ccm Natronlauge 40° Bé und 0,3 g Hydrosulfit auf den Liter vorgeschärften Bade zugesetzt. Bei den übrigen wird gleich im Färbebad verküpt.

Bei Hydronbordeaux, -braun, -orange, -scharlach und -olive werden dem Färbebad 5—30 kg Kochsalz oder Glaubersalz kalz. zugegeben.

Bei Hydronmarineblau können 1¾—2 kg Hydrosulfit konz. durch 3,75—15 kg Natriumsulfid krist. ersetzt werden.

Mit den neuen Hydronfarbstoffen erhält man z. B. auf Baumwollgarn etwa die folgenden Farben (Karte 3752 (C):

		L.E.	W.E.
% Hydrongelb NF in Teig	11 n a	6	5
% Hydronbraun G in Teig	15 n g	7	5
% Hydronbraun R in Teig	17 o g	7	5
% Hydronorange R in Teig	22 o a	5	5
% Hydronscharlach BB in T.	25 p a	6	5
% Hydronscharlach 3 B i. T.	26 p a	6	5
% Hydronrosa FF in Teig	30 m a	6	5
3% Hydronbordo R in Teig	36 i d	7	5
3% Hydronbordo B doppelt in Teig	38 l b	6	5
% Hydronviolett R in Teig	41 i c	6	5
% Hydronviolett B in Teig	49 i e	6	5

		L.E.	W.E.
3% Hydronmarineblau C i.T. 30%	50 t g	5	5
3% Hydronblau G in Teig 30%	56 k e	6	5
12% Hydronschwarzblau GG in Teig 30%	63 t l	6	5
3% Hydronblau R in T. 30%	52 p g	5	5
7% Hydrongrün B in Teig	73 n f	7	5
7% Hydrongrün G in Teig	81 l e	7	5
14% Hydronolive GN in Teig	01 n l	7	5
14% Hydronolive R in Teig	06 n l	7	5
2,5% Hydronreinblau FK i. T. auf mercerisiertem Baumwollgarn	60 l a		

Hydronorange R, -scharlach BB und 3 B sowie -rosa FF und FB können auch auf Wolle angewandt werden; dann werden zunächst Stammküpen nach folgenden Vorschriften bereitet (No. 3775 (C):

10 kg Hydronorange R in Teig oder
1 kg Hydronorange R in Pulver
werden mit
2,4 kg Natronlauge 40° Bé
1 kg Monopolseife und
30 l Wasser von 65° C verrührt
und mit
1 kg Hydrosulfit konz. verküpt.

10 kg Hydron-scharlach oder -rosa in Teig oder
1,65 kg Farbstoff in Pulver
werden mit
3,2 kg Natronlauge 40° Bé
1 kg Monopolseife und
50 l Wasser von 65° verrührt
und mit
1,5 kg Hydrosulfit konz verküpt.

Gefärbt wird bei 60° C. Nach dem Färben wird zur Beförderung der Oxydation bei 70—80° C schwach abgesäuert und zum Schluß gespült.

Neuerdings kommen auch Hydron-Wollfarbstoffe als Küpe in den Handel, nämlich:

Hydron-Wollolive B Küpe 00 m i,
Hydron-Wollgelb G Küpe 07 r e,
Hydron-Wollbraun G Küpe 14 t i,
Hydron-Wollbraun D Küpe 25 r n,
Hydron-Wollrot BB Küpe 35 t c.

Die Farbzeichen entsprechen etwa den 10 %igen Ausfärbungen auf lose Wolle.

Diese Farbstoffe sind im gebrauchsfertigen Zustande und brauchen nur der Färbeküpe zugesetzt zu werden. Vorher bestellt man die 50° C warme Küpe mit

500 g Leim (frisch gelöst),
500 g Ammoniak (25 %ig),
175 g Hydrosulfit konz.

auf je 1000 l Flotte. Phenolphtaleinpapier soll schwach gerötet werden. Man geht mit der genetzten Wolle ein, behandelt ½ Stunde, quetscht ab und läßt zur Oxydation auf Haufen oder in Körben liegen. Danach wird gespült.

Volle Farben müssen in mehreren Zügen gefärbt werden, wobei man aber den nötigen Farbstoff gleich von vornherein in die Küpe geben kann.

Die Küpen können laufend gebraucht werden und müssen nur mit den angegebenen Bestandteilen wieder aufgefrischt werden.

MLB empfahlen 1924 statt des Leims 2—5 g Glyosin A auf den Liter Färbestoffe (Rundschreiben 882), vgl. S. 194.

β. Anthrachinonküpenfarbstoffe.

Eigenschaften: Réné Bohn von der Badischen Anilin- und Sodafabrik war der Entdecker dieser für die Echtfärberei der Baumwolle so bedeutsamen Gruppe. 1902 erschien das Indanthrenblau auf dem Markte. Heute kann der ganze Farbenkreis in Indanthren gefärbt werden.

Seit dem Oktober 1922 haben sich BASF, Bayer und MLB dahin geeinigt, daß nur noch diejenigen Handelsmarken die Bezeichnung „Indanthren" tragen sollen, die wirklich hervorragend wasch- und lichtecht sind. Danach ist auch im folgenden verfahren worden, doch sind zur Erleichterung des Verständnisses die früheren Namen noch in Klammern hinzugesetzt. Die den höchsten Anforderungen nicht genügenden früheren Indanthrenfarbstoffe heißen heute Anthra-Farbstoffe.

Die Leukoverbindungen haben mehr oder weniger „substantiven" Charakter, d. h. sie werden von der Baumwollfaser unmittelbar angezogen und festgehalten. Sie sind häufig tiefer gefärbt als die daraus durch Oxydation hervorgehenden Farbstoffe.

Ähnlich wie bei den Schwefelfarbstoffen erfordert die glatte Lösung des Leukofarbstoffs einen Überschuß an Alkali. Das ist der Grund, warum die Anwendung auf Wolle sich im allgemeinen verbietet. Einige Algolfarbstoffe sind ausnahmsweise für Wolle zugelassen, da sie weniger Lauge zum Lösen bedürfen.

Anwendung: (Leitfaden der BASF **1913**, 167).

Die Verküpung geschieht am besten im Färbebade selbst und nicht als Stammansatz, wie bei Indigo, da die Leukoverbindungen der Anthrachinonküpenfarbstoffe in Wasser weniger leicht löslich sind als Indigoweiß.

Die Menge der zu verwendenden Natronlauge richtet sich immer nach dem Volumen der Farbflotte; auf je 1 Liter Wasser sind 12—16 ccm Natronlauge 40° Bé zu verwenden, und zwar sowohl bei ganz hellen als auch bei ganz dunklen Färbungen. Die Hydrosulfitmenge wechselt mit dem Prozentsatz an Farbstoff, und der vierte Teil des Gewichts eines zehnprozentigen Farbstoffteiges an Natriumhydrosulfit-Pulver genügt zur Reduktion, doch soll auch bei ganz hellen Tönen nicht unter 1 g Hydrosulfit im Liter Flotte heruntergegangen werden, weil ein Teil des Hydrosulfits durch den im Wasser gelösten Sauerstoff, sowie durch die unvermeidliche Berührung mit dem Luftsauerstoff unwirksam gemacht wird; andererseits sind 4 g im Liter Flotte als das Höchste anzusehen. Ob die Küpe, namentlich beim Weiterfärben auf alter Flotte, noch genügend Hydrosulfit enthält, prüft man mit Indanthrengelb G-Papier, das in 3—6 Sekunden blau werden soll.

Lose Baumwolle, Kardenband, Vorgespinst, Kops, Kreuzspulen, Ketten etc. färbt man in geeigneten Färbeapparaten, die am vorteilhaftesten aus Holz oder Eisen hergestellt werden; Kupfer ist möglichst zu vermeiden. Für Teile, welche weder aus Holz, noch aus Eisen hergestellt werden können, sind Nickelin oder andere Legierungen zu wählen.

Garn in Strähnen färbt man in der Regel auf geeigneten Kufen; zur Erzielung gleichmäßiger Färbung mache man die einzelnen Gebinde nicht zu schwer, damit sie sich leichter umziehen lassen. Vorher wird die Baumwolle mit kalzinierter Soda unter Zusatz von Türkischrotöl ausgekocht und gewaschen. Bleichen des Garnes ist empfehlenswert, wenn ganz reine, helle Farben verlangt werden.

Färbeverfahren No. 29a (193).

Man verwende möglichst weiches Wasser. Aus diesem Grunde setzt man auch zuerst die Natronlauge zu, erwärmt auf 60° C und beseitigt die an der Oberfläche sich abscheidenden Härtebildner. Dann streut man das Hydrosulfit ein und schließlich den mit heißem Wasser aufgeschlämmten Farbstoff durch ein Sieb. Man rührt ruhig bis zur völligen Lösung.

Fürchtet man ungleiche Färbung, so kühlt man vor dem Eingehen durch Zugabe der gleichen Menge kalten Wassers ab, stellt auf, zieht einige Male um, erhitzt nach 20 Minuten auf 60° C und färbt fertig.

Im Allgemeinen kann man gleich bei 60° eingehen. Nur Indanthrenblau GC, GCD, GCS und RC müssen nur bei 50° gefärbt werden.

Nach dem Färben spült man zunächst in einem Bade, das auf 1000 l Wasser 100—150 g Hydrosulfit enthält, dann in reinem Wasser Dann säuert man mit 1—2 l Schwefelsäure 66° Bé auf 1000 l Bad ab, seift ½ Stunde kochend und spült gründlich.

Erst durch das kochende Seifen kommt die Färbung in Farbe und Echtheit richtig zum Vorschein.

Für 22½ kg Baumwollgarn braucht man 500 l Wasser, 6 l Natronlauge 40° Bé und Hydrosulfit konz. BASF Pulver in folgendem Verhältnis zum Farbstoff:

g Farbstoff	112—1125	2250	3375	4500	6750	9000	11250
g Hydrosulfit	500	600	850	1100	1700	2000	2000

Schwache Farbbäder ziehen nahezu vollständig aus. Starke können einige Male weiterbenützt werden, dürfen dann aber nicht zwischendurch erkalten. An Natronlauge setzt man nur $^1/_6$—$^1/_5$ der ursprünglichen Menge, an Hydrosulfit ¼ des nachgesetzten Farbstoffes und an Farbstoff die folgenden Mengen im Verhältnis zu den ursprünglichen zu:

% Farbstoff im Ansatzbad	10	15	20	25	30	40
% nachgesetzter Farbstoff	8½	11	14	16	18	24.

Färbeverfahren No. 29b (194).

Für 22½ kg Baumwollgarn braucht man 500 l Wasser und nur 1½ l Natronlauge 40° Bé. Man erhitzt auf 50° C schöpft den Kalkschaum ab, streut das Hydrosulfit ein, setzt den mit heißem Wasser aufgeschlämmten Farbstoff durch ein Sieb zu und rührt langsam bis zur völligen Lösung. Schließlich fügt man die Salzlösung zu und geht mit dem gut genetzten und geschleuderten Garn ein.

Nach ¾—1 Stunde schlägt man auf, spült in Hydrosulfit-Wasser wie unter a) aber nur leicht und läßt einige Zeit an der Luft hängen (oxydieren). Dann wird wie unter a) gespült und fertig gemacht.

Die Hydrosulfitmengen können aus der Übersicht unter

29a entnommen werden; die Salzmengen stehen in folgendem Verhältnis zum Farbstoff:

g Farbstoff	112—450	675—1125	2250	3375	4500	6750	9000
g Glaubersalz kalz.	1200	2250	2250	4500	4500	6750	9000 11250

Zum Weiterfärben auf stehendem Bade setzt man 1/2 der ursprünglichen Natronlauge, gleichviel Hydrosulfit, 3/4 des Farbstoffes und 1/10 des Glaubersalzes zu.

Eintretende Trübung der Küpe deutet auf Mangel an Natronlauge und wird durch Nachschärfen (S. 54) behoben. Zuviel Natronlauge hindert den Farbstoff am Aufziehen.

Fürchtet man ungleiche Färbung, so ist der Salzzusatz zu verringern.

Färbeverfahren No. 29c.

Man verfährt wie unter 29b, färbt aber kalt und unter Zusatz der doppelten Salzmenge.

Verwendet man Algolfarbstoffe, die kalt gefärbt werden, so bereitet man eine Stammlösung mit den nötigen Mengen Natronlauge und Hydrosulfit bei etwa 25° C und gibt diese durch ein Sieb dem kalten Färbebade zu.

Bei Zusammenstellung von Farbstoffen, die kalt unter Zusatz von wenig Natronlauge und viel Salz gefärbt werden, mit andern, welche heiß mit viel Natronlauge und ohne Salz verwendet werden, muß ein Mittelweg eingeschlagen werden und der für die kalt ziehenden Farbstoffe schädliche Überfluß an Natronlauge durch Zusatz von Wasserglas aufgehoben werden.

Bei hellen Färbungen ziehen die Bäder nahezu vollständig aus; ein Weiterfärben auf alter Flotte ist daher kaum zu empfehlen, da hierbei nur Ersparnisse an Natronlauge gemacht werden können.

Bei dunkleren Färbungen dagegen bleibt vielfach Farbstoff im Bade zurück, der nicht vernachlässigt werden kann. Um diesen auszunützen, kann man für eine helle Färbung entweder eine frische Partie auf dem alten Bad, welches in diesem Falle nur mit etwas Hydrosulfit und Natronlauge nachgeschärft zu werden braucht, ausfärben, oder man bringt das alte Färbebad durch einen entsprechenden Zusatz von Farbstoff, Natronlauge und Hydrosulfit auf seine ursprüngliche Stärke. Dies kann man mehrere Male wiederholen. Man gibt zum alten Bade zuerst 1/6—1/5 der ursprünglich zugesetzten Menge Natronlauge, füllt den Bottich wieder mit Wasser nach, erhitzt auf die ursprüngliche Temperatur und gibt das Hydrosulfit, und zwar den vierten Teil vom Gewicht des Farbstoffes, und dann den nötigen Farbstoff zu.

Wenn das Garn durch irgend ein Versehen beim Färben streifig geworden ist, so kann es durch Behandlungen in einem mit Hydrosulfit versetzten Bade wieder gleichmäßig gemacht werden.

Die Verfahren 29 a—c gelten zunächst für Garn. Auch Baumwollstückware kann danach auf dem Jigger gefärbt werden, doch ist der geringeren Flottenmenge entsprechend die Laugenmenge (für 500 l Wasser) zu erhöhen, dagegen bei den Verfahren 29 b und c der Salzzusatz zu verringern. Auch empfiehlt sich beim Färben auf gewöhnlichen Jigger, wo die Ware jedes Mal mit der Luft in Berührung kommt, nach jedem Zug etwas Hydrosulfit nachzusetzen.

Für Stückware gibt es außerdem noch 2 weitere Verfahren nämlich

Färbeverfahren No. 30 a.

Man pflatscht die ausgekochte (und gebleichte) getrocknete Ware mit dem leicht verdickten Farbstoff entweder auf der Druckmaschine mit 2 Tausendpunktwalzen oder klotzt namentlich dickere

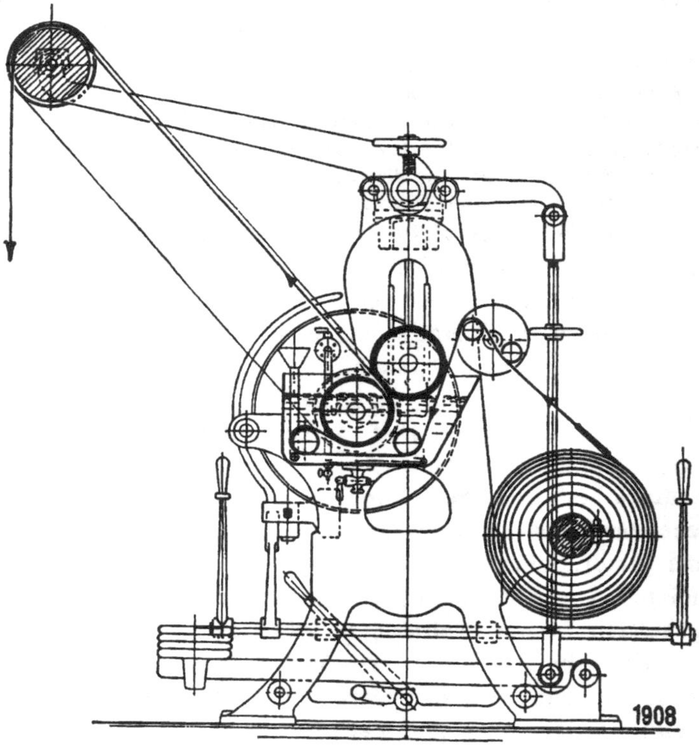

Abb. 13. Küpenfoulard der Zittauer Maschinenfabrik.

Stoffe auf der Klotzmaschine und trocknet oder rollt direkt auf. Man teigt z. B. 10—200 g Farbstoff mit 125—150 g Gummiverdickung 1 : 1 an, stellt mit Wasser auf 1 l, preßt durch ein Baumwolltuch und klotzt. Der Foulard von A. Zingg (D. R. P. 266 289) der Zittauer Maschinenfabrik verhindert durch Schrägstellung der Abquetschwalzen, von denen eine im Farbbad läuft, die Fleckenbildung durch Farbstoffschaum. Man kann auch ein kleines Schutzbrett anbringen und dadurch die Waren vor der Berührung mit dem Schaum schützen (Abb. 13).

Die geklotzte Ware entwickelt man in 10facher Flotte entweder bei 60° mit Entwicklungsflotte I oder kalt mit Entwicklungsflotte II je nach der Art des Farbstoffs (Indanthrenblau GC, GCD und RC wiederum bei 50°).

Auf je 100 l Wasser kommen bei

	Natronlauge 40° Bé	Hydrosulfit konz.	Glaubersalz kalz.
Entwicklungsflotte I	1,5 l	125 g	
„ „ II	0,4—0,5 l	125 g	4—5 kg

Nach dem Entwickeln wird zunächst auf Hydrosulfitwasser, dann weiter gut gespült, mit 1—2 l Schwefelsäure 66° Bé auf 1000 l Wasser abgesäuert, gespült, kochend geseift und fertig gespült.

Für das Färben von zwei Baumwollstücken, Matrosenkragenstoff, im Gesamtgewicht von 20 kg gibt die Badische Anilin- und Sodafabrik („Die Indanthrenfarbstoffe", 1910) folgende Vorschrift No. 1059:

1. Vorfärben des Stoffes:

Der gut mit Natronlauge oder Soda ausgekochte Baumwollstoff wird möglichst gleichmäßig auf die eine Walze des Jiggers aufgerollt. Man füllt nun den Jigger soweit mit Wasser, etwa 350 l, an, daß der aufgerollte Stoff unter der Wasseroberfläche liegt, setzt 4,4—5 l Natronlauge 40° Bé zu, erhitzt auf 60—65° C und läßt den Stoff zweimal von der einen Walze auf die andere laufen, dann wird unter langsamem Aufrühren 1 kg Hydrosulfit und 5,6 bis 6 kg Indanthrenblau, RS Teig, vorher mit einem Teil des Färbebades angeteigt zugegeben und 1—1½ Stunden lang bei 60 bis 65° C gefärbt.

Hierauf wird die Flotte mittels einer Pumpe in einen Behälter abgefüllt und der Stoff auf dem Jigger durch einmaliges Hin- und Herlaufen mit vielem Wasser gespült.

2. Behandlung mit Natronlauge:

Der gefärbte Stoff wird auf dem Jigger selbst mit Natronlauge behandelt. Die Stärke der Natronlauge muß so bemessen werden (etwa 26° Bé), daß sie durch das in der Ware enthaltene Wasser nur bis auf 20° Bé verdünnt wird. Die Ware läuft 4—6 mal durch die Natronlauge; diese kann wiederholt verwendet werden, wenn sie jeweils durch Zugabe stärkerer Lauge wieder auf 26° Bé eingestellt wird.

Um das Auftreten dunkler gefärbter Ränder zu vermeiden, läßt man die Ware nach dem Behandeln mit Natronlauge zweimal durch möglichst wenig Wasser hin und her laufen, und zwar so, daß die untersten Leitwalzen kaum überdeckt werden.

3. Überfärben:

Nachdem der Jigger vollständig entleert ist, bringt man die alte Färbeflotte, der man vorher 400—500 g Indanthrengelb G Teig und 250 g Hydrosulfit konz. zugegeben, bei 65° rasch in den Jigger und setzt diesen sofort in Bewegung. Man färbt 1 Stunde bei 60—65° C, läßt die Flotte ablaufen und spült mit zwei Zügen auf dem Jigger mit hydrosulfithaltigem (50 g auf 200 l) Wasser nach. Dann wird zur Entfernung der Lauge gut gespült, mit ½ Liter Schwefelsäure auf 200 Liter Wasser abgesäuert, gut gespült und ½ Stunde kochend geseift.

Färbeverfahren No. 30b (auf der Tauchküpe, S. 186).

Man bereitet sich zunächst einen Stammansatz, z. B.:

4 kg	Indanthrenblau RS Teig werden mit
5 l	Natronlauge 40° Bé verrührt und nacheinander die Lösungen von
2½ kg	Eisenvitriol in
5 l	heißem Wasser und
½ kg	Zinnsalz in
2 l	Wasser zugegeben.

Nach gutem Umrühren läßt man ½ Stunde stehen.

Dem 70—80° warmen Färbebade setzt man vor der erforderlichen Menge Stammansatz soviel Natronlauge 40° Bé zu, daß die Gesamtmenge in 1000 l 3,6 l beträgt. Nach 5 Minuten geht man mit der trockenen Ware ein und färbt in einem Zuge von 1½—4 Minuten auf der Roulettekiüpe oder 10—20 Minuten auf dem Sternreifen der Tauchküpe.

Nach dem Färben spült man von der Tauchküpe sofort leicht, spannt ab und spült weiter gründlich, säuert und seift wie üblich.

Von der Kontinuküpe spült man auf einer Breitwaschmaschine,

behandelt mit Hydrosulfitwasser (25—40 g auf 100 l), spült in fließendem Wasser, säuert leicht ab und behandelt wie oben.

Auf der Tauchküpe wird weiter gefärbt, nachdem durch entsprechende Zugabe von Stammansatz auf die ursprüngliche Stärke eingestellt wurde. Ist infolge längerer Ruhe z. B. über Nacht die Küpe so weit abgekühlt, daß der Farbstoff z. T. ausfällt, so ist vor dem Weiterfärben 15—30 g Hydrosulfit auf je 100 l Flotte nachzusetzen und wieder auf 70—80° zu bringen.

Leinen wird nach den für Baumwolle gültigen Vorschriften gefärbt und zwar in dunkleren Tönen nach den Färbeverfahren 29a, 29b und 29c (S. 162) in helleren und mittleren Farben nach dem Klotzverfahren 30a (S. 164).

Doch ist zu beachten, daß die härtere Leinenfaser weniger leicht durchgefärbt wird und daher weniger Farbstoff benötigt. H. Ellner (Färberkalender **1925**, 93) schlägt vor, das gebleichte Leinen vorher trocken zu mangeln oder kalandern und auch trocken auf dem Jigger ins Färbebad einzugehen. Das Mangeln soll den Faden durch Verbreiterung der Oberfläche farbstoffaufnahmefähiger machen. Der trockene Faden soll die Farbstofflösung schneller aufsaugen; das Wasser braucht nicht erst verdrängt zu werden.

Die Anthrachinonküpenfarbstoffe zeichnen sich im allgemeinen durch gute Licht- und Wetterechtheit, gute Widerstandsfähigkeit gegen Wäsche, Seife, Walke, sowie gegen starke Alkalien aus, so daß mit ihnen hergestellte Färbungen, ohne Einbuße zu erleiden, merzerisiert werden können.

Die Buntweber waren aus Mangel an bäuch- und chlorechten Farbstoffen vordem gezwungen, ihre Buntgewebe aus gefärbten und gebleichten Garnen herzustellen. Bei Anwendung von Vorsichtsmaßregeln und geeigneten Schutzmitteln hält die Mehrzahl dieser Küpenfarbstoffe eine Bäuche aus; mit solchen Farbstoffen gefärbte Garne können mit rohem Garn zusammen verwebt und im Stück gebleicht werden. Diese Fabrikation ist sauberer und billiger als die frühere.

Zu den Vorsichtsmaßregeln gehört, daß vor der Bäuche gut mit Diastafor entschlichtet wird.

In der alkalischen Bäuchflüssigkeit reduzieren sich die Küpenfarbstoffe leicht, werden von der Faser abgelöst und bluten ins Weiße. Daher sind verschiedene Oxydationsmittel als Zusatz zur Bäuche vorgeschlagen worden.

Die Badische Anilin- und Sodafabrik setzt dem Bäuchbade leicht reduzierbare organische Verbindungen, wie z. B. Nitroanthrachinon-sulfosaures Natrium (Ludigol), zu. In der Patentschrift wird folgendes Beispiel angegeben:

Einer Bäuchflotte, enthaltend 1000 Liter Wasser und 10 Liter Natronlauge 30° Bé setzt man 2 kg Nitroanthrachinonmono- oder disulfosaures Natron oder 2 kg nitrobenzolsulfosaures Natron zu und kocht 2 Stunden bei einer Atmosphäre Überdruck. Die weißen Stellen des Buntgewebes werden hierbei in keiner Weise beschmutzt.

Das Verfahren der Patentschrift bewährt sich in der Praxis nicht; die BASF erwähnt in einem Rundschreiben über die zu beobachtenden Vorschriftsmaßregeln beim Bäuchen von Buntgeweben, daß das Bäuchen unter Druck vermieden werden muß. Natronlauge soll zum Bäuchen möglichst wenig verwendet werden; in allen Fällen ist es sicherer, die Lauge vollständig durch Soda zu ersetzen. Nach Mitteilung der Patentinhaberin hat sich folgende Bäuche in der Praxis bewährt:

500 Liter Wasser,
8 kg kalz. Soda,
1 kg Ludigol,

oder:

500 Liter Wasser,
$3^1/_4$ kg Natronlauge,
$1^3/_4$ kg kalz. Soda,
$4^1/_2$ kg Ludigol.

Die Ware wird in dieser Flüssigkeit 3—5 Stunden in einem offenen Kessel gekocht; auch für dieses Verfahren lehnt die Badische Anilin- und Sodafabrik jede Verantwortung ab.

Die Farbwerke vorm. Meister Lucius & Brüning empfehlen in ihrem D. R. P. 218 254 den Zusatz von Kaliumbromat zur Bäuchlauge nach folgender Vorschrift:

„Man bereitet eine Bäuchflotte, die 1,2 % festes Ätznatron vom Gewicht des zu bäuchenden Stoffes enthält, und setzt dieser Lauge 0,2 bis 0,5 % Kaliumbromat, ebenfalls auf das Gewicht der Ware berechnet, zu. Mit dieser Lauge wird die zu behandelnde Ware in der in Bleichereien üblichen Weise zwei oder mehr Stunden offen oder unter Druck gebäucht."

Die Chem. Werke vorm. Dr. Heinr. Byk empfehlen in ihrem D.R.P. 250397 Perborat als schützenden Zusatz zur Bäuchflotte.

I. Gelb und Kreß.

1. Anthraflavon G (B). 15 % Anthraflavon G Teig 1 Stunde bei 40° mit 3 ccm Natronlauge 40° Bé, 3 g Hydrosulfit konz. und 25 g Glaubersalz im 1 Bad gefärbt (Verfahren 29 b) ergeben auf Baumwolle **00**

5,5 15, also die Norm **00 n a.** Die Küpe ist braunrot, die Färbung vorzüglich wasch- und chlor-, aber wenig lichtecht. Sie fluoresziert. Seit 1922 nicht mehr im Handel.

2. Indanthrengelb G (Helindongelb IG). 10 % Indanthrengelb Teig nach Verfahren 29a oder b gefärbt geben **11** 06 25. Die Küpe ist blau; es empfiehlt sich, nach dem ersten Spülen abzuwinden und einige Zeit zu verhängen; beschleunigen kann man die Oxydation durch Zugabe von 30—50 g Chromkali zu je 100 l Säurebad. Der Farbstoff löst sich in konz. Schwefelsäure oliv mit roter Fluoreszenz. L. E. = 6; W. E. = 5.

3. Indanthrengoldorange G (Helindonorange IG). 10% Indanthrengoldorange Teig nach Verfahren 29a oder b gefärbt geben auf Baumwolle **13** 3,5 20, also die Norm **13 p a.** Die Küpe ist rot. Der Farbstoff löst sich in konz. Schwefelsäure blau. L. E. = 6; W. E. = 5.

4. Indanthrenorange 6 RTK (Algolorange R). 15 % Algolorange R in Teig färben auf Baumwollgarn etwa **23** l c. Gefärbt wird nach Vorschrift 17 für kaltfärbende Algolfarbstoffe (Tabellarische Übersicht der By I. Teil, S. 31):

Das Lösen des Farbstoffs geschieht durch Anrühren mit Wasser von 30—35° und Zugabe von Natronlauge und schließlich Hydrosulfit. Man rührt einige Male innerhalb 5—10 Minuten.

Der Ansatz des Färbebades erfolgt, indem man für helle Farben mit 10—20 ccm Natronlauge 40° Bé und 12 g Hydrosulfit auf 100 l vorschärft. Für dunkle Farben ist dies nicht nötig. Dann setzt man die Salzlösung und schließlich die Farbstofflösung zu.

Gefärbt wird $^3/_4$—1 Stunde unter oder über der Flotte, dann wird abgequetscht und $^1/_4$—$^1/_2$ Stunde zur Oxydation verhängt; hierauf mit 1—2 ccm Schwefelsäure auf den Liter Flotte kalt gesäuert, gespült, kochend geseift und wieder gespült.

Für 15 % Algolorange R braucht man 5,6 Volum-% Natronlauge 40° Bé, 5 % Hydrosulfit konz. und 6 kg Glaubersalz krist. auf 100 l Flotte. Gefärbt wird bei 20—25° C. L. E. = 6; W. E. = 5.

5. Indanthrengelb GK (Algolgelb R). 18 % Algolgelb R in Teig färben auf baumwollenen Satin **08** 5,5 15, also die Norm **08 n a.** Die Küpe ist bordo, das Färbeverfahren Vorschrift 17 wie vorhin. Gebraucht werden für 18 % Algolgelb R 6 % Natronlauge 40° Bé nach Litern, 5,6 % Hydrosulfit konz. und 7 kg Glaubersalz krist. für je 100 l Flotte. L. E. = 5; W. E. = 5. Die Färbung wird auch im Kattundruck und auf Wolle hergestellt (D. R. P. 213 473).

6. Algolgelb 3 G in Teig. 15 % färben auf Baumwollgarn etwa **01** n b. Die Küpe ist rot, das Färbeverfahren Vorschrift 17.

Für 15 % Farbstoff werden gebraucht 4 % Natronlauge 40° Bé in Litern, 5 % Hydrosulfit konz. und 6 kg Glaubersalz krist.

7. Indanthrenorange RRK (Algolbrillantorange FR in Teig). 20 % Algolbrillantorange FR färben auf merzerisierttes Baumwollstück etwa 18 n a. Die Küpe ist kreßrot, das Färlbeverfahren Vorschrift 17. Gebraucht werden für 20 % Farbstoff 6,3 % Natronlauge 40° Bé in Litern, 6 % Hydrosulfit konz. und 8 kg Glaubersalz krist. für je 100 l Flotte. Die Färbung ist mit Rongalit CL ätzbar. L. E. = 7; W. E. = 5.

8. Helindongelb 3 GN Teig. Mit 10 g Farbstoff im Liiter Küpe erhält man auf gebleichtem Baumwollgarn die Farbe 03 m a. Die Küpe ist blutrot. Für 1 kg Farbstoff braucht man ½ l Natronlauge 40° Bé, 400 g Hydrosulfit konz. Die Temperatur der Stammküpe ist 20—40°, die der Färbeküpe 20—30°. Je nach Stärke der Färbeküpe werden 10—30 g Kochsalz oder 20—60 g Glaubersalz krist. auf den Liter zugesetzt. Die Färbung fluoresziert und ist sehr bäuchecht. Ebenso die beiden folgenden neueren Marken:

9. Indanthrengelb RK (Helindongelb RN). Gefärbt wie das vorige. Die Küpe ist rotbraun. L. E. = 6; W. E. = 5.

10. Indanthrengelb 3 RT (Helindongelb 3 RN). Gefärbt wie das vorige nur bei 60°. Die Küpe ist rotbraun. L. E. = 7; W E. = 5.

11. Helindonbraun 3 GN Teig. Mit 10 g Farbstoff im Liter Küpe erhält man auf gebleichtem Baumwollgarn 13 n e. Die Küpe ist gelbbraun. Gefärbt wie 8.

12. Helindonorange GRN Teig färbt auf gebleichtem Baumwollgarn aus starker Küpe (8 g im l) 20 n c. Die Küpe ist blutrot. Für 1 kg Farbstoff braucht man 400 ccm Natronlauge 40° Bé und 300 g Hydrosulfit konz. Der Färbeküpe werden 20—45 g Kochsalz oder 40—90 g Glaubersalz krist. zugesetzt. Man färbt auf gebogenen Stöcken unter der Flotte bei gewöhnlicher Temperatur. Zum Weiterfärben setzt man 60—80 % des ursprünglichen Ansatzes nach, aber nur soviel Salz, das das spez. Gewicht der Flotte erhalten bleibt.

13. Indanthrenbraun R (Algolbraun R). 20 % Algolbraun R in Teig färben auf Baumwollgarn 18 p e. Die Küpe ist rotbraun, das Färbeverfahren Vorschrift 17 oder 18. Vorschrift 18 (Tabellarische Übersicht [By], S. 33) lautet:

Das Lösen des Farbstoffes geschieht durch Anrühren mit wenig Wasser von 50—60° C und Zugabe durch ein Sieb zur Küpe.

Gesellschaft für Chemische Industrie in Basel (J).

36. 30 % **Cibanongelb 3 G Teig** auf gebleichter Baumwolle in der Hydrosulfitküpe gefärbt.	
37. 30 % **Cibanongelb R Teig** auf gebleichter Baumwolle in der Hydrosulfitküpe gefärbt.	
38. 30 % **Cibanonorange R Teig** auf gebleichter Baumwolle in der Hydrosulfitküpe gefärbt.	
39. 3 % **Cibanonblau G Pulver** auf gebleichter Baumwolle in der Hydrosulfitküpe gefärbt.	
40. 1,5 % **Cibanonblau 3 G Pulver** auf gebleichter Baumwolle in der Hydrosulfitküpe gefärbt.	
41. 3 % **Cibanonbraun R Pulver** auf gebleichter Baumwolle in der Hydrosulfitküpe gefärbt.	
42. 7 % **Cibanonschwarz 2 B Pulver** auf ungebleichter Baumwolle in der Hydrosulfitküpe gefärbt.	

Der Ansatz des Färbebades erfolgt, indem man bei den auch kalt färbbaren Algolfarbstoffen wie unter 17 mit Hydrosulfit vorschärft; bei den übrigen setzt man der 50—60° heißen Flotte gleich Natronlauge und Hydrosulfit und schließlich den angeteigten Farbstoff zu.

Gefärbt wird je nach Farbstoff bei 40—60° unter oder über der Flotte, dann abgequetscht, 1/4—1/2 Stunde verhängt und gespült, gesäuert, gespült, geseift und gespült wie nach Vorschrift 17.

Für 20 % Algolbraun R braucht man 6,3 % Natronlauge 40° Bé in Litern, 6 % Hydrosulfit konz. und 8 kg Glaubersalz krist. auf je 100 l Flotte. L. = 1; L. E. = 8; W. E. = 5.

14. Anthrabraun B (Indanthrenbraun B). 7,5 % Indanthrenbraun B doppelt Teig färben auf Baumwollköper **13** 5,5 90, also die Norm **13 n l.** Die Küpe zeigt ein stumpfes Veil. Vorschrift 29a oder b. L. E. = 6; W. E. = 5.

15. Anthrabraun RR Teig (Indanthrenbraun RR). 20 % färben auf Baumwollgarn nach Vorschrift 29 a oder b das Braun **17** p e.

16. Cibanongelb 3 G Teig (I_{36}). 30% geben auf gebleichter Baumwolle **03** 09 15. Die Küpe ist gelbbraun. Die Verküpung geschieht ungefähr nach Vorschrift 17. Auf 1 kg Farbstoff sind erforderlich 1 g Monogolseife oder Türkonöl und 13 ccm Natronlauge 40° Bé auf den l Färbebad, 200 g Hydrosulfit konz. und 10—30 g Kochsalz oder Glaubersalz kalz. auf den l Färbebad. Färbetemperatur 30°. L. E. = 6; W. E. = 5.

17. Cibanongelb R Teig (I_{37}). 30 % geben auf gebleichter Baumwolle bei 60° und mit 3/4 des Hydrosulfits, sonst wie 16 gefärbt **06** 07 20. Die Küpe ist schwarzbraun. L. E. = 5; W. E. = 5. Die Cibanongelbs sind vollkommen chlorecht, 3 G besonders lichtecht.

18. Cibanonorange R Teig (I_{38}). 30 % geben auf gebleichter Baumwolle wie 17 gefärbt **13** 05 20. Die Küpe ist schwarzbraun. L. E. = 8; W. E. = 5.

19. Cibanonbraun B (I). 1 % des braunschwarzen Pulvers färbt auf ungebleichter Baumwolle **17** 25 63, also die Norm **17 g e.** Die Küpe ist dunkelbraun. Auf 1 kg Farbstoff braucht man zum Verküpen 100 l Wasser, 100 g Monopolseife, 13 ccm Natronlauge 40° Bé auf je 1 l Färbebad, 1500 g Hydrosulfit konz. und auf je 1 l Färbebad 10—30 g Kochsalz oder Glaubersalz kalz. Die Färbetemperatur ist 60°. L. E. = 7; W. E. = 4.

20. Cibanonbraun V (I). 1 % des braunschwarzen Pulvers färbt wie unter 19 auf ungebleichte Baumwolle **38** 13 80, also die Norm **38 i g.** L. E. = 7; W. E. = 4.

21. Cibanonbraun R Pulver (I_{41}). 3 % färben auf ge-

bleichte Baumwolle wie unter 19, nur bei 40—50° **23** 04 70. Die Küpe ist braun. L. E. = 8; W. E. = 5.

22. Helindonbraun AN (M), Thioindonbraun B (K). 10 g Helindonbraun AN Teig im l Küpe färben auf Baumwollgarn etwa 16 p i. Zum Verküpen braucht man 6 ccm Natronlauge 40° Bé und 2,5 g Hydrosulfit konz. Die Küpe ist gelbbraun. Gefärbt wird bei 60° C unter Zusatz von 15—20 g Kochsalz. Man kann auch eine Stammküpe bei 60° C ansetzen und verwendet dann auf 1 kg Helindonbraun AN Teig 5 l Wasser, 600 ccm Natronlauge 40° Bé und 200 g Hydrosulfit konz. Die mit 2 g Seife im l gekochte Färbung ist sehr licht-, säure-, überfärbe- und chlorecht. L. E. = 8; W. E. = 5.

II. Rot und Veil.

1. Indanthrenbrillantviolett RR (Indanthrenviolett 2 R extra). 10 % nach Verfahren No. 29 a auf Baumwolle gefärbt, geben **45** 2,5 86. Die Küpe ist rein himmelblau, rot fluoreszierend. L. E. = 7; W. E. = 4.

2. Indanthrenviolett B extra Teig. 10 % färben nach Verfahren 29 a auf merzerisiertem Baumwollgarn **49** p c. Die Küpe ist dunkelveil. Die Färbung ist sehr licht-, chlor-, wasch-, potting- und überfärbeecht; durch Bügeln wird sie blauer, durch Betupfen mit Wasser röter. L. E. = 7; W. E. = 5.

3. Algolrot B. 15 % färben nach Vorschrift 17 auf Baumwollgarn **32** n b. Die Küpe ist ziegelrot.

4. Anthra- (Indanthren-) bordeaux B. 20 % Indanthrenbordeaux B Teig färben nach Verfahren No. 29 b auf Baumwolle das stumpfe Rot **28** 03 76. Die Küpe ist kreß, etwa **19 p c.** Sie ist in der Apparatefärberei nicht zu gebrauchen. Seit 1922 ist der Farbstoff nicht mehr im Handel. L. E. = 6; W. E. = 5.

5. Anthrabordeaux R (Indanthrenbordeaux B extra). 20 % Indanthrenbordeaux B extra färben nach Verfahren 29 b auf Baumwolle das stumpfe Rot **28** 5,5 73. Die Küpe zeigt das gleiche Kreß wie 4. Sie kann auch auf Apparaten gebraucht werden und erfordert dann eine Nachbehandlung mit Natriumsuperoxyd. L. E. = 4; W. E. = 5.

6. und 7. Anthra-(Indanthren-)rot G und R Teig färben zu 20 % auf Baumwolle **24** 2,8 60 und **25** 3,5 57, also die Norm **25 p e.** Auch diese Küpen sind kreß; sie werden nach Verfahren No. 29 b geführt und erfordern zur Oxydation starker Färbungen ebenfalls eine Nachbehandlung nach dem Spülen entweder kalt mit 1—2 g

Natriumsuperoxyd oder warm mit 1—2 g Perborat im l. Mit konz. Schwefelsäure wird G braun, R grün.

8. Agolbordeaux 3 B Teig. 20 % färben nach Vorschrift 17 auf Baumwollsatin **35** n c. Auf 20 kg Farbstoff werden 7 l Natronlauge 40° Bé, 6 kg Hydrosulfit konz. und 8 kg Glaubersalz krist. für je 100 l Flotte gebraucht. Die Küpe ist rotbraun. Der Farbstoff löst sich in konz. Schwefelsäure grün.

9. Indanthrenrot RK (BN extra) Teig. 20 % färben nach Verfahren 29 c auf gebleichtes merzerisiertes Baumwollgarn etwa **26** p a. Die Küpe ist bordofarbig. Für ein mittleres Rot braucht man etwa 150 ccm Natronlauge 40° Bé und 150 g Hydrosulfit konz. und 2½ kg Glaubersalz kalz. Der Farbstoff eignet sich auch für die Apparatefärberei, zum Klotzen und Drucken und läßt sich mit Rongalit CL rein weiß ätzen. L. E. = 8; W. E. = 5.

10. Indanthrenrot 5 GK (Algolrot 5 G) Teig. 25 % färben nach Vorschrift 17 auf Baumwollgarn etwa **25** i a. Die Küpe ist veil. Auf 25 kg Farbstoff braucht man 9 l Natronlauge 40° Bé, 6½ kg Hydrosulfit konz. und auf je 100 l Flotte 9 kg Glaubersalz krist. L. E. = 7; W. E. = 5.

11. Algolrosa R Teig. 20 % färben nach Vorschrift 17 auf Baumwollsatin etwa **30** l a. Die Küpe ist rot. Auf 20 kg Farbstoff braucht man 5,6 l Natronlauge 40° Bé, 6 kg Hydrosulfit konz. und auf je 100 l Flotte 15 kg Glaubersalz krist.

12. Algolscharlach G Teig. 25 % färben nach Vorschrift 17 auf Baumwollgarn etwa **23** r a. Die Küpe ist ziegelrot. Auf 25 kg Farbstoff werden 10 l Natronlauge 40° Bé, 4½ kg Hydrosulfit konz. und auf je 100 l Flotte 9 kg Glaubersalz krist. gebraucht.

Algolscharlach G und Algolrosa R dürfen nur 50° warm geseift werden.

13. Algolrot R extra, -brillantrot 2 B, FF extra. 18 % Algolrot R extra Teig färben nach Vorschrift 17 auf baumwollenen Satin **32** 3,5 69. Die Küpe ist gelbstichig rot. Das Rot wird am klarsten, wenn man nach dem Abquetschen, ohne zu verhängen, sofort spült; auch empfiehlt es sich, das Seifenbad 2—3 mal aufzukochen. Auf 18 kg Algolrot R extra braucht man 6 l Natronlauge 40° Bé, 5,8 kg Hydrosulfit konz. und auf je 100 l Flotte 7,6 kg Glaubersalz krist. Die Verküpungstemperatur sei 40—50° C.

14. und 15. Grelanonrot 2 B und -scharlach G in Teig (GE). Je 15 % mit 12,5 ccm Natronlauge 40° Bé und 3,5 g Hydrosulfit konz. im l Flotte bei 40° verküpt, färben bei 40—60° auf Baumwoll-

garn **40** r a bzw. **26** r a. Die Küpe ist blau. L. E. = 6 bzw. 4—5; W. E. = 5.

16. Indanthrenbrillantviolett BBK (Algolblau 3 R, -brillantviolett 2 B). Die 15 %ige Färbung von Algolblau 3 R in Teig nach Vorschrift 17 auf baumwollenen Satin ergibt **49** 3,5 83. Die Hydrosulfitküpe ist rotbraun. Auf 15 kg Farbstoff braucht man 7 l Natronlauge 40° Bé, 5 kg Hydrosulfit konz. und auf je 100 l Flotte 6 kg Glaubersalz krist. L. E. = 8; W. E. = 5.

17. Indanthrenbrillantviolett RK (Algolbrillantviolett R) Teig. 20 % Algolbrillantviolett R nach Vorschrift 18 auf baumwollenen Satin gefärbt, ergeben **47** 2,2 88. Die Küpe ist rotbraun. Auf 20 kg Farbstoff braucht man 9 l Natronlauge 40° Bé, 6 kg Hydrosulfit konz. und auf je 100 l Flotte 8 kg Glaubersalz krist. L E. = 7; W. E. = 5.

18. Indanthrenkorinth RK (Algolkorinth R) Teig. 20 % Algolkorinth R Teig färben nach Vorschrift 17 auf Baumwollsatin etwa **38** r g. Die Küpe ist bordo. Auf 20 kg Farbstoff nimmt man 8 kg Natronlauge 40° Bé, 6 kg Hydrosulfit konz. und auf je 100 l Flotte 10 kg Glaubersalz krist. L. E. = 7; W. E. = 5.

III. Blau.

1. Indanthrenblau RS, 1901 von Réné Bohn entdeckt, war der erste Indanthrenfarbstoff. 10 % Teig färben nach Verfahren No. 29 a auf Baumwolle **53** 05 70. Nach R. Haller (Z. f. g. T. 1923, 308) wird der Ton nach dreimonatlicher starker Belichtung um drei Einheiten grüner. Die Küpe ist blau. Das Natriumsalz des Leukoindanthrenblaus ist in kaltem Wasser schwer löslich. Deshalb müssen die Küpen 50—60° warm geführt werden und konzentrierte Stammküpen können nicht wie bei Indigo angesetzt werden. Mit konz. Schwefelsäure wird Indanthrenblau braun. Die Sulfosäure (Indanthrenblau WB) ist ein blaugraues Pulver und färbt Wolle wie Indigokarmin im sauren Bade. Diese Färbung ist aber licht- und walkecht. Die Sulfosäure kann auch auf Baumwolle aus der Küpe waschecht gefärbt werden. Oxydationsmittel verwandeln Indanthrenblau in das gelbe Dianthrachinonazin, das sich aber nach Entfernung des Oxydationsmittels wieder bläut unter Rückverwandlung in Indanthrenblau. L. E. = 8; W. E. = 5.

Indanthrenblau-Färbungen, die durch Chlorbleiche grünlich werden, gewinnen die normale Blaufärbung zurück, wenn nach der

Bleiche im vorletzten kalten Spülbad 200 g Hydrosulfit konz. BASF-Pulver im cbm Spülwasser gegeben werden. Hydrosulfit wirkt gleichzeitig als Antichlor.

2. Indanthrenblau RC ist Bromindanthren. Durch die Bromung wird der Ton etwas grüner. Es darf nur bei 50° verküpt werden. L. E. = 7; W. E. = 5.

Das gleiche gilt von den beiden folgenden Farbstoffen:

3. Indanthrenblau GC (früher auch Algolblau C) Dibromindanthren. 10% Indanthrenblau GC Teig auf Baumwolle haben die Kennzahl **53** 09 65. L. E. = 8; W. E. = 5.

4. Indanthrenblau GCD Dichlorindanthren. L. E. = 8; W. E. = 5.

5. Indanthrenblau 3G Teig. 10% nach Verfahren No. 29a auf Baumwolle gefärbt geben **54** 5,5 70, also die Norm **54 n e.** L. E. = 8; W. E. = 4.

6. Indanthrenblau RK (Algolblau K), das homologe Dimethylindanthren, färbt eine Spur grüner. Die Küpe ist rotbraun. Gefärbt wird nach Verfahren 17. Mit Algolgelb 3 G zusammen gibt es lebhafte Grün. L. E. = 7; W. E. = 5.

7. Indanthrenblau 5 G (Algolblau 3 G). 20% Algolblau 3 G färben nach Vorschrift 18 auf Baumwollsatin etwa **59** p a. Die Küpe ist grauolive. Nach dem Ausquetschen spült man sofort, ohne zu verhängen. Auf 20 kg Algolgrau 3 G braucht man 26 l Natronlauge 40° Bé und 6 kg Hydrosulfit konz. L. E. = 7; W. E. = 5.

8. Indanthrendunkelblau BO (Violanthron, Helindondunkelblau IBO). 20% Teig färben nach Verfahren No. 29a auf Baumwolle **48** 2,2 97. Die Küpe ist rötlich veil und fluoresziert braunrot. Wiederholte Wäsche rötet die Färbung. Deshalb mischt man dem Farbstoff gern 1/4—1/8 Indanthrenblau RS für echte Marineblau bei. L. E. = 7; W. E. = 5.

Die neuere Marke BGO ist nicht so rötlich und verhält sich auch in der Wäsche günstiger.

9. Cibanonblau G Pulver (I_{39}). 3% färben aus der Hydrosulfitküpe das prachtvolle Blau **52** 2,5 80. L. = 1%ige Stammküpe; L. E = 8; W. E. = 5.

10 Cibanonblau 3G Teig (I_{40}). 20% färben aus blauveiler Hydrosulfitküpe auf gebleichte Baumwolle das Eisblau **69** 3,2 83. Für 1 kg Farbstoff braucht man 10 g Monopolseife, 13,3 ccm Natronlauge 40° Bé auf je 1 l Flotte, 200 g Hydrosulfit konz. Gefärbt wird bei 60°. Die Färbung ist in jeder Beziehung echt, nur nicht gegen Chlor. L. E. = 7; W. E. = 4—5.

IV. Grün.

1. I n d a n t h r e n g r ü n BB (Algolgrün B) Teig. 20% Algolgrün B färben nach Vorschrift 18 auf Baumwollgarn etwa **73** r c. Die Küpe ist grün. Nach dem Ausquetschen muß sofort gespült werden. Das Grün ist nicht chlorbeständig. L. E. = 7; W. E. = 5.

2. I n d a n t h r e n o l i v e R (Algololive R). 20% Algololive R färben nach Vorschrift 17 oder 18 auf Baumwollsatin etwa **99** p n. Die Küpe ist rotbraun. Auf 20 kg Farbstoff braucht man 9 l Natronlauge 40° Bé, 6 kg Hydrosulfit konz. und für je 100 l Flotte 8 kg Glaubersalz krist. L. E. = 7; W. E. = 5.

3. A n t h r a - (Indanthren-) o l i v e G Pulver. 2% färben nach Verfahren 29 a auf Baumwolle **02** 05 87. Die Küpe ist blaugrau. L. E. = 6; W. E. = 5.

V. Schwarz (und Grau).

1. A n t h r a - (Indanthren-) g r a u B Teig. 10% färben nach Verfahren 29 a auf Baumwolle **52** 09 86. Die Küpe ist olivegrün, etwa 98 l i. Die Färbung fluoresziert und ist wenig chlorecht. L. E. = 6; W. E. = 5.

2. und 3. I n d a n t h r e n g r a u K (Algolgrau B) und G K (Algolgrau BB) werden nach Vorschrift 17 auf Baumwolle gefärbt. Die Küpe ist rotbraun. Auf 20 kg Farbstoff braucht man 7 l Natronlauge 40° Bé, 6 kg Hydrosulfit konz. und auf je 100 l Flotte 8 kg Glaubersalz krist. L. E. = 7; W. E. = 5.

4. C i b a n o n s c h w a r z B Pulver (I_{42}). Mit 7% erhält man ein koch- und chlorechtes Schwarz, das für Buntwebeartikel geeignet ist. Die Küpe ist dunkelveil und fluoresziert braunrot. Zum Verküpen von 1 kg Farbstoff sind erforderlich: 100 g Monopolseife, 16 ccm Natronlauge 40° Bé im 1 Färbebad, 1600 g Hydrosulfit konz. und 10—30 g Kochsalz oder Glaubersalz kalz. auf den 1 Färbebad. Verküpt wird bei 80°, gefärbt bei 70°. L. E. = 8; W. E. = 4.

5. I n d a n t h r e n s c h w a r z B B d o p p e l t T e i g (früher auch Helindonschwarz IBB) färbt zu 25% auf Baumwollgarn zunächst ein Grün, das beim darauffolgenden Chloren bzw. Bleichen in Schwarz übergeht. Licht-, wasch-, alkali- und säureecht. L. E. = 8; W. E. = 5. Ein Blauschwarz erhält man bei Mitverwendung von Indanthrendunkelblau BO (5—10%).

γ. Künstlicher Indigo.

Nach dem es Prof. A. von Baeyer in München in den 70er Jahren des neunzehnten Jahrhunderts gelungen, durch eine Reihe von Arbeiten die Konstitution des Indigotins aufzuklären und durch Synthese dasselbe darzustellen, war die Ausführung dieser Synthese im großen ein wichtiges Problem der chemischen Technik.

Zum ersten Male fand künstlich dargestellter Indigo im Kattundruck Verwendung, indem man eine der Baeyer'schen Indigosynthesen, Reduktion von Nitrophenylpropiolsäure durch Glukose oder xanthogensaures Natron, auf der Faser selbst ausführte. Druckt man diese Körper auf Gewebe auf und verhängt bei 25°, so erhält man Indigomuster auf der Faser an den bedruckten Stellen.

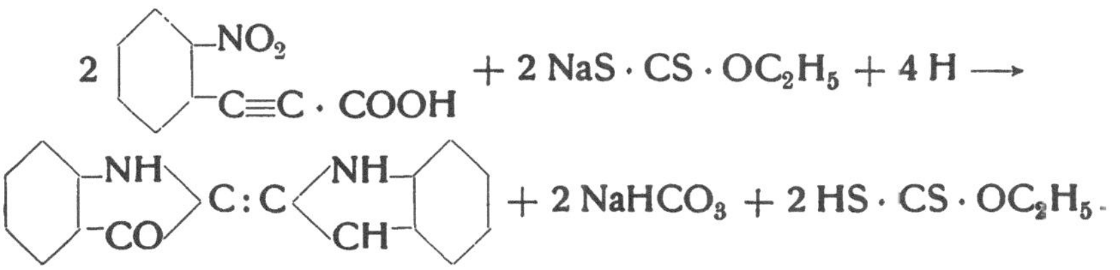

Eine zweite Anwendung künstlich erzeugten Indigo's bot das Indigosalz von Kalle & Cie., das Orthonitrophenylmilchsäuremethylketon, welches mit Alkali in Indigoblau übergeht. Man druckt die Bisultfitverbindung des Ketons auf die Faser auf und passiert dann durch heiße Natronlauge 16° Bé; so entwickeln sich die blauen Muster.

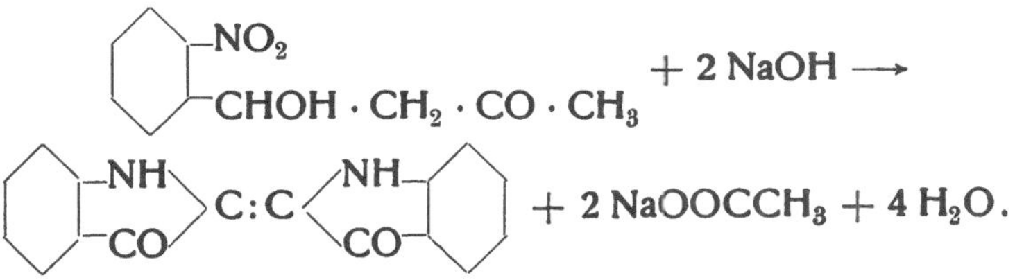

Dann kam das Präpariersalz der Bad. Anilin- und Sodafabrik in den Handel (Indoxylsäure und Soda), welches schon beim Lösen mit Wasser Indigo gibt.

Seit 1897 bringt dieselbe Fabrik synthetisch dargestellten Indigo als „Indigo rein" in 20 %iger Paste und als Pulver von 98 % zum Verkauf.

Auch die Farbwerke Höchst stellen seit 1901 reines Indigotin nach ihrem patentierten Verfahren her.

Eigenschaften: Dem künstlichen Indigo wurde vorgeworfen, daß er infolge Mangels an den Begleitern des natürlichen Indigotins: Indigorot, Indigoleim, nicht gleiche und gleich echte Färbungen gäbe. Schon nach älteren wissenschaftlichen Arbeiten wurde festgestellt, daß Indigorot ohne Einfluß sei beim Färben. Der Indigoleim läßt sich durch Zusatz von Albumin, Casëin, Kleber, Gelatine, Knochen-, Haut-, Fisch- und Seiden-Leim usw. ersetzen.

Künstlicher Indigo bietet den Vorteil sicheren Einkaufs und bequemerer Anwendungsweise. Seine Einführung hat daher der bereits durch die Teerfarbstoffe in bedrohlicher Weise eingeschränkten Verwendung zu neuem Aufschwung verholfen.

Für Wollechtfärberei kann Indigo wohl als der echteste blaue Farbstoff angesprochen werden, doch verhält er sich auf den pflanzlichen Faserstoffen anders. Auf Baumwolle gefärbt, ist Indigo wenig reibecht, und in der Lichtechtheit wird er von einigen substantiven Baumwollfarbstoffen, wie die neuen Brillantechtblaumarken (By) erreicht oder übertroffen. Auch fehlt es nicht an Schwefelfarbstoffen, die ebenso waschecht sind als Indigo, aber ein gleiches Maß von Licht- und Waschechtheit wie Indigo besitzen die direkten oder Schwefelfarbstoffe nicht, weshalb sich der Indigo wie kein zweiter blauer Farbstoff für Herstellung verhältnismäßig billiger Stapelartikel eignet, die der Einwirkung von Licht und wiederholter Hauswäsche standhalten müssen.

In seiner Monographie: Der Indigo und seine Konkurrenten, eine kritische Zusammenstellung (Berlin 1909, Verlag für Textil-Industrie), hat Felsen die verschiedenen Ansichten über den Wert des Indigos übersichtlich geschildert und durch Muster kritisch beleuchtet. Felsen hält die basischen und die substantiven Farbstoffe wegen ungenügender Echtheit, Alizarinblau wegen zu hohen Preises und die blauen Schwefelfarbstoffe deshalb für minderwertig, weil sie infolge schlechter Tragechtheit bei längerem Gebrauch nach unansehnlichen grauen Tönen verschießen, während Indigo, wenn auch hellblau geworden, doch im Ton der ursprünglichen Farbe bleibt. Die größere Echtheit der neuen blauen Anthrachinonküpenfarbstoffe gibt Felsen zwar unumwunden zu, berechnet aber, daß diese Farbstoffe durchschnittlich dreimal so teuer sind als Indigo.

Anwendung:

A. Für Baumwolle.

Für das Färben mit Indigo-rein kommen alle Küpenarten in Betracht, ebenso wird die Baumwolle sowohl lose, als auch als Garn, in Kops, Ketten und Strang und als Stückware gefärbt. Das Wesen der Färberei besteht, wie bei allen Küpenfarbstoffen, so auch hier, in einer Tränkung der Faser mit der Küpenflüssigkeit und einem darauf folgenden Verlüften zur Erzeugung der Farbe. Der Indigo wird auf Baumwolle kalt gefärbt, und die Ware wird nur so lange in der Küpe belassen, als genügt, um die Faser vollständig von der Flüssigkeit zu durchtränken. Sie wird darauf herausgenommen, von überschüssiger Flüssigkeit durch Quetschen oder Abwinden befreit und darauf verlüftet. Das nennt man einen Zug geben; die Züge werden so oft wiederholt, bis der gewünschte Ton erreicht ist. Die Anzahl der Züge richtet sich daher nach der Tiefe der verlangten Färbungen und nach der Konzentration der Küpe. Durch mehrere Züge in schwachen Küpen werden reibechtere Färbungen erhalten, als durch weniger Züge in starken Küpen. Sehr tiefe bronzierende Blaus erzeugt man durch Erhöhung der Anzahl der Züge und entsprechende Herabsetzung des Indigogehaltes der Küpe.

Das Ansetzen und Führen der Indigoküpen ist bereits Seite 53 beschrieben worden.

Es darf nur auf vollständig klaren, gutstehenden Küpen gearbeitet werden, da sonst die Färbung an Schönheit und Echtheit Einbuße erleidet. Eine gut arbeitende Küpe muß goldgelb aussehen und den ganzen Indigo in Form von Indigoweiß enthalten. Ein grünliches Aussehen der Küpe deutet auf die Anwesenheit von unreduziertem Indigo hin und es müssen mehr Reduktionsmittel zugesetzt werden. Zeigt die Küpe ein dunkles, schwärzliches Aussehen, so ist der Farbstoff zu Boden gesunken und zwar entweder als Indigoweiß oder als Indigoblau. Im ersteren Falle braucht man der Küpe nur Alkali zuzusetzen, um den Leukofarbstoff zu lösen, im letzteren Reduktionsmittel. Ist der Farbstoff in Form von Indigoweiß in dem Küpenschlamm enthalten, so sieht die Küpe beim Umrühren gelb aus. In der Bemessung der Alkalimenge hat der Färber ein Mittel an der Hand, die Echtheit seiner Färbungen zu beeinflussen. Enthält die Küpe wenig Alkali, so geht der Farbstoff schneller auf die Faser, die Färbungen sind jedoch nicht so echt, während man in einer stark alkalischen Küpe zur Erreichung einer gewissen Farbtiefe mehr Züge geben muß, aber echtere Färbungen und bessere Durchfärbung erhält. Ein zu geringer oder zu hoher Alkaligehalt hat trübe, unegale Färbungen zur Folge.

Eine ganz neue Art der Indigofärberei eröffnet der von Marcel Bader 1924 erfundene Leuko-indigo-schwefelsäureester. Dieser wird zwar durch Luft weder in alkalischer noch in neutraler Lösung verändert, dagegen durch milde Oxydationsmittel wie Eisenchlorid oder salpetrige Säure glatt in Indigo übergeführt. Das Natriumsalz wird als Indigosol O in den Handel gebracht. Die Faser wird mit seiner Lösung getränkt, getrocknet und durch ein oxydirendes Bad das Blau entwickelt.

Der so in der Faser erzeugte Indigo ist reib- und waschechter als der auf der Küpe gefärbte. Leider stellt sich die Färbung für Glattblau noch zu teuer, dagegen sind die Aussichten für die Verwendung von Indigosol im Kattundruck recht günstig.

Auf Wolle läßt sich Indigosol sauer färben im Glaubersalz-Essigsäurebade. Man geht bei 40° ein, hält ½ Stunde bei 70° und 1 Stunde bei Kochtemperatur Danach wird gewaschen und kalt mit 2 % Natriumnitrit und 1½ % Schwefelsäure entwickelt. Auch diese Färbung ist zur Zeit noch zu teuer.

1. Das **Färben von loser Baumwolle** mit Indigo hat nie große Verbreitung finden können und ist in den letzten Jahrzehnten fast ganz aufgegeben worden. Die Baumwolle nimmt aus der Küpe etwa die 7fache Menge Flüssigkeit auf, die sich beim Ausquetschen oder Ausschleudern oxydiert. Diese Flüssigkeit muß des Gehaltes an Indigo wegen der Küpe wieder zugesetzt werden und dadurch wird ein großer Verbrauch an Reduktionsmitteln, der die Färberei wesentlich verteuert, unerläßlich. Ein weiterer Nachteil des Färbens der Baumwolle im losen Zustande ist das starke Beschmutzen der Maschinen in der Spinnerei. Nur wenn besondere Verhältnisse vorliegen, z. B. wenn die Baumwolle mit Wolle vermischt werden soll, färbt man loses Material.

Die Baumwolle wird vor dem Färben auf dem Reißwolf aufgelockert, mit 2 % Soda abgekocht, gewaschen und geschleudert. Man bringt sie dann in Weidenkörbe oder besser in Netze und taucht sie in die Küpe ein. Während die Baumwolle sich in der Küpe befindet, wird sie mit Holzgabeln behutsam bewegt und unter der Flüssigkeit gehalten. Die Küpen müssen so tief sein, daß die Ware nicht mit dem Bodensatz in Berührung kommt und dieser auch nicht beim Arbeiten aufgerührt wird; die Küpenflüssigkeit muß vollständig klar sein. Zwischen jedem Zug von etwa ¼ Stunde wird die Baumwolle abgequetscht, geschleudert und mit der Hand aufgelockert, damit das auf der Faser befindliche Indigoweiß zu Indigoblau vergrünt. Nach der nötigen Anzahl von Zügen wird, wenn auf einer kalkhaltigen Küpe gefärbt worden ist, in einem stark verdünnten Säurebad abgesäuert. Man nimmt auf 100 kg Baumwolle etwa 6 kg Schwefelsäure von 66° Bé. Alsdann wird gewaschen, geschleudert und getrocknet. Weiter kann die lose Baumwolle auf Apparaten mit kreisender Flotte nach dem Obermaier-System gefärbt werden und neuerdings werden Versuche zum Färben von loser

DURAND & HUGUENIN A. G. in BASEL (Schweiz).

Direktdruck ohne Dämpfen, Nitrit-Verfahren.

Klotzartikel ohne Dämpfen, Nitrit-Verfahren.

Klotzartikel reserviert mit Hydrosulfit NF conc. ohne Dämpfen Nitrit-Verfahren.

Klotzartikel reserviert mit Indanthren Gelb doppelt Teig 20% Nitrit-Verfahren.

FARBENFABRIKEN vorm. FRIED. BAYER & CIE. in LEVERKUSEN a/Rhein.

RBWERKE vorm. MEISTER, LUCIUS & BRÜNING in HOECHST a/Main.

Direktdruck ohne Dämpfen, Nitrit-Verfahren.

70	**Indigosol O Pulver**
290	warmes Wasser
490	Traganth 100 : 1000
10	Natriumnitrit
120	Wasser
20	B-Naphtolnatrium-Lösung (siehe nachstehend)
1000	

Drucken, trocknen, entwickeln in einer Schwefelsäure-Lösung (35 cc. zu 50° Bé. : 1000) von 30° C. währe 15—30 Sekunden, waschen und seifen.

B-Naphtolnatrium-Lösung:

100	Beta-Naphtol
150	caustische Soda 22° Bé.
750	Wasser
1000	

Klotzartikel ohne Dämpfen, Nitrit-Verfahren.

96	**Indigosol O Pulver**
621	warmes Wasser
15	Glycerin
30	Traganth-Lösung
200	kaltes Wasser
18	Natriumnitrit
20	B-Naphtolnatrium-Lösung (wie oben)
1000	

Klotzen, trocknen, in einer Schwefelsäure-Lösung (35 cc. zu 50° Bé. : 1000) während 15—30 Sekund entwickeln und waschen.

Klotzartikel reserviert mit Hydrosulfit NF konz. ohne Dämpfen, Nitrit-Verfahre

Auf mit **Indigosol O** geklotzter Ware (für Formel siehe oben) folgende weisse Reserve aufdrucke

200	Hydrosulfit NF konz.
150	Wasser
450	Traganth- und Britishgum-Verdickung (siehe nachstehend)
200	Zinkweiss 1 : 1
1000	

Trocknen, in einer Schwefelsäure-Lösung (35 cc. zu 50° Bé. : 1000) von 30° C. während 15—30 Sekund entwickeln, in einer Lösung von caustischer Soda zu 1° Bé. waschen, seifen und waschen.

Traganth- und Britishgum-Verdickung:

350	Britishgum
400	Wasser
250	Traganth-Lösung 100 : 1000
1000	

Klotzartikel reserviert mit Indanthren Gelb doppelt Teig 20%, Nitrit-Verfahre

Auf mit **Indigosol O** geklotzter Ware (für Formel siehe oben) folgende Reserve aufdrucken:

200	Indanthrengelb doppelt Teig
20	Glycerin
600	Verdickung P (siehe nachstehend)
80	Wasser
100	Hydrosulfit NF konz.
1000	

Trocknen, 1 Minute im Mather-Platt dämpfen, das **Indigosol O** breit in einer Schwefelsäure-Lösu (35 cc. zu 50° Bé. : 1000) von 30° C. während 15 Sekunden entwickeln, den Farbstoff der Rese sich oxydieren lassen, indem man z. B. im Strang in viel fliessendem Wasser wäscht, dann durch ei Lösung von caustischer Soda zu 1° Bé. nehmen, seifen und waschen.

Verdickung P:

350	Britishgum
190	Wasser
10	Glycerin kochen und zugeben
250	caustische Soda 32° Bé.
200	Hydrosulfit NF konz.
1000	

Baumwolle mit Indigo auf einem Apparate gemacht, dessen Prinzip dem der Kontinueküpe ähnlich ist.

In ihrem Werke „Indigo rein BASF“, S. 77, verwirft die Badische Anilin- und Sodafabrik das Färben der Baumwolle vor dem Verspinnen, einerseits wegen der bereits erwähnten großen Farbstoffaufnahme und andererseits wegen der Beeinträchtigung der Spinnfähigkeit der Baumwolle. Die Höchster Farbwerke teilen diese Bedenken nicht und geben in ihrem Ratgeber „Baumwollfärberei“ **1921**, S. 42, die folgende Vorschrift zum Färben von loser Baumwolle mit einer neuen Küpenart, bei welcher die Menge der Natronlauge verringert ist und dafür Soda zugesetzt wird.

Eine ca. 500 l fassende Küpe wird mit 100 g Hydrosulfit konz. Pulver und 100 ccm Natronlauge 40° Bé vorgeschärft, 2 kg Monopolseife, 2 kg Soda kalz. und die Stammküpe, bestehend aus 5 kg Indigo MLB Küpe II 20 %, 300 ccm Natronlauge 40° Bé und 500 g Hydrosulfit konz. zugesetzt. Man geht mit der ungenetzten Baumwolle ein, bewegt 20 Minuten und preßt gut aus. Nach dem Verlüften kann durch kürzere Züge auf Muster gefärbt werden. Nach dem Färben wird gespült, geschleudert und getrocknet. Wenn sich die Küpe während der Arbeit trübt, bessert man mit etwas Natronlauge bzw. Hydrosulfit nach.

Die Vorteile dieser Küpe sollen darin bestehen, daß die Färbungen tiefer ausfallen als mit anderen Küpen und daß die Flüssigkeit weniger schleimig ist, weshalb sie sich leichter und volllständiger entfernen läßt. Die Färbungen von der Hydrosulfitsodaküpe sollen ferner reibechter sein als von anderen Küpen.

Die Vorschriften der Höchster Farbwerke für diese Küpe gelten für das Arbeiten mit der flüssigen Marke Indigo MLB Küpe II oder der Indigolösung BASF 20 % für Baumwolle. Diese flüssigen Indigopräparate, die im Gebrauch bequemer sind, sich aber teurer stellen als gewöhnlicher Indigo, sind konzentrierte Lösungen von Indigoweiß und enthalten neben Indigo Hydrosulfit und Natronlauge.

2. **Kardenband** wird in der Regel laufend wie Kettgarn gefärbt und wird, mehrere Lagen des Bandes nebeneinander, mittels durchlochter Gummifächer über die Leitrollen durch die Küpe geführt und ausgepreßt. Infolge des großen Farbstoffverbrauches empfiehlt es sich nicht, diese Art der Färberei für dunkle Töne anzuwenden.

3. Für das Färben von **Strähngarn** werden fast ausschließlich die Eisenvitriolkalkküpe und die Zinkkalkküpe verwendet. Am verbreitetsten ist die letztere Küpenart, während die Verwendung der Eisenvitriolkalkküpe infolge des großen Farbstoffverlustes

im Küpenschlamm immer mehr abnimmt. Die Hydrosulfitküpe hat die Zinkkalkküpe nicht zu verdrängen vermocht, obgleich sie dieser gegenüber verschiedene Vorteile besitzt. (S. 56). Sie ist teurer; auch greift die viele Natronlauge die Hände stark an, so daß die Arbeiter Gummihandschuhe tragen müssen. Ferner sind die auf der Zinkkalkküpe hergestellten Färbungen rotstichiger als die der Hydrosulfitküpe, wenn auch der rote Stich zum Teil in der Schlichte verloren geht. Mit Ausnahme der Gärungsküpen werden in der Regel eine Anzahl Küpen, bisweilen zehn und mehr zusammen, gebraucht. In einem solchen Küpenspiel ist die Konzentration der einzelnen Küpen verschieden und zwar ist die erste die schwächste und die letzte die stärkste. Man gibt der Baumwolle auf der schwächsten Küpe den ersten Zug, windet ab und geht nach dem Vergrünen für den zweiten Zug auf die zweite Küpe und so fort bis die gewünschte Farbe erreicht ist. Man erspart auch auf diese Weise den Zeitverlust, der mit dem Absetzen der aufgerührten oder aufgebesserten Küpen verbunden ist. Ist die erste Küpe ausgefärbt, so setzt man sie neu an, wobei sie aber die letzte im Spiel wird, während die schwächste als erste gilt.

Das abgekochte und geschleuderte Garn wird pfundweise aufgestockt und 2—3 Stöcke in die Küpe eingehängt, so daß das Garn von der Flüssigkeit bedeckt wird. Man verwendet hierfür zuweilen gebogene Eisenrohre, wie sie bei der Besprechung des Färbens von Strähngarn mit Schwefelfarbstoffen erwähnt wurden. Das Garn wird vorsichtig, möglichst unter der Flotte umgezogen und nach etwa drei Minuten über der Küpe am Windpfahl oder an Wringhaken ausgewunden. Nach dem Auswringen eines jeden Pfundes wird ein neuer Stock mit Garn in die Küpe eingehängt und das darin am längsten befindliche Pfund Garn ausgewunden u. s. f.

Die Küpen bestehen aus Holzkästen, Eisen oder Zementmauerwerk. Über den Küpen ist eine Vorrichtung zum Einstecken einer Docke zum Auswinden angebracht. Seltener sind die Küpen mit mechanischer Vorrichtung zum Auswinden versehen (System Spencer): Auf dem Rande der einzelnen Küpenbehälter sind je zwei Wringhaken angebracht, wovon der eine mit Gegengewicht und Kette als Spannhaken dient, nicht drehbar ist, aber nach außen verschoben werden kann, der andere Haken steht mittels Zahnräder mit der Maschine in Verbindung und kann gedreht werden. Außerdem ist die Maschine mit einem über dem Wringhaken angebrachten wagrechten Arm zum Aufhängen und Aufschlagen des Garnes versehen. Nachdem das Garn von Hand gefärbt ist, bringt man es auf den

Wringhaken, zum gleichmäßigen Auswringen. Die Dauer des Auswringens kann geändert werden. Während der Pausen wird das Garn aufgeschlagen. S. a. Abb. 95.

Durch verschiedene Arbeitsweisen kann der Farbton beeinflußt werden.

Wünscht man kupferige Blaus, so säuert, spült und trocknet man das Garn vor dem letzten Zuge.

Um der Färbung einen schwärzlichen Ton zu geben, führt die Badische Anilin- und Sodafabrik Indigo rein BASF, S. 57, folgende Mittel an:

a) Durch die Schlichte.

Indigofärbungen werden durch Appreturmassen, die aus einem Gemenge von Stärkekleister und Fett bestehen, stark getrübt.

Der Grad dieser Trübung hängt, abgesehen von der Arbeitsweise, einerseits von der Art der Appreturmasse, andererseits von der Tiefe der Indigofärbung ab.

Die in der Praxis üblichen Verdickungsmittel (Dextrin, dunkelgebrannte Stärke, hellgebrannte Stärke, gewöhnliche Stärke) wirken alle trübend, bei weitem am stärksten gewöhnliche Stärke.

Die Art des Fettes hat einen geringen Einfluß, jedoch sind die festen Fette den Ölen vorzuziehen. Ob man aber Talg oder Schweineschmalz nimmt, ist praktisch gleichgültig.

Einen wesentlichen Einfluß auf den Grad der Trübung hat auch die Tiefe der Färbung. Während nämlich blaue Töne nur schwach getrübt werden, werden die dunkeln, rotstichigen direkt geschwärzt.

Für Garne, die weichen Griff behalten sollen, wählt man zweckmäßig das Verhältnis der Stärke zum Fett wie 1 : 1, sollen die Garne gleichzeitig geschlichtet, also steif gemacht werden, so muß man die Menge des Fettes vermindern oder es ganz fortlassen.

Das Gewichtsverhältnis der Appreturmasse zur Ware und die Konzentration der Masse kann in den weitesten Grenzen schwanken. Es genügen 100 g Stärke und ebensoviel Fett auf 100 l Schlichte, um bei dunkeln Blaus eine starke Schwärzung des Garnes hervorzurufen.

Es braucht wohl kaum besonders hervorgehoben zu werden, daß diese Art der Appretur die typischen Reaktionen einer Indigofärbung in keiner Weise beeinträchtigt.

Um besonders trübe, schwärzliche Töne zu erzielen, setzt man auf den Liter Schlichtmasse 3—5 g Eisenvitriol zu. Der Eisenvitriol wird vorher in wenig Wasser gelöst, die Menge richtet sich nach dem Grad der verlangten Trübung der Indigofärbung.

b) Durch Eisengrund.

Das Material wird vor dem Färben durch eine ca. 40° C warme Lösung genommen, die im Liter Wasser 5—10 g Eisenvitriol enthält, ausgewrungen oder — z. B. bei der Kettenfärberei — ausgequetscht und ohne zu spülen gefärbt.

Die Menge des Eisenvitriols richtet sich auch hier nach dem Grad der verlangten Trübung.

c) Durch Eisenaufsatz.

Die fertige Färbung wird in kaltem Wasser, welchem im Liter 5 g Eisenvitriol zugesetzt wurden, gespült, gut abgewrungen und direkt getrocknet.

Die Firma Destrée, Woescher & Co. in Haren, Belgien, hat eine besondere Maschine zum Färben von Strähngarn auch für das Färben mit Indigo empfohlen. Das ausgeschlagene Garn wird durch besondere Spangen zu einem langen breiten Bande vereinigt und dieses Band, nach Art der Stückfärberei, breit durch die Färbekufe geführt.

Ein weiterer Färbeapparat für Baumwollgarn im Strähn ist von der Maschinenfabrik H. Krantz in Aachen nach einer Erfindung von Eicken gebaut worden. Auch das Prinzip dieses Apparates ist das der Kontinueküpe. In einer rechteckigen, langen Eisenkufe befindet sich die Flüssigkeit. Mit Hilfe zweier parallel laufenden Ketten wird das auf einem linealartigen Stock aufgedockte Garn durch die Küpe hindurchgeführt und unmittelbar nach dem Verlassen der Küpe zwischen zwei horizontal gelagerten Quetschwalzen abgepreßt und hierauf selbstätig auf eine Bühne geworfen, wo es von dem bedienenden Arbeiter ergriffen und am Windstock noch ausgeschlagen wird.

Um an Indigo zu sparen, wird das für Küpenblau bestimmte Garn oft mit anderen Farbstoffen grundiert. Einige dieser Methoden mögen hier Platz finden, obgleich sie heute infolge des billigen Indigopreises wohl nur wenig ausgeführt werden.

a) Untergrund mit Anilingrau (für 100 kg Garn).

Man bringt 4 kg Anilinöl und 13 kg Salzsäure in die nötige Wassermenge, rührt gut um und geht mit dem abgekochten Garn ein. Man zieht eine Viertelstunde um, schlägt auf und fügt die Lösung von 6½ kg Kaliumbichromat zu. Sodann wird mit der Ware wieder eingegangen, eine halbe Stunde kalt umgezogen und binnen einer Stunde unter flottem Umziehen auf 70° C erwärmt. Dann wird das Garn herausgenommen und öfters in kaltem Wasser gespült. Das dunkelgraue Garn wird zum Überfärben auf der Küpe benutzt. Größere Mengen von Anilinsalz geben dunklere Töne.

b) Untergrund mit substantiven Farbstoffen.

Das Garn wird in bekannter Weise mit direktziehenden Farbstoffen vorgefärbt, gewaschen und überküpt. Man verwendet zu diesem Zweck möglichst wasch- und lichtechte substantive Farbstoffe.

c) Untergrund mit Schwefelfarbstoffen.

Alle blauen und schwarzen Schwefelfarbstoffe eignen sich zum Grundieren von Küpenblau. Man färbt in gewohnter Weise im schwefelalkalischen Bade und geht dann mit dem gewaschenen Garn auf die Küpe. Der Schwefelschwarzgrund wirkt auf den Indigo als Beize.

d) Graublauer Untergrund mit basischen Farbstoffen.

Nur eine beschränkte Anzahl basischer Farbstoffe eignet sich für dieses Verfahren, z. B. das Paraphenylenblau. Man färbt mit $1^1/_2$—$2^1/_2$ % Farbstoff und 10 % Kochsalz 1 Stunde bei 60—80° C. Das Bad wird nicht ausgezogen. Die Farbe wird auf frischem Bade bei 75° C mit 1—2 % Kaliumbichromat und 4 % Kupfervitriol fixiert. Man erhält einen graublauen Ton, der besonders echt gegen Alkalien und Säuren ist. Nach dem Spülen wird auf der Küpe gefärbt.

Durch diese Verfahren werden 20—25 % Indigo ersetzt.

Zum Überfärben oder Schönen von Indigofärbungen werden einige substantive und basische Farbstoffe verwendet, letztere namentlich als Zusatz zum Appret.

4. Für das Färben von **Ketten** mit Indigo kommen nur Kontinuefärbemaschinen in Betracht (vgl. Abb. 48). In die Küpe von ungefähr 1 cbm Inhalt wird ein Rahmen eingelassen, an welchem sich etwa 12 Leitwalzen befinden. 8—10 fingerdicke Kettenstränge laufen zu gleicher Zeit ziemlich rasch über diese Walzen, so daß zwischen Ein- und Austritt einer Stelle der Kette nur ein Zeitraum von $^1/_2$ Minute liegt. Beim Austritt aus der Küpe wird die Kette durch Walzen ausgequetscht und zum Vergrünen verlüftet; dann läuft die Kette in fahrbare Kästen, von wo sie in die nächste Küpe geführt wird.

Um gleichmäßige Färbungen zu erhalten, ist es vorteilhaft, nicht von einer schwachen Küpe sofort auf eine starke zu gehen. Besonders bei Dunkelblau ist dies zu beachten, weil sonst leicht streifige Färbungen entstehen können. Am besten ist es, auf mehreren Küpen zu arbeiten. Auf der schwächsten gibt man zwei Züge, auf der nächsten wieder zwei Züge, auf einer dritten Küpe drei Züge und färbt auf einer vierten, der stärksten Küpe in drei bis vier Zügen fertig.

Gesäuert und gespült wird auf einer der Kettfärbemaschine ähnlichen Vorrichtung.

Zum Überfärben der Ketten durchlaufen die Kettenstränge sechsmal einen Bottich mit 10 % Sumachabkochung bei 60° C, hierauf in einem zweiten Bottich viermal eine kalte Lösung von salpetersaurem Eisen und werden in einem dritten Bottich gespült.

Man färbt schließlich bei 50° C mit 5 % Blauholz oder 0,35 % Methylenblau oder Methylviolett und 1,25 % Alaun.

5. Das Färben von Baumwollgarn in aufgewickeltem Zustande als **Kops** oder **Kreuzspule** erfordert besondere Maschinen; während des Färbens darf das Material nicht mit Luft in Berührung kommen; nach dem Färben muß die Flotte vollständig aus dem Material entfernt, andererseits zum Vergrünen Luft durchgesaugt werden. Aus diesen Gründen eignet sich nur eine beschränkte Anzahl von Apparaten für das Färben mit Küpenfarbstoffen.

Ein Apparat von A. Grämiger in Manchester (D. R. P. 56 463) ist für die Indigofärberei vielerorts eingeführt worden.

Für das Färben auf diesen mechanischen Apparaten eignet sich nur die Hydrosulfitküpe, weil mit einer satzfreien Flotte gearbeitet werden muß.

6. Für die **Stückfärberei** kommen im wesentlichen nur die Zinkkalkküpe und die Hydrosulfitküpe in Betracht. Zum Färben von baumwollener oder leinener Stückware werden die Senkküpe und die Kontinueküpe verwendet. Auf der Senkküpe werden hauptsächlich solche Gewebe gefärbt, die sich schlecht durchfärben lassen und infolgedessen Züge von längerer Dauer erhalten müssen, als man sie auf der Kontinueküpe geben kann. Schwere Ware, wie Leinen, Moleskin usw. läßt man vielfach tagelang in der Küpe, um ein gutes Durchfärben zu erreichen.

I. Die Tauchküpen sind in der Regel aus Zement oder Eisen gebaut. Sie sind meist in den Boden versenkt, doch haben freistehende Küpen den Vorteil, daß sie für etwaige Ausbesserungen leicht zugängig sind und bequem entleert werden können. In letzterem Falle wird ein Arbeitsboden etwa 50 cm unter dem Küpenrand angebracht zur Bequemlichkeit beim Ein- und Auslassen der Stücke und beim Rühren der Küpe. Die Küpen sind quadratisch oder zylindrisch und haben einen Durchmesser von 1—1,5 m und eine Tiefe von 2½—3 m. Über den Küpen, die in Reihen nebeneinander aufgestellt werden, befindet sich ein fahrbarer Flaschenzug zum Einsenken der Sternreifen.

Das Gewebe wird auf einen mit feinen Häkchen versehenen Rahmen oder Sternreifen aufgespannt (Abb. 14). Eine senkrechte Stange trägt an beiden Enden einen Haken. Auf der Stange sind oben und unten sternförmig Latten angebracht, die unteren fest, die oberen verstellbar. Die Latten sind mit feinen Messinghäkchen besetzt, auf welche der Stoff mit den Leisten befestigt wird. Den Anfang des Stückes hängt man in die innersten Häkchen ein und läßt das Stück sich von innen nach außen über den Sternrahmen winden. Die Gewebe werden in einfacher Breite oder, um Farbstoff zu sparen, gedoppelt aufgehängt, so daß nur eine Seite aufgefärbt wird, da beim Verlüften nur die äußeren Seiten oxydiert werden. Ist das Gewebe mit seinen Leisten auf dem oberen und unteren Rahmen aufgesteckt, so wird der obere Sternreifen emporgezogen, wodurch das ganze Stück sich straff spannt.

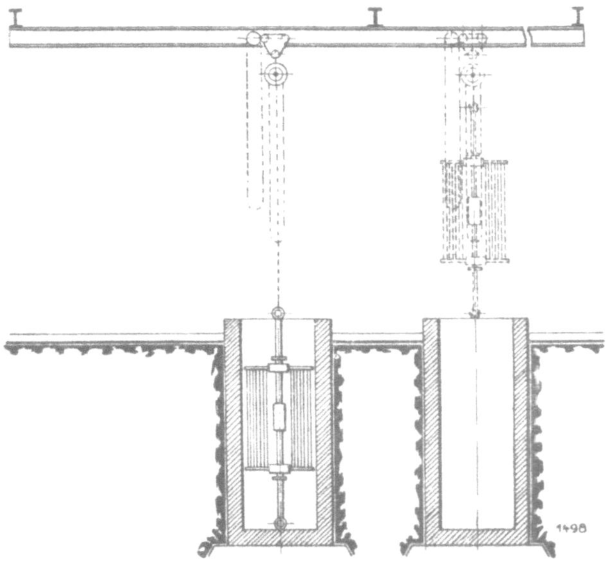

Abb. 14. Sternreifen der Zittauer Maschinenfabrik.

Der ganze Apparat wird sodann an Ketten oder Seilen aufgehängt und in die Küpe gesenkt: um beim ersten Zug mitgenommene dem Stoff in Form kleiner Bläschen anhaftende Luft abzustoßen, bewegt man den Sternreifen sofort nach dem Eingehen einige Male ruckweise einige Zentimeter senkrecht auf und ab. Nach einiger Zeit wird herausgewunden und über der Küpe hängen gelassen. Die anhaftende Flüssigkeit läuft in der Küpe ab und der Farbstoff wird oxydiert. Dieses Eintauchen (Züge) wird so oft wiederholt, bis die gewünschte Farbtiefe erreicht ist. Da die abtropfende Küpenflüssigkeit sich an den untern Leisten ansammelt, wodurch diese dunkler gefärbt werden als die oberen, so hängt man beim ersten Zug den Ring des Taues an den oberen Haken, beim zweiten Zug jedoch an den unteren Haken, unter Umdrehung des ganzen Rahmens, so daß beim Abtropfen und Vergrünen die Farbe sich ausgleicht. Der Sternreifen ist oft mit einem Bügel versehen, wodurch das Umdrehen des mit Stoff bespannten Rahmens erheblich erleichtert wird. Nach dem ersten Zug wird der Sternreifen nachgespannt, damit sich die Stoffwindungen nicht gegenseitig berühren.

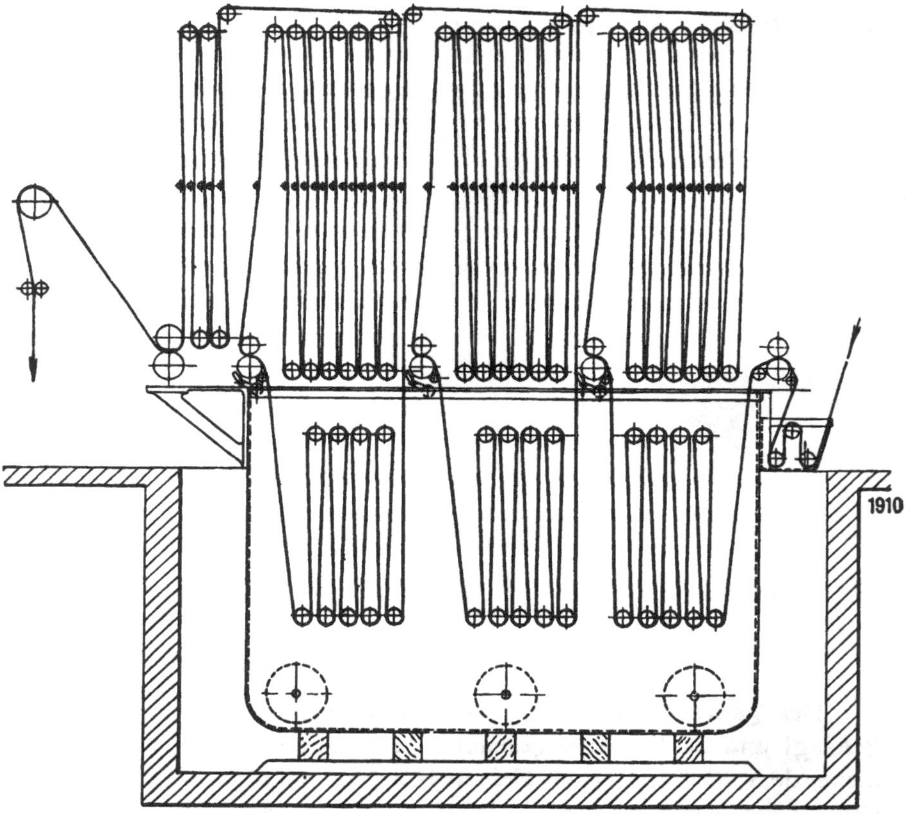

Abb. 15.

Man färbt selten auf einer einzigen Küpe fertig, sondern wendet eine Anzahl Küpen an. Man beginnt in der schwächsten und geht allmählich zur stärksten Küpe über.

II. Die Kontinueküpe erzeugt weit mehr als die Senkküpe. Der Bau einer Kontinueküpe ist aus Abb. 15 ersichtlich. In der Regel verwendet man dreifache Küpen, die aus eisernen oder hölzernen Küpenbehältern bestehen. In der Flotte befindet sich ein Rollensystem, das entweder in dem Küpenbehälter fest angebracht ist oder behufs Reinigens der Küpe in die Höhe gehoben werden kann, ohne den übrigen Mechanismus zu berühren. Über dieses Rollensystem nimmt das Gewebe durch die Flotte seinen Lauf, wird nach dem Durchlaufen der ersten Küpe gut durch Quetschwalzen abgequetscht und durch ein oberhalb der Küpe angebrachtes Rollensystem zum Oxydieren geführt; dann wiederholt sich der gleiche Vorgang in der zweiten Küpe.

Beim Arbeiten auf der Zinkkalkküpe oder anderen Küpen, die Bodensatz enthalten, muß der Küpenschlamm von Zeit zu Zeit aufgerührt werden. Während diese Arbeit früher von Hand geschah, wird jetzt am Boden der Küpen ein mechanisches Rührwerk angebracht. Bei dem Gebrauch der satzfreien Hydrosulfitküpe ist eine solche Rühreinrichtung nicht erforderlich.

Die Firma Mathcr-Platt, Ltd., Manchester, baute eine Kontinueküpe, die aus vier einzelnen Küpen besteht. Zwischen je zwei Küpen läuft ein endloses Band; auf dieses lagert sich die Ware nach dem Abquetschen in Falten ab und oxydiert vor dem Eintritt in die nächste Küpe. Ähnlich ist die Rouletteküpe R. g. von C. G. Haubold. (Z. Farben, **1908** 396.)

Zum Färben von dichten Stückwaren und Filzen hat v. Kapff ein Verfahren patentieren lassen, welches die Schwierigkeiten des Durchfärbens solcher Ware beheben soll

Die Ware geht in der Farbflotte über ein mit der Pumpe verbundenes, mit Saugschlitz versehenes Rohr. Hier wird die Farbflotte bzw. die Indigolösung durch die Ware gesaugt; hierauf geht die Ware weiter durch die Flotte, wird durch ein Paar kräftige Quetschwalzen ausgedrückt und danach verlüftet.

Vor- und Nachbehandlungsmethoden bei der Indigostückfärberei („Indigo rein BASF“, S. 68).

a) Es kommt zunächst der Einfluß der Merzerisation in Betracht. Die erhöhte Verwandtschaft, welche die merzerisierte Baumwollfaser im allgemeinen für Farbstoffe besitzt, führt infolge des raschen Aufziehens des Farbstoffes zu ungenügendem Durchfärben. Aus diesem Grunde ist darauf zu achten, daß namentlich der erste Zug auf nicht zu starker Küpe gegeben wird. Merzerisierte Ware wird röter und lebhafter als gewöhnliche. Mit Indigo gefärbte Stückc können nachträglich merzerisiert werden, da Indigo gegen den Einfluß von Alkalien unempfindlich ist.

b) Klotzt man die Ware vor dem Färben mit einer Lösung von Kupfersulfat, so zieht der Indigo rascher auf. Die Färbung wird auf diese Weise ungleich, man verdickt daher die Kupferlösung und klotzt einen Kleister, bestehend aus 7 g Stärke und 5—10 g Kupfersulfat im Liter.

c) Für die Schwärzung des Tones durch die Schlichte und mit Eisensulfat gelten die auf Seite 183 gegebenen Vorschriften für die Behandlung von Strähngarn. Für leinene Schürzenstoffe z. B., die steif und dabei doch geschmeidig sein sollen, nimmt man auf 2 Teile Stärke, 1 Teil Fett und zwar für leichte Ware auf 100 l 10 g Stärke und 5 g Fett, für Blaudruck die 100fache Menge bei 50—60°; im letzteren Fall muß man sogar nach dem Trocknen das Schlichten wiederholen.

d) Die Badische Anilin- und Sodafabrik erkannte, daß Proteïnkörper einen besonderen Einfluß auf die Färbung ausüben, und zwar erhält man nach D. R. P. 112 942 durch einen Zusatz von gewöhnlichem Tischlerleim zur Küpe oder durch vorhergehende Tränkung der Ware Farbtöne, die sich durch besondere Lebhaftigkeit und erhöhte Echtheit auszeichnen.

Die Stücke werden in einer Leimlösung, welche ¼—½ kg Leim im Liter Wasser enthält, geklotzt, am besten getrocknet und in gewohnter Weise ausgefärbt, oder man setzt 20—30 % Leim vom Gewicht des trockenen Indigos der Küpe zu und verfährt so, daß man jedesmal beim Zusatz der Stammküpe, deren Gehalt an Indigo bekannt ist, 20—30 % der Indigomenge an Leim in Form einer 10 %igen wäßrigen Lösung zufügt.

Das Verhältnis von Leim zu reinem Indigo ist als feststehend zu betrachten, da ein Zuviel an Leim die Wirkung teilweise oder ganz aufhebt.

B. Für Wolle.

Indigo besitzt auf der Wollfaser hohe Echtheitseigenschaften und wird darin von anderen teuereren blauen Küpenfarbstoffen nicht übertroffen.

Der Indigo wird nur in sehr feiner Verteilung durch die in der Küpe befindlichen Reduktionsmittel zu Indigoweiß reduziert.

Seit der Einführung des synthetischen Indigo werden die Indigomühlen immer weniger gebraucht, da dieser in einer so feinen Paste in den Handel gebracht wird, daß er sich in den Gärungsküpen gerade so rasch verküpt, wie trockener Indigo, der vorher durch Mahlen in den Indigomühlen in fein verteilte Form gebracht wurde. Der synthetische Indigo in Stücken und, wenn er in der Gärküpe verwendet werden soll, auch in Pulver, muß vor dem Gebrauch gemahlen werden.

Indigoschrotmühle. Die Maschine besteht aus einem Gestell mit Kasten, einem mit Deckel verschließbaren Fenster, dem Mahlring mit Mahlstein und dem Antrieb und dient dazu, den Indigo im trockenen Zustande vorzumahlen, damit später ein schnelleres und gleichmäßigeres Feinmahlen ermöglicht wird.

Indigoreibmaschine (Kugelsystem). In einem Kessel wird der Indigo durch mehrere eiserne Kugeln zerrieben. Wird der Kessel in drehende Bewegung gesetzt, so kommen die Kugeln ins Rollen und zerreiben den Indigo so fein wie mit der Hand. Der Kessel ist stellbar und kann in eine beliebig schräge Lage gebracht werden, ohne daß die Drehung bzw. das Mahlen Unterbrechung erleidet. Das Schrägstellen ist sehr günstig zum bequemen Ausschütten des gemahlenen Indigo. Eine selbsttätige Vorrichtung klopft während des Ganges der Maschine fortwährend den an der inneren Kesselwandung anhaftenden Indigo ab. Man kann den Indigo trocken oder naß reiben.

Indigoreibmaschine (Walzensystem). Für Blaufärbereien, welche einen Dampfentwickler, aber keine Betriebsmaschine besitzen, ist diese Indigoreibmaschine mit direktwirkendem Dampfmotor eingerichtet. In einer zylinderförmigen, wagerecht liegenden Trommel, deren innere Fläche glatt ausgebohrt ist, liegen mehrere schwere lose Walzen, die beim Drehen der Trommel ebenfalls umlaufen und den Indigo in verhältnismäßig kurzer Zeit fein zerreiben. Der Indigo wird seitlich durch eine dichtverschließbare Öffnung mit Wasser in die Trommel gegeben und nach beendetem Reibverfahren durch einen Hahn abgezapft.

Indigoreibmaschine (Kegelsystem). Die Maschine unterscheidet sich von dem Kugelsystem dadurch, daß sie keinen sich drehenden, sondern einen feststehenden Kessel hat, in welchem sich ein Rührer mit vier Flügeln befindet. Die Kugeln sind durch Kegel ersetzt, welche durch den drehenden Rührer mitgenommen werden. Der aufgeschlemmte Indigo wird durch einen am Boden befindlichen Hahn abgelassen.

Die Indigofabriken bringen auch Lösungen in den Handel, die allen Indigo in Form von Indigweiß in Alkali gelöst enthalten. Solche Lösungen, die für die Wollfärberei bestimmt sind, enthalten neben reinem Indigweiß nur Ammoniak und ein erforderliches Mindestmaß von fixem Alkali, während für die Baumwollfärberei Natronlauge allein als Lösungsmittel verwendet wird.

In der Gärungsküpe bieten die Indigweißpräparate gegenüber Indigoblau den Vorteil, daß man beim Auffrischen einer ausgeblauten Küpe sofort nach dem Absitzen des Küpenschlammes weiter arbeiten kann, während Indigoblau beträchtliche Zeit zum Reduzieren erfordert.

Die Kufen, in welchen die Küpen angesetzt werden, sind in der Regel aus Kupfer, Eisen oder Holz angefertigt und werden durch direkte Feuerung oder durch Dampf erhitzt. Man findet häufig aus Mauersteinen gebaute und mit Zement verkleidete Küpen.

Die Küpen erhalten einen lichten Durchmesser von 1,9—2,8 m und eine Tiefe von 2,2—2,8 m, wovon 0,9—1,0 m aus dem Erdboden hervorragen. Jede Küpe ist mit einem aus mehreren Teilen zusammenlegbaren hölzernen Deckel verschlossen.

I. Küpe mit direkter Feuerung. Die kupferne oder eiserne Küpe ruht auf einem eisernen Fundament und ist mit einem Mantel von Ziegelmauerwerk umgeben. Das Feuer umspielt nur den oberen Teil der Küpe und tritt dann in den Schornstein. Die etwa in der halben Höhe der Küpe liegende sog. Trift, ein mit einem Netz bespannter eiserner Ring, ruht auf einer Mauerauskragung. Sie bezweckt, den Bodensatz der Küpe von der darüber befindlichen klaren Flüssigkeit abzusondern, damit das zu färbende Material nicht davon beschmutzt wird.

II. Küpe mit Dampfheizung. Auch hier bestreicht der Dampf nur den oberen Teil (etwa $^2/_3$) des äußeren Kesselmantels.

Weniger kostspielig, aber auch weniger haltbar ist die Vorrichtung, wenn das Gefäß von Holz ist, und die Flüssigkeit von innen durch ein in halber Höhe längs den Wänden führendes spiralförmiges, kupfernes Dampfrohr erwärmt wird.

III. Zementküpe. Der Küpenboden ist zwei Steine stark, die Seitenmauern anderthalb Stein vom Küpenboden bis zur Fußbodenhöhe; von da ab nur einen Stein stark. Besondere Sorgfalt ist natürlich auf den innern und äußern Verputz mit Zement zu legen. Die Heizung erfolgt mittels direkten Dampfs. Das Dampfrohr tritt bis zu $^2/_3$ der Tiefe ein und hat seitlich angebrachte Ausströmungslöcher, während es an seinem Ende geschlossen ist, wodurch das Aufwirbeln des Bodensatzes vermieden wird.

Für die Wollfärberei kommen die verschiedenen Arten der Gärungsküpe und der Hydrosulfitküpe (S. 58) in Betracht.

Die satzfreie Hydrosulfitküpe wird nach der Höchster Vorschrift: „Das Färben der Wolle auf der Küpe“, 1905, wie folgt angesetzt:

Der 3000 Liter fassende Küpenbehälter wird mit Wasser gefüllt, dieses auf 50° C erwärmt und mit 1—2 Liter Ammoniak bis zur schwach alkalischen Reaktion versetzt. Hierauf fügt man 10 Liter frisch bereitete Leimlösung — 1 kg trockenen Leim — und die nötige Menge Indigo mit Hydrosulfit gemischt, hinzu, z. B. 10—20 Liter Indigoküpe I (20 % ammoniakalkalische Indigweißlösung) und 10—15 Liter Hydrosulfitlösung 20° Bé.

Nachdem die Küpe umgerührt wurde, kann sofort eingeblaut werden.

Als Anhalt für die Zusätze von 20 % Indigolösung, Hydrosulfit und Ammoniak, sowie das Aussehen und die Reaktion der Färbeküpe bei Herstellung der verschiedenen Hell- bis Dunkelblau soll die folgende Tabelle dienen, z. B.:

Reaktion mit Phenolphtaleïn:	Farbe:	Indigolösung:	Hydrosulfit:	Ammoniak:	Aussehen der Flotte:
geringe Spur alkalisch	dunkel	12 Liter	7 Liter	—	dunkelgrün
schwach alkalisch	mittel	6 „	6 „	1/2 Liter	grün
alkalisch	hell	1/2—1 „	5 „	1 1/2 „	gelbgrün

Diese Mengenverhältnisse sollen nur als Beispiel dienen, sie sind nicht für alle Fälle feststehend und werden je nach den Umständen abgeändert. Maßgebend dafür sind das Aussehen und die Reaktion der Küpe, wie in der Tabelle angegeben.

Die Prüfung der Küpe auf Alkali wird in der Weise ausgeführt, daß man in ein Probiergläschen voll Küpenflotte 1—2 Tropfen alkoholische Phenolphtaleinlösung fallen läßt, es tritt an der Stelle, wo der Tropfen hingefallen ist, Rotfärbung auf, die um so deutlicher erscheint, je stärker alkalisch die Küpe ist. Bei schwacher Alkalität ist die Rötung nur ganz gering und verschwindet sofort wieder. In Ermangelung eines Probiergläschens kann man zu dieser Probe auch ein Becherglas oder eine Porzellanschale benutzen.

Die Führung der Hydrosulfitküpe gestaltet sich ebenso einfach wie das Ansetzen derselben.

Der jeweilige Zusatz von Indigo richtet sich natürlich nach der Tiefe der herzustellenden Färbungen, er beläuft sich bei dunklen auf ungefähr die Hälfte, bei mittleren auf ein Drittel, bei hellen auf ein Viertel derjenigen Mengen, die zum Ansatz gebraucht wurden.

Anfänglich ist die erforderliche Menge etwas größer, sie ändert sich erst nach der dritten bis vierten Partie nicht mehr. Hierbei ist noch zu bemerken, daß eine grobe Wolle die Küpe besser erschöpft als eine feine, somit auch bei ersterer der Zusatz von Indigo im Verhältnis zur Ansatzmenge größer sein wird als bei letzterer.

Der Zusatz von Hydrosulfit nach jeder Partie beläuft sich auf ungefähr die Hälfte bis zwei Drittel von den Ansatzmengen. Wenn die Küpe längere Zeit, z. B. über Nacht außer Betrieb war, so ist etwas mehr Hydrosulfit nötig, um sie wieder in guten Zustand zu versetzen, als wenn ohne Unterbrechung darauf gearbeitet wurde. In diesem Falle empfiehlt es sich, vor Eintritt der Pause Hydrosulfit und auch Ammoniak zuzusetzen, damit die Oxydation des Indigos verhindert wird. Bei Wiederaufnahme der Arbeit ist dann verhältnismäßig weniger Hydrosulfit erforderlich.

Bei gleichzeitigem Zusatz von Indigo und Hydrosulfit ist es zweckmäßig, beides zuvor zu mischen und mit heißem Wasser von 70° C zu übergießen.

Der jeweilige Zusatz von Ammoniak richtet sich nach dem herzustellenden Blau und wird mit Hilfe von Phenolphtalein nach Maßgabe der vorstehenden Tabelle bestimmt. Der Indigo zieht um so langsamer und gleichmäßiger auf die Wolle, je alkalischer die Küpe ist, mithin setzt man für helle Blau mehr Ammoniak zu; dunkle fallen auch ohne Ammoniak vollkommen gleich aus; sie lassen sich auf einer stark alkalischen Küpe überhaupt nicht herstellen. Hierbei ist zu bemerken, daß auch bei dunklen Blau, für die zum Ansatz der Küpe kein Ammoniak gebraucht wurde, ein Zusatz davon erforderlich wird, wenn die Küpe längere Zeit außer Betrieb war, wobei durch Zersetzung des Hydrosulfits saure Reaktion einzutreten pflegt.

Der Leimzusatz richtet sich danach, wie lange die Küpe benutzt wird; bei wöchentlicher Erneuerung derselben ist außer der zum Ansatz gebrauchten Menge kein weiterer Zusatz davon erforderlich. Bei längerem Gebrauch der Küpe setzt man nach dieser Zeit noch 5—10 Liter Leimlösung zu.

An Stelle von Leim empfahlen MLB 1924 ihr Glyosin A. (Rundschreiben 882.) Glyosin A ist ein graues körniges Pulver, leichter zu lösen und zuzumessen als der erst zu quellende Leim. Eine Färbeküpe von 3000 l setzt man mit 1500 g Glyosin A, 1500 g

Ammoniak und 500 g Hydrosulfit konz. Pulver bei 50° an und fügt die erforderliche Stammküpe hinzu.

Die ältere schlammhaltige Hydrosulfitküpe hat den Nachteil, daß sie die gefärbte Wolle beträchtlich schädigt und ihre Qualität sowohl als ihre Spinnfähigkeit herabdrückt. Die Küpe steht oft auch alkalischer, als der Wolle zuträglich ist. Gegenüber den Gärungsküpen hat diese Küpe immerhin den Vorteil der größeren Leistungsfähigkeit, da durch Beschicken der Färbeküpe mit der Stammküpe der Indigo schon reduziert in das Färbebad gebracht wird, während bei den Gärungsküpen das sich ausscheidende Indigoblau bald die Weiterarbeit hindert und eine Ruhepause erforderlich macht. Hydrosulfit dagegen ist in solchen Mengen in der Küpe, daß es den Indigo, der sich bei der Arbeit oxydierte, sofort wieder reduziert.

Allen schlammhaltigen Küpen ist außerdem der Nachteil gemeinsam, daß sie mit einem gewaltigen toten Raum arbeiten. Die zum Färben taugliche Küpe muß eine klare Lösung von Indigweiß in Alkali sein; um diese zu schaffen, muß die schlammhaltige Küpe absitzen, der Raum, der für den Schlamm erforderlich ist, ist ungefähr gerade so groß, wie der dann noch übrigbleibende Arbeitsraum.

Eine schlammfreie Küpe ist aus diesen Gründen einer schlammhaltigen überlegen. Die mit Natronlauge, Natriumhydrosulfit und Indigo hergestellte und geführte Natriumhydrosulfitküpe hat fast keinen Satz, aber sie ist schwer zu führen, birgt für die Wolle Gefahren in sich und ist teuer durch den großen Verbrauch an Hydrosulfit. Das Führen der Färbeküpe mit Natronlauge ist ein weiterer Übelstand. Angesichts der schwierigen Führung dieser Küpenart bildete sich die Ansicht heraus, die Hydrosulfitküpe eigne sich nur für helle Blau und Perlfarben. Das ist nicht richtig, denn bei Beobachtung aller Vorsichtsmaßregeln läßt sich die Natron-Hydrosulfitküpe auch für dunkle Farben verwenden.

Für die Anwendung der Hydrosulfitküpe für Wollfärberei muß eine Ausquetschvorrichtung gebraucht werden, wie sie in England schon lange, auch für Gärungsküpen benutzt worden ist. Die Quetsche dient in erster Linie dazu, die Küpenflüssigkeit möglichst aus der Wolle zu entfernen und so den Verlust an Indigo, der nicht mit der Faser verbunden ist und bei Wäsche und Walke verloren gehen würde, auf ein Mindestmaß zurückzuführen. Wenn keine Quetschwalzen vorhanden sind, verteilt sich die anhaftende Küpenflüssigkeit ungleichmäßig in der Wolle und auch im einzelnen Wollhaar. Bei einer gut geführten Gärungsküpe, die nur wenig Arbeit getan hat und klar steht, ist diese Flüssigkeit ohne nachteilige Wirkung, da sie ohne die hauptsächlich im Schlamm befindlichen Bakterien so gut wie keine Reduktionswirkung ausübt. Anders aber bei der Hydrosulfitküpe. Das Hydrosulfit hindert in den stärker nassen Stellen nicht nur die Vergrünung, es wirkt auch lösend auf das Indigweiß ein, so daß die Stellen beim Vergrünen heller, selbst weiß werden. Je stärker der Gehalt der Küpe an Hydrosulfit und je größer der Überschuß an Küpenflüssigkeit ist, der mit der Wolle herausgenommen wurde, desto unegaler und spitziger fallen die Wollen aus. Ist die Wolle gut und gleichmäßig abgequetscht, dann ist die Wirkung auf alle Fasern die gleiche, nämlich, daß das Hydrosulfit die Oxydation des Indigweiß auf der Faser verlangsamt. Die Folge dieses langsamen Ausscheidens des Indigos ist ein sozusagen amorpher Zustand, der sich durch eine grünliche Färbung geltend macht im Gegensatz zu der mehr örtlichen Ausscheidung des Indigos aus der Gärungsküpe auf der Wolle. Ein gleichmäßiges Abquetschen ist daher bei der Hydrosulfitküpe ein unbedingtes Erfordernis.

Die schlammfreie Natron-Hydrosulfitküpe und die in England eingeführte schlammführende Zinkstaub-Bisulfit-Kalkküpe schädigen beide die Wolle in erheblichem Maße, denn sie enthalten ein fixes ätzendes Alkali, das lösend auf die Wollsubstanz einwirkt. Die verbesserte Hydrosulfitküpe der Höchster Farbwerke dagegen enthält außer Ammoniak kein freies Alkali; die Wolle wird nicht angegriffen; sie bleibt weicher und elastischer als auf anderen Küpen.

Ammoniak vermag jedoch Indigweiß nur sehr unvollkommen zu lösen. Eine mit Ammoniak und Indigweiß in luftfreiem Wasser angesetzte Küpe würde an und für sich nicht zum Färben tauglich sein, weil sie den größten Teil des Indigweiß unlöslich ausgeschieden hätte; es wurde aber von den Höchster Farbwerken die Beobachtung gemacht, daß Leim das Ausfallen von Indigweiß zu verhindern vermag. Auf diese Beobachtung ist der Leimzusatz gegründet. Ohne Leim, oder ohne genügend Leim erhält man trübe Küpen mit Ausscheidungen von Indigoweiß, die abreibende, unechtere Blau liefern.

Der Leimzusatz, der durch seine eigentümliche Wirkung die Verwendung von Ammoniak als einziges freies Alkali ermöglicht, ist zwar vom theoretischen Standpunkt eine Belastung der Küpe mit einem überflüssigen Bestandteil, besonders wenn in Rücksicht gezogen wird, daß eine ideale Küpe ja nur die luftfreie klare Lösung von Indigweiß in einem Minimum von Alkali darstellen sollte. Da jedoch der Leim keinerlei schädigende Nebenwirkungen ausübt, so kann seine Anwesenheit in der Küpe vom praktischen Standpunkte nicht bemängelt werden.

Tatsächlich erscheint die in der Hydrosulfitküpe erzielte Indigofärbung grünlich-schwärzlicher, die in der Gärungsküpe erhaltene aber veiler, lebhafter. Dieser Unterschied wird bei der Wäsche, Walke, Karbonisation und bei der weiteren Nachappretur für die in der Wolle, als Zug oder im Garn gefärbten Waren völlig wieder ausgeglichen, bei Stückware jedoch wird in bestimmten Fällen der Gärungsküpe aus diesem Grunde der Vorzug zu geben sein. Durch eine Vermehrung der Anzahl der Züge bei der Hydrosulfitküpe läßt sich der Rotstich der direkten Färbung allerdings steigern, aber unter gewissen Umständen wird der Farbton, den man auf einer gutgeführten Sodaküpe auf Stückware erzielt, in der Hydrosulfitküpe doch nicht erreicht.

Die zum Färben bestimmte Wolle, sei es loses Material, Garn oder Gewebe, muß vor dem Einbringen in die Küpe sorgfältig entfettet und gewaschen sein. Man schöpft die Blume von der Küpe ab und bringt das feuchte Material ein.

a) Lose Wolle wird in einem Netz gefärbt, in welchem sie vollständig frei unter der Oberfläche der Flotte schwimmen kann, ohne jedoch den Bodensatz zu berrühren. Sie wird langsam mit Stöcken durchgearbeitet, ohne aber mit der Luft in Berührung zu kommen. Im Gegensatz zu den andern Methoden der Wollfärberei muß die Wolle beim Blauen viel Platz in der Küpe haben.

Nachdem die Wolle ½ Stunde lang bearbeitet worden ist, wird das Netz herausgezogen und die Flüssigkeit abtropfen gelassen, oder aber die Wolle durch eine an der Küpe angebrachte Quetschvorrichtung genommen, und auf dem Fußboden oder in Körben zum Vergrünen ausgebreitet. Die Küpe selbst wird sodann aufgerührt, wenn nötig Kalk zugegeben, und nach dem Absitzen des Küpenschlammes nochmals eingeblaut. Das jedesmalige Einblauen nennt man ein „Rühr“ oder „„Zug“. Man gibt mehrere Züge, bis die gewünschte Farbe erreicht ist, dann wird die Ware gut mit Wasser ausgewaschen und in einem Bade, das mit Schwefelsäure oder Salzsäure angesäuert ist, gespült, um lose anhaftenden Indigo und alle aus der Küpe aufgenommenen löslichen Stoffe zu entfernen, sowie auch das Kalziumkarbonat aufzulösen. Diese Behandlung beugt dem grauen Schein vor, den die Farbe sonst beim Trocknen annimmt und verleiht der Farbe größeren Glanz. Die Säure muß vor dem Trocknen durch gründliches Spülen wieder entfernt werden.

Beim Arbeiten auf einer satzfreien Hydrosulfitküpe kann das Säuren wegfallen.

b) Kammzug wird vor dem Färben stets durch ein schwaches, lauwarmes Sodabad gezogen, ausgeschleudert, mit starken Fitzfäden unterbunden und auf Kordeln ruhend in die Küpe eingehängt. Man darf nicht zu fest unterbinden, weil an solchen Stellen die Flotte schwer oder gar nicht durchdringen kann. Man bearbeitet den Zug etwas unter der Küpenoberfläche, indem man die Stellen zu wechseln sucht, wo der Strang auf den Kordeln aufruht, damit sich diese auch färben. Hat man den gewünschten Ton erreicht, so zieht man den Zug langsam heraus und wringt jede Docke einzeln mit den Händen aus. Ordinärer Kammzug wird einfach auf große Stöcke aufgezogen und so in die Küpe eingelassen und beim Herausnehmen langsam mit einer Hebevorrichtung emporgezogen. Die Küpenflotte fließt leicht ab, so daß man nur nötig hat, des vollständigen Vergrünens wegen, die Flotte an den untern Enden der Docken auszudrücken.

Man bedient sich gern eines Reifens, der einen etwas kleineren Umfang hat, als die Küpe. An diesem Reifen sind 18 Ösen angebracht, an jeder Hälfte 9 Stück. Der Zug wird aufgestockt; die Stöcke werden dann innerhalb des Reifens durch die Ösen gesteckt. Der mittelste Stock ist demnach der längste, die übrigen acht werden (zu je zweien) nach der Seite etwas kleiner. Durch die Enden der Stöcke sind Löcher gebohrt, durch welche Pflöcke gesteckt werden, damit kein Stock ausfallen kann. Die Stöcke werden außerdem, damit sie nicht verloren gehen, mit Bindfaden an dem Reifen befestigt. Damit die Küpenflotte gut durchdringen und das Vergrünen rasch und gleichmäßig vor sich gehen kann, steckt man auf einen Reifen nur 12, bei schwerem Zug 18—20 kg auf. Man lasse den Reifen langsam bis kurz unter den Spiegel der Küpe gehen und gebe besonders die ersten Züge nicht zu lange.

c. Zum Blauen von Garn dienen dieselben Küpen, wie für lose Wolle. Die mit langen Schnüren an einer Stange angehängten Strähne werden derartig in die Küpe eingesenkt, daß sie vollständig in die Küpenflotte eintauchen. Um das Durchblauen unter der Bindschnur zu ermöglichen, werden die Strähne von Zeit zu Zeit über die Schnur hinweggezogen, wobei der Färber zu beachten hat, daß nicht ein Teil des Strähnes mit der Luft in Berührung kommt. Der Arbeiter hat stets mit den Händen unter der Küpenflotte zu arbeiten.

Nach beendetem Färben werden die Strähne auf die inzwischen am Rande der Küpe befestigte Wringmaschine gebracht, die vermittels ihrer Gummiwalzen die Küpenflotte auspreßt. Schnelles Verlüften nach dem Ausquetschen ist selbstredend erforderlich; man hängt deshalb das Garn luftig auseinander.

Das Auswringen kann mit der Maschine von E. Geißler, Kottbus, geschehen. (Abb. 16).

Die Einrichtung dieser Maschine ist folgende:

Ein auf Rädern stehendes Gestell wird an die zum Ausgehen fertige Küpe herangefahren. In dem Gestelle sind zwei mit Gummi belegete Walzen gelagert, von denen die vordere A mittelst eines Hebels und Gewichts an die hintere B gepreßt wird. B wird durch ein Zahnradgetriebe bewegt.

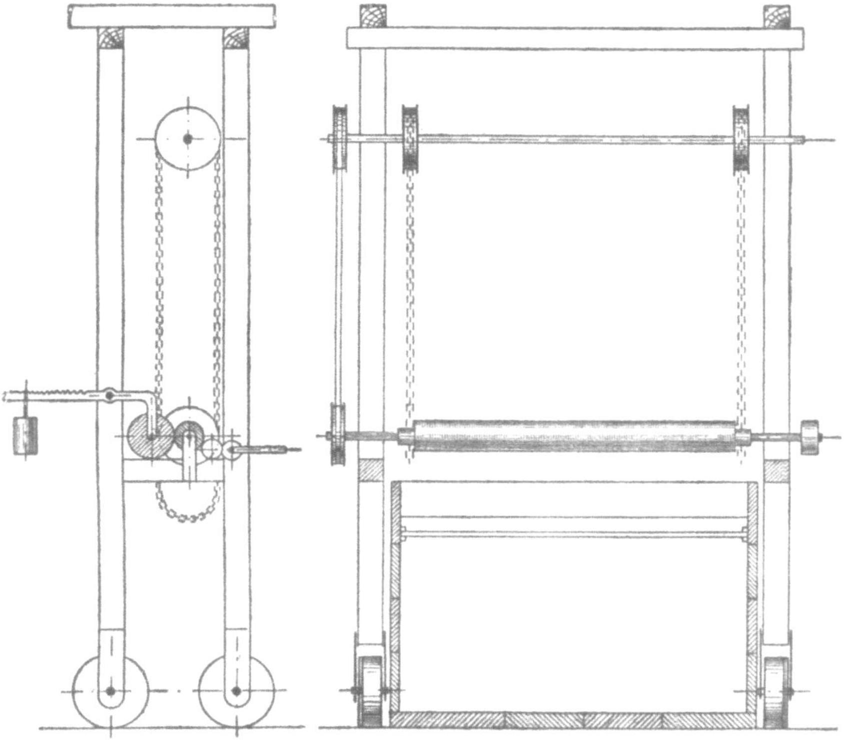

Abb. 16. Garnwringmaschine von E. Geissler.

Von B aus wird mittelst Kette oder Riemens E die Rolle F bewegt. Über F laufen die Ketten D, die zum Führen der Garnstöcke bestimmt sind.

Beim Herausnehmen der Stöcke wird Stock für Stock mit den Garnsträngen ausgewrungen: man entfernt nach Anheben des Hebels die Walzen von einander, so daß man den Stock zwischen den Walzen hindurchnehmen kann. Jeder Stock wird mittelst Haken an die Ketten D angehängt, die Walzen werden wieder zusammengedrückt und mittelst einer Kurbel rasch gedreht Die Garnsträhne werden ausgewrungen und durch die Ketten D nach oben geführt. Haben die Garnsträhne die Walzen passiert, so hakt man die Stöcke wieder aus, um den nächsten Stock auszuwringen. Die

Garnteile, welche beim Durchnehmen der Stöcke nicht gequetscht werden, drückt man mit der Hand aus.

Die ganze Arbeit geht rasch und sicher von statten; beim Ausgehen großer Garnpartien sind vier Mann tätig. Es gelingt so, große Partien Kammgarn, bis 50 kg, auf einmal tadellos egal hellblau zu färben, was ohne Wringmaschine kaum möglich ist.

Die Wringmaschine wird von Ernst Schulz, Kottbus, geliefert.

Bei mittleren und dunklen Färbungen läßt man das ausgewrungene Garn an der Luft vergrünen, zarte Perl fallen egaler aus beim Vergrünen im Wasser, setzt man letzterem etwas Essigsäure zu, so wird der Rotstich erhöht. Für einen zweiten Zug müssen natürlich die Säurereste durch Spülen entfernt werden.

d) Das Bläuen der Stücke wird meistens in den Seite 192 erwähnten Zementküpen vorgenommen. Dieselben haben eine viereckige Form. Um beispielsweise 8 Stück Tuch täglich zu bläuen, beträgt, von innen gemessen, die Länge 325 cm, die Breite 240 cm und die Tiefe 220 cm. Das Mauerwerk ragt 75 cm über den Erdboden hervor. Bei diesen Größenverhältnissen können jedesmal 2 Stück Tuch nebeneinander gefärbt werden.

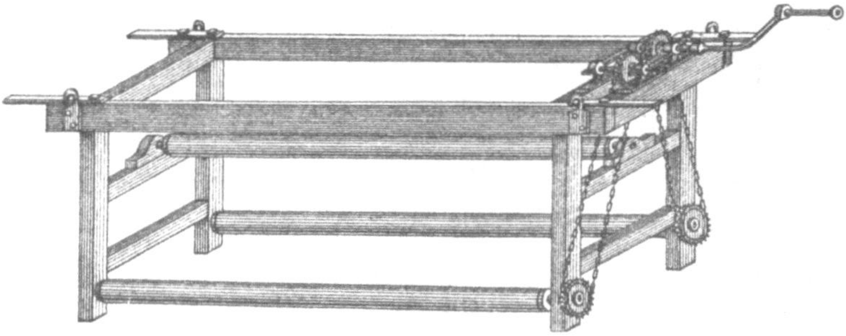

Abb. 17. Unterflottenhaspel.

Sobald die Küpe die richtige Beschaffenheit erlangt hat, wird der Küpensenker oder die Trift eingelegt, damit die Ware nicht mit dem Bodensatz in Berührung kommt; dann wird mit der vorher genetzten Ware eingegangen und das breit gehaspelte Stück zunächst mit einem Stock unter die Küpenflotte gestoßen, und zwar so, daß die einzelnen Lagen möglichst glatt übereinander zu liegen kommen. Die Stücke werden nun in verschiedener Weise in der Küpe beständig umgezogen.

Die ältere Methode ist das Umhaken des Stoffes mit zwei Haken. Die Haken bestehen aus 40—50 cm langen, schwachen Rundeisen, deren Hinterende mit einem Holzgriff versehen ist, während sich am vorderen Ende der eigentliche einem Reitersporn ähnliche Haken befindet, der zum Fassen und Fortbewegen des Stoffes dient. Der Arbeiter führt in jeder Hand einen solchen Haken, faßt mit demselben den Stoff beiderseitig, ungefähr ein Drittel der ganzen Stoffbreite von der Leiste entfernt, zieht so das Stück immer nach seinem Stand hin, und drückt mittels der Haken von Zeit zu Zeit die beigezogenen Falten unter. Kommt das Ende des Stückes, so begibt er sich auf die entgegengesetzte Seite der Küpe und arbeitet den Stoff wieder in entgegengesetzter Richtung. Zu diesem Verfahren gehören natürlich gut geschulte Arbeiter.

Weniger beschwerlich ist das Arbeiten mit dem Unterflottenhaspel, irrtümlich auch Hakmaschine genannt, die jetzt in fast allen Stückfärbereien eingeführt ist (Abb. 17). Der Apparat besteht aus einem Gestell mit starken hölzernen Stollen; die oberen

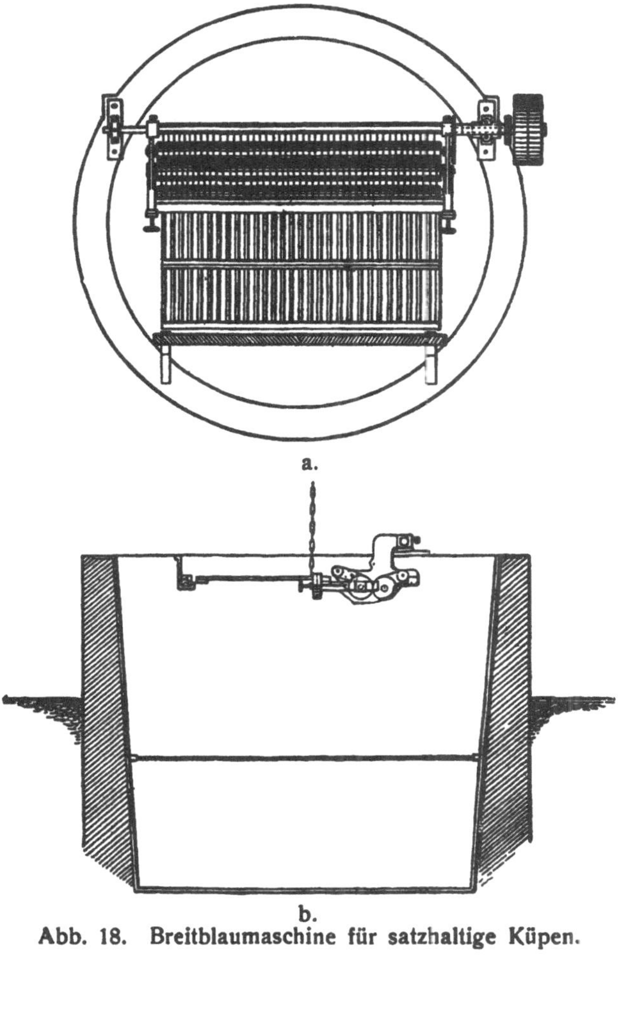

a.

b.

Abb. 18. Breitblaumaschine für satzhaltige Küpen.

beiden Längsstollen legen sich auf den Küpenrand auf, so daß der Apparat bis auf diese Stollen in die Küpe eintaucht. An jeder Längsseite des Gestells lagert eine Holzwelle von geringem Durchmesser (meistens eine Lattenwalze) beiderseitig mit großen Holz- oder Metallscheiben versehen, um ein Seitwärts- oder Ablaufen des Stoffes zu verhindern. In der Mitte des Gestelles zwischen beiden Walzen, jedoch etwas höher als diese gelegen, ist eine Führungswalze angebracht; an jeder der beiden erstgenannten Walzen ist ein Vorlauftuch, bestehend aus einem Stück starker Leinwand (zuweilen nur ein Gurtband) befestigt, an welches das zu bläuende Stück angeheftet wird. Beide Walzen tragen an dem gleichen Ende je ein größeres eisernes Zahnrad. Auf dem oberen Teile des Gestells ruht in Lagern ein drittes Zahnrad, welches verstellbar ist und abwechselnd mit der einen oder andern Walze in Verbindung gebracht werden kann. Mit diesem letztern Rade ist eine Kurbel verbunden, um mit der Hand den Apparat in Betrieb zu setzen.

Man hat den beschriebenen Unterflottenhaspel verbessert, und eine Breitblaumaschine für warme Küpe mit Maschinenbetrieb gebaut (Abb. 18—19). (Fig. 16 und 15 aus „Indigo rein BASF“, S. 284.)

Waren vom feinsten und dünnsten Kammgarn an bis zum gröbsten Tuch sollen mit Bezug auf Leisten und Falten, ohne Wind- und Blumenflecken und ohne jede Beschädigung aus der Küpe hervorgehen. In einem starken Gestell sind zwei starke, dicht nebeneinander liegende, ungefähr 1,5—1,7 m lange Walzen; von zwei schwächeren daneben gehen die Schutzvorrichtungen aus, die das Aufwickeln der zu färbenden Stücke verhindern. Neben den Walzen ist noch ein Lattentisch angebracht. Die Maschine sieht in der Küpe wie eine Tafel aus. Nachdem man ein Hilfstuch (Leinwand oder netzartiges Gewebe) zwischen die beiden Walzen, durch welche die Stücke laufen, zur Hälfte eingedreht hat, wird die Maschine in festen Lagern in die Küpe eingelegt. An die zwei Enden des Hilfstuchs werden die zu färbenden Stücke, 2—3, je nach Länge derselben, angenäht. Sobald dieses geschehen, legt man den Rahmen auf und läßt die Stücke durch die zwei großen Walzen einlaufen; sie rutschen allmählich weiter und laufen dann, nachdem das letzte Ende durch die Walze gegangen, über einen Breithalter und über den Lattentisch in ganzer Breite wieder in die Walzen ein. Das Spiel wiederholt sich, bis die Färbung vollendet ist. Der Gang der Maschine ist sehr ruhig, 80 m Ware laufen in ungefähr 6 Minuten einmal durch. Während des Färbens bleiben die Stücke stets unter der Ober-

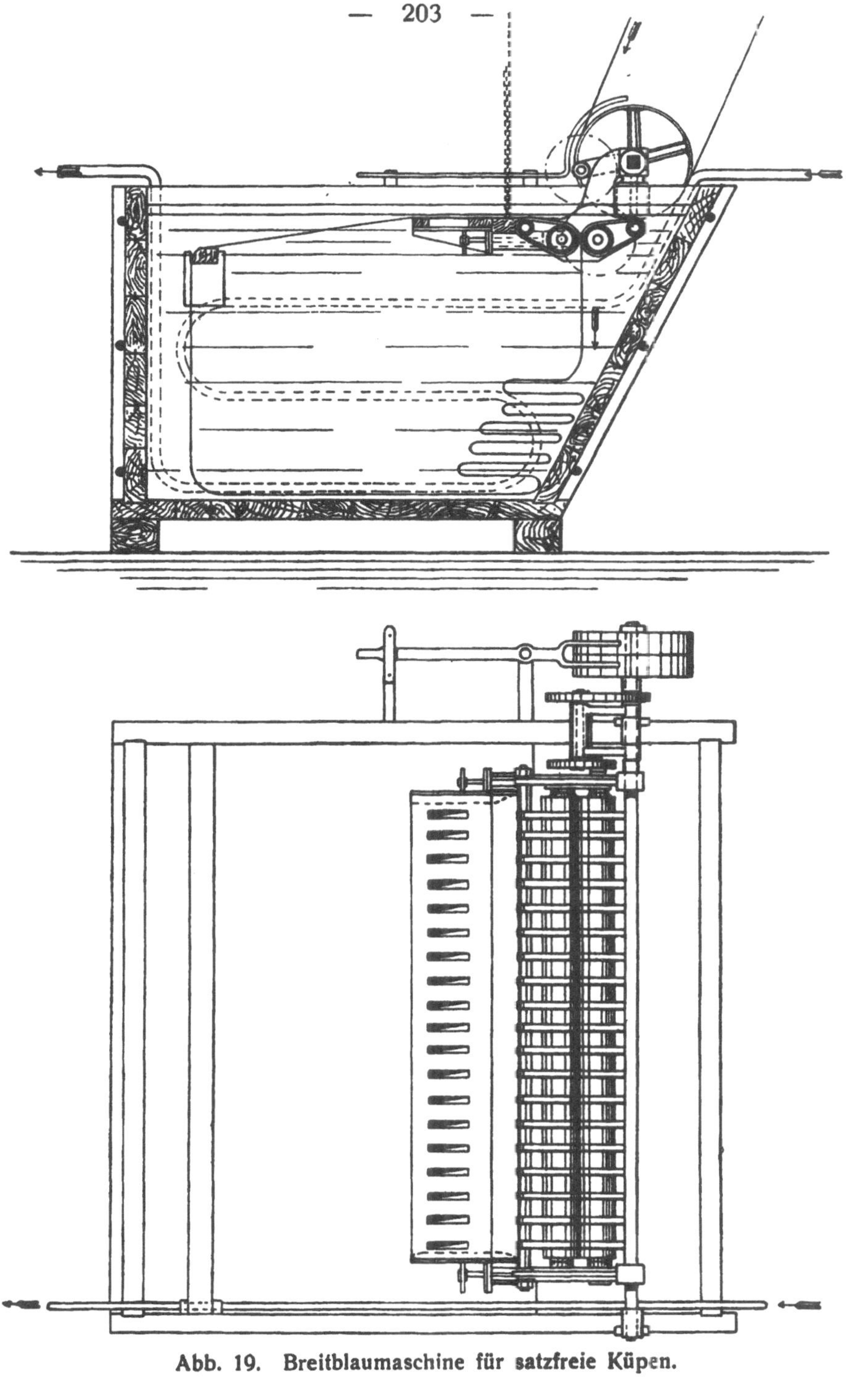

Abb. 19. Breitblaumaschine für satzfreie Küpen.

fläche der Küpe, wodurch Wind- und Blumenflecke ausgeschlossen sind. Auch bleibt die Flotte nach vier- bis fünfmaligem aufeinanderfolgenden Bläuen klar, was beim Haken nicht der Fall ist.

Sollen die Stücke aus der Küpe herausgenommen werden, so erfaßt man das Ende des Tuches, heftet die Ware ab und dreht sie durch eine Wringmaschine oder Presse, welche unmittelbar neben der Küpe aufgestellt ist, ab.

Namentlich bei Anwendung der Hydrosulfitküpe muß darauf geachtet werden, daß die Befreiung von der überschüssigen anhängenden Flotte unmittelbar beim Verlassen der Küpe erfolgt. Eine rohe, zuweilen auch heute noch angewandte Art des Ausquetschens besteht darin, daß das Stück nach Art eines Stranges über zwei auf beiden Seiten der Küpe sich gegenüberstehende Haken gelegt wird; der eine Haken ist fest angebracht, der andere wird gedreht und damit das Stück ausgewunden. Als veraltet und für die Ware wenig zuträglich ist das Verfahren zu betrachten, die Stücke einfach im Strang durch ein in einem Brett befindliches Loch („Stute“) zu ziehen. Diese Ausquetschvorrichtungen sind auch nur für die Gärungsküpe brauchbar, bei der es weniger genau darauf ankommt, die Flotte ganz gleichmäßig und möglichst vollständig auszuquetschen. In beiden Fällen vorzuziehen und bei der Hydrosulfitküpe notwendig ist das Ausquetschen in ganzer Breite. Hierzu bedient man sich zweckmäßig einer fahrbaren Breitwringmaschine.

Diese Maschinen werden von den Firmen H. Krantz, Aachen, Lambert Schwarz, Aachen, und Wagner & Hamburger, Görlitz, geliefert.

Nach dem Auspressen breitet man die Ware aus, damit sie vergrünen kann, was in kürzester Zeit eintritt; für helle Blau empfiehlt sich die langsame Vergrünung im Wasser im sog. Vergrünungsbottich.

In einer Waschmaschine wird unter Zusatz von Walkerde, seltener mit Wasser allein, gespült, bis klares Wasser abläuft. Man beläßt die Ware $^{3}/_{4}$—1 Stunde in der Walkerdelösung und entfernt dann die mit Farbstoffteilchen gesättigte Lösung rasch; meistens wird zweimal gewaschen. Man wäscht nicht mit Seife, weil dies nicht nur mehr Zeit und Arbeit erfordert, sondern auch den Kupferton der Farbe beeinträchtigt, die Farbe blaß macht; schließlich wird doch noch eine Nachwäsche mit Walkerde notwendig. Das Spülen ist wichtig, weil die Ware sonst abschmutzt. Letzteres hat zwar auch häufig seinen Grund in anderen Fehlern, z. B., wenn die Ware vor dem Färben nicht genügend gereinigt worden war, wenn Rückstände von der Wollwäsche noch in der Wolle vorhanden sind, oder wenn, wie der Färber sagt, auf einer zu leisen Küpe gefärbt worden war, einer Küpe, die gut auffärbt, aber ein wenig haltbares Blau gibt. Die auf einer zu alten Küpe gefärbte Ware macht Schwierigkeiten beim Spülen. Schließlich ist auch noch die Struktur und Beschaffenheit des Wollhaares wesentlich. Je gesunder und kräftiger ein Wollhaar ist, desto größer ist das Aufnahmevermögen für Farbstoffe, während im entgegengesetzten Fall mehr Neigung zum Nachlassen und Bluten sich kundgibt.

C. Das Färben der Seide mit Indigo schließt sich eng an das von Wolle an, unterscheidet sich aber dadurch, daß es in kalten Küpen vorgenommen werden kann. Man benutzt eine mäßig warme Gährungsküpe, vereinzelt die kalte englische Bisulfit-Zinkstaub-Küpe oder endlich die Zinkkalk-Küpe, die aber erheblich schwächer gehalten wird als für Baumwolle.

Nach den Angaben der Badischen Anilin- und Sodafabrik bereitet man eine Stammküpe mit 1 kg Indigo, 0,6 kg Zinkstaub und 1 kg Ätzkalk in 40 Liter Wasser von 50° C. Diese Stammküpe genügt zum Ansatz einer Färbeküpe von 1000 Liter Inhalt. (Indigo rein BASF 291).

Im Orient werden beträchtliche Mengen Seide mit Indigo gefärbt, in Europa jedoch nur wenig, und zwar fast ausschließlich Seidenstoffe, die vor dem Färben mit Harz- oder Wachsreserven bedruckt werden. Zur Herstellung von weißen Mustern eignet sich folgende Reserve: 50 Teile Kolophonium, 7,5 Teile Terpentinöl, 30 Teile Talg und 10 Teile Wachs. Diese Reserve wird nach dem Färben mit Benzin abgezogen. Das Färben muß auf kalter Küpe geschehen, da geringe Wärme schon genügt, um die Reserve zu schmelzen. Warme Küpen, wie die für die Wollfärberei besprochenen Soda- oder Hydrosulfitküpen, kommen nur für Seidengarn oder Uni-Stoffe in Frage. Man gibt wie bei der Wolle Züge von 20 bis 30 Minuten und säuert mit stark verdünnter Essigsäure ab.

δ. Indigoide Farbstoffe.

Eigenschaften: Es wurde bereits oben betont, daß allen Küpenfarbstoffen die Anwendungsweise, das Färben in der Küpe, gemeinsam ist. Dahingegen ist die Reduzierbarkeit und die Löslichkeit der Leukoverbindungen recht verschieden und die Färbeweise der neueren Indigoabkömmlinge weicht in manchen Punkten von der des Indigo ab. Während man in der Indigofärberei eine ganze Reihe verschiedener Küpenarten verwendet, kommt für die

Indigoiden praktisch nur die Hydrosulfitküpe in Betracht. Einige würden sich auch in der Zinkkalk- oder der Eisenvitriolkalkküpe verküpen, doch würde der Gebrauch dieser Küpenarten Studien über Reaktionen erforderlich machen, die selbst für Indigo nicht ohne Zweifel festgestellt worden sind.

Bei der Entdeckung des ersten geschwefelten Indigos, des Thioindigorots, wurde empfohlen, dieses wie einen Sulfinfarbstoff mit Natriumsulfid zu färben, und Kalle & Co. gaben für diesen „ersten Schwefelfarbstoff mit ausgesprochenem rotem Farbton“ folgendes Färbeverfahren:

„Zum Lösen des Thioindigorots B in Teig verwendet man für 1 kg Farbstoff 400 g Schwefelnatrium krist. und 2 Liter Wasser, erwärmt auf etwa 60° C bis zur vollständigen Lösung und verdünnt mit Wasser auf 8 Liter.

Das kalte Färbebad beschickt man mit den nötigen Mengen Schwefelnatrium und Soda, hierauf mit der Farbstofflösung und dem Glaubersalz oder Kochsalz. Man rührt um, geht mit der abgekochten Baumwolle ein, behandelt 10—15 Minuten über oder unter der Flotte, quetscht und wringt gleichmäßig ab, verhängt während 5—10 Minuten und spült.“

Einen Monat später gab die gleiche Firma einen zweiten Indigoiden, das Thioindigoscharlach R, heraus, empfahl dieses aber nicht als Schwefelfarbstoff. Dagegen könne man auf der Hydrosulfit-, Eisenvitriol- und auf Zinkstaubküpe färben.

Die Praxis hat für die Indigoiden nur die Hydrosulfitküpe anerkannt und alle Färbeverfahren, welche von den verschiedenen Farbstoffabriken in den letzten Jahren herausgegeben worden sind, beziehen sich auf diese Küpenart.

A. Für Baumwolle.

Anwendung: Beim Färben mit Indigo wird der Farbstoff warm verküpt und in reduzierter Form der kalten Färbeküpe zugesetzt. Indigoweiß bleibt bei gewöhnlicher Temperatur in Lösung. Mit einigen Ausnahmen sind die Natronsalze der Leukoverbindungen der Indigoiden in kaltem Wasser unlöslich; es werden daher warme Küpen auch zum Färben von Baumwolle angewendet. Die folgenden Angaben sind den Vorschriften der Gesellschaft für Chemische Industrie in Basel und der Farbwerke vorm. Meister Lucius & Brüning, Ratgeber 1921, 36 ff., entnommen. Siehe auch S. 178.

Zum Lösen der Farbstoffe benötigt man für helle Färbungen die 5—6 fache, für mittlere die 3—4 fache und für dunkle die 2½- bis

3fache Menge Natronlauge 40° Bé und Natriumhydrosulfitpulver vom Gewicht des Farbstoffes. Man teigt den Farbstoff mit der Hälfte Natriumtürkischrotöl oder Monopolseife und der nötigen Laugenmenge an, übergießt das Gemisch mit der 100fachen Menge heißen Wassers und streut das Hydrosulfitpulver unter Rühren ein. Nach 20 Minuten ist die Lösung fertig zum Gebrauch. Sie soll von einer eingetauchten Glasplatte klar ablaufen; Trübung wäre zunächst durch vorsichtigen Zusatz von Natronlauge zu beseitigen. Nützt das nichts, so ist Hydrosulfit nachzugeben. Die Verküpungstemperatur liegt bei 60—70°, bei einzelnen Farbstoffen niedriger, z. B. bei 40—50° für Indigo 2R, R und B. Helindonblau 3G und Helindongrau 2B.

Man schärft das Färbebad, das etwa 1000 Liter möglichst kalkfreies Wasser enthält, mit 250 ccm Natronlauge 40° Bé an, erwärmt auf 40—50° C, gibt 150 g Natriumhydrosulfitpulver zu und setzt dann die Stammküpe durch ein feines Sieb dem Färbebade zu. Für Mischungen werden die Stammküpen gesondert angesetzt und dann dem Färbebade zugefügt.

Loses Material, Kardenband, Vorgespinst, Garn in Wickeln werden in geeigneten mechanischen Apparaten gefärbt (s. S. 344). Strähngarn wird auf gebogenen oder geraden Stöcken auf der Barke gefärbt. Man geht mit dem zuvor gut genetzten Garn ein und färbt bei der für den betreffenden Farbstoff angegebenen Temperatur ½—¾ Stunden, windet ab, nachdem man kurz zuvor noch 1 bis 2mal rasch umgezogen, läßt durch Verhängen oxydieren, säuert nach ½ Stunde ab, spült und entwickelt durch ½stündiges Kochen in einem Bade, welches 3—5 g Seife und 1—3 g Soda kalz. im Liter Wasser enthält (s. S. 162).

Zum Färben der indigoiden Farbstoffe auf Baumwollstück verwendet man am besten einen gewöhnlichen Jigger von gleichmäßigem Gang. Das Gewebe muß kantengleich auflaufen. Das Färbebad wird auf 50—60° C erwärmt und mit 20—30 ccm Natronlauge 40° Bé und 20 g Natriumhydrosulfit in 100 Liter Wasser vorgeschärft. Man gibt einen Lauf und fügt dann ¼ des gelösten Farbstoffes hinzu. Nach einem weiteren Lauf wird wieder ¼ der Farbstofflösung zugegeben; man gibt im ganzen 5—6 Läufe. Man quetscht ab, läßt die Flotte ablaufen, gibt weitere Läufe auf dem leeren Jigger, säuert ab oder nimmt durch 8 ccm Essigsäure 30 % und ½ g Bichromat im Liter bis zur vollständigen Oxydation des Farbstoffes, spült dann gründlich und seift kochend mit 3—5 g

Seife und ½—2 g Soda kalz. im Liter Wasser, wäscht nochmals gut aus und trocknet.

Für helle Töne bedient man sich vorteilhaft der Klotzmaschine, mit welcher zweckmäßig eine Verlüftungsvorrichtung in Verbindung steht. Man pflatscht im reduzierten Klotzbad, dessen Temperatur 60—70° C nicht übersteigen soll. Es empfiehlt sich, eine schwächere Klotzflotte zu bereiten und durch diese zweimal zu nehmen. Dabei ist die Ware so durchzuführen, daß das Ende, welches bei dem ersten Durchlauf zuletzt kam, bei dem zweiten den Anfang bildet. Nach dem Oxydieren wird gespült und kochend geseift.

Dunkle Töne können in der Kontinumaschine hergestellt werden. Die Kontinumaschine besteht aus zwei schmiedeeisernen, mit Heizvorrichtung versehenen Behältern mit 1500 und 500 Litern Flotte, je einem Leitrollensystem und Quetschwalzenpaar. Am Ende bei Doppelbehältern wird die Verlüftungsvorrichtung, wagrecht verschiebbar, direkt über der Küpe angebracht, wodurch man der Ware zwischen den Zügen einen Oxydationslauf geben kann.

Die Eintauchzeit der Stücke beträgt durchschnittlich ½—1½ Minuten in jedem Abteil. Auch beim Färben in der Kontinuemaschine empfiehlt es sich, das Ende des Stückes beim nochmaligen Durchlassen zuerst und den Anfang zuletzt zu nehmen, um beide Enden gleich tief gefärbt zu erhalten.

B. Für Wolle.

Für die Wollfärberei schließt sich die Färbeweise eng an die für Indigo S. 190 beschriebene an. Die Indigoiden verhalten sich nur insofern etwas anders, als sie größere Verwandtschaft zur Faser haben und zum Teil schon in einem Zuge von der Wolle vollständig aufgenommen werden. Sie erfordern ferner mehr Alkali als Indigo und in manchen Fällen auch höhere Temperatur beim Verküpen und Färben.

Hieraus geht hervor, daß für diese Farbstoffe den chemischen Küpen vor der Gärungsküpe der Vorzug gegeben wird. Die Färbeverfahren der verschiedenen Farbstoffabriken beschränken sich deshalb auch ausschließlich auf die Hydrosulfitküpe (s. S. 193).

Lose Wolle: Zuerst wird die Färbeküpe (3000 l) auf 50° C gebracht, mit 1½—3 kg Ammoniak 25 %ig schwach alkalisch gemacht und mit ½—1 kg Hydrosulfit ausgeschärft, so daß Phenolphthalein schwach gerötet wird. (Wie beim Färben mit Indigo, wird von den Höchster Farbwerken ein Zusatz von Leim oder Glyosin A als Schutzkolloid zur Färbeküpe empfohlen.) Die Stammküpe wird durch ein feines Sieb oder ein Tuch in die Färbeküpe gegeben, worauf mit dem Färben in der für Indigo beschriebenen Weise begonnen werden kann. (S. 197). Man geht mit 35 kg trockener oder vorgenetzter Wolle ein.

Die normale Zugdauer beträgt ½—¾ Stunden. Nach dem Färben wird aus der Küpe gut ausgequetscht und die Wolle zum Verlüften lose in durchlochte Behälter gebracht. Nach dem Oxydieren wird gut gespült und zur vollen Entwicklung der Farbe mit 3% Schwefelsäure ¼—½ Stunde bei 80° C gesäuert. Das kochende Absäuern ist zur Herbeiführung der vollen Echtheit unerläßlich.

Diese jüngste Gruppe künstlicher Farbstoffe hat für die Färberei der losen Wolle unerwartet schnelle Aufnahme gefunden. Die Armeeverwaltungen verschiedener Länder führten für Uniformen neutrale Farben ein, die sich dem Gelände besser anpassen als die alten, und so entstanden die feldgrauen, feldgrünen und khakifarbigen Uniformen. Die alte Erfahrung, daß in der Küpe gefärbte Wolle weniger an Festigkeit einbüßt, als es durch langes Kochen mit Säure und Chrom geschieht, brachte es mit sich, daß man zur Verwendung von Küpenfarbstoffen für diese neuen Farbtöne überging.

Von Kapff veröffentlichte in Färb. Ztg. 1908, 49 eine Arbeit über die Schädigung der Wollfaser durch das Färben und kam auf Grund zahlreicher Versuche über die Reißkraft gesponnener Garne und die Haltbarkeit der mit den verschiedenen Farbstoffen hergestellten Stoffe zu der Überzeugung, daß keine Färbeart die Wollfaser so wenig schädigt als die Küpenfärberei; dieser Ansicht ist von Kertesz widersprochen worden; Färb. Ztg. **1908**, 213 und **1919**, 137. Kertesz fand auch, daß Chromoxyd die Wolle gegen die Einwirkung der atmosphärischen Einflüsse, insbesondere der ultravioletten Strahlen schützt (Färb.-Ztg. **1919**, 137).

Die Höchster Farbwerke geben für das Färben von Feldgrau und Graugrün auf Wolle folgende Anleitung:

Man beschicke die 300 l fassende Färbeküpe für 33 kg Wolle der Reihe nach mit 1,5 kg Leim (frisch gelöst), 1,5 kg Ammoniak 25% und 0,5 kg Hydrosulfit konz. Pulver.

Hierauf setzt man bei 50° C die in den folgenden Tabellen angegebenen Mengen Farbstoff zu.

Die Flotte muß klar sein und gelblich-grün aussehen und bei der Probe mit Phenolphtalein wie beim Arbeiten mit Indigo schwach alkalisch reagieren.

Gefärbt wird wie mit Indigo; man geht mit der trocknen oder

feuchten Wolle bei 50° C ein, behandelt bei jedem Zuge 30 Minuten, quetscht ab und läßt die Wolle zur Oxydation in einen Korb fallen. Da Helindonbraun langsamer oxydiert als Indigo, ist es ratsam, die Wolle zwei Stunden liegen zu lassen.

Feldgrau-Rocktuch.

Für 33 kg Wolle	1	2	3	4 ff
Helindonbraun CM-Küpe .	2200 g	1800 g	1500 g	1500 g
Helindongelb CG-Küpe . .	150 g	120 g	120 g	120 g
Indigo 20% Küpe	1500 g	1000 g	600 g	500 g

Feldgrau-Hosentuch.

Für 33 kg Wolle	1	2	3	4 ff
Helindonbraun CM-Küpe .	2400 g	2200 g	2000 g	2000 g
Helindongelb CG-Küpe . .	350 g	300 g	300 g	300 g
Indigo 20% Küpe	2000 g	1200 g	1000 g	900 g

Graugrün-Rocktuch.

Für 33 kg Wolle	1	2	3	4 ff
Helindonbraun CM-Küpe .	300 g	270 g	270 g	270 g
Helindongelb CG-Küpe . .	1000 g	950 g	950 g	950 g
Indigo 20% Küpe	3000 g	1500 g	1200 g	1000 g

Graugrün-Hosentuch.

Für 33 kg Wolle	1	2	3	4 ff
Helindonbraun CM-Küpe .	350 g	300 g	300 g	300 g
Helindongelb CG-Küpe . .	1000 g	1000 g	900 g	900 g
Indigo 20% Küpe	4000 g	2000 g	1500 g	1300 g

Ein anderer Weg zur Entwicklung der Farbe besteht darin, daß man die vergrünte Wolle nach kurzem Spülen mit 5% Essigsäure ½ Stunde lang bei 80—85° C absäuert und dann nochmals spült.

Von den verwendeten drei Farbstoffen ziehen Helindonbraun und -gelb besser aus als Indigo, weshalb beim Arbeiten auf alten Bädern bis zum unveränderlichen Rezept an Braun und Gelb 20% und an Indigo 60% abzubrechen sind.

Die einzelnen Farbstoffzusätze wiegt man am besten in einem mit etwas Hydrosulfitlösung beschicktem Gefäß, um unnötigen Farbstoffverlust durch vorzeitige Oxydation der Stammküpe zu vermeiden. Beim Weiterarbeiten auf altem Bade wird die Küpe zuerst mit Hydrosulfit und Ammoniak abgestimmt, erst dann sollen Farbstoffzusätze erfolgen. Die Farbküpe kann eine Woche bei täglich zehn Zügen ohne Erneuerung geführt werden.

Die Gesellschaft für Chemische Industrie in Basel gibt für die Erzeugung des Feldgraurocktuches bei gleicher Arbeitsweise folgende Farbstoffmengen:

Für 33 kg Wolle	1	2	3 ff
Cibablau B 10%	1700 g	1530 g	1450 g
Cibaorange G 10% . . .	3000 g	2700 g	2560 g
Cibabraun R 10%	1050 g	945 g	900 g

Ciba-Rosa mit Ciba-Scharlach oder Thioindigorot mit Thioindigoscharlach werden neuerdings zum Färben von rotem Besatztuch in der Wolle verwendet.

Kammzug wird im Strang auf offenen Gefäßen unter der Flotte gefärbt und nach dem Färben sofort abgequetscht. Man kann die Küpenfarbstoffe mit wenigen Ausnahmen auf mechanischen Apparaten mit ein- oder wechselseitigem Flottenlauf färben, doch muß dafür gesorgt werden, daß nach dem Färben sofort gut abgequetscht oder abgesaugt und mit kaltem Wasser gespült wird. Nach dem Spülen wird kochend gesäuert.

Garn in Strähnen wird wie lose Wolle, nur auf gebogenen Eisenstäben (S. 145), unter der Flotte gefärbt.

In der Wollstückfärberei benutzt man die Hakmaschine (Seite 201).

Die Ammonsalzküpe von M. L. B. (Ratgeber **1921**, 46) befördert das Aufziehen von Dunkelblau und Schwarz. Man beschickt die Küpe statt mit Ammoniak mit Ammonsalz, z. B. für 100 kg Schwarz auf 3000 Liter Küpe in zwei Zügen

1½ kg Glyosin A,
2 „ Ammonsulfat,
2 „ Hydrosulfit konz. Pulver,
10 „ Helindonschwarz T Küpe fest.

Vor dem zweiten Zug muß mit Hydrosulfit aufgebessert werden. Die Temperatur ist 35—40° C.

Bei dem sog. Säureausziehverfahren der BASF (Musterkarte 2737) gibt man Ammonsulfat und Essigsäure nach und nach

14*

zu. Man packt das Material ein, netzt 20 Minuten be. 70—80° C vor und erniedrigt die Temperatur auf 50° C.

Für 100 kg Wolle bei 1500 l Flotte gibt man

0,5 kg frisch gelösten Leim,
3/4 l Ammoniak 25%,
1 kg Hydrosulfit konz. BASF Pulver und den heiß gelösten Farbstoff zu.

Man läßt 1/2 Stunde gehen und dann 5 kg Ammonsulfat in der 20fachen Menge Wassers gelöst innerhalb 1 Stunde zutropfen. Nach 1/4 Stunde läßt man 3—5 kg Essigsäure 30% in der 20fachen Menge Wassers gelöst innerhalb 1/2 Stunde zutropfen. Hierauf läßt man die Flotte ab- und gleichzeitig kaltes Wasser zulaufen, spült kräftig, schleudert und läßt oxydieren.

Bei unvorsichtigem Arbeiten läßt die Reibechtheit zu wünschen übrig.

C. Für Seide.

Man verwendet hauptsächlich die Farbstoffe, die zu ihrer Lösung wenig Natronlauge brauchen.

I. Gelb und Kreß.

1. Cibagelb G Pulver (I_{43}). 3% färben aus blauroter Hydrosulfitküpe bei 40° auf gebleichte Baumwolle **02** 5,8 20. Die Färbung ist vorzüglich wasch-, licht- und chlorecht. L. E. = 7; W. E. = 5. Ebenso diejenige der verwandten Marken 2 R und 5 R. 3,3% 2 R und 5 R färben auf Baumwollgarn 05 r b bzw. 09 r b. L. E. = 7 bzw. 6; W. E. = 5.

Die Stammküpe wird mit 100 l Wasser, 100 g Monopolseife 1667 ccm Natronlauge 40° Bé und 1500 g Hydrosulfit konz. auf 1 kg Farbstoff bei 60° C angesetzt. Gefärbt wird bei 40° mit 10—30 g Salz im Liter Bad.

2. Helindonorange R (M), Thioindigoorange R (K). 7 g Thioindigoorange R-Teig im Liter Küpe färben aus blaßgelber Hydrosulfitküpe bei 30—40° C auf gebleichten Baumwollstoff **21 03 20**, also die Norm 21 p a. Die nur kurze Zeit haltbare Stammküpe wird bei 60° C mit 2 l Wasser, 100 ccm Natronlauge 40° Bé, 100 g Soda kalz. und 100 g Hydrosulfit konz. auf 1 kg Farbstoff

Gesellschaft für Chemische Industrie in Basel (J).

43. 3 % Cibagelb G Pulver auf gebleichter Baumwolle in der Hydrosulfitküpe gefärbt.	
44. 4 % Cibascharlach G extra Pulver auf gebleichter Baumwolle in der Hydrosulfitküpe gefärbt.	
45. 1,5 % Cibarosa BG Pulver auf gebleichter Baumwolle in der Hydrosulfitküpe gefärbt.	
46. 3 % Cibaviolett B Pulver auf gebleichter Baumwolle in der Hydrosulfitküpe gefärbt.	
47. 3 % Cibablau 2 B Pulver auf gebleichter Baumwolle in der Hydrosulfitküpe gefärbt.	
48. 2 % Cibagrau G Pulver auf gebleichter Baumwolle in der Hydrosulfitküpe gefärbt.	
49. 3 % Cibagrün G Pulver auf gebleichter Baumwolle in der Hydrosulfitküpe gefärbt.	

angesetzt. Das Färbebad wird innerhalb ½ Stunde zu 50—65% erschöpft.

3. Helindonorange D (M). 7½% auf lose Wolle aus gelboliver Hydrosulfitküpe bei 60—65° C gefärbt geben 23 r c. Die Stammküpe wird bei 60—65° mit 10 l Kondenswasser, 230 ccm Natronlauge 40° Bé, 200 ccm Türkonöl, 1200 ccm Leimlösung 1 : 10 und 130 g Hydrosulfit konz. auf 1 kg Farbstoff angesetzt. Die Färbung ist sehr wasch-, walk-, potting-, dekatur- und lichtecht. Baumwolle wird in derselben Küpe gefärbt, nur gibt man die Leimlösung immer gleich zur Stammküpe, um möglichst klare Lösung zu erhalten. 12% färben auf Baumwollgarn 22 p b.

4. Thioindigobraun G (K), Helindonbraun G (M). 12 g Thioindigobraun G-Teig färben aus gelblichbrauner Hydrosulfitküpe auf gebleichten Baumwollstoff **17** 3,2 55. L. E. = 8; W. E. = 5. 1 kg Farbstoffteig wird mit 150 g Furonalöl oder einem anderen Netzöl, 200 ccm Natronlauge 40° Bé und 3,5 l heißem Wasser angeteigt, 125 g Hydrosulfit konz. eingestreut und auf 10 l verdünnt. Man hält bei 40—50° C. Die Stammküpe ist nur kurze Zeit haltbar; es empfiehlt sich daher nur die für die Färbeküpe nötige Menge anzusetzen. Alle Fasern werden licht-, chlor- und waschecht angefärbt. 6,5 g der verwandten Marken R- und 3 R-Teig färben auf merzerisiertes Baumwollgarn etwa 21 p g bzw. 27 p g. L. E. = 8 bzw. 7; W. E. = 5.

II. Rot und Veil.

1. Thioindigorot B (K), Anthrarot (Küpenrot) B (B). Mit diesem Farbstoff hat P. Friedländer 1908 die Reihe der Indigoiden eröffnet. Der Thioindigo ist im Handel als bläulich roter, in den üblichen Lösungsmitteln unlöslicher Teig. Als Leukoverbindung löst er sich in Natriumsulfid (S. 157). Trocken löst er sich in Benzol und Xylol bläulichrot mit gelbroter Fluoreszenz. Die aus der Lösung in Benzol kristallisierenden braunroten Nadeln sublimieren mit kressen Dämpfen. Die bläulichgrüne Lösung in konzentrierter Schwefelsäure scheidet den Farbstoff beim Verdünnen wieder ab. 5 g Thioindigorot B-Teig auf den Liter Küpe färben auf gebleichten Baumwollstoff **33** 3,7 58. Die Hydrosulfitküpe ist schwach gelblich. 1 kg Farbstoffteig wird mit 3,5 l heißem Wasser und 250 ccm Natronlauge 40° Bé angeteigt und 200 g Hydrosulfit konz. eingestreut. Man verdünnt auf 10 l und hält bis zur vollständigen Reduktion bei 40—50°. Nach etwa 20 Minuten soll die Reduktion beendet sein.

Die Färbung ist licht- und chlorechter als die des Indigos. L. E. = 6; W. E. = 5.

2. Cibabordeaux B. 1 % färbt aus goldgelber Hydrosulfitküpe auf gebleichter Baumwolle **37** 13 58. 1 kg Farbstoffpulver wird mit 100 g Monopolseife 1667 ccm Natronlauge 40° Bé und 150 l Wasser von 70° C angeteigt und 1500 g Hydrosulfit konz. eingestreut. Gefärbt wird bei 60°. Die Färbung ist merzerisier- und chlorecht. Der Farbstoff sublimiert mit roten Dämpfen und ist in Xylol mit schwacher gelber Fluoreszenz löslich. L. E. = 7; W. E. = 5.

3. Thioindigorot BG (K), Helindonrot B (M). 10 g Helindonrot B-Teig im Liter Küpe färben auf gebleichtes Baumwollgarn die Farbe 31 n e. Die Hydrosulfitküpe ist grünoliv. 1 kg Farbstoffteig wird mit 200 g Furonalöl, 250 ccm Natronlauge 40° Bé und 3,5 l heißem Wasser angeteigt und 200 g Hydrosulfit eingestreut. Schließlich wird auf 10 l verdünnt und bis zur Reduktion auf 50° C gehalten. Der Farbstoff ist auch für die Apparatefärberei zu gebrauchen. Gemeinsam mit Helindonbraun C, -orange R und D und -blau 2 B liefert er hervorragend echte Modefarben auf Wolle. L. E. = 7; W. E. = 5.

4. Thioindigorot 3B (K), Helindonrot 3B (M). 4 g Thioindigorot 3 B Teig im Liter Küpe färben auf gebleichtem Baumwollstoff **37** 3,5 73. Die gelbolive Hydrosulfitküpe wird wie unter 1. angesetzt. L. E. = 8; W. E. = 5.

5. Helindonrosa BN Teig. 1 g im Liter Küpe färben auf gebleichtes Baumwollgarn 31 g a. 1 kg Farbstoffteig wird mit 10 l heißem Wasser 400 ccm Natronlauge 40° Bé und 300 ccm Türkonöl angerührt und 200 g Hydrosulfit konz. eingestreut. Man hält bei 60—70° bis in 15—20 Minuten die Küpe bräunlichgelb geworden ist. Man färbt bei 40—50°. Zusätze von 10—15 g Kochsalz auf den Liter Bad befördern das Ausziehen des Farbstoffes, je nach Tiefe der Färbung bis zu 70—95 %. Beim Weiterfärben auf alten Bädern empfiehlt sich ein Zusatz von 0,5 g Leim auf den Liter, um das Ausfällen des Farbstoffes bei längerem Stehen zu verhindern. Die Färbung ist vorzüglich wasch-, säure- und chlorecht. L. E. = 7; W. E. = 5.

6. Cibarosa BG (I_{45}). 1,5 % färben aus grünlichgelber Hydrosulfitküpe bei 30° auf gebleichte Baumwolle **33** 15 41. 1 kg Farbstoffpulver werden mit 100 l heißem Wasser, 100 g Monopolseife und 1667 ccm Natronlauge 40° Bé verrührt und 1500 g Hydrosulfit konz. eingestreut. Man hält bei 60°. Dem 30° warmen Färbebade

werden 10—30 g Kochsalz auf den Liter zugegeben. L. E. = 8; W. E. = 5.

7. Thioindigoviolett 2B (K), Helindonviolett 2B (M). 5 g Thioindigoviolett 2 B-Teig im Liter Küpe färben auf gebleichten Baumwolllstoff 48 2,5 90. 1 kg Farbstoffteig wird mit 5 l heißem Wasser, 600 g Furonalöl und 250 ccm Natronlauge 40° Bé angerührt und 200 g Hydrosulfit konz. eingestreut. Schließlich wird auf 10 l verdünnt und solange bei 60° C gehalten, bis die Stammküpe gelbgrün geworden ist. L. E. = 6; W. E. = 5.

8. Helindonechtscharlach R. 40 g Teig im Liter Küpe färben auf gebleichtem Baumwollgarn 25 p c. 1 kg Farbstoffteig wird mit 30 l heißem Wasser, 2 l Natronlauge 40° Bé und 1 l Türkonöl N angeteigt und 1,5 kg Hydrosulfit konz. eingestreut. Man hält bei 60—70°, bis die Stammküpe bläulichgrün geworden ist. Gefärbt wird bei 60°. In ½ Stunde sind die Bäder (bei 20facher Flottenmenge) 50—60 % erschöpft. L. E. = 6; W. E. = 5.

9. Helindonscharlach S (M), Thioindigoscharlach S (K). 5 g Thioindigoscharlach S-Teig im Liter Küpe färben auf gebleichten Baumwollstoff **23** 2,5 40. Die Echtheiten sind gut bis auf die Lichtechtheit, die durch kaltes oder heißes Nachkupfern mit 2 % Kupfervitriol und 1 % Essigsäure erhöht werden kann. Nach D. R. P. 206 567 nachgekupferte Faser unterliegt auch nicht der Faserschwächung, die sonst durch Oxydation der im Farbstoff enthaltenen SC_2H_5-gruppe zur Sulfosäure beim Lagern eintreten könnte. Der Farbstoff ist nicht mehr im Handel.

10. Cibaviolett B. 1 % färbt aus stumpf goldgelber Hydrosulfitküpe auf gebleichte Baumwolle **46** 14 57, also die Norm 46 i c, die 3 %ige (I_{46}) **47** 06 76. L. E. = 7; W. E. = 4—5. 1 kg Farbstoffpulver wird mit 150 l heißem Wasser, 100 g Monopolseife und 1667 ccm Natronlauge 40° Bé verrührt und 1500 g Hydrosulfit konz. eingestreut. Man hält die Stammküpe bei 70° und färbt bei 60°. 3 % der verwandten Marke 3B [Thioindigoviolett K (K)] färben auf gebleichtes Baumwollgarn 47 n c. Die Färbungen sind chlor-, wasch-, licht- und bügelecht. L. E. = 7; W. E. = 4—5.

11. Cibaheliotrop B. 1 % färbt aus grünlichgelber Hydrosulfitküpe auf gebleichte Baumwolle **44** 18 60. Die Verküpung geschieht wie bei 10. Das Pulver sublimiert mit veilchenfarbigen Dämpfen; in Xylol ist es schwer löslich. L. E. = 7; W. E. = 4—5.

12. Thioindigoscharlach R. 15 g Teig im Liter Küpe färben auf gebleichte Baumwolle **26** 05 58. Die Verküpung erfolgt

wie bei 1. Die Hydrosulfitküpe ist gelblichkreß. Der Farbstoff sublimiert mit braunen Dämpfen. L. E. = 8; W. E. = 5.

13. Thioindigoscharlach G (K), Cibarot G (I). Auch dieser Farbstoff sublimiert mit braunen Dämpfen und ist in Xylol schwer löslich. 10 g Thioindigoscharlach G-Teig färben aus gelber Hydrosulfitküpe auf gebleichten Baumwollstoff **25** 3,5 55. Die Färbung ist waschechter als die vorige. Verküpt wird wie bei 1. L. E. = 8; W. E. = 5.

14. Thioindigoscharlach 2G (K), Cibascharlach G (I), Helindonechtscharlach C (M) hat ähnliche Eigenschaften wie 12. und 13. 10 g Thioindigoscharlach 2G-Teig färben aus dunkelveiler Hydrosulfitküpe auf gebleichten Baumwollstoff **24** 2,5 25, 1 % Cibascharlach G-Pulver das Rosa **25** 35 20. 4 % Cibascharlach G-extra-Pulver färben **25** 06 15 (I_{44}). Der Farbstoff läßt sich auch aus Natriumsulfidbad färben. Die Färbung ist wasch- und chlorecht. L. E. = 6; W. E. = 4.

15. Cibarot R. 7 % Pulver färben auf gebleichter Baumwolle etwa 27 r a. 1 kg wird mit 80 l heißem Wasser, 100 g Monopolseife, 1667 ccm Natronlauge 40° Bé angerührt und 1500 g Hydrosulfit konz. eingestreut. Die Küpe ist blauveil. Verküpt und gefärbt wird bei 40° C. Beim Färben werden 10—30 g Kochsalz auf den Liter Bad zugesetzt. Wasch- und Lichtechtheit ist besser als bei Cibascharlach. Die Färbung wird leicht gleichmäßig. Sie kann außer durch kochendes Seifen auch durch Chlorkalk ½° Bé entwickelt werden. L. E. = 8; W. E. = 4.

III. Blau.

1. Die gechlorten und gebromten Indigos, die sich durch größere Echtheit und Farbenreinheit auszeichnen:

Brillantindigo BASF/B, G und 4 G. 4 % Teig B färben auf gebleichtes Baumwollgarn etwa 55 k d, L. E. = 5; W. E. = 4, 1,75 % Teig G etwa 59 i e und 1,75 % Teig 4 G etwa 61 k b. Die Marke 4 B ist gleich Cibablau 2 B. Zur Bereitung der Stammküpe für die Brillantindigos wird 1 kg Farbstoffteig mit heißem Wasser angeteigt, mit Wasser von 50—60° C auf 10—15 l verdünnt, 300 ccm Türkischrotöl und 500 ccm Natronlauge 40° Bé zugegeben und 500 g Hydrosulfit konz. eingestreut. Die Küpe ist gelb. Gefärbt wird möglichst unter der Flotte bei 50—55° C (bei hellen Färbungen, um besser gleich zu färben, bei 30° eingegangen). Nach dem Färben wird ausgewrungen und ausgeschlagen, 1/4 Stunde verhängt, ein Wasser von 80—90° C 10 Minuten gegeben, eine 1/2 Stunde mit 2 g Seife im l gekocht und gespült. Die gelberen Marken bedürfen mehr Natronlauge beim Ansatz der Stammküpe, 4 G etwa das Doppelte des obigen Ansatzes; ebenso muß bei helleren Färbungen mehr Natronlauge, bis zum 1 1/2 fachen angewandt werden.

Indigorein BASF-Teig 40 % R und RR, Indigo MLB/R und RR. 10 g Indigo MLB-Teig 2R im Liter Küpe geben auf gebleichtem Baumwollgarn 51 p g. Auf 1 kg Indigo MLB/R-Teig 20 % braucht man 2 1/2 l Wasser zum Anteigen, 600 ccm Natronlauge 40° Bé und 200 g Hydrosulfit konz. bei 45—50°. Die Stammküpe ist goldgelb. Gefärbt wird bei 15—25°. Das Bad erschöpft sich bei einem Zuge von 1/2 Stunde nur um 15—20 %, bei Marke RR dagegen um 50—65 %. L. E. (R) = 2—3; W. E. = 4.

Indigorein BASF-Teig 40 % RB und Pulver RBN, Indigo MLB/2B, Indigo 2R Ciba. 2 g Indigo MLB/2 B-Teig 20 % im l Küpe geben auf gebleichtem Baumwollgarn etwa 55 l d. Zur Verküpung von 1 kg Farbstoff braucht man die gleichen Mengen wie bei Marke 2R. Das Bad erschöpft sich ebenfalls um 50—65 %. L. E. = 3; W. E. = 4.

Indigo MLB/4B, Cibablau 2B, Indigo KB (K), Bromindigo FB (By). 3 % Cibablau 2B Pulver (I_{47}) geben auf gebleichter Baumwolle **53** 04 75. Zur Verküpung von 1 kg Cibablau 2B Pulver sind erforderlich 150 l Wasser, 100 g Monopolseife, 1666 ccm Natronlauge 40° Bé, 1500 g Hydrosulfit konz. bei 70°. Die Küpe ist goldgelb. Gefärbt wird bei 60°. L. E. = 6; W. E. = 4.

Indigo MLB/5B, Indigo K/2B (K), Cibablau G. 2 g Indigo MLB/5 B Teig 20 % im l Küpe geben auf gebleichtem Baumwollgarn etwa 55 o d. Wegen der Schwerlöslichkeit der Natriumverbindung des Leukoindigos läßt sich keine Stammküpe ansetzen. 1 kg Indigo MLB/5 B Teig 20 % wird in der Färbeküpe mit 1/2 l Natronlauge 40° Bé, 200 ccm Türkonöl N und 250 g Hydrosulfit konz. bei 60° reduziert. Die Küpe ist goldgelb und wird durch einen Zug um 60—75 % erschöpft. L. E. = 3; W. E. = 3—4.

Indigo MLB/6B, Indigo KG (K). 10 g Indigo MLB/6 B Teig 20 % im l Küpe geben auf gebleichtem Baumwollgarn 58 p g. L. E. = 5; W. E. = 5. Auch hier läßt sich keine Stammküpe mehr ansetzen. Die erforderlichen Mengen Lauge, Soda, Türkonöl und Hydrosulfit schwanken je nach Gehalt der Küpe:

g Farbstoff Teig 20% im l	ccm Natronlauge 40° Be	g Soda kalz.	ccm Türkonöl	g Hydrosulfit konz.
1	2	2	1	1
5	5	5	2	1,5
10	6	6	4	2,5

2. Thioindigograu 2B (K), Helindongrau 2B (M). 4 % Helindongrau BB Teig färben auf Kammzug etwa 62 k e. Die schmutzig gelbgrüne Stammküpe wird bereitet, indem man für 1 kg Farbstoff Teig 6 l heißes Wasser, 200 g Türkonöl, 300 g Natronlauge 40° Bé und 300 g Hydrosulfit konz. bei 50° anwendet. Der 50° warmen Färbeküpe setzt man auf den l je ½ g Leim, Soda kalz. und Türkonöl und 0,15 g Hydrosulfit konz. hinzu. Man färbt unter der Flotte, quetscht sofort ab, spült gut und kocht mit 5 % Essigsäure oder 2 % Ameisensäure ½ Stunde. 6,5 g Thioindigograu 2B Teig im l Färbeküpe geben auf gebleichter Baumwolle etwa 56 o g. Nach dem Färben wird abgequetscht, am Windpfahl egalisiert, zur Oxydation verhängt, gespült und mit 2 g Seife ½ Stunde gekocht. Die Färbung ist sehr lichtecht, aber nicht chlorbeständig. L. E. = 8; W. E. = 4—5.

3. Cibagrau G (I_{48}). 2 % färben aus grünlichgelber Hydrosulfitküpe auf gebleichte Baumwolle zunächst ein Blau, das durch kochendes Seifen in das Grau **58** 19 65 übergeführt wird. Die Stammküpe wird für 1 kg Farbstoffpulver mit 150 l Wasser, 1666 ccm Natronlauge 40° Bé und 1500 g Hydrosulfit konz. bei 60° angesetzt. Gefärbt wird bei 60°. Die Färbung ist licht-, wasch- und auch chlorecht. L. E. = 8; W. E. = 5.

4. Alizarinindigo 3R, R und G (By). 4 % Alizarinindigo G färben aus gelber Hydrosulfitküpe **56** 3,5 85 auf baumwollenen Satin. Die Stammküpe wird für 1 kg Farbstoff mit 3—5 l Leimlösung 1 : 10, 1250 ccm Natronlauge 40° Bé, 25 l Wasser von 50—60° und 1500 g Hydrosulfit konz. angesetzt. Gefärbt wird bei 70° nach vorherigem Zusatz von 1¼ g Hydrosulfit und 4 ccm Natronlauge 40° Bé auf 1 l Bad.

5. Helindonblau 3GN (M), Thioindigoblau 2G (K). 8 % Thioindigoblau 2G färben aus gelbbrauner Hydrosulfitküpe auf lose Wolle etwa 58 r g. Die Stammküpe wird bei 40—50° C angesetzt, indem man auf 1 kg Farbstoffpulver 100 g Furonalöl, 5 l heißes Wasser, 150 ccm Natronlauge 40° Bé und 120 g Hydrosulfit konz. anwendet und auf 10 l verdünnt. Der Farbstoff liefert auf Baumwolle ebenso wie die Alizarinindigos chlor- und seifenechtere

Blau als Indigo und wird daher gern im Kattundruck angewandt. L. E. = 5; W. E. = 5.

IV. Grün.

1. Cibagrün G (I_{49}). 3 % färben aus bräunlicher Hydrosulfitküpe auf gebleichte Baumwolle 84 07 85. Die Stammküpe wird für 1 kg Farbstoffpulver mit 150 l Wasser, 100 g Monopolseife, 208 ccm Natronlauge 40° Bé und 1500 g Hydrosulfit konz. bei 70° angesetzt; gefärbt wird bei 60°. Die Färbung ist wasch- und ziemlich chlorecht. L. E. = 3; W. E. = 5.

2. Helindongrün G (M), Thioindongrün G (K). 3 g Thioindongrün G Teig im l Färbeküpe geben auf merzerisiertem Baumwollgarn etwa 81 o e. Die Stammküpe wird für 1 kg Farbstoff mit 300 ccm Natronlauge 40° Bé, 5 l Wasser, 1 l Leimlösung 1 : 10 und 200 g Hydrosulfit konz. bei 55—60° angesetzt und auf 10 l verdünnt. Sie sieht bräunlichgelb aus. Der Färbeküpe werden dieselben Zusätze wie unter 3. gemacht und wie dort fertig gestellt. L. E. = 5; W. E. = 5.

3. Thioindonolive B (K). 5 % Teig färben aus rötlichbrauner Hydrosulfitküpe etwa 99 p l. Die Stammküpe wird für 1 kg Farbstoffteig mit 3 l heißem Wasser, 1/4 l Natronlauge 40° Bé und 200 g Hydrosulfit angesetzt. Schließlich wird mit Wasser von 60—70° C auf 10 l verdünnt. Die Färbung ist wasch-, alkali- und chlorecht und kann auch auf Apparaten hergestellt werden. L. E. = 6; W. E. = 5.

V. Schwarz.

Thioindonschwarz 2B (K). Mit 25 % Farbstoffteig erhält man auf Baumwolle ein säure-, wasch-, bügel- und lichtechtes Schwarz, das auch auf Apparaten gefärbt werden kann. Es ist auch für Seide und Kunstseide geeignet. Die Stammküpe wird für 1 kg Farbstoffteig mit 5 l heißem Wasser, 200 ccm Furonalöl, 1/4 l Natronlauge 40° Bé und 200 g Hydrosulfit konz. bei 60—70° angesetzt. Die Küpe sieht gelbolive aus. Man färbt bei 60—70° unter der vorher angeschärften Flotte, quetscht ab, verhängt, säuert kalt mit Schwefelsäure ab, spült bei 50—60° C und kocht 1/2 Stunde mit 2 g Seife im l. L. E. = 8; W. E. = 5.

Reaktionen der Küpenfarbstoffe

s. a. A. G. Green und G. H. Franck (J. Soc. Dyers and Col. 1910).

I. Gelb und Kreß

Farbstoff	Patente und Literatur	Erwärmen mit alkal. Hydrosulfit	Dämpfe beim Erhitzen im trockenen Reagenzrohr	Übergießen mit konz. Schwefelsäure	Betupfen mit rauchender Salpetersäure	Digerieren mit Benzol in der Kälte
			a) Anthrachinon-Abkömmlinge			
Algolgelb 3G	D. R. P. 210 019 212 436	kreß	schwach gelb	gelbe Lösung	unverändert	schwach gelb
Algolgelb R	D. R. P. 225 232 213 500 A. P. 935 781	rotbraun	schwach gelb	hellbraun	unverändert	gelb
Algolorange R	D. R. P. 174 099 A. P. 814 137	gelbbraun	gelbbraun	erst braun, später grün	etwas gelber	kreß
Anthraflavon G	D. R. P. 179 893 199 756	braun	gelb	marron	unverändert	farblos
Anthraolive G (Indanthrenolive G)	D. R. P. :86 990	stumpfes Grün	gelbbraun	olive, gelbolive Lösung	schwarz	farblos
Cibanonbraun B	D. R. P. 204 958 A. P. 915 385	schmutzig gelbbraun,	gelbbraun	rotbraun, rotbraune Lösung	schmutzig oliv, braun oliv	schwach bräunlich
„ „ V		schwarzbraun		gelbbraun, braune Lösung		schwach bräunlich
Cibanongelb R	D. R. P. 209 231 F. P. 398 015 A. P. 902 895	kreßbraun	—	kreßbraun, gelbe Lösung	röter	gelb
Cibanonorange R	D. R. P. 209 231 209 232	kreßbraun	gelblich	kreßbraun, gelbe Lösung	röter	gelb
Helindonbraun 3GN	D. R. P. 208 969	braunkreß	rotbraun	gelbbraun, kresse Lösung	gelboliv	sehwach gelblich
Helindongelb 3G	D. R. P. 232 739 F. P. 410 842	kreß	gelb	scharlach, kresse Lösuug	brauner	—
Indanthrenbraun B	D. R. P. 190 656	schwarz	gelbbraun	gelbbraun, braune Lösung	schmutzig rotbraun	farblos

Indanthrengelb G u. R.	D. R. P. 138 119	blau	schwach gelb	gelbkreß, kresse Lösung	röter, mit braun. Rand	G farblos R schwach gelb
Indanthren-goldorange G	D. R. P. 174 494 175 067 B. 43, 346 44, 1448	fuchsin	gelb	blau, blaue Lösung	—	schwach gelb
Indanthrenkupfer R	D. R. P. 198 048	kreß	schwach gelb	kreß, kresse Lösung	gelbbraun	schwach kreß
Indanthrenorange RT	D. R. P. 198 048 F. P. 370 070 A. P. 927 917 E. P. 9657/07	kreß	schwach gelb	rot, kresse Lösung	gelbbraun	farblos

b) Indigoide Farbstoffe

Cibagelb G	A. P. 997 766 Chem.-Ztg. 1911, 667	schmutzig-bordeaux	gelb	kresse Lösung	kreß, dann gelbbraun	gelblich
Cibaorange G	—	graugrün	gelbbraun	violettbraun, schwachgraue Lösung	veilgrau	schwach kreß
Helindonbraun G Thioindigobraun G	} D. R. P. 221 529 D. R. P. 221 530	hellgelb	schwach braun	bordo, blaurote Lösung	rotbraun	grau angefärbt
Helindonorange D	D. R. P. 198 644	hellgelb	gelbbraun	blau, reinblaue Lösung	rotveil	schwach gelb
Helindonorange R	F. P. 384 418 E. P. 1472/07 A. P. 867 305	farblos	schwach kreß	blauveil	unverändert	schwach gelb
Indigogelb 3G Ciba	A. P. 994 988 Chem.-Ztg. 1911, 667	blaurot	gelb	gelblichkreß, gelbe Lösung	rotveil	schwach gelb

II. Rot und Veil

a) Anthrachinon-Abkömmlinge

Algolbordeaux 3B	D. R. P. 216 668 F. P. 403 259 E. P. 9219/09	braunkreß	—	dunkelgrün, grüne Lösung	nahezu entfärbt, gelbbr. Rand	rosa

Parbstoff	Patente und Literatur	Erwärmen mit alkal. Hydrosulfit	Dämpfe beim Erhitzen im trockenen Reagenzrohr	Übergießen mit konz. Schwefelsäure	Betupfen mit rauchender Salpetersäure	Digerieren mit Benzol in der Kälte
Algolrosa R	D. R. P. 225 232	hellgelb	rot	tiefrot	kreß	rosa
Algolrot B	D. R. P. 194 253 F. P. 381 214 E. P. 1368/07 A. P. 875 390	marron	—	marron	rotkreß	rosa
Algolrot 5 G	D. R. P. 225 232	hellkreß	rot	tiefrot	gelb	gelbrot
Algolrot R extra	D. R. P. 225 232, 213 500 A. P. 935 781	schwach rötlich braun	schwach rot	rotbraun, olive Lösung	gelber, reiner	rosa
Algolscharlach G	D. R. P. 225 232	hellgelb	gelb	braun	gelb	gelb
Indanthrenbordeaux B	D. R. P. 184 905 F. P. 365 920	braun	—	blau	gelbbraun	braun gefärbt
Indanthrenrot G Indanthrenrot R	D. R. P. 198 664 F. P. 365 920 E. P. 4235/07	marron	—	braun	kreß	rötlich
Indanthrenscharlach G	—	gelb	—	grünschwarz	veilbraun	gelblich
Algolbrillantviolett R	(S.)	rotbraun	gelbbraun	zuerst braun, dann gelbgrün, gelbgrüne Lösung	rotbraun	schwach rotveil
Algolviolett B	D. R. P. 225 232	gelbrot	rotbraun	blauschwarz, Lösung blau	stumpfes blauveil	rötlich veil
Indanthrenviolett R extra	D. R. P. 194 531 A. P. 906 467	veilblau	gelblich braun	dunkelgrün, Lösung grün	braunveil	blaurosa
Indanthrenviolett RT	D. R. P. 177 574 A. P. 819 992	blau	gelblich braun	dunkelveil, Lösung rotveil	braunveil	blaurosa
Indanthrenviolett 2 R extra	D. R. P. 217 570	blau	gelblich braun	dunkelgrün, Lösung gelblich grün	rotveil	blaurosa

b) Indigoide Farbstoffe

Cibabordeaux B	D. R. P. 225 132 A. P. 867 715 Chem.-Ztg. 1908, 1179	grünlichgelb	veil	rot veil, grüne Lösung	braun	blaurot
Cibarot B	F. P. 372 627 E. P. 6490/07 A. P. 848 354 Chem.-Ztg. 1908, 1179	hellgelb	gelbbraun	veilbraun, hellgrüne Lösung	grauer	schwach bläul. angefärbt
Cibarot G Thioindigoscharlach G	D. R. P. 191 097 A. P. 848 355 887 609 Chem.-Ztg. 1908, 1179	hellgelb	rot	dunkelrot, grüne Lösung	rotbraun	rötlich
Cibarot R	D. R. P. 196 349 213 504	dunkelbraun	rot	dunkel, grüne Lösung	rotbraun	rotkreß
Cibascharlach G Thioindigoscharl 2 G	D. R P. 205 377 210 813 211 696 A. P. 891 690 (Grob) B. 41, 3331	veilgrau	gelb und rotes Sublimat	hellgrün, grüne Lösung	braun	rotkreß
Helindonechtscharl. R	D. R. P. 213 465 A. P. 842 626 (Schmidt & Bryk)	hellgelb	rot	dunkelblau, blauveile Lös.	bräunlich	erdbeer
Helindonrosa BN	—	hellgelb	schwach rot	veilbraun, hellgrüne Lös.	gelber	rein gelbrot, fluoresziert
Helindonrot B Thioindigorot BG	D. R. P 198 864 199 492	hellgelb	rot	dunkelgrün, grüne Lösung	braun	fluoresziert, gelbrot
Helindonrot 3 B Thioindigorot 3 B	A. P. 892 897	hellgelb	rot	dunkelgrün, hellgrüne Lös.	braun	kaum gefärbt
Helindonscharlach S Thioindigoscharlach S	A. P. 867 309	hellgelb	kreßrot	lebhaft blau, blaue Lösung	bräunlich	gelbrot
Thioindigorot B Küpenrot B	D. R. P. 192 075 205 324 (Friedländer) B. 39, 1060 Z. f. angew. Ch. 21, 2059	hellgelb	rot	grün, grüne Lösung	braun	blaurot, fluoresziert gelbrot
Thioindigoscharlach R	D. R. P. 182 260 Monatsh. f. Ch. 29, 375	farblos	rot	braunschwarz, gelbbr. Lös.	etwas gelber	rot

Farbstoff	Patente und Literatur	Erwärmen mit alkal. Hydrosulfit	Dämpfe beim Erhitzen im trockenen Reagenzrohr	Übergießen mit konz. Schwefelsäure	Betupfen mit rauchender Salpetersäure	Digerieren mit Benzol in der Kälte
Cibaviolett 3 B	D. R. P. 190 292 190 293	goldgelb	gelblich braun	blauschwarz, Lös. blaugrün	etwas röter	veil
Cibaviolett B	A. P. 836 300 D. R. P. 191 098	goldgelb	gelblich braun	blauschwarz, Lös. grün	unverändert	veil
Cibaviolett R	A. P. 848 356 Chem.-Ztg. 1908, 1178	goldgelb	gelblich braun	veilschwarz, Lösung grün	unverändert	rötlich veil
Cibaheliotrop B	D. R. P. 192 682 A. P. 876 158 Chem.-Ztg. 1908, 1178	stumpfes grünlich gelb	rotbraun	veilschwarz, Lösung blauschwarz	etwas röter	rötlich veil
Helindonviolett 2 B	D. R. P. 234 575	grünlich gelb	gelblich braun	blauschwarz, Lösung grün	röter	rötlich veil
Helindonviolett B		grünlich gelb	gelblich braun	blauschwarz, Lösung grün	röter	rötlich veil
Helindonviolett R		grünlich gelb	rötlich braun	veilschwarz, Lösung grün	röter	rötlich veil
Helindonviolett D	D. R. P. 221 216	grünlich gelb	gelblich braun	veilschwarz, Lösung schwärzlich olive	rötlich veil braun	rötlich veil

III. Blau

a) Hydronblau

Hydronblau G und R	D. R. P. 218 371 224 590 224 591	stumpfes Gelb	olivbraun	violettschwarz, Lösung rötlich grau	stumpfer, grüner	farblos

b) Anthrachinon-Abkömmlinge

Algolblau CF	(S.)	stumpfes grünlich blau	gelblichbraun	schwärzlich blaugrün, Lösung braunoliv	gelb	ganz schwach grünlich
Algolblau 3R	D. R. P. 225 232	braunrot	rotbraun	schwarzgrün, Lösung blaugrün	unverändert	schwach veil
Anthragrau B (Indanthrengrau B)	D. R. P. 157 685 A. P. 767 259	schmutzig oliv	gelbbraun	schmutzig oliv, olive Lösung	gelbbraun	farblos
Indanthrenblau 3G	D. R. P. 129 845; 129 848 138 167; 155 415 158 167; 168 042 210 223; 216 891	grünlichblau	rötl. graubraun	braunoliv	gelb	farblos
Indanthrenblau GC		grünlichblau	gelblichbraun	braunoliv	gelb	farblos
Indanthrenblau GCD		grünlichblau	gelblichbraun	braunoliv	gelb	farblos
Indanthrenblau R		—	—	—	—	—
Indanthrenblau RC		marineblau	gelbl. graubr.	grünoliv	gelbl. grünoliv	eine Spur bläul.
Indanthrenblau RS		blau	veilbraun	braunoliv	gelb	farblos
Indanthrenblau 5G (Algolblau 3G)	D. R. P. 193 121 A. P. 801 418 (Kugel)	dunkelblau	gelblichbraun	dunkelgrün, Lösung gelblich grünoliv	olivgrün	ganz schwach grünlich
Indanthrenblau RK (Algolblau K)	D. R. P. 158 287 A. P. 773 368	blaugrau	bräunlich	schwärzlich oliv, Lösung braunoliv	bräunlich gelb	schwach bläul.
Indanthrendunkelblau BT	D. R. P. 172 609 A. P. 809 892	dunkelblau	gelblichbraun	schwarzgrün, Lös. dunkelgr.	veil	farblos
Indanthrendunkelblau BO	D. R. P. 185 221 A. P. 818 992	veilbraun	gelblichbraun	veilschwarz, Lösung veil	veilschwarz	rosa, veil fluoreszierend
Indanthrengrau K (Algolgrau B)	D. R. P. 213 501 A. P. 960 682	schmutzig braun	gelbbraun	erst oliv, dann braun, braune Lösung	braun	rotgrau

c) Indigo

Indigo	D. R. P. 11 857 54 626 56 273 (B.) 119 280 (G.) 137 955 (M.)	gelb	rotveil	blauschwarze Lösung	gelb	rötlichblau

Alizarinindigo G	E. P. 7816/09	kreßgelb	gelbbraun	olivegrün	unverändert	blaugrün

d) Indigoide Farbstoffe

Farbstoff	Patente und Literatur	Erwärmen mit alkal. Hydrosulfit	Dämpfe beim Erhitzen im trockenen Reagenzrohr	Übergießen mit konz. Schwefelsäure	Betupfen mit rauchender Salpetersäure	Digerieren mit Benzol in der Kälte
Brillant Indigo B und 2 B	F. P. 315 180	goldgelb	gelbbraun	blauschwarz, blaugrüne Lösung	B veilbraun 2 B gelbbraun	grünlichblau
Brillant Indigo G und 4 G	A. P. 955 410	gelb	gelbbraun	blauschwarz, blaugrüne Lösung	G gelbbraun 4 G grünlich-gelb	grünlichblau
Brillant Indigo 4 B Brom Indigo FB Ciba Blau 2 B Indigo MLB/4 B Indigo KB	D. R. P. 193 438 223 544 F. P. 375 514 A. P. 856 776 Chem.-Ztg. 1908, 1178 B. 42, 4408	goldgelb	gelbkreß	blauschwarz, blaugrüne Lösung	veilbraun	grünlichblau
Cibablau G Indigo MLB/5B Indigo MLB/6B	D. R. P. 228 960	rotgelb	gelbbraun	blauschwarz, blaugrüne Lösung	grün	grünlichblau
Cibagrau B Cibagrau G	D. R. P. 232 069 A. P. 417 667 954 273 (S.)	goldgelb	schwach veil	blaugrün, grünblaue Lösung	purpur	purpur
Helindongrau 2 B Thioindigograu 2 B	(S.)	hellgelb	schwach braun	blauveil	purpur	grau angefärbt
Helindonblau 3 GN Thioindigoblau 2 G	(S.)	goldgelb	grünlich gelb	rotbraun	stumpfes Rosa	blaugrün
Helindonblau 2 B Indigo MLB/2B Indigo 2 R Ciba Indigo BASF/RBN	D. R. P. 193 438 208 471 209 078 223 544	goldgelb	gelbbraun	blauschwarze Lösung	gelb, mit grünlich blauem Rand	grünlichblau

Indigo BASF/R Indigo MLB/R Indigo MLB/2R	F. P. 375 514 A. P. 856 687 D. R. P. 128 575 151 866	gelb	veilbraun	schwarzgrün, Lösung gelblich grünoliv	gelb	schwach bläulich
Indigo BASF/G Ingigo MLB/T	B. 42, 3641, 4218	grünlichgelb	rotveil	schwarzgrün, Lösung gelblich grünoliv	gelb	veil fluoreszierend marineblau

IV. Grün

a) Anthrachinon-Abkömmlinge

Algoldunkelgrün B	—	schwarzblau	gelbbraun	olivschwarz, blauschwarze Lösung	braun	farblos
Indanthrengrün BB (Algolgrün B)	D. R. P. 158 287 193 121	schmutzig blauveil	gelbbraun	gelbgrün, reine grüne Lösung	hellgrau mit schwarzbraunem Rand	farblos

b) Indigoide Farbstoffe

Ciba Grün G	D. R. P. 193 970 A. P. 872 227	kreß	schwach braun	veilblau, grünblaue Lösung	grauviolett mit weißem Rand	schwach grün angefärbt
Helindongrün G	(S.)	kreß	schwach braun	blauveil, grünblaue Lösung	stark purpur	grau angefärbt

V. Schwarz

Cibanonschwarz B	(S.)	blauer	gelbbraun	braunschwarz, schmutzig purpurne Lösung	unverändert	rosa mit Fluoreszenz
Indanthrenschwarz BB	D. R. P. 185 222	blauschwarz	gelbbraun	rotblau, rotblaue Lösung	schwarz	schwach rosa angefärbt

(Grau siehe unter Blau.)

f. Pigmentfarbstoffe.

Sie sind ähnlich wie die Schwefel- und Küpenfarbstoffe in Wasser unlöslich. Während aber jene durch den verhältnismäßig einfachen Vorgang der Reduktion in Lösung gebracht („verküpt“) werden konnten, versagt dieses Mittel hier vollständig. Als einziger Ausweg bietet sich die Erzeugung des Farbstoffs auf der Faser selbst. Die Färberei übernimmt also gewissermaßen die Arbeit der Farbstoffabrik.

Natürlich ist dies nur bei verhältnismäßig einfachen chemischen Umsetzungen möglich, die zur Farbstoffbildung führen, ohne die Faser zu schädigen. Ausgeschlossen sind von vornherein Umsetzungen, die nur bei hohen Temperaturen verlaufen oder die Gegenwart scharfer chemischer Hilfsmittel erfordern. Drei Verfahren sind es, die sich bis jetzt als geeignet erwiesen haben: die Erzeugung unlöslicher Azofarbstoffe durch Kupplung, die Erzeugung unlöslicher Farbstoffe durch Oxydation und die Kondensation unlöslicher Farbstoffe im Dampf auf der Faser.

Zum Teil werden diese Farbstoffe auch von den Farbstofffabriken hergestellt; sie dienen dann nicht in der Gespinstfärberei, sondern als Lackfarbstoffe.

Eigenschaften: Die in der Faser erzeugten Pigmentfarbstoffe sind vermöge ihrer Unlöslichkeit in Wasser von vornherein wasserecht; außerdem sind sie meistens recht lichtecht.

Die Reibechtheit läßt dann zu wünschen übrig, wenn der Farbstoff lediglich durch Tränken der Faser mit einer Lösung und darauffolgende Ausfällung erzeugt wurde. Dann läßt sich nicht vermeiden, daß der Farbstoff auch zum Teil oberflächlich auf der Faser sitzt (Eisrot). Hat dagegen der gelöste Stoff substantiven Charakter (Naphthol AS z. B.), so wandert er dementsprechend mehr in das Innere der Faser und wird dort adsorbiert. Der daraus erzeugte Farbstoff läßt sich dann nicht so leicht abreiben.

Bei denjenigen Farbstoffen dieser Gruppe, die beim Erhitzen von der Faser absublimieren, ist auch die Bügelechtheit gering.

1. Auf der Faser erzeugte Azofarbstoffe.

Im Jahre 1880 ließ sich Gräßler in Cannstatt und um dieselbe Zeit Read Holliday & Sons in Huddersfield ein dahingehendes Verfahren patentieren. Aber erst der Firma J. J. Weber in Winterthur gelang die praktische Ausführung.

E. Ullrich und Kallab haben gute Verfahren für den schwierigsten Teil, die Diazotierung der Basen, gegeben. (Farbwerke Hoechst „Die auf der Faser erzeugten unlöslichen Azofarben", 1898).

Wenn salpetrige Säure auf eine primäre organische Base, wie Anilin, Meta- und Paranitranilin, Aminoazobenzol, Orthoaminoazotoluol usw. bei bestimmter Temperatur einwirkt, so bildet sich eine Diazoverbindung, welche die Eigenschaft besitzt, mit Phenolen in alkalischer Lösung unlösliche Farbstoffe zu bilden.

Die Bildung der Azofarbstoffe erfolgt in zwei Stufen:

1. Diazotieren der Basen.
2. Kuppeln der Diazoverbindungen mit den Phenolen.

Das Diazotieren muß bei den meisten Basen kalt vorgenommen werden; bei höherer Temperatur und längerem Stehen zersetzen sich die meisten Diazoverbindungen unter Stickstoffentwicklung, was man an dem Aufsteigen kleiner Gasblasen erkennt. Daher ist ein Zusatz von Eis zur Lösung häufig erforderlich. In konzentrierter Lösung ist die Gefahr der Zersetzung größer als in verdünnter, bei welcher bei vorsichtigem Arbeiten der Gebrauch von Eis unterbleiben kann. Aminoazobenzol, Aminoazotoluol und Nitrophenetidin können bei gewöhnlicher Temperatur bis zu 30° C diazotiert werden.

Die Nitritlösung wird, der Reinheit des Nitrits entsprechend, etwas über vierfachnormal gestellt und enthält etwa 290 g im Liter Wasser.

Auf 1 Molekel der Base würde man ein Molekel Nitrit brauchen, ferner zur Herstellung des Salzes der Base und zur Zersetzung des Nitrits je eine Molekel Salzsäure. Die Diazotierung läßt sich jedoch besser ausführen und die Diazolösung hält sich länger, wenn außer den beiden Molekeln Salzsäure noch ein Überschuß an Salzsäure und außerdem ein kleiner Überschuß von Nitrit angewendet wird. Überschuß an Salzsäure erkennt man an der Bläuung von Kongopapier. Der Überschuß an Nitrit soll den Verlust ausgleichen, der beim Rühren der Mischung unvermeidlich ist, doch soll er 10% der angewendeten Menge nicht überschreiten, da die freie salpetrige Säure die Kupferteile der Maschinen angreift. Von dem Vorhandensein des Nitritüberschusses überzeugt man sich durch Betupfen von Kaliumjodidstärkepapier mit der Diazolösung; das Papier soll sofort blau werden.

Ist die Base in Salzsäure löslich, so wird die zur Zersetzung des Nitrits nötige Menge und der Überschuß an Salzsäure zugesetzt, die Lösung abgekühlt und dann unter Rühren das gelöste Nitrit zufließen gelassen (Abb. 20); nach 15 Minuten langem Rühren wird, falls sich unlösliche Teile ausgeschieden haben, gefiltert.

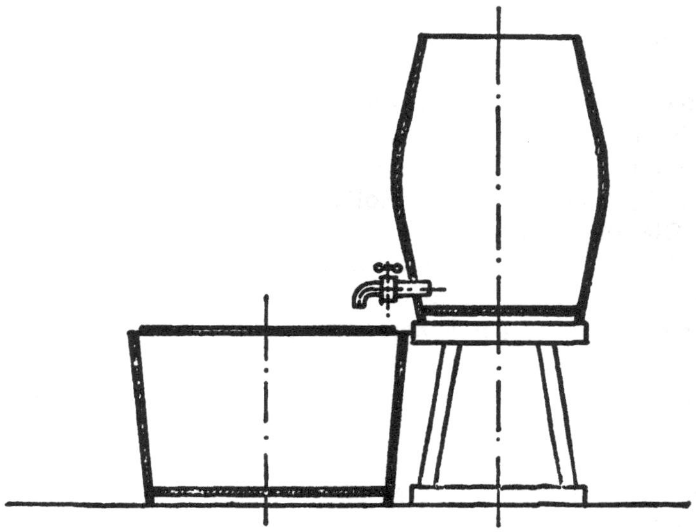

Abb. 20. Diazotiervorrichtung.

Bilden die Basen schwerlösliche Salze, so teigt man die Basen mit Wasser und mit dem Nitrit an und läßt den verdünnten Teig in die Salzsäure langsam einfließen.

Bei der Kupplung soll die Diazolösung keine freie Mineralsäure, sondern Essigsäure enthalten; da die Diazotierung jedoch nur mit Mineralsäure glatt von statten geht, Mineralsäure andererseits auch nötig ist, um die Diazolösung haltbar zu machen, so setzt man ihr erst unmittelbar vor dem Gebrauch Natriumazetat zu, um sie durch Umsetzung essigsaurer zu machen; es empfiehlt sich hierbei, außer den erforderlichen zwei Molekeln einen kleinen Überschuß anzuwenden.

Um billiger zu arbeiten, kann man auch den Überschuß an Salzsäure vorsichtig mit feingemahlener Kreide oder mit gefälltem, kohlensaurem Kalk abstumpfen; man braucht dann nur soviel Natriumazetat zuzusetzen, als der einen Molekel Salzsäure entspricht, welche an die diazotierte Base gebunden ist. Für 1 Molekel Salzsäure braucht man 1/2 Molekel Kreide, auf 100 g 36prozentiger Säure also 50 g. Die Kreide wird mit Wasser angerührt und der dünne Teig nach und nach unter gutem Umrühren in die Diazolösung gegeben; man setzt erst wieder zu, wenn das Aufbrausen aufgehört hat.

Die Bereitung der Diazolösungen erfordert immerhin Sorgfalt, und da die fertigen Lösungen nur verhältnismäßig kurze Zeit haltbar sind, lassen sich gelegentliche Verluste schwer vermeiden. Diese Umstände und die Schwierigkeit der Beschaffung der nötigen Menge von Eis empfahlen die Verwendung von Diazokörpern in haltbarer Form. Die Farbwerke Höchst haben solche zuerst unter dem Namen Azophorfarbstoffe in den Handel gebracht. Wenn sich diese auch etwas teurer stellen als die selbstbereiteten Diazolösungen, so hat doch der Färber die Vorteile der leichteren Handhabung und der größeren Haltbarkeit. Die hauptsächlichen Marken sind Azophorrot PN, diazotiertes Paranitranilin, welches auch als Benzonitrol (Bayer), Azogen (Kalle), Nitrosamin (Bad.) usw. im Handel ist, Azophororange MN, diazotiertes Metanitranilin, AzophorblauD, tetrazotiertes Dianisidin.

Die Azophorfarbstoffe werden in Wasser gelöst und mit Natronlauge versetzt. Sie sind dann zum Gebrauche fertig.

Die Farbwerke Hoechst geben für die Diazotierung der hauptsächlichsten Basen folgende Vorschrift (Nr. 465, 1898):

1. Paranitranilin. a) Aus Nitrit-Teig:

280	g	Paranitranilin werden mit
200	ccm	kaltem Wasser gut angeteigt, abgekühlt und mit
520	„	Nitritlösung (290 g im Liter) versetzt, sodann unter Rühren nach und nach in die Mischung von
440	„	Salzsäure 22° Bé und
4000	„	Eiswasser und Eis eingetragen. Nach öfterem Umrühren wird die Lösung gefiltert, vor Gebrauch mit
600	g	Natriumazetat versetzt und auf 10 l verdünnt.

Paranitranilin N (M.L.B.) enthält Nitrit mit 5 % Überschuß.

b) Durch Umlösen mit Säure:

280	g	Paranitranilin extra Pulver werden in
1200	ccm	kochendem Wasser und
440	„	Salzsäure 22° Bé gelöst, unter gutem Rühren abgekühlt, damit sich das Paranitranilin in feinst verteilter Form ausscheidet; dann setzt man

1000 ccm kaltes Wasser und
1000 g Eis zu und fügt bei 0—2° C
520 ccm Nitritlösung (290 g im Liter) zu. Nach öfterem Rühren wird die Lösung gefiltert, vor Gebrauch mit
600 g Natriumazetat versetzt und auf 10 l verdünnt. Einen Teil des Natriumazetats kann man durch Natronlauge ersetzen.

Paranitranilin S(By) ist das saure Sulfat.

2. und 3. Metanitranilin und Nitrotoluidin werden wenig in der Glattfärberei, mehr im Druck verwendet. Sie werden in der für Paranitranilin angegebenen Weise diazotiert. S. a. S. 240, 265 und 266.

4. Aminoazobenzol.

100 g Aminoazobenzolbase werden mit
125 ccm Nitritlösung (290 g im l) fein verrieben und langsam bei 15° in die Mischung von
1000 „ Wasser und
140 „ Salzsäure 22° Bé eingetragen. Die Lösung wird nach 15 Minuten gefiltert, vor Gebrauch mit 140 g kristallisiertem Natriumazetat versetzt und auf 10 l verdünnt.

5. Aminoazotoluol s. S. 241 und 270.

6. Alpha-Naphthylamin. (Echtgranat B Base von GE) s. S. 239

Ein Zusatz von Metallsalzen zu den Diazobädern erhöht in vielen Fällen die Haltbarkeit derselben; Kupferlösungen jedoch wirken meist zersetzend ein. Die Tetrazoverbindung des Dianisidins macht eine Ausnahme; Kupfersalze zersetzen die Lösung nicht, beeinflussen aber Ton und Echtheit der Färbung im günstigen Sinne, s. S. 263.

Bei der Kupplung zur fabrikmäßigen Darstellung der Azofarbstoffe läßt man die Diazolösung in die alkalische Phenollösung einlaufen, bei Herstellung der Farbstoffe auf der Faser muß jedoch der umgekehrte Weg eingeschlagen werden.

Kupplung bei Anilin-β-Naphthol:

$$C_6H_5 \cdot N = N \cdot Cl + C_{10}H_7 \cdot ONa \rightarrow NaCl + C_6H_5 \cdot N = N \cdot C_{10}H_6 \cdot OH.$$

Bei α-Naphthylamin-β-Naphthol:

$$C_{10}H_7 \cdot N = N \cdot Cl + C_{10}H_7ONa \rightarrow NaCl + C_{10}H_7 \cdot N = N \cdot C_{10}H_6 \cdot OH.$$

Bei der Einwirkung von salpetriger Säure auf Aminoazokörper entstehen Diazo-Azoverbindungen, welche die Gruppe $N = N$ zweimal enthalten, z. B.:

$$C_6H_5 \cdot N = N \cdot C_6H_4 \cdot NH_2 \cdot HCl + NaNO_2 + HCl$$
$$\rightarrow NaCl + C_6H_5 \cdot N = N \cdot C_6H_4 \cdot N = N \cdot Cl + 2\,H_2O.$$

Diazoazobenzolchlorid.

Wenn dieser Körper auf Naphthol einwirkt, so entsteht ein Diazofarbstoff:

$$C_6H_5 \cdot N = N \cdot C_6H_4 \cdot N = N \cdot C_{10}H_6 \cdot OH.$$

Übersicht der Farben auf β-Naphtholgrund.

		L. E.	W. E.
1. Metanitranilin	20 n b	7	3—4
2. Nitroparatoluidin	21 r a	7	3—4
3. Paranitranilin	25 t a	7	4
4. Aminoazobenzol	27 t a	5	4
5. Orthoaminoazotoluol . .	28 t c	—	—
6. α-Naphthylamin . . .	30 t c	5	4
7. Nitrophenetidin	29 n a	—	—
8. Benzidin	25 t l	3	5
9. Tolidin	25 t l	—	—
10. Azophorblau D	53 c e	7	4—5

α-Naphthol gibt meist braunere Farben von geringer Lichtechtheit.

Nach D. R. P. 155 396 der Farbwerke Höchst läßt sich ein echtes Granat durch Kupplung von Paranitrobenzol-azo-orthotoluidin mit β-Naphthol herstellen, ebenso ergeben nach D. R. P. 176 095 derselben Firma p-Aminobenzol-azo-m-toluidin, p-Aminobenzol-azo-azetyl-m-phenylendiamin oder p-Aminobenzol-azo-azetyl-m-toluylendiamin, tetrazotiert und mit β-Naphthol auf der Faser gekuppelt, chlorechte, unlösliche schwarze Farbstoffe.

Zur Erhöhung der Echtheit schlug Louis Blumer-Zwickau (D. R. P. 186 933) die Anwendung des bekannten, in verdünnter Natronlauge löslichen Kondensationsprodukts aus Phenol und Formaldehyd an Stelle von β-Naphthol vor.

Das Material wird fast ausschließlich mit β-Naphtholnatriumlösung getränkt. Das Naphthol wird mit Natronlauge angeteigt und gelöst. Die Lauge muß frei von Sulfat sein, weil dieses die Farbe ungünstig beeinflußt. Ein Überschuß von Natronlauge kann von Vorteil sein, muß aber in der Garnfärberei vermieden werden, weil durch das langsame Trocknen der alkalischen Grundierungen leicht ungleiche Färbungen entstehen. Ein Zusatz von fettsauren Verbindungen ist in vielen Fällen vorteilhaft, ferner haben verschiedene Verdickungsmittel Einfluß auf Ton und Echtheit der Färbungen.

Für blaustichiges Pararot wird ein Zusatz von dem Natriumsalz der β-Naphtholmonosulfosäure F, dem Nüanciersalz (C), zu dem β-Naphthol angewendet. Naphthol R (M) stellt die fertige Mischung dar.

Naphthol BD (C) = 5 und 8-Amino-2-Naphthol gibt mit Diazoparanitralin Schwarz; desgleichen Nigrophor (B), der Azofarbstoff 1,2,4-Dichloranilin → 1,8,5-Aminonaphtholsulfosäure. Sie dienen im Kattundruck.

Die 2,1-Naphtholkarbonsäure ist von Battegay vorgeschlagen worden für Fälle, in denen sofortige Kupplung vermieden werden soll, z. B. im

Kattundruck. Unter passenden Bedingungen läßt sich die Karboxylgruppe durch die Azogruppe verdrängen.

Für die Färberei haben das Paranitranilinrot und das Naphthylaminbordeaux die meiste Bedeutung. Die anderen unlöslichen Azofarbstoffe dienen mehr im Zeugdruck, weshalb die Grundierungen für die verschiedenen Farben nur kurz angegeben werden:

a) Für Tolidin, Benzidin und Aminoazotoluol
250 g β-Naphthol,
500 ccm Natronlauge 22° Bé und
750 g Tragantschleim (60 : 1000) in 10 l.

b) Für Aminoazobenzol:
70 g β-Naphthol,
250 ccm Natronlauge 22° Bé und
750 g Tragantschleim (60 : 1000) in 10 l.

c) Für Metanitranilin und Nitrotoluidin wird in gleicher Weise grundiert wie für Paranitranilin:

A. Paranitranilinrot.

I. In der Färberei von loser Baumwolle haben die unlöslichen Azofarbstoffe weniger Eingang gefunden; die Färbungen rußen stark ab. In kleineren Partien ausgeführt, stellt sich zudem die Färberei zu teuer, weil die Bäder nicht ausgenutzt werden können. Die Farbwerke Hoechst haben folgende Vorschrift für das Färben von loser Baumwolle veröffentlicht (Ratgeber **1921,** 81):

Die Grundierungsflüssigkeit enthält
25 g β-Naphthol,
44 ccm Natronlauge 22° Bé und
50—60 g Natron-Türkischrotöl im Liter.

In diese Grundierung wird die rohe, nicht ausgekochte Baumwolle eingelegt, alsdann scharf abgeschleudert und bei 50—60° C auf Hürden getrocknet.

Die getrocknete Baumwolle wird in das Entwicklungsbad gebracht, das etwa 14 g Paranitranilin oder 56 g Azophorrot im Liter enthält. Die Bereitung des Bades ist die gleiche, wie sie S. 236 für Garnfärberei angegeben wird. Nach erfolgter Kupplung wird herausgenommen, geschleudert, 1 Stunde liegen gelassen, gründlich gewaschen und bei 50° C geseift. Das Entwicklungsbad wird für die folgenden Partien mit einer Diazolösung, die 25 g Paranitranilin im Liter enthält, nachgebessert.

Für 25 kg Baumwolle sind 150 l Grundierungsflüssigkeit und 360 l Entwicklungsflotte notwendig.

II. Für die Färberei von Baumwollgarn haben Paranitranilin bzw. die haltbaren Diazoverbindungen, wie Nitrazol, Azophorrot usw. und Alphanaphthylamin größere Bedeutung erlangt und werden in ausgedehntem Maße für Kett- und Strähngarne verwendet. Im gescheerten Zustande werden die Kettengarne wie Stückware behandelt und auf Kontinumaschinen gefärbt. Als Kette durchläuft das Garn in Bündel das Bad. Wenn das Garn auch gründlich mit der Grundierflüssigkeit getränkt wird, so kann das Ausquetschen und das nachherige Trocknen Anlaß zu Ungleichmäßigkeiten geben. Auch beim Färben im Strähn hängt viel von der Sorgfalt beim Auswinden aus dem Grundierungsbade ab.

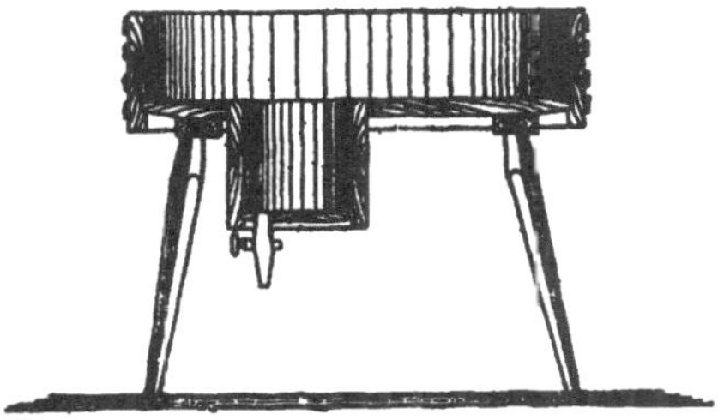

Abb. 21. Terrine.

Vor dem Färben werden die Garne mit Ätznatron, Soda oder Wasserglas ausgekocht, gut gewaschen und getrocknet. Das Garn muß vollständig trocken in das Beizbad kommen, größere Partien auf der Passiermaschine (Abb. 33), kleinere auf der Terrine (Abb. 21), einem auf Füßen ruhenden Faß, das etwa 20 l Flüssigkeit in dem exzentrisch angebrachten Behälter faßt.

Grundierungsflüssigkeit mit β-Naphthol:

a) für gelberes Rot

25 g	β-Naphthol,
40 ccm	Natronlauge 22° Bé,
60—75 g	50 proz. Natron-Türkischrotöl,[1]) oder

[1]) Anstelle des Natron-Türkischrotöls wird auch mit gleich gutem Erfolg Rizinusölseife angewendet, die wie folgt hergestellt wird: 10 kg Rizinusöl werden mit 5½ kg Natronlauge 22° Bé gut verrührt und eine Stunde gekocht; nach etwa 5 Stunden werden 2 200 g Salzsäure 20° Bé zugefügt und noch ½ Stunde gekocht. Nach dem Erkalten wird die Kochsalzlösung abgegossen.

b) für blaueres Rot

25 g β-Naphthol R oder
25 g β-Naphthol und
2 g Nüanciersalz,
50 ccm Natronlauge 22° Bé,
60—70 g 50proz. Natron-Türkischrotöl [1])
im Liter Flotte.

Man füllt etwa 15 l der 40° C warmen Naphthollösung in die Terrine und nimmt das Garn kiloweise durch. Nach jedem Kilo Garn wird $1/2$ l Flotte zugegeben. Das Garn wird über der Terrine abgewunden, in dünne Tücher eingewickelt und gut ausgeschleudert.

Das Garn wird auf Stöcke gebracht und in der Trockenkammer bei 50—60° rasch getrocknet, wobei es entweder durch mechanische Vorrichtungen oder von der Hand gewendet werden muß. Vor Sonnenlicht, Chlor- und sauren Dämpfen muß es geschützt werden; es soll auch nicht mit nassen Händen angefaßt werden, weil dadurch hellere Stellen entstehen. Nach dem Trocknen soll, wenn möglich, sofort entwickelt werden, andernfalls muß das Garn vor Licht und Feuchtigkeit geschützt in Kisten aufbewahrt werden.

Das Entwicklungsbad mit Paranitranilin wird nach S. 231 bereitet.

Für die Entwicklung mit Nitrazol CF geben Cassella & Co. folgende Vorschrift für 100 Pfund engl. (Handbuch **1923**, 171):

Lösung A	$5 1/2$ kg	Nitrazol CF in
	30 l	kaltem Wasser lösen. Die Lösung 30—40 Minuten stehen lassen, hierauf durch ein Haarsieb schütten und einstellen auf
	42 l.	

In einem anderen Gefäße:

Lösung B	950 ccm	Natronlauge 40° Bé mit kaltem Wasser auf
	18 l	einstellen

oder für ein blaueres Rot:

Lösung B_1	850 ccm	Natronlauge 40° Bé mit kaltem Wasser auf
	7,5 l	verdünnen, dann
	600 g	Natriumazetat, in
	7,5 l	kaltem Wasser gelöst, zusetzen und auf
	18 l	einstellen.

[1]) Man kann an Stelle von Türkischrotöl auch 25 g Paraseife (MLB) anwenden, die durch teilweise Neutralisation von Rizinolsäure mit Ammoniak erhalten wird und den besten Blaustich gibt.

Zum Entwickeln nimmt man 7 Teile Lösung A und 3 Teile Lösung B oder B_1 und benutzt eine etwas größere Terrine als die zum Beizen verwendete (40 cm Durchmesser und 25 cm Tiefe, Inhalt 30 l).

Man beschickt die Terrine mit 12 l möglichst kaltem Wasser, 10 l Lösung A und 4½ l Lösung B oder B_1. Das grundierte, trockene Garn wird zweipfundweise durchgenommen, abgewunden, nochmals durchgenommen und schließlich fertig gewunden. Hierauf setzt man 630 ccm Lösung A und 270 ccm Lösung B oder B_1 zu, entwickelt wieder 2 Pfund und arbeitet so weiter, bis die ganze Partie entwickelt ist.

Entwicklungsbad mit Azophorrot.

(Vorschrift der Farbwerke Hoechst aus der Praxis für 400 Pfund, Ratgeber **1921**, 84.)

16 800 g	Azophorrot PN werden mit
100 l	kaltem Wasser angeteigt und allmählich verrührt. Man läßt einige Stunden stehen, zieht die klare Flüssigkeit ab, übergießt den Rückstand mit
35 l	Wasser und zieht die klare Lösung wieder ab. Die klare Lösung wird mit
8900 g	Natronlauge 22° Bé in
35 l	Wasser versetzt und auf
160 l	eingestellt.

Das Garn wird zweipfundweise durch die in einer Terrine befindliche Entwicklungsflotte genommen, gut gespült und mit 1—2 g Seife im Liter Wasser für gelbliches, oder mit 2 g Seife und ¼ g Soda im Liter für bläuliches Rot bei 60° C 10—15 Minuten geseift.

III. Für die Färberei von Geweben ist folgendes zu beachten:

Tränkt man das Gewebe mit Wasser und quetscht gut ab, so hat die Baumwolle ungefähr ihr gleiches Gewicht Wasser aufgenommen, 100 kg Baumwolle nehmen also 100 kg Wasser auf. Das Volumen der aufgenommenen Flüssigkeit bleibt sich gleich, auch wenn sie spezifisch schwerer ist als Wasser, und es ist Aufgabe des Färbers, sich bei jeder Warenart zu vergewissern, wieviel von der Flüssigkeit aufgenommen wird und mit wieviel konzentrierten Lösungen und Wassermengen nachgebessert werden muß.

Das trockene Gewebe wird auf einer Klotzmaschine mit Naphthollösung, 12—25 g im l (s. S. 235), getränkt und der Druck der

Quetschwalzen so eingestellt, daß der Stoff sein eigenes Gewicht an Flüssigkeit aufnimmt. Alsdann wird in der Hotflue oder auf nicht zu heißen Zylindern getrocknet, und die Ware so bald als möglich ½—1 Minute durch das kalte Diazobad — 14 g Paranitranilin im l (s. S. 231) — gezogen (Abb. 22). Das Entwicklungsbad befindet sich in einem Holztrog, welches mit Leitrollen und Ausquetschvorrichtung

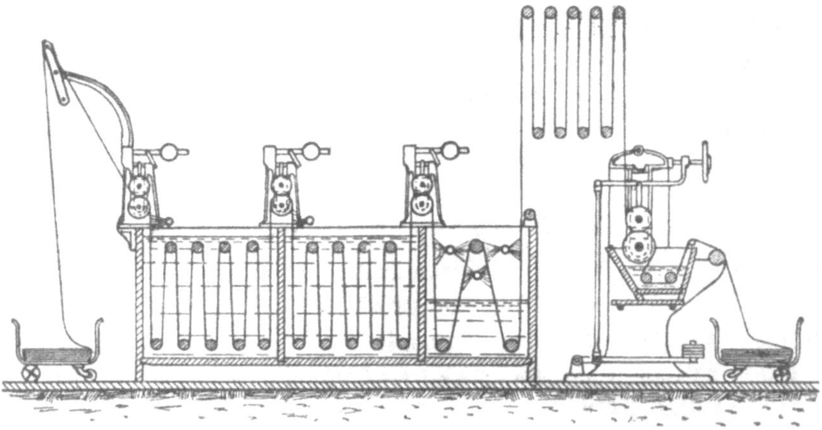

Abb. 22. Stückfärbemaschine für auf der Faser erzeugte Azofarbstoffe.

versehen ist. Der Ersatz der von den Stücken aufgenommenen Flüssigkeit geschieht durch stetigen Zufluß aus einem über dem Troge stehenden Behälter. Nachdem die Ware einen Luftlauf zur Entwicklung der Farbe passiert hat, geht sie in eine Breitwaschmaschine, in deren erstem Kasten ein System von Spritzröhren angebracht ist. Schließlich wird bei 50—60° geseift.

B. Naphthylamin-Bordo.

Die Diazolösung von α-Naphthylamin ist viel leichter zersetzlich als die des Paranitranilins. Die Schönheit und Echtheit der Farbe haben aber dem α-Naphthylaminbordeaux trotz der Schwierigkeiten in der Herstellung gleichmäßiger Färbungen Eingang verschafft, wenn auch nicht in so ausgedehntem Maße, wie Paranitranilinrot.

Die Farbwerke Hoechst geben folgende Vorschriften für 400 Pfund Garn (Ratgeber **1921,** 85):

Grundierung: Das mit 3% Soda abgekochte, gewaschene und getrocknete Garn wird zweipfundweise auf der Terrine durch Naphthollösung genommen und hierauf abgewunden.

Nach der Behandlung von je zwei Pfund wird der Flotte $^{3}/_{4}$ l Ansatzbad zugefügt. Letzteres setzt sich zusammen aus:

4 250 g	β-Naphthol,
8 500 ccm	Natronlauge 22° Bé,
12 750 g	Tragant (60 : 1000) auf
170 l	gestellt.

Nachdem die Partie in dieser Weise behandelt worden ist, nimmt man sie nochmals durch die Naphthollösung, schleudert und trocknet.

Entwicklung:

Lösung I	6400 g	α-Naphthylaminsalz S werden gut angeteigt mit
	40 l	kaltem Wasser und
	3340 g	Schwefelsäure 66° Bé und
	55 kg	Eis zugefügt.
		Hierauf läßt man unter Rühren bei ca. 0° C langsam einfließen:
	8700 ccm	Nitritlösung (290 g im Liter).
		Nach viertelstündigem Stehen wird gefiltert, mit
	17 kg	Tragantlösung (60 : 1000) verdickt und auf
	130 l	eingestellt.
Lösung II	10 kg	Natriumazetat werden in Wasser gelöst und auf
	45 l	eingestellt.

Vor dem Gebrauch werden drei Teile von Lösung I mit einem Teil der Lösung II vermischt.

Zu Beginn bringt man $12^{1}/_{2}$ l der Mischung in die Terrine, fügt 1200 g Tragant (60 : 1000) hinzu und füllt mit kaltem Wasser auf 25 l auf.

Nachdem die ersten zwei Pfund Garn durchgenommen und abgewunden sind, gibt man für jede weitere zwei Pfund Garn $^{3}/_{4}$ l der Mischung zu. Das Garn wird sofort gewaschen und darauf bei ca. 60° C getrocknet. Zu heißes Trocknen muß vermieden werden.

C. Griesheimer Rot und die verwandten Azofarbstoffe

s. a. Broschüre Naphthol AS Anwendungsvorschriften 1925 (A, G. E., By).

I. Allgemeines.

Seite 233 sind die Schwierigkeiten beim Trocknen naphtholierter Garne erwähnt worden, die u. a. die Erzeugung von Eisrot auf Wickeln in Apparaten verhindern. Diese Schwierigkeiten wurden behoben, als die Chemische Fabrik Griesheim-Elektron

1914 die Grundierung mit Naphthol AS an Stelle von β-Naphthol vorschlug. Naphthol AS ist 2,3-Oxynaphthoësäureanilid und hat substantiven Charakter (H. Gürtler T. **1924**, 378). Daher braucht der Naphthol AS-Grund nicht getrocknet zu werden. Er wird nur entwässert und in feuchtem Zustand in der Diazolösung einer Farbbase entwickelt. Nur in Fällen, wo man besonderen Wert auf die Reibechtheit legt (Stückfärberei), arbeitet man mit Zwischentrocknung.

Später hat Griesheim noch andere Naphthole in den Handel gebracht (L. M. f. T. **1925**, 21; J. Soc. Dyers and Col. **1924**, 40, 49).

Verzeichnis der Naphthole:

1.	Naphtol AS	=	2-Oxynaphtoësäure-3-anilid.
2.	„ AS—BS	=	„ „ -m-nitranilid.
3.	„ AS—BO	=	„ „ -1-naphtalid.
4.	„ AS—RL	=	„ „ -p-anisidid.
5.	„ AS—SW	=	„ „ -2-naphtalid.
6.	„ AS—G	=	Acetessigsäure-tolidid.

Verzeichnis der Basen und Färbesalze:

1.	Echtgelb GC Base	—	Echtgelbsalz GC 20 %
2.	Echtorange GC Base	—	Echtorangesalz GC 20 %
3.	Echtorange GR Base	—	Echtorangesalz GR 20 %
4.	Echtorange R Base	—	Echtorangesalz R 20 %
5.	Echtscharlach GG Base	—	Echtscharlachsalz GG 20 %
6.	Echtscharlach G Base		
7.	Echtscharlach RC Base	—	Echtscharlachsalz R 25 %
8.	Echtrot GG Base	—	Echtrotsalz GG 20 %
9.	Echtrot KB Base		
10.	Echtrot 3 GL Base spezial	—	Echtrotsalz 3 GL 40 %
11.	Echtrot GL Base	—	Echtrotsalz GL 20 %
12.	Echtrot RL Base		
13.	Echtrot B Base	—	Echtrotsalz B 20 %
14.	Echtgranat GC Base		
15.	Echtgranat GBC Base		
16.	Echtblau B Base	—	Echtblausalz B 20 %
17.	Echtschwarz LB Base		

1 = Chloranilin,
4 = m-Nitranilin,
6 = 4-Nitro-2-amino-toluol,
7 = 4-Nitro-2-amino-anisol,
11 = 3- „ -4- „ -toluol,
12 = 5-Nitro-2-amino-toluol,
13 = 5- „ -2- „ -anisol,
10 = 2- „ -4-chlor-anilin,
14 = o-Amino-azo-toluol,
17 = o-Phenetidin-azo-1-naphthylamin.

Echtheiten: Die Naphthol AS-Färbungen zeichnen sich durch hervorragende Waschechtheit, durch vorzügliche Chlor- und damit verbundene Bleichechtheit, Alkali- und Säureechtheit aus. Sie sind merzerisier- und überfärbeecht.

Die Färbung aus Naphthol AS—SW und Echtrot KB-Base ist natronlaugekochecht; sie hält eine schwache Druckbeuche aus. Vollkommen beuchecht sind die Gelbfärbungen aus Naphthol AS—G mit den in der nebenstehenden Lichtechtheitstabelle unter AS—G angeführten Basen.

Lichtechtheitstabelle:

Naphthol	AS	AS—BS	AS—BO	AS—RL	AS—WS	AS—G				
1. Echtgelb GC Base	—	—	—	—	—	3				
2. Echtorange GC Base	3	2	3	4	3	3				
3. Echtorange GR Base	3	2	4	5	3	—				
4. Echtorange R Base	3	2	4	4	3	—				
5. Echtscharlach GG Base	4	2	4	5	3	4				
6. Echtscharlach G Base	3	3	3	4	3	—				
7. Echtscharlach RC Base	3	3	3	4	3	—				
8. Echtrot GG Base	4	2	4	5	3	—				
9. Echtrot KB Base	3	2	4	4	4	4				
10. Echtrot 3GL Base special	5	3	4	5	3	—				
11. Echtrot GL Base	4	2	4	5	3	—				
12. Echtrot RL Base	3	2	4	5	3	—				
13. Echtrot B Base	3	3	4	5	3	—				
14. Echtgranat GC Base	3	3	3	3	3	2				
15. Echtgranat GBC Base	3	3	3	3	3	2				
16. Echtblau B Base	2	1	2	2	1	—				
17. Echtblau B Base, gekupfert	3	2	3	3	2	—				
18. Echtschwarz LB Base	4	4	4	4	4	—				

Es bedeutet: 5 = vorzüglich.

4 = sehr gut.

3 = gut.

2 = mäßig.

1 = gering.

II. Grundierung.

Vorbehandlung: Das zu färbende Material wird vor der Grundierung zweckmäßig mit Soda oder Ätznatron abgekocht und getrocknet. Kann das Material nach dem Auskochen nur geschleudert werden, gelangt es also naß zum Grundieren, so ist darauf zu

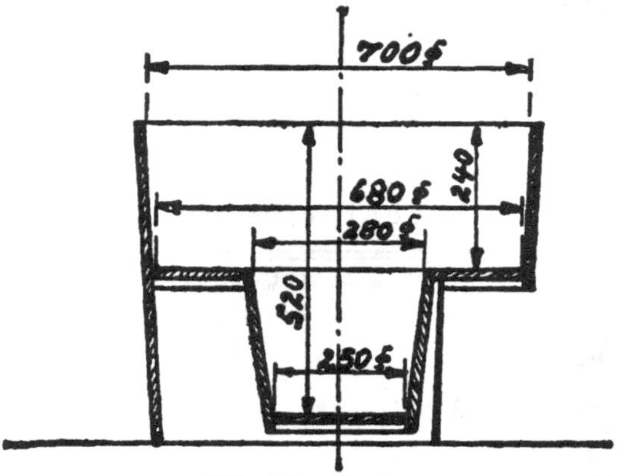

Abb. 23. Terrine.

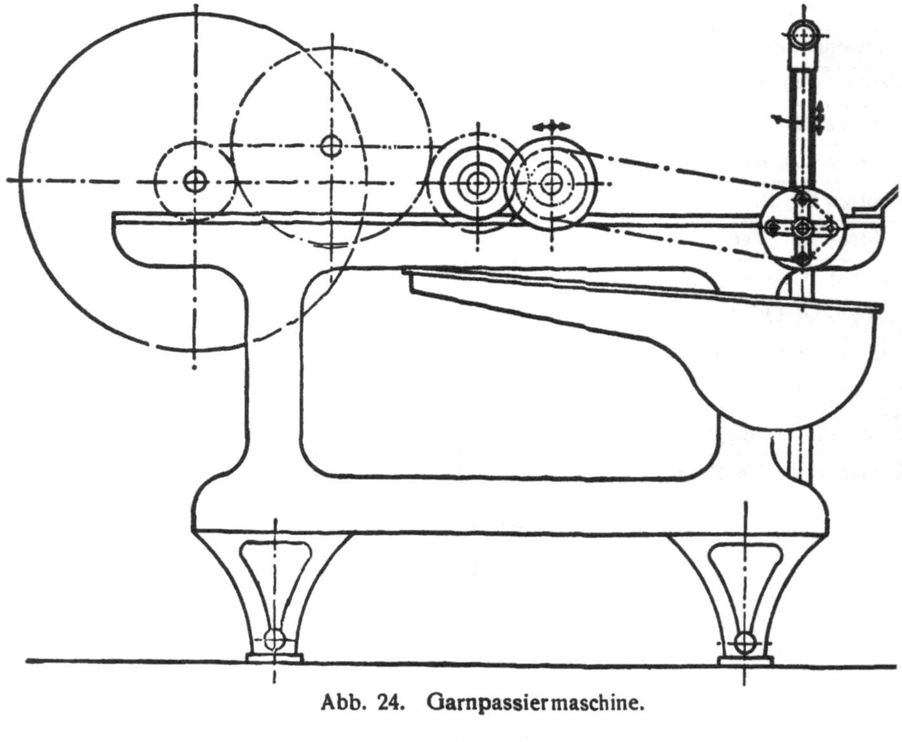

Abb. 24. Garnpassiermaschine.

achten, daß gleichmäßig ausgeschleudert wird. Bei losem Material ist ein Auskochen nicht erforderlich. Für besonders reine und lebhafte Farben empfiehlt sich ein Vorbleichen mit Chlor. Eine solche Bleiche mit Chlorkalklösung oder Natronbleichlauge kann auch an der fertigen Färbung nach erfolgter heißer Nachbehandlung geschehen, da die Farben gegen Chlor widerstandsfähig sind. Wird rohes, unausgekochtes Garn grundiert, so wird das Bad durch die in dem Material enthaltenen Verunreinigungen allmählich getrübt und muß beim Arbeiten auf laufender Flotte öfters erneuert werden.

Art des Grundierens: Handelt es sich um kleinere Partien Garn, so ist das Grundieren auf der Terrine (Abb. 23) zweckmäßig. Bei größeren werden vorteilhaft Garnpassiermaschinen (Abb. 24) verwandt. Bei fortlaufendem Grundieren größerer Partien kann auf der Wanne (Abb. 25) oder auch nach Packsystem gearbeitet werden. Wegen der starken Substantivität von Naphthol AS—SW kommen für Bündelgarn-Grundierungen mit diesem Naphthol nur die beiden letzten Arbeitsmethoden in Frage. Ebenso sind Grundierungen für Gelb- und Rosatöne der Gleichmäßigkeit wegen stets auf der Wanne oder nach dem Packsystem vorzunehmen.

Lose Baumwolle und Kardenband werden auf Apparaten nach dem Packsystem, Kettbäume (Abb. 26), Kreuzspulen usw. in offenen oder geschlossenen Färbeapparaten grundiert. Das Grundieren von Kreuzspulen kann ebenfalls vorteilhaft auf einem Apparat nach dem Packsystem vorgenommen werden.

Für die Stückfärberei kommt in erster Linie der Foulard in Frage. Es können jedoch die Stücke auch auf dem Jigger in Verbindung mit einem gut wirkenden Kalander grundiert werden. Für die Zwischentrocknung von Stückware eignen sich besonders Hotflue und Nadelspannrahmen. Bei vorsichtiger Arbeitsweise (mäßiges Anheizen der ersten Zylinder) kann auch die Zylindertrockenmaschine verwandt werden.

Grundierungszeit: Auf der Terrine und der Passiermaschine grundiert man ½—1 Minute, auf der Wanne und auf Apparaten ½ Stunde, auf dem Foulard nur ganz kurz.

Grundierungstemperatur und Aufziehvermögen: Die Grundierungstemperatur beträgt im allgemeinen 25—30° C. Das Aufziehvermögen ist in der Kälte stärker und nimmt mit steigender Temperatur ab. Bei Naphthol AS—SW ist das Aufziehen bei niederer Temperatur so stark, daß bei Schwarz bronzige Färbungen entstehen. Es empfiehlt sich daher, zur Herstellung von Schwarz mit Naphthol AS—SW bei 40° C zu grundieren.

Wasser: Die Grundierungsbäder werden vorteilhaft mit enthärtetem oder Kondenswasser angesetzt. Bei Verwendung von hartem Wasser bilden sich aus den Kalksalzen des Wassers und dem

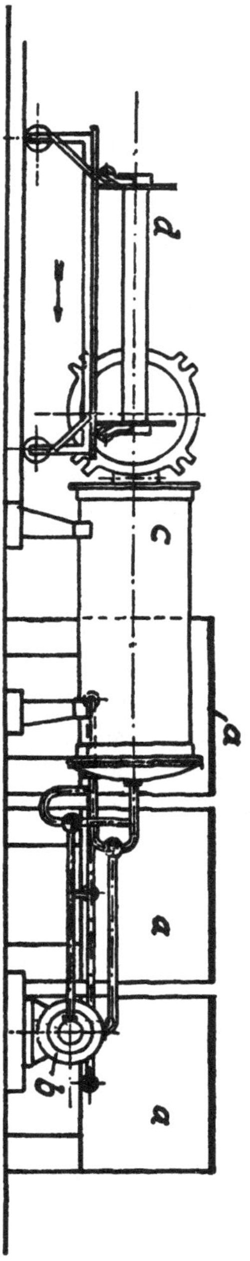

Abb. 26. Geschlossener Färbeapparat für Kettbäume, Kreuzspulen usw.
a. Flottenbehälter. b. Pumpe. c. Färbezylinder. d. Kettbäume.

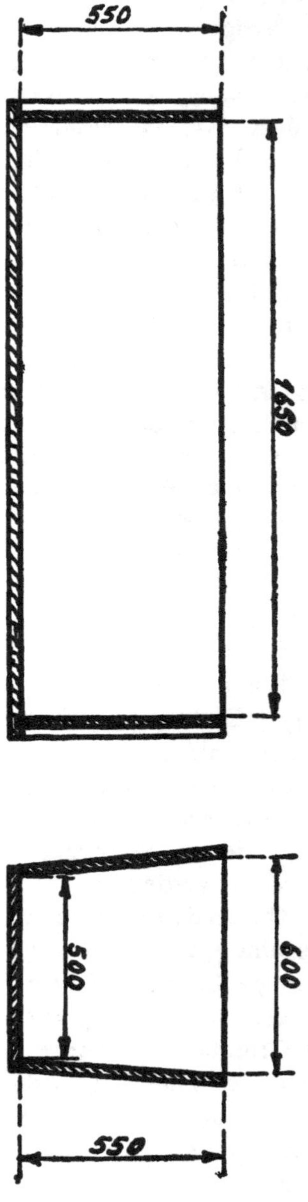

Abb. 25. Wanne für 25 kg-Partie.

im Bad enthaltenen Türkischrotöl unlösliche Kalkseifen, die die Lösung trüben und ihre Färbekraft herabsetzen. Die Grundierungsflotten des etwas schwerer löslichen Naphthol AS—SW erfordern unbedingt Kondenswasser oder enthärtetes Wasser, weil dieses Naphthol mit hartem Wasser keine brauchbaren Lösungen ergibt.

Salzzusätze: Durch Kochsalz- oder Glaubersalzzusatz kann man das Aufziehen der Naphthole verstärken. Das Salz wird gelöst und vorsichtig zugefügt, damit das Naphthol nicht aus der Lösung ausgesalzen wird. Salzzusätze wendet man daher vorteilhaft erst bei der letzten Partie an, um das Bad besser zu erschöpfen.

Bei dem stark substantiven Naphthol AS—SW kann sogar bei einmaliger Grundierung das Naphtholbad durch Kochsalzzusatz fast vollständig erschöpft werden. Man macht jedoch davon zweckmäßig nur dann Gebrauch, wenn nur eine oder zwei Partien zum Färben vorliegen. Bei mehreren Partien empfiehlt es sich, ohne Salzzusatz laufend zu arbeiten, damit die im Ansatzbad enthaltenen Mengen von Türkischrotöl, Lauge und Formaldehyd nicht verloren gehen.

Naphthol AS—G besitzt geringe Verwandtschaft zur Baumwollfaser. Durch Salzzusätze wird jedoch der substantive Charakter so bedeutend erhöht, daß man zur besseren Ausnutzung der Bäder Naphthol AS—G auf der Wanne mit Glaubersalz oder Kochsalz grundiert.

Haltbarkeit der Bäder: Die Naphtholbäder erleiden beim Stehen infolge der Vergröberung des Dispersitätsgrades eine langsam fortschreitende Zersetzung. Diese äußert sich zunächst in einer leichten Trübung, die später zu flockigen Ausscheidungen führt. Bei täglichem Gebrauch des Bades ist eine Abnahme der Farbstärke nicht bemerkbar, weil durch den Nachsatz stets frische Naphthollösung hinzukommt und dadurch das Bad erneuert wird. Steht jedoch die Flotte längere Zeit unbenutzt, so hat man zuerst durch eine Probefärbung die Stärke des Bades zu ermitteln. Bäder, die sehr stark ausgeschieden haben, sind abzulassen und neu anzusetzen.

Um das Ausscheiden der Bäder zurückzudrängen, setzt man zweckmäßig der Flotte etwas Leim zu. Die Haltbarkeit des leicht zum Gelatinieren neigenden Naphthol AS—BO-Bades wird durch einen Zusatz von 1—2 g Leim im Liter bedeutend erhöht (s. S. 250).

Entwässern: Das grundierte Baumwollmaterial muß entwässert werden, d. h. der mechanisch anhaftende Teil der Naphthollösung muß weitgehendst entfernt werden, damit die Bildung von Farbstoff außerhalb der Faser möglichst eingeschränkt wird; denn der auf der Faser sich bildende Farblack reibt ab und macht die Färbung unecht. Die Entwässerung geschieht durch Schleudern, Abwinden (Abb. 27), Abquetschen, Absaugen oder Abpressen, je nachdem die Baumwolle als loses Material, Kardenband, Stranggarn, Kettbaum, Kreuzspule oder im Stück gefärbt wird. Der Entwässerungseffekt soll — Stückware ausgenommen — 50 % betragen, d. h. die grundierte Ware soll nach dem Entwässern nur um 50 % ihres Trockengewichts schwerer geworden sein. Eine Entwässerung ist auch erforderlich, wenn man auf der Terrine oder Passiermaschine grundiert hat.

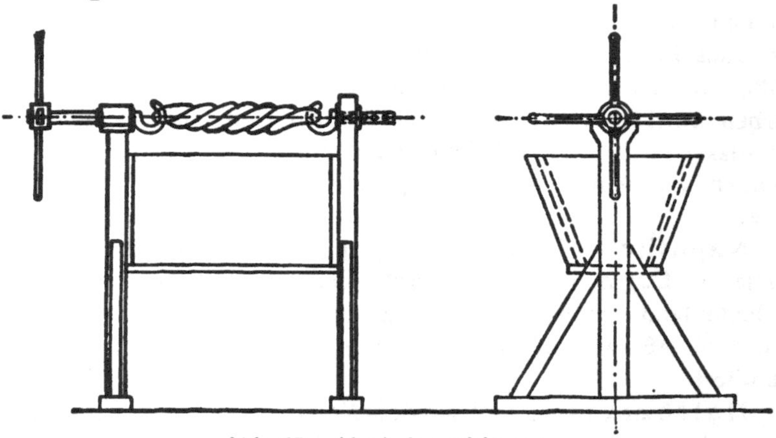

Abb. 27. Abwindevorrichtung.

Die Schleuderflotten sind aufzufangen und werden, mit Ausnahme von Grundierungen auf der Terrine, Passiermaschine und Zittauer Kreuzspulfärbeapparat (S. 271), dem gebrauchten Bad wieder zugesetzt. Die Schleuderflotten von der Terrinengrundierung können nach Feststellung ihrer Stärke durch eine Probefärbung bei weiteren Ansätzen verwendet werden.

Das naphtholierte Garn darf nicht mit nassen Händen angefaßt werden, da sonst fleckige Färbungen entstehen; es muß ferner vor direktem Sonnenlicht, Wassertropfen, Chlor- und Säuredämpfen geschützt und möglichst bald ausgefärbt werden. Während des Schleuderns, und wenn das Entwickeln nicht unmittelbar anschließend erfolgen kann, empfiehlt es sich, die Ware in naphtholgetränkte Tücher einzuschlagen.

H a u t a u s s c h l ä g e u n d i h r e V e r h ü t u n g: Beim Arbeiten mit Naphthol AS treten bisweilen bei Arbeitern mit empfindlicher

Haut Hautausschläge auf. Die Ursachen dieser Ausschläge sind sowohl in den alkalischen Grundierungsbädern als auch in den Diazolösungen zu suchen. Die Natronlauge der Naphtholbäder macht die Hände spröde und rissig und in der aufgesprungenen Haut bildet jede Verunreinigung leicht kleine Entzündungen. Gegen Diazolösungen sind manche Menschen empfindlich. Die Diazoverbindungen erregen bei ihnen ein Hautjucken, das sich bei weiterer Einwirkung zu einem harmlosen Hautausschlag verstärkt.

Man schützt sich gegen diese Schädigungen der Grundierungs- und der Entwicklungsflotten dadurch, daß man beim Arbeiten auf der Terrine und der Wanne Gummihandschuhe benutzt. Als Vorbeugungs- und auch als Heilmittel ist ein Baden der Hände in heißer Seifenlösung zu empfehlen. Nach dem Seifen werden die Hände zweckmäßig mit „Pellidolsalbe“ (Kalle, Biebrich) oder „Quimbo“ (Trommsdorff, Aachen) eingerieben.

Herstellung der Bäder: Die Naphthole werden mit Türkischrotöl und Natronlauge angeteigt. Das Türkischrotöl soll ammoniakfrei sein. Wird Ammoniaköl verwendet, dann ist die Natronlaugenmenge zu erhöhen. Die beim Anteigen sich bildende gelbe Paste wird mit heißem Wasser übergossen und nötigenfalls unter Aufkochen klar gelöst. Alsdann stellt man mit kaltem Wasser auf das gewünschte Volumen ein.

Formaldehydzusatz: Die verdünnte abgekühlte Lösung wird mit Formaldehyd versetzt. Der Formaldehydzusatz macht das grundierte Material widerstandsfähig gegen die Luft. Denn Naphthollösungen sind beim Lagern gegen die Kohlensäure der Luft empfindlich. Diese führt das Naphtholnatrium stellenweise in freies, schwerer kuppelndes Naphthol über; es entstehen streifige Färbungen. Der Formaldehyd bildet nun wahrscheinlich lose Additionsverbindungen mit dem Naphthol, die luftbeständiger sind; er darf nur zur abgekühlten Naphthollösung zugesetzt werden, sonst trübt sie sich unter Abscheidung eines nicht mehr kupplungsfähigen Körpers, dessen Orthostellung zum Hydroxyl demnach voraussichtlich besetzt ist.

Wird die grundierte Ware zwischengetrocknet (Stückfärberei), dann wird der Formaldehyd aus dem Grundierungsbad fortgelassen.

Die Lösung von Naphthol AS—G verträgt keinen Formaldehyd. Es würde sich nach Rath (T. **1924**, 756) sofort die Formaldehydverbindung bilden, die mit Diazolösungen nicht mehr kuppelt. Da die Naphthol AS—G-Grundierung an sich eine genügende Luftwiderstandsfähigkeit besitzt, ist hier ein Schutz auch nicht erforderlich.

Lösungsvorschriften für die Naphthole:

1. Naphthol AS

1	kg	Naphthol AS wird mit Türkischrotöl[1]) und
1½	l	Natronlauge 34° Bé angeteigt und mit
20	l	heißem Wasser, (unter Aufkochen), klar gelöst. Die Lösung füllt man mit kaltem Wasser auf das erforderliche Volumen auf und setzt bei ca. 30° C
1	l	Formaldehyd 30 %ig zu.

2. Naphthol AS—BS

Lösung wie bei Naphthol AS.

3. Naphthol AS—BO

1	kg	Naphthol AS—BO wird mit Türkischrotöl[1]) und
3	l	Natronlauge 34° Bé angeteigt und mit
20	l	heißem Wasser und
0.2	kg	vorher gelöstem Leim, (unter Aufkochen), klar gelöst. Die Lösung füllt man mit kaltem Wasser auf das erforderliche Volumen auf und setzt bei ca. 30° C
1	l	Formaldehyd 30 %ig zu.

4. Naphthol AS—RL

1	kg	Naphthol AS—RL wird mit Türkischrotöl[1]) und
3	l	Natronlauge 34° Bé angeteigt und mit
20	l	heißem Wasser, (unter Aufkochen), klar gelöst. Die Lösung füllt man mit kaltem Wasser auf das erforderliche Volumen auf und setzt bei ca. 30° C
1	l	Formaldehyd, 30 %ig, zu.

5. Naphthol AS—SW

1	kg	Naphthol AS—SW wird mit Türkischrotöl[1]) und
3	l	Natronlauge 34° Bé gut angeteigt. Es empfiehlt sich, die Paste etwas anzuwärmen oder über Nacht stehen zu lassen. Das Ganze wird mit
50	l	Kondenswasser durch ½ stündiges Aufkochen klar gelöst. Diese Lösung füllt man rasch mit kaltem Kondenswasser (gut enthärtetes Wasser) unter beständigem Umrühren auf das erforderliche Volumen auf und setzt sofort bei 30° C
1	l	Formaldehyd 30 %ig zu.

Um eine gewisse Schleuderempfindlichkeit der Naphthol AS—SW-Grundierung zu vermeiden, setzt man dem Bad noch soviel Lauge

[1]) Über die anzuwendende Menge Türkischrotöl siehe Absatz „Türkischrotöl", Seite 249.

zu, daß insgesamt 12—15 ccm Natronlauge 34° Bé im Liter enthalten sind. Diese Laugenmenge kann auch zum Vorschärfen des zur Einstellung erforderlichen Wassers benutzt werden.

6. Naphthol AS—G

1	kg	Naphthol AS—G wird mit Türkischrotöl[1]) und
3(1½[2])	l	Natronlauge 34° Bé angeteigt. Die Paste wird durch Übergießen mit
15	l	heißem Wasser, (unter Aufkochen), gelöst. Die Lösung wird auf das erforderliche Volumen eingestellt und bei Wannen- und Apparatfärbungen für 1 Liter Flotte mit 28 g Glaubersalz kalz. oder 14 g Kochsalz versetzt.

Naphtholate: Für diejenigen Färbereibetriebe, die nur über geringe Hilfsmittel verfügen, werden zur Erleichterung der Herstellung der Grundierungsbäder Naphtholate hergestellt. Diese Naphtholate erhalten neben dem Naphthol die zum Lösen erforderlichen Mengen Natronlauge und Türkischrotöl. Sie werden durch Übergießen mit heißem Wasser in Lösung gebracht. Nötigenfalls wird aufgekocht. Im übrigen ist die Arbeitsweise die gleiche wie bei Anwendung der Naphthole.

Die Naphtholate von Naphthol AS, AS—BS, AS—RL und AS—BO sind 33 %ig, Naphtholat AS—SW ist 20 %ig.

Türkischrotöl: Das Türkischrotöl wird auf die Literanzahl der Flotte berechnet. Die Menge im Liter richtet sich nach der Arbeitsweise; bei Terrinen- und Foulardfärbungen wendet man etwa 15—20 ccm Türkischrotöl im Liter an, während man bei Wannen- und Apparatfärbungen mit 3—6 ccm im Liter auskommt. Man hat darauf zu achten, daß die Menge Türkischrotöl, die im Ansatz im Liter enthalten ist, sich beim laufenden Grundieren nicht wesentlich anreichert. Es ist daher mit dem Naphtholnachsatz nur eine dem Flottenverlust entsprechende Menge Türkischrotöl in das Grundierungsbad zu bringen. Sind z. B. beim Grundieren von 50 kg Garn etwa 75 Liter von einem Bad, das 6 ccm Türkischrotöl im Liter enthält, verloren gegangen, dann muß der Nachsatz etwa 450 ccm Türkischrotöl enthalten. Es darf jedoch beim Lösen des Nachsatzes die Türkischrotölmenge die Hälfte der Naphtholmenge nicht unter-

[1]) Über die anzuwendende Menge Türkischrotöl siehe Absatz „Türkischrotöl", Seite 249.

[2]) Auf 1 kg Naphthol AS—G sind statt 3 Liter nur 1½ Liter Natronlauge 34° Bé zu nehmen bei allen Nachsatzlösungen und bei allen Ansatzlösungen, die mehr als 3 g Naphthol AS—G im Liter enthalten.

schreiten; bei Naphthol AS—SW empfiehlt es sich, zur Erzielung einer klaren Lösung nicht unter die gleiche Menge herunterzugehen.

Nach J. Rath (T. 1923, 426) erhöht der Türkischrotölzusatz den Dispersitätsgrad der Lösungen. Weiter übt er eine Schutzwirkung aus gegen die Trübung und Ausflockung durch den Formaldehyd. Denn die Additionsverbindungen der Naphthole mit Formaldehyd sind schwerer löslich als das Naphthol. Besonders zeigt sich dies bei BO. Das Türkischrotöl hält als Schutzkolloid die Additionsverbindung in Lösung.

Diese Schutzwirkung läßt sich noch durch den Zusatz von Leim verstärken. Während z. B. 7 g Naphthol AS—BO im l mit Natronlauge und Türkischrotöl allein gelöst schon nach drei Tagen gelatinieren, sind sie nach Zusatz von 2 g Leim noch nach zwei Wochen unverändert (s. S. 245).

Stärke der Grundierungsbäder: Die Stärke der Färbung wird nicht in Prozent, sondern in Gramm Naphthol im Liter angegeben. In der Tabelle 1 auf Seite 250a sind die Mengen Naphthol angeführt, die man im Ansatzbad im Liter für tiefe, mittlere und helle Färbungen nehmen muß. Man arbeitet im allgemeinen in einem Flottenverhältnis von 1 : 20. Auf Apparaten kommt man mit einem Flottenverhältnis von 1 : 10 und darunter aus.

Nachsatz für die Grundierungsbäder: Durch einmalige Benutzung wird das Bad nur teilweise erschöpft. Man arbeitet daher auf laufendem Bad und ersetzt nach jeder Grundierung das dem Bad entnommene Naphthol durch einen entsprechenden Nachsatz. Der Nachsatz ist bei den einzelnen Naphtholen verschieden, weil diese sich in der Substantivität unterscheiden. Bestimmend für die Größe des Nachsatzes ist die Arbeitsweise; denn bei einer kurzen Grundierung wird weniger Naphthol aufgenommen als bei längerer Einwirkung des Grundierungsbades. Je länger die Naphthollösung auf die Faser einwirkt, um so mehr muß nachgesetzt werden. Wir haben deshalb zu unterscheiden:

1. Nachsatz bei kurzer Einwirkung des Grundierungsbades, z. B. auf der Terrine, Passiermaschine usw.
2. Nachsatz bei längerer Einwirkung des Grundierungsbades, wie z. B. auf der Wanne, in der Apparatfärberei und auf dem Jigger.
3. Nachsatz bei ganz kurzem Durchlauf auf dem Foulard.

Die Nachsätze sind auf das Kilogramm grundiertes Material bezogen und stehen in einfachem Verhältnis zur Konzentration des Ansatzbades.

Ansatz und Nachsatz der Grundierungsbäder (Tabelle 1).

	Naphthol AS		AS—BS		AS—BO		AS—RL		AS—SW		AS—G	
	Ansatz g i. Ltr.	Nachsatz g auf 1 kg Garn	Ansatz g i. Ltr.	Nachsatz g auf 1 kg Garn	Ansatz g i. Ltr.	Nachsatz g auf 1 kg Garn	Ansatz g i. Ltr.	Nachsatz g auf 1 kg Garn	Ansatz g i. Ltr.	Nachsatz g auf 1 kg Garn	Ansatz g i. Ltr.	Nachsatz g auf 1 kg Garn
Starke Färbungen												
Wanne . . . / Apparat . . .	7	14	7	14	4	16	5[1])	15	2	16[2])	3[3])	12[4])
Terrine . . . / Passiermaschine	10.5	14	10.5	14	6	15	7	14	—	—	—	—
Foulard . . .	16	16	16	16	16	16	16	16	16	16	12	12
Mittlere Färbungen												
Wanne . . . / Apparat . . .	4	8	4	8	2	8	2.5	7.5	1	8	1.5	6
Terrine . . . / Passiermaschine	6	8	6	8	3	7.5	4	8	—	—	—	—
Foulard . . .	10	10	10	10	10	10	10	10	10	10	8	8
Schwache Färbungen												
Wanne . . . / Apparat . . .	2	4	2	4	1	4	1.5	4.5	0.5	4	0,75	3

[1]) Mit Echtrot RL-Base ergeben bereits 4 g Naphthol AS-RL im Liter und ein Nachsatz von 12 g Naphthol AS-RL auf 1 kg Garn eine ausreichend tiefe Färbung.

[2]) Dieser Nachsatz bezieht sich auf ein Flottenverhältnis 1 : 20; bei einem Flottenverhältnis 1 : 10 sind bei einem Ansatz von 2 g im Liter Naphthol AS-SW auf 1 Kilo Garn nachzusetzen (siehe Seite 251).

[3]) und 28g Glaubersalz.

[4]) und für 1 l verlorengegangene Flotte 28 g Glaubersalz.

Bei Terrine und Passiermaschine beträgt der Nachsatz je kg Garn:

1. bei Naphthol AS die 1⅓fache,
2. bei Naphthol AS—BS die 1⅓fache,
3. bei Naphthol AS—RL die 2fache,
4. bei Naphthol AS—BO die 2,5fache Menge Naphthol, die im Ansatzbad im Liter enthalten ist.

Naphthol AS—G und Naphthol AS—SW können nicht auf der Terrine grundiert werden.

Die Nachsätze auf der Terrine und der Passiermaschine sind so zu halten, daß neben dem Naphthol auch die verloren gegangene Flüssigkeitsmenge ersetzt wird, d. h. im Laufe der Arbeit muß die Flottenmenge der Terrine oder des Chassis stets gleich bleiben.

Wird getrocknetes Garn auf der Terrine grundiert, so wird dem Bade bei normalen Arbeiten von 1 kg Garn 1 Liter Flüssigkeit (100 %) entnommen. Der für das Kilo Garn erforderliche Nachsatz muß daher in einem Liter enthalten sein. Arbeitet man mit ausgekochtem, geschleudertem Garn, das gewöhnlich noch 50 % Feuchtigkeit enthält, so wird der Terrinenflotte nur ½ Liter Flüssigkeit entnommen. Der Nachsatz je Kilo Garn muß deshalb in ½ Liter enthalten sein. Wird jedoch durch starkes Abwinden der Garne bei der Grundierung dem Bade weniger als 100 % Flüssigkeit entnommen, dann ist der Nachsatz je Kilo in weniger als 1 bzw. ½ Liter zu geben.

Beim Arbeiten auf der Wanne, auf dem Apparat, oder auf dem Jigger wirkt das Grundierungsbad längere Zeit ein. Es zieht deshalb mehr Naphthol substantiv auf die Faser auf. Im Verhältnis zum Ansatzbad muß daher hier der Nachsatz größer sein, als beim Arbeiten auf der Terrine oder Passiermaschine.

Es sind je Kilo grundierte Ware nachzusetzen:

1. bei Naphthol AS die 2fache,
2. bei Naphthol AS—BS die 2fache,
3. bei Naphthol AS—RL die 3fache,
4. bei Naphthol AS—BO die 4fache,
5. bei Naphthol AS—G die 4fache,
6. bei Naphthol AS—SW die 7—8fache Menge Naphthol, die im Ansatzbad im Liter enthalten ist. Bei einem Flottenverhältnis 1 : 20 ist bei AS—SW die 8fache, bei einem Flottenverhältnis 1 : 10 die 7fache Menge Naphthol nachzusetzen, die im Ansatzbad im Liter enthalten ist.

Die Konzentration, in der der Nachsatz zugegeben wird, spielt bei der Wanne und in der Apparatfärberei keine Rolle. Der Nachsatz wird, nachdem er entweder mit dem Ansatz zusammen oder getrennt gelöst worden ist, in die Wanne bzw. den Flottenbehälter gegeben und alsdann wird auf das alte Volumen eingestellt.

Bei Stückfärbungen am Foulard ist der Durchlauf so kurz, daß ein Aufziehen der Naphthole praktisch nicht in Frage kommt. Da bei einem normal arbeitenden Foulard je Kilo Ware 0,8—1 Liter Naphthollösung aufgenommen wird, läßt man die gleiche Menge einer gleichstarken Nachsatzlösung zufließen. Das Arbeiten auf dem Foulard gestaltet sich daher sehr einfach; man füllt das Chassi, geht mit der Ware durch und läßt aus einem höher gelegenen Behälter eine gleich starke Naphthollösung zufließen, so daß der Stand im Chassi stets gleich bleibt.

Rosatöne: Zur Erzeugung von Rosa kommt ausschließlich das Grundieren und Färben auf der Wanne oder auf Apparaten in Frage. Die Stärke der Bäder schwankt zwischen 0,01—05 g im Liter. Zur Erzielung einer gleichmäßigen Grundierung ist der Türkischrotölzusatz so zu bemessen, daß auf 1 Liter Grundierungsflotte 2—4 ccm Türkischrotöl kommen. Um ein Trübwerden der Grundierungsbäder zu verhindern, ist für Rosafärbungen stets weiches Wasser zu verwenden und das Bad mit 2 ccm Natronlauge 34° Bé je Liter vorzuschärfen.

Aus ganz schwachen Bädern ziehen die Naphthole etwas stärker aus. Es beträgt daher der Nachsatz je kg grundiertem Garn bei Naphthol AS und AS—BS das 4fache, bei Naphthol AS—BO und AS—RL das 6fache der Menge Naphthol, die im Ansatzbad im Liter enthalten ist. Bei der starken Substantivität von Naphthol AS—SW empfiehlt es sich, bei Rosafärbungen mit diesem Naphthol stets ein frisches Bad anzusetzen.

Merzerisiertes Garn: Auf merzerisiertes Garn ziehen die Naphthole stärker auf, so daß man mit Grundierungsbädern auskommt, die schwächer sind, wie die für gewöhnliches Garn. Die Nachbesserung muß natürlich entsprechend dem stärkeren Naphtholverbrauch größer gehalten sein. Eine genaue Berechnung der Nachbesserung kann nur durch Probefärbungen ermittelt werden, da das Aufziehen der Naphthole wesentlich vom Grade der Merzerisation abhängt.

Um den Glanz des merzerisierten Garnes zu erhalten, darf die Ölmenge der Grundierung 2—3 ccm im Liter nicht überschreiten.

Man verwendet am besten Öle, die mit Kalksalzen keine Niederschläge bilden.

Kunstseide: Kunstseide wird in der gleichen Weise gefärbt wie merzerisiertes Garn. Die Naphthole ziehen auf Kunstseide im allgemeinen stärker auf als auf merzerisiertes Garn, so daß man zur Erzielung gleichstarker Färbungen mit noch schwächeren Grundierungsbädern auskommt. Daher wird bei Kunstseide stets eine sehr gute Reibechtheit erzielt.

III. Entwicklung.

Allgemeines: Nach gründlichem Entwässern kommt das grundierte Material in nassem Zustand zur Entwicklung. Nur in besonderen Fällen, wo man großen Wert auf die Reibechtheit legt, kann das grundierte und entwässerte Material ohne Schaden bei 50—60° C zwischengetrocknet werden. Man macht von der Zwischentrocknung hauptsächlich bei Stückfärbungen Gebrauch.

Je nach der Menge und Art des zu färbenden Materials wird die Entwicklung im allgemeinen in derselben Weise vorgenommen wie die Grundierung (s. S. 243).

Bereitung der Färbebäder: Diese werden aus den Farbbasen oder aus den entsprechenden Färbesalzen hergestellt. Während man die Färbesalze nur in Wasser zu lösen braucht (s. S. 261), müssen die Farbbasen mit Hilfe von Salzsäure und Natriumnitrit diazotiert werden. Der Bereitung der Diazolösungen ist besondere Sorgfalt zu widmen.

Temperatur: Die Diazotierungstemperatur beträgt im allgemeinen 10° C. In den meisten Fällen ist diese Temperatur mit kaltem Leitungswasser zu erzielen; ist das nicht möglich, dann muß mit Eis abgekühlt werden. Bei einigen Basen, wie Echtrot GL-, Echtgranat GC- und Echtgranat GBC-Base, geht die Diazotierung bei 15—18° C rascher vor sich.

Neutralisation (Abstumpfen) der Diazolösungen: Es ist wichtig, sich in jedem einzelnen Fall von der vollständigen Neutralisation durch Eintauchen von Kongopapier zu überzeugen; es darf keine Blaufärbung mehr auftreten. Färbebäder, die freie Salzsäure enthalten, geben schwache und streifige Färbungen.

Die Wahl der Neutralisationsmittel ist bei den meisten Basen gleichgültig, doch müssen der besseren Haltbarkeit wegen die Echtrot GL-Base mit Kreide, die Echtrot 3 GL-Base spezial, Echtgranat

GC- und Echtgranat BGC-Base stets mit Natriumazetat abgestumpft werden. Wird die Diazolösung der Echtrot GL-Base zum Färben von losem Material benutzt, dann muß die Salzsäure mit Natriumformiat abgestumpft werden, weil in solchen Fällen, wie weiter unten angegeben ist, das Aluminiumsulfat aus dem Färbebad fortgelassen wird.

Man setzt nur so viel Diazolösung an, als am gleichen Tag verbraucht wird. Nur wenn besondere Umstände es erfordern, läßt man Diazolösungen über Nacht stehen.

Die abgestumpften Diazolösungen (Färbebäder) besitzen eine genügende Haltbarkeit, um mindestens ½—1 Tag verwendet werden zu können.

Zusätze von Alkalibindemitteln zu den Färbebädern: Durch Zusatz von Aluminiumsulfat wird die Haltbarkeit der Bäder während des Färbens erhöht. Aluminiumsulfat beseitigt die Natronlauge, die mit der grundierten Ware in das Färbebad kommt und verhindert so ein Alkalischwerden der Diazolösung. Würde durch das Alkali der Grundierung das Entwicklungsbad alkalisch werden, so würde die Diazolösung rasch unwirksam werden. Das Aluminiumsulfat wird unmittelbar nach dem Abstumpfen, in Wasser gelöst, der Diazolösung zugesetzt.

Beim Ausfärben von merzerisiertem Garn und von losem Material wird Aluminiumsulfat im Färbebad fortgelassen. Es bilden sich nämlich aus der Natronlauge und dem Türkischrotöl der Grundierung und dem Aluminiumsulfat des Färbebades Aluminiumhydroxyd und Aluminiumseifen, die den Glanz des merzerisierten Garns und die Spinnfähigkeit des losen Materials beeinträchtigen. Auch beim Entwickeln von Kettbäumen und Kreuzspulen kann Aluminiumsulfat aus dem Färbebad fortgelassen werden, weil die auf der Faser sich bildenden Niederschläge aus aufgewickelten Garnen durch die Nachbehandlung (Absäuern und Spülen) schwer zu entfernen sind.

Um in solchen Fällen bei laufender Benutzung ein Alkalischwerden des Färbebads zu verhindern, ersetzt man Aluminiumsulfat durch die gleiche Menge 50%ige Essigsäure (8° Bé). Bei Verwendung der Echtrot BL-Base, deren Diazolösung mit Natriumformiat abgestumpft werden muß, setzt man die in der Diazotierungsvorschrift der Echtrot GL-Base angegebene Menge 50%ige Ameisensäure zu. Die Entwicklungsbäder müssen schwach lakmussauer sein, d. h. sie müssen blaues Lakmuspapier schwach anröten und dürfen Brillantgelbpapier nicht rot färben.

In den Färbebädern aus Echtblausalz B wird die dem grundierten Material anhaftende Natronlauge durch Natriumbikarbonat unschädlich gemacht (s. S. 263).

Die Entwicklung von Gelb aus Naphthol AS—G wird zweckmäßig zur Erzielung klarer und gleichmäßiger Färbungen in verdünnten, schwachsauren Färbebädern vorgenommen. Der schwachsaure Charakter, den normaler Weise die Färbebäder für Rottöne durch den Zusatz der oben erwähnten Alkalibindemittel besitzen, reicht bei Gelbfärbungen nicht aus. Daher ist die Menge des Aluminiumsulfats bei den für Gelb in Frage kommenden Basen zu erhöhen und außerdem noch Essigsäure zuzusetzen.

Die Kupplung geht in den schwachsauren Bädern langsam vor sich und die vollständige Farbstoffbildung beansprucht einige Zeit. Es empfiehlt sich daher, die Entwicklung von Gelbtönen auf der Wanne oder auf Apparaten, bei denen das Entwicklungsbad längere Zeit einwirken kann, vorzunehmen.

Kochsalz in den Färbebädern: Um beim Ausfärben des grundierten Materials ein vorzeitiges Ablösen der Naphtholierung zu verhüten, werden den Färbebädern (außer bei der Entwicklung zwischengetrockneter Ware) 20—50 g Kochsalz auf den Liter zugesetzt. In der Nachsatzlösung muß eine dem Flottenverlust entsprechende Menge Kochsalz enthalten sein.

Arbeitsweise: Auf der Terrine wird das Garn zweipfundweise einigemal umgezogen, bis eine Vertiefung der Färbung nicht mehr eintritt, dann wird gut ausgewunden und möglichst schnell gewaschen.

Die Passiermaschine muß langsam genug laufen, um eine vollständige Entwicklung zu gewährleisten. Sollten nach einmaligem Durchlauf noch hellere Stellen im Garn vorhanden sein, so muß ein zweites Mal passiert werden.

Auf der Wanne geht man mit dem gut ausgeschlagenen und locker aufgestockten Garn in das Färbebad ein. Anfangs wird rasch umgezogen, damit sich keine Wasserstreifen bilden. Nach 15—20 Minuten wirft man auf, läßt abtropfen oder quetscht zwischen Walzen ab, um möglichst jeden Flottenverlust zu vermeiden, geht auf eine frische Wanne, spült und seift.

Beim Entwickeln von Kettbäumen, Kreuzspulen usw. in offenen oder geschlossenen Färbeapparaten läßt man zweckmäßig die Entwicklungsflotte von außen nach innen gehen. Dabei wird die im ersten Teil des Färbebads enthaltene Diazoverbindung vollständig zur Farbstoffbildung verbraucht. Die diazofreie Flüssigkeit löst vom inneren Teil des Materials etwas Naphthol ab, das beim Rückfließen in die Färbeflotte Farbstoff bildet. Dieser Farbstoffschlamm setzt sich beim weiteren Umlauf auf das Material und ist die Ursache von starkem Abreiben. Um dies zu vermeiden, läßt man beim ersten Durchgehen der Flotte den verbrauchten Teil des

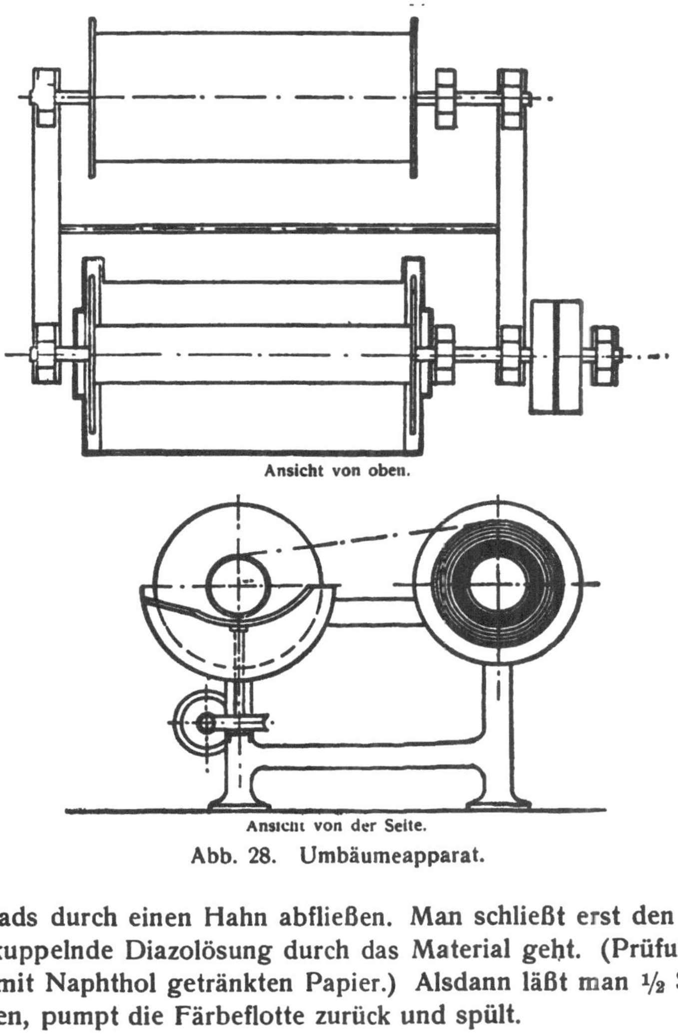

Abb. 28. Umbäumeapparat.

Färbebads durch einen Hahn abfließen. Man schließt erst den Hahn, wenn kuppelnde Diazolösung durch das Material geht. (Prüfung mit einem mit Naphthol getränkten Papier.) Alsdann läßt man ½ Stunde umlaufen, pumpt die Färbeflotte zurück und spült.

Das Entwickeln von Kettbäumen kann auch vorteilhaft auf dem Umbäumeapparat (Abb. 28) geschehen. Der grundierte und abgepreßte Baum wird auf einem zweiten Materialträger umgebäumt, wobei die Kette in voller Breite einen Trog mit Diazolösung passiert.

Lose Baumwolle wird auf einem Apparat nach dem Packsystem (Abb. 29) entwickelt. Man läßt die Entwicklungsflotte ½ Stunde von innen nach außen durch den Pack kreisen.

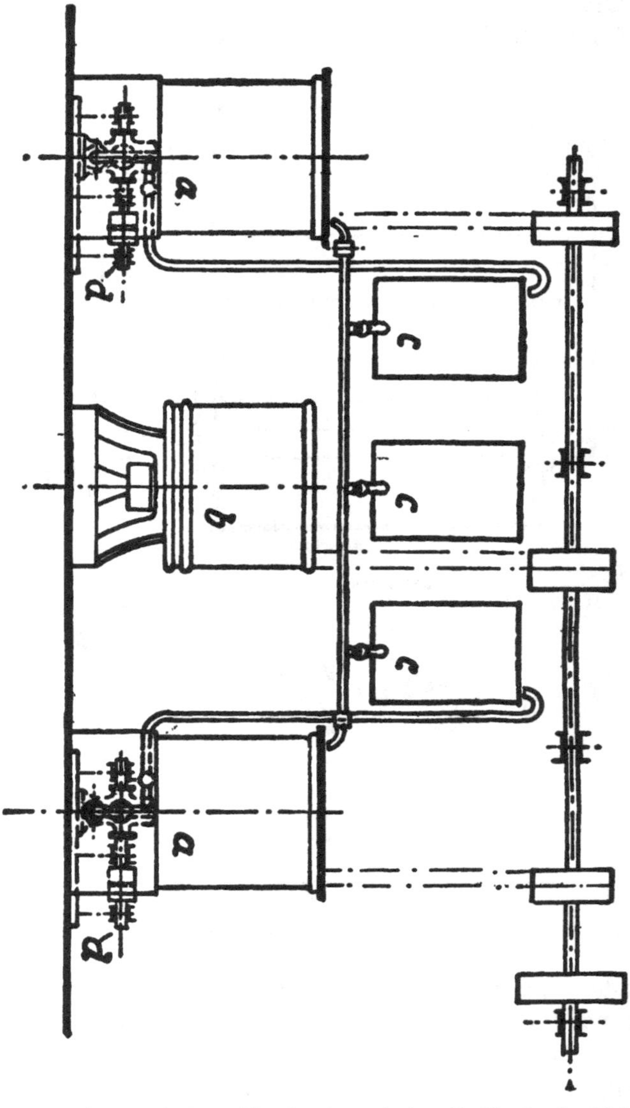

Abb. 29. Färbeapparat nach dem Packsystem.
a. Färbekessel. b. Schleuder. c. Flottenbehälter. d. Pumpe.

Stücke werden auf dem Foulard, auf der Rollenkufe (Abb. 30) oder auf dem Jigger entwickelt. Bei der Foulardentwicklung geht die Ware durch eine konzentrierte Färbeflotte und nimmt dabei so viel Diazoverbindung auf, daß damit eine vollständige Entwicklung ermöglicht wird. Damit ein Auskuppeln stattfinden kann, läßt man die Ware, nachdem sie das Chassi verlassen hat und abgequetscht ist, einige Luftgänge gehen. Bei hartgeschlagener, dicker Ware ist zur besseren Durchfärbung ein Mehrwalzenfoulard oder eine Rollenkufe mit Quetschvorrichtung erwünscht. Wird die Entwicklung von Stückware auf dem Jigger vorgenommen, so läßt man die gut abgepreßte oder noch zwischengetrocknete Ware 4—6 Enden durch das Färbebad laufen.

S t ä r k e   d e r   F ä r b e b ä d e r: Die Stärke des Entwicklungsbades ist abhängig von der Arbeitsweise und von der Stärke der Grundierung. Kurze Entwicklung erfordert ein stärkeres Färbebad als längere. In Tabelle 2 (s. S. 258a) sind die Ansatzbäder für die verschiedenen Arbeitsmethoden und für die einzelnen Farbstärken angegeben. Der Gleichmäßigkeit halber werden schwache Färbungen auf Garn nicht auf der Terrine entwickelt. Für sie empfiehlt sich Wannenentwicklung.

Bei Rosafärbungen geht man noch unter die Stärke der Färbebäder, wie sie in der Tabelle für schwache Färbungen angegeben sind, doch empfiehlt es sich, die Konzentration von 0,3 g Base im Liter nicht zu unterschreiten, weil dann die Färbebäder zu schwach werden und die Entwicklung zu langsam vor sich geht.

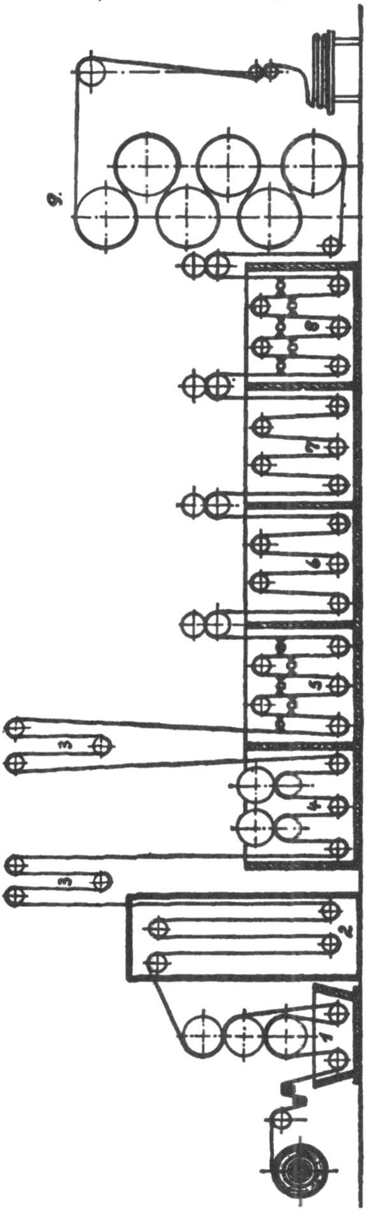

Abb. 30. Kontinufärbeapparat.

1. Dreiwalzenfoulard. 2. Hotflue. 3. Luftlauf. 4. Entwicklungsbad. 5. Kaltes Spülbad. 6. Seifenbad. 7. Heißes Spülbad. 8. Kaltes Spülbad. 9. Trockenmaschine.

Stärke der Entwicklungsbäder. (Tabelle 2).

Basen	Terrine, Passiermaschine (Jigger)		Apparatefärbung, Flottenverhältnis 1 : 20 und Wannenfärbung			1 : 15			1 : 10, Stickgarn, Kunstseidefärbung			Foulardfärbungen	
	Ansatz g im l bei Färbungen												
	stark	mittel	stark	mittel	schw.	stark	mittel	schw.	stark	mittel	schw.	stark	mittel
Echtgelb GC Echtorange GC Echtscharlach GG	3.3	2.2	1.65	1.1	0.8	2.1	1.4	1	2.5	1.65	1.2	13.6	8.5
Echtorange GR Echtorange R Echtrot GG	2.8	1.9	1.4	0.9	0.7	1.75	1 2	0.9	2.1	1.4	1.1	11.2	7
Echtscharlach G Echtrot GL Echtrot RL	3	2	1.5	1	0.75	1.9	1.25	1	2.25	1.5	1.2	12	7.5
Echtscharlach RC	4.6	3.1	2.3	1.5	1.2	3	2	1.5	3.6	2.3	1.8	18.4	11 5
Echtrot KB Echtrot B	3.6	2.4	1.8	1.2	0.9	2.25	1.5	1.2	2.7	1.8	1 4	14 4	9
Echtrot 3 GL	7	4.7	3.5	2.3	1.8	4.4	2.9	2.25	5.25	3.5	2.7	28	17.5
Echtgranat GC[1]) Echtgranat GBC[1])	—	—	2.75	1.9	1.4	3.5	2 4	1 75	4.2	2 75	2.1	—	—
Echtblau B[2])	—	—	—	—	—	—	—	—	—	—	—	10 4	6.5
Echtschwarz LB[1])	—	—	2.5	2	1.75	3.2	2.5	2.25	3.75	3	2.65	—	—

[1]) Echtgranat GC-, Echtgranat GBC- und Echtschwarz LB-Base kommen für Terrinen- und Foulardentwicklung wegen ihrer geringen Kupplungsenergie nicht in Frage.

[2]) Zum Färben von Bündelgarn mit Naphthol AS-Blau empfiehlt sich ausschließlich die Verwendung von Echtblausalz B (Seite 262).

Nachsatz für die Färbebäder: Das Färbebad wird durch einmalige Benutzung nicht erschöpft. Daher ist stets das Färben auf laufendem Bad anzustreben, d. h. nach der Entwicklung einer bestimmten Garnmenge ist eine entsprechende Nachsatzlösung zuzusetzen, die dem Bad den ursprünglichen Gehalt an Base wieder gibt. Eine Ausnahme macht die Echtschwarz LB-Base, bei deren Verwendung für jede Färbung ein neues Bad anzusetzen ist. Die Menge des Basennachsatzes ist abhängig von dem Nachsatz bei der Grundierung, denn Naphthol und Base vereinigen sich zum Farbstoff in einem ganz bestimmten Verhältnis. Auf S. 259a, Tabelle 3, sind die Verhältniszahlen von Naphtholnachsatz zu Basennachsatz zusammengestellt. Man kann mit Hilfe dieser Tabelle aus dem Naphtholnachsatz den Basennachsatz errechnen. Ist z. B. bei der Grundierung ein Nachsatz von 16 g Naphthol auf das Kilo grundiertes Garn gegeben worden und entsprechen nach Tabelle 3 einem Teil dieses Naphthols 0.6 Teile Base, dann ist der Basennachsatz $16 \times 0.6 = 9.6$, d. h. auf das Kilo entwickeltes Garn sind 9.6 g Base nachzusetzen.

In Anbetracht der unvermeidlichen größeren Flottenverluste sind die nach dieser Berechnung gefundenen Basennachsätze bei Apparatfärbungen zu erhöhen.

Bei Rosafärbungen sind die Entwicklungsbäder im Verhältnis zu den Grundierungsbädern stärker zu halten als bei den Rotfärbungen. Es tritt daher der tatsächliche Basenverbrauch hinter derjenigen Basenmenge zurück, die durch den Flottenverlust dem Bad verloren geht. Die nach der oben angeführten Tabelle gefundenen Werte wären zu gering. Man setzt daher bei Weiterverwendung dem gebrauchten Bad $1/3$ der zum Ansatz eingewogenen Basenmenge nach.

Um den Gebrauch der Tabellen 1, 2, 3 zu veranschaulichen, seien im folgenden drei Beispiele erläutert:

1. 60 kg Baumwollgarn sind in einer starken Färbung Naphthol AS-Echtscharlach RC-Base auszufärben. Die Färbung soll auf einer Terrine hergestellt werden.

   In Tabelle 1 findet man für eine starke Naphthol AS-Grundierung einen Terrinenansatz von 10.5 g im Liter. Faßt die Terrine 20 Liter, dann sind $20 \times 10.5 = 210$ g Naphthol AS für den Ansatz erforderlich. In der gleichen Tabelle ist hinter dem Ansatz der Nachsatz auf 1 kg Garn angegeben. Er beträgt 14 g. Kommt das Garn trocken zur Grundierung, dann ist dieser Nachsatz in einem Liter Flüssigkeit, ist es dagegen nur geschleudert, so ist er in einem halben Liter zuzu-

Verhältniszahlen des Naphtholnachsatzes zum Basennachsatz (Tabelle 3).

Teile Base:	Es entsprechen einem Teil Naphthol: AS	AS—BS	AS—BO	AS—RL	AS—SW	AS—G
Echtgelb GC	—	—	—	—	—	0 85
Echtorange GC Echtscharlach GG	0.85	0.7	0.7	0.75	0.7	0.85
Echtorange GR Echtorange R Echtrot GG	0.7	0.6	0.6	0.65	0.6	—
Echtscharlach G Echtrot GL Echtrot RL	0.75	0.65	0.65	0.7	0.65	—
Echtscharlach RC	1.15	1	1	1.05	1	—
Echtrot KB Echtrot B	0.9	0.75	0.75	0.8	0.75	0.95
Echtrot 3GL spec.	1.75	1.5	1.5	1.6	1.5	—
Echtgranat GC Echtgranat GBC	1.4	1.2	1 2	1.3	1.2	1.5
Echtblau B	0.6	0.55	0.55	0.6	0.55	—

Anm.: Die nach obiger Tabelle gefundenen Basennachsätze sind:
bei Apparatfärbungen bei einem Flottenverhältnts von 1 : 20 um 20 %
bei Apparatfärbungen bei einem Flottenverhältnis unter 1 : 20 um 30 %
zu erhöhen.

Bei Rosafärbungen setzt man dem gebrauchten Bad $^1/_3$ der zum Ansatz eingewogenen Basenmenge nach (siehe Seite 259).

setzen. Für 60 kg Garn sind für den Nachsatz 60×14 = 840 g Naphthol AS erforderlich. Bei trockenem Garn sind diese 840 g Naphthol AS in 60, bei nur geschleudertem Garn in 30 Liter zu lösen.

Die Entwicklung der so grundierten Färbung soll ebenfalls auf der Terrine erfolgen. Tabelle 2 gibt die Stärke des Ansatzbades für starke Färbungen mit 4.6 g Echtscharlach RC-Base in 1 Liter an. Bei einer Terrine mit 20 Liter Fassungsraum sind 20×4.6 = 92 g Echtscharlach RC-Base für den Ansatz erforderlich. Der Basenachsatz wird mit Hilfe der Tabelle 3 gefunden. Einem Teil Naphthol AS entsprechen 1.15 Teile Echtscharlach RC-Base. Da 14 g Naphthol AS auf 1 kg Garn bei der Grundierung nachgesetzt wurden, ergibt sich die Rechnung für den Basennachsatz: 14×1.15 = 16.1. Es sind demnach für 1 kg entwickelte Ware 16.1 g Echtscharlach RC-Base nachzusetzen. Dieser Nachsatz ist in ½ Liter zu geben; denn das grundierte Garn kommt stets in feuchtem Zustand zur Entwicklung. Für 60 kg Garn sind 60×16.1 = 966 g Echtscharlach RC-Base in 30 Liter Flüssigkeit erforderlich.

2. 300 kg Baumwollgarn sind in Naphthol AS—RL-Echtrot RL-Base in mittlerer Stärke auszufärben.

Es stehen Wannen zu 1000 Liter zur Verfügung, so daß die 300 kg Garn in 6 Partien zu 50 kg gefärbt werden können.

In Tabelle 1 ist die Stärke des Ansatzbades für mittlere Grundierung von Naphthol AS—RL mit 2.5 g im Liter angegeben. Für einen Ansatz von 1000 Liter sind demnach 2.5 kg Naphthol AS—RL erforderlich. Nach der gleichen Tabelle beträgt der Nachsatz für 1 kg Ware 7.5 g. Es sind daher, nachdem 50 kg Garn im Ansatzbad grundiert worden sind, 50×7.5 = 375 g Naphthol AS—RL für die nächste Partie nachzusetzen. Dieser Nachsatz ist bei jeder weiteren 50 kg Partie zu wiederholen.

Nach Tabelle 2 sind für die Entwicklung einer mittelstarken Wannenfärbung 1 g Echtrot RL-Base im Liter, bei einer 1000 l Wanne daher 1000 g Echtrot RL-Base für den Ansatz mit Hilfe der Tabelle 3 gefunden. Einem Teil Naphthol AS—RL entsprechen 0.7 Teile Echtrot RL-Base, mithin entspricht einem Naphtholnachsatz von 7.5 g ein Basennachsatz von 7.5×0.7 =5.25; d. h. für 1 kg Garn sind 5.25 g Echtrot RL-Base nachzusetzen, für 50 kg Garn demnach 262.5 g Echtrot RL-Base.

Für jede weitere 50 kg-Partie ist dieser Nachsatz zu wiederholen.

3. 100 kg Stückware sind in Naphthol AS- Echtrot 3 GL-Base spezial in sattem Ton auszufärben. Für die Färbung steht ein Foulard zur Verfügung mit einem Chassi von 40 Liter Fassungsraum.

Nach Tabelle 1 ist für eine starke Naphthol AS-Grundierung auf dem Foulard ein Ansatzbad von 16 g im Liter erforderlich. Da bei einer Foulardfärbung Ansatz- und Nachsatzlösung gleich stark sind und für 1 kg Ware etwa 1 Liter dieser Lösung zuzusetzen ist, sind $140 \times 16 = 2240$ g Naphthol AS erforderlich. Diese 2240 g sind in 140 Liter zu lösen. 40 Liter davon werden in das Chassi gegeben und die restlichen 100 Liter läßt man während des Durchgangs des Stücks so zufließen, daß die Flottenmenge im Chassi stets gleich bleibt.

Für die Entwicklung gibt die Tabelle 2 die Konzentration des Ansatzbades mit 28 g Echtrot 3 GL-Base spezial im Liter an. Ansatz- und Nachsatzlösung sind gleich stark zu halten. 40 Liter Lösung sind für den Ansatz, 100 Liter für den Nachsatz erforderlich, also sind insgesamt $140 \times 28 = 3920$ g Echtrot 3 GL-Base spezial erforderlich. Die Zahl 28 kann auch nach Tabelle 3 gefunden werden. Einem Teil Naphthol AS entsprechen 1.75 Teile Echtrot 3 GL-Base spezial. Da die Nachsatzlösung bei der Grundierung 16 g Naphthol AS enthielt, ergibt sich $16 \times 1.75 = 28$.

IV. Färbesalze.

Allgemeines: Die Färbesalze enthalten die Basen in fertig diazotierter Form. Sie zeichnen sich durch Haltbarkeit und Löslichkeit aus. Die Anwendung der Färbesalze bringt daher neben der Einfachheit auch eine größere Sicherheit des Verfahrens. Dies gilt besonders für die schwierig zu diazotierende Echtscharlach GG-Base.

Anwendungsvorschriften: Zur Herstellung der Färbebäder werden die Färbesalze mit etwa der 5 fachen Menge lauwarmem Wasser (25—30° C) angerührt und durch Übergießen mit kaltem Wasser klar gelöst; auf 1 Liter Flotte werden 20—50 g Kochsalz zugesetzt und auf das gewünschte Volumen eingestellt. Die mit warmem Wasser angeteigten Färbesalze sollen nicht länger als unbedingt notwendig stehen bleiben, da sie gegen allzulange Einwirkung der Wärme empfindlich sind.

Die Färbesalze reagieren auf Kongopapier neutral und brauchen nicht wie die diazotierten Basen abgestumpft zu werden.

Die Diazosalze sind sehr gut haltbar, wenn sie in trockenen Räumen, vor Wärme und Licht geschützt, aufbewahrt werden.

Da die geringe Löslichkeit des Echtorangesalzes GC die Herstellung konzentrierter Nachsatzflotten nicht ermöglicht, kann dieses Salz für Terrinen- und Passiermaschinenentwicklung keine Anwendung finden.

Wanne	hell		mittel		dunkel	
	Ansatz g im Liter	Nachbesserung für je 50 kg	Ansatz g im Liter	Nachbesserung für je 50 kg	Ansatz g im Liter	Nachbesserung für je 50 kg
Echtblausalz B	1.85	1000 g	3.6	1500 g	5.5	2250 g
Natriumbikarbonat	5	400 g	6.6	800 g	10	1200 g

Färbebäder für Gelb: Die Entwicklung von Gelbtönen geschieht vorteilhaft auf der Wanne oder Apparaten, die eine längere Einwirkung des Entwicklungsbades auf das Material ermöglichen (siehe Seite 255).

Der erforderliche schwachsaure Charakter wird den aus den Färbesalzen hergestellten Bädern durch einen Zusatz von Essigsäure zum Ansatzbad verliehen. Beim Nachsatz muß die Säure fortbleiben, weil die Färbesalze Aluminiumsulfat in ausreichender Menge für das laufende Bad enthalten.

In folgender Tabelle sind die für Gelbfärbungen erforderlichen Mengen Diazosalze und Essigsäure angegeben.

Wanne	Ansatz g im Liter	Nachbesserung für je 50 kg		Ansatz g im Liter	Nachbesserung für je 50 kg
Echtgelbsalz GC	8.25	2500 g	Echtscharlachsalz GG	8.25	2500 g
Essigsäure 50%ig	3.6	—	Essigsäure 50%ig	3.6	—

Färbebäder für Blau: Hier bieten sich erhebliche Schwierigkeiten, weil die Diazoverbindung des Dianisidins zwei Diazogruppen enthält, die zur Kupplung gebracht werden müssen.

Außerdem spielt die saure oder alkalische Reaktion des Bades beim Entwickeln des Naphthol AS-Grundes eine Rolle: sauer entsteht ein grünliches, alkalisch — unter teilweiser Zersetzung der Diazolösung — ein rötliches Blau.

Dazu kommt, daß die Oberfläche dicker Garnsträhne in saurem Entwicklungsbade einem Überschuß an Säure gegenübersteht, sich also grünlich anfärbt, während das Innere bei neutraler oder gar alkalischer Kupplung rötlich ausfällt.

Aus alledem ergibt sich die Notwendigkeit neutraler Entwicklung. Zum Binden des mit der Grundierung dauernd hineingebrachten Alkalis empfiehlt sich Natriumbikarbonat in Verbindung mit Zinkkarbonat. Das Echtblausalz B enthält bereits eine Zinkverbindung. Seine Lösung braucht nur noch mit überschüssigem Natriumbikarbonat versetzt zu werden.

Schließlich muß der Färbung auf irgend eine Weise Kupfer einverleibt werden, um genügende Lichtechtheit zu erzielen. Das Kupfer aber zersetzt fortschreitend katalytisch die Diazolösung. Sucht man dies zu vermeiden, indem man das Kupfer als komplexes Anion in Gestalt der Fehling'schen Lösung zusetzt, so fehlt die Erhöhung der Lichtechtheit durch die Gegenwart des Kupferkations.

Es empfiehlt sich daher, das Kupfer überhaupt nicht dem Entwicklungsbade zuzusetzen, sondern die Färbung nachträglich mit etwa 3 g Kupfersulfat und 2 ccm Essigsäure 50 %ig im 1 Flotte kochend heiß in kupfernen oder hölzernen Gefäßen ½ Stunde nachzubehandeln.

Zur vollständigen Entwicklung der Blaufärbungen muß das Färbebad längere Zeit auf das grundierte Material einwirken. Es kommt daher nur das Arbeiten auf der Wanne in Frage. In folgender Tabelle sind die für helle, mittlere und dunkle Färbungen erforderlichen Mengen Diazosalz und Natriumbikarbonat zusammengestellt.

V. Nachbehandlung.

Spülen und Seifen der Färbung: Nachdem die Färbung entwickelt ist, ist die im Material noch enthaltene Diazolösung durch mehrmaliges kaltes Spülen zu entfernen. Ein kurzes Absäuern zerstört die auf der Faser bei der Entwicklung sich bildenden Aluminiumseifen. Nachdem die Säure ausgewaschen ist, gibt man ein heißes Spülbad und seift die Färbungen kochend ½ Stunde mit etwa 1—2 g Soda und 2—3 g Seife im Liter.

Das heiße Seifen, möglichst unter mechanischer Behandlung der Garne (Passiermaschine oder Seif- und Spülmaschine), erzielt eine sehr gute Reibechtheit sowie eine erhöhte Licht- und Chlorechtheit. Sollten daher die Färbungen nachgechlort werden, so ist stets darauf zu achten, daß sie kochend geseift oder auch nur in einem kochenden

Spülbad behandelt worden sind, weil sonst eine Schädigung des Farbtons durch den Bleichprozeß eintreten kann. Nach dem Seifen ist nochmals heiß und kalt zu spülen.

Liegt das gefärbte Material in einer Form vor, die ein Seifen auf der Wanne, auf der Passiermaschine oder auf Spülmaschinen nicht zuläßt, z. B. im Kettbaum, auf Kreuzspulen oder im Packapparat, dann wird zweckmäßig die Seifenbehandlung, anschließend an den Färbeprozeß, unterlassen, da in diesen Fällen eine Verbesserung der Reibechtheit der Färbung nicht erreicht werden kann. In solchen Fällen empfiehlt es sich, nach vorhergehendem gründlichen kalten Spülen ein kochend heißes Spülbad zu geben. Die erhöhte Lichtechtheit und Chlorechtheit der Färbung wird auch durch diese Behandlung erreicht. Um den Färbungen auch eine gute Reibechtheit zu geben, werden in solchen Fällen die aus dem gefärbten Garn hergestellten Gewebe auf einer Breit- oder Strangwaschmaschine geseift.

Da die Blaufärbungen eine bessere Reibechtheit als die Rotfärbungen aufweisen, kann bei einem Nachkupfern das Seifenbad fortfallen.

VI. Diazotierungsvorschriften.

Allgemeines: Auf den folgenden Seiten sind die Vorschriften für die Diazotierung der Basen angegeben. Die Angaben für Natriumnitrit beziehen sich auf 98 %ige Handelsware.

Die Diazotierung wird zweckmäßig in einem in Abb. 20 dargestellten Diazotiergefäß vorgenommen. Um die in den Diazolösungen, besonders beim Neutralisieren mit Kreide, enthaltenen unlöslichen Rückstände zu entfernen, filtert man durch ein Haarsieb oder Kaliko. Das klare Filtrat stumpft man, wenn nicht bereits mit Kreide neutralisiert ist, mit Natriumazetat ab und setzt das in Wasser gelöste Aluminiumsulfat zu.

1. Echtgelb GC-Base.

1	kg	Echtgelb GC-Base wird mit
5	l	heißem Wasser und
1.2	l	Salzsäure 20° Bé angeteigt, durch Zusatz von
15	l	kaltem Wasser gelöst, mit Eis auf 5° C abgekühlt und unter Rühren mit
0.46	kg	Natriumnitrit, gelöst in
2	l	Wasser, versetzt.

Nach 15 Minuten ist die Diazotierung beendet.

Man stumpft mit
0.9 kg Natriumazetat, gelöst in
2 l Wasser, ab und setzt
2 kg Aluminiumsulfat, in
5 l Wasser gelöst, und
1.45 l 50 %ige Essigsäure zu.
Muß Aluminiumsulfat aus dem Färbebad fortbleiben (s. S. 254), dann sind an seiner Stelle
2 l 50 %ige Essigsäure zuzusetzen.

Nachdem das Färbebad mit 50 g Kochsalz für 1 Liter beschickt ist, stellt man auf das gewünschte Volumen ein.

Diazotierungstemperatur 5—10° C.

2. Echtorange GC-Base. Diazotierungsvorschrift wie 1. für Gelbtöne; für Kreß werden nur 0.9 kg Aluminiumsulfat in 5 l Wasser ohne Essigsäure zugesetzt. Muß Aluminiumsulfat aus dem Färbebad fortbleiben (s. S. 254), dann sind an seiner Stelle 0.9 l 50 %ige Essigsäure zuzusetzen.

3. Echtorange GR-Base.
1 kg Echtorange GR-Base wird mit
1.5 l kaltem Wasser gut angeteigt und
0.54 kg Natriumnitrit zugegeben. Nach vollständiger Lösung des Nitrits kühlt man die Paste ab und trägt sie unter Rühren schnell ein in
30 l kaltes Wasser und
2.14 l Salzsäure 20° Bé.
Man läßt unter öfterem Umrühren die Diazotierung 15 Minuten gehen, filtert, stumpft mit
1.1 kg Natriumazetat, in
2 l Wasser gelöst, ab und setzt
1.1 kg Aluminiumsulfat, in
5 l Wasser gelöst, zu.
Muß Aluminiumsulfat aus dem Färbebad fortbleiben (s. S. 254), dann sind an seiner Stelle
1.1 l 50 %ige Essigsäure zuzusetzen.

Nachdem das Färbebad mit 50 g Kochsalz für 1 Liter beschickt ist, stellt man auf das gewünschte Volumen ein.

Diazotierungstemperatur 12° C.

4. Echtorange R-Base. Diazotierungsvorschrift wie 3., nur wird mit heißem Wasser angeteigt. Diazotierungstemperatur 10—12° C.

5. Echtscharlach GG-Base.

(Eigene Vorschrift).

1	kg	Echtscharlach GG-Base wird fein gepulvert. Unter Rühren werden
16	l	Wasser,
3.72	l	Salzsäure 20° Bé und zum Schluß
12	kg	Eis hinzugegeben. In diese Aufschlemmung stürzt man unter kräftigem Rühren
0.47	kg	Natriumnitrit und rührt 10 Minuten weiter. Einen Teil der überschüssigen Säure neutralisiert man mit:
0.9	kg	Schlämmkreide, stumpft den Rest mit
0.9	kg	Natriumazetat, in
4	l	Wasser gelöst, ab und setzt
0.9	kg	Aluminiumsulfat, in
5	l	Wasser gelöst, zu. Muß Aluminiumsulfat aus dem Färbebad fortbleiben (s. S. 254), dann sind an seiner Stelle
0.9	l	50 %ige Essigsäure zuzusetzen.

Nachdem das Färbebad mit 50 g Kochsalz für 1 Liter beschickt ist, stellt man auf das gewünschte Volumen ein.

Diazotierungstemperatur 15° C.

Anmerkung: Für die Entwicklung von Gelbtönen empfiehlt sich ausschließlich das Echtscharlachsalz GG (s. S. 262).

6. Echtscharlach G-Base.

1	kg	Echtscharlach G-Base wird mit
2	l	Salzsäure 20° Bé in
10	l	kochendem Wasser gelöst. In die gut abgekühlte und mit
15	l	kaltem Wasser (und etwas Eis) versetzte Lösung läßt man langsam unter gutem Rühren
0.5	kg	Natriumnitrit, in
2	l	Wasser gelöst, zufließen. Nach 10 Minuten ist die Diazotierung beendet. Man filtert, stumpft mit
1	kg	Natriumazetat, in
2	l	Wasser gelöst, ab und setzt
1	kg	Aluminiumsulfat, in
5	l	Wasser gelöst, zu.

Muß Aluminiumsulfat aus dem Färbebad fortbleiben (s. S. 254), dann sind an seiner Stelle

1 l 50 %ige Essigsäure zuzusetzen.

Nachdem das Färbebad mit 50 g Kochsalz für 1 Liter beschickt ist, stellt man auf das gewünschte Volumen ein.

Diazotierungstemperatur 10° C.

7. Echtscharlach RC-Base.

1 kg Echtscharlach RC-Base wird unter Umrühren in
20 l kaltes Wasser und
1 l Salzsäure 20° Bé eingetragen.
Nachdem Lösung eingetreten ist, läßt man rasch unter Umrühren
0.36 kg Natriumnitrit, gelöst in
2 l kaltem Wasser, einfließen.
Nach 20 Minuten ist die Diazotierung beendet. Man filtert, stumpft mit
0.75 kg Natriumazetat, in
2 l Wasser gelöst, ab und setzt
0.75 kg Aluminiumsulfat, in
5 l Wasser gelöst, zu.
Muß Aluminiumsulfat aus dem Färbebad fortbleiben (s. S. 254), dann sind an seiner Stelle
0.75 l 50 %ige Essigsäure zuzusetzen.

Nachdem das Färbebad mit 50 g Kochsalz für 1 Liter beschickt ist, stellt man auf das gewünschte Volumen ein.

Diazotierungstemperatur 10—15° C.

8. Echtrot GG-Base. Diazotierungsvorschrift wie 4., nur werden statt 1.1 nur 0.9 l Essigsäure 50 % am Schluß zugesetzt. Diazotierungstemperatur 10° C.

9. Echtrot KB-Base.

1 kg Echtrot KB-Base wird in
40 l kaltes Wasser eingerührt. Nachdem Lösung eingetreten ist, setzt man
1.1 l Salzsäure 20° Bé zu, rührt gut durch, läßt sofort unter kräftigem Rühren
0.42 kg Natriumnitrit, gelöst in
1 l kaltem Wasser, einfließen und setzt das Rühren bis zur Lösung der beim Salzsäurezusatz etwa eingetretenen Ausscheidungen fort. Nach etwa 30 Minuten ist die Diazotierung beendet. Man filtert, stumpft mit

0.84 kg Natriumazetat, in
2 l Wasser gelöst, ab und setzt
0.84 kg Aluminiumsulfat, in
5 l Wasser gelöst, zu.
Muß Aluminiumsulfat aus dem Färbebad fortbleiben (s. S. 254), dann sind an seiner Stelle
0.84 l 50 %ige Essigsäure zuzusetzen.

Nachdem das Färbebad mit 50 g Kochsalz für 1 Liter beschickt ist, stellt man auf das gewünschte Volumen ein.

Diazotierungstemperatur 10—12° C.

Anmerkung: Findet die Echtrot KB-Base Verwendung zur Entwicklung von Gelbtönen, dann ist auf 1 kg Echtrot KB-Base die Menge des Aluminiumsulfats auf 1.83 kg zu erhöhen und außerdem sind noch 1.33 l 50 % ige Essigsäure zuzusetzen.

10. Echtrot 3GL-Base spezial.

1 kg Echtrot 3GL-Base spezial wird mit
2 l heißem Wasser gut angeteigt und
0.215 kg Natriumnitrit zugegeben. Nach vollständiger Lösung des Nitrits trägt man die abgekühlte Paste in kleinen Anteilen unter beständigem Rühren in
10 l kaltes Wasser (etwas Eis) und
0.86 l Salzsäure 20° Bé ein. Das Ganze wird unter öfterem Umrühren ½ Stunde stehen gelassen, gefiltert, mit
0.43 kg Natriumazetat, in
1 l Wasser gelöst, abgestumpft und mit
0.43 kg Aluminiumsulfat, in
3 l Wasser gelöst, versetzt.
Muß Aluminiumsulfat aus dem Färbebad fortbleiben (s. S. 254), dann sind an seiner Stelle
0.43 l 50 %ige Essigsäure zuzusetzen.

Nachdem das Färbebad mit 50 g Kochsalz für 1 Liter beschickt ist, stellt man auf das gewünschte Volumen ein.

Diazotierungstemperatur 10° C.

11. Echtrot GL-Base.

1 kg Echtrot GL-Base wird mit
2 l heißem Wasser gut angeteigt und
0.5 kg Natriumnitrit zugegeben. Nach vollständiger Lösung des Nitrits kühlt man die Paste ab und trägt sie in kleinen Anteilen unter beständigem Rühren in
20 l kaltes Wasser und

2	l	Salzsäure 20° Bé ein. Das Ganze läßt man nun noch nach öfterem Rühren ½ Stunde stehen.
		Man füllt mit kaltem Wasser auf
40	l	auf, neutralisiert mit
0.4	kg	Schlämmkreide, filtert und versetzt das Filtrat mit
1.66	kg	Aluminiumsulfat, in
5	l	Wasser gelöst.
		Muß Aluminiumsulfat aus dem Färbebad fortbleiben (s. S. 254), dann ist die Diazolösung mit
0.5	kg	Natriumformiat abzustumpfen und mit
0.75	l	50 %iger Ameisensäure zu versetzen.

Nachdem das Färbebad mit 50 g Kochsalz für 1 Liter beschickt ist, stellt man auf das gewünschte Volumen ein.

Diazotierungstemperatur 15° C.

12. Echtrot RL-Base.

1	kg	Echtrot RL-Base wird mit
2	l	heißem Wasser gut angeteigt und
0.5	kg	Natriumnitrit zugegeben. Nach vollständiger Lösung des Nitrits kühlt man die Paste ab und trägt sie in kleinen Portionen unter beständigem Rühren in
30	l	kaltes Wasser und
2	l	Salzsäure 20° Bé ein. Das ganze läßt man noch unter öfterem Rühren ½ Stunde stehen, filtert, stumpft mit
1	kg	Natriumazetat, in
2	l	Wasser gelöst, ab und setzt
1	kg	Aluminiumsulfat, in
5	l	Wasser gelöst, zu.
		Muß Aluminiumsulfat aus dem Färbebad fortbleiben (s. S. 254), dann sind an seiner Stelle
1	l	50 %ige Essigsäure zuzusetzen.

Nachdem das Färbebad mit 50 g Kochsalz für 1 Liter beschickt ist, stellt man auf das gewünschte Volumen ein.

Diazotierungstemperatur 15° C.

13. Echtrot B-Base.

1	kg	Echtrot B-Base wird mit
1.5	l	heißem Wasser angeteigt und
0.43	kg	Natriumnitrit zugegeben. Nach vollständiger Lösung des Nitrits kühlt man die Paste ab und trägt sie unter beständigem Rühren in kleinen Anteilen in ein Gemisch von

20 l kaltem Wasser und
1.7 l Salzsäure 20° Bé ein. Das Ganze wird unter öfterem Rühren noch 1/2 Stunde stehen gelassen. Man filtert, stumpft mit
0.85 kg Natriumazetat, in
2 l Wasser gelöst, ab und setzt
0.85 kg Aluminiumsulfat, in
5 l Wasser gelöst, zu.
Muß Aluminiumsulfat aus dem Färbebad fortbleiben (s. S. 254), dann sind an seiner Stelle
0.85 l 50 %ige Essigsäure zuzusetzen.

Nachdem das Färbebad mit 50 g Kochsalz für 1 Liter beschickt ist, stellt man auf das gewünschte Volumen ein.

Diazotierungstemperatur 10—15° C.

14. Echtgranat GC-Base.

1 kg Echtgranat GC-Base wird mit
1.15 l Salzsäure 20° Bé angeteigt und nach kurzem Stehen mit
15 l kaltem Wasser angerührt. Hierauf gibt man langsam unter gutem Rühren
0.3 kg Natriumnitrit, in Wasser gelöst, zu. Unter öfterem Rühren läßt man die Diazotierungsflüssigkeit 1/2 Stunde stehen, filtert, stumpft mit
0.6 kg Natriumazetat, in
3 l Wasser gelöst, ab und setzt
0.2 kg Aluminiumsulfat, in
1 l Wasser gelöst, zu.
Muß Aluminiumsulfat aus dem Färbebad fortbleiben (s. S. 254), dann sind an seiner Stelle
0.6 l 50 %ige Essigsäure zuzusetzen.

Nachdem das Färbebad mit 50 g Kochsalz für 1 Liter beschickt ist, stellt man auf das gewünschte Volumen ein.

Diazotierungstemperatur 15° C.

Anmerkung: Findet die Echtgranat GC-Base Verwendung zur Entwicklung von Gelbtönen, dann ist auf 1 kg Echtgranat GC-Base die Menge des Aluminiumsulfats auf 1.2 kg zu erhöhen und außerdem sind noch 0.47 l 50 %ige Essigsäure zuzusetzen.

15. Echtgranat GBC-Base. Diazotierungsvorschrift wie 14.

16. Echtblau B-Base.

1 kg Echtblau B-Base wird mit
2 l Salzsäure 20° Bé in

20 l kochendem Wasser gelöst. Nach dem Abkühlen gibt man
15 kg Eis. und
5 l Wasser zu. In diese Lösung läßt man langsam unter beständigem Rühren
0.625 kg Natriumnitrit, in
2 l Wasser gelöst, zufließen. Nach 10 Minuten filtert man und stumpft mit
1.25 kg Natriumazetat ab.

Die Diazolösung von Echtblau B-Base kommt nur für die Entwicklung von Stückfärbungen in Frage. Sie wird daher ohne jeden weiteren Zusatz auf die erforderliche Stärke aufgefüllt und ist alsdann gebrauchsfertig. Für die Entwicklung von Garn empfiehlt sich ausschließlich Echtblausalz B (s. S. 254).

Diazotierungstemperatur 5—10° C.

17. Echtschwarz LB-Base.

1 kg Echtschwarz LB-Base wird in
1 l Ameisensäure 85 % unter Umrühren gelöst, unter Rühren in
30 l Wasser und
1 l Salzsäure 20° Bé eingetragen und sofort mit
0.26 kg Natriumnitrit, in
1 l Wasser gelöst, versetzt. Man rührt etwa 10 Minuten, stellt auf die gewünschte Stärke ein und stumpft mit
1 kg Natriumazetat, in
3 l Wasser gelöst, ab.

Diazotierungstemperatur 12° C.

Für jede Partie ist ein frisches Entwicklungsbad anzusetzen.

VII. Apparatefärberei.

Die Zittauer Maschinenfabrik A.-G. hat einen ausgezeichneten Färbeapparat Type UW für Naphthol auf Kreuzspulen gebaut, der sich durch fortlaufenden Betrieb, Flottenersparnis, hohe Leistung, sowie geringen Bedarf an Kraft, Raum und Bedienung empfiehlt. Herr Oberingenieur Grünert berichtete darüber auf der 3. Bezirkstagung des Internationalen Vereins der Chemikerkoloristen am 18. Oktober 1924 zu Dresden:

Die Färbeversuche auf den bisher bekannten, gebräuchlichen Färbeapparaten, sei es im Aufsteck- oder Packsystem, hatten nicht die gewünschten Erfolge; die Apparate mußten jeweils vor- und nachher gründlich gereinigt werden. Ferner war der Flottenverbrauch für die verhältnismäßig kleinen Partien ungehörig groß. Der Hauptübelstand aber bei der Verwendung der bisherigen Apparate war, daß die Reibechtheit nicht in dem erforderlichen Maße erzielt wurde.

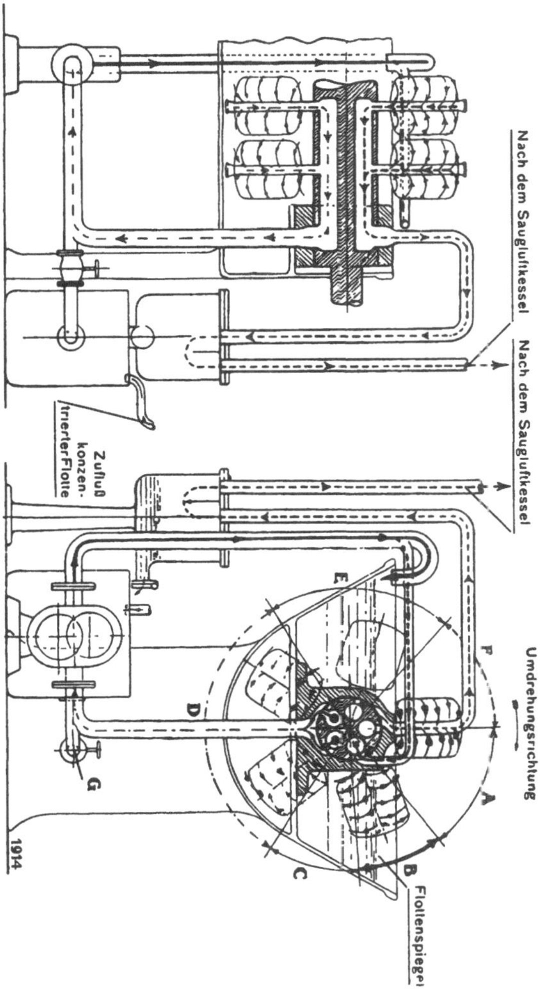

Abb. 31. Färbeapparat für Naphtol AS auf Kreuzspulen.

Der Arbeitsgang einer Färbung von Kreuzspulen mit Naphthol auf dem neuen Apparat ist der übliche:

Die rohen, von der Spinnerei kommenden Kreuzspulen werden zwecks guter Aufnahme der Grundierungsbase und teilweiser Entölung vorgekocht. (Das Vorkochen kann auf jedem in der Färberei vorhandenem, beliebigen Färbeapparate im Pack- oder Aufstecksystem geschehen.)

Nach etwa 20 Minuten wird geschleudert.

Dann gelangen die Kreuzspulen auf den neuen Färbeapparat für Naphthol zur Grundierung. Nach der Grundierung wird gründlich geschleudert und schließlich auf dem neuen Färbeapparate entwickelt. An das Entwicklungsbad reihen sich dann mehrere Spül- und Seifenbäder und zwar erst ein kaltes Spülbad, hierauf in der Regel ein heißes, hieran anschließend ein kochendes Seifen, hiernach nochmals Heiß- und Kaltspülen. Zuletzt wird geschleudert und getrocknet.

Der Apparat (Abb. 31) ist nicht viel größer als eine Nähmaschine und trotzdem von einer Leistungsfähigkeit, daß nur etwa die Hälfte der Firmen ihn voll ausnützen können. Er besteht aus einem kräftigen, gußeisernen Untergestell, auf welches ein Flottentrog für etwa 50 Liter Inhalt aufgesetzt ist. In diesem Trog lagert eine Hohlachse mit fünf Kanälen, welche durch sinnreiche Anordnung abwechselnd mit Luft- und Flottenleitungen verbunden sind. Auf diese Hohlachse werden mittels Nickelinspindeln die zu färbenden Kreuzspulen aufgesteckt. Die Achse selbst dreht sich während der Beschickung langsam an dem Arbeiter vorüber, so daß dieser gerade noch genügend Zeit findet, die Beschickung oder Entleerung des Apparates vorzunehmen.

Mit diesem eigentlichen Färbeapparate sind zwei topfartige Behälter verbunden, welche für die Flottenrückgewinnung mittels Vakuum benötigt werden.

Den Antrieb der Maschine vermittelt eine Fest- und Los-Riemenscheibe.

Weiter steht neben dem Apparat ein kleiner Farbbehälter zur Aufnahme der frischen und der fortwährend wieder zurückgeleiteten, abgesaugten Flotte. Der Zufluß der frischen Flotte nach diesem kleinen Ansatzbehälter erfolgt ununterbrochen in einfachster Weise von einem größeren daneben stehenden Farbbehälter mit konzentriertem Bade.

In der Abb. 31 ist durch ein A der Winkel bezeichnet, bei dessen Drehung das Aufstecken und Abnehmen der Kreuzspulen stattfindet. Diese Periode währt zwölf Sekunden und der Arbeiter ist imstande, vier Kreuzspulen der Maschine zu entnehmen und wieder frisch aufzustecken.

Nachdem die Kreuzspulen in das Bereich des Winkels B eingetreten sind, läuft die Flotte mittels der Pumpe durch die Hohlachse nach dem Innern der Kreuzspule zu; die Flotte tritt also von innen durch die Kreuzspule nach außen und treibt die Luft aus derselben heraus. Diese Entlüftungsperiode dauert acht Sekunden.

Nachdem die Kreuzspule in das Bereich des Winkels C getreten ist, läuft die Maschine acht Sekunden leer.

Hierauf wandert die Kreuzspule in das Bereich des Winkels D, in welchem die Flotte umgekehrt läuft. Dieses Bereich bildet den Hauptkreislauf der Flotte; hier findet die Grundierung bzw. die eigentliche Entwicklung von außen nach innen mittels Durchsaugung der Flotte statt; die Flotte tritt durch die Kreuzspule in die Hohlachse und wird von der Pumpe angesaugt, um wieder oberhalb in den Flottentrog hineinbefördert zu werden.

Winkel E stellt wiederum eine Leerlaufperiode dar, um die Gewähr des sicheren Abschlusses der einzelnen Kanäle zu erzielen. Dieser Leerlauf dauert 16 Sekunden.

In dem Bereich des Winkels F findet die Absaugung der überschüssigen Flotte statt. Die Absaugung dauert zwölf Sekunden.

Durch Einstellung des Ventils G wird die Zuführung der abgesaugten und verstärkten Flotte so geregelt, daß die Flotte im Trog immer gleich hoch steht.

Die ganze Behandlungsdauer vom Aufstecken bis zum Abnehmen beträgt 92 Sekunden; also innerhalb 92 Sekunden kann eine dem Apparate zugeführte Kreuzspule fertig grundiert oder fertig entwickelt entnommen werden. Auf einer Achse befinden sich 20 zylindrische Kreuzspulen im Gewichte von je etwa 300 Gramm, somit ist es möglich, in einer Stunde etwa 800 Kreuzspulen oder 240 kg zu grundieren oder zu entwickeln.

VIII. Rapidechtfarbstoffe.

Für die Kattundruckereien, Hand- und Garndrucker, sind die Griesheimer Rapidecht-Farbstoffe wichtig. Sie gestatten ohne vorherige Grundierung der Ware Azofarbstoffe auf der Faser zu erzeugen.

Sie enthalten die Diazoverbindung der Base in der haltbaren Form des Nitrosamins. Die Nitrosamine können als solche nicht kuppeln; man kann sie daher zusammen mit Naphtholen oder anderen kupplungsfähigen Körpern aufdrucken; durch Verhängen, gelinde Säureeinwirkung (essigsaurer Dampf) oder durch

Zugabe von Körpern, welche beim nachfolgenden Dämpfen Säure abspalten, wird das Nitrosamin wieder in die Diazoniumverbindung übergeführt und sofort zum Kuppeln gebracht. Werden die Rapidechtfarben durch Dämpfen entwickelt, so bedürfen sie eines Zusatzes von Natriummonochromat. Nach dem Dämpfen oder Verhängen wird heiß mit Essigsäure-Glaubersalz, Natriumbisulfat oder Natriumbisulfat und Natriumazetat fertig entwickelt.

Die Rapidecht-Farbstoffe sind besonders wertvoll bei Hellbodenmustern (Passern), für die sich eine Naphtholierung des Stoffes nicht bezahlt machen würde. Hierhin gehören:

Rapidechtrot GZ in Teig und Rapidechtorange RG in Teig, 1922, ferner Rapidechtrosa LB und LG in Teig, 1924.

IX. Kennzahlen einiger Naphthol AS-Färbungen

in Musterkarten von GE.

a) Auf Baumwollplüsch:

Naphthol	AS 10,5 g im l	—	Echtorange GR	Base 2,8 g im l	23	1,2	32
„	„ 10,5 g „ l		Echtscharlach G	„ 3 g „ l	24	1,7	23
„ „	AS 5 g „ l BS 5 g „ l	—	Echtscharlach R	„ 3,5 g „ l	26	1,2	33
„	AS 10,5 g „ l	—	Echtrot GL	„ 3 g „ l	26	1,2	42
„	BO 7 g „ l	—	Echtrot GL	„ 3 g „ l	28	1,7	60
„	BO 7 g „ l	—	Echtrot B	„ 3½ g „ l	30	1,2	72
„	BO 7 g „ l	—	Echtgranat G	„ 5 g „ l	30	1,2	78
„	AS 10,5 g „ l	—	Echtblau B	„ 2½ g „ l	52	0,9	97

b) Auf Baumwollstoff, grundiert mit Naphthol BO 7 g im l:

Echtscharlach G Base	7½ g im l	24	2,7	33
Echtscharlach R „	8¾ g „ l	27	3	38
Echtrot 3 GL Base spec.	15 g „ l	28	3	51
Echtrot GL Base	7½ g „ l	29	2,9	49
Echtrot B Base	8¾ g „ l	29	2,2	62
Echtgranat G Base	12½ g „ l	29	2,2	69

c) Auf merzerisiertem Futterstoff grundiert mit Naphthol AS—G 12 g im l:

Echtgelb GC Base	10 g im l	04	08	20
Echtscharlach GG Base	10 g „ l	07	09	25

2. Oxydationsfarbstoffe.

Zu den Oxydationsfarbstoffen gehören Anilinschwarz, Diphenylschwarz und Paraminbraun.

A. Anilinschwarz.

Geschichte: (Kielmeyer, die Entwicklung des Anilinschwarz, Leipzig 1893.) Schon Runge, der Entdecker des Anilinschwarz, machte 1834 auf die Erzeugung auf der Faser aufmerksam; 1863 wurde es zuerst von Calvert, Clift und Lowe im Zeugdruck verwendet. Lightfoot vervollkommnete es zur allgemeinen Anwendung mit Kupfersalzen und Chlorat für den Druck und hat auch Anweisungen für die Färberei gegeben, die noch heute gebraucht werden. Das erste Patent zur Erzeugung von Anilinschwarz mittels Chromsäure in der Färberei wurde 1865 Boboeuf in Frankreich erteilt.

Eigenschaften: Anilinschwarz entsteht durch Oxydation von Anilin. Das erhaltene Anilinschwarz ist abhängig von dem Mengenverhältnis der verwendeten Chemikalien, der Temperatur und der sonstigen Herstellungsweise. Wird die Oxydation nicht weit genug getrieben, so entsteht ein Schwarz, das durch Einwirkung von schwefliger Säure und am Licht vergrünt. Dieses Vergrünen beruht auf der Bildung von Emeraldin, einer niederen Oxydationsstufe, welche aber durch weitere Oxydation in Schwarz übergeführt werden kann.

Richtig gefärbtes Anilinschwarz ist das echteste Schwarz auf Baumwolle in bezug auf Wäsche und Licht. Es ist auch gut chlorecht; durch diese Eigenschaft übertrifft es namentlich die Schwefelschwarz. L. E. = 7; W. E. = 5 (bei Einbadschwarz nur 4).

Anilinschwarz gibt weiter der Baumwolle „Griff" und beschwert 8—10 %. Die Asche erhöht sich auf 2,8—3 %.

Die Herstellung eines guten Anilinschwarz erfordert freilich ganz besonders gute Fachkenntnisse, gewissenhaftes Arbeiten und sachgemäße Einrichtungen.

Für das Färben von Anilinschwarz kommen drei Verfahren in Anwendung:

1. Das Einbadschwarz, hauptsächlich für lose Baumwolle und Baumwollgarn in einem Bade aus Anilin und Oxydationsmitteln hergestellt.

2. Das Oxydationsschwarz, mit Anilinsalz und Chloraten getränkt, in einem feuchten, warmen Raum verhängt und schließlich durch Oxydation mit Kaliumbichromat entwickelt.

3. Das Dampfanilinschwarz (Prud'homme - Schwarz), durch Dämpfen entwickelt und hauptsächlich im Zeugdruck angewendet.

I. Lose Baumwolle.

a) Einbadschwarz.

Nach dem Ratgeber M. L. B. 1921, 87 beschickt man das Bad mit

10 % Anilinöl,
14 % Salzsäure 22° Bé,
3,5 % Schwefelsäure 66° Bé und nach dem Erkalten
13 % Natriumbichromat,

geht mit der Ware ein, färbt ½ Stunde kalt, treibt in einer weiteren halben Stunde zum Kochen und läßt ¼ Stunde nachziehen. Hierauf wird gut gespült und kochend geseift, erforderlichenfalls mit 1 % Blauholzextrakt.

Zum Überfärben mit Blauholz behandelt man eine Stunde mit 2—5 % Blauholzextrakt, befestigt in einem Bade mit 2—3 % Kaliumbichromat, wäscht, gibt noch nötigenfalls ein schwaches Seifenbad mit Öl und Soda oder besser Türkischrotöl und trocknet.

Man erhält gleichzeitig durch diese vielfachen Behandlungen eine Gewichtsvermehrung von 25—30 %.

Wegen der geringen Reibechtheit des Anilinfärbeschwarzes gibt man gern einen Untergrund von 2 % Dianilschwarz CR oder von Thiogenschwarz und überfärbt mit ½- oder ¼-starker Anilinschwarzflotte (s. S. 148).

b) Oxydationsschwarz.

Die nach dem Einbadverfahren gefärbte Baumwolle ist spröde und rauh und rußt ab. Das Oxydationsschwarz rußt nicht ab und die Baumwolle bleibt auch weicher als beim Einbadschwarz; dafür aber ist die Gefahr der Faserschwächung größer.

Vorschrift für Oxydationsschwarz auf loser Baumwolle:

I. {
20 Teile Natriumchlorat (als Oxydationsmittel),
30 Teile Salmiak (als hygroskopisches Mittel) werden in
300 Teilen Wasser kochend gelöst.

II { 50 Teile Anilinöl (als Farbstoff) werden mit
50 Teilen Salzsäure 19° Bé gemischt, dann
50 Teile Wasser zugegeben.

Beide Lösungen werden gemischt und nach dem Erkalten 2 Teile Kupfervitriol (als Sauerstoffüberträger) in 50 Teilen Wasser gelöst, zugegeben. Dann wird mit Wasser auf 6—7° Bé verdünnt.

Man tränkt z. B. auf dem Obermaierschen Färbeapparat (S. 344) die trockene auf einem Reißwolf oder Öffner aufgelockerte Baumwolle mit der Beizflüssigkeit, schleudert kräftig und trocknet. Die Temperatur des Trockenraumes darf 30° C nicht überschreiten; die Baumwolle muß mehrmals umgewendet werden, damit sie gleichmäßig trocknet. Die sich entwickelnden Salzsäuredämpfe müssen durch einen Exhaustor abgezogen werden.

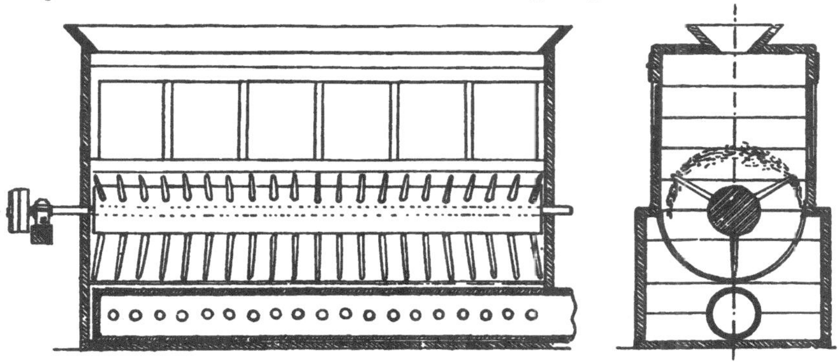

Abb. 32. Oxydationsmaschine für Anilinschwarz nach Theilig & Klaus, Crimmitschau.

Nach dem Trocknen muß die Baumwolle in angefeuchteter Luft bei 32—35° C noch 12—16 Stunden liegen bis sie tief grünschwarz geworden ist.

Die Firma Theilig & Klaus, Crimmitschau, hat den Apparat, Abb. 32, nach D. R. P. 9804 vorgeschlagen.

Die vorher gelockerte Baumwolle wird in der Kälte mit Anilinsalz, Kaliumchlorat und Vanadiumchlorid getränkt. Dann bringt man die vom Überschuß der Säure befreite Baumwolle in den geschlossenen Apparat, durch welchen heiße Luft mittelst eines Gebläses durchgetrieben wird. Der Luft wird, wenn ein gewisser Grad von Trockenheit im Material entstanden ist, Dampf zugefügt. Die sauren Dämpfe werden schnell abgeführt. Der Apparat besteht aus einem großen, viereckigen Kasten mit halbzylinderischem Boden; über ihm dreht sich eine mit Armen versehene Walze und hält die Baumwolle stets in Bewegung.

Die Baumwolle wird darauf gechromt, gespült, nötigenfalls geseift und getrocknet.

Zum Chromen wird die Baumwolle auf dem Obermaier durch cin kaltes Bad von 50 g Kaliumbichromat und 50 g Schwefelsäure auf 100 Liter Wasser 1/4 Stunde genommen. Sie bleibt über Nacht liegen; am andern Morgen wird gut gewaschen, nötigenfalls geseift oder durch Ölemulsion weich gemacht.

Dieses Schwarz hat zwei Fehler: es vergrünt und die Faser leidet leicht Schaden. Um diesen Übelständen vorzubeugen, hat Kertess vorgeschlagen, die Baumwolle vorher mit Diaminschwarz RO zu färben und nach dem Entwickeln mit Diaminlösung durch ein sehr schwaches Anilinbeizbad zu nehmen, sonst aber wie oben zu verfahren. Durch die schwache Anilinbeize wird die Gefahr der Faserschwächung erheblich geringer (S. 282).

Die Grundierung mit Diaminschwarz vermindert aber infolge der größeren Anzahl der Behandlungen die Spinnfähigkeit der Faser; außerdem ist das mit Diaminschwarz vorgrundierte Schwarz trüber.

Man kann auch nach der für Garn S. 283 angegebenen Vorschrift für Oxydationsschwarz nach Oehler arbeiten, nur wählt man die Schwarzbeize dann stärker, etwa 9° Bé, schleudert, trocknet unter zeitweiligem Umwenden auf Hürden und vollendet die Oxydation durch Anfeuchten der Luft mittels Dampf.

II. Baumwollgarn.

a) Einbadverfahren.

Mengenverhältnisse, Temperatur und Art des Färbens sind für den Ausfall der Färbung von großer Bedeutung.

α) In der Kälte. Anilinschwarz nach Renard und Henry. Für

100	kg	Baumwollgarn sind
8—10	„	Anilinöl,
16—20	„	Schwefelsäure von 60° Bé,
14—20	„	Kaliumbichromat,
1	„	Eisenvitriol

erforderlich. Die Färbekufen sind, weil in kurzer Flotte gearbeitet wird, von besonderer Form und bestehen aus zwei Abteilungen (Abb. 56). Über jeder Abteilung ist eine viereckige Spule für je 5 kg Baumwolle; die Arbeiter brauchen nicht mit den Händen in die chromsäurehaltige Flüssigkeit; gleichzeitig wird gleichmäßigere Bewegung und Oxydation erzielt. Die Spulen können emporgehoben und auf einen doppelarmigen Ständer gelegt werden, um die Strähne auf- oder abzunehmen. Man stellt mehrere solcher Färbekufen auf und bewegt die Haspel abwechselnd nach rechts und links, damit sich die Strähne nicht verwirren.

Um ein tiefes Schwarz zu erhalten, muß Kaliumbichromat in größerer Menge angewendet werden, weil die Wirkung in der Kälte weniger energisch ist. Der Zusatz von Eisenvitriol macht das Schwarz unvergrünlich.

Das Anilinöl wird mit vorher verdünnter Salzsäure gemischt; man braucht nur soviel Wasser, daß nichts auskristallisiert. Dann wird die Schwefelsäure und zuletzt das Eisenvitriol zugegeben. Das Kaliumbichromat wird für sich gelöst.

Man bringt das abgekochte, gewaschene und ausgewrungene Garn auf die Spulen (Abb. 33), gibt die nötige Menge Wasser und die Hälfte der bereiteten Lösungen in die Kufe und geht mit den Strähnen ein. Nach 1 bis 1½ Stunden wird die Baumwolle herausgenommen, die andere Hälfte der Lösungen zugefügt und 1—1½ Stunden weiter gefärbt. Das Bad, ebenso wie die Baumwolle, nimmt zuerst eine grünliche, dunkelgrüne, blaue und endlich eine schwarze Farbe an. Die Färbung ist beendet, wenn sich ein chinonähnlicher Geruch bemerkbar macht. Nach dem Spülen wird mit 5 g Seife und 2 g Soda im Liter Wasser kochend geseift; Seife allein gibt ein rötliches, Soda ein bläuliches Schwarz, doch macht Soda die Faser hart.

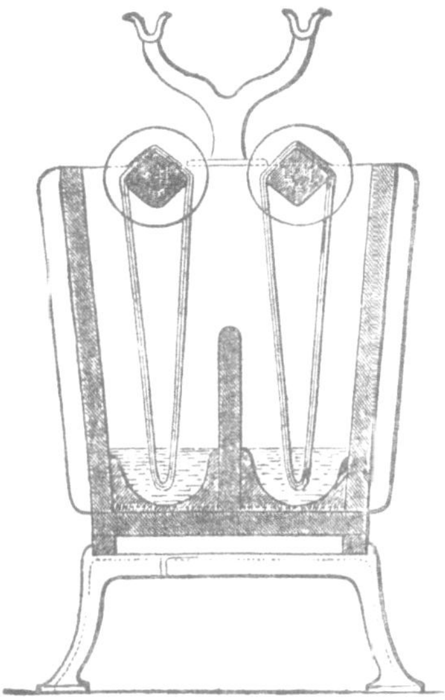

Abb. 33. Färbekufe.

β) In der Wärme. 1. Anilinschwarz nach Bretonnière (Noelting u. Lehne, Anilinschwarz, Berlin 1904, 127). Man bereitet folgende Lösungen:

I. { 1 l leichtes Anilinöl,
2 kg Salzsäure 22° Bé,
10 l warmes Wasser.

II. { 1,2 kg Kaliumbichromat gelöst in
10 l warmem Wasser.

In einem Bottich mit 90 Liter Wasser von ca. 60° C bringt man für 10 kg Garn 2 Liter Anilinlösung (I.) und behandelt 10 Minuten. Dann werden 2 Liter Chromlösung (II.) zugefügt und wieder 10 Minuten behandelt, wobei sich eine graue Farbe bildet. Anilinlösung bzw. Chromlösung werden solange zugesetzt, bis das Garn tief schwarz ist. Nach Zusatz von 200—300 ccm Salzsäure wird 5 Minuten umgezogen, herausgenommen, verlüftet und sodann 10 Minuten mit vielem kalten mit Schwefelsäure angesäuertem Wasser gespült. Zum Schluß wird nochmals sorgfältig gewaschen und nötigenfalls geseift. Man erhält ein schönes, unvergrünliches Schwarz.

2. Anilinschwarz für 10 kg Garn nach Weiler (Färb.-Ztg., 1889/90, 162; Noelting u. Lehne, S. 137) soll auf folgende einfache Weise erhalten werden. Man bereitet ein Bad mit

500 g Anilinöl,
1½ kg Salzsäure 21° Bé und
1 „ Natriumbichromat.

Das Garn wird hierin bei 62° C 1½—2 Stunden umgezogen, bis sich die Farbe entwickelt hat; hierauf wird gespült und getrocknet. Das Anilinöl wird vor dem Zusetzen mit etwa ein Drittel der gesamten Salzsäure angerührt.

Ein weiteres Verfahren ist folgendermaßen angeführt: Man geht mit 10 kg schwach geseiftem Garn in ein kaltes Bad von

800 g Anilinöl,
3,2 kg Salzsäure 21° Bé und
1,6 „ Natriumbichromat,

zieht eine halbe Stunde um, erwärmt langsam zwei Stunden zum Kochen und läßt eine Viertelstunde kochen. Darauf wird gespült, schwach geseift und getrocknet.

Durch das Eingehen in das kalte Bad und das allmählige Steigern der Temperatur wird das Bad besser ausgezogen und die Färbung satter.

Beide Verfahren geben ein bräunliches Schwarz und finden hauptsächlich Verwendung für Kettengarne für waschechte buntfarbige Stoffe. Da die Schlichte für diese Ketten in der Regel schwach sauer gehalten wird, wird der bräunliche Ton des Schwarz hierdurch aufgehoben.

Für lebhaftes Schwarz empfiehlt Weiler, das Schwarz nach der ersten Methode mit Indigoersatz (oxydiertem Blauholzextrakt, s. S. 67) zu schönen.

3. Anilinschwarz nach K. Oehler, Offenbach a. M. (Chemische Fabrik Griesheim-Elektron, Frankfurt a. M., Werk Oehler) (Februar 1902).

Für 100 kg Garn in 2000 l Flotte verwendet man

13 kg Anilinsalz K. Oehler,
20 „ Salzsäure 21° Bé und
14 „ Bichromat, vorher in heißem Wasser gelöst.

Kalt eingehen, 1 Stunde umziehen, auf 70—80° erwärmen und ½ Stunde weiter umziehen. Gut spülen und mit 1 %iger Schmierseife ½ Stunde bei 60° C seifen. Nötigenfalls mit 2 % Türkischrotöl weich machen, schleudern und trocknen.

Bei für Buntweberei bestimmten Garn verhindert ein gehöriger Stärkeappret das Abrußen. Das Schwarz ist vergrünlich, greift aber die Faser kaum an.

γ) Im Dampf. Anilinschwarz nach Boboeuf, in Nordfrankreich ausgeübt (F. P. 68 079. Noelting u. Lehne, S. 119). Man bereitet zwei Lösungen; die erste besteht aus:

12 kg Anilinöl, gelöst in
18 „ Salzsäure,
24 „ Schwefelsäure und
360 l Wasser;

die zweite aus:

24 kg Natriumbichromat, gelöst in
360 l Wasser.

2 kg von jeder der beiden Lösungen werden zusammengebracht; hierin wird 1 kg Garn rasch umgezogen. In zwei Minuten ist bereits die Bildung des bronzeglänzenden Schwarz vollendet. In dieser Weise wird das Garn in kleinen Mengen unter Benutzung frischer Flüssigkeit behandelt, dann abgewrungen und bei ¼ Atm Druck 20 Minuten gedämpft. Hierdurch geht das bronzeglänzende Schwarz in Tiefschwarz über und wird unvergrünlich. Sodann wird gewaschen und geseift. Das erhaltene Schwarz rußt nicht ab.

b) Übersetzen mit Anilinschwarz.

Um den Übelstand der geringen Reibechtheit des Einbadschwarz zu beheben, empfehlen die verschiedenen Farbstoffabriken einen Grund von Schwefelschwarz oder substantivem Blau bzw. Schwarz (s. S. 277).

Nach einer Vorschrift der Aktien-Gesellschaft für Anilinfabrikation, Berlin (Ratgeber **1904**, S. 117), wird das rohe Baumwollgarn mit 3 % Kolumbia-Schwarz oder 3—5 % Sambesi-Schwarz (S. 136) vorgefärbt, gespült und für 10 kg Baumwolle auf folgendem Bade ausgefärbt:

480 g Anilinsalz und
1440 „ Salzsäure 22° Bé werden in
½ l Wasser gelöst und hierauf mit
700 g Kaliumbichromat, in Wasser gelöst, auf
200 l verdünnt.

Die Strähne werden in dieser Flotte eine Stunde bei gewöhnlicher Temperatur umgezogen. Dann treibt man langsam in etwa 1/2 Stunde zum Kochen, kocht ungefähr 5 Minuten, spült und seift mit 2 g Seife im Liter. Das auf diese Weise erhaltene Schwarz soll sich durch Schönheit und Waschechtheit auszeichnen.

Nach Verfahren 44 der Badischen Anilin- und Soda-fabrik (Ratgeber **1913**, S. 238) grundiert man die Baumwolle mit 5—8 % Kryogenschwarz TG oder mit 2—3 % Baumwollschwarz, oder für blaustichiges Schwarz mit Oxamindunkelblau oder Oxaminblau, spült und überfärbt auf frischem Bade, je nach Tiefe mit 1/2—3/4 der für Anilin-Färbeschwarz nötigen Mengen.

Die Farbenfabriken vorm. Friedrich Bayer & Co. (Tabellarische Übersicht **1921**, S. 22) empfehlen Benzochromschwarz und Direkttiefschwarz, Cassella & Co. (Handbuch **1923**, S. 158) die verschiedenen Oxydiaminschwarz- und Immedialschwarz-Marken, ferner Hydronblau und Hydronschwarz B, die Farbwerke Höchst 2 % Dianilschwarz CR als Untergrund. Dieser wird in langer Flotte mit 3 % Anilinsalz,
3 % Schwefelsäure,
4 % Kaliumbichromat und
2 % Kupfervitriol
1/4 Stunde kalt und 1 Stunde bei 50—60° C überfärbt.

Das Grundieren mit Schwefelschwarz ist wegen der damit verbundenen Gefahr der Faserschwächung nicht zu empfehlen.

c) Oxydationsschwarz.

α. Diamantschwarz nach Oehler (Agfa-Griesheim). Man tränkt die Ware gleichmäßig mit der Schwarzbeize, trocknet möglichst rasch bei niedriger Temperatur und oxydiert hierauf bei Temperaturen von 35—60° C je nach dem Vorbereitungsstand der Baumwolle. Die Beize muß demnach vorerst auf der Ware eintrocknen und dann erst „Oxydieren" und zwar in einer feuchtwarmen Atmosphäre. Den dazu benutzten Raum nennt man Hänge oder „Oxydationskammer".

Der Vorgang verläuft daher in zwei Phasen, dem Trocknen und dem eigentlichen Oxydieren. Mitunter wird das Trocknen auf Maschinen, das Oxydieren in der Hänge oder beides auf Maschinen vorgenommen.

Man wählt die Konzentration der Beize, je nach der Art der Ware 5—8° Bé. Garne brauchen weniger konzentrierte Beize als Stückware und lose Baumwolle. —

In der „Hänge“, der Oxydationsvorrichtung, verbleibt die Ware so lange (im Allgemeinen 4—12 Stunden), bis sie die schwärzlich grüne Färbung angenommen hat (S. 305).

Durch das nachfolgende Chromen unter Zusatz von Anilinsalz wird sie vollends schwarz und möglichst unvergrünlich gemacht. Zur Erzielung weicheren Griffes und blumigeren Schwarz wird zum Schluß noch geseift.

Zur Schonung der Faser setzt man der Schwarzbeize bisweilen Aluminiumazetat zu. Dadurch wird die beim Schwarzwerden freiwerdende Säure (im wesentlichen Salzsäure) abgestumpft und unschädlich gemacht. Neuerdings wird an Stelle der essigsauren bisweilen milchsaure oder ameisensaure Tonerde angewendet. Auch durch teilweisen Ersatz der Salzsäure im Anilinsalz durch Weinsäure (Köchlin 1865), Borsäure, Phosphorsäure (F. Beltzer, Rev. gen. mat. col. 1902, 113), Flussäure (Thies & Cleff, D. R. P. 57467), Milchsäure oder die billige Ameisensäure sucht man der Faserschwächung zu begegnen, die bei Garn im Durchschnitt etwa 10 % beträgt. Die Qualität der Garne spielt dabei eine wesentliche Rolle.

I. Tränken: Das Baumwollgarn (25—50 kg) wird mit Soda (3—5 %) oder auch ohne diese in offenen oder geschlossenen Gefäßen abgekocht.

Unter Druck (½—1½ Atm) abzukochen ist vorteilhafter, weil dadurch Zeit und Dampf gespart wird. Das Abkochen kann auch ganz unterbleiben; man beizt in diesem Falle das trockene, rohe Garn direkt auf einer Beizmaschine, in einem sich drehendem Trog wird das Garn mit hölzernen Stampfen bearbeitet. (S. 291).

Nach dem Abkochen wird abgewässert und möglichst vollständig gewunden oder geschleudert. Dann wird aufgestockt, gestreckt und in die „Schwarzbeize“ eingegangen.

Man bereitet z. B. folgende Schwarzbeize. Man löst

110 kg	Anilinsalz	in 500 l	Wasser,
30 „	Natriumchlorat	„ 50 „	„
3 „	Salmiak	„ 10 „	„
3 „	Kupfervitriol	„ 30 „	„

außerdem 15 Liter Aluminiumazetat 10° Bé bei 15° C.

Der Einfluß der verschiedenen Chemikalien in der Schwarzbeize auf die Eigenschaften des Oxydationsschwarz wurde systematisch untersucht.

Gesteigerte Menge Chlorat in der Beize macht das Schwarz voller. Die Vergrünlichkeit wird verbessert, die Reißfestigkeit der

Faser herabgedrückt, die Reibechtheit und Erschwerung nicht beeinflußt, die Oxydation beschleunigt.

Kupfervitriol wirkt in größerer Menge als üblich gleichfalls vertiefend auf das Anilinschwarz, zugleich den Ton von Blau nach Grünschwarz verschiebend. Die Reißfestigkeit nimmt ab, während Vergrünlichkeit und Erschwerung der Baumwolle unbeeinflußt bleiben. Die Oxydation wird beschleunigt. Bei basisch gehaltener Flotte bewirkt Kupfervitriol die Bildung eines anilinhaltigen Niederschlages, welcher in trocknem Zustand leicht stäubt und dabei die Nasenschleimhäute stark reizt.

Für erhöhten *Salmiak*gehalt der Beize gilt bezüglich Tiefe und Ton dasselbe wie bei Kupfervitriol, also voller und grüner. Reißfestigkeit, Vergrünlichkeit, Erschwerung, wie Reibechtheit erleiden durch Salmiak keine Änderung.

Aluminiumazetat macht die Farbe voller, aber röter und toter. Vergrünlichkeit, Erschwerung und Reibechtheit werden nicht merklich beeinflußt. Ebenso konnte nicht sicher ermittelt werden, ob die Reißfestigkeit der Faser erhöht wird.

In einer Holzkufe von etwa 1 200 l Inhalt, in welcher 50 kg Garn bequem umgezogen werden können, werden die obengenannten Lösungen kalt zusammengegossen und zwar zunächst Anilinsalz-, Chlorat- und Salmiaklösung, hierauf 200 Liter Wasser, schließlich Kupfervitriol und Aluminiumazetat unter sehr gutem Umrühren. Die Gesamtflüssigkeit wird etwa 850 Liter betragen müssen, wenn die Spindel bei 15° C 5° Bé zeigen soll; dann wird die Flottenhöhe an einer der Kupferwände angezeichnet. Da es für die Haltbarkeit der Beize und für die Schnelligkeit der Oxydation zu wissen wichtig ist, ob die Beize *sauer oder neutral ist*, prüfe man sie mit einer verdünnten Methylviolettlösung (1 g in 10 Liter Wasser). Diese schlägt bei Säuregegenwart von Rot nach Blau um, bei großem Überschuß der Säure nach Grün. Ist die Beize sauer befunden, so fügt man etwas Anilinöl zu, bis sie neutral reagiert. Im Sommer hält man die Beize immer neutral, damit sie nicht trüb wird. Im Winter ist diese Gefahr fast ausgeschlossen. Das Schwarz wird durch Anilinölzusatz brauner, wogegen die Vergrünlichkeit abnimmt.

Das Garn wird ¼ Stunde *umgezogen*, dann *aufgeworfen*, leicht *abgewunden* und in die in der Nähe befindliche, am besten etwas erhöht stehende *Schleuder* eingelegt. Aus der höher stehenden Schleuder läuft der Überschuß von Beize in die Kufe zurück. Das Garn sei nach dem Herausnehmen aus der Schleuder ungefähr doppelt so schwer.

Da die Menge der dem Garn einverleibten Beize die Tiefe des Anilinschwarz bedingt, so wird man auf einer scharf ausgeschleuderten Ware ein weniger tiefes Schwarz erzielen als auf einer solchen, in der man eine größere Menge Beize beläßt. Auch die Konzentration der Beize hat Einfluß auf die Tiefe des Schwarz, eine 8grädige Beize wird volleres Schwarz als 7grädige ergeben; da feinere und glatte Garne beim Winden oder Schleudern mehr Beize abgeben als starke und rauhe, so sind erstere nicht zu kräftig abzuwinden oder abzuschleudern.

Dann wird egalisiert, d. h. durch Strecken des Garnes die Beize möglichst gleichmäßig verteilt.

Soll die Schwarzbeize fortgesetzt gebraucht werden, so muß sie nach jedesmaligem Beizen durch Chemikalienzusätze auf alte Stärke gebracht werden, weil jede Garnpartie von 50 kg ungefähr 30 Liter Wasser in die Beize bringt. Andererseits nimmt die Beizflotte beim Herausnehmen des Garnes um 20—25 Liter je nach der Qualität desselben ab. Feine, glatte oder hartgedrehte Garne nehmen weniger Flüssigkeit aus der Beize mit als starke, rauhe oder weichgedrehte. Die Abnahme kann leicht durch Messen der Flüssigkeitshöhe festgestellt werden. Aus Verdünnung und Abnahme der Beize lassen sich dann leicht die Zusätze der Chemikalien berechnen, die gemacht werden müssen, um auf die alte Stärke zu kommen. Man braucht durchschnittlich als Zusätze:

3370	g	Anilinsalz,
919	„	Natriumchlorat,
92	„	Salmiak,
92	„	Kupfervitriol,
460	ccm	Aluminiumazetat.

Man gibt die Chemikalien in konzentrierten Lösungen zur Beize, und löst dementsprechend:

1.	50,00	kg	Anilinsalz	in	100 l	Wasser,
2.	18,38	„	Natriumchlorat	„	40 „	„
3.	1,84	„	Salmiak	„	10 „	„
4.	1,84	„	Kupfervitriol	„	20 „	„

Von Lösung 1 nimmt man 6¾ l,
„ „ 2 „ „ 2 „
„ „ 3 „ „ ½ „
„ „ 4 „ „ 1 „

Nach dem Zusatz der obigen Lösungen sowie des Aluminiumazetats und Durchrühren der Beize mißt man mit der Spindel ihre Stärke. Zeigt sie noch nicht genügend hohe (etwa 5)° Bé, so gibt man einen weiteren halben Zusatz, also 3,4 l Anilinlösung, 1 l Chlorat, 1/4 l Salmiak, 1/2 l Kupfervitriol und 1/4 l Aluminiumazetat. Die Beize ist nun für die nächste Partie Garn fertig.

Man richte sich so ein, daß der Betrieb keine Unterbrechung erfährt, da dann die Schwarzbeize immer brauchbar bleibt. Sollte sie durch langes Stehen oder durch zu langen Gebrauch trüb werden, so muß sie durch lose Baumwolle oder durch grobes, locker gedrehtes Garn, welche die abgeschiedenen Niederschläge an sich ziehen, oder auch durch Filtern, was umständlicher ist, gereinigt werden; denn eine trübe Schwarzbeize gibt ein abschmierendes Schwarz.

Soll das Anilinschwarz vorerst versuchsweise eingeführt werden, so bereitet man nur so viel Schwarzbeize, als man für eine Partie Garn braucht, für 100 kg Garn etwa den achten Teil der früher angegebenen Schwarzbeize, nämlich:

13,7	kg	Anilinsalz
3,75	kg	Natriumchlorat
375	g	Salmiak
375	g	Kupfervitriol
1875	ccm	Aluminiumazetat 10° Bé bei 15° C.

und bereitet daraus eine Lösung von etwa 125 Liter zu 5° Bé. Von dieser Stammlösung gibt man etwa 10—12 Liter in eine Steingutschale und tränkt darin Kilo für Kilo unter stetem Nachbessern von Stammbeize. Man bearbeitet das Garn in der Beize so lange, bis es genetzt ist, windet an einem Pfahle dreimal leicht ab und legt bei Seite, bis die sämtlichen 100 kg Garn durchgenommen sind.

Merzerisiertes Garn braucht um 20—25 % schwächere Beize, jedoch benützt man in der Praxis meist die gleiche Beize wie für gewöhnliche Baumwolle, so daß merzerisierte Waren voller in der Farbe erscheinen als unmerzerisierte.

Das getränkte Garn wird aufgestockt. Die 1200 mm langen (gewöhnlich erlenen oder buchenen) Stöcke sind vorher mit Beize anzustreichen und zu trocknen oder wiederholt zu schellackieren und zu schmirgeln. Andernfalls würden die Stöcke an den Berührungsstellen einen Teil der Beize aufsaugen und hellere Streifen erzeugen.

Auf solch einen Stock wird jedesmal nur 1 Pfund Garn breit aufgeschüttelt. Man breitet das wie in der Rotfärberei eingefitzte (eingebundene) Garn Strähn neben Strähn auf einer starken Winddocke (8 cm dick) aus, führt 2 Stöcke knapp unter der Docke durch das Garn, streckt mit diesen die Strähne einigemale und zieht schließlich von der Docke ab. Einen Stock läßt man hierauf fallen und hat so das Garn stets unter einer gewissen Spannung; diese ist namentlich bei scharf gedrehten Garnen, die sich leicht zusammenringeln, sehr wichtig. Die mit Garn beschickten Stöcke werden auf Latten mit halbkreisförmigen Kerben in je 15—20 cm Abstand gelegt.

II. Oxydationskammer: Diese spielt eine große Rolle; im Notfall kann dazu jede gut zu lüftende Trockenkammer dienen. Die Oxydationskammer ist folgendermaßen eingerichtet: Ein Ventilator oben an der Decke oder im Giebel saugt die Luft durch, die von außen her unter dem Fußboden in die Kammer dringt. Die Luft darf nur vorgewärmt in die Kammer eintreten; dies besorgen Rippenheizkörper oder auch kleine Röhrenkessel in den Anfängen der Luft-Zuführungskanäle. Die warme Luft zieht durch das Garn, beladet sich mit Feuchtigkeit und den später auftretenden sauren, der Baumwolle so gefährlichen Gasen und wird nach außen geworfen. Außerdem kann man direkten Dampf einlassen und die Feuchtigkeit regeln. Von der Dampfleitung zweigt ein Rohr ab und teilt sich am Boden der Kammer in mehrere Arme, die auf zwei Seiten gelocht sind.

Die Größe der Kammer ist der Tageserzeugung anzupassen, doch sei die Kammer eher größer, als zu klein. Für 100 kg Garn genügen 80—100 Kubikmeter Raum. Die Kammer soll nicht zu niedrig, etwa 4,5 m hoch sein, damit man darin arbeiten kann. 1,5—2 m sollen unter der Decke frei bleiben, damit dort die dem Garne entsteigenden Dämpfe gesammelt und nach und nach abgesaugt werden können. Direktes Sonnenlicht ist von der Kammer fernzuhalten.

Damit die Temperatur in allen Teilen der Oxydationskammer möglichst gleich sei, kleidet man die Wände mit Holz aus. Liegt die Kammer an einem geschützten Ort, so müssen die Wände zum mindesten mit gekochtem Leinöl gestrichen werden, um das Mauerwerk vor den sauren Dämpfen zu schützen; herabfallender Kalk würde graue oder selbst weiße Punkte auf dem Garne hervorbringen.

a) Trocknen. Man bringt den Ventilator in Gang und erwärmt auf 35° C.

Das eingebrachte Garn hat fast genau die ursprüngliche Farbe. Ist es vielleicht schmutzig weiß geworden, so war in der Schwarzbeize bereits Anilinschwarz ausgeschieden, welches den Anlaß zu abrußendem Anilinschwarz gibt. In dem Maße, als die im Garn befindliche Schwarzbeize eintrocknet, wird es hellgrün und dann dunkelgrün.

Kurz nach dem Einbringen sind die Garnsträhne umzuziehen, um Streifenbildung zu vermeiden. Man dreht den oberen Stock so viel mal herum, bis der obere Strähnteil den Stock oben nicht mehr berührt, was von einem Arbeiter bequem in 10—12 Minuten bei

100 kg Garn besorgt werden kann. Nach einer weiteren halben Stunde wird wieder umgezogen und so fort, bis das Garn vollständig trocken geworden ist. Je nach der Trockeneinrichtung ist das Garn in 4—6 Stunden trocken.

b) Oxydieren. Zum Oxydieren ist feuchte Wärme notwendig. Diese erzielt man durch vorsichtiges Einlassen von Dampf. Man verfolgt den Gang der Oxydation durch ein Fenster von etwa 45 cm im Geviert. In der Nähe befestigt man ein Psychrometer (Band I, Abb. 1).

Das trockene Thermometer muß 35, das feuchte 30° C zeigen. Während dieser Phase spielt sich die eigentliche Bildung von Anilinschwarz (Emeraldin) ab, und es werden stark riechende Gase, vornehmlich Salzsäure frei.

Das Garn bleibt unter zeitweisem Umwenden unter steter Lüftung solange in der Oxydationskammer, bis es schwarzgrün geworden ist. Dies kann 4—6 Stunden und länger dauern; es hängt außer von der Lüftung noch von der Qualität der Garne ab. Minderwertige Sorten fallen langsam und ungleich an. Daher beschickt man die Hänge so früh, daß das Antrocknen der Garne noch während der Arbeitszeit beendet wird, während sich die Oxydation während der Nachtzeit vollzieht. Ehe man den Dampf von der Kammer nimmt, sieht man die Garne auf hellere Stellen durch. Findet man solche, so hängt man die betreffenden Pfunde in einen Raum für sich weit auseinander, damit die hellen Stellen nachgrünen können. Nach beendeter Oxydation stellt man den Dampf ab, lüftet die Kammer und läßt den Ventilator noch eine Zeit laufen, bis die grünen Garne abgekühlt sind. Am andern Morgen werden sie aus der Kammer abgetragen, in Partien abgestockt und dann zum Chromen gegeben.

Nur bei richtiger Bauart der Oxydationskammer und bei sorgfältigem Arbeiten ist ein gleichmäßiges Antrocknen des Garnes und damit eine normale Oxydation gewährleistet. Sicherer ist auf jeden Fall, das Trocknen und Oxydieren der Garne auf Maschinen oder Apparaten vorzunehmen (Seite 391).

III. Chrombad: Man bereitet sich ein Bad, welches in

1000 l
2—3 kg Bichromat und
0,75 l Schwefelsäure 66° Bé enthält.

In diesem Bade wird das grüne Garn bei 30—50° C 10—15 Minuten rasch umgezogen und darauf in Wasser sehr gut gespült.

Will man ein volleres, gleichmäßigeres und schwereres Schwarz erzielen, so chromt man in ganz kurzer Flotte (Ware: Bad = 1 : 4) entweder auf Beizterrine (S. 235) oder im Großen auf Passiermaschine (S. 242) bzw. einem der gebräuchlichen Färbeapparate. Die Chromflotte enthält im Liter 10—20 g Bichromat und 0,5—1 g Schwefelsäure. Je mehr Bichromat, um so voller und gleichmäßiger das Schwarz. Auch die Länge des Chrombades spielt eine wichtige Rolle, je länger um so leerer und ungleichmäßiger das Schwarz, je kürzer, desto tiefer und gleichmäßiger. Durch steigenden Bichromatgehalt des Chrombades wird auch das Gewicht der Baumwolle beträchtlich erhöht. — Die Reibechtheit wird nicht geändert, dagegen nimmt die Vergrünlichkeit zu, je länger, d. h. verdünnter das Chrombad angewandt wird. Umgekehrt erzielt man weniger vergrünliches Anilinschwarz, wenn man ein kurzes, d. h. ein starkes Chrombad in Anwendung bringt. Auch die Zeitdauer der Bichromateinwirkung ist von Wichtigkeit: je kürzer, um so leerer und blauer ist das Schwarz, je länger, um so voller und bräunlicher.

Die beschriebene Wirkung des Bichromats auf die Anilinschwarzbildung läßt vermuten, daß auf der grünen Faser noch Anilinsalz vorhanden sein muß, welches mit dem Bichromat, der vorhandenen Salz- und Schwefelsäure und dem grünen, in der Oxydationskammer entstandenen Emeraldin das technische Anilinoxydationsschwarz bildet. In der Tat, denn wäscht man nach der Oxydation grüne Ware sehr gut aus, so erhält man durch nachfolgendes Chromen kein volles, tiefes Schwarz, sondern ein mindestens 50% leereres, ungleiches Schwarzblau, welches sehr leicht vergrünlich ist. Die Garne müssen nach dem Chromen mindestens 1 Stunde, am besten über Nacht liegen bleiben.

Mitunter wird säurekochechtes Schwarz verlangt, wenn z. B. die schwarzen Garne für Halbwollartikel Verwendung finden, die nachträglich im Stück sauer überfärbt werden. Zu diesem Zwecke fügt man der kalten Chromflotte für den Liter 10 g Anilinsalz zu und läßt die Garne über Nacht liegen. Darauf folgt kaltes, heißes und wieder kaltes Spülen.

Schließlich seift man bei 60° mit

2 g	Marseiller Seife und	im Liter 30 Minuten lang.
1/2 „	Soda	

Wird sehr weicher Griff gewünscht, so gibt man 1 Liter Olivenöl oder Sulfurolivenöl, vielleicht auch 1/2 Liter Glyzerin zum Seifenbad. Das Öl wird mit verdünnter Sodalauge aufgekocht, damit es sich besser im Seifenbad verteile.

Webgarne werden nicht geseift, weil sie in diesem Zustand die Schlichte sehr schwer annehmen. Man nimmt sie nach dem Spülen höchstens durch ein schwaches Soda- oder Wasserglasbad.

Nach dem Seifen wird sofort geschleudert und getrocknet.

β. Oxydationsschwarz auf Garn nach Lehne unter Verwendung von Kupfersulfid (Färb.-Ztg. 1889/1890, 332. Noelting u. Lehne, S. 134).

Das nachstehende Schwarz soll weder abschmutzen noch von wesentlicher Faserschwächung begleitet sein.

400 g Weizenstärke werden mit
5 l Wasser gekocht, hierzu gibt man
600 g Natriumchlorat, gelöst in
3 l Wasser,
100 g Kupfersulfid in Teig (30 %), und
1,2 kg Anilinsalz, gelöst in
2 l Wasser.

Das Garn wird strähnweise zwei- bis dreimal durch diese Mischung genommen, jedes Mal abgewunden und gut egalisiert. Hierauf läßt man bei 30° C in feuchter Luft zwei Tage verhängen; das Garn soll möglichst lose und offen hängen und zuweilen gedreht werden. Die anfänglich hellgraue Farbe des Garnes wird bald dunkler und zuletzt schwarz. Nach dem Verhängen wird 10 Minuten bei 80° C in einem Bade aus

60 g Kaliumbichromat und
50 g Schwefelsäure 66° Be. in
100 l Wasser umgezogen und in kaltem Wasser gut gespült.

Hierauf wird 15 Minuten bei 80° C mit 400 g Kernseife und 20 g Glyzerin in 100 Liter Wasser geseift, sodann gespült und bei 30° C getrocknet.

Auch in der Garnfärberei wird der auf Seite 278 erwähnte Apparat von Theilig & Klaus in Crimmitschau verwendet. Die Garne werden auf 16 Haspelpaaren aufgehängt. Die äußeren Haspel sitzen wie Felgen in einem Radkranze. Das Rad dreht sich 40 Mal in der Minute. Die inneren Haspel können durch einen Hebel umgedreht werden, damit das Garn nicht immer auf einer Stelle auf den Haspelstäbchen aufliegt. Der heiße Luft- und Dampfstrom tritt durch Kanäle in das Zentrum des Rades ein und tritt durch die obere Öffnung des Apparates wieder aus.

Oxydationsschwarz läßt sich auch auf Leinen- und Ramie-, aber nicht auf Jutegarn färben.

III. Strümpfe.

Strümpfe und andere Wirkwaren werden nur oxydationsschwarz gefärbt; sie werden in Partien zu 50—55 kg mit 1 % Ätznatron in eisernen Kochfässern unter schwachem Druck abgekocht, dann sehr gut gespült, kräftig geschleudert und hierauf gebeizt, entweder auf Kufe oder neuerdings auf Maschinen von C. G. Haubold jr., Chemnitz i. S. oder der Zittauer Maschinenfabrik. Diese Maschinen ähneln langsam laufenden Schleudern, in welchen die Strümpfe mit Stampfen in der Schwarzbeize bearbeitet werden. Bei ihrer Anwendung kann das Auskochen der rohen Ware erspart werden. Die Schwarzbeize für Wirkware wird stärker angesetzt als für Garne und zwar löst man für etwa 850 Liter:

140 kg Anilinsalz,
35 „ Natriumchlorat,
3 „ Salmiak
3 „ Kupfervitriol,
15 l Aluminiumazetat 10° Bé.

Man stellt auf 7° Bé bei 15° C ein. Nach dem Beizen muß schärfer geschleudert werden als bei Garnen, andernfalls erhält man abschmierendes Schwarz. Die Gewichtszunahme darf nicht mehr als 60—65 % der Rohware betragen. Die gebeizten Strümpfe werden auf entsprechend große, flache Holzformen (aus Buchen- oder Erlenholz) aufgezogen und in Oxydationskammern verhängt.

Bei guter Lüftung und gleichmäßiger Temperatur von 40° C sind die Strümpfe in ungefähr 4—4½ Stunden vergrünt. Ehe man die Oxydation abbricht, untersucht man, ob die schwer durchzuoxydierenden Stellen wie Nähte, Falten an der Ferse, normal vergrünt sind. Starke Waren brauchen längere Zeit zur Oxydation als feine. Die Oxydation verläuft gründlicher, wenn die mit Strümpfen bezogenen Formen langsam durch Trockenkanäle geführt werden, in die erwärmte Luft entgegenströmt.

Das Aufziehen der Strümpfe auf die Holzformen kostet viel Arbeitslohn, durch Einführung der Siebtrommeln fällt das Formen fort. Diese Trommeln sind durchlochte hohle Eisenblechzylinder, die sich sehr langsam um ihre schmiedeeiserne Axe drehen. Durch eine verschließbare Öffnung, die sich in dem Zylindermantel befindet, werden die gebeizten Strümpfe in die Trommel gegeben; diese ist innen mit Reihen von Holzpflöcken besetzt, wodurch ein möglichst lockeres Lagern der Strümpfe gewährleistet wird.

Bei guter Lüftung, 3—4 Umdrehungen in der Minute und 40° C Temperatur erzielt man in 9—13 Stunden ein normales Grün auf Strümpfen.

Da die Strümpfe durch das Stampfen in der Schwarzbeize und das Herumwerfen in den Oxydationstrommeln oberflächlich aufgerauht werden, müssen die abstehenden Baumwollfäserchen weggesengt werden. Dies geschieht auf der Gassengemaschine für Strümpfe von Ernst Geßner in Aue i. Sa. (Abb. 34). Die oxydierten dunkelgrünen Strümpfe werden auf Holzformen gezogen und mit diesen schnell durch kräftige Gasflammen gezogen.

Ein eisernes Untergestell trägt zwei Leitwalzenpaare von 400 mm Breite, jedes Paar mit 2 Flammenrohren für gleichzeitig beider-

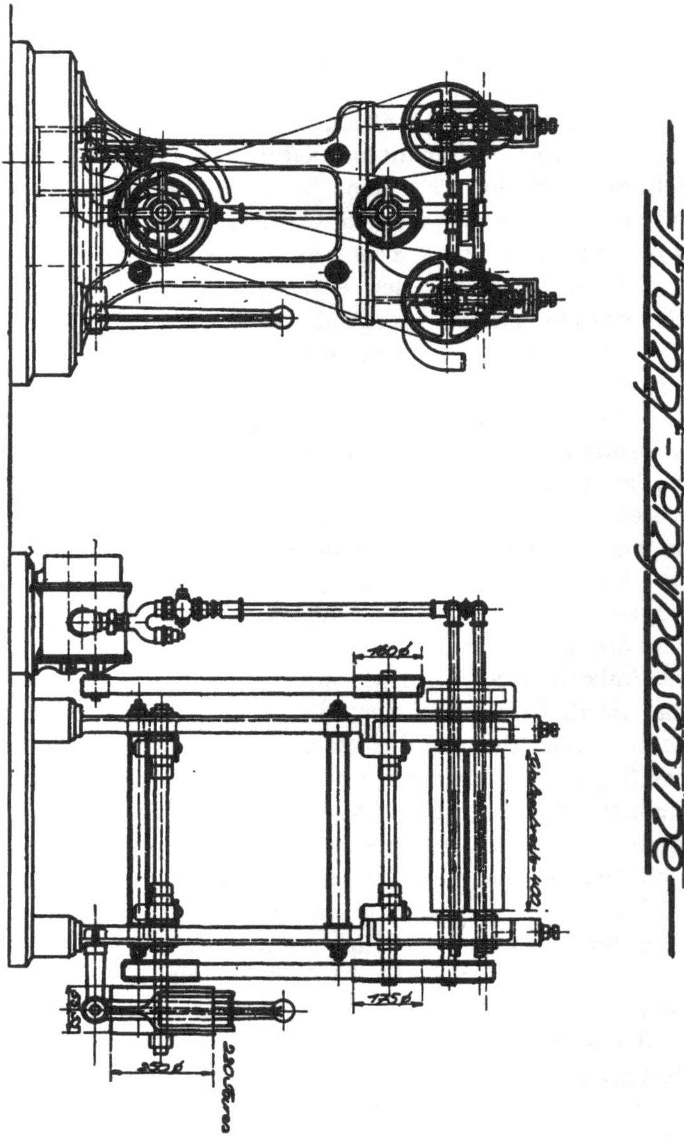

Abb. 34. Strumpfsengmaschine von E. Geßner in Aue.

seitiges Sengen des Strumpfes. An die Maschine ist ein Roots-Gebläse mit Windkessel und selbsttätigem Druckregler angebaut. Das Verbrennungsgas kann der Leuchtgasleitung entnommen oder in einem geeigneten Gasolinapparat erzeugt werden. Der Kraftbedarf beträgt etwa ½ PS.

Das Chromen der Strümpfe muß auch auf möglichst kurzer Flotte vorgenommen werden. Das Verhältnis der Ware zur Flotte sei höchstens wie 1 : 4. Am besten und sichersten läßt sich nur auf Apparaten, z. B. von Obermaier, Schirp, in so kurzem Bade arbeiten, oder man verwendet verzinnte Waschtrommeln, wie sie in Dampfwäschereien üblich sind. Das Chromen auf solchen Apparaten dauert etwa 10 Minuten.

Die 180—200 Liter betragende kurze Chromflotte enthält im Liter 10—20 g Natriumbichromat, dem man außerdem 500—1000 g Anilinsalzlösung zusetzt, je nachdem man ein mehr oder minder tiefes, säureechtes und schweres Schwarz erzielen will. Da das Chrombad mit Salz versetzt, sehr bald Schwarz entwickelt, so muß mit der Ware schnell eingegangen werden. Nach erfolgter Chromung ist ei nlängeres Lagern der Strümpfe unbedingt erforderlich und zwar ungespült. Dadurch wird die Tiefe, Säureechtheit, wie auch die Erschwerung der oxydationsschwarzgefärbten Strümpfe gewährleistet.

Die Strümpfe müssen mindestens 12 Stunden liegen, meist über Nacht. Sie werden nun, ohne zu spülen, auf ein kaltes Säurebad gegeben, (1 Liter Schwefelsäure in 1000 Liter Wasser) und etwa 45 Minuten umgezogen. Endlich wird gut gespült und geseift (3,5 g Marseiller Seife und 0,5—1 g Soda im Liter), 60° warm. Nach dem Seifen folgt handwarmes Spülen, Schleudern und Trocknen. In gewöhnlichen Trockenkammern hängt man die Strümpfe einfach über Stöcke, oder man benützt Trockenapparate nach dem Gegenstromprinzip.

Beim Weiterarbeiten auf alter Beize verstärkt man diese für jede Partie Strümpfe (50--55 kg) mit:

4	kg	Anilinsalz,
1	„	Natriumchlorat,
0,086	„	Salmiak,
0,086	„	Kupfervitriol,
0,43	l	Aluminiumazetat 10° Bé.

Das Anilinsalz löst man in alter Beizflotte auf, die beiden anderen Salze in möglichst wenig Wasser.

IV. Trikotstücke.

Trikotstücke werden im Großen und Ganzen wie Strümpfe behandelt. Zur Oxydation spannt man sie an Rahmen auf, die mit kupfernen oder gläsernen Häkchen besetzt sind. Das Beizen und Chromen geschieht auf Paddingmaschine und Jigger, Spülen und Seifen auf einfachem Haspelbottich. Um sehr tiefes und gut durchgefärbtes Schwarz zu erzielen, wird die Ware oft mit substantiven Farbstoffen unterfärbt, namentlich solche, die behufs Lederimitation geschmirgelt („geschliffen") wird.

V. Baumwollgewebe.

a) Oxydationsschwarz.

α. Verfahren nach Lohmann mit Kupfersulfid. Drei Stück Ware zu 50—60 m werden zusammengenäht und auf der Gassengmaschine gesengt. Darauf wird gekrabbt, und zwar erst durch 3 %ige Sodalösung, dann durch kochendes Wasser, um die Soda zu entfernen; hierauf wird durch reines, kaltes Wasser zweimal genommen. Zum Schluß wird die Ware 8—10 Minuten bei einem Druck von 3—3½ Atm auf dem Zylinder gedämpft.

Zunächst wird das abgekühlte Gewebe mit Kupfersulfid zweimal auf der Paddingmaschine grundiert.

15 kg Kupfervitriol werden in 50 Liter Wasser gelöst und in einem anderen Gefäß 10 kg Kaliumsulfid ebenfalls in 50 Liter Wasser. Von diesen Lösungen wird je 1 Liter in den Trog der Paddingmaschine gegeben. Nach zweimaligem Gebrauch muß die Beize erneuert werden. Hierauf durchläuft die Ware die Oxydationsbeize, welche folgendermaßen hergestellt wird:

10 kg Anilinöl (spez. Gew. 1,024) werden mit
10 „ Salzsäure von 18° Bé versetzt und
20 „ Anilinsalz in 80 Liter kochendem Wasser gelöst, hinzugegeben. Beide Lösungen werden kalt zusammengemischt.

Darauf werden
15 kg Kaliumchlorat in 50 Liter Wasser,
8 „ Ammoniumchlorid in 30 Liter Wasser und
2,5 „ Weizenstärke in 10 Liter Wasser zugesetzt
und diese Beize mit Wasser auf 12° Bé eingestellt. Die Beizflüssigkeit (etwa 200 Liter) muß gut verschlossen an einem kühlen Orte aufbewahrt werden. Zum Beizen verdünnt man sie auf 9° Bé und bringt sie nach jedem Zug durch Zugabe 12grädiger Lösung wieder auf 9° Bé.

Die Temperatur in der Oxydationskammer (Abb. 35) darf 50° C nicht übersteigen und muß durch Einströmen von Wasserdampf genau geregelt werden. Die Ware tritt weiß in die Kammer ein, verläßt sie nach einer Stunde dunkelgrün und wird dann, um die Farbe unvergrünlich zu machen, im Jigger durch 4 % Kaliumbichromat und ½ % Schwefelsäure (vom Gewicht der Ware) bei 50° C genommen (Abb. 36). Alsdann wird gut gespült und mit Seife und Soda gereinigt.

β. Verfahren von C. A. Preibisch in Reichenau bei Zittau (D. R. P. 32 079). Die Stücke werden auf 2-walzigen Klotzmaschinen mehrere Male, auf 3-walzigen einmal mit Schwarzbeize, z. B.

100 g Anilinsalz,
30 „ Natriumchlorat,
8 „ Kupfersulfat

im Liter Flotte getränkt und in einer besonderen Oxydationsmaschine in gleichmäßig gespanntem Zustande, auf langem auf- und absteigendem Wege hindurchgeführt. Der Apparat wird durch ein Heizrohrsystem am Boden des Kastens auf 44—50° C gehalten; die sich entwickelnden Dämpfe und Gase werden auf der ganzen Länge des Apparates abgesaugt. Trocknen und Oxydieren finden in dem vorderen Teil des Apparates statt, dem beständig frische Luft von etwa 25° C von unten zuströmt. Sobald die getrocknete Ware in den hinteren, geschlossenen Teil, das letzte Drittel des Apparates, gelangt, beginnt sie

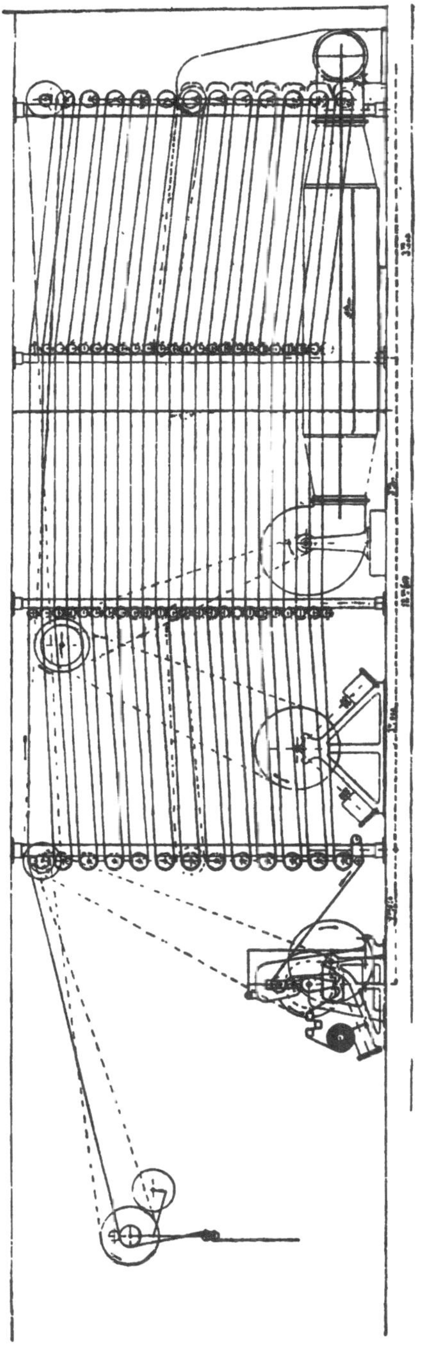

Abb. 35. Oxydationsmaschine.

sich zu oxydieren und zu färben. Am Ende des Kastens befinden sich zum Anfeuchten der Luft einige Wasserbehälter. Der Apparat liefert stündlich 6 Stück zu 50 m, 140 cm breit.

Gechromt wird auf dem Jigger wie vorhin.

b) Dampfschwarz nach Prud'homme oder Ferrozyanschwarz (Noelting u. Lehne, Anilinschwarz, Berlin 1904, 74).

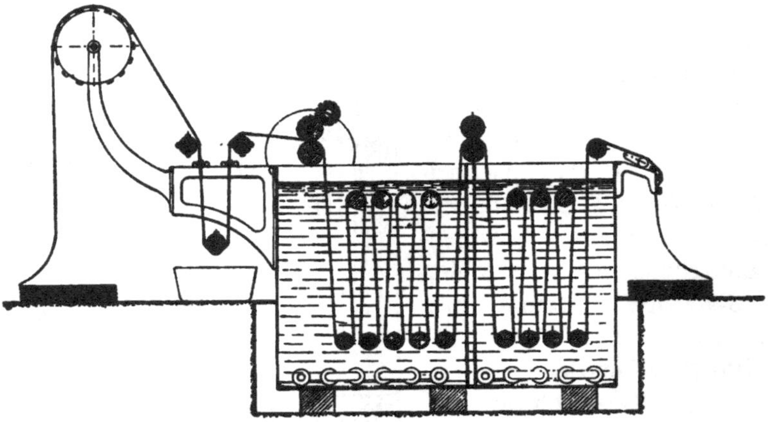

Abb. 36. Chronierkufe (Welter).

Die gebleichte und aufgerollte Ware durchstreicht die Beize in einem mit drei Holzrollen versehenen hölzernen Troge. Die Beize hat folgende Zusammensetzung:

1,5 kg Kaliumchlorat (als Oxydationsmittel) werden in
40 l Wasser gelöst und
4 „ Kaliumferrozyanid (als Sauerstoffüberträger) (28 : 100), sowie
2,5 kg Anilinsalz und x g Anilinöl hinzugefügt.

Das Anilinsalz soll neutral sein; daher ist die Größe x nach seiner Beschaffenheit zu bestimmen.

Nach dem Beizen wird zwischen Messing- und Gummiwalze abgequetscht.

Seide und Halbseide werden in folgender Lösung geklotzt:
40 g Natriumchlorat in 100 ccm Wasser,
60 g Kaliumferrozyanid in 400 ccm Wasser und
100 g Anilinsalz in 300 ccm Wasser lösen und
auf 1 l stellen.

Alsdann wird das Gewebe über einen Heißluft-Trockenstuhl geleitet, dessen Temperatur so geregelt werden muß — nicht über 50° —, daß die Ware eben trocken den Stuhl verläßt und hellgelb ist mit einem leichten Stich ins Grüne. Die Oxydation wird alsdann im Mather-Platt durch zweiminutliches Dämpfen vollendet. Die Ware hat dann eine dunkelgrüne Farbe angenommen und wird nun breit bei 80° C durch ein Bad von 10 g Kaliumbichromat, 5 g kalz. Soda und 5 kg Kochsalz im Liter genommen, gewaschen und geseift.

VI. Halbseide.

Die mit 30 % Marseiller Seife entbastete und gespülte Halbseide wird so stark wie Strümpfe (S. 292) gebeizt. Trikotware wird in der Hänge, Webware auf dem Preibischapparat oxydiert. Häufig beizt und oxydiert man zweimal. Die Oxydation soll bei 60—65° C und 16° Unterschied am feuchten und trockenen Thermometer vor sich gehen. Der Chromflotte setzt man Essig- oder Schwefelsäure zu. Nach dem Seifen wird mit Essig- oder Ameisensäure geschönt.

VII. Halbwolle.

Strickgarne und Trikot werden bei 40° C geseift und gespült. Dann wird die Wolle sauer vorgefärbt, gespült, geschleudert und die Baumwolle mit Oxydationsschwarz nachgefärbt.

Gewebe beizt man nahc Fr. Könitzer (Z. Farbenind. **4**, 314 [1905]) mit saurer Kaliumterrizyanidlösung vor und setzt auf das gebildete Berlinerblau Oxydationsschwarz.

Man kann auch die Baumwolle des Gewebes erst Oxydationsschwarz und dann die Wolle mit Blauholz (S. 71) oder mit saurem Schwarz nachfärben. Nach E. Herzinger (T. **1925**, 99) verwendet man für 100 kg Halbwollstoff 10 l Anilinlösung (5 kg Anilin mit soviel Salzsäure gelöst, daß Fuchsinpapier entfärbt wird und auf 10 l verdünnt), 7 l Natriumchloratlösung (3,5 kg Natriumchlorat in 7 l kochendem Wasser), 2 l Kupfervitriollösung (1 kg Kupfervitriol in 2 l kochendem Wasser) und ½ l Salzsäure. Die trockene Ware wird 4—6 mal damit geklotzt und bei 37 bis höchstens 45° C oxydiert. Nach dem Verkühlen wird im Bottich mit 8 kg Natriumbichromat und 2 kg Schwefelsäure ½ Stunde kalt entwickelt, auf der Waschmaschine gespült, mit 10 kg Soda kalz. bei 37° gewaschen und wieder gespült.

Danach wird der wollene Schuß mit Natriumbichromat (2¼ kg auf 15 Stück Alpaka = 135 kg) 1 Stunde angesotten und mit 45 kg

Blauholzspähne, die schon vorher ½ Stunde ausgekocht waren, 1 Stunde kochend ausgefärbt.

Die oxydierte Ware näht man am besten in einen endlosen Schlauch, d. h. mit den Leisten zusammen so, daß die Rechtsseite (Baumwollkette) nach innen kommt. Dadurch vermeidet man die ungenügende Entwicklung beim Chromen, die zu befürchten wäre, wenn man die Ware gedoppelt mit der rechten Seite nach innen laufen lassen würde.

B. Diphenylschwarz (M, 1902)

Mit Paraaminodiphenylamin, dem *Diphenylschwarz* des Handels, läßt sich ein *unvergrünliches* Schwarz erzeugen, das die Baumwollfaser nicht angreift.

Vorschrift für Garnfärbung.

Stammfarbe A.	350 g	Diphenylschwarzbase werden in
	1500 ccm	Essigsäure 6° Bé und
	400 „	Milchsäure 50 % durch Erwärmen gelöst, abgekühlt und in die Mischung von
	1 kg	Tragantwasser (60 g im Liter) und
	2 l	Wasser eingerührt.
	5 Kilo.	

Der Tragantschleim soll die Dissoziation der essigsauren Diphenylschwarzbase verhindern. Andererseits werden

Stammfarbe B.	170 ccm	Aluminiumchlorid 30° Bé und
	100 „	Cerchlorid 45° Bé als Sauerstoffüberträger verdünnt mit
	3850 „	Wasser und
	250 g	Natriumchlorat als Oxydationsmittel gelöst in
	750 ccm	Wasser.
	5 Kilo.	

Vor Gebrauch werden 3 Liter Stammfarbe A und 3 Liter Stammfarbe B in eine Terrine gegeben und das Garn in dieser Klotzlösung zweipfundweise behandelt (S. 236). Das Garn braucht vorher *nicht ausgekocht* zu werden, da die Lösung leicht netzt. Man windet gleichmäßig ab oder schleudert schwach aus und gibt die abgeschleuderte Flotte in die Terrine zurück. Für die nächsten zwei Pfund bessert man mit 1/2 Liter frischer Stammfarbe A und 1/2 Liter Stammfarbe B auf und so fort.

Nach dem Winden bzw. Schleudern wird breit auf sauberen Stöcken aufgestockt und bei 60° C getrocknet. Gleichmäßiges Trocknen ist für den guten Ausfall der Färbungen Bedingung. Zum Schluß wird 5—10 Minuten ohne Druck gedämpft, gewaschen und schwach geseift.

Vorschrift für das Färben von Baumwollgeweben.
(Ratgeber 1921, 90.)

Stammfarbe A.	600 g	Tragantwasser 1 : 10 werden mit
	750 „	Wasser verdünnt.
	400 „	Diphenylschwarzbase werden mit
	500 „	Milchsäure 50 % und
	1300 „	Essigsäure 40 % durch Erwärmen gelöst, in das Tragantwasser eingerührt und mit
	1450 ccm	Wasser auf
	5 Kilo	eingestellt.
Stammfarbe B.	250 g	Aluminiumchlorid 30° Bé,
	250 „	Chromchlorid 30° Bé,
	40 „	Kupferchlorid 40° Bé,
	3460 ccm	Wasser werden mit
	300 g	Natriumchlorat, gelöst in
	600 ccm	heißem Wasser und
	100 g	Terpentinöl, zusammengegeben.
	5 Kilo.	
	10 Kilo.	

Für das Klotzen mischt man nur soviel von den beiden Stammfarben zusammen, als gebraucht wird, um ein kleines Chasses zu füllen, da die Mischung nur einige Stunden unzersetzt haltbar ist. Die rohe, nicht ausgekochte Ware wird 2—4 mal (mit 100 % Gewichtszunahme) geklotzt, in der Hotflue oder auf Trockenzylindern getrocknet und durch 2-minutliches Dämpfen bei 100° im Mather-Platt entwickelt. Nach dem Dämpfen wird direkt gewaschen und bei 60° geseift. Chromen ist nicht nur überflüssig, sondern sogar schädlich; das Schwarz wird dadurch gebräunt.

C. Das Paraminbraun (p-Phenylendiamin [B])

gehört noch zu den auf der Faser erzeugten Oxydationsfarbstoffen. Dieser Farbstoff dient besonders für den Zeugdruck zur Herstellung von Weiß- und Buntätzen auf braunem Grund, weniger für die Glattfärberei. Desgleichen die verwandten Fuscamin (m-Aminophenol) und Ortamin.

Das gebleichte Gewebe wird mit folgender Lösung geklotzt (BASF, Druckerei **1921,** 257):

20 g Paramin werden in
300 „ heißem Wasser gelöst und mit
300 „ kaltem Wasser verdünnt.
1,5 „ Rongalit C werden zugefügt und dann
8,5 „ Wasser und
20 „ Natriumchlorat, gelöst in
80 „ Wasser und
20 „ Salmiak, oder
(25 g) Ammoniumnitrat gelöst in
80 g Wasser.
Gut umrühren und zuletzt
20 „ Brechweinstein-Glyzerinlösung,
130 „ Wasser und
20 „ Ammoniumvanadiatlösung (1 : 1000) zufügen.

Brechweinstein-Glyzerinlösung:

40 g Brechweinstein,
620 „ warmes Wasser,
340 „ Glyzerin.
1000 g.

Nach Verlauf einer Stunde ist die Flüssigkeit fast farblos; sie wird dann durch ein feinmaschiges Tuch gegossen und zum Klotzen verwendet.

Das geklotzte Gewebe wird in der Hotflue bei 40—45° C getrocknet, 5 Minuten im Mather-Platt gedämpft, gewaschen und geseift.

Derartige Oxydationsfarbstoffe spielen auch eine große Rolle in der Pelzfärberei. Sie sind p-Diamine und Amino-phenole und werden durch Oxydation mit Wasserstoffsuperoxyd, Kaliumbichromat u. a. ähnlich wie Einbad-Anilinschwarz auf der Faser in echte Braun, Grau und Schwarz übergeführt. Diese leicht oxydierbaren Basen kommen als Furreïne (I), Furrole (C), Nakofarbstoffe (M), Ursole (A) in den Handel. So ist

Furreïn D, Ursol D = p-Phenylendiamin,

Furrëin P, Ursol P	=	p-Amino-phenol-chlorhydrat,
Furrëin DB, Ursol DD	=	p,p'-Diamino-diphenylamin,
Ursol GG	=	o-Amino-phenol,
Nakobraun DD	=	p-Phenylendiamin gemischt mit Toluylendiamin (D.R.P. 226790).

Nach Ratgeber M. L. B. **1908**, 384, werden die Felle getötet, indem sie zwei Stunden in Kalkwasser (10 g Kalk im l) oder Sodalösung (10 g Soda im l) eingelegt werden. Danach wird gewaschen und für hellere Färbungen sofort in das Farbbad eingegangen. Für dunklere Färbungen muß erst gebeizt werden durch 18—24-stündiges Einlegen in Lösungen von 2—2,5 g Kaliumbichromat oder 2—4 g Kupfersulfat oder 2—4 g Eisenvitriol im l je nach Farbstoff. Dem Kaliumbichromat werden 1,5 g Weinstein, dem Kupfer- und Eisenvitriol 2 g Essigsäure 50 % beigefügt. Man kann auch statt des Einlegens doppelt so starke Beizen aufstreichen.

Die getöteten und nötigenfalls gebeizten Felle werden zwei Stunden in die kalt bereitete Farbstofflösung eingelegt. Dann werden dem Bade für je 1 g Farbstoff 10 ccm Wasserstoffsuperoxyd 3 % zugesetzt und in etwa 8 Stunden ausgefärbt. Für ungebeizte Felle verwendet man die doppelte Menge Wasserstoffsuperoxyd.

Eine hübsche Anleitung über das Färben von Pelzwerk mit Ursolen hat die Agfa 1919 herausgegeben. (S. a. Z. f. d. ges. Text., **1925**, 378.)

g. Beizen-Farbstoffe.

Eigenschaften:

Sie bedürfen zur Erzeugung vollkommener Färbung der Mitwirkung eines Metallsalzes, der „Beize". Sie besitzen sauren Charakter vermöge ihres Gehalts an Hydroxyl- oder Karboxylgruppen. Entweder besitzen sie eine zu schwache Eigenfarbe und müssen aus diesem Grunde in den stark gefärbten „Lack", die Verbindung mit Metalloxyd, übergeführt werden, z. B. Alizarin- und Holzfarbstoffe, oder sie sind allein nicht echt genug. Der wasserunlösliche Lack ist dagegen bedeutend echter, vor allem walkechter.

Anwendung:

a. In der Baumwollfärberei kommt in erster Linie die Verwendung des Alizarins auf Tonerdebeize zur Herstellung des Türkischrots in Betracht, doch werden auch mit Alizarin auf anderen Beizen wertvolle Farbtöne erzeugt. Andere Beizenfarbstoffe finden auf Baumwolle nur beschränkte Verwendung.

Die Türkischrotfärberei.

Geschichte: Das eigentümliche Färbeverfahren, das sich seinem Wesen nach bis heute erhalten, stammt aus Indien und es wurde erst 1765 in Deutschland eingeführt. Hauptsitz dieser Färberei in Deutschland ist seitdem Elberfeld-Barmen.

Die verschiedenen Abänderungen, die das Verfahren erlitten, sind im ganzen unwesentlich. Von größter Bedeutung war nur die Einführung des Alizarins an Stelle des bis dahin allein verwandten Krapp 1872. Die zuerst gewonnenen Farben fanden ungünstige Beurteilung, weil die Garne zu fettig ausgefallen waren. Es bedurfte aber bei Alizarin nicht so vieler umständlicher Schönungsbehandlungen wie bei Krapp. Sobald daher die Menge des verwendeten Öls verringert worden, hörten die Klagen auf. Zur Herstellung der Farbe braucht man jedoch noch 3—4 Wochen (Emulsionsverfahren). Man hat zwar durch Einführung von Türkischrotöl an Stelle des Tournantöl Zeit erspart, jedoch ohne dieselbe vorzügliche Echtheit, insbesondere Reibechtheit, zu erreichen (Neurotverfahren).

Der Vorgang beim Türkischrotfärben zerfällt in folgende Abschnitte: 1. Tränken mit Fettsäuren; 2. Vereinigen mit Tone r d e zu unlöslichen Salzen; 3. F ä r b e n mit A l i z a r i n zu einem roten Lack; 4. D ä m p f e n.

Nach G r a n d m o u g i n ist der Lack kein einfaches Salz; er ist zu säurebeständig; wahrscheinlich wird ein Komplexsalz gebildet, über dessen Zusammensetzung viel gearbeitet worden ist (Tschugaeff B. **1905**, 2520; A. Werner B. **1908**, 1062; P. Pfeiffer B. **1911**, 2653; E. Grandmougin Ch. Ztg. **1910**, 990).

Die in der Türkischrotfärberei gebrauchten Alizarinmarken unterscheiden sich in blaustichige und gelbstichige. Reines Alizarin ist blaustichig. Die gelbstichigen Marken bestehen entweder aus Flavopurpurin und Anthra- oder Isopurpurin, oder sie enthalten Mischungen beider. Das Purpurin wird des hohen Preises wegen seltener zum Mischen angewandt. Hiernach unterscheiden sich auch die Lacke. Auf der mit Tonerde gebeizten Ware geben 9 % Alizarin das Blaurot 26 r c (L. E. = 8 (Altrot); L. E. = 7 (Neurot); W.E. = 5), Anthrapurpurin 25 p c, Flavopurpurin 23 p c (L. E. = 6 (Neurot); W. E. = 3—4) und Purpurin 26 p e. Die mit gelbstichigem Alizarin erhaltenen Töne sind im allgemeinen nicht so lichtecht wie die mit blaustichigem Alizarin.

A. Türkischrot auf Garn.

I. Das Altrotverfahren (Emulsions- oder Weißbadverfahren).

Die angegebenen Gewichtsmengen beziehen sich auf 100 kg Garn.

1. A b k o c h e n u n d B l e i c h e n. Die Garne werden 6 Stunden unter Druck mit 4 % Soda gekocht und gewaschen; nur für Rosa wird gebleicht und abgesäuert.

2. K u h k o t o d e r S c h m i e r z u g. Die Ware wird in einer lauwarmen Mischung von 3 kg Schafmist und 5 l Pottaschelösung von 22° Bé oder statt dessen Soda- oder Wasserglaslösung eingeweicht, umgezogen und über Nacht liegen gelassen. Hierauf wird bei ca. 45° C getrocknet.

3. und 4. E r s t e u n d z w e i t e Ö l b e i z e. Das Garn wird durch ein warmes Bad von 10 kg Tournantöl (ranziges, freie Ölsäure enthaltendes Olivenöl) und 8 l Pottaschelösung von 22° Bé in 100 l (6° Bé) gezogen, aufeinandergeschichtet, über Nacht liegen gelassen, 4 Stunden an der freien Luft getrocknet und alsdann bei 50—60° C in der Kammer oder Hänge vollständig getrocknet. Der Vorgang wird, mit Ausnahme des Liegenlassens über Nacht, wiederholt.

Die Hänge (vgl. S. 284) ist ein Gebäude mit Wänden, welche die Abkühlung des Inneren durch die Außenluft möglichst verhindern sollen. Unter dem Dache und in einer oder zwei verschiedenen Höhen sind Lattengerüste eingelegt, auf welchen die Ware aufgehängt wird. Die Latten sollen von harzfreiem, weichem Holz sein. Die Temperatur des Raumes, welche gewöhnlich 25—30° C beträgt, kann nach Bedürfnis durch eine Dampfleitung am Fußboden erhöht werden. Außerdem ist eine zweite Leitung angebracht, aus welcher der zur Erhaltung der nötigen Feuchtigkeit erforderliche Dampf ausströmt. Der Feuchtigkeitsgehalt der Luft wird durch Hygrometer überwacht. Am Dache sind innen durch Klappen verschließbare Öffnungen angebracht, welche die sich bildenden Dämpfe entweichen lassen und die Temperatur regeln.

Neuerdings hat man die Kuhkotpassage aufgegeben und wendet statt Tournantöl das bei dem Neurotverfahren übliche mit Ammoniak neutralisierte Türkischrotöl, mit Natronlauge oder Pottasche versetzt, an; in dieser Mischung bleibt das Garn mehrere Stunden liegen, damit das Öl die Faser gut durchzieht. Das Ölen wird mehrere Male wiederholt. Zwischen den Ölzügen wird geschleudert oder auf einer hydraulischen Presse abgepreßt; zuletzt folgt das Trocknen bei 60° C.

Neben Türkischrotöl wird an manchen Stellen noch Tournantöl verwendet. Man ölt zunächst mit 5 % Türkischrotöl 50 %, mit der nötigen Wassermenge verdünnt und mit ½—1 kg Ammoniak neutralisiert, trocknet hierauf, beizt mit 12 kg Tournantöl, welches mit 6 kg Pottaschelösung versetzt worden ist und trocknet. Man ölt zum dritten Male mit dem Rest des zweiten Ölbades, dem man 3 kg Pottaschelösung und Wasser zugesetzt hat. Nach dem Trocknen geht man zum Klarwasserzug über.

5. und 6. Erste und zweite Lauterbeize oder Weißbad. Das Garn wird in 3 l Pottaschelösung 22° Bé in 100 l eingeweicht, dann wie vorhin getrocknet. Dies wird wiederholt. Hierdurch wird das Öl, welches sich nicht in unlöslichem Zustande auf der Faser befindet und Anlaß zu einem abschmierenden Alizarintonerdelack geben würde, entfernt.

7. Klarwasserzug. Das Garn wird 24 Stunden lang in Wasser von 55° C eingeweicht, gut ausgewaschen und getrocknet. Im Sommer wird kaltes Wasser genommen.

8. Auslaugen. 24stündiges Einlegen in eine Lösung von 2½—3 kg Soda oder 8—10 l Pottaschelösung von 22° Bé. Hierauf wird zweimal gewaschen und in der Hänge getrocknet.

9. Einstecken oder Auswaschen. Das Garn wird für 3—4 Stunden in reines, kaltes oder lauwarmes Wasser eingebracht, alsdann gewaschen und getrocknet.

10. Gallieren oder Schmackieren. Das Garn wird mehrmals umgezogen und 6 Stunden bei 40° C eingelegt in eine Sumachabkochung von 1° Bé. Man nimmt 12 kg Sumachblätter oder entsprechende Mengen Galläpfel oder Dividivi. Für Rosatöne nimmt man 1/4 kg Tannin. Nach dem Abschleudern oder Abpressen wird sofort gebeizt.

11. Beizen oder Alaunen. Die Garne kommen in basische Alaunlösung von 3° Bé (23 kg Alaun in 60 l Wasser heiß lösen und nach dem Erkalten 1,5 kg Soda kalz., in 15 l Wasser gelöst, zugeben, schließlich auf 3° Bé verdünnen). Man nimmt das geschleuderte Garn durch und legt 2 Stunden in einen Bottich, dann wird gewaschen.

12. Färben oder Krappen mit 7—10 kg Alizarin-Teig 20% unter Zusatz von 70 g Tannin. Enthält das Wasser wenig oder keinen Kalk, so wird etwas Kreide zugesetzt. Das Garn wird in die kalte Lösung eingeführt, im Laufe von 1 1/4 Stunden auf 60° C gebracht und in einer weiteren 1/2 Stunde kochend ausgefärbt.

13. Schönen oder Avivieren. Um die Verunreinigungen zu entfernen, welche die Beize im Farbbad angezogen, wird das Garn 4 Stunden mit einer Lösung von 3 kg Kristallsoda unter Druck gekocht, worauf gewaschen wird.

14. Zweites Schönen oder Rosieren. Um der Farbe größtmögliche Reinheit und Lebhaftigkeit zu erteilen, wird das Garn weiter 1—2 Stunden mit 3 kg Seife und 1/4 kg Zinnsalz unter Druck gekocht, gewaschen und getrocknet.

13. und 14. werden häufig zusammengezogen, indem man für Gelbstich 1 kg Soda, 1 kg Seife und 200 g Zinnsalz, für Blaustich nur Soda und Seife anwendet. Man kocht 4 Stunden bei 1 Atm Druck, für reib- und bleichechte Rot zweimal. Dann wird gewaschen und bei niederer Temperatur getrocknet.

II. Vereinfachte Vorschrift für Altrot.

(Vorschrift der Badischen Anilin- und Sodafabrik, Leitfaden **1913**, 213.)

1. Auskochen mit Soda und Ätznatron, gut waschen.

2. Ölen mit 5 kg Tournantöl,
2 1/2 „ Pottasche, gelöst in
15 l heißem Wasser
(mit Wasser auf 50 Liter eingestellt)

bei 45° C und auswinden. Hierauf wird das Garn 5—8 Stunden an der Luft verhängt und über Nacht bei ca. 60° C getrocknet.

3. Zweites Ölbad. Den Rest des ersten Bades stellt man mit Wasser auf 50 l ein und behandelt das Garn darin wie vorhin.

4. Drittes Ölbad. Die übrige Lösung des zweiten Bades wird mit Wasser wieder auf 50 l aufgefüllt und das Garn damit zum dritten Male geölt.

5. Klarwasserzug. Man legt das trockene Garn nach der dritten Ölung 4 Stunden in reines Wasser von 35° C, windet ab, wäscht gut und trocknet bei 60°.

6. Beizen in basisch-schwefelsaurer Tonerde von 6° Bé — 40 kg Aluminiumsulfat (18 % Al_2O_3) werden heiß in 200 l und 5 kg Soda kalz. in 25 l Wasser gelöst, die Sodalösung langsam in die Tonerdelösung eingerührt und auf 6° Bé gestellt —, hierauf wird bei 50° C getrocknet.

7. Fixieren in einem Bade mit 400 g Kreide und 800 g Natriumphosphat in 100 l Wasser und gut waschen.

8. Ausfärben in zwei Stunden bei 70—75° C, worauf wieder gut gewaschen wird.

9. Dämpfen zwei Stunden bei 1½ Atm.

10. Avivieren mit 4 kg Seife und 1½ kg kalz. Soda oder mit 4 kg Seife und 200 g Zinnsalz, waschen und trocknen bei 60° C.

III. Neurot-Verfahren.

Das Neurot-Verfahren, wesentlich von den vorangehenden unterschieden, wird gegenwärtig in den Türkischrotfärbereien am meisten angewendet. Statt Tournantöl wird klare Türkischrotöllösung gebraucht, womit das Garn nur einmal durchtränkt wird. Die Farbenfabriken vorm. Friedr. Bayer & Co. geben für dieses Verfahren folgende Vorschrift 23, Tabellarische Übersicht, I. Teil, 1921, Seite 43:

1. Abkochen 2—3 Stunden mit 2—3 % kalz. Soda, gut waschen und schleudern. Die Soda kann durch Ätznatron ersetzt werden.

2. Ölen mit einer Lösung von 1 Teil Türkischrotöl 50 % und 9—10 Teilen Wasser, schleudern und trocknen bei 45° C; etwaige Trübung der Lösung wird durch Zusatz einiger Tropfen Ammoniak behoben. Durch Zusatz von ½—2 g zinnsaurem Natron auf 1 Liter Lösung wird das Rot feuriger.

Das Ölen des Garnes geschieht in größeren Färbereien auf der Passiermaschine, die eine bestimmte Menge Ölbeize auf die Stränge gleichmäßig verteilt (Abb. 37). Die Maschine ist zweiteilig und symmetrisch, so daß auf jeder Seite der Maschine je ein

Strang von einem Pfund auf je zwei entsprechende Spulen aufgehängt werden kann. Von den beiden Spulen ist B fest, A beweglich. Um das Garn aufzuhängen, wird die bewegliche Spule mit der Hand an die feste herangezogen. Man hängt sodann das Garn über die beiden Spulen, wobei der freie Teil des Stranges in den unter den Spulen mit der Beize gefüllten eisernen Trog fällt, und setzt die Maschine in Bewegung. Ein unter der festen Spule be-

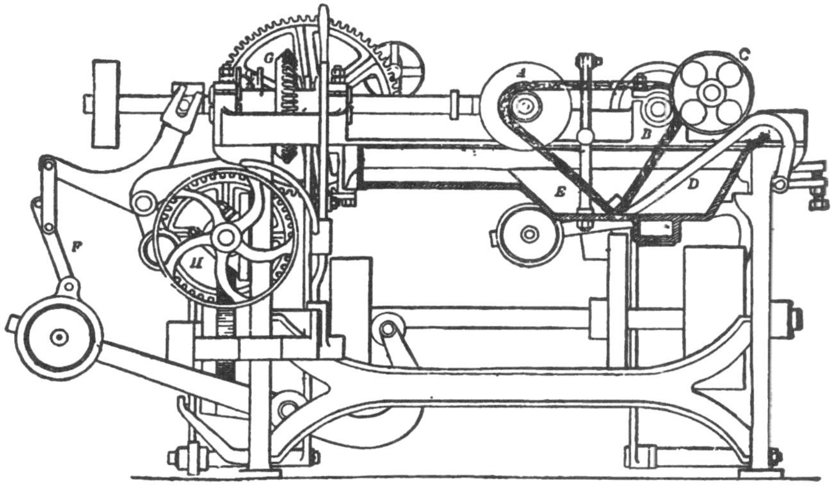

Abb. 37. Passiermaschine.

findlicher Eintaucher D fällt nun herunter und taucht das Garn in die Flüssigkeit E; die feste Spule kuppelt ein und beginnt den Strang umzuziehen; gleichzeitig legt sich eine Quetschwalze C an die feste Spule B an, um die während des Passierens aufgenommene Flüssigkeit abzuquetschen. Die Maschine kann so eingestellt werden, daß das Passieren 15—120 Sekunden andauert. Hierauf bleibt die feste Spule stehen, der Eintaucher D legt sich wieder an sie, die Quetschwalze C hebt sich ab; der Gegengewichtshebel F löst sich, zieht die arbeitende Spule zurück, hebt das Garn aus und strafft es unter dem Drucke des Gegengewichts an. Um überflüssige Flüssigkeit aus dem Garn zu entfernen, macht die bewegliche Spule A (Windehaken) nunmehr einige Umdrehungen mittels Zahnrad G, wie es bei Handarbeit am Wringhaken geschieht. Hat das Zusammenwinden seinen Endpunkt erreicht, so lösen sich die Windungen nach rückwärts wieder auf. Bei diesem wiederholten Winden wird der Strang zwischen den Spulen trockener als da, wo er um dieselben liegt; aus diesem Grunde dreht nach jeder Windung die feststehende Spule den Strang entsprechend weiter, so daß die trockenen mit den weniger trockenen Stellen wechseln. Das Winden wiederholt sich dreimal. Hierauf entlastet sich die arbeitende Spule durch Abheben des Gegengewichts und die Maschine rückt sich selbsttätig aus. Der geölte Strang wird abgenommen und ein neuer auf die Spulen gehängt u. s. f.

3. Beizen, je nach der Tiefe der Färbung, mit eisenfreier essigschwefelsaurer Tonerde von 4—6° Bé. 1 kg Aluminiumsulfat

Abb. 38. Alaunbeiz- oder Galliermaschine.

wird mit 190 g kalz. Soda abgestumpft und auf 10 l von 6° Bé eingestellt; auf 1 Liter werden 10 ccm Essigsäure 6° Bé zugesetzt. Das Garn wird gleichmäßig durchtränkt, scharf abgewunden und 24 Stunden bei 45° C getrocknet.

Haubold hat Maschinen zum Beizen oder Gallieren gebaut. In einem Gestell lagern zwei Paar Walzen, die unteren geriffelt, die oberen als Quetschwalzen (Abb. 38). Die Walzen verjüngen sich am freien Ende, damit das Garn während des Ganges aufgelegt oder abgenommen werden kann. Das Garn hängt mit seinem unteren Teil in einem mit der Beizflüssigkeit gefüllten Trog, der durch Dampf erwärmt werden kann.

4. Kreiden ½ Stunde bei 45° C mit 5 g Schlemmkreide im Liter Wasser und waschen.

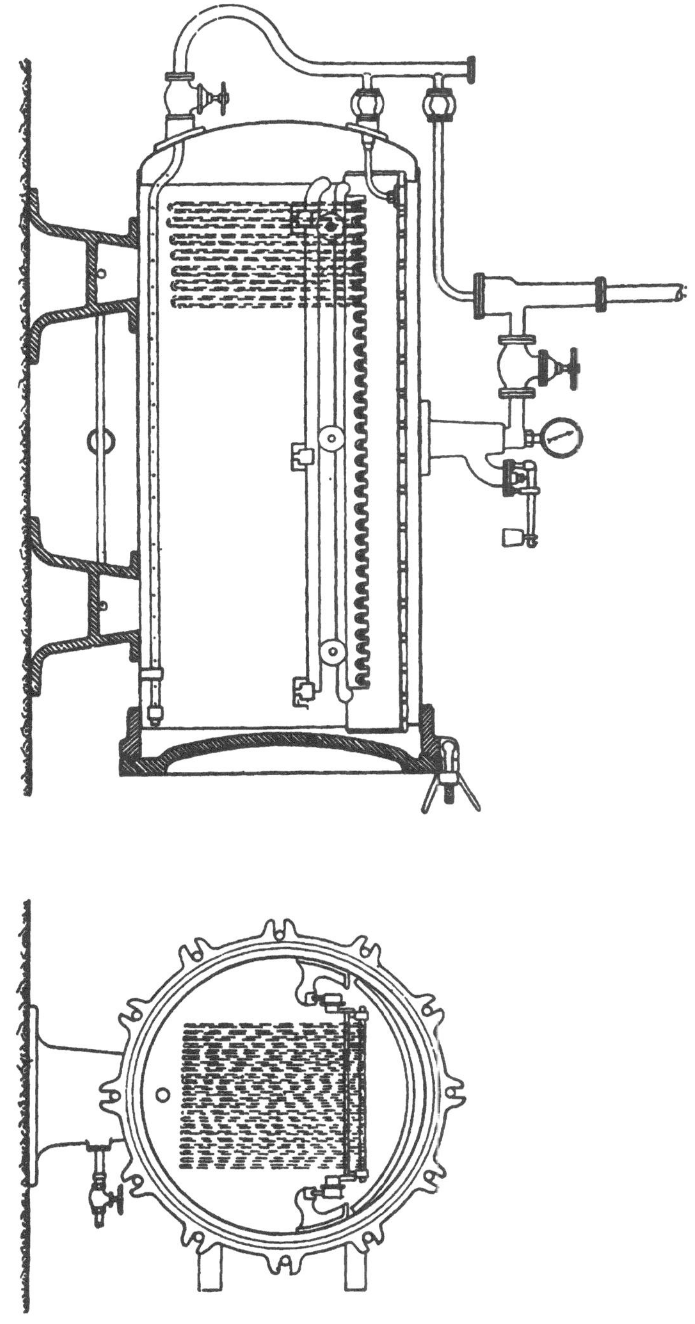

Abb. 39. Garndämpfkessel.

5. Färben. Das zum Färben benutzte Wasser muß mindestens fünf deutsche Härtegrade haben; härteres Wasser wird mit Essigsäure korrigiert. Zu weichem Wasser wird essigsaurer Kalk zugesetzt (vergl. S. 314); eisenhaltiges Wasser ist unbrauchbar. Zum

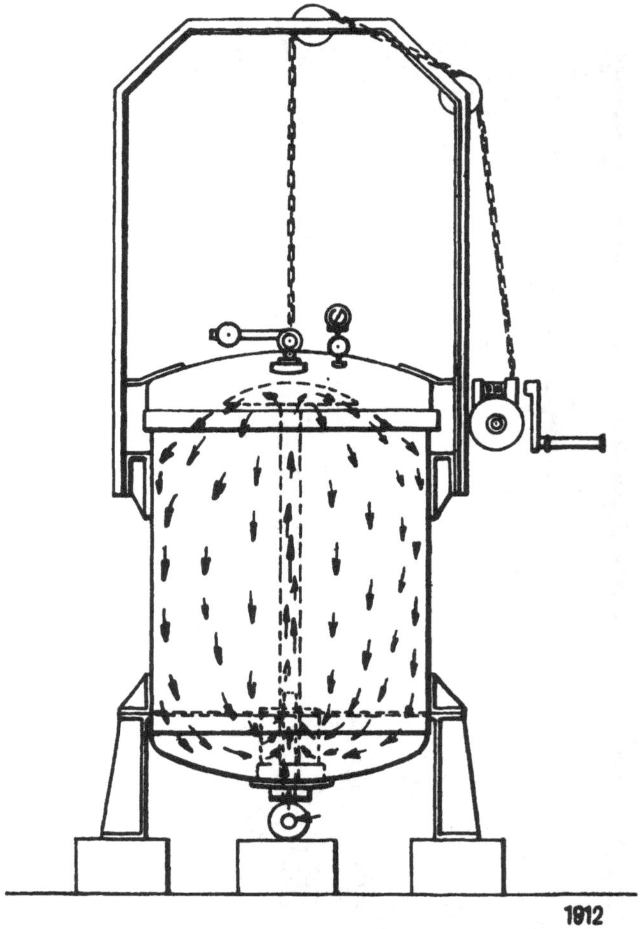

Abb. 40. Avivierkessel der Zittauer Maschinenfabrik.

Färbebade gibt man außer der nötigen Menge Farbstoff mitunter Essigsäure, Türkischrotöl, Tannin oder Sumach bzw. Kreide. Man färbt zuerst $1/2$ Stunde kalt, erhöht die Temperatur innerhalb $3/4$ Stunde auf 75^0 C und behandelt noch $1/2$—1 Stunde.

6. Zweites Ölen. Das abgewundene Garn wird nochmals in

Türkischrotöl 1 : 20 geölt, wieder abgewunden und getrocknet.

7. Dämpfen $1\frac{1}{2}$ Stunden bei $1\frac{1}{2}$ Atm.

Zum Dämpfen kommt ein besonderer Dämpfapparat (Abb. 39) in Anwendung. Das Garn wird auf hölzerne Stäbe gehängt, die auf einem eisernen Gittergerüst ruhen und während des Dämpfens gedreht werden, damit der Dampf alle Teile des Garns berührt. Das Gerüst läuft auf Rollen und wird nach der Beschickung in den liegenden Dämpfkessel eingefahren. Durch ein Dampfrohr am Boden strömt nach dem Schließen des Kessels Dampf ein, bis der nötige Überdruck erreicht ist. Das Dampfrohr wird von einem Lattenboden oder einer durchlochten Platte bedeckt. Um Tropfen zu verhindern, ist im oberen Teil des Kessels ein Schutzblech aus Kupferblech angebracht.

8. Avivieren 1—$1\frac{1}{2}$ Stunden bei 1 Atm oder 2—3 Stunden ohne Druck unter Zusatz von 5 g Marseiller Seife, 0,3 g kalz. Soda und 0,2 g Zinnsalz im Liter Wasser. Darauf wird gewaschen und getrocknet. Für Blaustich verwendet man zum Avivieren nur Seife und Soda.

Der Avivierkessel für Türkischrotgarnfärberei ist nach der Art der gewöhnlichen Bäuchkessel gebaut (Abb. 40). Das Garn wird auf einen Siebboden eingelegt. Die Flüssigkeit wird vom Kesselboden durch den Dampfdruck ins Steigrohr emporgestoßen und oben über das Garn verteilt.

IV. Schnellfärbeverfahren.

Nach folgendem Verfahren erhält man Türkischrot in kürzester Zeit, jedoch weniger echt.

1. Beizen mit Aluminiumazetat 4° Bé; Trocknen bei 50° C, wodurch ein großer Teil der Essigsäure entweicht und basisches Salz auf der Faser zurückbleibt.

2. Fixieren durch eine heiße Lösung von Natriumphosphat ($\frac{1}{2}$—1 kg in 100 l Wasser) und waschen.

3. Ausfärben mit Alizarin unter Zusatz einer geringen Menge Kalziumazetats. Man geht kalt ein und steigert die Temperatur auf 75° C. Alsdann wird getrocknet.

4. Ölen mit neutralisierter Türkischrotlösung und trocknen.

5. Dämpfen.

6. Schönen.

V. Neurot-Aluminatverfahren.

(BASF, Leitfaden **1913**, 214.)

Bei nur einmaligem Trocknen soll ein reib- und waschechteres Rot entstehen.

1. Ölen. Man löst
4 kg Ätznatron,
8 „ Natriumstannat,
4,8 „ Natriumaluminat (45 % Al_2O_3),
3 „ 200 g Natriumphosphat in
50 l kochendem Kondenswasser, fügt
32 kg Rizinusöl zu, kocht das Ganze bis zur klaren Lösung und stellt mit kaltem Kondenswasser auf 180 l. Hierauf wird eine Emulsion von
2 „ 500 gTournantöl und
400 g kalz. Soda in
8 l warmem Kondenswasser zugegeben.

8 l von der 11° Bé starken kalten Stammflotte werden mit der doppelten Menge Kondenswasser verdünnt und das abgeschleuderte Garn zweipfundweise zweimal auf der Passiermaschine bei 40 bis 50° C mit dieser Mischung geölt. Das geölte Garn wird über Nacht aufgestapelt, während dessen einmal umgelegt, dann geschleudert und bei 60° C bis zum folgenden Tag getrocknet.

2. Beizen. Man löst
40 kg Aluminiumsulfat (18 % Al_2O_3),
3 „ 600 g Salmiak und
5 „ 200 g Magnesiumsulfat in
360 l heißem Kondenswasser,

läßt über Nacht absitzen und hebert am andern Morgen die 11° Bé starke überstehende Flüssigkeit ab. Das Garn wird in verbleiten Gefäßen bei 50—60° C gebeizt, geschleudert und gewaschen.

3. Färben. Man färbt je 100 Pfund engl. mit 4 kg Alizarin 20 % und 5—9 l Kalziumazetat 10° Bé (je nach Härte des Wassers) wie üblich von kalt bis kochend aus. Für ein echtes, feuriges, wenig abrußendes Rot setzt man noch 1500 g Sumachextrakt und 900 g Leim zu.

4. Schönen. Man kocht zwei Stunden bei 1½ Atm Druck mit ½—2 kg Soda und nachherigem Zusatz von 4 kg Marseiller Seife, 200 g Zinnsalz und 45 l zurückgebliebener Öllösung in möglichst kalkfreiem Wasser, wäscht, schleudert und trocknet.

VI. Neurot-Aluminatverfahren.

(M. L. B. Ratgeber **1921**, 72.)

1. Abkochen. Das Baumwollgarn wird mit 3 % Soda bei 1½ Atm. Druck mindestens vier Stunden lang abgekocht, gut gewaschen und scharf geschleudert.

2. Ölen. Das geschleuderte, nasse Garn wird je nach Tiefe der Färbung mit einer Mischung von 8—10 kg Natron-Türkischrotöl 50 % und 2,8—3 l Natriumaluminat 16° Bé für 100 Pfund engl. Garn, sowie der nötigen Menge Wasser geölt. Hierauf wird geschleudert und in der Hänge bei 60° C getrocknet.

3. Beizen. 20 kg eisenfreies Aluminiumsulfat (18 % Al_2O_3) werden in 100 l Wasser gelöst und mit einer Lösung von 1,8 kg Soda kalz. in 18 l Wasser abgestumpft. Am andern Morgen setzt man die Lösung von 1 kg holzessigsaurem Kalk in 10 l Wasser und zuletzt 1,2 l Essigsäure 50 % zu. Vor Gebrauch wird die Beize auf 3° Bé verdünnt. Das geölte, trockene Garn wird hindurchgenommen, über Nacht eingelegt und gut gewaschen.

4. Färben. Man färbt in 30facher Flotte. Das Wasser wird der Härte entsprechend verbessert (korrigiert) durch Zusatz von Essigsäure, wenn es härter als 7°, durch Zusatz von Kalziumazetat, wenn es weicher als 8° ist.

Härtegrade	ccm Kalziumazetat 18° Bé	Härtegrade	ccm Essigsäure 8° Bé
1	65,4	20	64,0
2	56,3	19	59,5
3	47,2	18	54,0
4	38,1	17	49,5
5	27,2	16	45,0
6	20,0	15	40,5
7	10,9	14	36,0
8	1,8	13	31,5
		12	27,0
		11	22,5
		10	18,0
		9	13,5
		8	9,0
		7	4,5

Ferner gibt man für 1 Pfund Garn 1 g Tannin zu. Man färbt ½ Stunde kalt, treibt in 1 Stunde zum Kochen und kocht noch ½ Stunde. Dann wird gewaschen.

5. Schönen. Das gefärbte Garn wird 3 Stunden bei 1 Atm. Druck mit 500 g Seife, 100 g Soda kalz. und 50 g Zinnsalz für 100 Pfund Garn gekocht.

VII. Pyrosulfitverfahren.

Das nach Vorschrift I (S. 304) geölte und gelaugte Garn wird gleichzeitig gebeizt und gefärbt auf einem Bade, das für 100 engl. Pfund Garn enthält: 1200 l Wasser, 3 l Kalziumazetat 18° Bé, 3 kg Aluminiumsulfat, 1,3 kg Natriumpyrosulfit und 4,5 kg Alizarin 20 %.

Natriumpyrosulfit, $Na_2S_2O_5$, kommt als weißes Pulver in den Handel und löst sich in Wasser unter Bildung von 2 Mol. Natriumbisulfit.

Man färbt ½ Stunde kalt, treibt in 1 Stunde zum Kochen und hält noch ½ Stunde bei dieser Temperatur.

Nach dem Färben wird das Garn aufgeworfen, gut verkühlen gelassen, gründlich gewaschen und wie üblich mit Seife und Soda 3—4 Stunden unter Druck geschönt. Hierauf wird gewaschen und getrocknet.

Nach dem D. R. P. 229 457 von Bayer (Tabellarische Übersicht 1921, 45) läßt sich Färben und Beizen vereinigen. 50 kg wie üblich geöltes und ausgelaugtes Garn werden in 1200 l Wasser mit 5 kg Alizarin 20 %, 30 kg Kochsalz, 3 kg Aluminiumsulfat und 4 l Kalziumazetat 16° Bé ausgefärbt, zunächst 20 Minuten kalt; dann wird in ¾ Stunden zum Kochen getrieben und noch ½—1 Stunde gekocht. Hierauf wird gewaschen und mit Seife und Soda kochend aviviert.

VIII. Alizarinrosa (M. L. B. Ratgeber 1921, 74).

Für Rosa nimmt man schwächeren Öl- und Beizengrund. Damit der Grund gleichmäßiger ausfällt, ölt man zweimal. Auch zieht man der basisch schwefelsauren die essigsaure Tonerde vor, die nach folgender Vorschrift bereitet wird:

600 g eisenfreier Alaun, in 2 l heißem Wasser gelöst, werden mit 450 g Bleizucker krist., in 1 l heißem Wasser gelöst, heiß gemischt. Man läßt das Bleisulfat absitzen, filtert und verdünnt vor dem Gebrauch auf 3° Bé.

1. Ölen. Man nimmt die ausgekochten und nötigenfalls gebleichten Garne durch 50—100 g Rotöl im l, trocknet und wiederholt beides.

2. Beizen. Man nimmt durch die obige essigsaure Tonerde 2—3° Bé und trocknet bei 40°.

3. Abkreiden ½ Stunde bei 40—50° C mit 3 g Schlämmkreide im Liter und waschen.

4. Färben mit 0,5—3 % Alizarin-Blaustich und 0,1—0,3 % Kalziumazetat 18° Bé ½ Stunde kalt, langsam auf 70° ansteigend und 1 Stunde bei 70°. Spülen.

5. Schönen. Man dämpft 1 Stunde bei 1 Atm und seift schließlich mit 2 g Seife im l kochend.

IX. Verfahren nach Erban-Specht.

(D. R. P. 54 056; M. L. B. Ratgeber **1921**, 74.)

Dies Verfahren, weniger für Rot als für Rosa geeignet, weicht darin von den vorhergehenden ab, daß das Färben dem Beizen vorausgeht.

1. Färben. Die Alizarinfarbstoffe werden mit Ammoniak oder Solutionsäther M. L. B. in kalkfreiem Wasser gelöst, verdünnt und mit neutralem Türkischrotöl versetzt. Man verwendet z. B.:

8675 ccm kalkfreies Wasser,
1200 „ Türkischrotöl 80 % 1 : 4 verdünnt und
125 „ Alizarinlösung.

Die Alizarinlösung erhält man aus 100 g Alizarin Teig 20 % Blaustich, 200 ccm Ammoniak 25 % und 1300 ccm Wasser (kalkfrei).

Die Baumwolle wird getränkt, abgewunden und bei 55° getrocknet.

2. Beizen. Man nimmt durch Beize von z. B. nachstehender Zusammensetzung, windet ab und trocknet je nach Umständen.

In 10 l Wasser werden 25 ccm Essigsäure 6° Bé 13,5 ccm essigsaure Tonerde 12° Bé und 2,35 ccm essigsaurer Kalk 18° Bé gelöst. Ermäßigung der Essigsäure und des essigsauren Kalks auf die Hälfte bläut den Ton. Die essigsaure Tonerde wird durch gegenseitige Fällung der heißen Lösungen von 1908 g Alaun in 2 l Wasser und 1590 g Bleizucker in 1,6 l Wasser, Hinzufügen von 150 g Kristallsoda nach dem Erkalten, Abziehen nach 24 Stunden und Einstellen auf 12° Bé erhalten.

3. Schönen. Das trockene oder nasse Garn wird gedämpft und zum Schluß mit 5 g Soda, 1 g Zinnsalz und 5 g Seife in 10 l Wasser 2 Stunden bei 2 Atm. Druck gekocht.

B. Türkischrot auf Baumwollgewebe.

Zum Färben von Glattrot sind viele Verfahren in Anwendung. Bei den älteren wird Tournantöl, bei den neueren Türkischrotöl benutzt. Die Ware wird vor dem Färben mit Soda oder Ätznatron abgekocht; für Ätzartikel wird noch gechlort und gesäuert.

I. Älteres Verfahren.

1. Ölen. Das Gewebe wird auf der Klotzmaschine mit Tournantöl breit geklotzt und bei 70° C 2 Stunden verhängt; darauf wird mit Sodalösung von 3° Bé geklotzt und bei 75° C wieder 2 Stunden verhängt. Beides, Ölen und Sodazug, werden mehrmals wiederholt. Sodann wird nochmals durch Soda von ½° Bé bei 40° C genommen, gewaschen und bei 55° C getrocknet.

2. Beizen in Alaunlösung von ½° Bé bei 45° C. Die Ware bleibt 24 Stunden liegen, wird gewaschen, in der Hänge getrocknet, durch schwache Natronlauge gezogen und wieder gewaschen.

3. Färben mit 7—8 % Alizarin, 2—3 % Sumach und etwas Kreide, falls das Wasser nicht kalkhaltig ist. Man treibt in einer Stunde zum Kochen und färbt eine weitere Stunde kochend.

4. Avivieren im geschlossenen Kessel bei ¼ Atm Druck zuerst 4 Stunden unter Zusatz von 3 % krist. Soda und 3 % Seife, ein zweites Mal 2 Stunden lang mit 2½ % Seife und 0,15 % Zinnsalz; dann wird gewaschen und getrocknet.

II. Neueres Verfahren (Ratgeber M. L. B. 1921, 76).

Das Gewebe wird mit Soda oder Wasserglas unter Druck abgekocht, gewaschen, abgesäuert, wieder gewaschen und dann 3—4 Stunden mit Harzseife offen gekocht. Nach dem Waschen wird ein drittes Mal mit Soda gekocht und nach dem Absäuern gut gewaschen und getrocknet.

1. Ölen mit 1 l Türkischrotöl 50 % mit Ammoniak neutralisiert und mit 4 l kalkfreiem Wasser verdünnt; auf dem Zylinder trocknen.

2. Dämpfen eine Stunde bei ½ Atm.

3. Beizen mit schwefelessigsaurer Tonerde von 5° Bé.

9,00 kg Aluminiumsulfat werden in
64,35 „ eisenfreiem Wasser gelöst und
2,85 „ Schwefelsäure 66° Bé und
17,40 „ Essigsäure 40 % eingerührt.
8,90 „ kohlensaures Alkali-Aluminat werden bei 35 bis 40° C allmählich zugesetzt.

Nach einigem Stehen zieht man die 15° Bé starke Lösung (100 kg) vom geringen Bodensatz ab und stellt sie auf 5° Bé ein.

4. Fixieren mit 10 g Kreide oder mit 5 g Kreide und 5 g Natriumphosphat im Liter bei 45° C etwa 30 Minuten, und waschen.

5. Färben in der 20fachen Wassermenge mit 7—10 % Alzarinteig 20 %, 1,5 % Kalziumazetat und 1/4—1/2 % Tannin eine halbe Stunde kalt; man erwärmt in 3/4 Stunden auf 90° C und färbt noch 1/2 Stunde bei dieser Temperatur.

Da das Färben Schwierigkeiten verursacht, hat Baldensperger Färben auf dem Jigger mit in Ammoniak gelöstem Alizarin vorgeschlagen (Färb.-Ztg. 1891/92. S. 82).

Die Stücke laufen durch kaltes Wasser, dem Kalksalze beigefügt werden. Man erwärmt auf 50° und setzt die Alizarinlösung (10 kg Alizarin in 40 l Wasser und 1 kg Ammoniak) in zwei oder vier Teilen, wenn größere Mengen gefärbt werden, zu, bringt in 1/2 Stunde zum Kochen und färbt noch 1/4 Stunde kochend weiter, worauf das Bad ausgezogen ist.

Verwandt sind die Verfahren der Rheinischen Kopsfärberei, Barmen D. R. P. 86142, Färb.-Ztg. 1894/95, 242; von Fr. Kornfeld, Prag, D. R. P. 120464, Färb.-Ztg. **1900**, 402; der Schlesischen Türkischrotfärberei, Reichenbach, D. R. P. 224580, Ch. Ztg. **1909**, Rep. 59 für das Färben von Kops und Kreuzspulen. Damit sich dabei kein Alizarin abscheidet, wird nach dem D. R. P. 200682 von Erban Leim zugesetzt, nach dem D. R. P. 226941 der Chem. Fabrik Grünau das Alizarin in kolloider Lösung gehalten.

6. Ölen. Die gewaschenen Stücke laufen durch 5 %ige Türkischrotöllösung. Trocknen.

7. Dämpfen bei 1 1/2 Atm. Druck während 2 Stunden.

8. Avivieren mit 2 g Seife im Liter bei 60° C 20 Minuten, waschen, trocknen.

III. Verfahren nach Schlieper und Baum mit Natriumaluminat (Tonerdenatron). (Färb.-Ztg. 1904, 15).

Bei diesem Verfahren wird gleichzeitig geölt und gebeizt. Es liefert weniger echte Färbungen, wird aber angewandt, weil es billiger ist.

1. Ölen und Beizen. Das gebleichte oder gut ausgekochte trockene Gewebe wird mit Türkischrotöl und Natriumaluminat geklotzt und auf der Hotflue bei 55—60° C getrocknet.

Man erhält 45 l Klotzlösung aus:

28 l Wasser,
6 „ Natron-Türkischrotöl,
5 „ Natriumphosphat 1 : 10,
6 „ Tonerdenatron 16° Bé.

Letzteres wird nach folgender Vorschrift bereitet:

8 kg Aluminiumsulfat (18 % Al_2O_3) werden in
20 l Wasser gelöst und langsam in
20 „ Natronlauge 27° Bé eingetragen.

Die erhaltenen 42 l von 20° Bé läßt man so lange stehen, bis infolge der Glaubersalzabscheidung die Dichte auf 15—16° Bé gesunken ist.

2. Fixieren auf dem Foulard mit 6 l Aluminiumsulfat 1 : 10, 170 ccm Kalziumazetat 18° Bé und 60 l Wasser. Waschen.

3. Färben auf der Haspelkufe in 20facher Flotte mit ½ g Türkischrotöl im Liter, Kalziumazetat je nach Härte des Wassers und 8—10 % Alizarin 20 % ½ Stunde kalt, in 1 Stunde zum Kochen und ½ Stunde kochend. Spülen, Trocknen.

4. Dämpfen 2 Stunden bei 1½ Atm. Druck. Waschen.

IV. Verfahren *35 a der BASF (Ratgeber 1913, 218).

Danach wird das ausgekochte und geschleuderte Gewebe mit 75 Teilen Tonerdenatron 15° Bé und 25 Teilen Türkischrotöl F 50 % geklotzt, abgequetscht, bei 40—50° gut getrocknet und 10 Minuten in einer Lösung aus 1 kg Ammoniumchlorid in 100 l Wasser fixiert. Darauf wird gewaschen und wie üblich (Wasserkorrektur!) ausgefärbt. Dann erst wird, ohne zu trocknen, geölt in einer Lösung von 1 Teil Türkischrotöl F 50 % in 9 Teilen Wasser und getrocknet. Darauf wird 1 Stunde bei 1 Atm. oder 2 Stunden ohne Druck gedämpft. (Fehlt der Dämpfer, so ist das Ölen und Dämpfen durch kochend heißes Ausfärben unter Zusatz von ¼ vom Gewicht des angewandten Farbstoffes an Türkischrotöl F (50 %) zu ersetzen.) Zum Schluß wird mit 5 g Seife und 2 g Soda im Liter aviviert und gewaschen.

V. Verfahren nach Erban und Specht (vergl. S. 316).

Es wird mit einer alkalischen Alizarinlösung vor dem Beizen gefärbt; dadurch soll auch für Stückware eine raschere Fabrikation ermöglicht, und selbst dickere Stoffe, wie Barchent, sollen durchgefärbt werden.

1. Kalte, verdünnte ammoniakalische Alizarinlösung (unter Zusatz von Türkischrotöl, Seife, Natriumstannat u. dgl.). Beim darauffolgenden Trocknen in der Hotflue wird die lösliche Verbindung des Alizarins mit dem Ammoniak zerlegt, letzteres entweicht, während das Alizarin unlöslich in und auf der Faser zurückbleibt.

2. Essigsaure Tonerde (Kalk, Chrom, Eisen usw.); wieder trocknen.

Da die Bäder ihre Konzentration nicht ändern, so brauchen sie nur durch Nachfüllen auf ihrem Stand erhalten zu werden.

Mit der gleichen Alizarinbehandlung können durch verschiedene Beizen verschiedene Farbtöne erhalten werden, z. B. Rosa mit Tonerde, Lila mit Eisen, Erdbeerfarbe mit Tonerde und Chrom. Die Bäder sind haltbar und lassen sich beliebig lange aufbewahren.

3. Dämpfen zwei Stunden bei 1½ Atm. Helle Färbungen können direkt appretiert werden, dunkle werden vorteilhaft geseift, um ihnen einen geschmeidigen Griff zu geben.

C. Alizarinbordeaux.

wird in der für Neurot angegebenen Weise gefärbt. Man verwendet statt Alizarin die verschiedenen Bordeauxmarken, wie Alizarinbordeaux, Alizaringranat, Alizarinmarron u. a. m. Dunkle Bordeaux können auch durch Zusatz von Alizarinblau oder Alizarinbraun hergestellt werden, wobei sonst wie beim Türkischrot verfahren wird.

D. Alizarinfarbstoffe auf Chrombeize.

Mit wenigen Ausnahmen können alle Alizarinfarbstoffe auf Chrombeize gefärbt werden. In der Buntweberei werden vielfach mit Beizenfarbstoffen auf Chrom gefärbte Baumwollgarne zur Herstellung von licht- und waschechten Artikeln verwendet, die mit substantiven Farbstoffen nicht in gleicher Echtheit hergestellt werden können. Es kommen hauptsächlich bleichechte Blau in Betracht und ferner Oliv, Braun und Bordeaux.

Zum Beizen werden solche Chromoxydverbindungen verwendet, welche durch die Einwirkung des Wassers usw. allmählig in basische Salze und dann in Chromhydroxyd übergehen.

Die Badische Anilin- und Sodafabrik gibt folgende Vorschrift Nr. 37 für die Anwendung der Alizarinfarbstoffe auf Chrombeize (Leitfaden **1913**, 225):

1. Beizverfahren mit Chromchlorid. Die Baumwolle wird in eine Lösung von Chromchlorid 20° Bé über Nacht eingelegt und abgewunden, ausgequetscht oder geschleudert; durch Behandlung der mit Chromchlorid beladenen Fasern in großen Mengen, am besten fließenden, kalkhaltigen Wassers wird das Chromhydroxyd abgeschieden. Hierbei wirkt sowohl das Wasser selbst, wie besonders der Kalk auf das Chromchlorid ein. Wenn das Wasser zu weich ist, so kann man durch Hinzufügen von Schlämmkreide, Kalkmilch, Soda, Bikarbonat, Wasserglas oder anderen alkalisch wirkenden Substanzen die Abscheidung des Chromhydroxyds auf der Faser unterstützen.

Dieses Beizverfahren wird für mittlere und dunklere Töne immer mit einer Ölung in 5 %igem Türkischrotöl F verbunden, worauf bei 60° getrocknet und nochmals mit Chromchlorid gebeizt wird; dadurch wird noch mehr Chromhydroxyd auf der Faser niedergeschlagen; infolgedessen werden die Färbungen wesentlich lebhafter, satter und echter.

Für ganz dunkle Färbungen, welche viel Farbstoff und daher viel Chrombeize verlangen, kocht man die Baumwolle außerdem noch nach dem Ölen 12 Stunden mit 1 kg Sumach in je 100 l, läßt erkalten, windet ab und beizt mit Chromchlorid usw.; der Gerbstoff trägt durch Bildung von schwer löslichem, gerbsaurem Chromoxyd zum Fixieren des Chroms auf der Faser bei.

2. Beizverfahren mit Chrombisulfit. Chromoxyd bildet mit schwefliger Säure das Chrombisulfit, ein mit grüner Farbe in Wasser lösliches Salz, welches bei höherer Temperatur durch Abspaltung von schwefliger Säure in schwer lösliche basische Salze übergeht; gleichzeitig findet dabei eine teilweise Oxydation zu basischen Chromsulfat statt.

Man beizt die Baumwolle mit Chrombisulfit 3—10° Bé je nach Tiefe der Färbung, windet ab, egalisiert und behandelt bei 60° mit 5—10 g Soda kalz. im l Wasser. Danach wird gewaschen, geschleudert, geölt wie unter 1. und gefärbt.

Gewebe werden mit Chrombisulfit 28° Bé geklotzt, getrocknet, im Mather-Platt gedämpft und gewaschen. Die Beize wird für dunkle

Töne mit Stärke verdickt, weil dadurch mehr Chrom auf der Faser fixiert wird.

3. B e i z v e r f a h r e n m i t C h r o m a z e t a t. Das Chromazetat ist viel beständiger als das Chromchlorid; es bedarf zur Abscheidung des Chromhydroxyds erhöhter Temperatur.

Durch einstündiges Kochen des Baumwollgarns in einer verdünnten Lösung von 20—25 g Chromazetat im l wird das Chromhydroxyd nach und nach durch Dissoziation unter Abspaltung der Essigsäure abgeschieden und in eben dem Maße auf der Faser fixiert, danach wird gewaschen und ausgefärbt.

Baumwollgewebe werden mit Chromazetat 28° Bé geklotzt, getrocknet, 1/2 Stunde bei 1 Atm. (oder 2 Stunden ohne Druck) gedämpft, wobei die Essigsäure entweicht.

Auch mit diesen beiden Verfahren wird zweckmäßig eine Ölung verbunden, wodurch das Chromhydroxyd besser befestigt wird.

Das Kochverfahren mit Chromazetat eignet sich in erster Linie für hellere Färbungen, da infolge der Beständigkeit des essigsauren Chroms nur verhältnismäßig geringe Mengen von Beize auf der Faser niedergeschlagen werden. Das Dämpfverfahren kann auch für mittlere und dunkle Färbungen angewendet werden.

4. B e i z v e r f a h r e n m i t C h r o m o x y d n a t r o n. Das Chromhydroxyd besitzt die Eigenschaft, sich ähnlich der Tonerde in konzentrierter Natronlauge aufzulösen. Während aber das Tonerdenatron auch in verdünnter Lösung haltbar ist, zersetzt sich das Chromoxydnatron durch größere Wassermengen unter Ausscheidung von Chromhydroxyd. Auf dieser Eigenschaft beruht die Anwendung des Chromoxydnatrons zum Beizen der Baumwolle; diese wird in einer konzentrierten Lösung getränkt und durch Waschen in Wasser mit dem sich ausscheidenden Chromhydroxyd beladen.

Die Chromoxydnatronlösung wird durch Zusatz von 32 l Natronlauge 30° Bé zu 25 l Chromazetat 20° Bé hergestellt, wobei anfangs ein Niederschlag von Chromhydroxyd entsteht, der sich aber in der Natronlauge wieder auflöst. Dieser Beize setzt man 1 l Glyzerin 30° Bé zu, da sonst beim Stehen wieder Chromhydroxyd ausgeschieden und die Beize unbrauchbar würde; man verdünnt schließlich mit 42 l kaltem Wasser auf 100 l (von 20° Bé).

Da die Chromoxydnatronlösung stark alkalisch ist, so empfiehlt es sich, zur Schonung der Hände auf Stöcken umzuziehen und abzuwinden. Man legt über Nacht ein, windet aus, wäscht in fließendem, kalkhaltigen Wasser und färbt von 30° C bis kochend.

5. Die Farbwerke vorm. Meister, Lucius & Brüning, bringen zwei Chrombeizen in den Handel, von welchen die Marke GA I Chromoxyd, Chromsäure und Salzsäure, die Marke GA II Chromoxyd, Chromsäure und Essigsäure enthält. Der Vorteil bei der Verwendung dieser Beizen soll darin bestehen, daß durch bloßes Einlegen von Baumwolle in das Beizbad sich eine große Menge Chromhydroxyd auf der Faser fixiert. Soll das Beizen durch nachträgliches Dämpfen unterstützt werden, so wird die Beize GA II, die nur Essigsäure enthält, angewendet, um eine Schwächung der Faser zu vermeiden.

Chrombeize GA II 35° Bé nach M. von Gallois, wird durch Auflösen von Chromhydroxyd in Chromsäure für sich oder in Mischung mit Essigsäure hergestellt. Sie kann auch durch doppelte Umsetzung erhalten werden.

Volumgewicht und Gehalt der Lösungen von Chrombeize GA II bei 15° C.

Volum-Gewicht	Grad Beaumé	g Cr_2O_3 im Liter	Volum-Gewicht	Grad Beaumé	g Cr_2O_3 im Liter
1,015	2,1	10	1,175	21,4	170
1,025	3,4	20	1,185	22,5	180
1,035	4,7	30	1,195	23,5	190
1,045	6,0	40	1,205	24,5	200
1,055	7,4	50	1,215	25,5	210
1,065	8,7	60	1,225	26,5	220
1,075	10,0	70	1,235	27,4	230
1,085	11,2	80	1,245	28,4	240
1,095	12,4	90	1,250	29,4	250
1,105	13,6	100	1,266	30,3	260
1,115	14,9	110	1,276	31,3	270
1,125	16,0	120	1,287	32,2	280
1,135	17,1	130	1,298	33,2	290
1,145	18,3	140	1,309	34,1	300
1,155	19,3	150	1,320	35,1	310
1,165	20,3	160	1,328	35,7	317,4

Verfahren für 100 kg Garn unter Anwendung von Chrombeize GA II 35° Bé (Ratgeber **1921**, 78).

1. Abkochen. Das rohe Garn wird mit 3 kg Soda abgekocht und hierauf gewaschen.

2. Ölen. Das ausgeschleuderte Garn wird mit Türkischrotöllösung von 100 g Rotöl 50 % im Liter geölt und bei 65° C während 12 Stunden getrocknet.

3. B e i z e n. Das getrocknete Garn wird auf der Wanne zuerst $1/2$ Stunde kalt in Chrombeize GA II 12° Bé umgezogen, hierauf 12 Stunden eingelegt und darauf ausgeschleudert. Die abgeschleuderte Beize wird weiter verwendet.

4. F i x i e r e n. Das gebeizte, ausgeschleuderte Garn wird auf der Wanne während $3/4$ Stunden bei 50° C mit 2 % Sodalösung fixiert (20 g Solvaysoda im Liter Wasser) und hierauf gewaschen.

5. F ä r b e n mit 15 kg Farbstoffteig, gelöst in 6,5 Liter Ammoniak 25 %ig und 50 Liter Wasser, sowie 150 g Tannin. Man zieht $1/4$ Stunde kalt um, fügt 15 Liter Essigsäure 8° Bé hinzu, färbt noch $1/4$ Stunde kalt, erwärmt 1 Stunde zum Kochen und färbt $1/2$ Stunde kochend.

Für Alizarinblau ist kalkfreies Wasser erforderlich. Man färbt mit 15 kg Alizarinblau Teig, 28,5 Liter Essigsäure 8° Bé und 17 Liter Ammoniak 25 %. Das gebildete essigsaure Ammoniak befördert das Egalisieren.

Für das Färben von b l e i c h e c h t e m **Alizarinblau** auf G a r n unter Verwendung von Chromchlorid geben die H ö c h s t e r F a r b w e r k e folgende Vorschrift (Ratgeber **1921**, 79):

1. A b k o c h e n. 3 Stunden bei 2 Atm. kochen und gut waschen.

2. Ö l e n. Das abgekochte, gewaschene und geschleuderte Garn wird mit einer Lösung von 90—120 g Natron-Türkischrotöl 50 % im Liter geölt, gleichmäßig ausgewunden und während 12 Stunden bei 65° C getrocknet.

3. G e r b s t o f f g r u n d i e r u n g. Das geölte und getrocknete Garn wird auf der Wanne während $3/4$ Stunden in 80° C warmer Tanninlösung umgezogen, hierauf 12 Stunden in die Flotte eingelegt und nach dem Erkalten ausgeschleudert. Man verwendet die 10- bis 15 fache Wassermenge vom Garngewicht mit 5 g Tannin im Liter.

4. C h r o m b e i z e. Das tannierte, ausgeschleuderte Garn wird auf der Wanne 1 Stunde kalt in Chromchloridlösung 12° Bé umgezogen und 12 Stunden in die Flotte eingelegt. Hierauf wird ausgeschleudert und direkt gewaschen, am besten in fließendem Wasser.

Chromchloridlösung sowie Tanninbeize können, entsprechend aufgebessert, weiter verwendet werden.

5. F ä r b e n. Zum Färben muß kalkfreies Wasser benutzt werden. Ein Gebrauchswasser bis zu zwei deutschen Härtegraden ist zulässig, in diesem Fall ist aber das Kalziumkarbonat durch Zusatz von Essigsäure in Kalziumazetat umzusetzen. Kalkfreies Wasser muß vorher vom Kalk befreit werden.

Das Färbebad enthält für 100 kg Garn:

15 kg Alizarinblau, Teig,
28,5 l Essigsäure 8° Bé'
17 „ Ammoniak 25 %,
150 g Tannin,

oder:

5 kg Alizarinblau SB-Pulver,
5 „ Essigsäure 8° Bé,
150 g Tannin.

Das Garn wird 1/4 Stunde kalt umgezogen, dann erwärmt man im Laufe einer Stunde zum Kochen und zieht noch 3/4 Stunden auf dem kochenden Bade um. Schließlich wird gewaschen und geschleudert.

6. Dämpfen. Das gefärbte und gewaschene Garn wird zwei Stunden bei 1—1½ Atm. gedämpft.

7. Seifen. Nach dem Dämpfen wird während ½ Stunde kochend geseift, entweder offen oder in einem Rosier- oder Avivierkessel. Man verwendet je nach der Beschaffenheit des Wassers 2—5 g Seife im Liter.

Für Baumwollgewebe gilt folgende Vorschrift:

1. Ölen. Der Stoff wird auf dem Foulard mit Türkischrotöllösung (200 ccm Ammoniaköl 50 % im Liter) geklotzt und auf der Hotflue getrocknet.

2. Beizen. Der trockene geölte Stoff wird mit Chrombeize GA II 8° Bé, welcher man auf den Liter 30 g Glyzerin zusetzt, foulardiert und wieder auf der Hotflue getrocknet.

3. Dämpfen. Der so gebeizte Stoff wird 3 Minuten in Mather-Platt bei 99—100° C gedämpft.

4. Fixieren erstens in breitem Zustande mit 30 g Soda im Liter Wasser 1 Minute lang bei 60° C und zweitens auf der Kufe im Strang mit 5 g Soda im Liter Wasser bei 60° C während 20 Minuten; alsdann wird gewaschen.

5. Färben auf der Kufe in der 30fachen Wassermenge mit Alizarinblau; dem Färbebad setzt man auf den Liter Flotte ½ ccm Essigsäure 50 % zu, färbt ½ Stunde kalt, geht in ½ Stunde zum Kochen über und läßt noch ½ Stunde kochen; dann wird gewaschen.

7. Seifen mit 2 g Seife im Liter bei 80° C ¼ Stunde.

E. Alizarinfarbstoffe auf Eisenbeize.

Die blaustichigen Alizarinmarken geben auf Eisenbeize bleichechte Lila. Das Garn wird wie für Altrot grundiert und mit holzessigsaurem Eisen von ½—1° Bé ½—1 Stunde gebeizt. Für das Färben und Seifen gelten die gleichen Vorschriften wie für Rot.

Durch Verbindung verschiedener Beizen kann man eine große Zahl Farbtöne herstellen. Für diese Zwecke kommen die Tonerde-Eisenbeize und die Chrom-Eisenbeize in Betracht. So erhält man z. B. Bordo auf Garn und Stück nach folgendem Arbeitsgang:

1. Auskochen,
2. Beizen mit essigsaurer Tonerde 6° Bé, spülen,
3. Ölen,
4. Beizen mit essigsaurem Eisen 1—8° Bé; 2—3 Tage verhängen,
5. Kreiden mit 5—10 g Kreide im l ½ Stunde bei 60—70° C, spülen,
6. Färben ¼ Stunde kalt, zum Kochen treiben, 1 Stunde kochen,
7. Seifen mit 3 g Seife im l kochend.

β. Auf Wolle.

Die Beizenfarbstoffe im strengen Sinne des Wortes geben an sich mit der Wollfaser keine brauchbaren Färbungen, sondern nur, wenn sie in Form einer gefärbten Verbindung, eines Farblackes, innig mit der Faser verbunden sind. Es gibt aber außerdem eine große Zahl von Farbstoffen, welche schon direkt im neutralen oder sauren Bade gefärbt, für manche Zwecke hinreichende Echtheitseigenschaften aufweisen, mit Metallsalzen (Beizen) aber gefärbte Verbindungen von durchweg größerer Echtheit geben.

Die wichtigsten Wollbeizen sind Aluminium- und Chromsalze. Zinnsalze, Eisenvitriol und Kupfervitriol sind von geringerer Bedeutung.

1. Das älteste und wohl noch immer bevorzugte Verfahren ist die Zweibadmethode, nach welcher die Wolle in getrennten Bädern erst gebeizt und dann ausgefärbt wird. Man kocht die Wolle genügend lange mit der Lösung eines Beizmittels („Ansieden“ der Wolle in der Lösung, dem „Sud“). Nach dem Beizen läßt man im Sud erkalten, spült sorgfältig und geht in ein zweites, handwarmes Bad, das Färbebad, ein. Das Auswaschen nach dem Beizen ist erforderlich, damit nicht im Färbebad durch einen in der Faser noch vorhandenen Überschuß von Beize Farbstoff niedergeschlagen wird. Der Farbton läßt sich bei diesem Verfahren durch allmähliches Zusetzen von Farbstoff zum Färbebade leicht erreichen. Die Beiz- und Färbebäder werden für weitere Färbungen aufgehoben und be-

dürfen bei Wiederbenutzung nur geringer Zusätze an Beize bzw. Farbstoff.

2. Das Dreibadverfahren ist eine Erweiterung des vorigen; es besteht in Ansieden, Färben und Nachbeizen (Abdunkeln). Man erhält hier, allerdings bei größerem Zeit- und Arbeitsaufwand, besonders echte Färbungen. Das dritte Bad enthält oft dieselbe Beize wie das erste, z. B. beim Vor- und Nachbeizen mit Kaliumbichromat und Ausfärben mit Blauholzextrakt. Das Abdunkeln wird oft mit dem Ausfärben verbunden, indem man die Wolle vorbeizt und dem Färbebad gegen Schluß des Färbens das Abdunkelmittel zusetzt.

Unter Umständen soll das dritte Bad nicht ein Abdunkeln, sondern die Erzeugung eines lebhaften, feurigen Tones bezwecken (Schönen, Avivieren, Beleben); hierzu verwendet man Lösungen von Zinnsalz oder Alaun. Beispielsweise wird die Wolle mit Kaliumbichromat angesotten, dann mit Krapp ausgefärbt und in einem dritten Bade die Färbung durch eine Lösung von Zinnsalz aviviert.

3. Das Einbadverfahren besteht in der Fertigstellung der Wolle in einem Bade, welches sowohl den Farbstoff wie die Beize enthält. Farbstoff und Beize verbinden sich zu einem gefärbten Körper oder Farblack, der aber nicht unlöslich sein darf und allmählich von der Wolle aufgenommen wird. Das Verfahren ist nur anwendbar, wenn der Farblack in der sauren, bzw. in der heißen Flüssigkeit des Bades löslich ist, z. B. Kochenille oder Gelbholz mit Alaun oder Zinnsalz, Blauholz mit Eisen- oder Kupfervitriol, Krapp mit Kaliumbichromat usw.

Das Verfahren bietet durch Arbeitersparnis erhebliche Vorteile und erscheint besonders für helle Färbungen geeignet.

4. Zu den Einbadverfahren gehört auch das Färben im sauren Bade und Entwickeln mit Metallsalzen im gleichen Bade. Dieses Verfahren ist 1889 von den Farbwerken vorm. Meister, Lucius & Brüning in die Praxis eingeführt worden und beruht auf der Fähigkeit gewisser Farbstoffe, im sauren Bade auf Wolle aufzuziehen und durch nachträgliche Behandlung der gefärbten Wolle mit Metallsalzen in meist dunklere und echte Metallacke auf der Faser selbst umgewandelt zu werden.

Älter ist das Verfahren des Anfärbens und Abdunkelns. Die Wolle wird in einer Lösung des Farbstoffes oder einer Farbholzabkochung gekocht und, nachdem die Faser angefärbt ist, zur Befestigung des Farbstoffs die Beize zugesetzt. Als Beizen dienen gewöhnlich Eisen- und Kupfervitriol, Kaliumbichromat und zuweilen Alaun. Das Verfahren, als „Abdunkeln“ oder „Nachdunkeln“ bezeichnet, wird besonders auf einige natürliche Farbstoffe angewandt, wenn es sich um ganz dunkle bis schwarze Färbungen handelt. Das Abdunkeln in einem Bade ergibt nicht so walkechte Farben wie nach dem Zweibadverfahren, da der Farbstoff viel oberflächlicher befestigt wird. Auch ist es nicht ganz leicht, einen bestimmten Farbton zu erreichen. Falls zu wenig Farbstoff von vornherein gebraucht worden ist, kann man durch erneuten Farbstoffzusatz den abgedunkelten Ton kaum verbessern, da die Beize verhindert, daß der Farbstoff auf die Faser geht. Man hilft sich dann so, daß man kleine Mengen eines leicht löslichen Farbstoffs, der keinen Metallack bildet, zusetzt, früher Orseille, Curcuma, Indigokarmin, heute einen Teerfarbstoff. Diese Farbstoffe besitzen jedoch wiederum nicht die gleiche Echtheit, wie die schon aufgefärbten Farbstoffe. Hat man dagegen gleich zu Anfang einen zu großen Farbstoffzusatz gemacht, den die Wolle nicht aufnehmen kann, so wird der Farbstoffüberschuß durch die Beize ausgefällt. Die einzigen Vorteile dieses Verfahrens bestehen in der Arbeit- und Kostenersparnis.

Je nach der Art der angewandten Beizung können die Farblacke nach vier verschiedenen Methoden auf der Faser hergestellt werden und zwar:

1. Färben auf Vorbeize;
2. Färben auf Vorbeize und Nachbehandeln mit der zuerst angewendeten oder mit einer anderen Beize;
3. gleichzeitiges Färben und Beizen in einem Bade;
4. Färben im sauren Bade und Entwickeln mit Metallsalzen.

1. Das Färben auf Vorbeize (Zweibadverfahren).

A. Chrombeize. Von allen Beizmitteln haben die Chromsalze die weitaus größte Bedeutung und, wenn man von gebeizter Wolle schlechthin spricht, so versteht man allgemein chromgebeizte Wolle darunter. In fast allen Fällen geht man von Kaliumbichromat aus, allein oder mit verschiedenen Zusätzen. Selten wird Chromkali allein verwendet, und die Wolle 1—2 Stunden nur mit 2—4 % Chromkali gekocht; unter dem reduzierenden Einfluß der Wollsubstanz wird Chromhydroxyd auf der Faser niedergeschlagen. Besser und vollkommener wird der Niederschlag durch Zusatz von reduzierenden Substanzen. Die gebräuchlichsten Chrombeizen sind die Chromkali-Weinsteinbeize (3 % Chromkali, 2½ %

Weinstein), die Chromkali-Schwefelsäurebeize (3 % Chromkali, 1 % Schwefelsäure), die Chromkali-Milchsäurebeize (2 % Chromkali, 3 % Milchsäure, 1 % Schwefelsäure) und die Chromkali-Oxalsäurebeize (3 % Chromkali, 3% Oxalsäure). (Bd. I, S. 210).

Man beizt in weichem oder mit Essigsäure korrigiertem Wasser, indem man bei 60° C eingeht, langsam zum Kochen treibt und etwa 1½ Stunden kocht.

Die angegebenen Gewichtsmengen für die verschiedenen Chromkalibeizen gelten nur für eine mittlere Färbung. Für dunkle Farben müssen sie erhöht und für helle vermindert werden. Die Badische Anilin- und Sodafabrik gibt in ihrem Leitfaden **1913**, 38, 4 kg Chromkali und 3 kg Weinstein als starke und 1 kg Chromkali und 1 kg Weinstein als schwache Chrombeize an.

Durch Nachsatz von $^2/_3$ der ursprünglichen Mengen Chromkali und Weinstein können die Beizbäder zur weiteren Benutzung aufgebessert werden.

Chromkali und Weinstein werden getrennt von einander gelöst, dem Färbebade zugegeben.

Die Chromkali-Schwefelsäure- und die Chromkali-Oxalsäure-Beizen werden zuweilen für dunkle Färbungen und für Schwarz genommen, sind aber färberisch nicht so günstig wie die Chromkali-Weinstein-Beize. Für Stückware, wo besondere Walkechtheit nicht erforderlich ist, kommt noch Chromfluorid-Oxalsäure in Betracht. Um möglichst hohe Walkechtheit zu erlangen, verwendet man die Chromkali-Milchsäure-Beize.

Man färbt unter Zusatz von 1—3 Liter Essigsäure 6° Bé auf 1000 Liter Flotte 2—3 Stunden auf frischem Bade. Die Essigsäuremenge muß der Härte des Wassers entsprechen. Man geht kalt ein, steigert die Temperatur langsam zum Kochen und kocht 1—2 Stunden.

Dichte Gewebe und Hüte färben besser durch, wenn man die Essigsäure durch 3 Liter oder mehr Ammonazetat auf 1000 Liter Flotte ersetzt. Man färbt eine Stunde kochend, setzt 3 Liter Essigsäure 6° Bé in drei Anteilen mit Wasser verdünnt nach und kocht 1—2 Stunden weiter.

B. Tonerdebeize. Sie findet fast ausschließlich für Rot mit Alizarin Anwendung. Man siedet die Wolle mit 6—10 % Aluminiumsulfat und 5—8 % Weinstein oder mit 5—10 % Alaun, 1—2 % Oxalsäure und 1½—3 % Weinstein 1½ Stunden an. Dann bringt man in das kalte Färbebad, erwärmt langsam zum Kochen und kocht 1—2 Stunden je nach Tiefe der Färbung. Bei Verwendung von

Alizarinrot usw. gibt man auf je 1 kg Farbstoff in Teigform oder der entsprechenden Menge Farbstoff in Pulver 200 g festes Kalziumazetat, 100 g Marseiller Seife und 50 g Tannin, jedes für sich in Wasser gelöst, zum Färbebade.

Für Stückware und meist auch für Garn unterbleibt der Zusatz von Seife.

2. Das Färben auf Vorbeize und Nachbehandeln mit der zuerst angewendeten oder mit einer anderen Beize

wird zuweilen zur Erhöhung der Walkechtheit der Alizarinfarben in dunklen Tönen angewendet. Nach Beendigung des Färbens setzt man 1/4—1 % Chromkali oder die entsprechende Menge eines andern Beizmittels zu und kocht 1/2—1 Stunde weiter.

3. Beizen und Färben gleichzeitig in einem Bade.

Die Aktien-Gesellschaft für Anilin-Fabrikation in Berlin empfahl zuerst das Färben unter Anwendung ihrer Metachrombeize. Metachrombeize, ein Gemisch von gelbem Kaliumchromat mit Ammoniumsulfat, wird zusammen mit dem Farbstoff in das Färbebad gegeben, somit findet gewissermaßen ein direktes Färben statt. Man stellt sich den Vorgang im Färbebade so vor, daß die im kochenden Bade aus dem Ammoniumsulfat abgespaltete Schwefelsäure die Chromsäure in Freiheit setzt, wobei sich die Wollfaser allmählich beizt und der Farblack sich bildet.

Nur solche Beizenfarbstoffe eignen sich für das Färben mit Metachrombeize, die mit der Beize oder mit Chromkali keinen unlöslichen Niederschlag geben.

Man verwendet die gleiche oder doppelte Menge an Beize wie an Farbstoff, je nach der Natur des Farbstoffes, aber nie unter 3 %. Man bestellt das Färbebad zuerst mit 10 % Glaubersalz krist., dann der unter Zusatz von 1/2 % Ammoniak (0,91 spez. Gew.) kochend bereiteten Farbstofflösung (durch ein Sieb) und schließlich der ebenfalls kochend gelösten Metachrombeize. Man geht bei 35—40° C ein, läßt 1/4 Stunde gehen und treibt in 1 Stunde zum Kochen. Man kocht 2—2 1/2 Stunden zur völligen Befestigung des Farbstoffs, bis das Bad nur noch schwach gelb ist (Ratgeber der Agfa **1913**, 38).

Für das Arbeiten auf Apparaten ist es zweckmäßig, dem Färbebade zwecks besserer Netzbarkeit 1/2 % Monopolseife zuzusetzen.

Andere Farbstoffabriken bringen Beizenfarbstoffe in den Handel, welche sich mit Chromkali im Färbebade fixieren: Monochrom- (By), Anthazenchromat- (C) und Autochromfarbstoffe (M. L. B.).

Man kocht das mit der Farbstofflösung bestellte Bad auf, fügt bis zu 3 % (im Mittel 1½ %) Chromkali — bei Stückware auch 10 % Glaubersalz — hinzu und geht bei 70—90° C ein. Nach langsamem Antreiben kocht man, bis das Bad erschöpft ist. Wenn nötig, setzt man 5—10 % Essigsäure (30 %) oder Ameisensäure nach.

Der Hauptvorteil dieses Chromatverfahrens besteht in der einfacheren Arbeitsweise, ferner im leichteren Abmustern im Vergleich zum nachstehenden Einbadchromverfahren. Diesem Vorteil stehen aber mancherlei Nachteile gegenüber: Schwierigkeiten im Gleichfärben, längeres Kochen, weniger gutes Ausziehen der Bäder und engbegrenzte Auswahl der Farbstoffe.

4. Das Färben im sauren Bade und Entwickeln mit Metallsalzen.

Der Farbstoff wird in der für Säurefarbstoffe üblichen Weise auf die Faser aufgefärbt und durch nachträgliches Behandeln mit verschiedenen Metallsalzen in den echteren Farblack auf der Faser übergeführt.

Außer Chromkali und Chromfluorid werden noch Alaun und Kupfervitriol zur Nachbehandlung in Anwendung gebracht.

A. Chromkali-Entwicklung. Die Entwicklung mit Chromkali bzw. Chromnatron wird am häufigsten benutzt und ist für die meisten Farbstoffe anwendbar. Sie liefert die echtesten Färbungen, selbst bei denjenigen Farbstoffen, bei welchen auch andere Entwicklungsarten anwendbar sind.

Man beschickt das Färbebad, je nach dem Farbstoff, mit 10 bis 20 % Glaubersalz, 3—5 % Essigsäure und der nötigen Menge Farbstoff, geht mit der Ware bei 50° C ein, treibt zum Kochen und kocht ½—¾ Stunden, nötigenfalls unter Nachsetzen von Säure (3—5 % Essig-, bei tiefen Färbungen 1—2 % Schwefelsäure). Nachdem das Bad genügend erschöpft ist, kühlt man etwas ab, setzt je nach der Farbtiefe ½—3 % Chromkali zu, treibt wieder zum Kochen und entwickelt die Farbe durch weiteres ¾—1 stündiges Kochen.

B. Chromfluorid-Entwicklung. Die Entwicklung mit Chromfluorid steht bei denjenigen Farbstoffen, die außerdem auch mit Chromkali entwickelt werden können, in fast allen Fällen der Chromkali-Entwicklung in bezug auf Echtheit gegen Wäsche und Walke nach und wird deshalb seltener angewendet.

Gefärbt wird mit 10—20 % Glaubersalz, 3—5 % Schwefelsäure und dem gut gelösten Farbstoff wie oben. Das erschöpfte Bad wird etwas abgekühlt und nach dem Zusetzen von 1—4 % Chromfluorid, je nach der Tiefe der Färbung, zum Kochen getrieben und durch etwa einstündiges Kochen entwickelt.

C. Alaun-Entwicklung. Ihre Hauptverwendung liegt in der Herstellung licht- und walkechter krapproter Töne mit Alizarinrot. Seltener findet die Alaun-Entwicklung Verwendung zur Herstellung wasserechter Farben mit Säurefarbstoffen.

Man färbt in gewohnter Weise mit 10 % Glaubersalz und 3—4 % Schwefelsäure und entwickelt mit 5—10 % Alaun durch einstündiges Kochen.

D. Kupfervitriol-Entwicklung. Einige Entwicklungsfarbstoffe geben mit Kupfervitriol Kupferlacke, die sich vor den sauren Färbungen der betreffenden Farbstoffe durch bessere Alkali-, Wasser-, und Waschechtheit, in erster Linie aber durch Lichtechtheit auszeichnen. Gegen stärkere alkalische Behandlungen, wie schwere Walke, sind die Kupferlacke weniger beständig. Ihre Hauptverwendung liegt daher vor allem auf dem Gebiete der Stückfärberei.

Man färbt mit 10—20 % Glaubersalz, 3—5 % Essigsäure und dem nötigen Farbstoff; man geht bei 30—40° ein, treibt langsam zum Kochen, kocht ½ Stunde, gibt 2 % Schwefelsäure nach und kocht noch ½ Stunde.

Nach beendetem Färben setzt man dem Färbebade 1—3 % Kupfervitriol zu und entwickelt durch weiteres kräftiges ¾ stündiges Kochen. Bei leicht gleichfärbenden Farbstoffen kann Kupfervitriol von Anfang an dem Färbebade zugefügt werden.

S. a. Kombinationsschwarz S. 72.

Die Entwicklungsfarbstoffe können mit allen gegen die entsprechenden Metallsalze unempfindlichen Säurefarbstoffen zusammen verwendet werden; man macht von dieser Möglichkeit in der Wollechtfärberei vielfach Gebrauch, indem man entsprechend echte Säurefarbstoffe als Hilfsfarbstoffe von vornherein mit den Entwicklungsfarbstoffen ausfärbt. Zum Abtönen nach dem Entwickeln eignen sich nur die leicht egalisierenden Farbstoffe, welche durch das Metallsalz weder zerstört noch verändert werden, nicht dagegen die schwer egalisierenden und die Entwicklungsfarbstoffe, ebenso wenig alle anderen Beizenfarbstoffe.

Ein Nachteil der mit Metallsalzen nachbehandelten sauren Färbungen besteht darin, daß die endgültigen Farben nicht vor beendeter Entwicklung beurteilt werden können. Da ein Abtönen mit echten Farbstoffen nicht angängig ist, ergeben sich beim Abmustern Schwierigkeiten.

Dem gleichen Übelstand begegnet man beim Verfahren 3.

Es seien an dieser Stelle Verfahren zur Veränderung der färberischen Eigenschaften der Wolle erwähnt. Diese Verfahren zielen darauf hin, mehrfarbige Waren in der Weise anzufertigen, daß man die färberischen Eigenschaften eines Teils der zur Herstellung der Ware benutzten Wolle verändert, diese mit gewöhnlichem Material verarbeitet und durch Färben im Stück mehrfarbige Effekte erzeugt.

Es wurde vorgeschlagen, mit Metallbeizen gebeizte mit ungebeizter Wolle zu mischeln oder gebeiztes Garn mit ungebeiztem zu verweben, um beim Färben mit Beizenfarbstoffen die gebeizte Faser anzufärben und die ungebeizte weiß zu lassen für Mischelungen in Farbe und Weiß oder unter Zusatz von sauren Farbstoffen für Mischelungen in Farbe und Gegenfarbe.

Dieses Verfahren hat sich nicht einzubürgern vermocht, da einerseits die meisten Beizenfarbstoffe die ungebeizte Wolle anfärben und andererseits ein Färben nach Muster fast unmöglich ist.

Ein auf der Tatsache, daß gechlorte Wolle fast alle Farbstoffe begieriger aufnimmt als ungechlorte Wolle, beruhendes Verfahren, zweifarbige Stückware durch Verarbeitung gechlorten Garnes neben nichtgechlortem in einem Bade herzustellen, hat keine Bedeutung erlangt, weil nur farbige Waren in hell und dunkel erzeugt werden können.

Nach dem D. R. P. 137947 der Höchster Farbwerke zeigt mit Gerbstoffen und Metallsalzen behandelte Wolle verminderte Verwandtschaft zu den gewöhnlichen Wollfarbstoffen und wesentlich erhöhte zu den basischen Farbstoffen.

Man beizt mit 20 % Tannin und 6 % Salzsäure eine Stunde kochend, spült leicht und fixiert mit 12,5 % Brechweinstein und 10 % Natriumazetat $^3/_4$ Stunden kochend.

Wird so behandelte Wolle mit gewöhnlicher verwoben, so lassen sich in einem Bade Färbungen in Bunt und Weiß, sowie auch zweifarbige Effekte erreichen. (Band I, 130). Musterkarte (MLB) 672, 756, 770, 874.

Cassella behandeln die Wolle in ihrem D. R. P. 395773 mit 30 % durch Säureanhydride oder -chloride verestertem Tannin. Danach wird gespült und mit 5 % Zinnsalz und 10 % Essigsäure 30 %ig $^1/_2$ Stunde bei 90° C fixiert. Die so geschützte Faser soll wasch- und walkecht sein.

γ. Auf Seide.

Die Beizenfärbungen sind zwar stumpfer als die mit sauren oder basischen Farbstoffen, aber sie sind widerstandsfähiger gegen Wäsche und Entbasten.

Die hauptsächlichsten Beizen sind Tonerde-, Chrom- und Eisenbeize.

1. Zweibadverfahren.

A. Zum Färben auf Tonerde beizt man die entbastete Seide durch zwölfstündiges Einlegen in ein kaltes Beizbad von 60 g Alaun und 6 g Soda krist. im Liter, zieht nach dem Abwinden $1/4$ Stunde auf einem Wasserglasbade $1/2^0$ Bé um und wäscht gründlich.

Häufiger legt man die Seide 12 bis 24 Stunden in eine Nitratbeize von 5 bis 10^0 Bé je nach Tiefe der Färbung ein. Zur Bereitung der Nitratbeize löst man nach Angaben der Badischen Anilin- und Sodafabrik (Leitfaden **1913**, 312) getrennt von einander 2100 g Aluminiumsulfat, 555 g Kalziumazetat und 1350 g Kalziumnitrat in den nötigen Wassermengen und gießt die einzelnen klaren Lösungen zusammen. Um die Wirkung etwa vorhandener Eisensalze aufzuheben, versetzt man das Gemisch mit 3 g Kaliumferrozyanid und 10 ccm einer Lösung von Zinnchlorid 30^0 Bé, füllt auf 10 l auf, filtert und stellt auf 5 oder 10^0 Bé mit Wasser ein.

Die gebeizte und gut gewaschene Seide wird auf ein schwach mit Essigsäure angesäuertes Bastseifenbad — 1 Teil Bastseife, 4 Teile Wasser — genommen, dem man den gut angerührten Farbstoff langsam kalt zurührt. Man geht mit der Seide kalt ein, zieht $1/4$ Stunde um, steigert die Temperatur in $3/4$ Stunden zum Siedepunkt und beläßt etwa 1 Stunde im Bade. Bei Alizarinrot wird das Bad mit Essigsäure gerade neutralisiert und bei weichem Wasser mit 2 % (vom Gewicht der Ware) festem Kalziumazetat versetzt. Eisenhaltiges Wasser und alle Eisenteile an der Apparatur sind sorgsam zu vermeiden.

Nach dem Färben wird gewaschen, geschleudert und $1/2$ Stunde kochend auf einem fetten Seifenbade von 2 g Seife im Liter geseift, wieder gut gewaschen und scharf aviviert. Man fügt der aus 2—3 g Wein- oder 10—15 g Essigsäure 6^0 Bé im l bestehenden 50^0 warmen Avivage etwas Olivenöl zu, welches man vorher mit Soda aufkocht. Zinnhaltige Bastseife, von gepinkter Seide herrührend, darf nicht benutzt werden.

B. Als Chrombeize dient Chromchlorid 20^0 Bé; die Seide wird $1/4$ Stunde darauf umgezogen und über Nacht eingelegt. Weiter behandelt und gefärbt wird wie bei Alaunbeize angegeben.

C. Eisenbeize findet wohl nur noch zur Herstellung von Alizarinschwarz ähnlich wie für Blauholzschwarz (S. 77) Verwendung.

1. Beizen. Man zieht die Seide 1/4 Stunde auf basischem Ferrisulfat um, legt einige Stunden ein, wringt ab oder schleudert, wäscht und seift 1 Stunde kochend mit 15 % Seife.

2. Blaumachen. Die gewaschene Seide wird nun blau gemacht auf 10 % Kaliumferrozyanid und 12 % Salzsäure 20° Bé bei 60° C.

3. Katechu. Danach wird gewaschen und 2 Stunden mit 50 bis 100 % Katechu kochend heiß behandelt.

4. Färben. Mit der gespülten Seide geht man bei 60° auf das mit 5 % Marseiller Seife und 9 % Essigsäure 6° Bé und dem mit kaltem Wasser angeteigten Alizarinschwarz beschickte Färbebad, zieht 1/2 Stunde um, treibt zum Kochen und hält noch 1 1/2 Stunden bei Kochtemperatur.

5. Avivieren. Zum Schluß wird geseift, gespült und aviviert.

2. Einbadverfahren.

Für helle Farben mit Beizenfarbstoffen gibt die Badische Anilin- und Sodafabrik (Leitfaden **1913,** 316) ein Einbadverfahren (Nr. 67).

Dem lauwarmen Bade setzt man für Tonerdebeize 3 % Alaun und 2 % Oxalsäure, für Chrombeize 3 % Chromazetat 20° Bé und 1,5 % Oxalsäure oder 5 % Chromalaun und 2 % Essigsäure 6° Bé vom Gewicht der Seide und den nötigen Farbstoff zu.

I. Gelb und Kreß.

1. Chromgelb S (K). 1 % färbt auf Wollstoff im Glaubersalzbade mit Essigsäure und Schwefelsäure, nachbehandelt mit Chromkali **04** 2,2 63, also die Norm 04 r e. L. = 4—5; L. E. = 7; W. E. = 4.

2. Anthracengelb BN (C). Beizengelb G, GR, R (B), (M), Chromgelb D, DF (By), Salizingelb D (K), Walkgelb (W). 3 % Chromgelb DF färben auf Herrenstoff mit 1 1/2 % Kaliumbichromat nachgechromt **08** 2,2 65, also die Norm 08 r e. L = 3; L. E. = 4; W. E. = 4. Der Farbstoff dient auch zum Färben von Chromleder und, mit Bariumchlorid gefällt, als Pigmentfarbstoff.

3. Salizingelb A (K). 1 % wie 1. gefärbt gibt auf Wollstoff **08** 2,2 68 also die Norm 08 r e. L. = 4; L. E. = 7; W. E. = 5.

Gesellschaft für Chemische Industrie in Basel (J).

29. 3 % **Naphtochromviolett R** auf Wollstoff gefärbt, nachchromiert.	
30. 3 % **Naphtochromcyanin R** auf Wollstoff gefärbt, nachchromiert.	
31. 3 % **Naphtochromblau BN** auf Wollstoff gefärbt, nachchromiert.	
32. 1,5 % **Naphtochromazurin B** auf Wollstoff gefärbt, nachchromiert.	
33. 3 % **Chromechtgelb G** auf Wollstoff gefärbt, nachchromiert.	
34. 3 % **Chromechtorange G** auf Wollstoff gefärbt, nachchromiert.	
35. 2,25 % **Chromechtbraun TV** auf Wollstoff gefärbt, nachchromiert.	

4. Alizaringelb GGW/Pulver, GG (M), 3G (By), Beizengelb 2GT (B), Anthrazengelb GG (C). 2 % GGW/Pulver färben auf Flanell, nachgechromt das licht-, walk-, säure- und schwefelechte **09** 02 68. L. E. = 7; W. E. = 4—5.

5. Tuchgelb GN (GE). 1,5 % färben auf Wollstoff mit 10 % Glaubersalz und 4 % Schwefelsäure, mit 1 % Bichromat entwickelt, **10** 2,8 60. L. = 4—5; L. E. = 7; W. E. = 4—5.

6. Eriochromgelb S (G_{12}). 2 % färben auf Wolle nachgechromt **1 1** 1,6 58. L. = 4; L. E. = 5—6; Wa. E. = 5.

7. Chromechtgelb G (I_{33}). 3 % färben auf Wollstoff, nachgechromt **13** 02 65, also die Norm 13 re. L. = 5; L. E. = 7; Wa. E. = 5. Die Färbung ist licht-, walk- und pottingecht.

8. Alizaringelb RW, R (M), R (By), Beizengelb 3R (B). Anthrazengelb RN (C), Terrakotta R (G). 2 % RW-Pulver (M) färben auf Flanell, nachgechromt **18** 1,5 65. Ebenso echt wie 4. L. = 4; L. E. = 3—4; W. E. = 3.

9. Chromechtorange G (I_{34}). 3 % färben auf Wollstoff, nachgechromt **19** 1,6 65.

10. Metachrombraun B (A). 5 % färben mit 5 % Metachrombeize (S. 330) auf Wollstück **18** 1,4 97,5. L. = 4—5; L. E. = 8; W. E. = 5.

11. Säurealizarinbraun B (M), Palatinchrombraun W (B). 3 % Säurealizarinbraun färben auf Merino, nachgechromt das sehr licht-, wasch- und walkechte **19** 2,2 94,5. L. = 5; L. E. = 6; W. E. = 5.

12. Chromechtbraun TV (I_{35}). 2¼ % färben auf Wollstoff nachgechromt **21** 1,4 96,5, also die Norm 21 tp. L. = 4; L. E. = 6; W. E. = 5.

13. Alizarinbraun (M), Anthrazenbraun (B, By). 10 % Alizarinbraun Teig färben auf gechromten Flanell **19** 2,2 96. L. = 2; L. E. = 6; W. E. = 5.

Die Bezeichnungen Alizarin und Anthrazen bedeuten nicht die chemische Herkunft von Alizarin und Anthrazen, sondern die im Range der alten Alizarinfarbstoffe stehende Echtheiteigenschaft.

II. Rot und Veil.

1. Alizarin VI (B). Ie (By). 1 B (M) — das eigentliche Alizarin
Alizarin SX (B). RF (By). RX (M) — Anthra- oder Iso-purpurin
Alizarin GI (B). X (By). SDG (M) — Flavopurpurin
Purpurin (B), (By). Alizarin Nr. 6 (M)

sind bereits S. 304 besprochen worden. Durch Erhitzen mit rauchender Schwefelsäure auf etwa 140° nach D. R. P. 3565 werden die in Wasser unlöslichen Farbstoffe in die wasserlöslichen Sulfosäuren übergeführt und es entstehen

aus Alizarin:	Alizarinrot S (B).	1 WS Pulver (M).	Alizarinpulver W (By)
aus Isopurpurin:	„ SS (B).	2 WS (M).	
aus Flavopurpurin:	„ SSS (B).	3 WS (M).	
aus Purpurin:	„ PS (B).	PS Pulver (M).	

Im Handel sind die Natriumsalze der Sulfosäuren. Sie dienen in der Wollfärberei für Scharlachrot auf Tonerde- und für Bordo auf Chromsud. 2½% Alizarinrot 1 WS färben auf mit Alaun angesottenen Flanell **24** 2,1 38. L. = 3; L. E. = 7; W. E. = 5. 2½% Alizarinrot PS/Pulver färben auf mit Chrom angesottenen Flanell **32** 02 89. L. E. = 7; W. E. = 4.

2. Eriochromrot B (G_{14}). 3% färben auf Wolle, nachgechromt, **29** 02 76, also die Norm 29 rg; an Echtheit dem Alizarinrot ebenbürtig. L. = 5; L. E. = 6; Wa. E. = 5.

3. Naphthochromviolett R (I_{29}). 3% färben auf Wolle, nachgechromt, **42** 1,2 97. Die Färbung ist wasch-, säure-, schwefel-, alkali- und pottingecht. Der Farbstoff ist nicht kupferempfindlich. L. = 4—5; L. E. = 5; Wa. E. = 5.

4. Gallein W/Teig (B, By, M). Die Paste löst sich in kaltem Wasser wenig, in heißem Wasser leichter mit scharlachroter Farbe. Die Marke SW/Pulver ist das Natriumsalz. 10% Teig färben auf mit Kaliumbichromat und Weinstein angesottene lose Wolle **48** 02 95. Die Färbung ist walk-, potting- und schwefelecht, auch ziemlich lichtecht. L. = 3; L. E. = 4; W. E. = 5. Auf Seide zieht man den lebhafteren, freilich weniger lichtechten Tonerdelack vor.

5. Eriochromviolett B (G_{15}). 2% färben auf Wolle, nachgechromt **36** 2,5 95. L. = 3; L. E. = 7; Wa. E. = 5.

III. Blau.

1. Chromoxanblau R (By). 3% färben auf Herrenstoff, mit 1½% Kaliumbichromat nachbehandelt, **49** 1,8 96,5. L. E. = 3—4; W. E. = 5. Die Färbung ist pottingecht.

2 Eriochromzyanin R (G_{16}). Das ziegelrote Pulver färbt Wolle direkt rot an. 3% färben auf Wolle, nachgechromt, **49** 1,6 93. Die Färbung ist alkaliecht. L. = 5; L. E. = 3; Wa. E. = 5.

J. R. Geigy A. G., Basel (G.)

15.
Eriochromviolett B
2 %
auf Wolle nachgechromt
(s. Rückseite)

16.
Eriochromcyanin R
3 %
auf Wolle nachgechromt
(s. Rückseite)

17.
Eriochromazurol B
3 %
auf Wolle nachgechromt
(s. Rückseite)

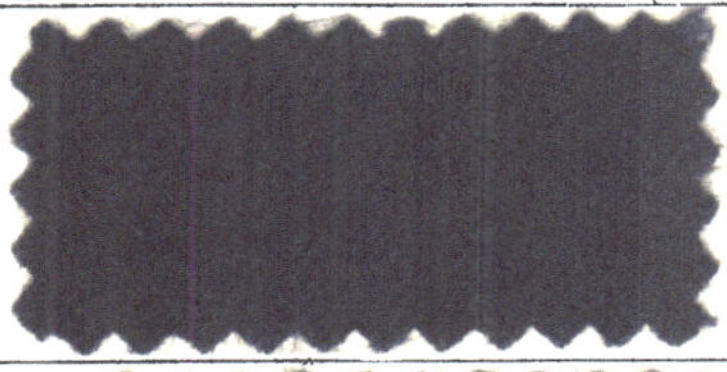

18.
Eriochromverdon S
3 %
auf Wolle nachgechromt
(s. Rückseite)

19.
Eriochromschwarz T
6 %
auf Wolle nachgechromt
(s. Rückseite)

20.
Eriochromblauschwarz B
3 %
auf Wolle nachgechromt
(s. Rückseite)

21.
Gallaminblau
2 %
Druck auf Baumwollstoff
(s. Rückseite)

Allgemeine Färbevorschrift für Eriochromfarbstoffe.

Man geht bei ca. 60° C., bei Eriochromschwarz T nicht unter 80° C., unter Zusatz von 3—5 % Essigsäure in das Färbebad ein, arbeitet 1/4 Stunde ohne Dampf, wärmt langsam zum Kochen. Nach halbstündigem Kochen setzt man 2 % Schwefelsäure zu und lässt noch 1/4—1/2 Stunde weiterkochen, wonach die Färbeflotte klar ausgezogen ist. Hierauf entwickelt man die Farbe mit 1,5 % Chromkali durch 1/2—3/4 stündiges Kochen.

Druckvorschrift für Gallaminblau.

2	gr	Gallaminblau Pulver,
1,5	»	Hydrosulfit NF conc.,
38,25	»	Wasser,
2	»	Ameisensäure,

erwärmt man auf 50—60° C. solange, bis eine gelbbraune Lösung entstanden ist und rührt dann zu

50	gr	essigsaure Verdickung,
6	»	essigsaures Chrom 20° Bé,
0,25	»	Formaldehyd,
100	gr	

6 Minuten dämpfen, chromen und seifen.

3. Naphthochromzyanin R (I_{30}). 3% färben auf Wollstoff, nachgechromt, **49** 2,2 91. L. = 50 g im Liter kochenden Wassers; L. E. = 3; W. E. = 5. Wa. E. = 4.

4. Eriochromazurol B (G_{17}). 3 % färben auf Wolle, nachgechromt, **50** 1,4 94,5, also die Norm 50 t l. Das braune Pulver färbt Wolle direkt bordo an. Die Färbung ist walk-, säure-, schwefel- und pottingecht. L. = 5; L. E. = 4—5; Wa. E. = 5.

5. Naphthochromblau BN (I_{31}). 3 % färben auf Wollstoff, nachgechromt, **50** 2,1 94,5. Ebenso echt wie Naphthochromviolett, nur etwas weniger säureecht. L. = 1—2; L. E. = 2; W. E. = 5.

6. Naphthochromazurin B (I). 1,5 % färben auf Wollstoff, nachgechromt, **52** 2,5 85. L. = 100 g im Liter kochenden Wassers; L. E. = 3; W. E. = 5; Wa. E. = 4.

7. Gallaminblau (G, By). 2 % nach der unter G_{21} angegebenen Vorschrift auf Baumwolle gedruckt, geben **49** 2,5 93,3. L. (mit $Na_2S_2O_4$ gelöst) = 4; L. E. = 7; W. E. = 5. Das Blau auf gechromter Wolle ist licht- und walkecht. L. (sauer gelöst) = 2; L. E. = 4; Wa. E. = 4; P. E. = 3.

8. Chromotrop FB (Brillantkarmoisin) (M), Chromblau R (Echtrot C) (B), Azochromblau R (Azosäurerubin R) (K), Azorubin (GE), A (C), S (A). 2½% Chromotrop FB färben auf Flanell, nachgechromt, **50** 1,8 96,5. L. = 2—3; L. E. = 6; W. E. = 4.

9. Chromotropblau A, WB und WG (M). 2½% A färben auf Merino, nachgechromt, **51** 02 96. Die W-Marken für lose Wolle sind walkecht. L. = 2—3; L. E. = 6; W. E. = 3—4.

10. Alizarinblau X, R, RR, C, WX, WR, WRR, WC, WN doppelt neu in Teig (B), A, F, R, RR in Teig (M), GW, GG, R, G, BM in Teig (By) sind die verschiedenen Handelsmarken des Dioxyanthrachinolins. Die 20 %igen Pasten liefern auf gechromter Baumwolle ein licht-, wasch-, säure- und chlorechtes rötliches Blau. Die Marken XA in Teig (B), DNW in Teig (M) und WA in Teig (By) sind das in Wasser schwer lösliche Natriumsalz. Sie dienen hauptsächlich für gechromte Wolle und haben seiner Zeit den natürlichen Indigo aus der Wollfärberei verdrängt. Die Marken S, SW (B, By), SR (B, By, M), SRW (B, M) sind die Bisulfitverbindungen, als braune 15%ige Paste oder als 50%iges Pulver im Handel. Die gelbbraune wässrige Lösung spaltet beim Erhitzen auf 70° das Bisulfit wieder ab. Daher kann die Bisulfitverbindung wie der Farbstoff selbst sowohl im Kattun- und Kammzugdruck als auch zum Färben von Wolle verwendet werden. 3 % Alizarinblau S in Teig (B) färben auf gebleichtes Baumwollgarn mit 3 % Chrom-

azetat 20° Bé BASF — ¼ Stunde kalt, ½ Stunde zum Kochen, 1 Stunde kochen — nach dem Waschen mit 2 g Seife 10 Minuten bei 65° geseift, das lichtechte **53** if. L. = 3; L. E. = 5; W. E. = 4.

11. Alizarinzyanin 3R (By), R, R extra und WRR (By), RR, WRB, G, G extra, GG (By) übertreffen das Alizarinblau an Billigkeit und Gleichfärbevermögen, dagegen sind sie nicht so walk- und säureecht. L. E. = 5—6; W. E. = 5.

12. Anthrazenblau WR (B), Anthrolblau (M) stehen dem Alizarinzyanin WRR nahe; Anthrazenblau WB, WG, WGG (B), Anthrolblau NG (M) dem Alizarinzyanin G.

Alle Anthrazenblaus lösen sich in Natronlauge blau. Die Pulvermarken sind die wasserlöslichen Natriumsalze. Die Färbung auf Tonerdebeize ist reinblau, die auf Chrombeize grüner blau.

Die grünsten Marken sind Anthrazenblau WGG extra (B) und Brillantalizarinzyanin 3G (By). Sie lösen sich im Gegensatz zu den röteren in Wasser etwas mit Veilchenfarbe. Ein sehr walkechtes Grünblau auf gechromter Wolle gibt auch Anthrazenblau WG neu (B). L. = 1; L. E. = 6; W. E. = 4.

13. Säurealizarinblau BB (M), Anthrazenblau SWX (B), Alizarinzyanin WRS ist im Gegensatz zu den vorigen das Natriumsalz einer Hexaoxy-Anthrachinondisulfosäure. 2½ % Säurealizarinblau BB färben auf Flanell im sauren Bade, mit Chromfluorid entwickelt, **50** 2,1 95,2, also die Norm 50 r n. L. = 3; L. E. = 6; W. E. = 4. Die Färbung ist licht-, säure-, dekatur-, aber nicht walkecht. Deshalb dient der Farbstoff hauptsächlich in der Stückfärberei.

IV. Grün.

1. Cörulein W/Teig (B, By, M). 10 % der schwarzen Paste färben auf mit Kaliumbichromat und Weinstein angesottener loser Wolle das echte **94** 2,3 94. L. = 1; L. E. = 5; W. E. = 5. Der in Wasser unlösliche Teig kommt als lösliche Bisulfitverbindung, Cörulein S, besonders für den Kattundruck in den Handel. Beim Erwärmen im Farbbad oder beim Dämpfen zersetzt sich die Bisulfitverbindung unter Abscheidung des unlöslichen Farbstoffes. Cörulein läßt sich auch nach D. R. P. 252 576 wie ein Anthrachinonküpenfarbstoff aus der Küpe färben; doch wird die Färbung durch Nachchromen echter.

2. Chrompatentgrün N, C (K). 3 % N färben auf Wollstoff im Glaubersalzbade mit Essigsäure und Schwefelsäure, mit

Chromkali nachbehandelt, das licht- und walkechte **67** 1,4 97,7. L. = 2; L. E. = 6; W. E. = 4.

3. Eriochromverdon S (G_{18}). 3 % färben auf Wolle, nachgechromt, das stumpfe Grün **70** 1,6 97. Der Farbstoff ist nicht kalkempfindlich, überhaupt nicht metallempfindlich. Er besitzt große Bedeutung für die Erzeugung von Feldgrün und Feldgrau auf Militärtuchen. L. = 5; L. E. = 7; Wa. E. = 5.

4. Solidgrün O in Teig (M), Dunkelgrün in Teig (C, GE), Chlorin (D). Die graugelbe 50%ige Paste ist in kaltem Wasser schwer löslich. 6 % Solidgrün O in Teig färben auf eisengebeizter Baumwolle ein dunkles licht- und wasch-, aber nicht säureechtes Grün, etwa 83 t i. L. E. = 5; W. E. = 3—4.

V. Schwarz.

1. Diamantschwarz F, FR (By, B, L), Salizinschwarz D (K), Chromtiefschwarz (t. M.), Echtbeizenschwarz B, T (M). 6 % Diamantschwarz F (L) werden mit 10 % Glaubersalz und 3 % Essigsäure ½ Stunde kochend gefärbt, 1½ % Schwefelsäure 66° Bé nachgesetzt, ½ Stunde gekocht und mit 1½ % Kaliumbichromat ½ Stunde kochend nachgechromt. Das Schwarz ist so licht-, walk- und dekaturecht, daß es auch für Militärtuche gebraucht wird. L. = 4; L. E. = 6; W. E. = 5. Die Färbung ist empfindlich gegen Schwefelsäure, auch gegen den Kalk des Wassers; dieser ist daher vorher durch Ammonoxalat zu entfernen. Baumwolleffekte werden angefärbt. Seide bleibt viel heller.

2. Chromotrop S (M), eine Mischung der Marken FB (S. 338) und 7 B. 6 % färben auf Flanell, nachgechromt, ein Schwarz, das dem Blauholzschwarz an Billigkeit nicht nachstehen soll. L. = 2; L. E. = 6; W. E. = 4—5.

3. Diamantschwarz PV (By). Das dunkelbraune Pulver löst sich in Wasser kirschrot. 6 % färben auf Herrenstoff, mit 2 % Kaliumbichromat nachbehandelt, ein pottingechtes Blauschwarz. L. E. = 6—7; W. E. = 5.

4. Säurealizarinschwarz R (M). 5 % färben auf Flanell, nachgechromt ein licht-, dekatur-, karbonisier- und waschechtes Schwarz. L. = 2—3; L. E. = 6; W. E. = 4—5.

5. Säurealizarinschwarz SE (M), Palatinchromschwarz F, FN, FT (B) wird wie das vorige gefärbt. L. = 2—3; L. E. = 8; W. E. = 5.

6. Säurealizarinschwarz SN (M), Palatinchromschwarz S (B) ist wasserlöslicher wie die vorigen, daher besonders für die Apparatefärberei geeignet. L. = 3; L. E. = 8; W. E. = 4.

7. Anthrazenchromschwarz F, FE, 5B, P (C). Die braunschwarzen Pulver lösen sich in Wasser mit roter Farbe. 7 % PPN extra färben auf Wolle, mit 2¼ % Kaliumbichromat nachbehandelt, ein licht-, walk-, säure-, dekatur-, schwefel- und pottingechtes Schwarz. Die Heeresverwaltung hat es zum Färben von Uniformtuchen zugelassen. L. E. = 8; W. E. = 5.

8. Eriochromblauschwarz B (G_{20}). Das bräunlich schwarze Pulver löst sich in Wasser veil, in Alkohol kirschrot. 3 % färben nach der in der Mustertafel angegebenen Vorschrift ein echtes Blauschwarz auf Wolle. L. = 4; L. E. = 7; Wa. E. = 5; P. E. = 5.

9. Palatinchromschwarz 6B (B), Salizinschwarz UL, U (K), Eriochromblauschwarz R (G), Säurealizarinblauschwarz A (M), Diamantblauschwarz EB (By), Anthrazenblauschwarz BE (C), Chromechtschwarz PW (I). Die dunkelbraunen Pulver lösen sich in Wasser und Alkohol rötlich. Sie färben mit Glaubersalz und Essigsäure, mit Essig- oder Schwefelsäure ausgezogen, ein Rotbraun auf Wolle, das beim Nachchromen in Blauschwarz umschlägt. So erhält man mit 3 % Anthrazenblauschwarz BE und 1½ % Kaliumbichromat 52 02 96, mit 7 % Salizinschwarz U ein volles Schwarz von vorzüglicher Licht-, Walk-, Säure-, Schwefel- und Dekaturechtheit. L. = 3; L. E. = 8; Wa. E. = 5.

10. Eriochromschwarz T (G_{19}). 6 % des bräunlich schwarzen Pulvers färben nach dem in der Mustertafel angegebenen Verfahren ein volles echtes Schwarz. L. = 4; L. E. = 7; W. E. = 5; P. E. = 5.

11. Alizarinschwarz WR, WX und Alizarinblauschwarz W, WB extra (B), ist Naphthazarin. Es löst sich erst in kochendem Wasser rotbraun. Es läßt sich nach einem der drei Chromungsverfahren auf Wolle färben. Das Schwarz ist licht-, walk-, säure- und pottingecht. L. = 1; L. E. = 7; W. E. = 5.

Die S-Marken sind die Bisulfitverbindungen und dienen im Kattundruck.

Die Färberei pflanzlicher Fasern.

a) Allgemeines.

Die rohe Baumwolle und die übrigen pflanzlichen Fasern, wie sie auf den Markt kommen, enthalten Verunreinigungen, Wachs und Fette, die das Netzen der Faser erschweren. Durch Verspinnen und Verweben gelangen weiter mechanisch Öle und Fette in die Faser. Deshalb ist es in vielen Fällen nötig, diese Fremdkörper vor dem Färben zu entfernen. Für die Zwecke der Färberei ist es nicht immer erforderlich, die Baumwolle weiß zu bleichen, für dunkle Farben genügt oft einfaches Auskochen in Wasser oder in Laugen zur Entfernung der anhaftenden Fettkörper; für helle und lebhafte Farben muß aber der natürliche Farbstoff der Faser nach dem Kochen durch Behandeln mit Hypochlorit (z. B. Chlorkalk) zerstört werden. Je nach dem Verarbeitungszustand der Baumwolle sind die Bleichmethoden sowohl in bezug auf Bleichmittel, als auf maschinelle Einrichtungen verschieden (s. Band II).

Flachs oder Leinen enthalten noch mehr Pektinstoffe als Baumwolle und müssen daher vor dem Färben noch gründlicher vorgereinigt werden. Die härtere Flachsfaser färbt sich außerdem schwieriger durch (S. 96). Substantive und Schwefelfarbstoffe werden mit Türkischrotöl, letztere mit reichlich Natriumsulfid gefärbt.

Hanf ähnelt in seinem färberischen Verhalten dem Flachs; er wird meist mit basischen Farbstoffen auf Tannin-Antimonbeize gefärbt.

Jute und Kokos werden basisch, sauer und direkt gefärbt. Für Ausschmückungszwecke werden auf Jute wohl auch Schwefel- und Küpenfarbstoffe angewandt.

Ramie und Nessel werden wie Leinen bzw. Baumwolle gefärbt.

Piassava, Fiber, Manilahanf und Sisal werden fast nur schwarz und braun gefärbt und zwar mit basischen Farbstoffen, seltener sauer oder direkt. Direkte Farbstoffe werden mit $1/4$—$1/2$ % Soda, bei stehenden Bädern mit Ammoniak gefärbt. „Patent"- oder „Glanzfiber" wird nach dem Färben bei 40—50° auf ein Bad gestellt, das im l je 20 g Gelatine oder Leim, Schmierseife und Blauholzextrakt und je 5 g Gelbholzextrakt und holzessigsaures Eisen enthält. Nach $1/2$ Stunde läßt man abtropfen und bürstet auf der Maschine trocken (Cassella Handbuch **1923**, 423).

Kapok wird basisch oder substantiv gefärbt; die alkalischen Zusätze bei Schwefel- und Küpenfarbstoffen schädigen Glanz und Festigkeit.

Stroh wird basisch, sauer oder substantiv 1—3 Stunden kochend heiß mit $1/2$—1 % Weinsäure oder 2—3 % Essigsäure gefärbt. Man läßt im Bade erkalten, spült und trocknet bei niederer Temperatur.

Papier- und Papierstoff-Garne werden ebenfalls wie Baumwolle gefärbt, hauptsächlich substantiv, seltener mit Schwefel- und Küpenfarbstoffen. Basische Farbstoffe für lebhafte Farben können ohne vorheriges Beizen kalt bis lauwarm mit etwas Essigsäure gefärbt werden.

Über Kunstseide s. S. 490.

Die Baumwolle wird im losen Zustande, als Vorgespinst, als Garn oder als Gewebe gefärbt. Im losen Zustande gefärbte Baumwolle wird zu gemischten Gespinsten, z. B. Vigogne-Garn, Halbwollgarn, sowie auch für rein baumwollene Phantasiegarne verwendet. Da das Färben der losen Baumwolle manche Vorteile bietet, werden auch einfarbige Baumwollgarne aus gefärbter Faser gesponnen. Diese Art des Färbens sichert Durchfärbung und Gleichmäßigkeit, weil die Fasern beim Verspinnen innig gemischt und so etwaige Verschiedenheiten ausgeglichen werden. Beim Verspinnen gefärbten Materials fällt das umständliche Umhaspeln und Umspulen fort, wodurch Verluste durch Fadenbrüche usw. vermieden werden. Diese Vorteile werden noch einfacher durch Färben der Garne in Kops- oder Kreuzspulenform erreicht. Beim Färben loser Faser ist zu beachten, daß diese bei der weiteren Verarbeitung etwas heller wird; man muß deshalb etwas dunkler abmustern (vgl. G. Ullmann, Die Entwicklung der Apparatfärberei L. M. f. T. **1925**, 169).

b) Einrichtungen und Maschinen zum Färben.

1. Die lose Baumwolle wird den Ballen entnommen, durch den Öffner geschickt und ohne weitere Vorbereitung in das kochende Färbebad gebracht. Nur, wenn nicht heiß gefärbt werden kann, z. B. bei Küpenfarbstoffen, empfiehlt sich vorheriges Netzen. Helle und reine Farben erfordern vorheriges Bleichen.

Baumwollabfälle sollen ½—1 Stde. mit 2—5 ccm Natronlauge 40° Bé im l ausgekocht werden, damit das Fett entfernt wird.

Die Einrichtungen für die Färberei der losen Baumwolle sind je nach der zu färbenden Menge und nach den zu verwendenden Farbstoffen verschieden. Wo Färbeapparate nicht zur Verfügung stehen, wird auf hölzernen oder kupfernen Barken gefärbt und die Baumwolle mittels Gabeln, Stöcken oder Haken bewegt. Die Kufe (Abb. 41) (Handbuch von Cassella I, S. 151) enthält einen siebartigen Einsatz, mittels dessen die Baumwolle aus der Flotte herausgehoben werden kann. Das Färbebad wird mit direktem oder mit indirektem Dampf erwärmt.

Abb. 41.
Kufe zum Färben loser Baumwolle.

Als Beispiel eines Färbeapparates sei der von Obermaier & Co., Lambrecht i. d. Pfalz (Abb. 42), beschrieben. Er besteht im wesentlichen aus 1. einem siebartigen Warenbehälter von 50—300 kg Fassungsvermögen mit einem ebenfalls siebartigen Standrohre in der Mitte, 2. einem Flottenbehälter, in den der Warenbehälter eingeschraubt wird, und 3. einer Pumpe. Der Warenbehälter kann in eine Schleuder zwecks Entwässerung eingesetzt werden. Die Baumwolle wird, ohne vorher auf einem Öffner aufgelockert zu werden, in den Warenbehälter eingepackt, und dieser durch den Deckel unter Pressen geschlossen und in den Färbebottich eingesetzt. Sodann wird die Pumpe in Tätigkeit gesetzt. Das Standrohr hat weitere Löcher als der Färbezylinder. Die Färbeflotte tritt in wagrechter

Richtung durch den Faserblock hindurch nach dem Flottenbehälter. Der kräftige Umlauf der Farbflotte lockert gründlich die Fasern auf, so daß die Baumwolle nach dem Färben und Trocknen aussieht, als ob sie mechanisch auf dem Öffner behandelt worden wäre. Nach

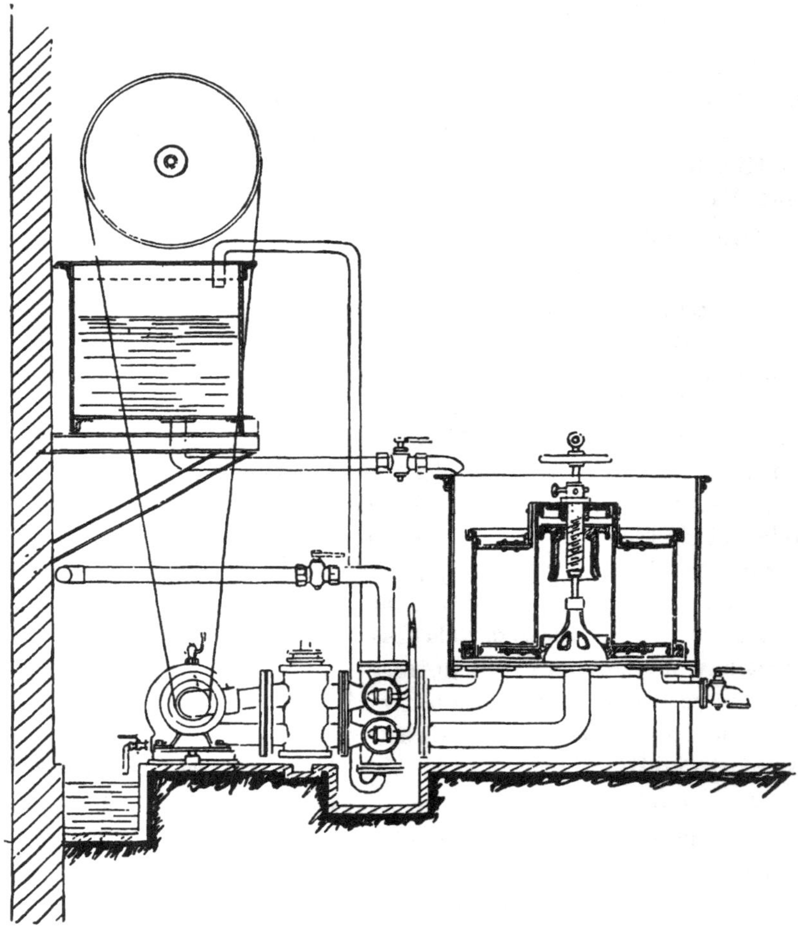

Abb. 42. Färbe-Apparat, System Obermaier.

dem Färben wird die Flotte in einen Vorratsbehälter gepumpt und die Ware im Apparat gewaschen. Zur raschen Entleerung des Färbezylinders kann der Mantel in die Höhe gezogen und die Faser so freigelegt werden.

2. Das Färben der Baumwolle als Kardenband oder Vorgespinst bietet gewisse Vorteile gegenüber der Färberei der losen

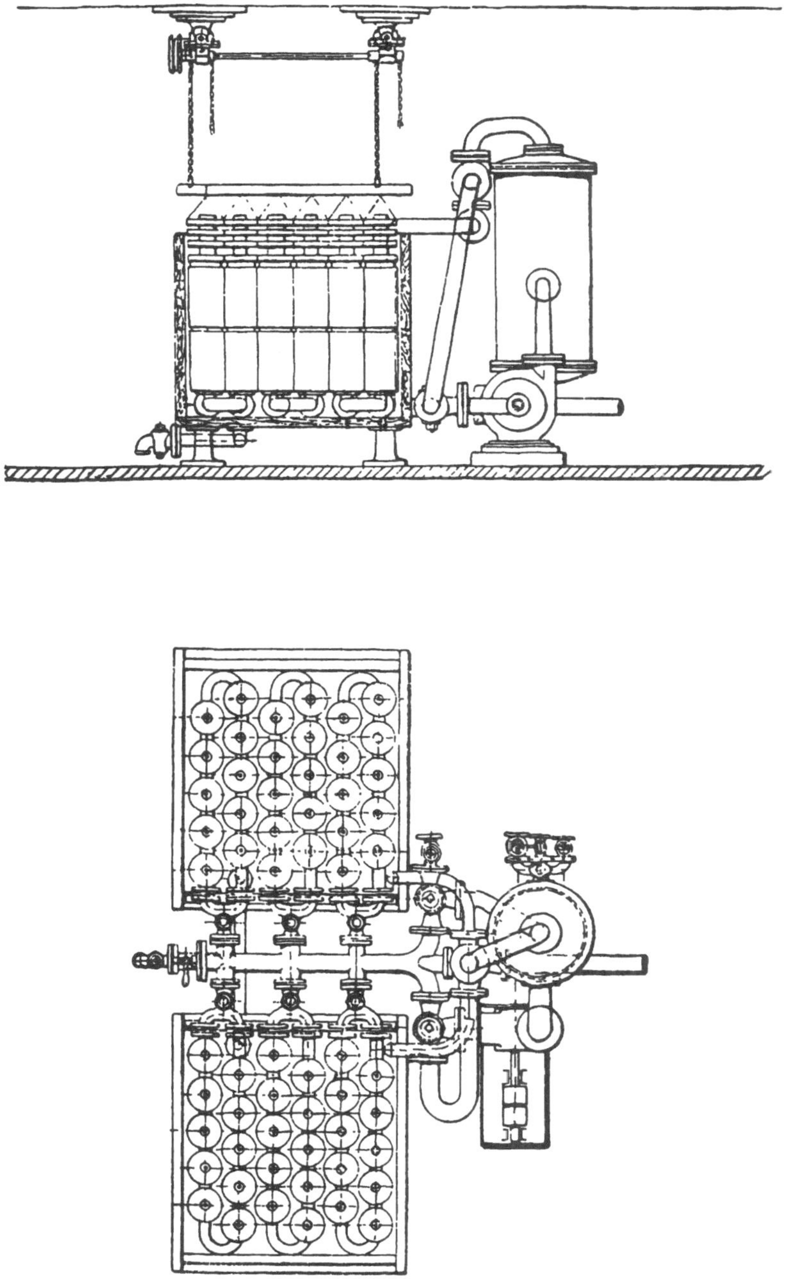

Abb. 43. Kardenband-Färbeapparat. U. Pornitz & Co., Chemnitz.

Baumwolle: Durch das Schlagen und Kardieren wird die Baumwolle von dem Abfall (etwa 8%) befreit und gelangt in größerer Reinheit zum Färben. Andererseits werden durch das Verarbeiten gefärbter loser Baumwolle die Vorbereitungsmaschinen verunreinigt. Die Färberei von Kardenband und Vorgespinst erfordert größere Sorgfalt, weil sich Ungleichheiten in der Färbung beim weiteren Verspinnen nicht so leicht ausgleichen. Gefärbt wird A. als Wickel in Apparaten nach dem Packsystem, oder B. in Form von Bobinen nach dem Aufstecksystem, oder C. auch in ununterbrochenem Arbeitsgang.

A. Zum Färben auf Apparaten nach dem Packsystem werden die Wickel in dünne Packtücher eingeschlagen und so in die Warenbehälter eingelegt.

B. In Spulen werden Kardenband und Vorgespinst in Kops- und Kreuzspulen-Färbeapparaten gefärbt (S. 358).

Eine besondere Färbemaschine für Kardenband wird von der Firma U. Pornitz & Co., Chemnitz, gebaut, durch welche das Berühren mit der Hand bis zum Trocknen vermieden wird (Abb. 43).

In die Spinnkannen wird eine durchlochte Nickelinhülse eingesetzt, auf welcher später gefärbt wird. Ist die Kanne gefüllt, so wird das Kardenband auf der Spindel mittels einer Scheibe zusammengepreßt und diese auf der durchlochten Stütze festgehalten. Die (30) Spindel-Aufsätze sind so angeordnet, daß nach dem Färben jede Reihe für sich abgesaugt werden kann. Der Umlauf der Flotte wird durch Vakuum und Druck bewirkt.

In ähnlicher Weise wird nach dem D. R. P. 214777 von Resch Vorgespinst zu Grobspulen auf leichte, durchlöcherte, vernickelte Stahlhülsen gesponnen. Diese werden über die durchlöcherten Materialträger gestülpt. Auf die Materialträger selbst zu spinnen empfiehlt sich nicht wegen ihres erheblichen Gewichtes.

C. Zum ununterbrochenen Färben von Baumwollvorgespinsten dient eine Maschine von Diego Mattei, welche von der Firma Mather & Platt in Manchester gebaut wird. Das Kardenband durchläuft fünf mit einander verbundene Apparate ohne Abkühlung und verläßt die Maschine nach Verlauf von etwa 1/4 Stunde gefärbt und gespült.

3. Baumwollgarn wird A. im Strähn oder B. als Kette oder C. in aufgespultem Zustande, als Kops, Kreuzspule usw. gefärbt.

A. Bevor das Strähngarn zur Färberei gelangt, wird es gefitzt und pfundweise in Knäuel zusammengedreht oder fünfpfundweise zu Ketten geschlungen, um das Ineinanderkochen der Fäden beim

Auskochen zu vermeiden. Wird dieses unterlassen, so entstehen Unregelmäßigkeiten beim Scheren der Kette. Das zusammengedrehte oder geschlungene Garn wird dann abgekocht und gewaschen und ist damit zum Färben vorbereitet.

Man bringt die Strähne auf hölzernen Stöcken zweipfundweise in die Färbewanne aus Holz oder auch Kupfer (Abb. 25). Wenn die Partie aufgestockt und eingebracht ist, werden die Stöcke so nach der Seite geschoben, daß die Hälfte der Wanne frei wird, und nun beginnt man mit dem Umziehen des Garnes. Der Arbeiter

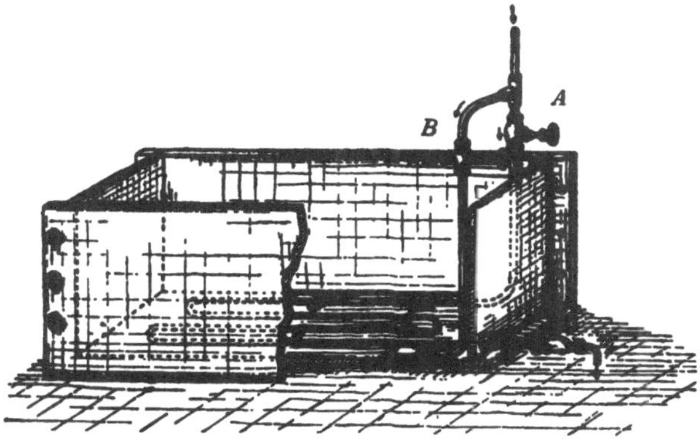

Abb. 44. Färbewanne für Strähngarn.

erfaßt mit der linken Hand den Stock, mit der rechten das Garn, zieht den Strahn empor, bis das untere Ende den Stock berührt, und bringt das emporgezogene Ende in die Flotte zurück. Durch öfteres Umziehen wird die Färbung gleichmäßig. Will man Zusätze machen, so muß das Garn zuvor herausgehoben oder aufgeschlagen werden. Die Flotte wird mit direktem oder besser indirektem Dampf erwärmt; bei Benutzung direkten Dampfes muß darauf geachtet werden, daß das Garn mit dem Dampfzuführungsrohr oder dem ausströmenden Dampf nicht in direkte Berührung kommt. Daher liegt die Heizschlange über dem eigentlichen und unter einem falschen, durchlochten Boden. Vorteilhaft verwendet man eine Doppelleitung (Abb. 44 aus Cassella, S. 162). Das offene Dampfrohr B bringt die Flotte schnell zum Kochen, die geschlossene Leitung A hält sie während des Färbens heiß, ohne sie durch den Zutritt von Kondenswasser zu verlängern.

Für das Färben größerer Garnpartien werden Maschinen gebaut, die das Umziehen mechanisch besorgen. Trotz der großen

Abb. 45. Strähngarnfärbemaschine der Niederlahnsteiner Maschinenfabrik.

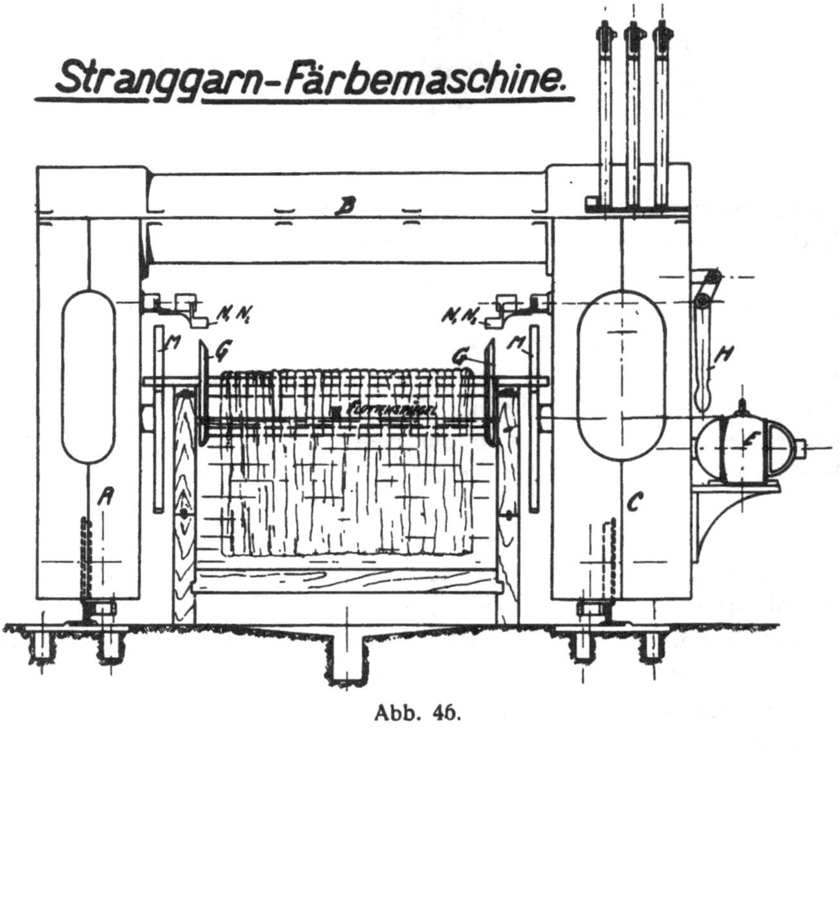

Abb. 46.

Fülle der bekannt gewordenen Bauarten sind solche ganz vereinzelt (z. B. für Türkischrot und Anilinschwarz) im Betrieb.

Die *Strähngarnfärbe-Maschine der Niederlahnsteiner Maschinenfabrik* (Abb. 45 bis 47) besteht aus einer Farbwanne mit Einkerbungen zur Aufnahme der mit Garn behangenen Stöcke und einem über den Bottich auf Eisenschienen

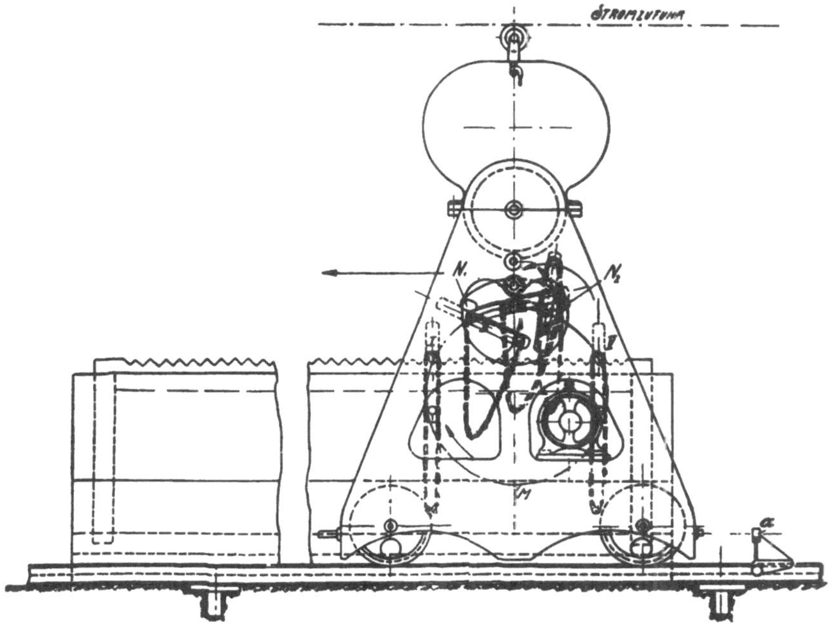

Abb. 47. Strähngarnfärbemaschine der Niederlahnsteiner Maschinenfabrik

laufenden Wagen mit dem Garnstockwendemechanismus, der die Arbeitsweise des Färbers nachahmt. Die Strähne, 4 Pfund auf den Stock, werden gewendet und umgesetzt.

Die Maschine wendet 30mal in der Minute und setzt 60mal um; sie arbeitet also schneller als die Hand; sie arbeitet auch gleichmäßiger: Das Garn bleibt über die Länge des Trägers ausgebreitet, während es von Hand bei jedem Umziehen in zwei Bündel gepreßt wird. Da die Garne sich reibungslos abwälzen, eignet sich die Maschine besonders für Seide und Kunstseide. Mit der Maschine kann gefärbt, gewaschen und gesäuert werden auf einer oder auf mehreren Barken. Zum Antrieb genügt ein Motor von 1½ PS mit 1400 Umdrehungen in der Minute. Der Strom wird von oben mittels Rolle und Bügel abgenommen. Die gesamten Garnträger werden mittels Längsbalken und Flaschenzuges

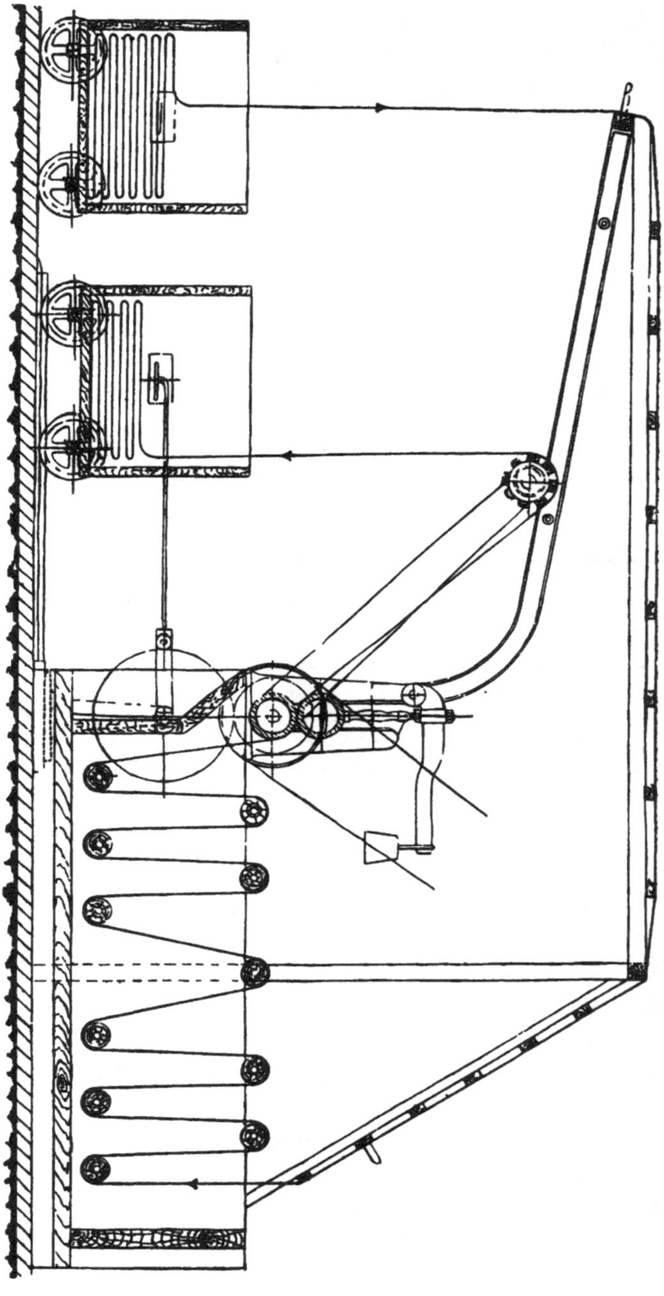

Abb. 48. Ketten-Färbemaschine der Zittauer Maschinenfabrik.

auf einmal in die Barke eingelassen und nach dem Färben wieder herausgehoben, um mittels Laufkatze nach einer anderen Barke gefahren zu werden.

Die Maschine besteht aus den beiden Arbeitsseiten A und C und der den Antrieb vermittelnden Brücke B. Der Anschlager A bewirkt den Wechsel der Fahrtrichtung und kann entsprechend der Länge der Barke befestigt werden. Das auf den Garnträgern G befindliche Garn wird von den sich drehenden Mitnehmerscheiben M gewendet. Die in der Lage I auf der Zackenleiste der Barke ruhenden Garnträger werden zunächst gehoben, schlagen an die Nocke N_1 und drehen sich in die Lagen II und III,

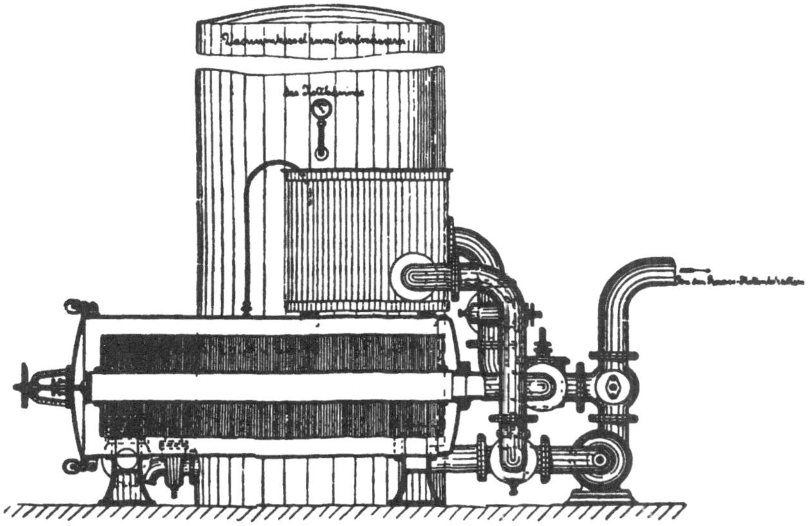

Abb. 49. Kettbaumfärbeapparat, B. Cohnen, Grevenbroich b. Cöln.

schlagen dann an die Nocke N_2, drehen sich in die Lage IV und schließlich wieder in die Lage V auf der Zackenleiste zurück. Diese Bewegung machen zwangläufig alle auf der Barke befindlichen Garnträger. Der Arbeitsbereich, d. i. der wagrechte Abstand von Lage I bis Lage V beträgt 66 cm. Mittels des Hebels H werden die Nocken N_1 und N_2 seitlich verschoben. Infolgedessen wird nicht mehr gewendet, sondern nur noch umgesetzt.

Die Maschinen zum Färben von ruhendem Strähngarn von E. Esser & Co., Görlitz, sind S. 450 beschrieben.

B. Kettengarn kann auch nach dem Scheren gefärbt werden. Dadurch wird das Umhaspeln in Strähnform und das Aufhaspeln nach dem Färben erspart und es kann direkt von der Spule geschert werden. Die Ketten werden a) auf Rollenkufen (selten), b) auf durchlochten Walzen aufgebäumt, gefärbt.

a) Die Kontinu-Kettenfärbemaschine (Abb. 48) nimmt zu gleicher Zeit mehrere nebeneinanderlaufende, durch Rechen geführte Ketten auf. Die Ketten werden in der Kufe über Leitrollen und durch Quetschwalzenpaare mit Hebeldruck geleitet. Nach dem Abquetschen wird entweder aufgewickelt oder abgelegt. Ein- und Ausgang der Ware sind gewöhnlich auf derselben Seite der Maschine. Hellere und mittlere Färbungen für billige Artikel

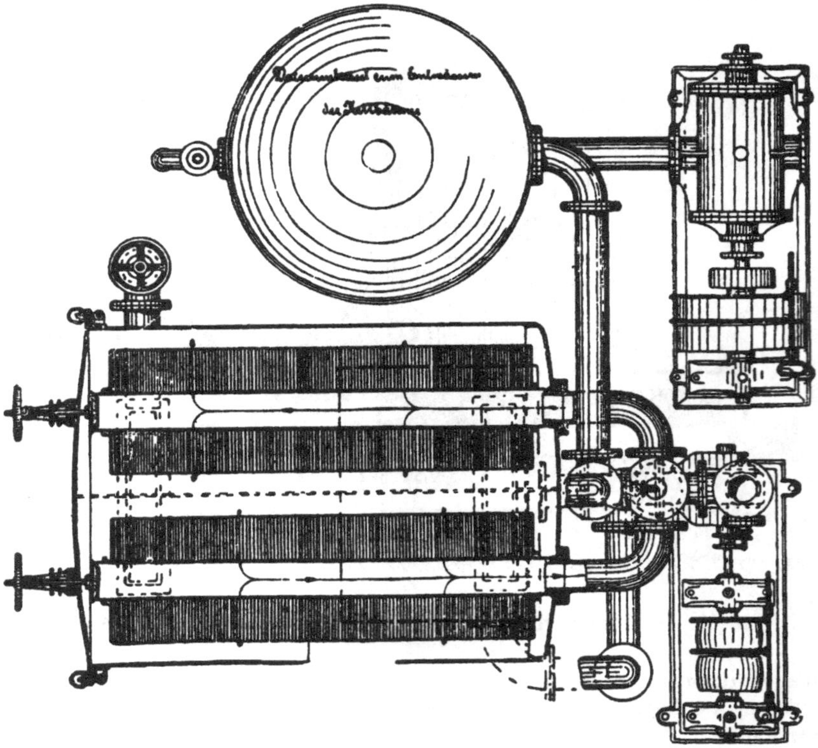

Abb. 50. Kettbaumfärbeapparat, B. Cohnen, Grevenbroich b. Cöln.

werden vielfach in der Schlichtmaschine hergestellt und zwar entweder in der Schlichtmasse selbst oder mit nachfolgendem Schlichten (S. 149). Meistens verwendet man substantive Farbstoffe, für helle Töne auch saure oder basische. Die Schlichte darf im ersten Fall nicht die vielfach üblichen Beschwerungsmittel wie Magnesiumsalze oder Chinaclay enthalten. Über das Färben der Kette mit Schwefelfarbstoffen s. S. 148.

b) Beim Färben gezettelter Ketten auf dem Kettbaum drückt oder zieht eine Pumpe die Färbeflotte durch das Material (Abb. 49 und 50).

Es werden gleichzeitig zwei Ketten gefärbt. Jeder der Bäume liegt in einem geschlossenen Behälter und wird mit Schrauben gegen eine Dichtungsfläche gedrückt; die beiden Behälter sind durch einen Rohrstutzen verbunden. Die Farbflotte fließt der Pumpe aus einem höherstehendem Sammelgefäß zu und wird durch einen der Kettbäume von innen nach außen, sodann durch den zweiten von außen nach innen und durch das zweite Anschlußrohr zu dem Flottensammelgefäß zurückgedrückt. Durch Umstellen eines Hahnes wird die Flotte alsdann, entgegengesetzt wie vorhin, durch den zweiten Baum von innen nach außen und durch den ersten von außen nach innen getrieben.

Abb. 51 zeigt einen Kettbaumfärbeapparat derselben Firma für zwei übereinander gelagerte Bäume. Diese Einrichtung hat den Vorzug, daß man gegebenenfalls auch nur mit einem Baum färben kann und die Flotte dann nur so hoch im hälter steht, wie der Durchmesser des einen Baumes erfordert.

Abb. 51. Kettbaumfärbeapparat von B. Cohnen, Grevenbroich.

Hier wie bei allen Färbeapparaten mit ruhender Ware und bewegter Flotte ist das größte Gewicht auf rasche Flottenbewegung zu legen, will man nicht ungleiche Färbung erhalten. Man findet in der Praxis häufig Pumpen, die viel zu schwach sind, um den Widerstand des mit Flotte zu durchdringenden Wickels genügend schnell zu überwinden.

Der Baum des Kettenbaumfärbeapparates von Obermaier & Co. (Abb. 52) wird in einen Wagen gebracht, in den Kessel gefahren und auf Konussen befestigt. Der Deckel wird geschlossen, die Pumpe in Bewegung gesetzt und der Flottenlauf durch Umstellen eines Hahnes wechselseitig bewirkt. Nach dem Färben wird die Flotte in den höherstehenden Behälter gedrückt.

Abb. 53 zeigt den Färbeapparat, geschlossene Bauart, HK, der Zittauer Maschinenfabrik. Auf dem 190 cm langen und 65 cm weiten Kessel sieht man einen mittleren Stutzen mit Absperrventil, Sicherheitsventil und Manometer für die Zuführung des Dampfes in den Doppelmantel. Der linke Stutzen ist für die Verbindungsleitung zwischen dem Doppelmantel einerseits und dem Innen- und Außenraum andererseits mit den nötigen beiden Absperrventilen für den Übertritt des Manteldampfes. Der rechte Stutzen ist für die als Überlauf dienende Verbindungsleitung mit Absperrventil nach dem Vorratsbehälter für die Farbflotte.

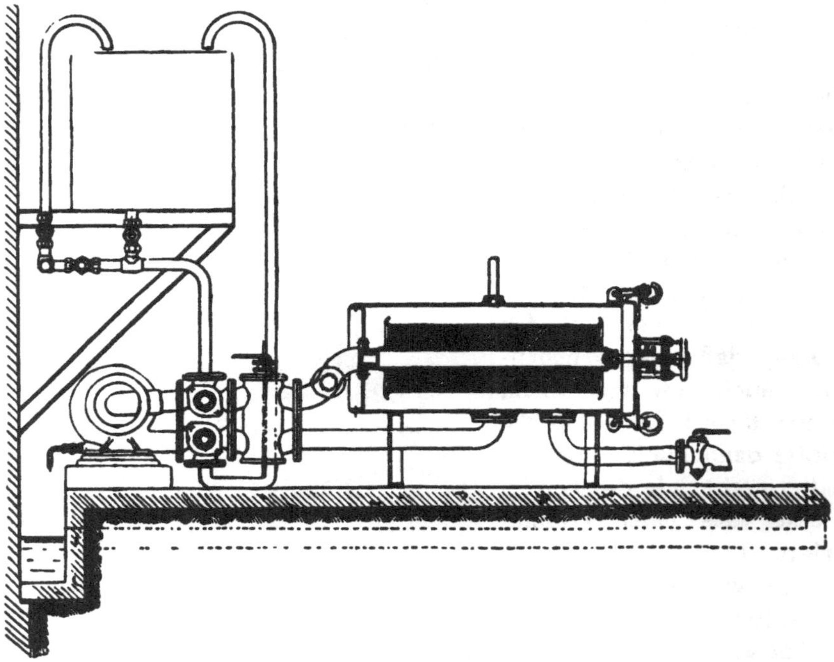

Abb 52. Kettbaumfärbeapparat, Obermaier & Co., Lambrecht i. Pfalz.

Unter dem Kessel befindet sich ein Ablaßhahn für den Doppelmantel und ein Anschlußstutzen für die Kondenswasserableitung. Links vom Kessel liegt die vierfachwirkende Dampfpumpe. Rechts vom Kessel steht der Unterwagen mit dem Oberwagen und Materialträger vor dem Einfahren. Der Betriebsdruck im Kessel beträgt 4 Atm. Hinter dem Kessel steht ein Farbstoffzusatzgefäß auf 3 hohen eisernen Füßen, 50 cm hoch und 60 cm Durchmesser.

Da in geschlossenen Apparaten nicht gemustert werden kann, eignen sich diese nicht für das Färben von Modefarben. Man verwendet hierfür offene Färbeapparate, wenngleich diese mehr Flotte brauchen. Der Obermaiersche Apparat (Abb. 54) besteht im wesentlichen aus einem runden, oben abgeflachten, offenen Kessel, einer Pumpe, einem Vierweghahn und einer Vorrichtung zum Spülen und zur Rückgewinnung der Flotte.

Ein ähnlicher Apparat, Type TA, der Zittauer Maschinenfabrik Nr. 670, besteht aus einem offenen Flottenbehälter, in welchem die aufgebäumte Kette zwischen die Rohrenarme eines zum Senken und Heben des Kettenzylinders eingerichteten Gelenkrohrsystems eingespannt wird, einer doppeltwirkenden Druck- und Vakuumluftpumpe, die die Färbeflotte von innen nach außen und umgekehrt durch das Material zwingt, und einem Vakuum- und einem Druckkessel, welche beide mit einer Luftpumpe in Verbindung stehen. Durch Öffnen des Vakuumventils wird die Flüssigkeit von außen nach innen durch die Kette gezogen, um dann durch Dampf oder Preßluft von innen nach außen durch das Material in den Flottenbehälter zurückgedrängt zu werden (Abb. 55 und 56). [Ungeschorenes Kettgarn wird als Kreuzspule gefärbt (s. unter C.)].

C. Das Färben der Baumwolle als Kops, Bobinen oder Kreuzspulen bringt Vorteile mit sich. Die Kops bleiben in der Form, in welcher sie aus der Spinnerei kommen, und können nach dem Färben in der Weberei in die Schützen eingelegt oder zur Herstellung der Ketten benutzt werden. Da das Umspulen und Färben im Strähn wegfällt,

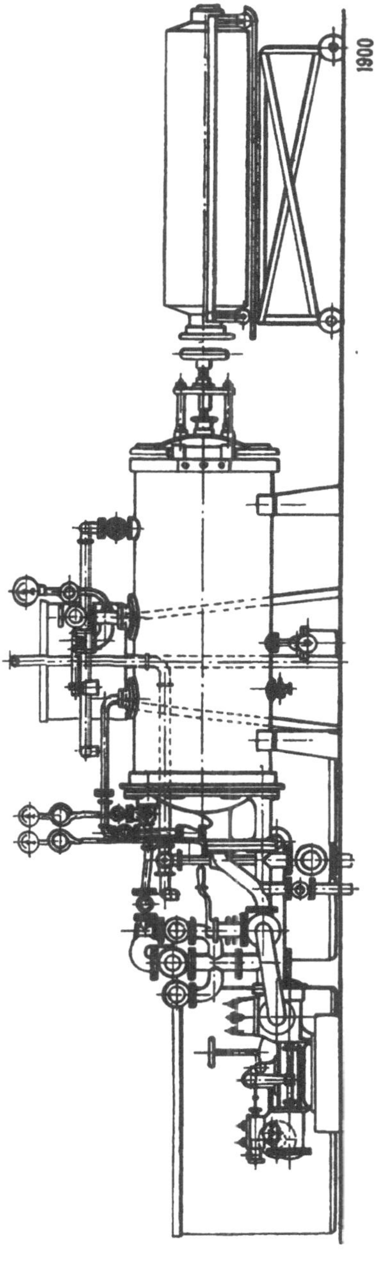

Abb. 53. Kettbaumfärbeapparat HK. der Zittauer Maschinenfabrik, geschlossene Bauart.

ist der Weber in der Lage, auch minderwertige Garne zu verwerten. Das Durchfärben des fest aufgewickelten Garns ist aber mit Schwie-

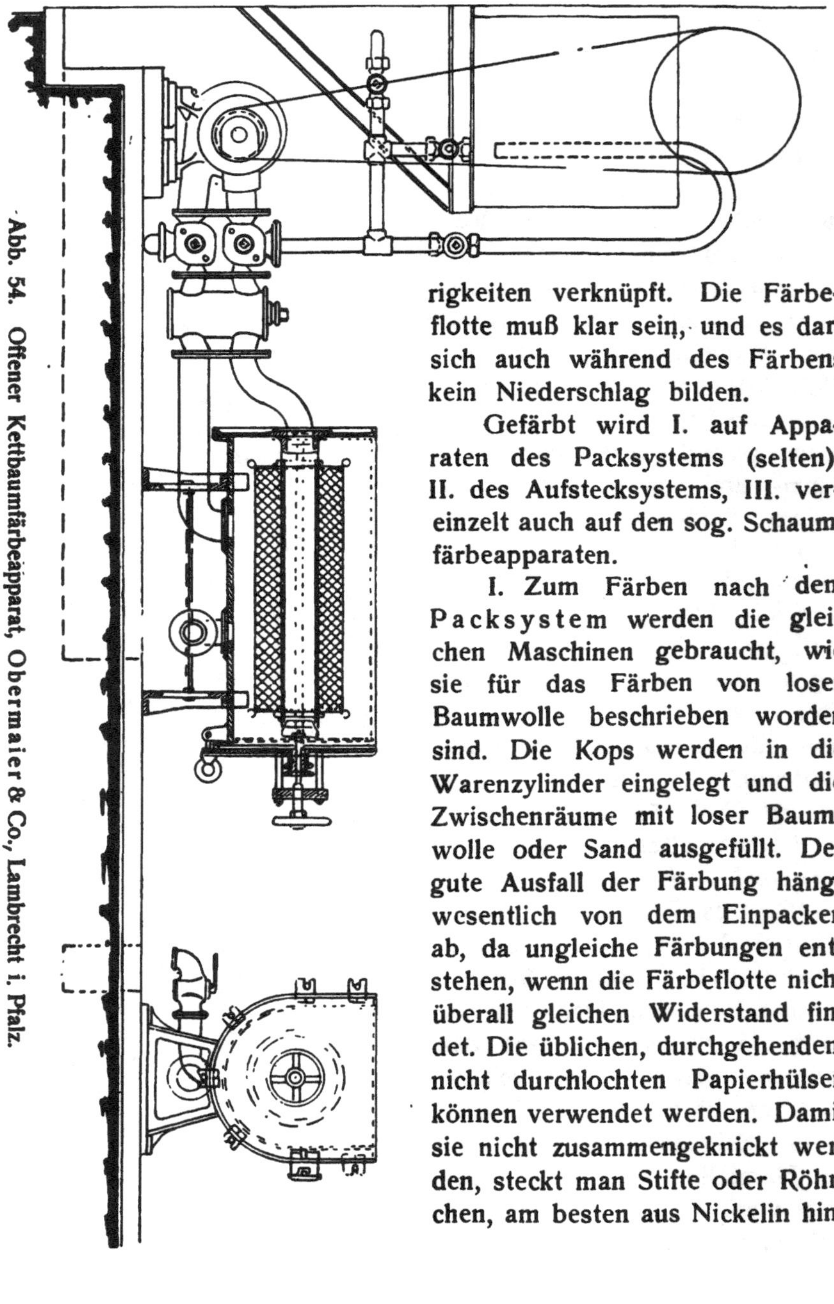

Abb. 54. Offener Kettbaumfärbeapparat, Obermaier & Co., Lambrecht i. Pfalz.

rigkeiten verknüpft. Die Färbeflotte muß klar sein, und es darf sich auch während des Färbens kein Niederschlag bilden.

Gefärbt wird I. auf Apparaten des Packsystems (selten), II. des Aufstecksystems, III. vereinzelt auch auf den sog. Schaumfärbeapparaten.

I. Zum Färben nach dem Packsystem werden die gleichen Maschinen gebraucht, wie sie für das Färben von loser Baumwolle beschrieben worden sind. Die Kops werden in die Warenzylinder eingelegt und die Zwischenräume mit loser Baumwolle oder Sand ausgefüllt. Der gute Ausfall der Färbung hängt wesentlich von dem Einpacken ab, da ungleiche Färbungen entstehen, wenn die Färbeflotte nicht überall gleichen Widerstand findet. Die üblichen, durchgehenden, nicht durchlochten Papierhülsen können verwendet werden. Damit sie nicht zusammengeknickt werden, steckt man Stifte oder Röhrchen, am besten aus Nickelin hinein. Diese bleiben während des Schleuderns in den Spulen und werden erst vor dem Trocknen herausgenommen.

II. Apparate des Aufstecksystems sind in großer Zahl

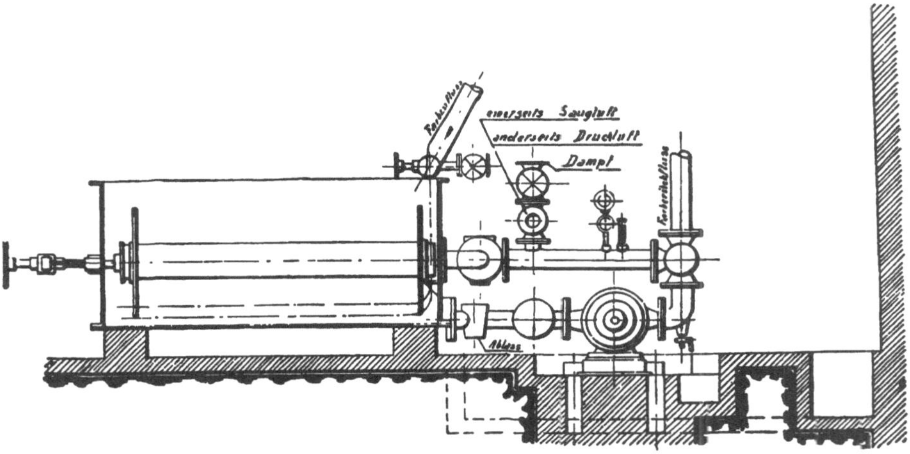

Abb. 55. Offener Kettbaumfärbeapparat TA der Zittauer Maschinenfabrik.

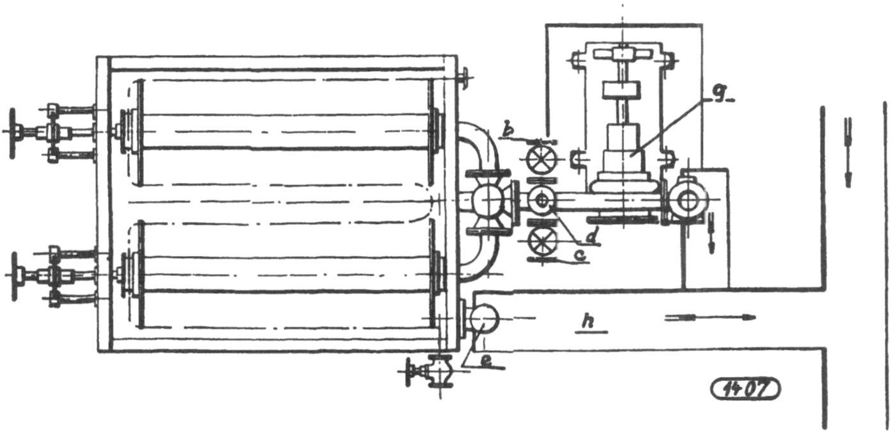

Abb. 56. Offener Kettbaumfärbeapparat TA der Zittauer Maschinenfabrik.

gebaut worden. Besondere Maschinen für Schwefel- und Küpenfarbstoffe sind in den betreffenden Abschnitten (S. 186) beschrieben.

Die Hülsen müssen durchlocht sein, ebenso die Spindeln, auf welche die Kopse und Spulen gesteckt werden. Kreuzspulen werden oft direkt auf durchlochte Metallspindeln (aus Nickelin) aufgespult (vgl. S. 347).

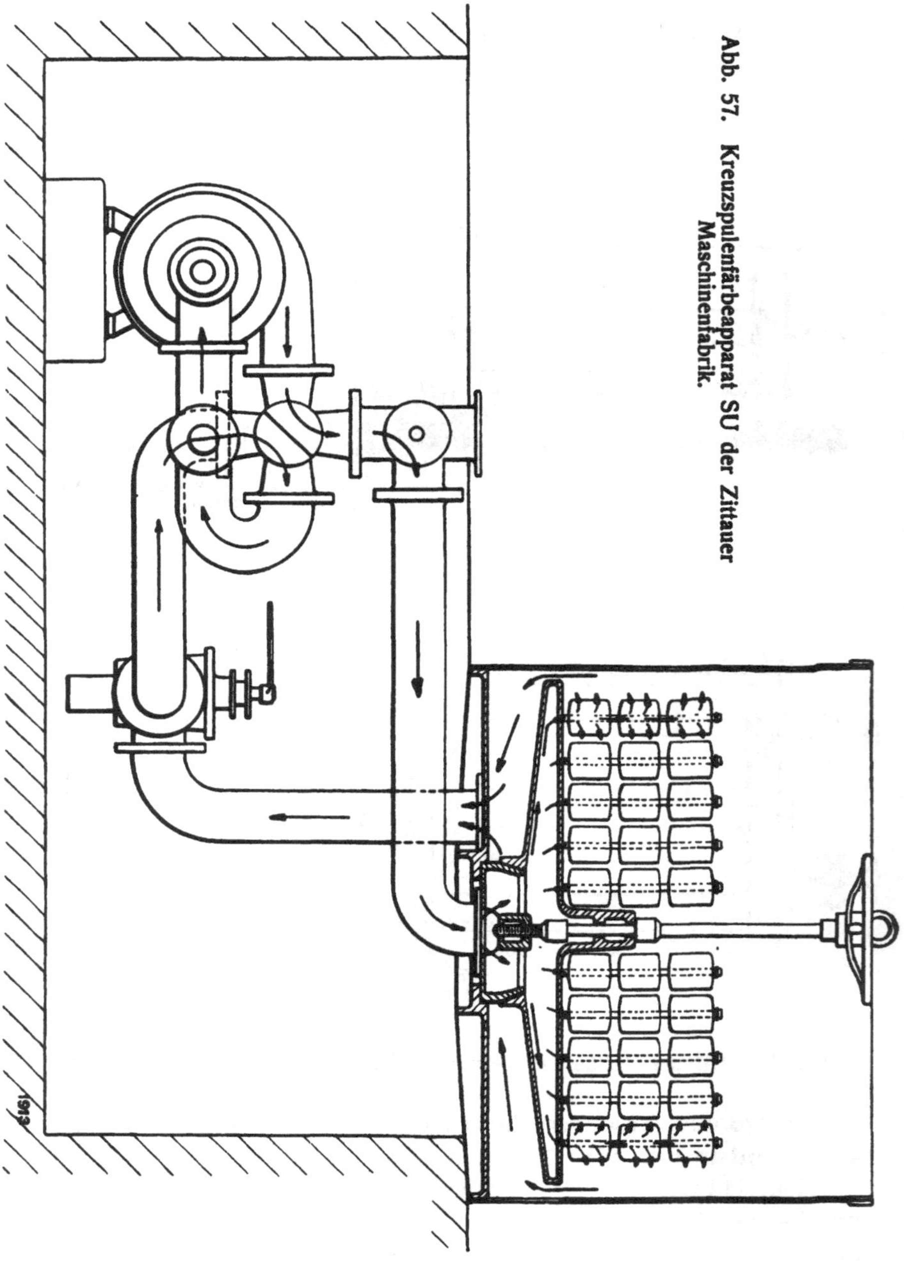

Abb. 57. Kreuzspulenfärbeapparat SU der Zittauer Maschinenfabrik.

Die Spitzen der Spindeln können sich durch Baumwollfasern verstopfen. Sie müssen daher öfters gereinigt oder auch ausgebrannt werden. Noch besser ist es, wenn sich die Flotte beim Färben von außen nach innen bewegt.

Der Kreuzspulenfärbeapparat SU der Zittauer Maschinenfabrik (Abb. 57) ist ähnlich dem für das Färben von Ketten S. 354 beschriebenen; es wird an Stelle des durchlochten Zylinders, auf welchen die Kette gewickelt ist, ein Materialträger eingesetzt, auf welchen die Kreuzspulen aufgesteckt werden.

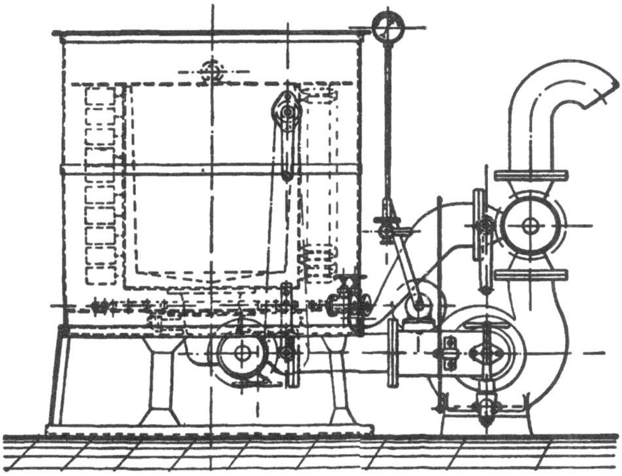

Abb. 58. Kreuzspulenfärbeapparat von Haubold.

Der Materialträger ist ein runder eiserner Hohlkörper mit Einsatzkegeln, die auf die Anschlußkegel des Flottenkessels genau passen. In den Gewindelöchern auf der Oberfläche sitzen ungeteilte Spindeln. Auf diese können mehrere Spulen aufgesteckt werden.

Der Apparat von Haubold (Abb. 89) hat im Bottich den Materialträger für die Aufnahme der Kopse und Kreuzspulen. Die Farbflotte wird durch einen Stutzen der Pumpe zugeführt und von dieser in den Bottich gedrückt. Von hier wird sie durch das Material nach dem Innern des Materialträgers und weiter zurück zur Pumpe gesaugt. Nach beendeter Färbung wird sie nach dem Vorratsbehälter gedrückt. Die überschüssige Farbflotte kann mittels Vakuum so stark abgesaugt werden, daß die Wickel nicht mehr geschleudert werden müssen. Eine Zusatzvorrichtung gestattet Farbstoff während des Färbens nachzugeben.

Im Gegensatz zu früher färbt man auch Schußgarn anstatt auf den leicht verletzbaren und viel Handarbeit erfordernden Pinkops lieber auf Warpkops oder noch besser auf Kreuzspulen, die ja etwa 10 fachen Garninhalt haben. Es muß dann zwar wieder auf das kleine Format umgespult werden, dafür hat man die Gewähr, daß schadhafte Stellen ausgeschieden werden und der Webstuhl weniger Unterbrechungen erleidet.

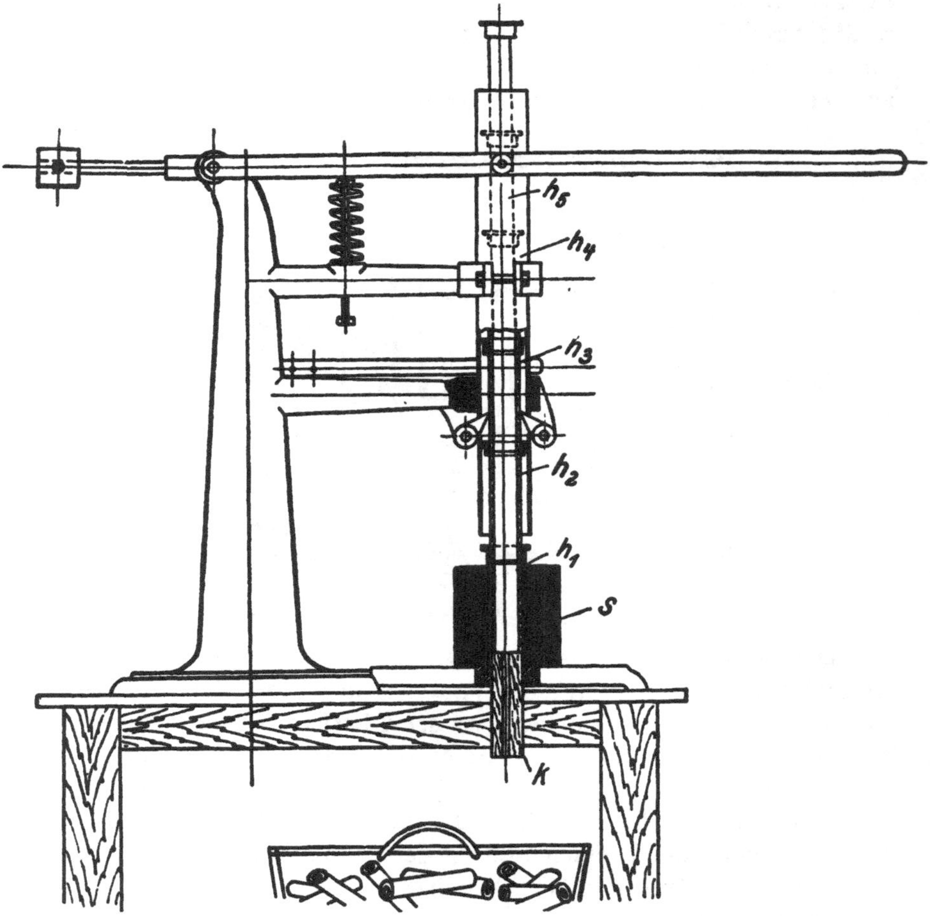

Abb. 59. Hülseneinschiebeapparat von B. Cohnen, Grevenbroich.

Nach dem Aufschiebe-Verfahren der Textilmaschinenfabrik B. Cohnen in Grevenbroich, werden die Kreuz- und Sonnenspulen auf zylindrische Holzklötzchen aufgespult. Das Holzklötzchen K wird dann durch den Hülseneinschiebeapparat (Abb. 59) ausgestoßen und durch eine durchlochte Nickelinhülse h_1, h_2, h_3, h_4, h_5 ersetzt. Auf dieser wird die Kreuzspule S gefärbt. Dann werden die Nickelinhülsen wieder durch dünnere Holzklötzchen ersetzt, auf denen die Kreuzspulen getrocknet werden. Die Holzklötzchen sind aus hartem Buchenholz und ganz glatt. Sie können lange Zeit benutzt werden im Gegensatz zu den nur einmal verwendbaren Papierhülsen. Die festen Nickelinhülsen verhindern, daß die Kreuzspulen beim Färben verdrückt werden. Infolgedessen geht in der Zwirnerei und

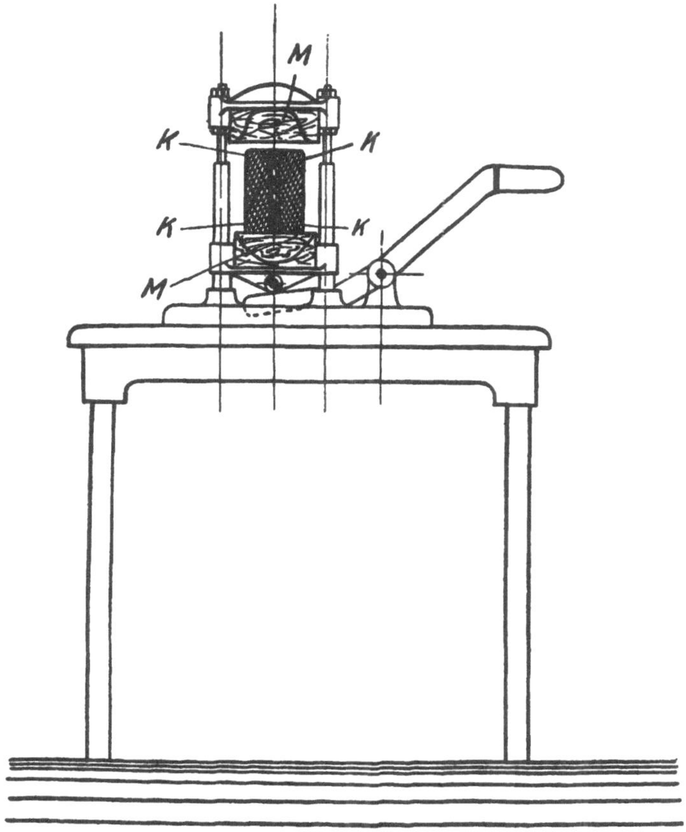

Abb. 60. Kreuzspulenabrundeapparat von B. Cohnen.

Spulerei kein Garn verloren. 6 Kreuzspulen oder 10 Sonnenspulen mit Nickelinhülsen können im Materialträger übereinandergestellt werden, so daß in einer Partie 250—500 Kreuzspulen (11 cm dick) oder 160—320 Sonnenspulen (18 cm dick) gefärbt werden können je nach Größe der Apparate.

Dieselbe Firma baut einen Kreuzspulenabrundeapparat für Kreuzspulen, die auf durchlochten Papier- oder Metallhülsen gefärbt werden sollen (Abb. 60 und 61). Bei dem geringen Querschnitt dieser Hülsen ist es kaum möglich, die Spulen an den äußersten Kanten k gleichmäßig durchzufärben. Deshalb war es üblich, die Spulen oben und unten „an den Köpfen“ mit der Hand etwas abzurunden. Diese unsichere und ungleichmäßige Handarbeit wird durch den kleinen Apparat in stets gleichmäßiger Weise vermittels der Holzmulden M besorgt. Die Mulden haben in der Mitte ein Loch, so daß durch die Pressung die Hülsen in den Spulen nicht beschädigt

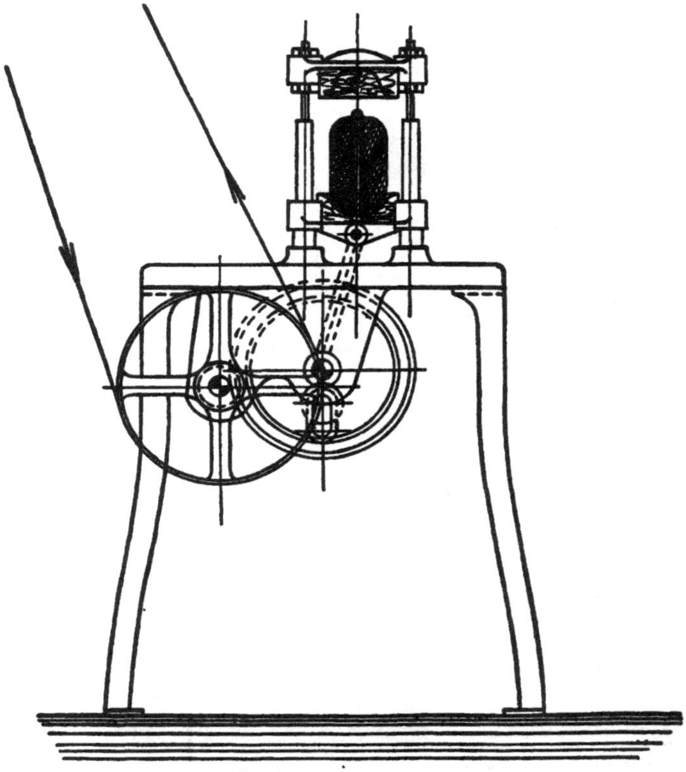

Abb. 61. Kreuzspulenabrundeapparat von B. Cohnen.

werden. Abb. 60 zeigt den Apparat mit Hand-, Abb. 61 mit Transmissionsantrieb, das eine Mal vor, das andere Mal nach dem Abrunden.

C. Die Schaumfärberei nach Konrad Wanke (Abb. 62) dient hauptsächlich zum Färben von Kreuzspulen mit Schwefelfarbstoffen. In einem etwa 1,80 m hohen, 1 m breiten Holzgefäß steht ein beweglicher Lattenkasten 25 cm vom Boden ab. Auf dem Boden ist eine 8—11 m lange und 5 cm dicke Heizschlange für indirekten Dampf angebracht, deren Heizfläche 2½mal so groß sein soll als die Bodenfläche. Der Farbflotte setzt man Türkischrotöl zum besseren Schäumen zu. Das Material wird in den Lattenkasten gepackt und dieser mittels Flaschenzuges in den Flottenkasten eingesenkt. Die nicht bis ganz an den Boden reichende Flotte wird durch Erhitzen zum Schäumen gebracht, und das Material ganz von dem Schaume bedeckt. Mit der Flotte selbst kommen die Spulen nicht in Berührung. Der Flottenverlust wird durch direkten Dampf oder heißes Wasser (am besten das aus der Heizschlange heraustretende Kondenswasser) ausgeglichen. Das Flottenverhältnis bei diesem Verfahren ist 350—400 l für eine Partie von 250—300 Pfund. Nach dem Färben (1—2 Stunden) wird der Lattenkasten herausgehoben und das Material gewaschen.

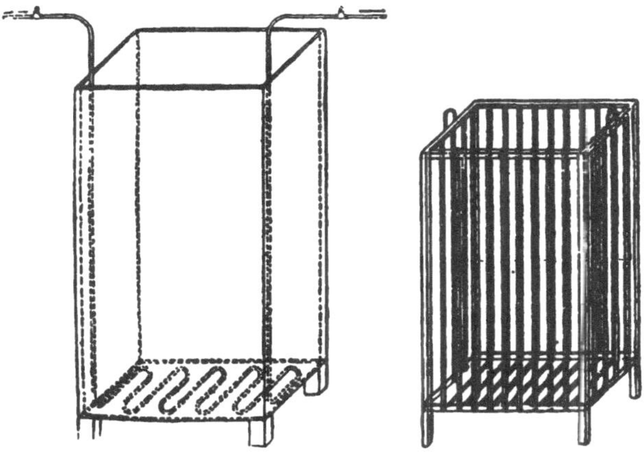

Abb. 62. Schaumfärbe-Apparat nach Wanke.

4. **Das Färben von baumwollener Stückware** wird in verschiedener Weise vorgenommen. Gebeizt wird breit, auf dem Jigger oder der Klotzmaschine, gefärbt und gewaschen im Strang oder breit. Während die Kattune gewöhnlich im Strang gefärbt werden, werden bessere Gewebe, wie beispielsweise baumwollene und halbwollene Futterzeuge, in der Breite gefärbt.

I. Die älteste Färbemaschine für Stückware im Strang ist die Kufe aus Holz oder Eisen (Abb. 63). Über der Kufe befindet sich ein mechanisch angetriebener Haspel, über welchen das Gewebe läuft. Ein Führungsgitter hält die einzelnen Stränge auseinander (s. S. 460).

II. Auf den übrigen Maschinen, Jigger, Padding- oder Klotzmaschinen usw., wird das Gewebe in der Breite gefärbt (to padd = klotzen).

a. Beim Färben auf dem Jigger (Abb. 64) wickelt sich das Gewebe von einer Walze ab, durchläuft auf zwei oder drei Leitwalzen den mit Färbeflüssigkeit angefüllten Farbtrog und wird wieder aufgerollt. Um dem Gewebe Spannung zu geben, wird die Abwickelwalze gebremst. Auf- und Abwickelwalze sind für Vor-

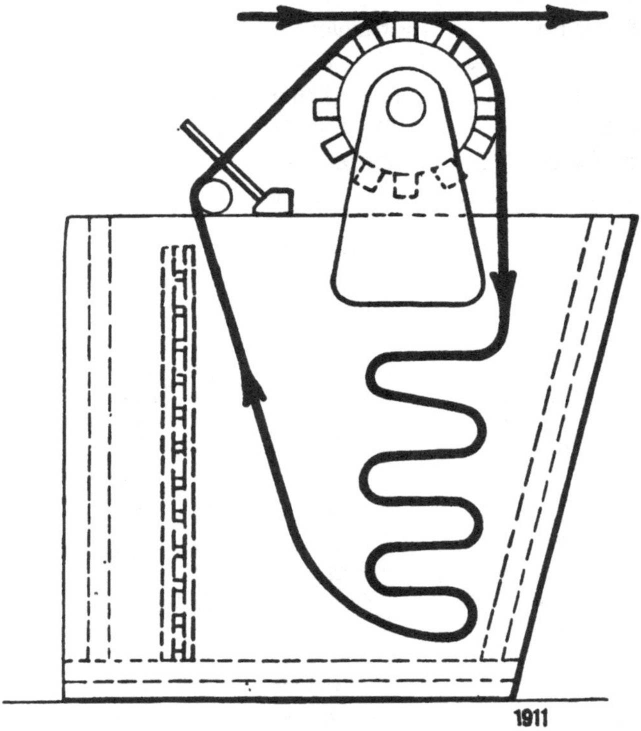

Abb. 63. Färbekufe der Zittauer Maschinenfabrik.

und Rückwärtsbewegung eingerichtet, damit das Gewebe die Farbflotte mehrmals durchlaufen kann. Selbst für dunkle Farben genügen meist 6 Züge. In 1 Stunde können etwa 6 Stücke zu 40 m gefärbt werden.

Der Färbe- oder Wasch-Jigger, Bauart Jf von C. G. Haubold A. G., Chemnitz (Abb. 65), besteht aus Gestellwänden, Flottentrog und zwei Zugwalzen. Die gußeisernen Gestellwände bilden zugleich die Seitenwände des Flottentroges, dessen Längswände aus Holz sind.

In dem sich nach unten zu verjüngenden Flottentrog laufen drei Holzleitwalzen von je 100 mm Durchmesser mit durchgehenden Eisenwellen in leicht auswechselbaren Pockholzlagern. Um ein faltenfreies Aufwickeln der Ware auf der Zugwalze zu ermöglichen, sind im Flottentrog außerdem zwei hölzerne Riegel angeordnet, über die die Ware hinausgezogen wird. Der Troginhalt kann durch einen Ablaßhahn im Trogboden abfließen.

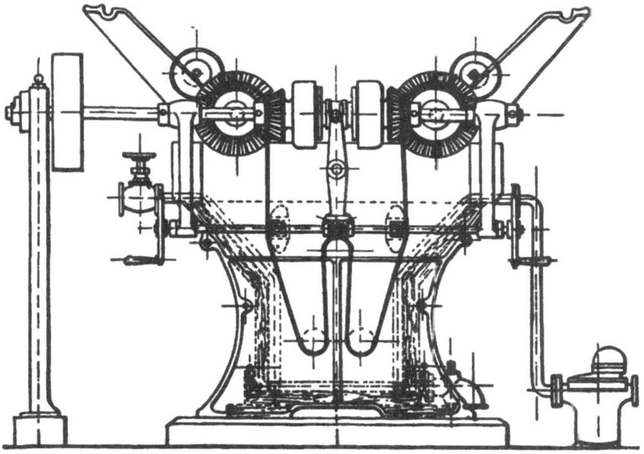

Abb. 64. Jigger von C. G. Haubold.

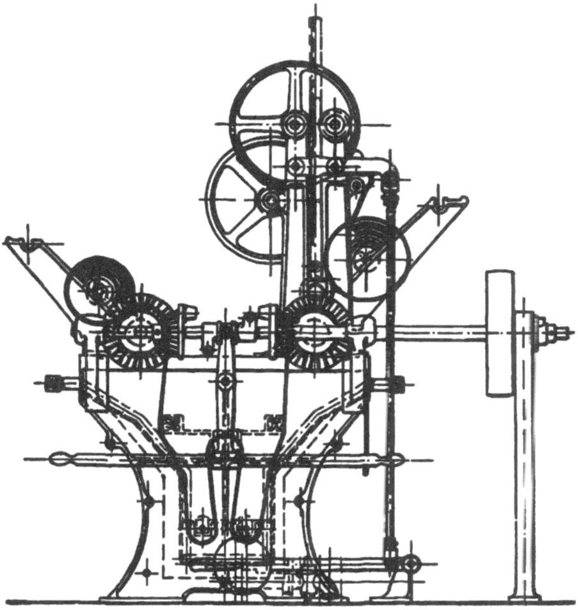

Abb. 65. Färbejigger. Bauart Jf von C. G. Haubold, Chemnitz.

Zwei Zugwalzen aus Ahornstamm-Hartholz von je 200 mm

Durchmesser mit kräftigen, durchgehenden Eisenwellen, werden wechselseitig angetrieben durch konische Räder, Riemenscheibe, Längswelle und von beiden Seiten ein- und ausrückbare Reibungskupplungen. Jede Zugwalze ist versehen mit einem Handrad, einer durch Handstern an- und abstellbaren Backenbremse und einer schräg aufsteigenden Steigdockenaufwicklung mit Quadrateisenstab und Holzhülse für Docken bis 55 cm Durchmesser. Für Schwefel- und Küpenfarbstoffe wird der Jigger mit einem oder auch zwei Quetschwalzenpaaren, durch welche das Gewebe vor und nach der Flüssigkeit hindurchgeht, versehen.

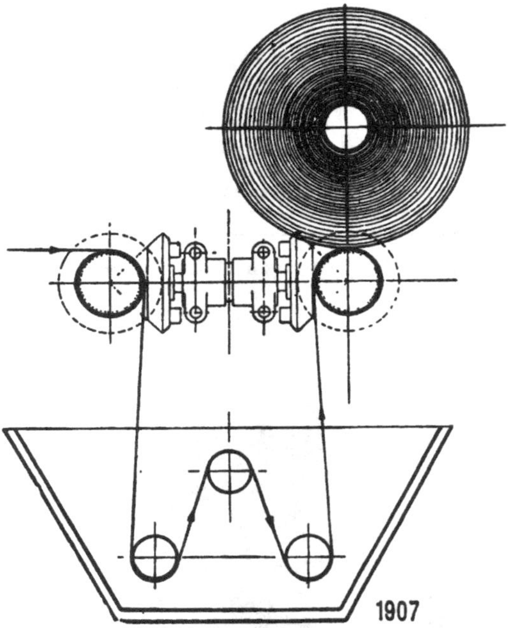

Abb. 66. Jigger für große Docken der Zittauer Maschinenfabrik.

Der Jigger, Js, der C. G. Haubold A. G., Chemnitz, hat ein schmiedeeisernes Rohr für mittelbare Dampfheizung, drei Leitwalzen von je 102 mm Durchmesser, in leicht auswechselbaren Pockholzlagern laufend und zwei eiserne Winkel im Flottentrog; letztere unterbrechen den Warenzug von der unteren Trogwalze zur Zugwalze und ermöglichen dadurch ein faltenfreies Aufwickeln auf der Zugwalze; zwei eiserne Zugwalzen von je 200 mm Durchmesser, auf den Stirnwänden über dem Flottentrog gelagert, werden durch Festriemenscheibe, Querwelle, konische Räder und von beiden Seiten ein- und ausrückbare Friktionsscheiben-Kupplung wechselseitig angetrieben und sind je mit einem Handrad und einer Backenbremse durch Handstern an- und abstellbar versehen.

Die gußeiserne Quetschwalze ist mit doppelt übersetztem oberen und unteren, regelbaren Hebeldruck, in einem seitlich aufgeschraubten Ständer über der anderen Zugwalze angeordnet und durch Zahnstangen aus Stahlguß, Sperrklinke, Zahnräder und Welle mit Handrad hoch und tief stellbar. Diese Quetschwalze kann zur gründlicheren

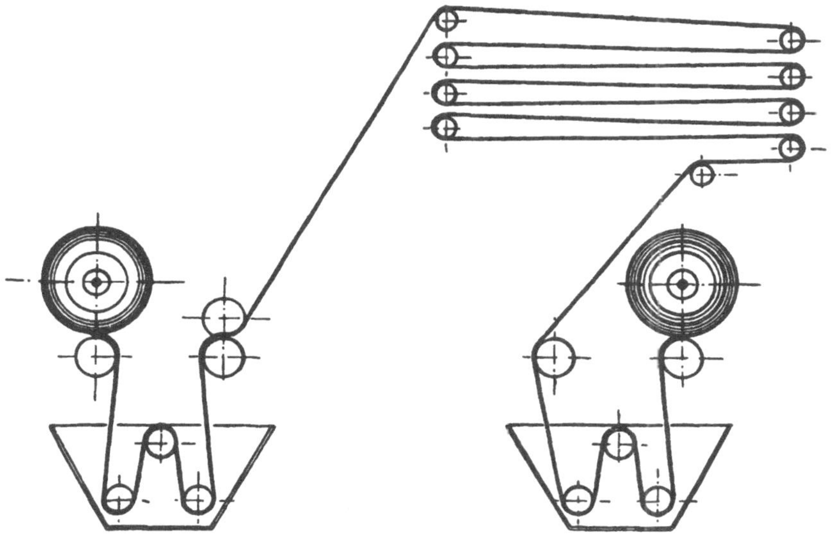

Abb. 67. Jigger für Vergrünungsbahn der Zittauer Maschinenfabrik.

Durchtränkung des Gewebes während des Aufdockens mit ihrem Eigengewicht auf dem Warenballen laufen, wobei sie mit zunehmendem Dockendurchmesser selbsttätig ansteigt. Die Ware kann in diesem Jigger vor dem Aufwickeln auf eine Holzhülse gründlich ausgequetscht werden; hierdurch wird Farbstoff gespart und das Spülen erleichtert.

Sammete, Velvets, Segeltuche usw. brauchen größeren Dockenumfang und daher die besondere Ausführung (Abb. 66) der Zittauer Maschinenfabrik.

Für Hydronblau und andere Küpenfarbstoffe braucht man zwischen Färbe- und Spüljigger eine Vergrünungsbahn (Abb. 67). Nachdem das Gewebe auf dem Färbejigger die genügende Anzahl Züge erhalten hat, läßt man es abquetschen und durch die Vergrünungsbahn in den Spüljigger laufen.

Für Indigo dient der Unterflotten-Jigger, Bauart Ug, von C. G. Haubold (Abb. 68). Er besteht aus einem starken Flottenkasten aus Schmiedeeisen; drei schmiedeeisernen Rohren zur Warenführung im Kasten; zwei Zugwalzen, die gemeinschaftlich angetrieben werden durch eine Fest- und Losriemenscheibe mit Welle und konischen Zahnrädern; zwei Steigdockenwalzen, die beim Auf- und Abwickeln auf den Zugwalzen ruhen, in den Köpfen senkrechter Zahnstangen gelagert sind und mit Hilfe eines kleinen Windwerkes abgehoben werden können; einem Paar starken, eisernen Quetsch-

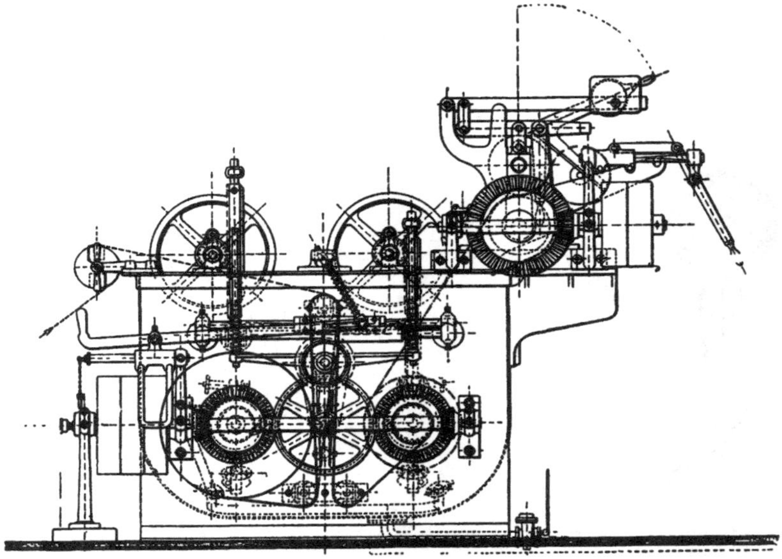

Abb. 68. Unterflottenjigger von C. G. Haubold, Chemnitz.

walzen mit Hebelbelastung, in Ständern auf dem Kasten gelagert und gesondert angetrieben; einer Steigdocken-Aufwickelvorrichtung am Auslaß und einem Drehspanner am Einlaß.

Die Ware läuft über Leitwalzen nach einer der zwei Zugwalzen und wickelt sich auf der von dieser getragenen Steigdockenwalze auf. Nachdem sie sich auf dieser vollkommen aufgedockt hat, läuft sie über eine weitere Leitwalze zur zweiten Zugwalze und wickelt sich auf deren Steigdockenwalze auf, wobei sie sich von der anderen abdockt. Bis zu gründlichem Durchfärben läuft sie so zwischen den zwei Steigdockenwalzen hin und her.

Die Ware wickelt sich also nicht auf den Zugwalzen selbst auf, sondern auf den von diesen getragenen Steigdockenwalzen; dadurch wird eine gleichbleibende Warengeschwindigkeit und ein gleichmäßiges Durchfärben erzielt. Die Umschaltung der Zugwalzenbewegung wird durch die Steigdockenwalzen eingeleitet unabhängig von der Ware und ihren Mitläufern durch selbsttätiges Eingreifen von Reibrädern. Das Umkehren der Walzenbewegung wird durch Riemenverschiebung allmählich und sanft bewerkstelligt.

Zwischen den beiden Aufdockwalzen ist eine in Schlittenführung und in Ketten mit Gewichten aufgehängte Spannungs-Ausgleichwalze gelagert, die hochgehoben werden kann, damit die Ware über dem Flottenspiegel an- oder abgeheftet und jederzeit auf die Färbewirkung hin geprüft werden kann. Während des Färbens liegt diese Walze auf federnder Unterlage.

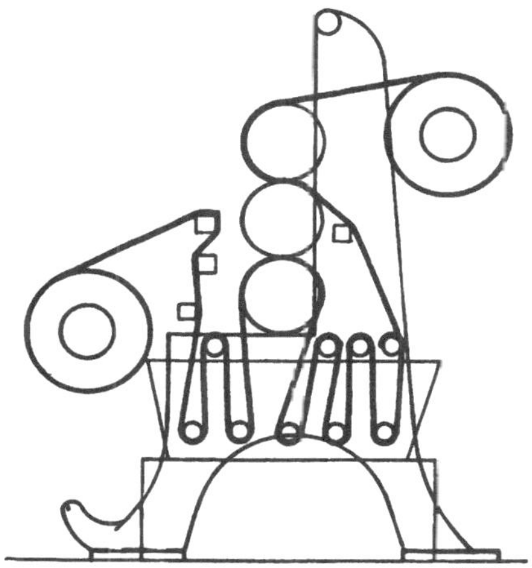

Abb. 69. Fourlard zum Färben Zittauer Maschinenfabrik.

Damit die Ware nicht allein die abrollende Steig- und Zugwalze zu ziehen hat, und ihre Längsspannung in zweckdienlichen Grenzen bleibt, ist zwischen beiden Zugwalzen ein Kettentrieb mit Reibungskupplung vorgesehen, der als Hilfstrieb dient. Die Reibung ist so eingestellt, daß der Trieb den Hauptzug leistet und die Ware nur soviel, wie zum glatten faltenfreien Aufwickeln nötig ist.

Die abgequetschte Ware läuft zum Schluß durch ein für sich aufgestelltes oder auf dem Kasten aufgebautes Warenführungsgestell (Luftpassage) mit 11 Eisenrohren von je 33 mm Durchmesser und einer Legevorrichtung.

β. Die Pflatsch-, Padding- oder Klotzmaschine, auch Foulard genannt, findet auch zum Appretieren Verwendung. Der Stoff wickelt sich bei dem Foulard (Abb. 69) von einer Walze ab, wird über drei Stäbe geleitet und durchläuft dann einen Trog mit der Beiz- oder Färbeflüssigkeit und mehreren Leitwalzen. Das Gewebe geht zweimal zwischen Quetschwalzen durch und wird schließlich aufgewickelt.

Die Paddingmaschine GO II. von C. G. Haubold (Abb. 70) hat folgende Bestandteile: zwei kräftige Gestellwände, eine gußeiserne Unterwalze, eine gußeiserne Oberwalze, durch Schraubenspindeln mit Handrad in Schiebelagern auf und nieder verstellbar und durch doppelt übersetzten Hebeldruck mit regelbarer Gewichtsauflage belastet, durch eine Querwelle mit Hubdaumen und Handhebel von der unteren abhebbar; ein Holztrog, hoch- und tiefstellbar, mit Zinkblech ausgeschlagen, mit einer Leitwalze und einem Ablaßhahn am Boden; eine bremsbare Abwickelung; drei Holzriegel am Wareneinlaß, davon eine als Breithalter geschnitten; eine Friktionsaufwicke-

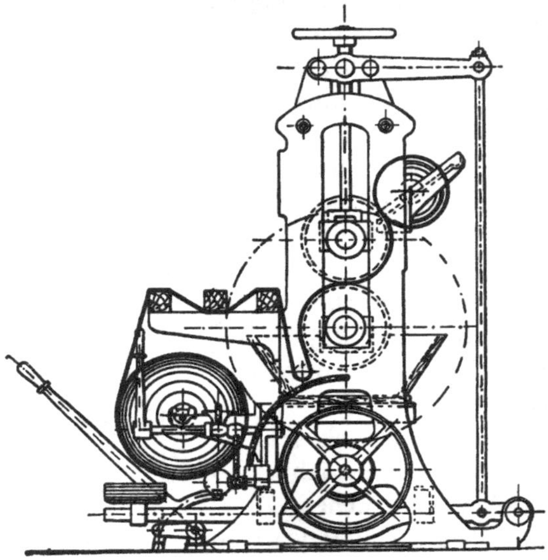

Abb. 70. Paddingmaschine GO II von C. G. Haubold, Chemnitz.

lung; eine Antriebsvorrichtung, bestehend aus Fest- und Losriemenscheibe, einer auf die Unterwalze wirkenden Räderübersetzung und einer von beiden Seiten bedienbaren Ausrückvorrichtung.

γ. Für Stapelfarben im Stück (Rot, Blau, Schwarz), die im größten Maßstab hergestellt werden, dienen die Kontinufärbemaschinen (S. 258).

5. Elastische Stückwaren (Wirkwaren) haben große Dehnbarkeit, sowie das Bestreben, in sich zusammenzulaufen bzw. zu rollen; deshalb ist es unmöglich, eine der bisherigen Breit-Färbemaschinen dafür zu benutzen.

Wirkwaren werden meist auf einer mechanisch angetriebenen Haspelkufe mit abnehmbarem Haspel gefärbt.

Strümpfe werden meist von Hand auf dem Bottich gefärbt. Sie eignen sich schlecht für die Apparatefärberei. Sie vertragen das beim Einpacken in den Apparat unvermeidliche Pressen nicht. Auch würden sich die Nähte nicht gut durchfärben und in den Verstärkungen würden sich Schmutz und Farbstoff ablagern. Trotzdem ist es G. Ullmann gelungen, einen Färbeapparat zu konstruieren, der von den erwähnten Übelständen frei ist. Die Strümpfe werden in einer Art mechanisierten offenen Bottich mit stets wechselndem Flottendurchtritt und dadurch erreichbarer ständiger Auflockerung des Färbegutes behandelt; D. R. P. 402 989 der Lia-Ges. m. b. H. zur Lieferung industrieller Anlagen in Wien I, Tegetthoffstr. 7.

Bei der Strumpf-Färbemaschine Ste. der C. G. Haubold A. G. Chemnitz (Abb. 71) werden in einem Bottich 10 Körbe aus Drahtgeflecht umgezogen. Die Körbe sind von konischer Form und raumsparend in der Weise auf endlosen Ketten befestigt, daß die zwei einander benachbarten Seiten zweier Körbe parallel zueinander

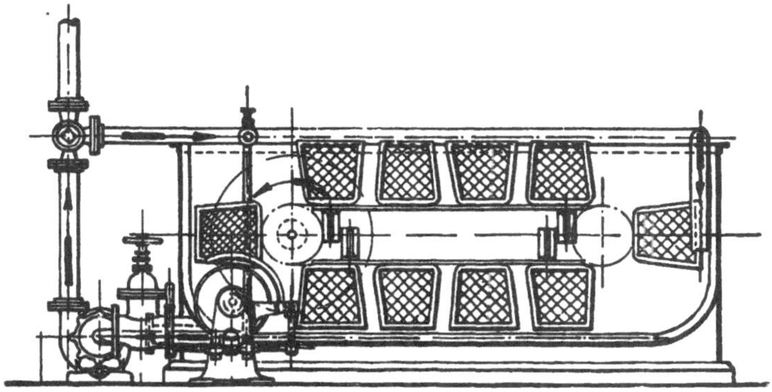

Abb. 71. Strumpffärbemaschine Ste von C. G. Haubold jr., Chemnitz.

verlaufen. Diese Form und Anordnung der Körbe bedingt, daß ihr Inhalt beim Umziehen in der Flotte abwechselnd zusammengedrückt und aufgelockert wird, so daß die Flotte ihn gleichmäßig durchdringen kann. Im Bottich befindet sich ein durchlöchertes Heizrohr, am Boden des Bottichs ein großer Ablaßhahn; eine angebaute Pumpe mit Zusatzvorrichtung dient für den Kreislauf der Flotte und deren Ableitung in ein Sammelbecken. Die Strümpfe können, da die Farbflotte nach Belieben abgeleitet und durch Spülwasser ersetzt werden kann, ohne Umpacken im Anschluß an das Färben gewaschen und gespült werden.

Die Maschine faßt etwa 80 kg feine Ware und etwa 100 kg starke Wirkware.

c) Einrichtungen und Maschinen zum Waschen, Schlichten und Trocknen.

1. Lose Baumwolle, Vorgespinnst und Kardenband. Besondere Maschinen sind kaum im Gebrauch. Wird auf der Barke gefärbt, so wird auch auf der Barke gespült. In der Apparatenfärberei wird in fast allen Fällen auf dem Apparat selbst gewaschen.

Die gespülte Ware wird abgequetscht oder geschleudert und dann auf Horden getrocknet. (S. 469).

Lose Baumwolle nimmt man nach dem Schleudern erst noch auf die Zupfmaschine (Abb. 72) zum Öffnen der oft sehr harten Faserklumpen. Auf diese Weise wird verhindert, daß dünne Flöckchen übertrocknet werden müssen, während dicke Klumpen unverhältnismäßig lange im Trockenraum verweilen. Die zu lockernde Baumwolle wird auf das in Bewegung befindliche endlose Lattentuch l ausgebreitet, von Stachelwalzen s abgenommen, an die große, mit Stachelleisten versehene Trommel t abgegeben und von dieser bei h herausgeworfen (Abb. 73).

Abb. 72. Zupfmaschine von B. Cohnen, Grevenbroich.

2. Strähngarn. Nach dem Färben wird oft am Wringpfahl, einem glatt polierten hölzernen Stock von etwa 1 Meter Länge, der in wagerechter Lage an einem Pfosten oder in der Wand befestigt ist, abgewrungen, bis alle überschüssige Flüssigkeit entfernt ist. (Chevillieren.)

Ein Apparat zum Auswringen von Garn ist bei der Besprechung der Indigofärberei auf Seite 199 erwähnt worden. Einen entsprechenden Apparat für Handbetrieb z. B. für Naphthol AS zeigt Abb. 27.

Das Auswinden wird häufig verworfen, besonders bei sehr feinen Garnen, weil das Garn durch das Winden ausgedehnt oder gar zerrissen wird. Man zieht vielfach vor, auszuschleudern.

Meistens wird in den Färbereien das Garn nach dem Ausfärben einfach zusammengedreht und auf Haufen aufgeworfen, dann gespült, geschleudert und getrocknet.

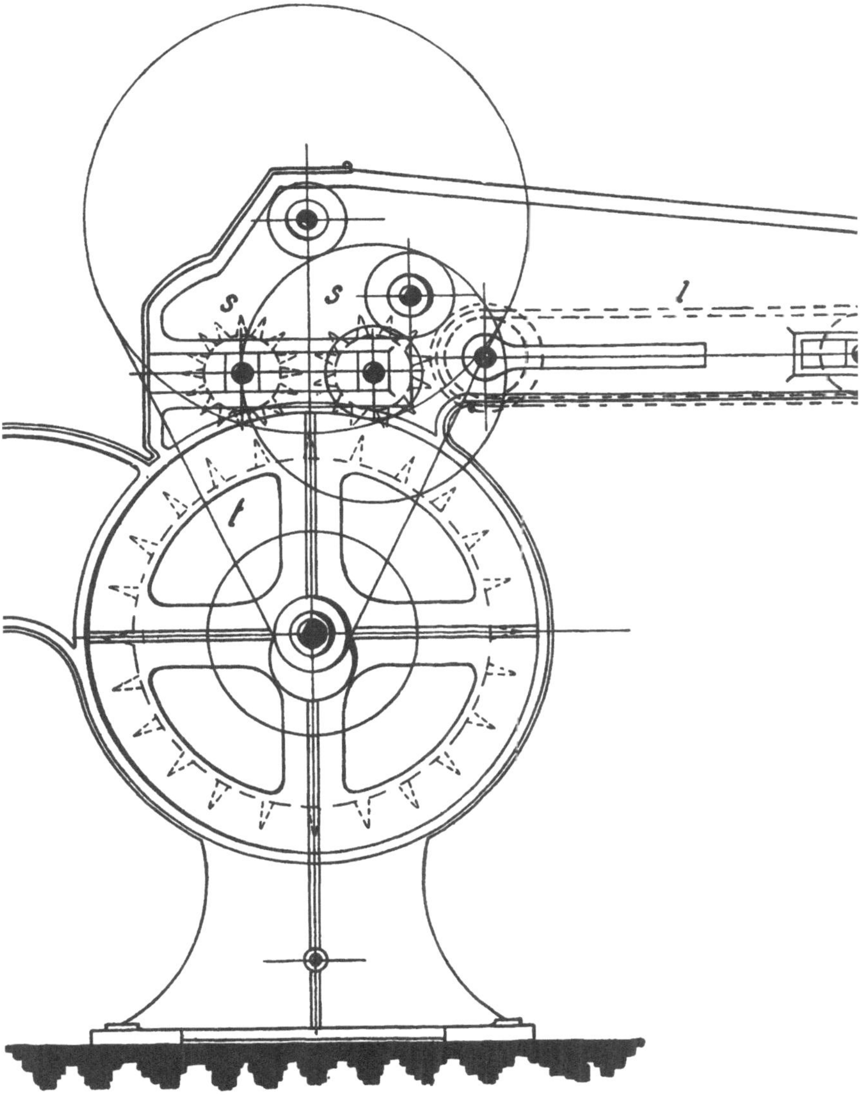

Abb. 73. Zupfmaschine von B. Cohnen, Grevenbroich.

A. Gespült werden die Garne wo möglich in fließendem Wasser. Die Strähne werden eingetaucht und hin und her geschwenkt, so daß das Wasser vom Strang nachgeschleppt wird.

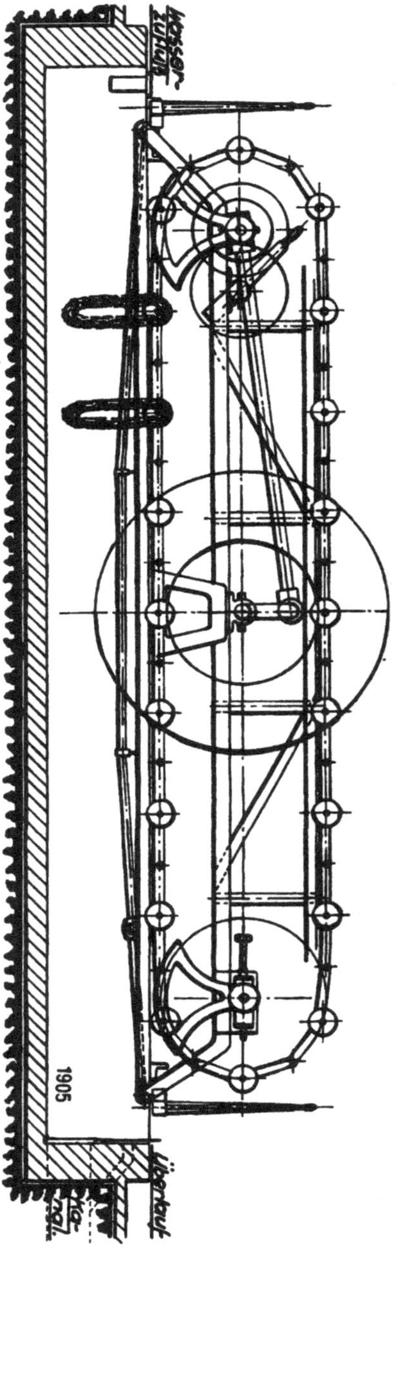

Abb. 74. Garnwaschmaschine IE der Zittauer Maschinenfabrik.

Die Maschinen zum Spülen von Strähngarn unterscheidet man in solche mit und ohne Rundlauf. Der Rundlauf kann senkrecht oder wagrecht sein.

a) Die Maschine IE der Zittauer Maschinenfabrik (Abb. 74) mit senkrechtem Rundlauf ruht auf einem gemauerten Fundamente, welches gleichzeitig einen Wasserkanal bildet. Über zwei Scheiben bewegt sich ein endloser Riemen, auf welchem 24 bis 30 Kupferspulen doppelseitig angeordnet sind. In der Mitte der beiden Scheiben ist die Antriebswelle gelagert. Sie enthält seitlich je ein Schwungrad und ist gekröpft, um mittels Kurbelstange die eine der Scheibenwellen zu ziehen. Beide Wellen sind auf Sektoren gelagert, so daß die Strähne ähnlich wie mit der Hand hin und her schwingen können. Es wird hierdurch das ganze Band mit sämtlichen Spulen über dem 6 m langen und 3 m breiten Bottich hin und her geschwungen. Durch Wechseln von Zahnrädern wird das Garn 33-, 27- oder 22mal im Wasser geschweift. Sodann erhalten die Spulen, die mit ihren Köpfen auf Schienen laufen, eine drehende Bewegung, so daß die Strähne auf ihrer ganzen Länge gewaschen werden. Die Spulen werden in den Bottichen dem Wasserstrom entgegengeführt. Das

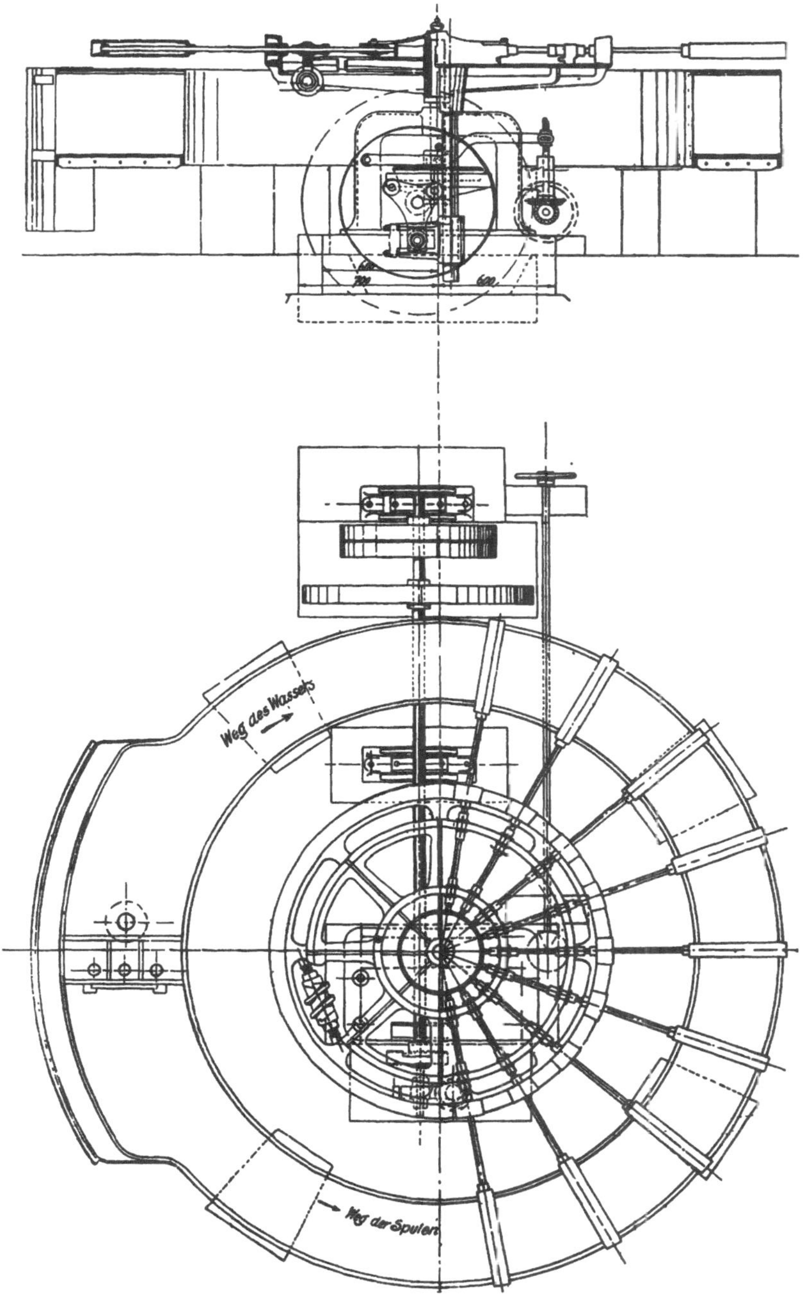

Abb. 75. Rundspülmaschine für Baumwollgarn (Zittauer Maschinenfabrik).

Wasser strömt durch ein Rohr an der linken Seite ein und fließt durch einen Überlauf aus.

An jeder Seite stehen je zwei Arbeiter; die einen hängen das zu spülende Garn auf, die andern nehmen das zum Trocknen fertige Garn von den Spulen ab. Die Maschine kann in der Stunde 2000 Pfund Garn bewältigen und verbraucht 1 Pferdekraft und 600 l Wasser in der Minute.

b) Vielfach werden Rundspülmaschinen mit wagrechtem Rundlauf zum Waschen von Strähngarn verwendet (Abb. 75). 24 oder 12 Kupferspulen sind in einem großen gußeisernen Schneckenrad gelagert, werden ruckweise hin und her bewegt und erhalten zugleich eine fortschreitende sowie drehende Bewegung. Der Antrieb geschieht durch Kurbelwelle und Kurbelschleife mittels Fest- und Losscheibe auf ein unter dem Schneckenrad angeordnetes Laufrad; eine Schnecke mit doppelter Klauenkupplung überträgt die Bewegung auf das Schneckenrad; dadurch wird ein fast geräuschloser Gang der ganzen Maschine erzielt. In der Rinne befindet sich eine Querwand; das Wasser fließt auf der einen Seite dieser Querwand ein, auf der andern Seite ab, und zwar fließt es mit Gegenströmung zum Garn hin. Das Garn wird an einer bestimmten Stelle aufgehangen, durchläuft den Umfang der Maschine und wird, nachdem es einmal herumgegangen und dadurch fertig gespült worden ist, an derselben Stelle wieder abgenommen, so daß nur ein Mann zur Bedienung erforderlich ist.

c) Für kleinere Betriebe genügen Maschinen ohne Rundlauf. Die einfache automatische Garn-Spülmaschine UT der Zittauer Maschinenfabrik (Abb. 76) trägt zur Aufnahme der beiden Garnsträhne zwei Garnspulen aus Messing, die je nach der Weifenlänge vermittels Handrads und Zahnstange hoch oder tief gestellt werden können. Unter jeder Garnspule liegt ein Paar Quetschwalzen, die oberen aus Messing, die unteren aus Gußeisen mit 13 mm dickem Weichgummibezug. Die Oberwalzen sind gegen die festgelagerten Unterwalzen vermittels eines Hebelwerkes anpreßbar; das Hebelwerk wird durch Exzenter betätigt und wirkt abwechselnd auf das eine oder andere Quetschwalzenpaar; ununterbrochen kann eine Strähne abgenommen und eine neue wieder aufgehangen werden. Über jedem Quetschwalzenpaare befindet sich ein Paar Spritzrohre aus Messing, das die Garnsträhne sowohl innen wie außen abspült. Das Einlaßventil wird durch das Hebelwerk nur während des Abquetschens geöffnet und so zeitig wieder geschlossen, daß eine gute Entwässerung der Garnsträhne gewährleistet ist. Unter den

Quetschwalzen ist ein gemeinsamer Spülwasserauffangtrog aus Gußeisen, mit Ablaufrohr. Die unteren Quetschwalzen werden durch Riemenscheiben, die oberen durch Stirnradübersetzung, mit Selbstausschaltung nach beendetem Arbeitsgang angetrieben. Der Hauptantrieb geschieht durch Fest- und Losscheibe mit bequemer Ausrückung, sowie durch Schneckenradgetriebe. Die Maschine wird auch mit 4 Garnspulen, je 2 auf jeder Seite gebaut.

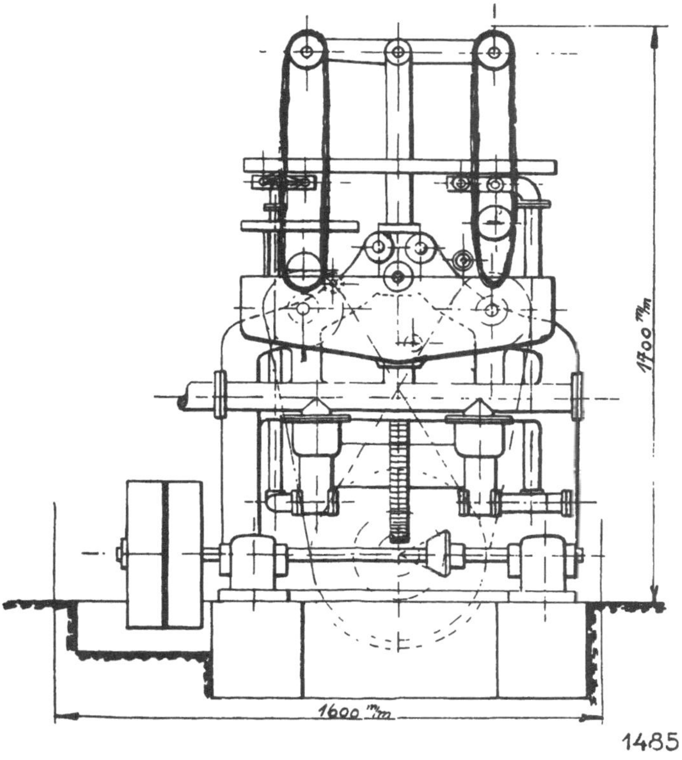

Abb. 76. Garnspülmaschine UT der Zittauer Maschinenfabrik.

B. Das S c h l i c h t e n. Die Einverleibung von Kleb- und Fettmitteln in Garne bezeichnet man als „Schlichten", weil diese Behandlung die abstehenden Fäserchen mit dem Faden verklebt, so daß er glatt (schlicht) aussieht und den späteren Beanspruchungen als Kette beim Verweben gut Stand hält, ohne aufgerauht zu werden. Sachgemäßes Schlichten ist also von hoher Bedeutung für einen glatten Betrieb in der Weberei und wird leider noch nicht überall genügend gewürdigt.

Dementsprechend lassen auch die Einrichtungen für die Zubereitung der Schlichte vielfach zu wünschen übrig. Man legt zu wenig Gewicht darauf, daß die Schlichte von Anfang bis zu Ende gleichmäßige Zusammensetzung haben muß, sollen nicht die Garne bald hart, bald weich zur Weberei gelangen.

Damit die Schlichte in ihrer Zusammensetzung nicht schwankt, muß sie nicht nur gut gekocht, sondern auch ständig und kräftig

Abb. 77. Revolverschlichtmaschine III von B. Cohnen, Grevenbroich.

gerührt werden. Wird nicht genügend gerührt, so setzt sich unten im Faß eine dickere Flüssigkeit ab, die zunächst durch den Abflußhahn entnommen wird; nachher folgt das reine „Stärkewasser" (vgl. T. **1925**, 205).

In den letzten Jahren hat man sich wieder mehr der Schlichterei von Strähngarn zugewandt und verwendet hierzu gern die „Revolver"schlichtmaschine III von B. Cohnen, Grevenbroich (Abb. 77 und 78).

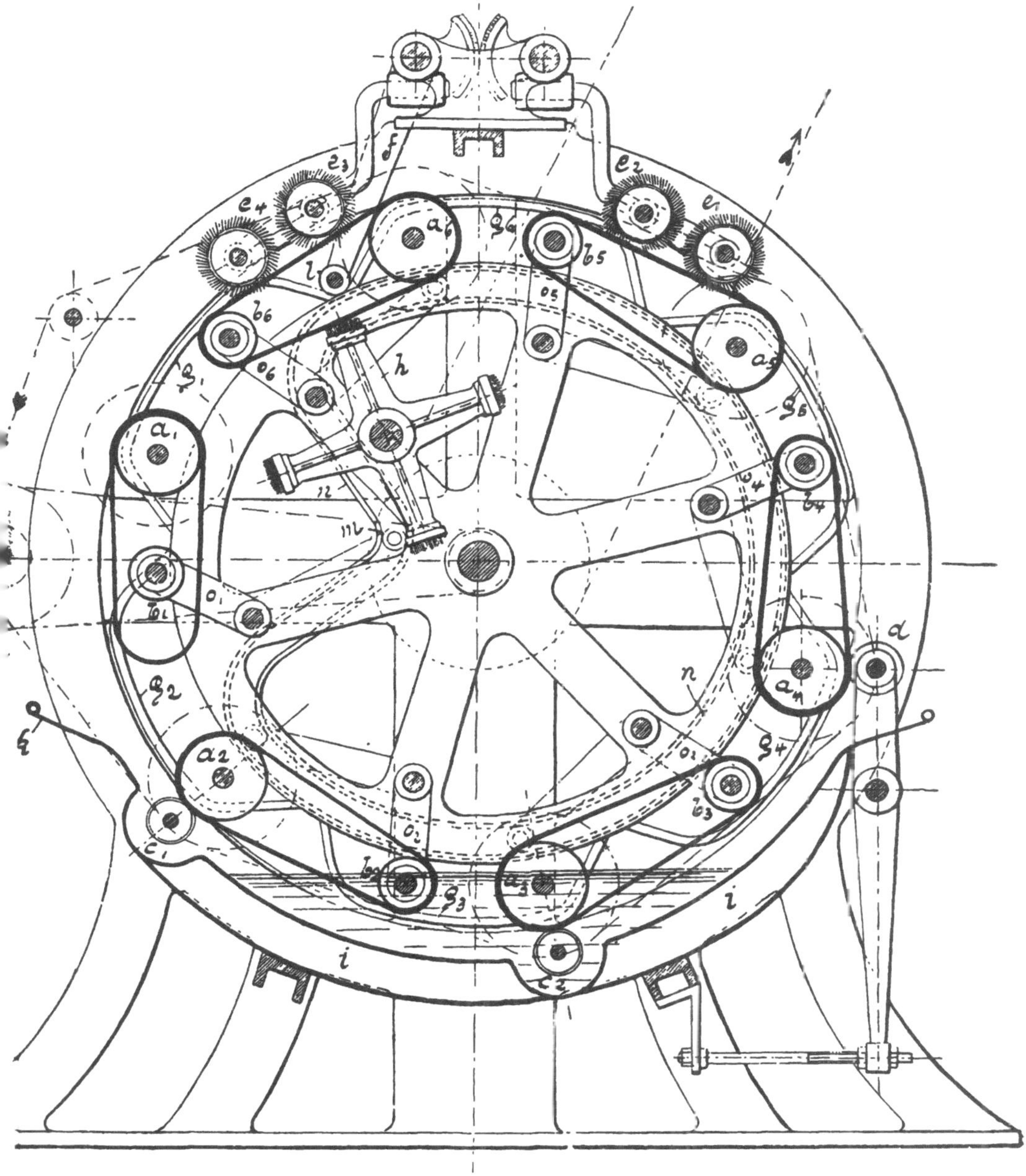

Abb. 78. Revolverschlichtmaschine III. B. Cohnen, Grevenbroich.

6 Walzenpaare sind im Kreise an einem Stern angebracht. Die größeren Walzen a sind um eine feste Axe drehbar, die kleineren b dagegen drehbar auf einer Kurbel c gelagert. Dadurch können sich die Entfernungen der Walzen der jeweiligen Weifenlänge anpassen.

In der Stellung a_1, b_1 wird das Garn aufgelegt. Durch Hebel c_1 und in der Kurve n zwangläufig geführte Rolle m ist der Walzenabstand auf die kleinste Entfernung gebracht. Dabei greift das Kettenrad der Walze a_1 nicht in die Triebkette ein, die Walze ist also in Ruhe.

Die Stellung a_2, b_2 wird durch Ausrücken eines Feststellhebels erreicht. Hier taucht das Garn in die Schlichte bei g_3. Die Holzwalze c_1 drückt die Schlichte, die von einer Pumpe fortwährend zwischen das Garn geschleudert wird, tiefer ein.

In a_3, b_3 wiederholt sich der Vorgang von a_2, b_2.

In a_4, b_4 wird die Schlichte durch die Gummiwalze d ausgequetscht und fließt in den Trog k zurück.

In a_5, b_5 wird durch Nadelwalzen e_1, e_2 lose aufliegend das Garn gelöst.

In a_6, b_6 werden die Garne außerdem noch durch den umlaufenden Bürstenstern h geglättet.

Jedesmal, wenn das ganze System sich um $^1/_6$ vorwärtsbewegt, gleitet die Rolle l über die Bügel g_1—g_6 und hebt mittels des Hebels f den Arm, welcher die Nadelwalzen trägt, so daß die Kupferwalzen mit dem Garn vorbei können und das Garn nicht beschädigt wird.

Der Kraftverbrauch beträgt $^1/_2$ PS.

Für lange Jutegarne erhält die Maschine nur 4 Kupferwalzenpaare.

C. Das bereits durch Auswringen, Auspressen oder Ausquetschen möglichst von Wasser befreite Garn wird vor dem Trocknen noch geschleudert, um noch den letzten Rest mechanisch entfernbaren Wassers herauszuholen. Wir können dieses Wasser mit C. Marschik (L. M. f. T. **1925,** 136) als „adhärierende" oder „anhängende" Flüssigkeit bezeichnen.

Die Pendel-Zentrifuge der Ernst Geßner A. G., Textilmaschinenfabrik in Aue in Sa. (Abb. 79) besteht aus einer kräftigen gußeisernen Grundplatte mit 3 Säulen, in welchen das Zentrifugengehäuse hängt. Das Gehäuse setzt sich zusammen aus dem kräftigen gußeisernen Boden, einem ebensolchen Deckel und dem schmiedeeisernen Schutzmantel. Im Gehäuse befindet sich der Schleuderkessel; seine stehende

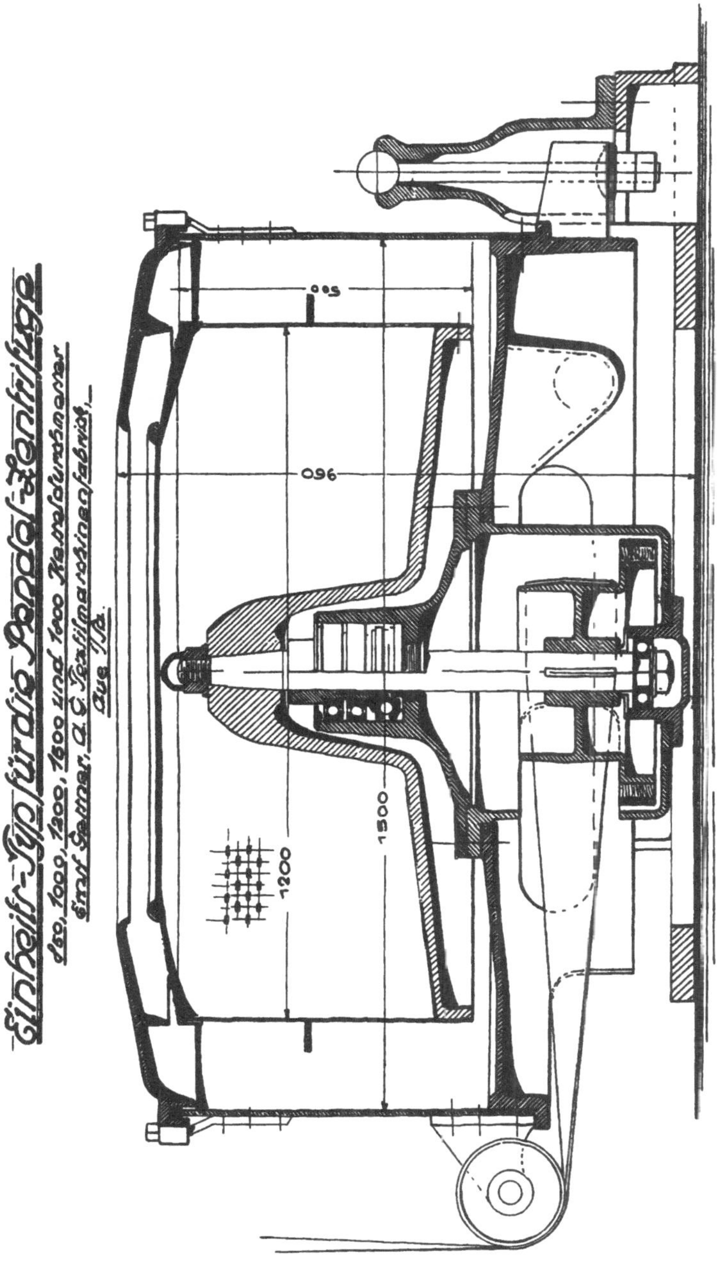

Abb. 79.

Achse ruht in dem im Gehäuseboden befestigten Hals- und Fußlager. Hals- und Fußlager laufen als Kugellager im Ölbad.

Der Schleuderkessel wird, wie in der Abbildung, durch Riemen, auf Wunsch aber auch durch direkt mit der Achse gekuppelten Elektromotor angetrieben. Infolge selbsttätig wirkender Schutzabdeckung ist der Schleuderkessel nur zugängig, wenn die Maschine vollkommen stillsteht und kann andererseits nur in Betrieb gesetzt werden, wenn sich der Verschlußdeckel in Schließlage befindet.

D. Nachdem das „anhängende“ Wasser aus dem Garn durch hydraulische Pressen, Garnquetschen oder durch Schleudern möglichst entfernt worden ist, bleibt noch die „kapillare“ Feuchtigkeit zurück, die durch das Trocknen entfernt wird. Nach K. Wagner (T. 1925, 344) ergibt kurzes Trocknen weichere Ware als langes. Eine dichte Baumwollware enthält z. B. nach dem Absaugen noch 52 %, nach dem Schleudern noch 62 % kapillares Wasser. Kommt sie mit zuviel, z. B. 100 %, Feuchtigkeit in die 70—110° heiße Trockenmaschine, so fängt das überschüssige Wasser in der Faser an zu „kochen“. Die Faser kann dadurch erheblich an Festigkeit einbüßen. Getrocknet wird entweder in einer Hängetrockenanlage oder in einer Garntrockenmaschine.

a) An Stangen oder Stäben hängend, wird das Garn in freier Luft oder in gut gelüfteten Räumen auf Gestellen untergebracht. Diese Art des Trocknens ist gut und billig, hängt jedoch sehr von der Witterung ab, welche die regelmäßige Arbeit in der Färberei empfindlich stören kann. Häufiger wendet man deshalb außerdem noch geschlossene, durch Abdampf zu erwärmende Räume an. Der Abdampf strömt durch gerippte Rohre.

In einer Hängetrockenanlage ist ein bestimmter Luftweg in den wenigsten Fällen genau inne zu halten. Die erforderliche Wärme wird teils durch Heizkörper in dem Trockenraum erzeugt, teils wird die Luft in besonderen Heizkörpern erwärmt. Die Luft streicht möglichst gut verteilt von unten nach oben. Zur Einhaltung einer bestimmten Temperatur, beispielsweise für die Türkischrotfärberei von besonderer Wichtigkeit, sind in den Trockenräumen Thermometer angebracht; sobald im Raume ein gewisser Wärmegrad überstiegen wird, ertönt ein elektrisches Läutewerk.

b) Gute Dienste leisten die Garntrockenmaschinen, die größere Mengen Garn in kürzerer Zeit bewältigen können. Sie nehmen nicht soviel Raum ein und verbrauchen auch nicht soviel Dampf. Man kann sie einteilen in solche I. mit ruhendem und II. mit bewegtem Fasergut.

I. Der von der Zittauer Maschinenfabrik gebaute „Stufentrockner" vereinigt hohe Wirtschaftlichkeit mit schonender Trocknung. Dem Apparat liegen folgende Leitlinien zugrunde:

1. Die Luft soll mit niedriger Temperatur in den Apparat eintreten, in ihm allmählich Wärme und Feuchtigkeit aufnehmen und ihn mit hoher Temperatur und höchstem Feuchtigkeitsgehalt verlassen.

1 kg feuchte Luft enthält bei einer Temperatur von 30° C 760 mm Barometerstand und einer Sättigung von 75 % 0,0198 kg Wasserdampf, dagegen bei 60° C und gleichem Sättigungsgrade bereits 0,098 kg Wasserdampf. Zur Fortschaffung eines Kilogramms Wasserdampfes bei 30° C und einer Sättigung von 75 % sind also

$$\frac{1}{0,0198} = 50,4 \text{ kg Abluft,}$$

bei 60° C und gleichem Sättigungsgrade jedoch nur, wie nachstehend unter 2 berechnet

10,2 kg Abluft

erforderlich.

Nimmt man an, daß die Luft mit einer Temperatur von 20° C in den Trockenapparat eintritt, so sind, da zur Erhöhung der Temperatur von 1 kg Luft um 1° C 0,2375 Wärmeeinheiten gehören, im ersten Falle zur Erwärmung der Luft

$$(30-20) \cdot 0,2375 \cdot 50,4 = 120 \text{ Wärmeeinheiten,}$$

im zweiten Falle dagegen nur

$$(60-20) \cdot 0,2375 \cdot 10,2 = 96 \text{ Wärmeeinheiten}$$

nötig.

Die hohe Austrittstemperatur bedeutet mithin eine Wärmeersparnis von

$$\frac{24 \cdot 100}{96} = 25\ \%.$$

2. Luftumlauf und Luftabsaugung müssen unabhängig voneinander erzeugt und geregelt werden können. Die Umlaufluft muß eine derartige Geschwindigkeit haben, daß die Temperaturunterschiede vor und nach dem Durchgange durch das Trockengut möglichst klein sind.

Die dem Trockengute zugeführte heiße Luft hat zweierlei zu verrichten:

a) Übertragung der Wärme der Heizelemente auf das Trockengut zur Verdampfung der in diesem enthaltenen Feuchtigkeit (Umlaufluft),

b) Aufnahme und Fortschaffung des durch die übertragene Wärme gebildeten Wasserdampfes (Absaugeluft).

a) Zur Verdampfung von 1 kg Wasser gehören 640 Wärmeeinheiten. Um diese Wärmemengen durch Luft zu übertragen, sind bei einem Temperaturunterschiede vor und hinter dem Trockengute von beispielsweise 30° C erforderlich etwa:

$$\frac{640}{0{,}2375 \cdot 30} = 90 \text{ kg Umlaufluft.}$$

b) Zur Aufnahme und Fortschaffung von 1 kg Wasserdampf bei einer Austrittstemperatur von 60° C unter Annahme einer Sättigung von 72 % sind erforderlich etwa:

$$\frac{1 \cdot 0{,}9975}{0{,}0975} = 10{,}2 \text{ kg Absaugeluft.}$$

Die Menge der Umlaufluft ist also das 9fache derjenigen der Absaugeluft.

Alle Apparate, die nur mit einem einzigen Luftstrome (Druck- oder Saugluft) arbeiten, verschwenden Wärme oder Zeit.

Die Möglichkeit muß also bestehen, ohne irgendwelche Beeinflussung des äußerst regen Luftumlaufs im Innern des Apparates die Luftabsaugung so zu regeln, daß nur so viel vollkommen gesättigte Luft entfernt wird, wie zur Fortschaffung des gebildeten Wasserdampfes nötig ist. Dann ist in den Apparaten der Wärmeverbrauch auf ein Mindestmaß herabgesetzt.

Abb. 80. Einkammer-Trockenapparat „Rapid", SK der Zittauer Maschinenfabrik.

3. Das nasseste Trockengut soll in Luft von höchster Temperatur und höchstem Feuchtigkeitsgehalt eintreten und bei fortschreitender Trocknung allmählich Luft von geringer werdender Temperatur und geringerem Feuchtigkeitsgehalt ausgesetzt sein.

Das feuchte Frischgut tritt in die heißeste und feuchteste Luft ein, wobei es sich allmählich auf die Verdampfungstemperatur, das ist die Temperatur der abziehenden Luft, erhitzt. Beim Durchlaufen des Kanals und beim Aufenthalt in den aufeinanderfolgenden Trockenabteilen durchströmt Luft abnehmender Temperatur und abnehmenden Feuchtigkeitsgehalts das trocknende Material, wodurch jede Übertrocknung vermieden und der Ware das „hygroskopische“ Wasser möglichst erhalten wird.

4. Der Kraftverbrauch soll möglichst gering sein; dies wird durch zweckmäßige Bauart der Windflügel, große Luft-Durchgangsquerschnitte und mithin geringe Luftgeschwindigkeit erreicht.

Bei allen bisherigen Trockenapparaten, bei denen die Luft mit Hilfe eines einzigen Ventilators in einmaligem Laufe den Kanal und die Trocken- und Heizabteile durchströmt, muß zur Wärmeübertragung auf das Trockengut eine außerordentlich große Luftmenge unter starkem Druck durch den Apparat hindurchgetrieben werden, um eine genügende Wasserverdampfung zu erzielen. Diese ganze Luftmenge wird dann mit hoher Temperatur und vollkommen ungesättigt ins Freie befördert, womit natürlich ein großer Wärmeverlust verbunden ist.

Einkammer-Trockenapparat „Rapid“, Type „SK“ (Abb. 80). Zu beiden Seiten einer Trockenkammer sind Abteile zur Aufnahme der Heizelemente angeordnet. Die Wände zwischen Trocken-

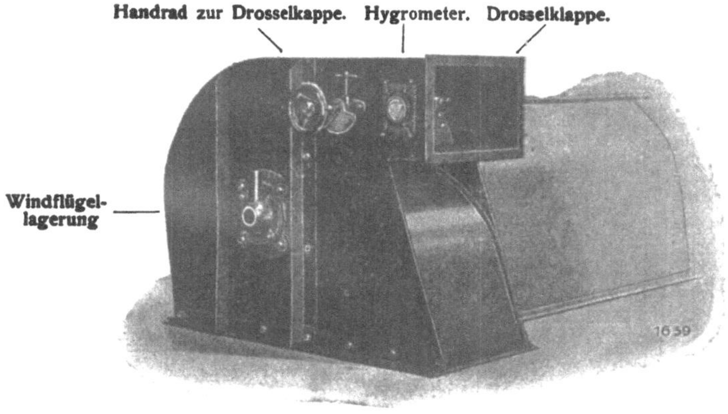

Abb. 81.

kammer und Heizabteilen haben im unteren Teil einen Schlitz zum Durchgang der Luft. Zur Umwälzung der Luft befindet sich über jedem Heizabteil je ein Windflügel. Beide sitzen paarweise auf gemeinsamer Achse und werden zusammen angetrieben. Die beiden zur Aufnahme der Windflügel dienenden Gehäuse sind durch eine Haube miteinander verbunden. An den Ausblasöffnungen der Gehäuse befinden sich Drosselklappen, mit deren Hilfe die zum Abgang bestimmte Luftmenge bzw. ihr Sättigungsgrad je nach Bedarf geregelt werden kann. Eine an gleicher Stelle vorgesehene Öffnung für die Anordnung eines Hygrometers ermöglicht die Messung des Sättigungsgrads der ausgestoßenen Luft (Abb. 81).

Das Gestell des Apparates ist aus Schmiedeeisen; im Innern befinden sich Winkeleisen zur Führung des mit dem Trockengute beladenen Wagens. Die Wände sind gut isoliert und mit Blech beschlagen; die Rückwand ist außerdem mit einem Lufteintrittsschlitz versehen. Eine zweiteilige Tür wird in T- und U-Eisen geführt (Abb. 82).

Abb. 82. Türverschluß des Einkammertrockenapparates.

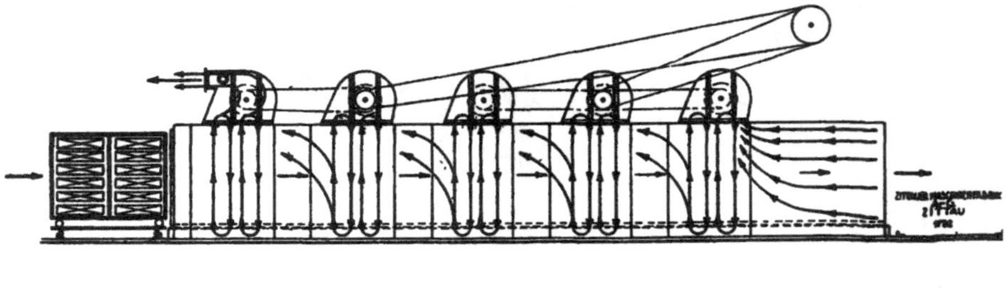

Abb. 83. Schematische Darstellung der Luftbewegung.

Die von den Windflügeln durch den Frischluftschieber angesaugte Luft wird durch den Ansaugekanal, der nach dem darunter befindlichen Trockenabteil zu offen ist, den Heizkörpern zugeführt und von da durch den Schlitz in der Heizkammer in die Trockenkammer geleitet. Es entsteht also zu beiden Seiten ein beständiger Kreislauf, aus dem gleichzeitig die gesättigte Luft in dem Umfange der Frischluftzuführung abgestoßen wird (Abb. 83).

Der Apparat kann durch Anbau weiterer Abteile jederzeit in einen Kanaltrockner umgewandelt werden.

Der Kanaltrockner SK (Abb. 84). Ein Kanal ist in einzelne Trockenzonen (ohne Zwischenwände) geteilt; hinter seinen seitlichen Wänden sind Heizelemente untergebracht. Auch hier befinden sich über jeder Trockenzone zwei Windflügel, die die Luft

Abb. 84. Kanaltrockner „Rapid“ SK mit 7 Trockenabteilen.

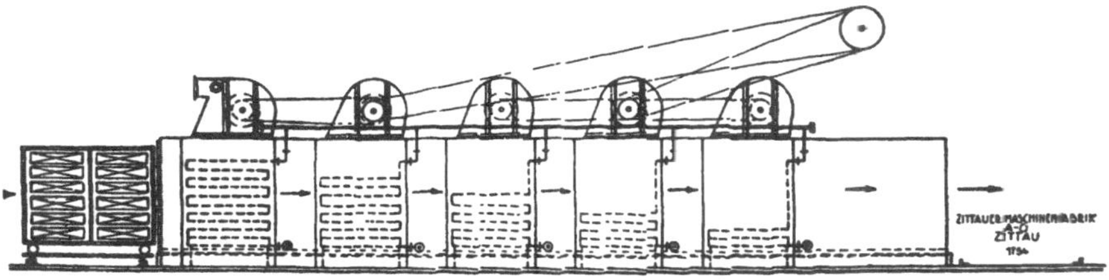

Abb. 85. Abstufung der Heizkörper.

in senkrechtem, sich beständig wiederholendem Kreislaufe den Heizelementen und anschließend dem Trockengute zuführen. Der Apparat arbeitet nach dem Gegenstromprinzip, das heißt, das Trockengut bewegt sich entgegen der Richtung der Umlaufluft bzw. der eintretenden Frisch- oder Raumluft durch den Apparat. Die gesättigte Luft wird durch zwei Windflügel abgesaugt, die sich über dem ersten Abteil befinden.

Der Apparat stellt sozusagen nur eine Vergrößerung des bereits beschriebenen Einkammer-Trockenapparates dar; er unterscheidet sich von dieser Ausführung nur wenig. Nur erfolgt die Ansaugung der Frischluft durch das Kühlabteil, in dem die Abkühlung des Trockengutes bis auf annähernd Raumtemperatur erreicht wird.

Bei Ausführungen von 5—10 Abteilen werden gewöhnlich drei Windflügelpaare mit einer gemeinsamen Antriebsscheibe ausgestattet. Die Übertragung der Drehbewegung von einem Paare auf das andere erfolgt durch Riemenscheiben (Abb. 85).

Die Abbildung 84 zeigt einen Apparat mit sieben Abteilen von vorn. Vor der Eingangstür steht auf einer Schiebebühne ein Universalwagen mit darin hängenden Garnsträhnen und eingeschobenen Horden. Die Schiebebühne dient zum seitlichen Bewegen des Wagens und stellt auf diese Weise die Verbindung mit den am Apparat entlanglaufenden Rückfahrschienen her. Der am ersten Abteil angeordnete Wagenvorschub erhält seinen Antrieb durch einen geschränktlaufenden Riemen von der Gegenscheibe des zweiten Windflügelpaares. Auf der rechten Seite führt die zur Speisung der Heizelemente erforderliche Dampfzuleitung entlang, während die Kondenswasserableitung auf beiden Seiten angeordnet ist. Die nötigen Zubehörteile, wie Thermometer, Manometer sowie das an jedem Abteil erforderliche Dampfabsperrventil sind ebenfalls seitlich untergebracht. Die Thermometer dienen zur Feststellung der Temperaturen in den einzelnen Heizabteilen, wobei deren rechtwinklig gebogene Tauchrohre durch eine Öffnung in der Wand unmittelbar in das Abteil oberhalb der Heizelemente hineinreichen.

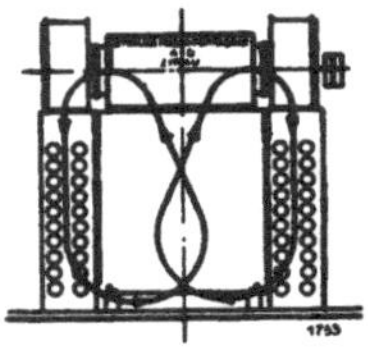

Abb. 86. Die geschlossenen Kreisströme der Heizzone.

Die Abbildung 85 zeigt einen Kanaltrockner mit freigelegten Heizkörpern. Das nasseste Trockengut wird beim Eingang in den Apparat der höchsten Temperatur, also der des ersten Trockenabteiles, ausgesetzt; sie verringert sich mit dem Fortschreiten der Trocknung. Die dadurch bedingte stufenartige Anordnung der Heizkörper nach dem Apparatende hin ermöglicht also die größte Schonung des Materials. Das nachstehende Schema zeigt ebenfalls die Anordnung der Heizkörper. Im Kühlabteil fallen, um den Ausgleich und zugleich die Abkühlung des Trockengutes bis auf annähernd Raumtemperatur herbeizuführen, die Heizkörper und die Windflügel weg.

Die Temperaturen in den einzelnen Heizabteilen sind nach Bedarf durch die Absperrventile zu regeln.

Wie aus Schema (Abb. 86) ersichtlich, hat jede Heizzone geschlossene Kreisströme und wird jeder Zone die nötige Frisch- oder

Raumluft zugeführt. Der Wagen mit dem zu trocknenden Material wird im Gegenstrom zur Frischluftzuführung hindurchgeleitet, wodurch die beste Wärmeausnützung und die schonendste Materialtrocknung erzielt wird.

Die nebenstehende Abb. 87 zeigt die Innenansicht eines Trockenkanals, der aus 4 Heizabteilen und 1 Kühlabteil besteht. Zu beiden Seiten des Kanals sind die nicht ganz bis auf den Fußboden reichenden, die Heizkammern abtrennenden Wände angeordnet, die im unteren Teile genügend Raum für den Austritt der durch die Heizkörper streichenden Luft lassen. Die Wagen laufen auf den seitlich angeordneten Winkeleisenschienen. Da jeder Wagen gerade ein Abteil voll ausfüllt, vermögen die quer zum Kanal angebrachten niedrigen Blechwände die Zirkulationsluft in bestimmte Bahnen, also durch das Material zu lenken. Um die von den Heizkörpern dem Kanal durch die unteren Schlitze der seitlichen Wände zustrebende Luft gleichmäßig auf die Wagenfläche zu verteilen, sind

Abb. 87.
Innenansicht des Trockenkanals.

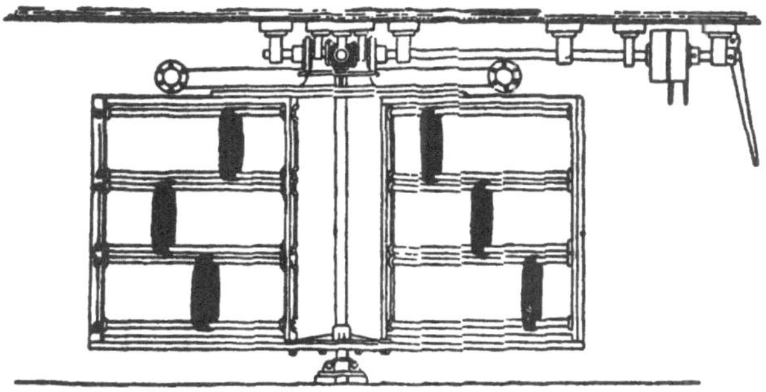

Abb. 88. Umlaufende Garntrockenmaschine nach Pornitz.

in der Längsrichtung des Kanals unmittelbar an den Winkeleisenschienen und in der Kanalmitte Luftlenkbleche zur gleichmäßigen Luftverteilung eingebaut, was für eine gute Trocknung von außerordentlicher Bedeutung ist.

Nach oben ist der Kanal offen und führt in die Verbindungshauben, durch die die Trockenluft ihren beständigen Kreislauf nimmt.

Die hintere Öffnung zeigt den vollen Querschnitt des Kanals, durch den die Frisch- bzw. Raumluft angesaugt wird.

II. Abb. 88 und 89 stellen eine umlaufende Garntrockenmaschine dar. Eine stehende Welle ist an der Decke und am Fußboden gelagert. Um diese Achse dreht sich ein Rahmen mit 12 Armen. Auf jedem Arme sind in drei übereinanderliegenden Reihen die Garnstränge auf Stangen aufgehängt. Jede Stange faßt

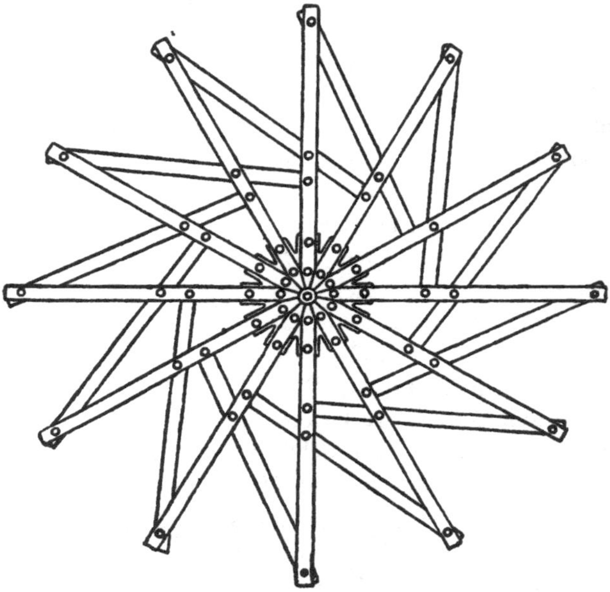

Abb. 89. Umlaufende Garntrockenmaschine (obere Ansicht).

10 Pfd. Garn, die ganze Maschine 240 Pfd. Die Arme des Rahmens sind in der Umdrehungsrichtung noch versteift und in Rosetten befestigt, welche sich auf der stehenden Welle befinden. Unter dem Apparat liegende Rippenheizrohre erwärmen den Trockenraum. Die tägliche Leistung beträgt nach Angabe der Fabrik 350—500 kg.

Bei der umlaufenden Garntrockenmaschine GT mit liegender Welle von C. G. Haubold, Chemnitz (Abb. 90), werden die Garnsträhne an 2 Holzstäbe gehängt. Die Holzstäbe passen mit 2 Rotgußbüchsen in verstellbare Kapseln an den schmiedeeisernen Schleifenarmen der beiden gußeisernen Sterne.

Bei dem Strähngarn-Trockenhaspel der Textilmaschinenfabrik B. Cohnen, Grevenbroich bei Köln (Abb. 91—93) bilden drei eiserne Ständer die Lager einer wagrechten Achse A. Auf dieser Welle sind in unmittelbarer Nähe der Lager 4 zwölfstrahlige Armsterne st befestigt, zwischen welchen die Strähne aufgehängt werden. Die Armkreuze enthalten Öffnungen, in welche die garntragenden Stangen zu liegen kommen, so daß die Garnbündel radial auf-

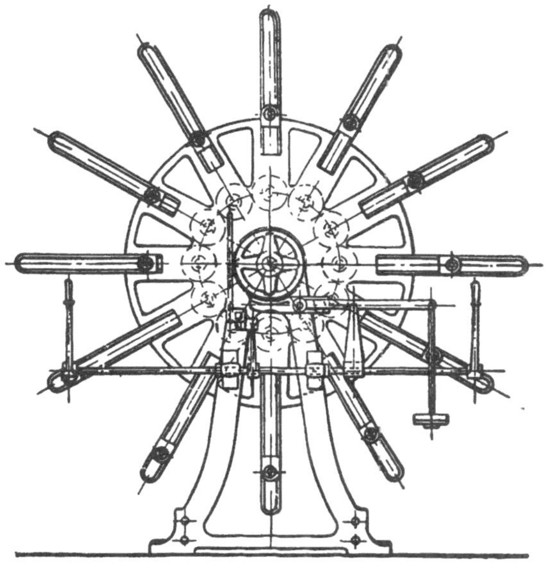

Abb. 80. Umlaufende Garntrockenmaschine GT von C. G. Haubold, Chemnitz

gespannt sind. Mit Rücksicht auf die verschiedene Weiflänge der Garne wird die Einstellung der schmiedeeisernen Stangenhalter durch Schlitze am unteren Teil der Halter bewirkt. Die achteckigen, sauber geschliffenen Trockenstangen t sind beiderseitig mit konischen Eisenkappen versehen. Sie werden in den Stangenhaltern festgehalten einerseits durch angeschmiedete Stege, andererseits durch Flachfedern. Letztere können ohne Mühe etwas zurückgedrückt werden, so daß die Stangen bequem ein- und auszulassen sind. Die beiden Haspel drehen sich entgegengesetzt. Dadurch wird starker Luftumlauf bewirkt. Dies ist besonders günstig für geschlichtete Garne, deren Fäden nicht zusammenkleben dürfen. Die verbrauchte Luft wird durch den Abzugskanal k abgeführt und durch kräftig wirkende

Abb. 91. Strähngarntrockenhaspel von B. Cohnen, Grevenbroich.

Ventilatorflügel v ersetzt. Der Kraftbedarf der Maschine beträgt 1—2 PS. Die Welle A trägt rechts die Bremsscheibe, sowie die Fest- und Losscheiben. Die Tourenzahl beträgt 110 in der Minute.

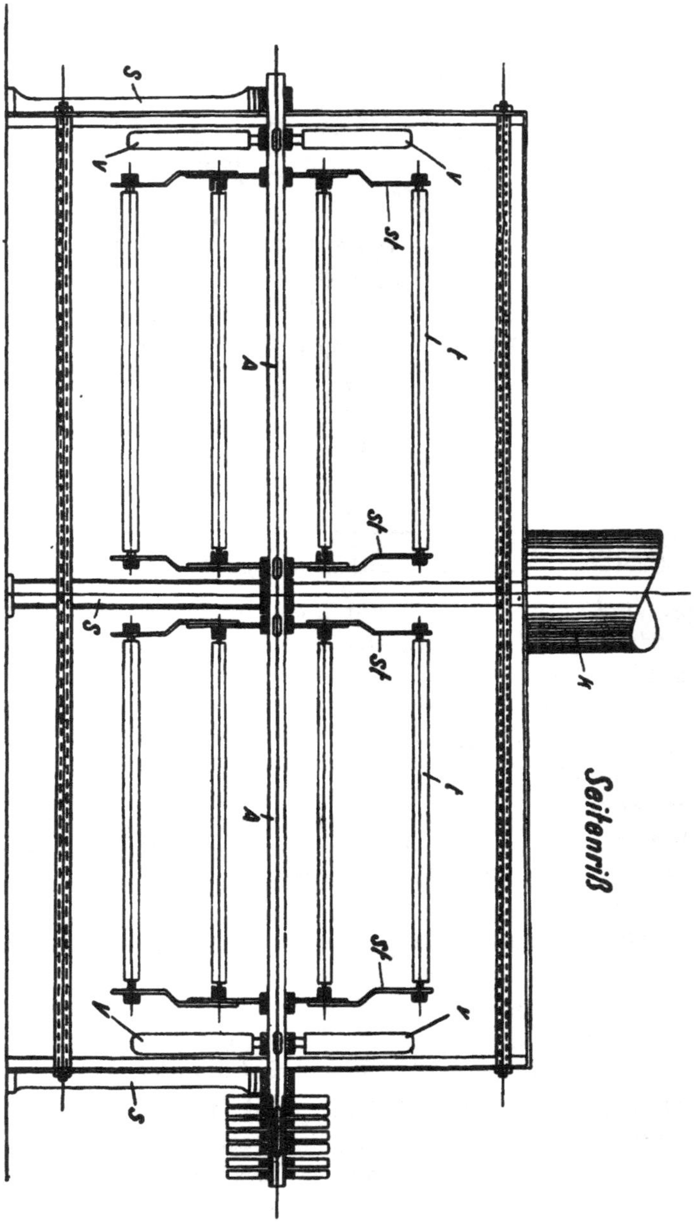

Abb. 92.
Strähngarntrockenhaspel von B. Cohnen, Grevenbroich.

Mather-Platt Ltd., Manchester, bauten eine liegende doppelreihige Zylindertrockenmaschine mit neun Zylindern, die zwischen zwei Gestellwänden gelagert sind. Die Breite der Maschine ist so groß, daß sechs Strähne nebeneinander, breitgelegt, aber in der Breite nicht verbunden, laufen können. Diese Strähne werden durch ein besonderes Kuppelglied der Längsrichtung nach anein-

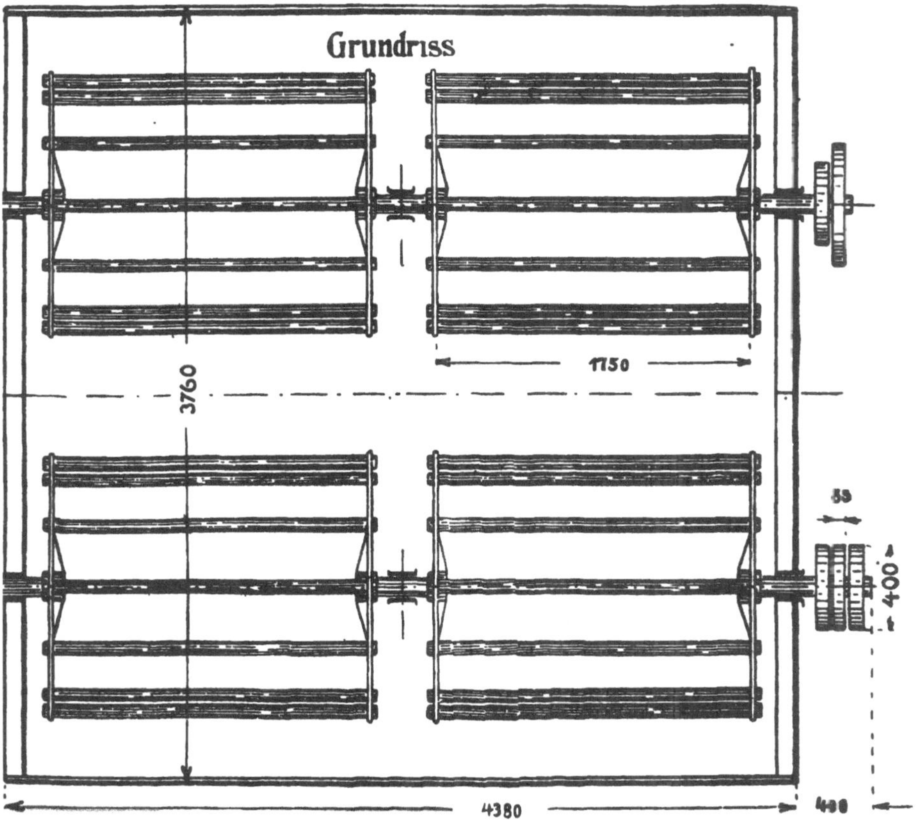

Abb. 93.

andergehängt, das Anhängen geschieht nicht gleichzeitig, sondern nacheinander, so daß der Arbeiter immer fortlaufend neue Stränge anhängen kann.

Die Wiedergewinnung der in der Abluft enthaltenen Wärme erstrebt der von Dipl.-Ing. Tänzer erdachte und von der Maschinenfabrik Carl Wiessner in Görlitz gebaute „Intensor“-Apparat. Es sollen bis zu 75 % der Wärme wiedergewonnen werden und zwar in Form von warmem Wasser und warmer Luft. Die aus dem Abluftschacht entweichende Abluft wird nicht ins Freie, sondern in den Intensor geleitet. Hier wird sie gekühlt und zugleich entwässert. Dabei wird das zur Kühlung benutzte Wasser erwärmt. Es wird nach dem Lufterhitzer geleitet, um dort entweder die entwässerte Abluft durch Erwärmung wieder als Trockenluft brauchbar zu machen oder Frischluft zu erwärmen. (Archiv für Wärmewirtschaft **1924**, 92).

E. Nach dem Trocknen werden die Garne häufig noch weich gemacht, geglänzt, gestreckt und geschlagen. Merzerisierte und Eisengarne werden lüstriert.

Zum Weichmachen und zum Glänzendmachen von Baumwoll-, Leinen- und Jutegarn dient die Garnmangel (Abbildung 94). Das Mangeln geschieht zwischen einer Papierkalander- und einer Hartgußwalze. Letztere wird durch Hebelübertragung, Zug-

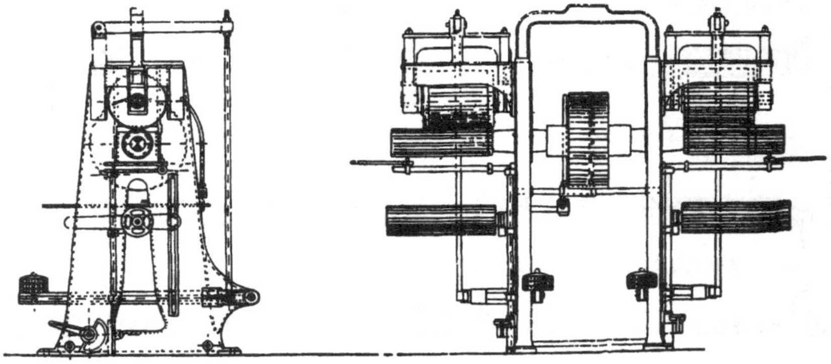

Abb. 94. Garnmangel.

stange und Fußtritthebel aufgepreßt. Eine untere Walze, die durch einen Handhebel nach unten gedrückt werden kann, dient dazu, den Strähn fest anzuspannen. Die Maschine ist doppelseitig gebaut. Zum leichteren Aufhängen und Abnehmen der Garne ist die mittlere Walze in ihren Lagern beweglich und daher leicht aus dem Gestell zu entfernen. Der Strähn wird nur um die mittlere Walze und noch über eine Spannrolle geführt, die einseitig gelagert ist und durch ein Gewicht nach außen angespannt wird.

Eine Streck- und Schlagmaschine für Leinen- und Baumwollgarne wird von der Zittauer Maschinenfabrik gebaut (Abb. 95). In einem gußeisernen Gestell auf starker Grundplatte sind zwei Paar Garnspulen aus Bronce zum Auflegen der Strähne gelagert. Die oberen fest auf gemeinsamer Welle und durch Riemenscheibe angetrieben, die unteren, als Schlagwalzen dienend, auf je einem abwechselnd hoch- und niedergehenden Tische. Eine Gleitschiene auf einer seitlichen Scheibe an den unteren Spulen bewirkt beim Annähern dieser an die oberen eine Drehung in entgegengesetzter Richtung, so daß der obere Teil der Strähne stets gespannt bleibt und nur der untere auf den Tisch herunterhängen kann; dadurch ist jedes Verfitzen und Zerreißen der Fäden ausgeschlossen. Für jedes Spulenpaar ist eine besondere Schlagvorrichtung vorhanden; ein auf der Hauptantriebswelle sitzender kurzer Exzenter schlägt an

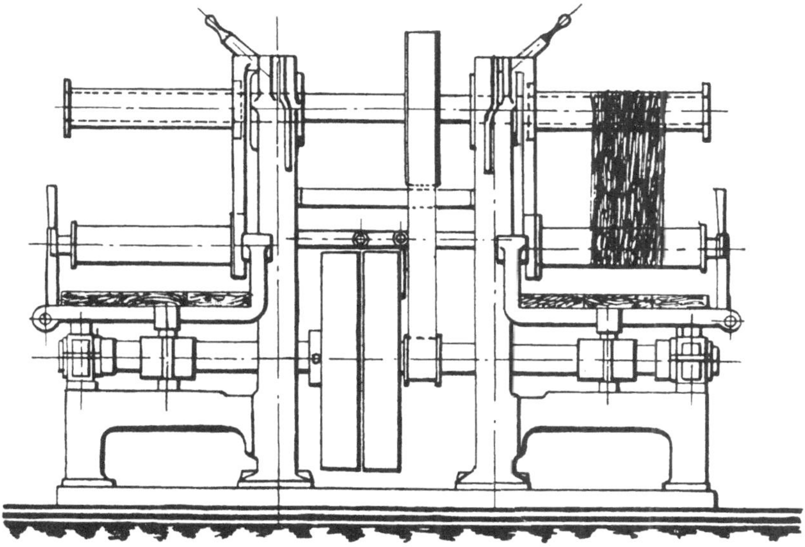

Abb. 95. Garnschlagmaschine der Zittauer Maschinenfabrik.

eine unter dem Tische angebrachte Rolle an und hebt dadurch diesen hoch, um ihn im nächsten Augenblick wieder niederfallen zu lassen. Nach der im voraus einstellbaren Anzahl von Schlägen, je nach Erfordernis 2—18, schaltet sich die Schlagvorrichtung, ohne daß die Maschine selbst stillgesetzt zu werden braucht, von selbst aus. Eine Tischklinke löst sich aus und schiebt eine zweite Rolle unter dem betreffenden Tische über einen langen Exzenter, der unmittelbar neben dem kurzen Exzenter sitzt. Infolgedessen hebt sich der Tisch mit der unteren Spule so weit, daß diese von einem oberen Halter erfaßt wird und die Garnsträhne in dieser Lage bequem ausgewechselt werden können. Beim Auswechseln der Garnsträhne wird ein zur Außenlagerung der Schlagwalze dienender Hebel umgelegt und die sich selbsttätig auslösende Tischklinke wieder mit eingestellt. Der Tisch läßt sich vermittels Handhebels augenblicklich wieder auslösen und dadurch die Schlagvorrichtung gleichzeitig wieder einschalten.

Merzerisierte Garne werden zur Erhöhung des Glanzes nach dem Färben, gut gestreckt, getrocknet (s. T. II). Vielfach werden auch die trockenen Garne am Wringpfahl chevilliert. Manchmal wird auch auf besonderen Maschinen lüstriert.

Eisengarne sind Garne mit hartem Griff. Dieser wird dem gefärbten und geschleuderten Garn durch Tränken mit einer stärkehaltigen Appreturmasse erteilt. Nach dem Appretieren werden die Garne schwach abgewrungen und auf der Lüstriermaschine trocken gebürstet und mit Paraffin bestrichen.

Auf der Lüstriermaschine der Textilmaschinenfabrik B. Cohnen in Grevenbroich (Abb. 96) können alle Garnnummern von 4—140 ausgerüstet werden. Die umlaufende Bürste besteht aus einer Anzahl Lattenbürsten verschiedener Feinheit. Von ihr wird mittels Schnecke, Schneckenrades und konischen Räderpaares, die über und vor der Bürste liegende Eisenwalze angetrieben, an der die zu bürstenden Garnsträhne aufgehängt werden. Eine ebensolche Eisenwalze wird durch die Strähne am unteren Ende gelegt und durch Hebel und Gewichte belastet. Durch die Kugellagerung des Bürstentambours und der Garnträgerwalzen werden je nach Garnnummer 2—3 PS Kraft erspart im Vergleich zu älteren Maschinen mit gewöhnlicher Lagerung. So verbrauchte innerhalb 4 Minuten bei schwerer Belastung ein Garn 1/20 9,9 PS gegen früher 11,9 PS, ein Garn 2/40 8,4 PS gegen früher 12 PS.

Abb. 96. Lüstriermaschine von B. Cohnen, Grevenbroich.

3. Baumwollgarn in Kettform.

A. Gewaschen wird meist in den Färbemaschinen. Es können aber auch die zum Waschen von Baumwollgeweben dienenden Maschinen für Ketten benutzt werden.

B. Geschlichtet wird auf der Kettenschlichtmaschine. Die abgepreßten Ketten durchlaufen einen hölzernen, kupferbekleideten mit Heizschlange versehenen Trog, danach die darüber liegenden gußeisernen Quetschwalzen, werden von 2 von oben und unten schlagenden Bürstflügeln gebürstet und getrocknet. Zunächst werden sie vorgetrocknet, indem sie über Rippenrohre hinwegstreichen, unter denen sich Schraubenpropeller drehen. Dann werden sie fertig getrocknet auf Heiztrommeln mit Kupfermänteln und schmiedeeisernen Böden von 1250 mm Durchmesser bei 2 Atm. Dampfdruck. Schließlich laufen die Ketten über die Kreuzstäbe, den Rietträger, zur Aufwicklung.

C. Das Trocknen geschieht in einer großen Holzkammer; durch einen Ventilator wird erhitzte Luft eingeblasen und durch einen Exhaustor am Eingang der Ketten, also dort, wo die Luft mit Feuchtigkeit gesättigt ist, entfernt (Abb. 97). Fünf bis zwölf

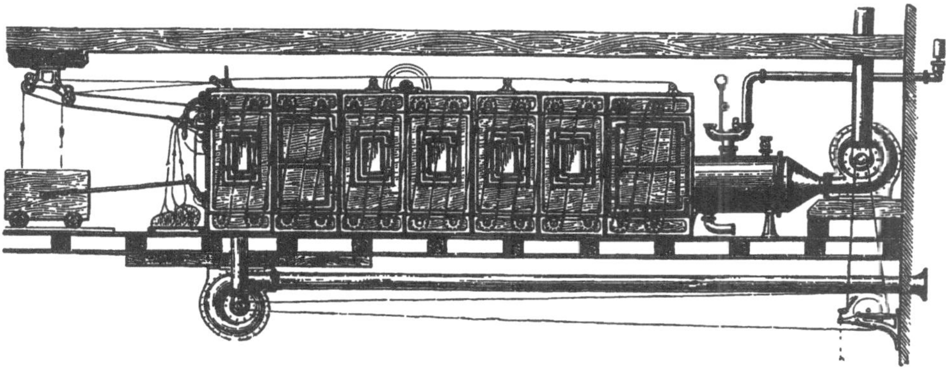

Abb. 97. Kettentrockenapparat.

Ketten werden über eine Leitwalze, sowie sie aus dem Färbeapparat kommen, in die Trockenkammer geführt, gehen dort über eine Anzahl hölzerner Leithaspeln, welche sämtlich durch eine Schnur betrieben werden. Zwischen den einzelnen Leithaspeln, in gewisser Entfernung voneinander, sind Querbrettchen angebracht, welche die Luft gewissermaßen stauen und durcheinander wirbeln. Der Lauf der Kette ist der Luftströmung entgegengesetzt. Zur Beobachtung sind Klappfenster und Türen in der einen Wand angebracht. Die getrockneten Ketten werden über die Kammer zurückgeführt, von der Abzugswalze erfaßt und durch Legevorrichtungen in einen oder zwei fahrbare Kästen gelegt. Ein- und Ausgang sind auf der gleichen Seite; Bedienung und Kontrolle sind dadurch erleichtert.

Zylindertrockenmaschinen werden ebenfalls zum Trocknen gefärbter Ketten angewendet. In Abb. 98 sind elf Kupferzylinder in zwei Reihen übereinander angeordnet. Zur Leitung der Ketten und zur vollen Ausnutzung der Trommelbreite dienen Leitwalzen und hölzerne Führungsrechen.

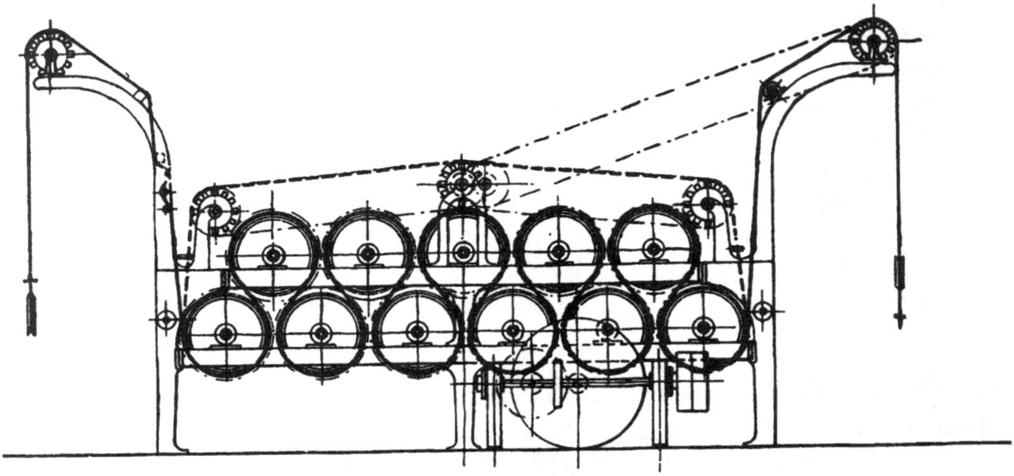

Abb. 98. Zylinder-Trockenmaschine für Ketten (C. G. Haubold jr.)

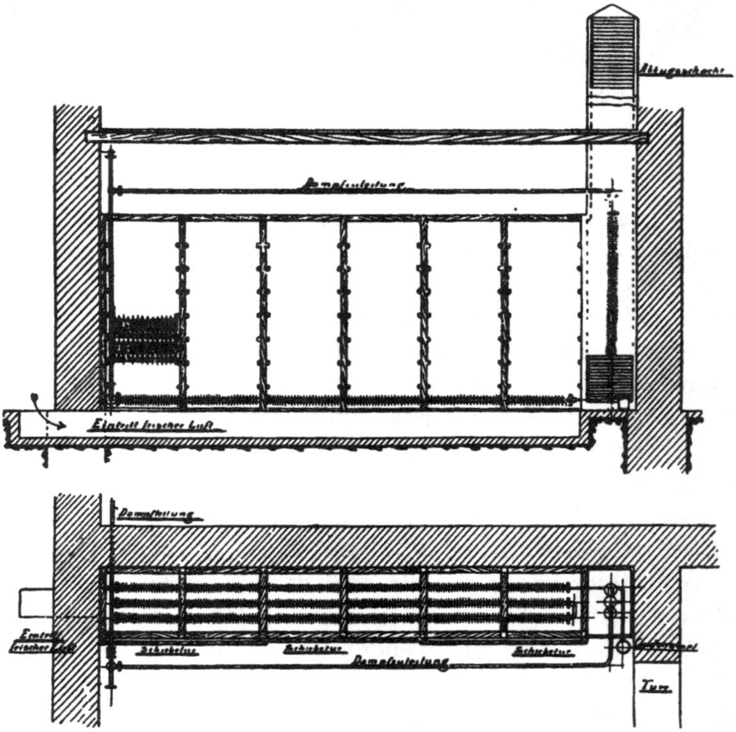

Ab. 99. Trockenstube für Kops- und Kreuzspulen.

4. Kops, Kreuzspulen usw.

A. Gewaschen wird wohl stets in den betreffenden Färbeapparaten selbst mittels Pumpe, Vakuum, Druckluft usw. Ist Hochdruckwasserleitung von etwa 15—30 cm Druckhöhe vorhanden, so wird an diese angeschlossen.

Es ist für größere Einrichtungen vorgeschlagen worden, eine Zentralwaschanlage zu beschaffen, um gleichzeitig auf mehreren Apparaten waschen zu können. Eine solche Anlage besteht nach Pornitz aus einem besonderen eisernen Kessel von 2,5 cbm Inhalt mit einem Standrohr, welches an die Wasserleitung angeschlossen werden kann. Durch das einströmende Druckwasser wird die im Kessel befindliche Luft entsprechend der Wasserdruckhöhe zusammengepreßt; der Kessel wirkt dann als Windkessel. Von ihm führt ein Hauptrohr mit Abzweigungen nach den einzelnen Apparaten.

B. Schlichten. Kopse, Kreuzspulen und Kettbäume werden auf den entsprechenden Apparaten geschlichtet, freilich nicht in derselben Güte wie Garne oder Ketten (S. 378). (E. Rüf: Über das Schlichten der Baumwollgarne mit Apparaten T. **1925**, 172.) Da die Stärkelösung lediglich durch den Wickel hindurchgesogen, dieser aber nicht gebürstet wird, so kann unmöglich derselbe glatte Faden erzeugt werden. Deshalb ist die Apparateschlichterei bei dichter eingestellten Geweben, bei denen die Kettgarne stärkeren Reibungen ausgesetzt sind, zu verwerfen. Dagegen mag sie bei leichter eingestellten Geweben genügen, wo es nur darauf ankommt, dem Faden ohne Minderung seiner natürlichen Elastizität mehr Halt zu geben, ihn zu „stärken". Dies gelingt dadurch, daß das einverleibte Klebmittel die Einzelfasern in dem durch den Drall gegebenen Verband festhält. Daß Schlichten für Apparate keine unlösliche Stoffe, wie China clay enthalten dürfen, versteht sich von selbst, da diese sich ja auf dem Wickel wie auf einem Filter oben auflagern würden.

C. Gefärbte Kopse und Kreuzspulen werden in gewöhnlichen Trockenstuben mit eingebauten Gestellen getrocknet; auf übereinander geschobene Holzrahmen werden die zu trocknenden Kops oder Kreuzspulen gelegt oder aufgesteckt (Abb. 99). Die Gestelle werden durch Schiebetüren abgeschlossen. Unter dem untersten Rahmen liegt eine gewöhnliche Rippenrohrheizung. Eine kaminartige Abzugsvorrichtung sorgt für die nötige Lüftung.

Auch Trockenstuben mit einschiebbaren Holzrahmen werden gebaut, mit Einrichtung zum wechselseitigen Durchlaß der Trockenluft von oben nach unten und umgekehrt und Anschluß an eine Lüftungseinrichtung.

Der Einkammer-Trockenapparat Rapid „SK" der Zittauer Maschinenfabrik (S. 386) eignet sich vorzüglich für das Trocknen von Kops und Kreuzspulen, wenn das Material in einem Hordenwagen untergebracht wird. Der Wagen trägt in gleichen Abständen Winkeleisenschienen zur Aufnahme von zweimal 6 Horden.

V. Baumwollgewebe.

A. Wie das Färben, so wird auch das Waschen des Gewebes entweder im Strang (s. Teil II) oder in voller Breite vorgenommen.

Die Breit-Wasch- bzw. Seif-, Säuer- oder Beizmaschine Modell „KI" der Zittauer Maschinenfabrik (Abb. 100) besteht aus

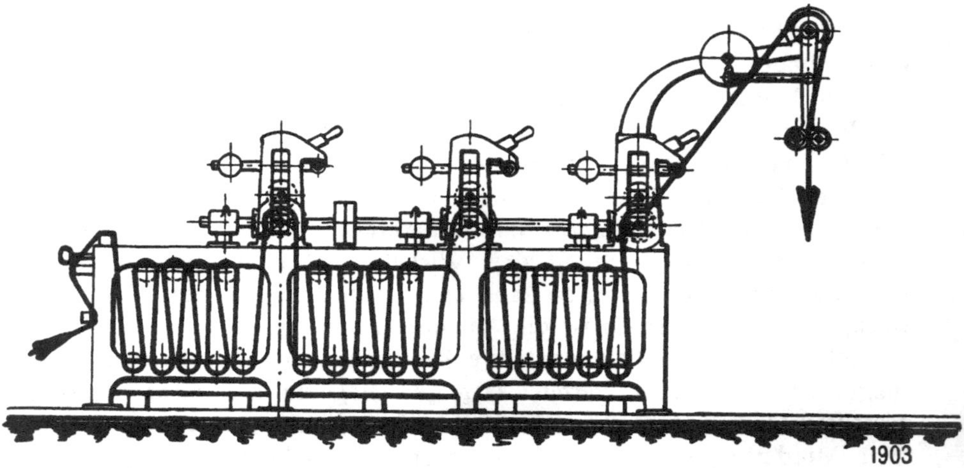

Abb. 100. Breitwaschmaschine der Zittauer Maschinenfabrik.

einem gußeisernen Gestell und einem hölzernen Kasten mit mehreren Abteilen, jedes mit einem Ablaß sowie oberen und unteren Leitwalzen aus Holz. Am Ausgange jedes Abteiles befindet sich ein auf dem Gestell gelagertes und in Ringschmierlagern laufendes Quetschwerk mit zwei gußeisernen Walzen, die obere mit Weichgummi bezogen, die untere mit Hartgummi und Metallbezug. Die Oberwalze ist gegen die festgelagerte Unterwalze durch Doppelhebeldruckzeug anpreßbar und im Augenblick durch Handhebel zu entlasten. Vor jedem Quetschwerk befindet sich ein Breithalter aus Messingrohr, spiralförmig gerieft, sowie ein gelochtes Spritzrohr mit je einem Wassereinlaßventile. Am Einlaß der Maschine sind Spannstäbe und geriefte Breitstreichschienen und am Auslaß ein Faltenleger. Der Antrieb der unteren Quetschwalzen wird durch Winkelräderpaare und Längswelle bewirkt. Die Leistung der Maschine kann durch Wahl von mehreren Abteilen und Anordnung von mechanischen Waschvorrichtungen, wie Schlagwalzen oder umlaufenden Spritzkörpern erhöht werden.

B. Ist die Ware gut gewaschen, so wird sie möglichst entwässert. Leichte Gewebe, bei denen Knitterbildung nicht zu befürchten ist, werden geschleudert (S. 381).

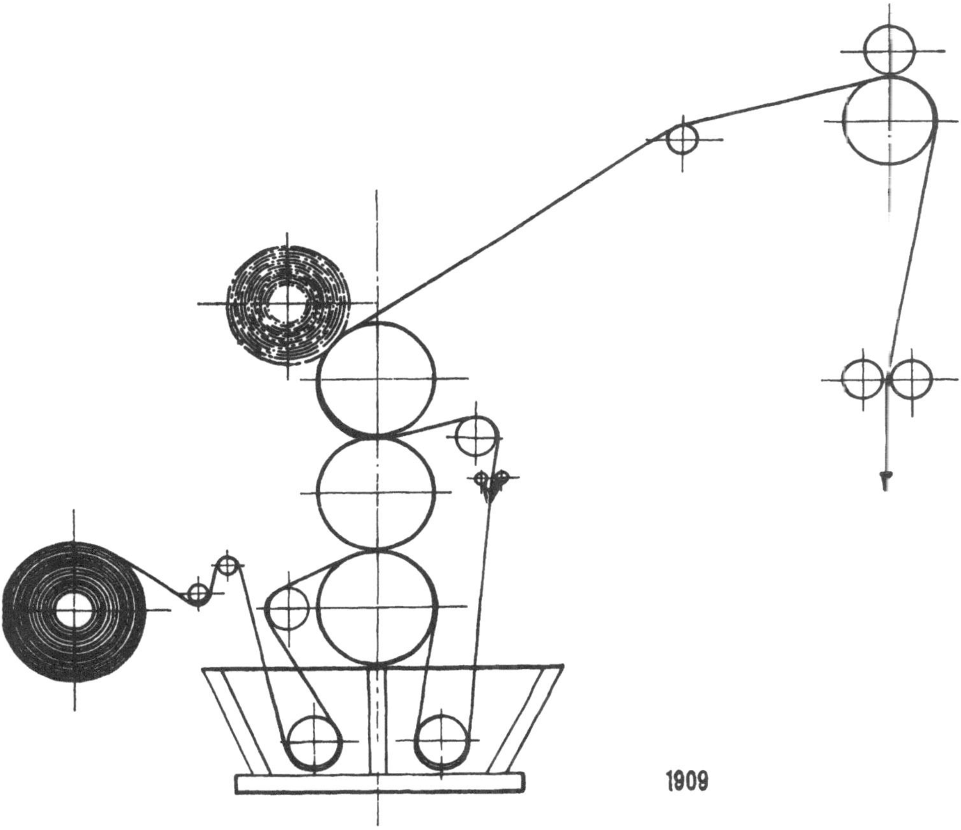

Abb. 101. Abquetschfoulard der Zittauer Maschinenfabrik.

Gewebe, die von der Breitwaschmaschine kommen, gehen durch den Abquetschfoulard der Zittauer Maschinenfabrik (Abb. 101).

In kräftigen, gußeisernen Gestellen sind drei besonders starke, gußeiserne Quetschwalzen gelagert. Die obere und untere Walze sind mit Weichgummi, die mittelste mit Bronze oder Hartgummi bezogen. Die Ober- und Unterwalze werden gegen die festgelagerte Mittelwalze durch Doppelhebeldruckzeug angepreßt und können im Augenblick durch Handhebel entlastet werden. Unter den Quetschwalzen befindet sich ein Holztrog mit zwei Abteilen, Ablaßvorrichtung und zwei Messingleitwalzen, die es ermöglichen, daß das Gewebe bei einmaligem Durchgange durch die Maschine zweimal getränkt und jedesmal darnach ausgequetscht wird. Am Einlauf der Ware in die Quetschwalzen sind zwei spiralförmig geschnittene Breithalter aus Messing; vor dem letztmaligen Durchgange spülen zwei Spitzrohre das Gewebe auf beiden Seiten ab. Am Einlaß ist die Maschine mit seitlich verschiebbarer Abwicklung mit Bremse und Drehspanner ausgestattet und am Auslaß mit Abtäfelapparat oder Aufwicklung mit Steigdocke; diese liegt an der oberen Quetschwalze und kann auf zwei durch Windwerk einstellbaren Traghebeln bequem herabgelassen werden. Die mittlere Quetschwalze wird durch Stirnradübersetzung angetrieben, die anderen Quetschwalzen von da aus durch endlose Riemen. Der Hauptantrieb geschieht durch Fest- und Losscheibe mit bequemer Ausrückung für Einzelantrieb oder durch ein Paar Kegelscheiben mit Riemenversteller für Gruppenantrieb.

C. G e t r o c k n e t werden die möglichst entwässerten Gewebe je nach Art, 1. auf Rahmen, 2. auf der Zylindertrockenmaschine. Bestimmte Gewebe, z. B. Hemdentuche werden wohl auch in der Hänge getrocknet.

I. Zum Trocknen der Gewebe im gespannten Zustand und zum gleichzeitigen Breitstrecken der in der Fabrikation schmal gewordenen Gewebe werden S p a n n r a h m e n angewendet. Auf Gelenkketten angebrachte Nadeln oder zangenartige Apparate, Kluppen, fassen das Gewebe an den Leisten; es wird allmählich auf das ge-

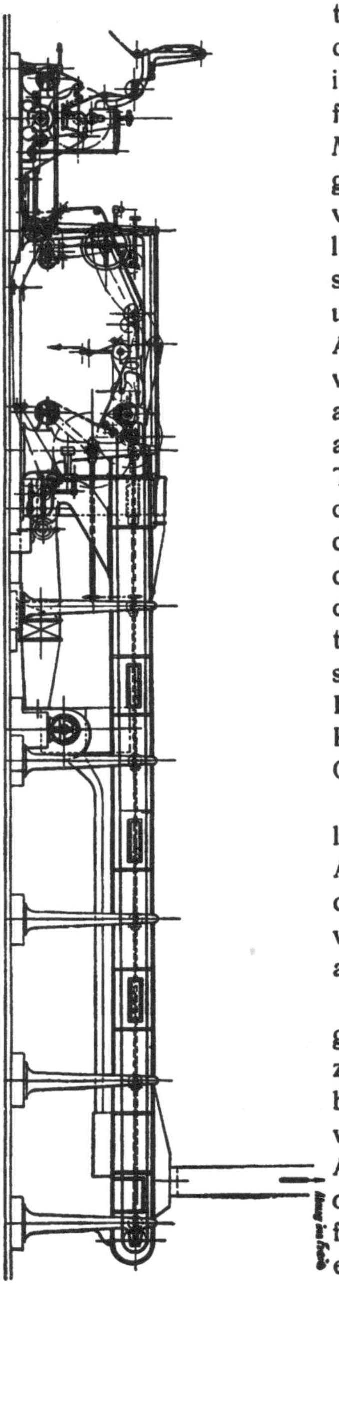

Abb. 102. Spann-, Rahm, und Trockenmaschine UII von C.G. Haubold, Chemnitz.

wünschte Breitenmaß gebracht und in diesem Zustande durch die in entsprechenden Führungen gleitenden endlosen Gelenkketten durch die Maschine geführt. Je nachdem die Gelenkkette in der Maschine einen, zwei, drei oder vier Hin- und Hergänge macht, unterscheidet man Ein-, Zwei-, Drei- oder Vier-Etagen-Spannrahm- und Trockenmaschinen, die sich dann je nach ihrer Größe aus einer Reihe von Längsabteilungen, den sog. Feldern, zusammensetzen. Von diesen Feldern heißt das erste, das unter allen Umständen nur einen Kettengang besitzt und sich außerhalb des eigentlichen Trockenraumes befindet, das „Einlaßfeld“, und ist derart gebaut, daß die die Kette führenden Schienen auseinanderlaufend gestellt werden können, wodurch das Gewebe allmählich breitgestreckt wird.

Die Spann-, Rahm- und Trockenmaschine UI[1] mit einer Etage der C. G. *Haubold* A. G., Chemnitz (Abb. 102) ruht in einem Gestell aus starken eisernen Ständern, deren breite Füße auf dem Boden mit Schrauben befestigt sind. Die vom Foulard kommende Ware wird unter dem Trittbrett für den Arbeiter über Leitwalzen und Spannriegel in das *Einlaßfeld* der Maschine geführt. Im Einlaßgestell sind zwei schräg aufsteigende Kettenführungswangen mit den unteren Enden auf Rollen *verschiebbar*. Sie können entweder mit den Kettenführungen der Maschine zusammen (durch Ketten und Kettenräder), oder für sich (durch links und rechts angebrachte große Handräder) verstellt werden. Ihre oberen Enden sind am Kopfstück der vorderen Kettenführungswände der Maschine in Scharnieren drehbar gelagert.

Zur *Verstellung der Kettenführungswände* des Trockenraumes dienen Querspindeln, die durch eine Längswelle mittels eines Handrads oder mechanisch vom Vorgelege der Maschine aus betätigt werden. Die mit Rollen versehenen Kettenführungswände gleiten spielend auf den Laufbahnen der unteren Verbindungsstücke der Ständerpaare. Die Spannbreite wird nach einem übersichtlichen Maßstab oder nach einer Uhr, beide mit Zentimetereinteilung eingestellt. Zur Vermeidung von Maschinenbrüchen rückt eine Sicherheitsvorrichtung die Maschine selbsttätig aus, sobald ihre Kettenführungswände die kleinste oder größte Verstellbreite erreicht haben. Die Glieder der Kluppenkette sind aus bestem Temperguß und untereinander durch Stahlbolzen verbunden. Diese sind in gehärtete Stahlbüchsen fest eingelassen und sitzen zwar straff in der Büchse, können aber auch ohne Beschädigung der Büchse herausgenommen werden. Auf den Gliedern sind die Rotguß-Kluppen befestigt. Ihre Spiralfeder kann leicht eingesetzt und herausgenommen werden. Die Kluppenöffnungs- und Schließvorrichtungen am Einlaßfeld wirken selbsttätig. Anstelle der Kluppen können die Glieder der Spannkette auch mit Nadelleisten aus hochwertigem deutschen Stahl besetzt werden. Doch werden Nadeln mehr für wollene und halbwolllene Gewebe angewandt. Große Bürstenrollen besorgen das Aufnadeln der Ware. Die Ketten werden selbsttätig, sparsam, gleichmäßig und sauber geschmiert. Als wirksamste Kettenreinigung ist das Abspritzen der Ketten durch einen kräftigen Dampfstrahl bekannt. Im ersten und im letzten Ständerpaar der Maschine liegen kräftige Wellen mit großen Kettenrädern zur Fortbewegung der Ketten. Die vorderen laufen in Ringschmierlagern und werden gemeinschaftlich durch Zahnräder betrieben, die ihren Antrieb von einem Vorgelege erhalten. Die hinteren Kettenradwellen sind verschiebbar gelagert, derart, daß die Kette auch bei Ausdehnung durch Wärme und beim Wiederzusammenziehen durch Erkalten stets gleichmäßige Spannung behält. Das Durchsacken der Ware an den Umkehrstellen verhindert ein dreiteiliger, zusammenfahrbarer Holzlattenhaspel. Der Trokkenraum der Maschine wird durch Wände aus gut verleimtem Sperrholz oder Blech eingeschlossen. Die Bleche können zur Verhütung der Wärmeausstrahlung mit Korkmasse verkleidet werden. Die Abdeckungen der Längsseiten haben Fenster und werden mit den Kettenführungswänden, an denen sie befestigt sind, verstellt, so daß die Breite des Trockenraumes stets der Warenbreite entspricht.

Bei Maschinen mit 5—6 Feldern Trockenlänge und weniger wird die Heißluft erzeugt in einem Haubold-Lamellen-Lufterhitzer D. R. G. M. Dieser ist aus einzelnen Elementen zusammengesetzt, deren Zahl und Größe sich nach der Art des verfügbaren Dampfes richten. Gefördert wird die Luft durch einen Ventilator mit Flügelrad und Stahlwelle in Kugellager. Er saugt die Luft an und treibt sie durch die Heizvorrichtung und zweckmäßige Leitungen in die Maschine, und zwar so, daß sie zwischen alle Warenbahnen gleichmäßig verteilt wird. Aus dem unteren Teile des Trockenraumes wird die erhitzte Luft, die nur wenig Feuchtigkeit aufgenommen hat, wieder angesaugt, mit Frischluft gemischt und von neuem durch die Heizvorrichtung hindurch in die Maschine gedrückt. Dadurch wird eine hohe Trockenleistung bei möglichst geringem Dampfverbrauch erreicht.

Maschinen mit 6 Feldern Trockenlänge und mehr arbeiten mit 2 Ventilatoren. Der eine saugt nur Frischluft an und bläßt sie in den hinteren Teil des Trockenraumes ein; der andere saugt diesen Luftstrom zurück, um ihn neu erwärmt und entsprechend mit Frischluft vermengt in den vorderen Teil des Trockenraumes einzuführen. Dadurch wird die im Trockenraum herrschende Temperatur nicht nur nach dem Feuchtigkeitsgehalt der Ware in den einzelnen Bahnen abgestuft, sondern auch der Beschaffenheit der angesaugten „Außenluft" hinsichtlich Feuchtigkeit und Wärme gut angepaßt, so daß trotz des stets schwankenden Wärme- und Feuchtigkeitsgehaltes der zur Erhitzung angesaugten Frischluft jederzeit eine gleichblei-

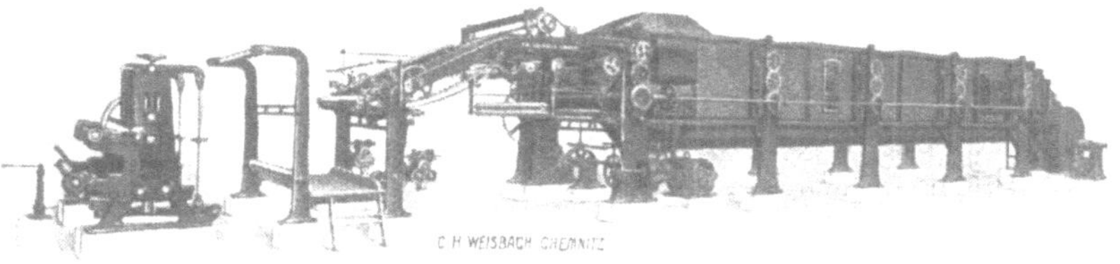

Abb. 103. 2 Etagen- 4 Felder-Spannmaschine HN von C. H. Weisbach, Chemnitz.

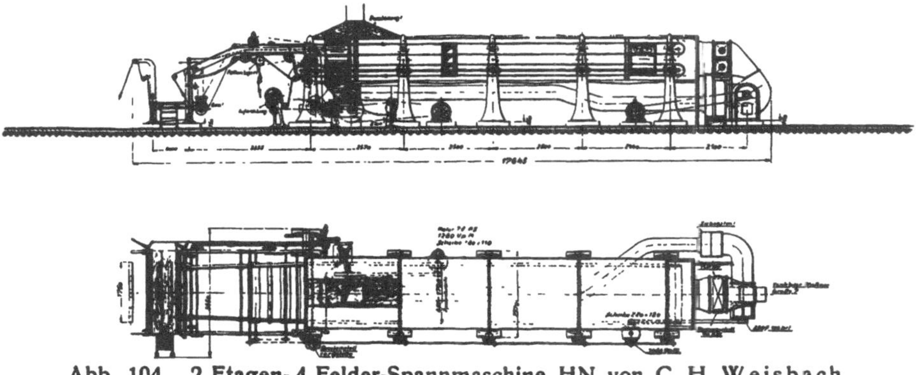

Abb. 104. 2 Etagen- 4 Felder-Spannmaschine HN von C. H. Weisbach, Chemnitz.

bende Höchstleistung der Maschine erreicht werden kann. Die weitgehende Anpassungsfähigkeit dieser Heizungsvorrichtung bietet daher besondere Gewähr für eine hohe und zuverlässige Trockenleistung. Bei beiden Heizungsarten befinden sich vor den Ansaugstellen der Ventilatoren große Filterkästen mit bequem während des Betriebes auswechselbaren Sieben, so daß nur gereinigte Luft in die Maschine gelangt und eine Verschmutzung der Lufterhitzer möglichst vermieden wird. Die im Trockenraum verbrauchte, mit Feuchtigkeit hochgesättigte Luft wird im vorderen Teile der Maschine oben abgeleitet.

Die gebräuchlichste Maschine für Baumwollwaren ist die Zwei-Etagen-Maschine. Abb. 103 und 104 zeigen das Muster HN von C. H. Weisbach, Chemnitz. Auch hier wird der nötige Luftstrom durch einen Ventilator durch ein Heizelement (Kalorifer) gepreßt und in erhitztem Zustand von hinten durch düsenförmige Rohre in die verschiedenen Warenläufe der Maschine eingeblasen. Seitlich ist die Maschine durch Bleche mit Korkisolierung abgedeckt, nach oben und unten durch Holz oder dergleichen. Die Entfernung von einem Ständerpaar zum anderen, d. i. die Länge eines Trockenfeldes, beträgt etwa $2\frac{1}{2}$ m. Je nach Leistung wird die Maschine mit 2, 3, 4 oder noch mehr Feldern gebaut. Mit der Spann- und Trockenmaschine kann eine Stärkmaschine, zur Erhöhung der Leistung auch eine Vortrockenmaschine verbunden werden, am Ausgang auch ein Nachtrocken-Zylinder, damit die von den Gelenkketten gehaltenen Warenleisten abgetrocknet werden können.

Abb. 105. Stehende Zylindertrockenmaschine. Muster B 9 von C. H. Weisbach, Chemnitz.

II. Zylindertrockenmaschinen werden zum Abtrocknen gebleichter, gefärbter und auch appretierter Gewebe verwendet, und zwar kommen hierfür Gewebe in Frage, die im Griff härter ausfallen dürfen und bei welchen nicht der hohe Wert auf gleichmäßige Breite gelegt wird. Es ist damit zu rechnen, daß auf der Zylindertrockenmaschine Breitenverluste eintreten, die sich aus dem Schrumpfen des Gewebes auf den Trockenzylindern ergeben. Je nach der Gewebart wird das Gewebe abwechselnd mit der rechten und linken Seite auf die verschiedenen Trockenzylinder überführt oder aber unter Verwendung von Leitwalzen kommt es nur mit einer Warenseite zur Anlage an die Zylinder. Die stehende Zylindertrockenmaschine, Muster BJ von C. H. Weisbach, Chemnitz (Abb. 105 und 106) ist mit Leitwalzen versehen. Die

Zylindertrockenmaschinen bestehen aus Ständerpaaren, in welche Dampf- und Wasser-Kanäle eingegossen sind. In diesen Ständerpaaren sind die Trockenzylinder in Stopfbüchsen gelagert und werden untereinander durch Stirnräder angetrieben. Die Zylinder selbst bestehen aus Kupferblech mit Gußeisenböden. Das Kupferblech wird hart gelötet und mittels glühend gemachter Schrumpfringe auf die Gußeisenböden gepreßt. Der Dampfeingang befindet sich auf der einen Seite, der Wasseraustritt auf der entgegengesetzten Seite. Die Zylinder sind in der Regel für 3 Atm. Betriebsdruck geprüft und mit entsprechender Sicherheits-Armatur ausgestattet. Die Zylindertrockenmaschine wird durch ein Stufenräder-Vorgelege angetrieben.

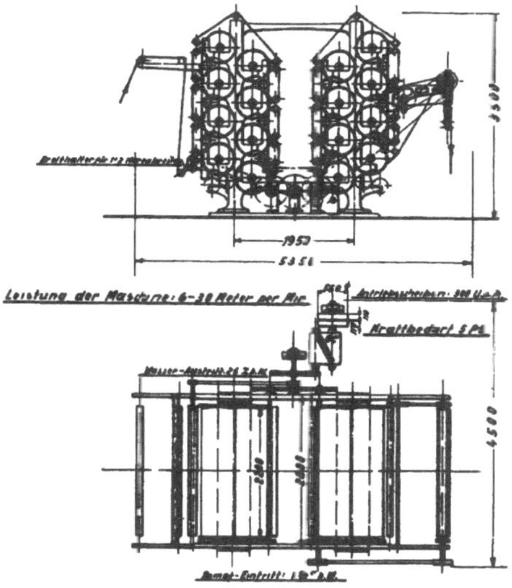

Abb. 106.
Stehende Zylindertrockenmaschine.
Muster BI von C. H. Weisbach, Chemnitz.

Mit der Zylindertrockenmaschine kann eine Breitstreckmaschine verbunden werden, die das einlaufende Gewebe vor der Trocknung gleichmäßig breitstreckt. Das Gewebe kann in dieser Breitstreckmaschine überspannt werden, so daß die auf der Zylindertrockenmaschine auftretenden Breitenverluste nicht so fühlbar sind.

Auch kann die Zylindertrockenmaschine mit einer Stärkmaschine verbunden werden, um die Ware bei einem Durchlauf stärken, breitstrecken und trocknen zu können.

Abb. 107 zeigt eine liegende Zylindertrockenmaschine ohne Leitwalzen der C. G. Haubold A. G., Chemnitz. Das Kondenswasser wird durch kupferne Schöpfvorrichtungen entfernt, die im Innern der Zylinder an den Seitenböden angeschraubt werden. Ein Zusammendrücken der Zylinder bei Entstehung von Luftleere im Innern wird durch ein selbsttätig arbeitendes Luftventil an jedem Zylinder verhindert. Bei liegender Zylinderanordnung ist außerdem noch jedes Zylinderlager mit einem weiteren Luftventil versehen. Diese Lagerventile können sämtlich gemeinsam durch einen Handgriff geöffnet werden. Bei stehender Zylinderanordnung erhält außer den Zylinderventilen jeder Ständer ein großes, für alle Zylinder gemeinsames Luftventil. Die Maschine ist ferner ausgestattet mit: Abwickelvorrichtung mit Bremse oder Einlaßvorrichtung für in Falten vorgelegte Waren, Breithalte- und Aufwickel- oder Legevorrichtung.

D. Appretur.

I. Mechanische Zurüstung. Nach dem Trocknen läßt man die Ware abkühlen, sprengt sie mittels einer Einsprengmaschine mit Wasser ein, läßt sie wiederum einige Zeit aufgebäumt liegen und bringt sie dann auf den Kalander.

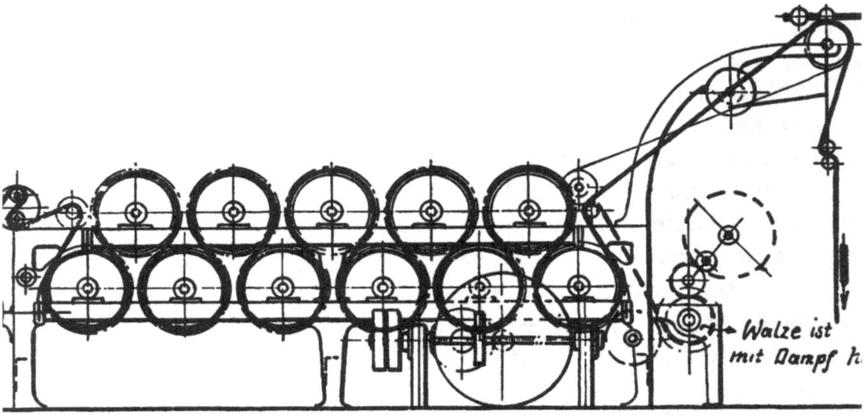

Abb. 107. Liegende Zylindertrockenmaschine von C. G. Haubold, Chemnitz.

Kalander bestehen aus den eisernen Gestellwänden und den darin gelagerten gepreßten Stoffwalzen sowie einer oder mehreren Metallwalzen. Die Walzen werden mittels doppelt übersetzten Hebeldrucks aufeinander gepreßt; das zwischen diesen Walzen durchgeführte Gewebe erhält durch den Druck einen gewissen Schluß des Fadens und einen entsprechenden Glanz. Wird nur matter Glanz verlangt, dann führt man das Gewebe zwischen Stoffwalzen hindurch, wird stärkerer Glanz gewünscht, dann läuft die Ware abwechselnd zwischen Stoffwalze und geheizter Metallwalze; soll die Ware aber einen Hochglanz bekommen, dann benützt man den Friktionskalander; auf diesem wird die Metallwalze mit größerer Umdrehungszahl getrieben als die Stoffwalze. Infolgedessen findet zwischen Metallwalze und der Ware Reibung statt, die den hohen Glanz auf der Ware erzeugt. Der Kalander kann auch schon für nasse Ware zur Anwendung kommen, und zwar dient er dann zum Auspressen des in der Ware befindlichen Wassergehaltes. Die Abb. 108 und 109 stellen einen 3-Walzen-Roll-Kalander, Muster HN von C. H. Weisbach, Chemnitz, dar, und zwar die Schnittzeichnung einen solchen für Roll- und Friktions-Effekte und die Autotypie einen solchen zum Auspressen nasser Ware.

Außer den Kalander-Effekten findet auch die hydraulische Walzenmangel Anwendung, und zwar für bestimmte Warengattungen, die einen gewissen Glanz, einen guten Schluß des Fadens und trotzdem ein rundes Fadenbild zeigen sollen. Diese Forderungen werden beispielsweise bei Inletts, Damassés usw. gestellt.

Abb. 108. Drei-Walzen-Rollkalander HN von C. H. Weisbach in Chemnitz.

Das Gaufrieren wird ebenfalls auf Kalandern vorgenommen. Zeichnungen, Linien oder Reliefs, die auf einer Stahlwalze graviert sind, werden in das Gewebe eingepreßt. Besonders findet man diese Ausführung bei Buchbinder-Kalikos, Futter- und Fächerstoffen, Ledertuchen, Wachstuchen und dergleichen. Je nach den einzupressenden Mustern wird doppelt übersetzter Hebeldruck oder hydraulischer Walzendruck angewendet.

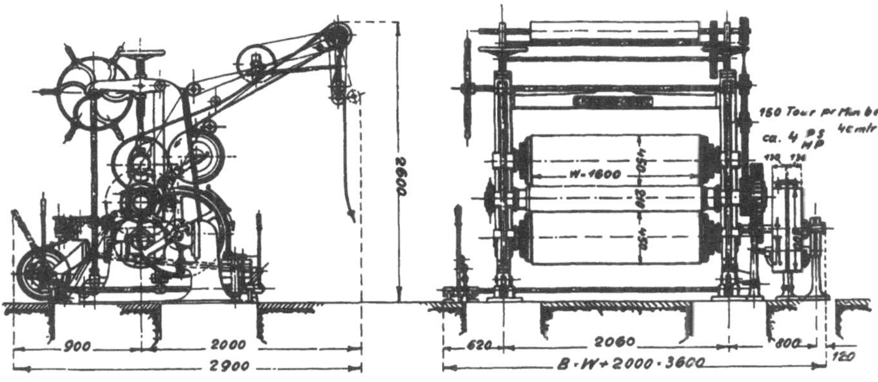

Abb. 109. Drei-Walzen-Rollkalander HN von C. H. Weisbach in Chemnitz.

Die Schlußbehandlung verschiedener Gewebearten nimmt man auf der Appretbrechmaschine vor. Hierzu eignet sich am besten eine Spiralwalzen-Appretbrechmaschine, weil dieselbe mit angetriebenen Walzen arbeitet, die keinerlei Reibung auf der appretierten Ware hervorrufen (System C. H. Weisbach, Chemnitz).

Außer diesen Behandlungsarten ist noch die Behandlung auf dem Beetle- oder Stoß-Kalander zu erwähnen, doch wird diese Ausrüstungsart heute nur noch wenig verwendet, weil sie zu teuer ist. Man hilft sich bei Geweben, die einen sogenannten Beetle-Effekt zeigen sollen, durch die Chaising-Vorrichtung. Ein Gestell mit 5 Paar elastisch gelagerten Walzen wird am Kalander angebaut, so daß das Gewebe in 5- bzw. 6facher Lage durch die Kalanderwalzen geführt wird.

Starke Stoffe, wie Barchent, Moleskin usw., werden nach dem Appretieren und Bleichen auf die Rauhmaschine gebracht.

Leichte Gewebe wie Mousseline, Jaconnés, Organdin usw., werden auf sogenannten Changier-, Spann- und Trockenmaschinen gerichtet und getrocknet; auf diese Weise wird eine elastische Appretur erzielt.

II. Chemische Zurüstung. Die chemische Appretur bezweckt, dem Gewebe durch Tränken mit Lösungen schleimiger Substanzen mannigfacher Art Griff und Aussehen zu verleihen. Man unterscheidet weiche, schwere, harte, gefüllte, speckige, wollige, elastische usw. Appretur. Hiernach richtet sich zunächst die Wahl und Zusammenstellung der Appreturmittel. Gebraucht werden, teils pflanzliche, teils tierische, teils mineralische zum Weichmachen: Öle, Fett, Wachs, Seife, Soda. Als Klebemittel Weizen- und Kartoffelstärke, auch Mehl, als Beschwerungs- und Füllmittel Chinaclay, Talkum, Schwerspat, Magnesiasalze usw. Die Appreturmittel werden fast alle mit Hilfe des Appretkochers gekocht.

Jede Appreturmasse entspricht auch der auf der Ware befindlichen Farbe, enthält also bei farbigen Waren geringe Mengen derjenigen Anilinfarbstoffe, mit denen das betreffende Gewebe gefärbt ist, jedoch darf nach der Appretur die Farbe des Gewebes durch diesen Zusatz nicht verändert erscheinen.

Die Appreturmasse wird entweder auf einer oder auf beiden Seiten des Gewebes aufgetragen. Die hierzu dienende Stärkemaschine gleicht einer Klotzmaschine. Für stark zu tränkende Ware empfiehlt sich der Gebrauch der Friktionsstärkemaschine.

Die Färberei tierischer Fasern.

Wollfärberei.

a) Allgemeines.

Die Wolle zeigt in der Färberei ein anderes Verhalten als die pflanzlichen Fasern. Mit größerer Sorgfalt als bei den Pflanzenfasern müssen die physikalischen und chemischen Eigenschaften der Wolle und ihr Verhalten gegen die verschiedenen zur Anwendung gelangenden Mittel berücksichtigt werden (s. Teil II).

Je nach der Schafrasse sind Struktur und Beschaffenheit der Wolle verschieden; auch die Fülle und Echtheit der Färbungen hängt von der Qualität der Wolle ab. Grobe und harte Wollen, wie auch solche, die mehr den Charakter des glatten Haares haben, wie Cheviot und Mohärwolle, lassen sich nicht so leicht färben, als gekräuselte Merinowolle.

Je gesünder und kräftiger das Wollhaar ist, desto größer ist das Aufnahmevermögen für Farbstoffe. Kranke Wollen neigen zum Bluten und Nachlassen der Farbe.

Die Wolle hat zu den meisten Farbstoffen besonders zu Teerfarbstoffen eine größere Verwandtschaft als die Baumwollfaser. Eintauchen in eine wässrige Farbstofflösung von bestimmter Temperatur genügt häufig eine Färbung zustande zu bringen.

Die große Verwandtschaft der Farbstoffe zur Wollfaser hat zur Folge, daß fast alle natürlichen und künstlichen Farbstoffe zur Wollfärberei Verwendung finden können. Von Teerfarbstoffen kommen vorwiegend die sauren, die Alizarin- und die Küpenfarbstoffe in Betracht Die basischen haben für die Wollfärberei an Bedeutung verloren. Von den natürlichen Farbstoffen werden noch besonders Cochenille, Blauholz und Gelbholz verwendet; Mineralfarbstoffe werden in der Wollfärberei nicht benutzt.

Zum Beizen der Wolle kommen hauptsächlich Alaun, Aluminiumsulfat und Kaliumbichromat (seltener Chromalaun) in Anwendung.

Bevor die Wolle gebeizt oder gefärbt wird, muß sie gut genetzt werden. Sie wird zuerst durch warmes, dann durch kaltes Wasser genommen und darauf abgequetscht. Nicht genügend genetzte Ware enthält Luft, welche das gleichmäßige Eindringen der Flotte verhindert und die Färbung ungleichmäßig macht. Der Netzflüssigkeit wird zuweilen etwas Soda zugesetzt. Nach dem Netzen darf die Faser nicht antrocknen, sondern muß sofort gebeizt oder gefärbt werden.

Wichtig ist auch das Einhalten der nötigen Temperatur. Allgemein wird beim Beizen und Färben von Wolle die Temperatur zur Siedehitze gesteigert, besonders bei dichtem Material, bei schwer durchfärbbarem dicken Wollstoff, bei festgedrehtem Garn oder auch bei Verwendung schwer löslicher Farbstoffe. Bei einigen Farbstoffen wie bei Indigocarmin, Alkaliblau u. a. beeinträchtigt zu hohe Temperatur die Färbung.

Durch vorsichtiges Bewegen und durch richtige Wärmezufuhr muß das Verkochen vermieden werden.

Die Farbstoffe müssen gut gelöst und durchgesiebt oder gefiltert dem Färbebade zugegeben werden. Einige Farbstoffe haben die Neigung, ungleichmäßig aufzuziehen, in diesem Falle muß man bei niederer Temperatur eingehen und die Flotte nur allmählich zum Kochen treiben. In vielen Fällen empfiehlt es sich, die Farbstofflösung nach und nach dem Färbebade zuzusetzen, wobei jedoch die Wolle jedesmal vorher aus dem Bade genommen werden muß. Bei Farbstoffen, die zu schnell aufziehen, wird zur Verlangsamung ein Zusatz von Glaubersalz gegeben.

Nach dem Färben muß die überschüssige Flotte möglichst bald durch Auswringen oder Auspressen und Spülen entfernt werden, weil die Färbung sonst leicht ungleichmäßig wird. Dies kommt sowohl bei loser Wolle vor, die nach dem Färben auf Haufen aus dem Bade geworfen wird, als auch bei Garn- oder Stückwaren, die nach dem Färben auf Stangen aufgehängt werden. Die Flüssigkeit zieht dann in den untersten Teil und bringt dunkle Stellen hervor.

Soll die Färbung absichtlich nachdunkeln, so muß man sie im Färbebade belassen und langsam umziehen, bis die Flüssigkeit erkaltet ist.

Um das Abrußen oder Abschmutzen, das Bluten der Färbungen in der Wäsche oder in der Walke zu verhüten, muß zum Schluß gründlich gespült werden.

Die Wolle wird in allen Verarbeitungszuständen gefärbt.

Am meisten für die Herstellung zu walkender Streichgarnstoffe im unversponnenen Zustande als lose Wolle (Flockwolle). Auf diese Weise wird beim nachherigen Verspinnen durch die Krempel ein Faden gebildet, in welchem die Farben ausgeglichen sind; das fertige Gewebe sieht sicher gleichmäßig aus. Aus solcher Wolle hergestelltes Gewebe bezeichnet man als „in der Wolle gefärbt“. Es wird besonders geschätzt, weil die betreffende Farbe notwendig echt sein muß, wenn sie den verschiedenen Behandlungen während der Herstellung standgehalten hat. Da derartige Gewebe durchgefärbt sind, behalten sie auch in der Benutzung die Farbe bei. „In der Wolle“ werden besonders dunkelfarbige Tuchsorten wie Militärtuche gefärbt.

Kammgarnstoffe werden gern in Form des sogenannten Kammzugs gefärbt.

Die Wolle wird weiter als Garn gefärbt, sowohl als Streichgarn wie als Kammgarn.

Schließlich im Stück, besonders bei hellfarbigen Tuchen. Stückgefärbte Ware wird häufig grau trotz echter Farbstoffe. Dieser Fehler tritt besonders bei Waren auf, die aus hart gedrehtem Garn hergestellt sind, oder bei dichtgewebten, dicken oder gut gewalkten Stoffen. Die Ursache liegt in mangelhafter Durchfärbung.

Beim Färben der losen Wolle wird die größte Menge Farbstoff verbraucht. Garn verlangt weniger und noch weniger die Stückfärberei.

---

b) Reinigung und Zurüstung für die Färberei.

Von weit größerer Bedeutung als bei Pflanzenfasern ist die Reinheit der Wolle, besonders wenn helle Farben gefärbt werden sollen. Anhaftender Schmutz oder Fetteile verhindern Beizen und Farbstoffe in die Faser einzudringen. Die Reinigungsmittel müssen nach der Wäsche durch Spülen gründlich entfernt werden.

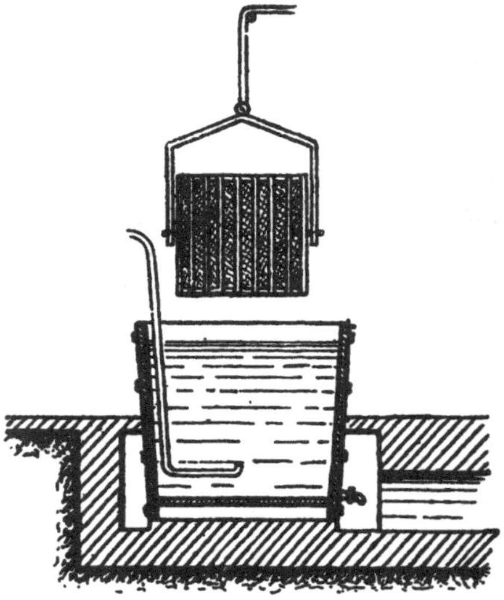

Abb. 110. Entschweißungsapparat.

1. Die l o s e W o l l e des Handels ist entweder vor der Schur, auf dem Tier gewaschen, „rückengewaschene" Wolle, oder, schmutzig und ungewaschen, „Schweiß"wolle. Beide Arten müssen vor dem Färben gründlich gewaschen und von dem sog. Schweiß befreit werden. Die Art der späteren Verwendung der Wolle muß bei der Wäsche berücksichtigt werden. So sollen die natürlichen Kräusel bei Streichwolle erhalten, bei Kammwolle dagegen beseitigt werden.

Die Schweißwolle wird erst einer V o r w ä s c h e, einem Waschen mit warmem Wasser unterworfen.

Um kleinere Partien zu entschweißen, kann folgende Einrichtung benutzt werden. (Abb. 110).

Ein hölzerner Bottich von 1,75 m Durchmesser und 1,90 m Tiefe steht in einem vertieften Raume auf einem festen Grund, so daß etwa 80 cm herausragen. Am Boden ist ein Spund zum Ablassen der gebrauchten Flüssigkeit angebracht. Die Flüssigkeit wird mit Dampf erwärmt. Die Wolle wird in den zylinderförmigen Lattenkasten, welcher mit einem Netz umzogen ist, gepackt und mittels einer Winde in den Bottich gelassen. Nach dem Entschweißen wird die Wolle in die Höhe gezogen, abtropfen gelassen und zur Wäsche gebracht.

Die e i g e n t l i c h e W ä s c h e geschieht mit schwachalkalischen Mitteln, wie Soda, Seife, Ammoniak. Genaue Angaben lassen sich nicht machen, weil sich die Menge des Waschmittels nach der Art der Wolle richten muß.

Für Streichwolle verwendet man Soda und Seife. Die Temperatur der Bäder schwankt zwischen 45 und 50° C. Durch diese Wäsche verliert die Wolle, je nach dem Schweißgehalt, bis zu 80 % an Gewicht.

Für Kammzug bestimmte Wolle muß mit guter Kalischmierseife gewaschen werden. Diese Seife darf weder zuviel überschüssiges Alkali enthalten, noch unverseiftes Fett, welches die Krempeln verschmieren und ein schlechtes Gespinnst mit schlechtem Rendement ergeben würde.

Zum Schlusse wird die Kammwolle nicht wie Streichwolle gespült, sondern in einer drehbaren Drahttrommel mit warmer Luft angetrocknet und auf einer Ölwolfmaschine geschmälzt.

Die Wolle enthält häufig auch Pflanzenteile, die durch die Wäsche nicht entfernt werden können. Diese müssen auf mechanischem oder chemischem Wege entfernt werden.

Man trennt die Pflanzenteile mittels der sogenannten Klettenwölfe oder von Hand mit dem Noppeisen.

Das chemische Verfahren zur Entklettung der Wolle ist die Karbonisation. Die Wolle wird hierbei durch Schwefelsäure von bestimmter Konzentration genommen, hierauf in einem Karbonisierofen erhitzt und die mürbe gewordenen Pflanzenteile werden dann durch den Klopf- und Reinigungswolf entfernt (s. Teil II).

Oft werden auch die Noppen im fertigen Stück überpinselt oder das Stück so gefärbt, daß die Pflanzenteile gedeckt werden.

2. Kammzug wird in der Regel im Apparat selbst vor dem Färben genetzt und nötigenfalls entfettet.

Seltener wird die einzelne Docke oder der einzelne Strähn zu einem losen Knoten zusammengeschlossen, so daß er sich nicht von selbst löst, andererseits aber die Flüssigkeit leicht durchläßt.

Gewaschen wird in schwacher Sodalösung bei 35—40° C. Die geknoteten Stränge werden eingelegt, bis sie zu Boden sinken. Die Entfettung erfolgt sofort, so daß nach kurzer Zeit die Waschflüssigkeit wieder abgelassen werden kann.

Häufig genügt ein einfaches Netzen des Kammzugs als Vorbereitung zum Färben. Man bringt zu diesem Zwecke die Strähne ¼ Stunde in Netzen in 80° C heißes Wasser.

Nach dem Waschen oder Netzen wird in lauwarmem Wasser gespült und ausgeschleudert.

3. Kammgarn wird in kochendheißem Wasser solange eingebrüht, bis der Faden vollständig durchtränkt ist. Er verliert dadurch die Neigung zum Filzen, Kräuseln und Ringeln. Die Garnbündel kommen für 3—4 Stunden oder über Nacht in eine Holzkufe und werden hierauf geschleudert. Man bedient sich vielfach eines besonderen Garnstreckapparates zum Ausstrecken der Garne während des Einweichens, um das Zusammenschrumpfen bei den nachfolgenden Arbeiten zu verhindern.

4. Streichgarne enthalten vom Spinnen mehr oder weniger große Ölmengen oder Schmälze, bestehend aus Olein oder Baumöl. Diese müssen vor dem Beizen oder Färben, besonders wenn sie ranzig oder harzig geworden sind, sorgfältig entfernt werden. Es wird in zwei aufeinanderfolgenden Bottichen gewaschen. Im ersten, dem Weichbottich, werden die Garne in eine 1 prozentige Lösung von Elaïn- oder Schmierseife auf kurze Zeit eingelegt und drei- bis fünfmal umgezogen, wodurch sich die Schmutzteile ablösen. Nach dem Abwinden über dem Bottich bringt man die Garne in den zweiten Bottich mit 3 % Soda und 5 % Seife vom Gewicht des Garnes; hier wird ebenfalls drei- bis viermal umgezogen und schließlich herausgeschlagen und abgewunden. Die Schmälze aus Olein kann mit weniger Seife entfernt werden, die aus Baumöl erfordert etwas mehr Seife. Wenn sich die Garne trotzdem schlecht reinigen lassen, so setzt man auch der Weichflotte etwas Salmiakgeist oder Kristallsoda zu. Neuerdings bewährt sich der Zusatz von Fettlösungsmitteln, z. B. in Gestalt von Tetrapol, Hexoran usw. Die Temperatur beim Entfetten sei nicht zu hoch, 30—40° C.

Nach dem Waschen werden die Garne in lauwarmem Wasser von 30—35° C und hierauf in kaltem Wasser rein gespült. Sorgfältiges Spülen ist Bedingung für guten Ausfall der Farbe. Wie bei der losen Wolle, so gilt auch hier: je kälter das Spülwasser, desto reiner, offener und schöner werden die Garne. Auswaschen und Spülen müssen aufeinander folgen; keinesfalls dürfen die Garne über Nacht in der Seifenlösung liegen bleiben.

5. Die vom Webstuhl kommenden Streichgarnstoffe erhalten die Vorappretur.

A. Sie werden vorgewaschen oder entgerbert. Hierdurch werden sie von den Unreinigkeiten, wie Schmälzmitteln, vom Spinnen herrührend, Leim oder Schlichte, vom Weben herrührend, usw. befreit. Das Reinigungsmittel muß sich nach der Art der Verunreinigung richten. Baumöl wird am besten durch Schmierseife oder Walkerde entfernt, Olein durch Soda oder Pottaschelösung von $\frac{1}{2}$—2° Bé. Mit Walkerde wird seltener vorgewaschen; in der Regel wird nur bei feinen wollfarbigen Stücken „geerdet", um die Farbrückstände zu entfernen und die Stücke möglichst weich und wollig zu machen, damit in der Walke ein besserer Filz entsteht. Die Waschflüssigkeiten dürfen nicht zu heiß sein, weil die Ware sonst grau, hart und brettig wird und die Walkfähigkeit leidet. Das Gewebe darf zu Beginn des Waschens nicht naß sein, weil die Waschflüssigkeit trockene Ware besser angreift. Das Waschen geschieht auf der Strang- oder Breitwaschmaschine (s. Teil II). Die Seifen oder alkalischen Lösungen werden verdünnt zugegeben. Die verseiften Verunreinigungen, der sog. Gerber, bilden sich schon nach kurzer Zeit. Man beginnt dann mit dem Abspülen oder Klarmachen, indem man allmählich, im Anfang sehr wenig Wasser zugibt.

B. Dem Waschen folgt die Entfernung der pflanzlichen Verunreinigungen, die Karbonisation mit Schwefelsäure von 4° Bé. Vier bis sechs Stücke werden auf einmal in dieser Lösung eingesäuert. Wollfarbige Tuche, z. B. graue und blaugemischelte, läßt man 20—25 Minuten in Schwefelsäure von 3° Bé liegen; ungefärbte oder indigoblau oder säureechte Färbungen bleiben, je nach Dicke des Stoffes, ein bis drei Stunden in Säure von 4° Bé. Die Zeit muß genügen, die Pflanzenteile zu durchdringen, so daß sie beim nachherigen „Brennen" zerstört werden. Nach dem Ausschleudern wird sofort bei 45° C getrocknet; hierauf laufen die Stücke in die Karbonisiermaschine über mit Dampf erhitzte Zylinder oder in einen geschlossenen Raum, der auf 90° C erhitzt werden kann. Nach 15—20 Minuten ist das Brennen vollendet. Dann wird gründlich entsäuert, damit keine Säurerückstände in der Ware verbleiben. Nach dem Entsäuern wird geschleudert (s. Teil II).

C. Das Walken bezweckt, die Ware in der Länge und Breite, zuweilen nur in der Breite, zusammenzustauen; sie wird griffiger, dicker und haltbarer und erhält eine geschlossene und verfilzte Oberfläche. Die einzelnen, das Gewebe bildenden Fäden, die Bindung des Gewebes, läßt sich nicht oder nur wenig unterscheiden.

Die Walke ist verschieden; glatte Tuche, Satins, Doßkins, Düffel, Buckskin usw. werden stark gewalkt, andere Stoffe, wie Cheviot, Serge, nicht oder nur wenig. Je stärker gewalkt wurde, um so schwerer färbt sich das Tuch durch. Durch das Walken oder Verfilzen schlingen sich die einzelnen schuppenförmigen Wollhärchen unter der gleichzeitigen Einwirkung der Feuchtigkeit und Wärme ineinander. In der Walkmaschine wird die Ware mit warmer Seifenlösung gleichmäßig angefeuchtet und während des Walkens durch Zugeben von Seifenlösung möglichst gleichmäßig feucht erhalten. Die Seife macht die Stoffe geschmeidig und reinigt sie gleichzeitig. Man benutzt zum Walken Talgkern- oder Walkseife, eine neutrale Seife mit großem Fettgehalt. Während des Walkens darf die Ware nicht trocken laufen und sich erhitzen.

Nach dem Walken wird zur Entfernung der Seife und des Walkschmutzes auf der (Breit)-Waschmaschine gewaschen. Als Waschmittel benutzt man Seifenlösung unter Zusatz von etwas Ammoniak; Soda und Pottasche machen die Stoffe leicht hart.

Nach dem Waschen wird im warmen Wasser gespült. Vor- und Nachwäsche müssen sorgfältig ausgeführt werden, weil der Walkschmutz und die Seifenrückstände den Ausfall der Appretur und Färberei beeinträchtigen. Häufig werden die klar gespülten Stoffe nochmals mit Walkerde behandelt. Dieses letzte Auswaschen ist wirkungsvoller, wenn nach dem Spülen getrocknet wird, weil Walkerde auf trockene Stoffe besser einwirkt.

Cheviotartige stückfarbige Waren kommen nach dem Walken direkt zum Färben. Stücke für Strichappretur werden vorher gerauht.

D. Das Rauhen bezweckt, die Haare an der Oberfläche zu lösen, um das Gewebe für das nachfolgende Scheren auf dem Scherzylinder geeignet zu machen, und gleichzeitig den Filz etwas zu lockern, um ein leichteres Auswaschen noch vorhandener Seifenrückstände beim späteren Waschen mit Walkerde zu ermöglichen. Schließlich wird eine die Wärme nicht leitende Luftschicht zwischen den aufgerauhten Fasern geschaffen, die wesentlich zur Erhöhung des wärmenden Charakters beim späteren Tragen des Kleidungsstückes beiträgt.

Zum Rauhen benutzt man die in Frankreich, Süddeutschland und Österreich wachsende Karden- oder Weberdisteln, die reihenweise in eiserne Stäbe (Rauheisen) von der Breite der Rauhmaschinentrommel gesetzt werden. Je nach der Feinheit und Stärke des Stoffes und der Dichte des Filzes muß die Oberfläche mehr oder weniger stark gerauht werden. Feinere Stoffe mit dichterem Filz erfordern stärkeres Rauhen. Während des Rauhens muß der Stoff so feucht sein, daß er nicht staubt Das Rauhen wird anfangs mit stumpfen, später erst mit scharfen Karden vorgenommen, weil der Filz sonst herausgerissen wird und eine narbige Oberfläche entsteht. Besondere Sorgfalt muß bei Waren mit offener, d. h. wenig gefilzter Oberfläche beobachtet werden. Auf der mit zwei Trommeln ausgestatteten Rauhmaschine arbeiten sich die Trommeln entgegen, so daß die eine die von der andern hervorgebrachte Strichlage immer wieder umkehrt. Ist die Ware genügend gerauht, so wird sie einige Zeit nur nach einer Richtung unter Zugabe von viel Wasser gerauht. Hierdurch wird die Haardecke besser geglättet und gescheitelt. Sie nimmt gleichzeitig den sog. Rauh- oder Wasserglanz an, der durch Schleudern vor dem Trocknen teilweise wieder entfernt, aber durch länger anhaltendes Naßrauhen und Trocknen ohne vorheriges Entwässern erhöht wird. Letzteres geschieht bei Stoffen, die Vollglanz erhalten sollen. Der Färber muß den Strich der Ware beachten, damit nicht ein veränderter Strich beim späteren Kochen fixiert wird. Trotz Anwendung der Appreturmittel kann solche Ware nicht mehr richtig geglättet werden. Auf den Färbemaschinen muß der Stoff stets in der Richtung des Striches laufen.

Die gerauhten Stoffe werden entweder aufgetafelt oder auf Rollen gewickelt 1—2 Stunden in heißes Wasser von 95° C eingelegt und nochmals auf der Waschmaschine mit Wasser oder auch 3/4 Stunden mit dünner Walkerdelösung gespült. Hierdurch wird die Ware nicht nur rein, sondern auch besser in Griff und Ansehen.

In neuerer Zeit werden die Stoffe in besonderen Maschinen durch erhitzte Wasserbäder geführt und durch ein teilweise unter Wasser liegendes Quetschwalzenpaar bearbeitet. Dem Wasser kann etwas Pottasche zugeführt werden. Danach wird gespült und nochmals gerauht oder mit alten stumpfen Karden oder eigenartigen Bürsten verstrichen. Stoffe für Vollglanz werden auf Rahmen oder auf Trockenmaschinen getrocknet. Stoffe für Matt- oder Halbglanzappretur und geringere Waren, die nicht dekatiert werden, wie Militärtuche usw., kommen vor dem Trocknen auf die Breitschleuder.

E. Zum Trocknen werden die Tuche nach Länge und Breite so auf den Rahmen gespannt, daß, wenn die Ware trocken geworden, alle Fäden ausgeglättet sind. Strichware wird außerdem mit der sog. Rahmbürste gebürstet. Das Wollhaar bleibt nach dem Trocknen in der Lage, die es im nassen Zustande angenommen hat; verwühlte oder ungenügend geglättete Stellen lassen sich nicht mehr glätten. Das Glätten ist mit Rücksicht auf das folgende Scheren, Pressen und Dekatieren erforderlich.

Durch das Rahmen wird die Ware gestreckt. In der Regel walkt man die Stücke 3—4 cm schmäler ein als sie im fertigen Zustande sein sollen und streckt sie dann beim Trocknen um so viel breiter, als das fertige Maß beträgt. Am besten wird im Freien getrocknet, weil die Ware hierdurch weicher und milder bleibt als durch Trocknen in einem erhitzten Trockenraume bei hoher Temperatur. Dies läßt sich nicht immer ausführen; man ist deshalb zu besonderen Trockenanlagen übergegangen, darf dann aber die Temperatur nicht zu hoch steigern, auch muß für genügende Zufuhr von frischer Luft gesorgt werden.

6. Während es bei der Appretur der Streichgarnstoffe darauf ankommt, die Krimpfähigkeit des Haares möglichst lange zu erhalten, geht man bei Kammgarnstoffen darauf aus, die einzelnen Fäden des Gewebes in einer bestimmten Lage zu fixieren und das Filzen sowie das nachträgliche Einlaufen der Ware zu verhindern.

Nur wenige Kammgarnstoffe werden gewalkt. Es sind dies von stückfarbigen Stoffen die aus einfachem oder doppeltem Weftgarn (Weft = Schußgarn) oder auch solche mit Weftgarn als Kette und Cheviotgarn als Einschlag hergestellten Kammgarncheviots, die auf 10—12 % ihrer Länge und Breite eingewalkt werden, ferner Stoffe, die teilweise aus Streichgarn bestehen. Sie werden indessen auch nach der Walke der unten angeführten Naßappretur unterzogen, gewaschen, getrocknet, geschoren, zweimal warm gepreßt und scharf dekatiert. Die Naßappretur ist von gutem Einfluß auf die gleichmäßige Durchfärbung.

Die meisten Kammgarnstoffe werden ohne Walke auf folgende Art veredelt:

A. Die Stoffe müssen sorgfältig genoppt und gestopft werden, weil auch kleine Fehler deutlicher hervortreten als bei Streichwollwaren. Öl- und Fettflecke, aus der Weberei herrührend, werden mit einer Mischung aus gleichen Teilen Benzin und Terpentinöl entfernt. Fassonnierte, d. h. Kammgarnstoffe mit eingewebten Mustern werden gewöhnlich vor dem Stopfen entschlichtet, gewaschen und getrocknet.

B. Das Sengen bezweckt, die vorstehenden Härchen zu entfernen und den Grund der Ware zu klären, um eine Verfilzung der Oberfläche zu vermeiden. Zum Sengen dient die Gassengmaschine.

C. Die Naßappretur umfaßt das Entschlichten und Fixieren und bildet den Hauptteil der Appretur der Kammgarnstoffe. Dem Wollfaden der Kette wie des Schusses muß eine bestimmte Lage erteilt werden, damit sich bei der späteren Behandlung die Fäden nicht verziehen. Der Stoff wird in heißem Wasser geweicht und darauf durch kaltes Wasser abgekühlt, wodurch er die im heißen Zustande gegebene Form beibehält. Die Temperatur des Wassers muß beim Fixieren so hoch sein wie die höchste Temperatur, welcher das Gewebe bei den folgenden Behandlungen ausgesetzt wird. Da der Kettfaden mehr oder weniger stark geleimt oder geschlichtet ist, muß der Leim durch Wasser von 50—60° C vor dem Fixieren entfernt werden. Beides wird nacheinander auf der Krabbmaschine oder dem Brennbock vorgenommen. (Abb. 111).

Die Maschine besteht in der Hauptsache aus Wasserbehältern mit Quetschwalzenpaaren. Das Gewebe wird mittels einer Aufrollvorrichtung auf eine Holzwelle aufgewickelt, läuft von hier unter dem für die betreffende Gewebeart nötigen Druck auf die zur Hälfte im Wasserkasten liegende Unterwalze des Quetschwalzenpaares.

Der Wasserkasten ist für die Entschlichtung mit Wasser von 50—60° C gefüllt, dem etwas kalzinierte Soda zugesetzt werden kann. Das Gewebe läuft auf der unteren Walze etwa 10—15 Minuten unter Druck, dann wird es wieder auf die Aufwickelwalze zurückgebracht und, nachdem es behufs vollständiger Aufweichung der Schlichte ¾—1 Stunde in diesem aufgewickelten Zustande verweilt hat, in die Lager einer zweiten ebensolchen Maschine gelegt und auf die gleiche Art behandelt.

Hier findet bei 70—77° C das Fixieren der Kett- und Schußfäden des Gewebes in 10 Minuten statt; sodann wird das Gewebe in einen mit kaltem Wasser gefüllten Kühlkasten geführt und schließlich wieder auf die Holzwelle aufgewickelt.

In Frankreich wird für Merinos und Cachemirs eine Maschine benutzt, welche zwei Bottiche enthält; im ersten wird dem Gewebe der Leim entzogen, im zweiten findet das Fixieren statt. Jeder der beiden Bottiche enthält einen Revolver mit 6 Walzen zur Aufnahme des Stoffes. Wenn der Stoff auf die erste Walze läuft, geht er über Streck- und Leitwalzen mit einer Vorrichtung zur Reglung der Spannung je nach der Qualität des Stoffes. Ist die erste Walze gefüllt, so wird der Revolver um $^1/_6$ seines Umfanges gedreht, wodurch die zweite Walze an die Stelle der ersten gelangt; diese nimmt dann das zweite Stück auf, während sich die erste Walze mit dem ersten Stück ins Wasser senkt.

Die Zapfen der Walzen werden von kleinen Federn gehalten, welche das Abrollen des Stückes verhindern, sobald es ins Wasser gesenkt wird; sie wirken gleichzeitig beim Abwickeln als Bremse. Die Maschine arbeitet mit einer Geschwindigkeit von 100 Yard in fünf Minuten, wobei der Stoff 30 Minuten in jedem Bottich bleibt. Vom zweiten Bottich gelangt der Stoff in ein Faß mit lauwarmem Wasser und wird dann zwischen zwei Quetschwalzen ausgepreßt. Wenn drei Walzen in der ersten und sechs in der zweiten Abteilung mit Stoff angefüllt sind, bleibt die Arbeit von da an sich gleich; denn während die 6. Walze in der ersten Abteilung bewickelt wird, entleert

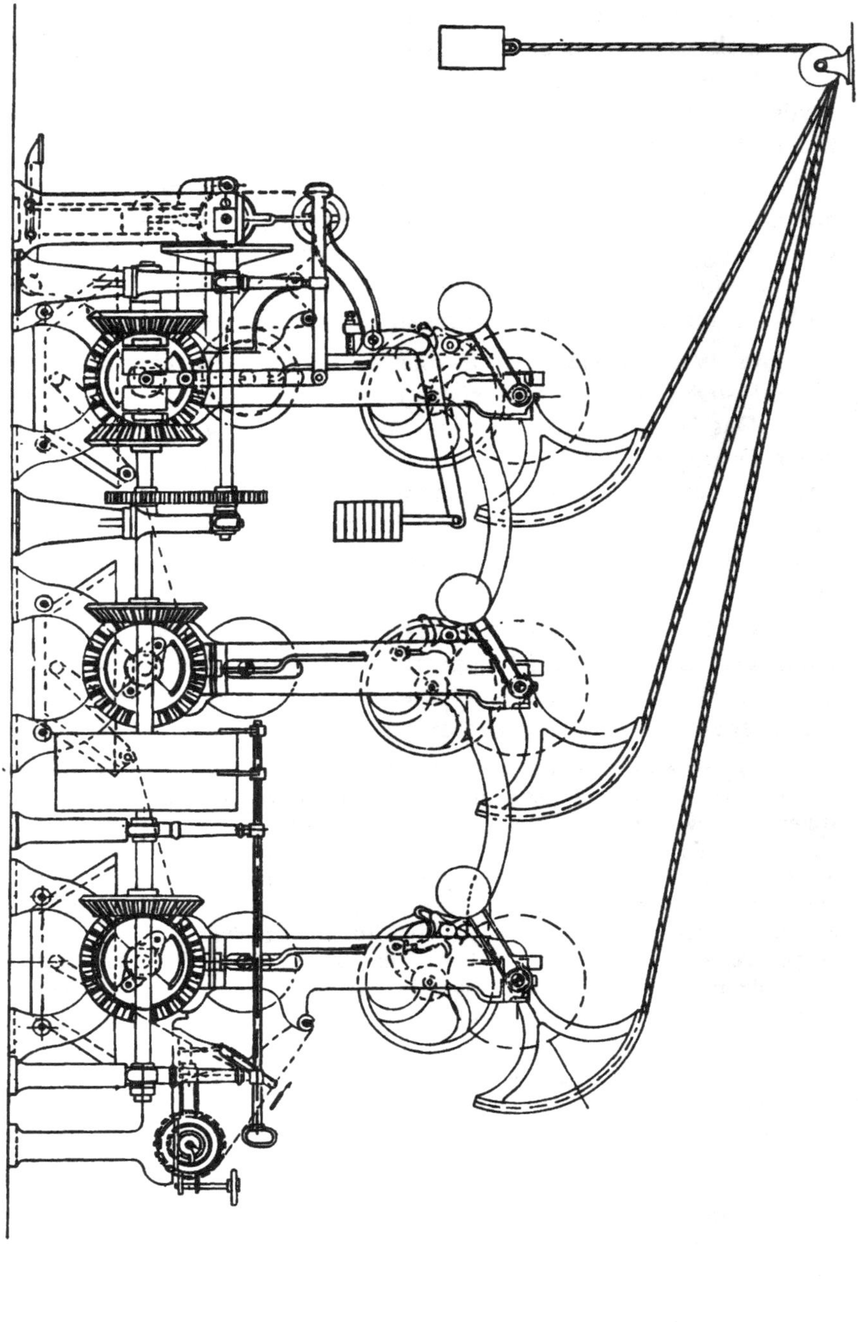

Abb. 111. Krabbmaschine (C. H. Weisbach, Chemnitz.)

sich die erste Walze in der zweiten Abteilung usw. Nach dem Abquetschen läuft der Stoff in einen Trockenapparat und ist dann für das Färben vorbereitet.

D. Die Stoffe werden nun auf einer Breitwaschmaschine mit Seifen-, Pottasche- oder Sodalösung gereinigt. Es ist zweckmäßig, nach dem Waschen mit Seife mit schwacher Walkerde nachzubehandeln. Der gelöste Schmutz kann nur langsam und unter allmählicher Verstärkung des Wasserzuflusses abgespült werden. Nicht rein gewaschene Kammgarnstoffe bekommen nicht den nötigen Lüster, auf ungenügende Wäsche gründet sich ein Teil der Klagen über Mangel an Glanz und weichem Griff bei Kammgarnstoffen.

c) Einrichtungen und Maschinen zum Färben.

1. Das Färben der losen Wolle.

Die Behandlung braucht nicht so sorgfältig zu sein wie in der Stückfärberei, ist aber doch schwieriger, weil die Färbungen die Walke durchmachen und auch lichtechter sein müssen.

Die lose Wolle wird gewöhnlich in kupfernen Gefäßen gefärbt. Für kupferempfindliche Farbstoffe werden diese Kessel verzinnt oder aus Zinn hergestellt. Man kann kupferempfindliche Farbstoffe auch in kupfernen Kesseln färben, wenn man ½% Ammoniumrhodanid vom Gewicht der Ware zusetzt. Eiserne Kessel werden nicht verwendet; sie würden sich schnell abnutzen und eine Reihe von Färbungen beeinflussen, besonders wenn unter Zusatz von Säure gefärbt wird. Färbekufen aus Holz werden häufig angewandt, sind aber nur zu empfehlen, wenn stets gleiche oder ähnliche Farben gefärbt werden.

Zum Färben loser Partien werden eingemauerte, mit direkter Feuerung versehene Kessel verwendet, deren Feuerungsanlage so eingerichtet werden muß, daß der ganze Boden des Kessels vom Feuer bestrichen wird. Eine Kufe für 200 kg Wolle hat einen Durchmesser von 360 cm bei einer Tiefe von 150 cm. (Abb. 112.)

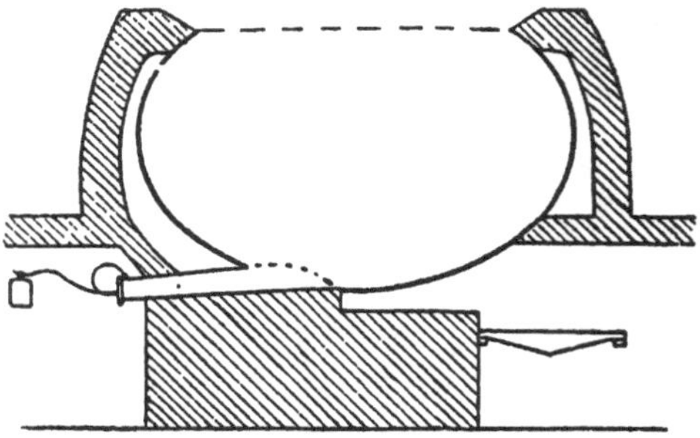

Abb. 112. Kugelkessel mit direkter Feuerung.

Diese Art der Heizung ist sparsam für größere Kufen von etwa 12 cbm. Bei Kufen von 2—4 cbm ist Dampfheizung vorteilhafter.

Kessel für direkten Dampf sind mit doppeltem Boden (Abb. 113) oder mit Schlangenrohren ausgestattet.

In manchen Färbereien arbeitet man mit halbzylindrischen Zementkesseln aus Mauerwerk mit Zementputz von quadratischem Grundriß und 230 cm Seitenlänge (Abb. 114—116). Die am Boden befindliche Heizung besteht aus einer geschlossenen Kupferschlange von 16 cm Weite und 18 Windungen mit 230 cm Länge. Zur Aufnahme der Wolle benutzt man einen dem Kessel angepaßten Drahtkorb, der durch einen Aufzug gehoben und gesenkt werden kann. Bei diesem System soll die Wolle offen bleiben und Verfilzen oder Verkochen vermieden werden.

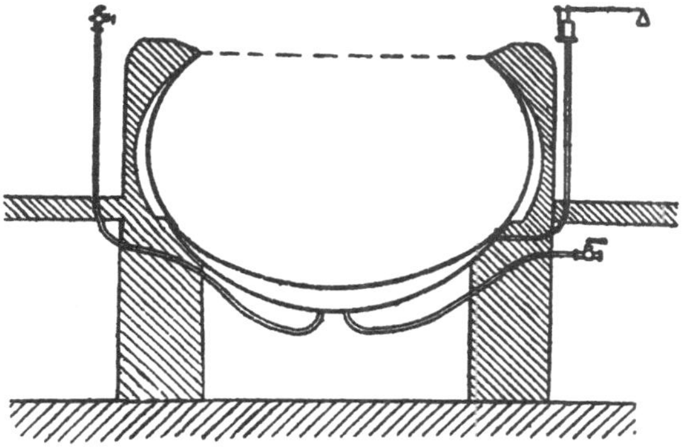

Abb. 113. Kugelkessel mit Doppelboden für Dampfheizung.

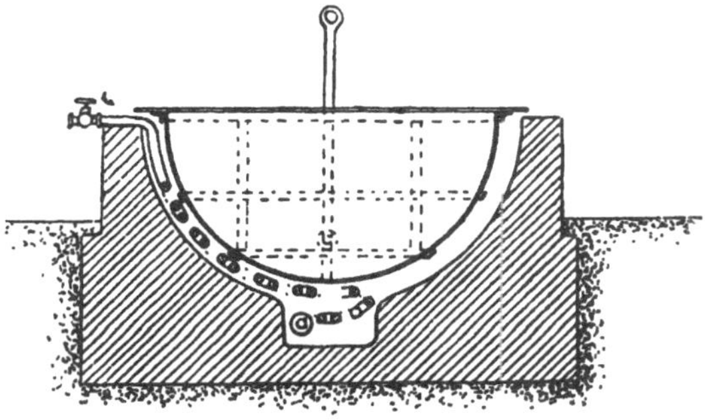

Abb. 114. Halbzylindrischer Kessel (Querschnitt).

Die Kessel mit Dampfheizung können auch freistehend aufgestellt werden. Unter dem Siebboden im Kessel befindet sich ein geschlossenes Dampfrohr zur Erwärmung der Flüssigkeit. Das Sieb verhindert, daß die Wolle direkt mit dem Dampfrohr in Verbindung kommt und filzt.

Die getrennt gelösten Farbstoffe und etwaigen Beizmittel werden in das Färbebad gegeben. Man läßt dann den etwa zur Hälfte gefüllten Kessel aufkochen, schreckt hierauf durch kaltes Wasser die Färbeflotte auf etwa 75° C ab und bringt die Wolle in richtiger Bemessung der Wollmenge hinein, damit sie offen bleibt. Im vollen Kessel soll die Wolle leichter offen bleiben und doch bei vorsichtiger Arbeit gut gleich gefärbt werden.

Das *Eingehen* der Wolle muß schnell geschehen, ebenso das Umhaken und Untertauchen mit Stangen, bis die Wolle vollkommen gleichmäßig gefärbt ist. Das Umhaken wird dann noch eine Zeitlang fortgesetzt. Die Temperatur wird in den ersten 5—10 Minuten nicht erhöht, dann steigert man sie langsam bis zum Siedepunkt und läßt schwach aber gleichmäßig kochen.

Wenn während des Färbens *abgetönt* werden muß, so wird der gelöste Farbstoff unter Umhaken über die Wolle gespritzt. Zu langes Kochen schadet der Wollfaser. Es ist deshalb angebracht,

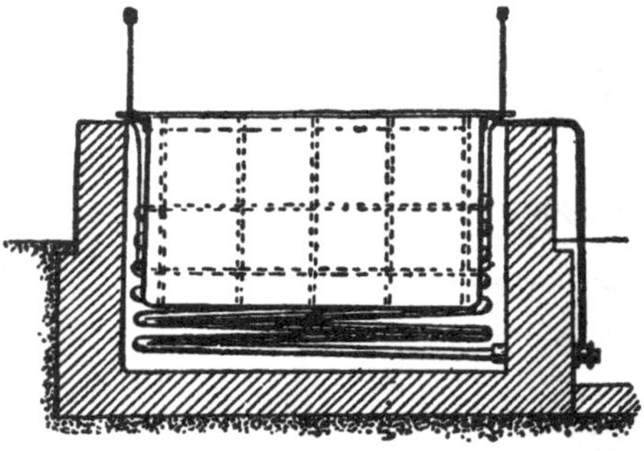

Abb. 115.
Halbzylindrischer Kessel (Längsschnitt).

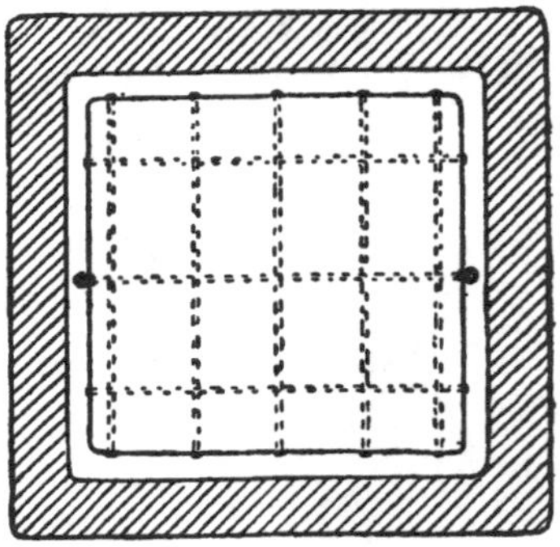

Abb. 116. Halbzylindrischer Kessel (Grundriß).

die gewünschten Farbtöne, wenn möglich, schon beim ersten Kochen zu erreichen.

Das *Abmustern* geschieht an einer Hand voll Wolle, die aus dem Kessel genommen und ausgedrückt wird. Hierbei ist auf das folgende Trocknen Rücksicht zu nehmen.

Der Färber muß nicht nur den Farbton treffen, sondern auch die Wolle *schonen*, damit sie sich nicht verschlingt oder verfilzt. Man darf die Wolle weder im nassen noch im trockenen Zustande zu dicht pressen, sie muß lose in Körben oder Säcken lagern; die ursprüngliche natürliche Weichheit und das Aussehen der Wolle darf keine Einbuße erleiden; vor allem aber darf die Faser nicht morsch und brüchig werden.

Nach dem Färben bringt man die Wolle zum Abtropfen und Abkühlen auf ein hölzernes Gitter und wäscht gründlich in fließendem Wasser oder in Waschmaschinen.

Das Färben der losen Wolle auf *mechanischen Apparaten* hat in größeren Betrieben die Handarbeit vielfach verdrängt. Die Bearbeitung mit Stangen und Haken wird durch die mechanischen Färbeapparate beseitigt und damit gleichzeitig die Ge-

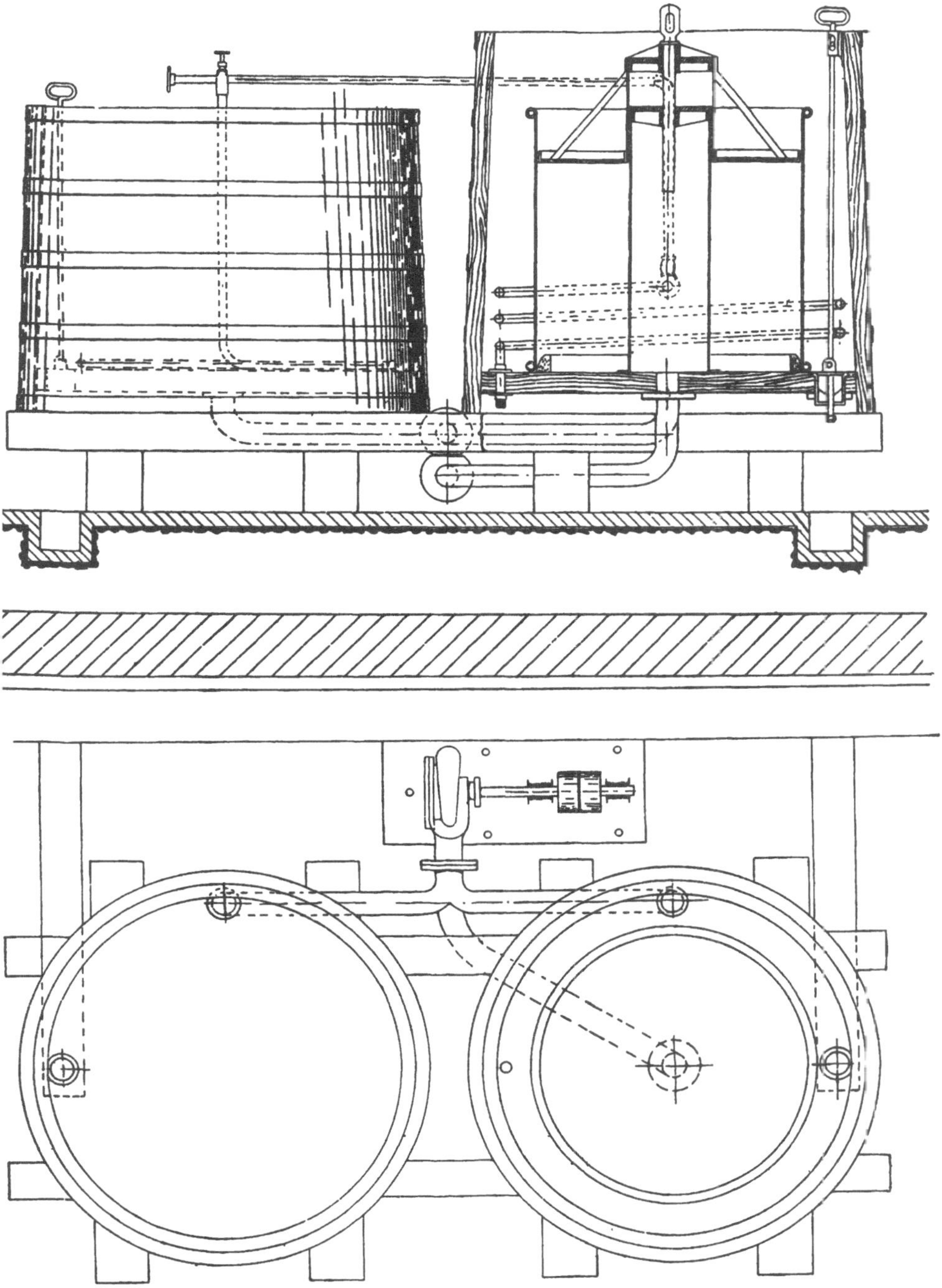

Abb. 117. Färbeapparat nach Obermaier (MusterW. A. C.).

fahr, daß die Wollle verfilzt und verdorben wird. Ferner ist die Temperatur der Farbflotte im offenen Kessel stets ungleich; die der Heizung oder dem Dampf direkt ausgesetzten Partien der Farbflotte werden überhitzt und machen die damit in Berührung kom-

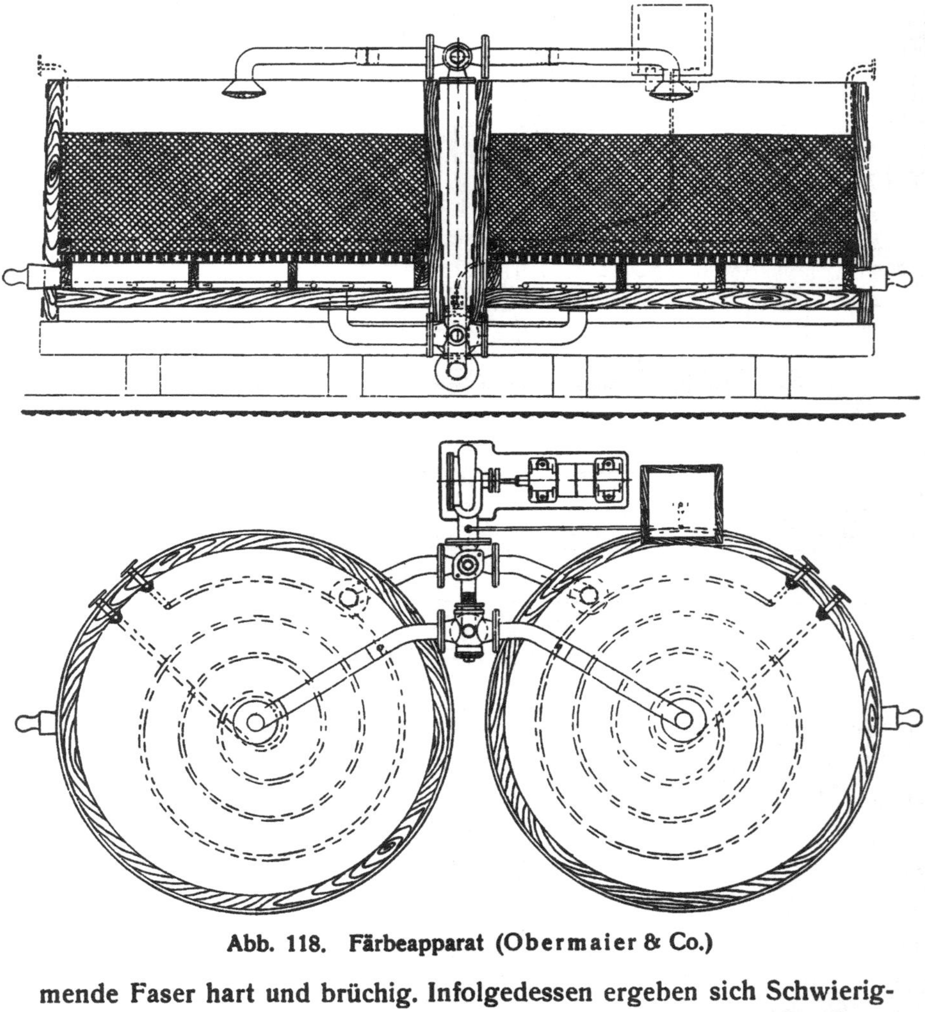

Abb. 118. Färbeapparat (Obermaier & Co.)

mende Faser hart und brüchig. Infolgedessen ergeben sich Schwierigkeiten beim Spinnen, mehr Spinnabfälle und ein weniger gutes Garn. Beim Färben in Apparaten bleibt die Wolle, trotzdem sie dicht liegt, gleichmäßig bei voller Offenheit und weichem Griff.

Der Färbeapparat System Obermaier, Muster W A C (Abbildung 117; vgl. Abb. 42), besteht aus zwei Holzbottichen; der eine dient zur Bereitung des Färbebades, der andere zur Aufnahme

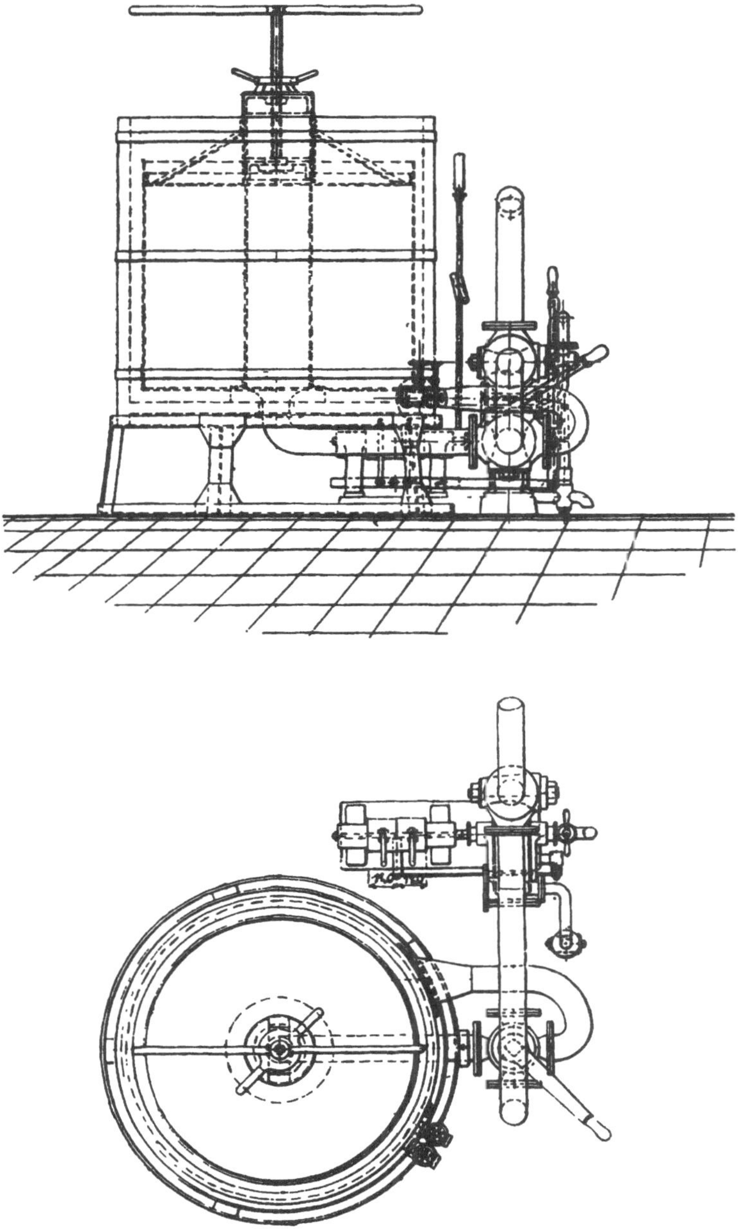

Abb. 119. Färbeapparat mit Flottenlauf nach zwei Richtungen.
(C. G. Haubold, Chemnitz.)

eines Zylinders mit dem zu färbenden Material. Dieser Materialbehälter besteht aus zwei konzentrischen Zylindern; der äußere hat ungefähr den fünffachen Durchmesser des inneren Zylinders. Letzterer ist in der Mitte des Bottichbodens aufgeschraubt und steht mit einer Pumpe in Verbindung. Der äußere Zylinder hat einen Deckel und ist herausnehmbar. Zwischen beiden Zylindern wird die Wolle gleichmäßig eingelegt. Der große Zylinder hat in seiner Wand kleinere und anders eingeteilte Löcher als der kleine. Hierdurch wird beim Färben die Flotte in unzähligen Teilstrahlen gleichmäßig durch das Fasermaterial geführt.

Beim Färben saugt die Pumpe die Flotte an und drückt sie in den Innenzylinder durch das Material und dann in den leeren Raum zwischen Materialzylinder und Bottich; von dort wird sie von der Pumpe wieder abgesaugt. Zwei Dampfschlangen für indirekte Heizung dienen zum Erwärmen des Färbebades, sowohl im Ansatzbottich als im Färbebottich. Der Deckel des Materialzylinders sinkt nach in dem Maße, wie die Wolle sich infolge des Netzens setzt.

Bei dem Apparat von Obermaier & Co. (Abb. 118) stehen zwei Färbebottiche mit einer Pumpe in Verbindung. Die Pumpe saugt die Flotte an und drückt sie in die Höhe durch ein Rohr mit einer Brause am Ende über dem eingepackten Material. Über der Ware liegt ein Siebdeckel, der sich entsprechend dem Annetzen des Materials senkt.

Während in dem einen Bottich gefärbt wird, wird der andere gepackt, so daß nach Umstellen von Hähnen in dem andern Bottich gefärbt werden kann. Die Anordnung von zwei Bottichen hat den Vorzug, daß der eine als Behälter für den andern dient. Es kann also in dem einen Bottich die Ware eingepackt werden und im andern die Flotte vorgewärmt werden.

Die Firma C. G. Haubold, Chemnitz, baut einen Färbeapparat für lose Wolle mit Flottenlauf nach 2 Richtungen (Abb. 119). Am Boden eines äußeren runden Gefäßes aus Pitchpineholz befindet sich ein Stutzen mit Flansch, sowie ein Abflußstutzen mit Ventil und Drehgelenk. Auf dem mittleren inneren Stutzen ist der Färbezylinder befestigt. Boden und Wände sind durchlocht und im Holzgefäß angeflanscht. Oben, im inneren Zylinder ist ein Mutterkopf befestigt, worin sich eine Spindel führt mit einem zum Heben und Senken eingerichteten Deckel innerhalb der beiden durchlöcherten Zylinder. Wenn der Deckel sich schließt, so preßt er das eingepackte Färbegut zusammen. Vom Bodenstutzen geht ein Rohr zur Pumpe.

Große Verbreitung hat ein automatischer Färbe-Apparat der Firma Eduard Esser & Co., Görlitz Type R (rund) (Abb. 120) gefunden. In einem hölzernen Bottich befindet sich ein starker, verzinnter, kupferner Siebboden mit angesetztem, ebenfalls gelochtem

Abb. 120. **Wollfärbemaschine Type R rund von E. Esser, Görlitz.**
Antriebswelle abgekuppelt, Siebdeckel hochgehoben.

Steigrohr (Abb. 121). In dem Hohlraum zwischen ihm und dem Bottichboden ist eine kupferne Dampfschlange zur Heizung der Flotte und im Steigrohr des Siebbodens eine Bronzewelle mit unten befestigter Flügelschraube gelagert. Diese Welle wird oberhalb des Apparates mittels Kegelradgetriebe von einem Vorgelege aus angetrieben, das, mit offenem und geschränktem Riemen eine Drehung der Flügelschraube rechts und links herum ermöglicht. Es wird hierdurch erreicht, daß die Farbflotte von oben nach unten oder von unten nach oben durch die Ware kreist. Der Propeller braucht weniger Antriebskraft als eine Pumpe; außerdem mischt er die Zusätze, bevor sie an das Farbgut gelangen. Der Antrieb der Propeller bzw. der Propellerwelle ist ferner auskuppelbar (Abb. 120). Weiter ist ein starker Siebdeckel aus Bronze mittels Messingstäben und Seil an der Decke des Raumes über dem Apparat aufgehängt

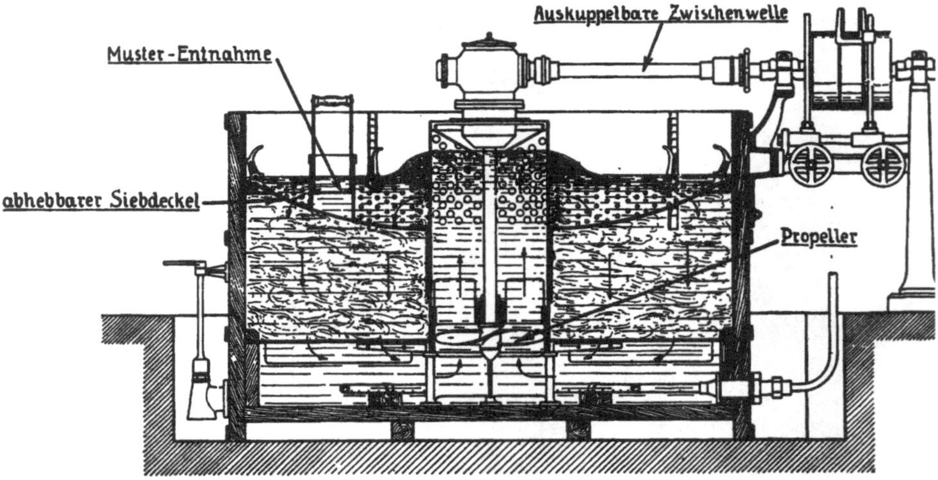

Abb. 121. Wollfärbemaschine Type R rund von E. Esser, Görlitz.

und durch Seilrollen und Gegengewichte oder Winde auf und nieder zu bewegen. Auf dem Deckel ist das obere Lager für die Propellerwelle und ein Kegelradgetriebe aus Stahl aufgebaut. Beide laufen in staub- und wasserdicht gekapselten Kugellagern. Sobald der Bottich mit dem Färbematerial beschickt ist, wird der in der Mitte offene Siebdeckel über das Steigrohr des Apparates herabgelassen und durch seine Klinken am Rand und die in der Bottich-Innenwand eingelassenen Zahnstangen gegen Abhub und Druck bei dem Flottenumlauf abgestützt. Diese Sperrklinkenabstützung ermöglicht, daß der Siebdeckel der beim Netzen und Kochen zusammensinkenden Wolle nachfolgen kann. Der Deckel ist mit einer Vorrichtung zum Entnehmen von Mustern während des Betriebes versehen. Der Apparat wird für 5—250 kg Wolle gebaut.

Vielbenutzt ist der Apparat der Firma H. Schirp, Vohwinkel (Abb. 122). Der Warenbehälter A besteht aus drei Abteilungen. Die mittlere wird durch die äußere, nicht durchlöcherte Umwandung und durch zwei mit dem Mantel fest verbundene gelochte Bleche gebildet und dient als Flottenverteilungskammer. Zu beiden Seiten dieser Abteilung wird je ein Teil der zu färbenden Ware und zwar auf die gelochten Platten gelagert.

Ist die Ware eingepackt, so wird ein gelochter Deckel E auf die Ware gelegt, so daß sie zusammengepreßt wird und sich während

Abb. 122. Färbeapparat von H. Schirp, Vohwinkel.

des Färbens nicht bewegen kann. Die oberen gelochten Bleche werden durch Querstäbe in ihrer Lage gehalten. Um den Apparat gut ausnützen zu können, sind zwei Warenbehälter vorhanden. Während der eine sich im Apparat befindet, wird der andere gefüllt. Mit Hilfe eines Musterstutzens kann man jederzeit mustern.

Der außerhalb des Apparates gefüllte Behälter ruht auf einem kleinen Wagen d, auch während des Färbens. Der Wagen wird auf Gleisen über eine Drehscheibe F in den Flottenbehälter B eingefahren. Dazu ist die vordere Wand D des Flottenbehälters abnehmbar und durch Gegengewichte in die Höhe zu ziehen oder bei niederen Räumen beiseite zu stellen.

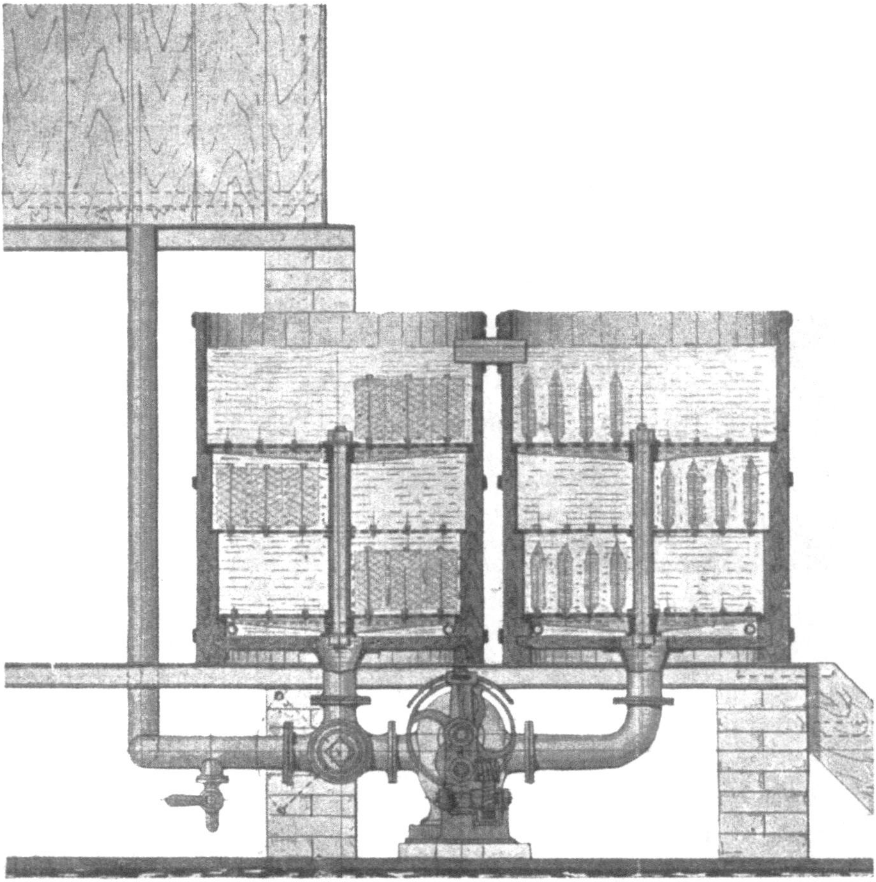

Abb. 123. Färbeapparat für loses Material von Colell & Beutner.

Befindet sich der Warenbehälter in dem Flottenbehälter, so wird zunächst durch einen Bajonettverschluß C Pumpe G und Flottenverteilungskammer des Warenbehälters verbunden. Dann wird die lose Wand D herabgelassen und festgeschraubt. Man läßt die

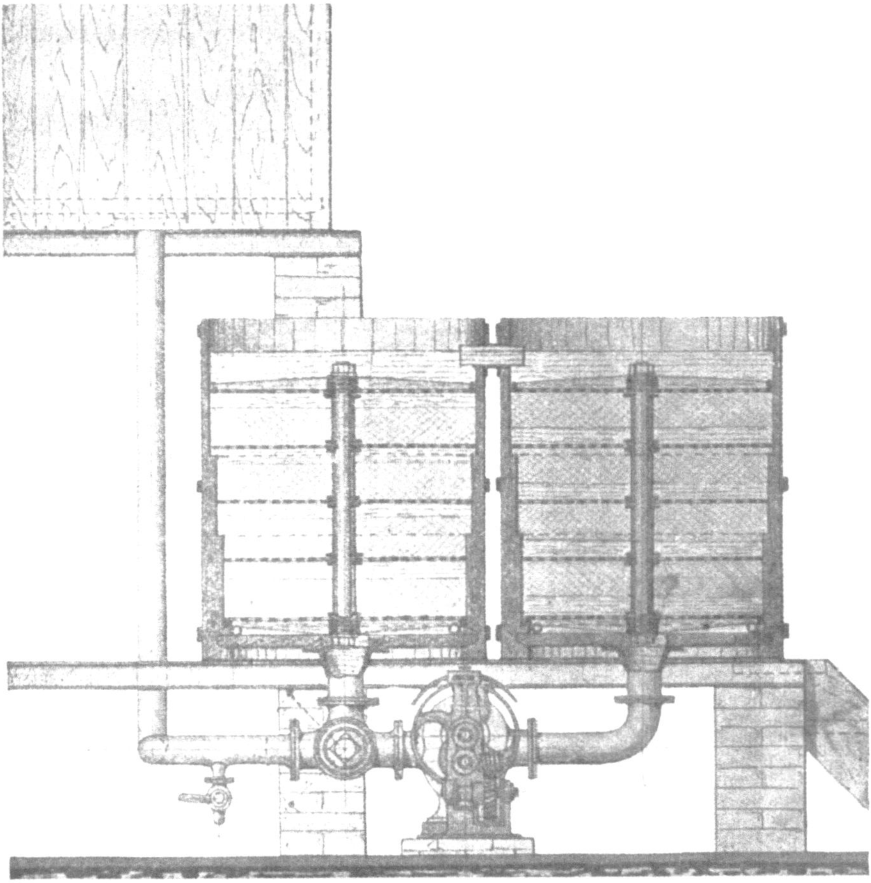

Abb. 124. Färbeapparat für Kops uud Kreuzspulen von Colell & Beutner.

Flotte aus dem Vorratsbehälter, in welchem sie frisch angesetzt oder verstärkt worden ist, in den Flottenbehälter laufen, rückt die Pumpe ein und beginnt mit dem Färben.

Nach dem Färben wird die abnehmbare Wand D entfernt, die Verbindung zwischen Pumpe G und Warenbehälter A gelöst und der Wagen d über die Schienen e nach einem Hebewerk g gefahren. Hier wird der Warenbehälter etwa 20 cm gehoben, so daß der kleine Wagen fortgenommen werden kann. Die Querstäbe werden entfernt; das Material läßt man aus dem Warenbehälter in einen Wagen oder auf eine Trage fallen. Der Kessel wird jetzt um 90° gedreht und erst die eine Seite, dann, nach einer ganzen Drehung, die andere Seite wieder gefüllt, wieder um 90° gedreht, auf den kleinen Wagen aufgesetzt und über die Drehscheibe F nach einem Nebengleise gefahren. Ist eine Partie gefärbt, so wird die Flotte

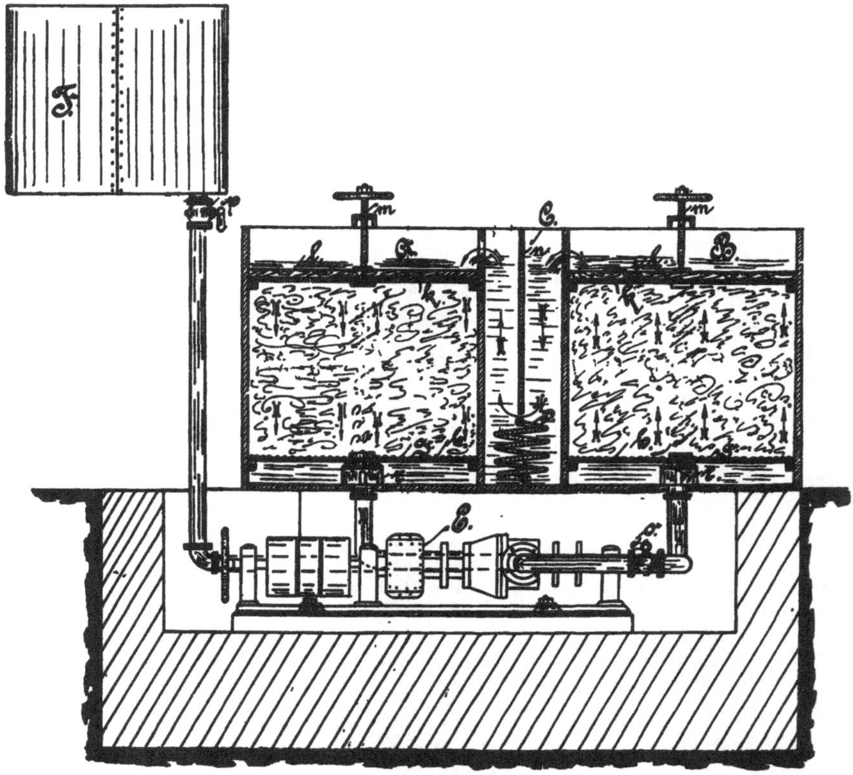

Abb. 125. Färbeapparat (System Scholz & Mathesius).

mittels der Pumpe nach dem Vorratsbehälter gepumpt oder abgelassen und das Material im Apparat gespült, so daß der eine Behälter wieder aus- und der andere, inzwischen gefüllte, eingefahren werden kann.

Der Apparat von Colell & Beutner in Neukirchen bei Crimmitschau (Abb. 123 und 124) besteht aus zwei Behältern, welche durch Siebböden in einzelne Abteilungen geteilt sind. Zwischen die Siebböden wird die Ware eingebracht, worauf durch eine Umsteuervorrichtung die Farbflotte abwechselnd in der einen und der anderen Richtung durch die Siebböden und die zwischen diesen befindliche Ware hindurchgeführt wird. Die Ware legt sich hierbei wechselweise an den einen oder den anderen der sie einschließenden Siebböden an, so daß zwischen dem anderen Siebboden und der Ware ein freier Raum entsteht, in welchem die Flotte sich ausbreiten und von neuem mischen kann. Gleichzeitig wird die Ware durch Änderung ihrer Lage aufgelockert.

Der gleiche Apparat ist auch zum Färben von Garn in Wickel im Gebrauch. Zu diesem Zweck werden Kops und Kreuzspulen auf Metallhülsen auf die Siebböden aufgesteckt, wie aus Abb. 124 hervorgeht.

Der Apparat nach Scholz & Mathesius, Crimmitschau, für lose Wolle, Garn in Strähn, Kreuzspulen, Kops usw. besteht aus einem hölzernen Färbebottich, einem Auflösebottich F und einer Kreiskolbenpumpe E.

Die beiden Abteilungen A und B (Abb. 125) sind zur Aufnahme des Farbgutes bestimmt. Die durchlöcherten Nikelinplatten k werden als oberer Abschluß durch Holzkreuze l mittels Preßvorrichtung m festgehalten. In Abteilung C mit der Scheidewand n wird die Flotte durch die Heizschlange d erhitzt. Abgelassen wird sie durch den Dreiweghahn o.

Nachdem das zu färbende Material in den Apparat gebracht worden ist, läßt man die im Auflösebottich F fertiggemachte Flotte nach dem Färbebottich fließen. Mit Einschalten der Pumpe wird die Flotte im Kreislauf von Abteilung B nach C und von da nach Abteilung A gedrückt, sowie auch umgekehrt, also wechselseitig. Die Flottenverteiler r in der Bodenmitte der Abteilungen A und B verteilen den Pumpendruck nach allen Seiten gleichmäßig. Durch die Scheidewand n in Abteilung C wird die Flotte zu inniger Berührung mit Heizschlange d und gleichmäßiger Erwärmung gezwungen.

2. Das Färben von Kammzug.

Die bisher beschriebenen Färbeapparate nach dem Packsystem eignen sich naturgemäß auch zum Färben von Kammzug in Bobinen und von Garn in Strähn, Kops oder Kreuzspule. In neuerer Zeit wird für das Färben von Kammzug in Bobinen vielfach dem Aufstecksystem der Vorzug gegeben; das Zugmaterial wird mehr geschont und die Arbeitsweise gleichzeitig vereinfacht. Die Form der Bobine wird während des ganzen Färbens nicht geändert und bleibt auch während des Trocknens erhalten. Es fällt damit die Handarbeit, wie Abhaspeln, Bobinieren, Gillen fort, bei welcher Abfälle unvermeidlich waren.

Folgende Färbe-Apparate für das Färben von Kammzug in Bobinen haben sich in der Praxis eingeführt und bewährt:

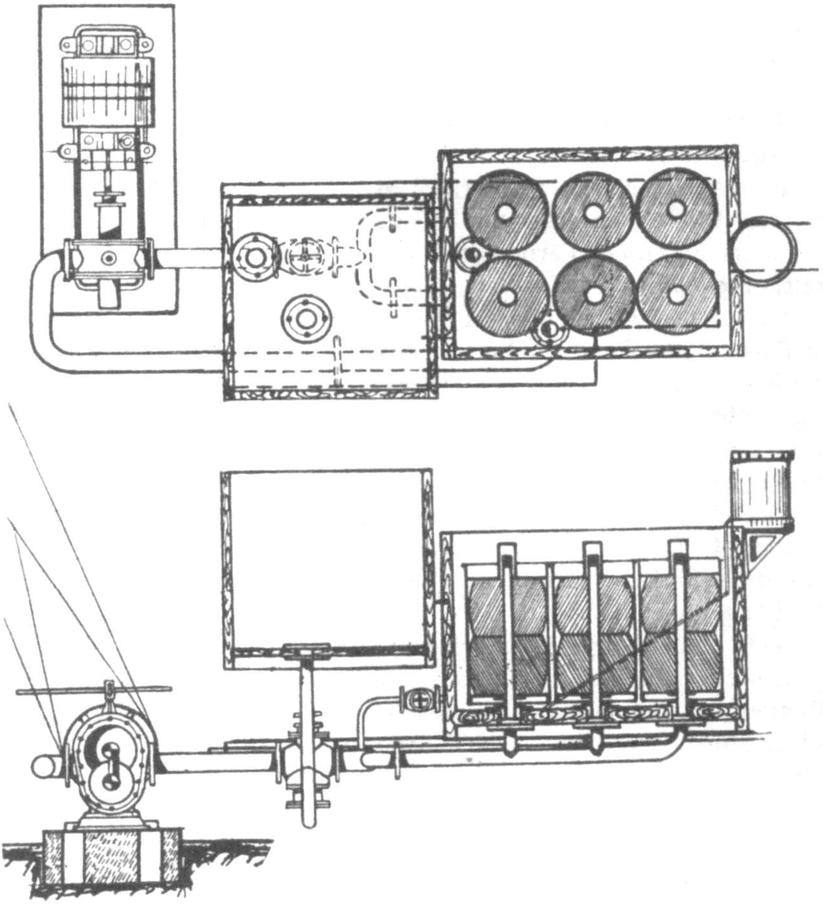

Abb. 126. Färbeapparat für Kammzugbobinen (J. G. Lindner, Crimmitschau).

Bei dem Apparat von J. G. Lindner, Crimmitschau (Abbildung 126), wird die Flotte in dem etwas erhöhten und mit Heizvorrichtung versehenen Flottenbehälter angerichtet und nach dem Färbebottich gepumpt. Soll gemustert werden, so wird die Flotte nach dem Flottenbehälter zurückgepumpt. Alsbald ist der Färbebottich frei von Flotte, so daß bequem beliebige Muster entnommen werden können. Nach Beendigung des Färbens wird die Flotte im Färbebottich entweder abgelassen oder für spätere Verwendungszwecke im Flottenbehälter weiter aufbewahrt. Die Kammzugbobinen sind auf durchlöcherte und bequem auswechselbare Rohre im Färbebottich gesteckt. Die eingeschraubten durchlöcherten Rohre brauchen nicht, zum Aufstecken der Bobinen, aus dem Färbebottich genommen und wieder eingesetzt zu werden.

Auf einem Bobinenrohre werden je nach Verhältnis und Größe der Bobinen 2, 3 oder 4 Bobinen übereinander gefärbt. Zu jedem Rohre gehören eine Verschlußdeckelhaube und eine Festspannspindel. An Stelle der bisher zum Schutze der Kammzugbobinen verwendeten lästigen Netze verwendet man durchlöcherte Topfumhüllungen, welche die auf die durchlöcherte Rohre gesteckten Bobinen in vollem Umfange umschließen. Die Bobinen werden infolgedessen nicht verdrückt und der Zug verbleibt wie im rohen Zustande.

Die Flotte kreist mittels einer Pumpe mit doppelter Flächenabdichtung zwischen Saug- und Druckraum.

Revolverapparat der Firma Obermaier Co., Lambrecht (Abb. 127). Um einen senkrechten Standzylinder sind bis 20 kleinere Zylinder, sogenannte Revolver, je eine Bobine fassend, angebracht. Wo die kleineren Zylinder an den Hauptzylinder anschließen, ist dieser mit kleinen Öffnungen oder Durchbohrungen versehen, und ebenso ist es mit dem Verschlußdeckel zu den einzelnen kleinen Zylindern. Zum Färben wird der Revolverapparat mittels eines Krahnes in den Bottich gesetzt; der Fuß des Apparates kommt genau auf die Öffnung des Druckrohrs zu stehen. Die im Bottich befindliche Flüssigkeit wird durch ein Saugrohr nach der Pumpe abgesaugt und von dieser aus durch ein Druckrohr in den Hauptzylinder des Apparates getrieben. Von hier gelangt die Flotte durch die mit Kammzugbobinen gefüllten Revolver wieder in den Bottich, und beginnt den Kreislauf von neuem. Man kann auch eine kleinere Zahl von Bobinen behandeln, da sich die Durchbohrungen des großen Zylinders absperren lassen.

Um gleichmäßige Färbungen zu erhalten, müssen die Spulen an jeder Stelle gleichmäßig fest gewickelt sein, da sonst der durchdringenden Flotte nicht an allen Stellen der gleiche Widerstand entgegengesetzt wird und losere Stellen inniger mit der Flotte in Berührung kommen und stärker gefärbt werden. Beim Färben größerer Bobinen muß auch der Druck der Schleuderpumpe angepaßt sein, sonst fällt die Färbung nicht gleichmäßig aus oder

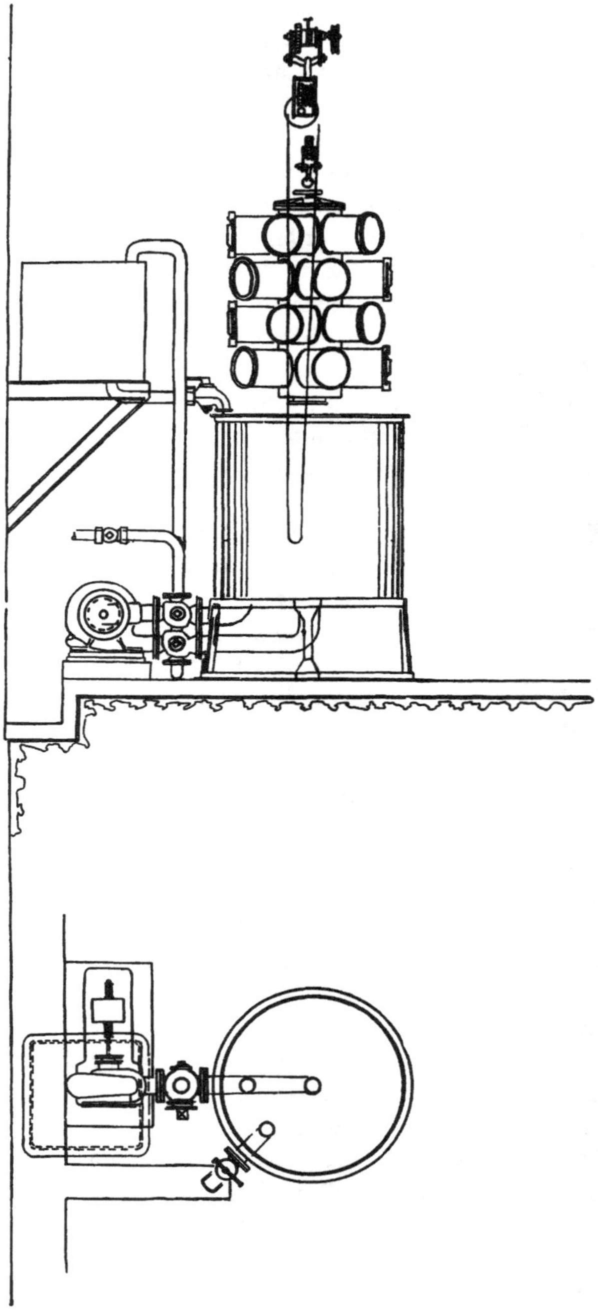

Abb. 127 Kammzug-Färbeapparat „Revolver“ (Obermaier & Co.).

bei Anwendung eines zu starken Drucks kann der Apparat selbst Schaden leiden. Die Bobinen dürfen nicht mit Gewalt in die kleinen Zylinder eingebracht werden. Es muß stets Material von derselben

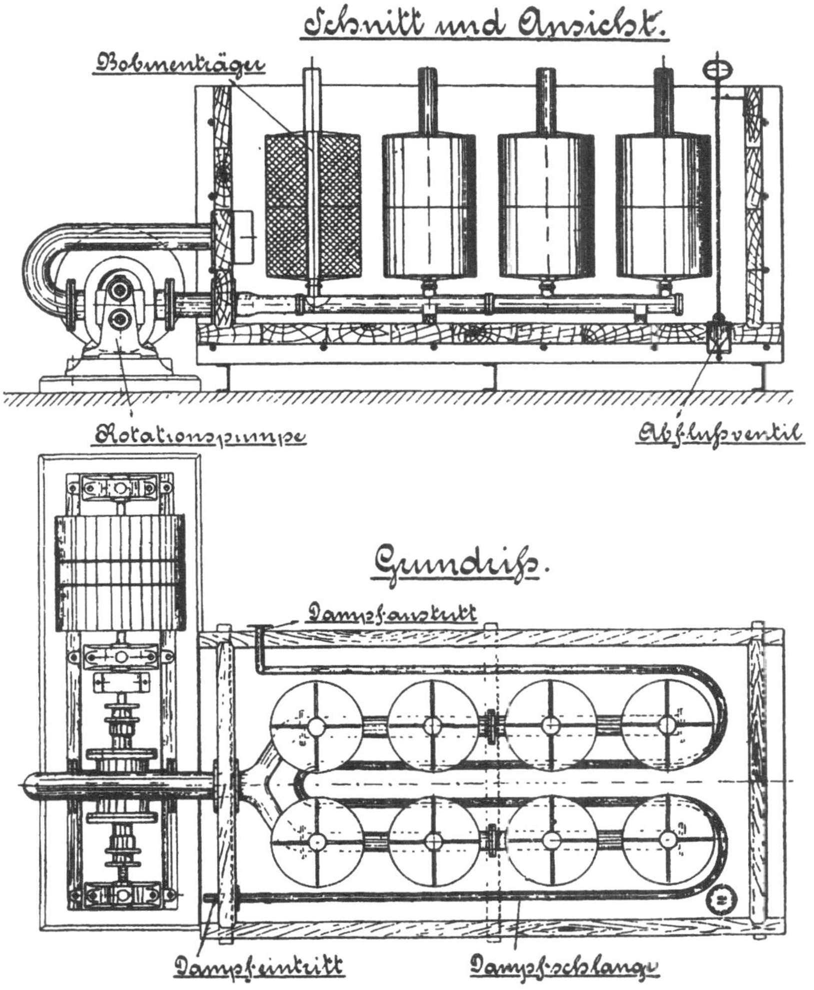

Abb. 128. Röhren-Färbeapparat für Kammzug (Obermaier & Co.).

Beschaffenheit gleichzeitig zum Färben gelangen und nicht Kammzugbobinen von verschiedener Wollsorte; sonst könnte der Fall eintreten, daß die eine Sorte die gewünschte Färbung vor der anderen erreicht. Der Kammzug muß vor dem Färben gründlich gereinigt und entfettet sein. Es darf bei gewöhnlichen Färbungen nur ein

Gehalt von 0,4—0,5 % Öl oder Fett vorhanden sein. Bei zarten Farben und bei Alizarinfärbung darf überhaupt kein Öl darin sein. Das Entfetten im Apparat ist nicht möglich, sondern muß vorher auf der Lisseuse geschehen.

Bevor man mit dem Färben beginnt, schickt man zunächst 10 Minuten lang warmes Wasser hindurch, um sowohl den Kammzug zu netzen, als auch etwaige Reste vom Waschen zu entfernen. Von großem Einfluß auf den gleichmäßigen Ausfall der Farbe ist der richtige Zusatz der Farbstofflösung. Man setzt zu Anfang etwa die Hälfte zu und färbt unter den gleichen Bedingungen wie bei der Strähnfärberei, nur mit dem Unterschiede, daß der Farbstoff etwa in der Hälfte der für die jedesmalige Farbe in der Strähnfärberei bestimmten Zeit aufgezogen sein muß. Man hebt hierauf den Apparat aus der Kufe und setzt die mit einem starken Strick kreuzweise gebunden Bobinen um, d. h. man bringt die Bobinen aus der obersten Revolverreihe in die unterste, die aus der zweiten Reihe von oben in die zweite Reihe von unten, und zwar so, daß die bisher dem Innern des Apparates zugewandte Seite nach außen dem Deckel zugekehrt ist. Hierauf gibt man die zweite Hälfte des Farbstoffs zu und färbt aus. Beim Färben mit Alizarinfarbstoffen gibt man die zweite Hälfte der Farbstofflösung zu und setzt die Bobinen erst um, wenn die Temperatur der Flotte 70° C ereicht hat, der Apparat eine halbe Stunde bei dieser Temperatur im Gang gewesen, und die Flotte ziemlich hell geworden ist.

Nach dem Färben und Spülen werden die Bobinen ausgeschleudert und im Revolver durch einen Bläser getrocknet. Die in einem Heizkessel erwärmte Luft wird in den Zylinder und durch die Durchbohrungen in die Bobinen eingeblasen. Die trockene Luft nimmt die Feuchtigkeit weg, welche als Wasserdunst durch die durchlöcherten Deckel entweicht. Es ist ratsam, nach Verlauf von ½—¾ Stunden die Bobinen umzusetzen. Dieses Trocknen hat viele Vorzüge vor dem Trocknen des Kammzugs auf der Lisseuse.

Röhren-Apparat NRA zum Färben von Kammzugbobinen von Obermaier & Co. (Abb. 128). In einem Holzbottich befinden sich je nach Größe des Apparates 1—2 durchlöcherte Bronzeröhren; diese Röhren haben unten Teller, auf welche sich die untersten Bobinen aufsetzen. Jede Röhre ist abnehmbar, so daß man auch mit weniger Röhren färben kann, als der Apparat faßt. Die bei Abnahme der Röhren entstehenden Öffnungen werden durch Flanschen geschlossen. Die Röhren stehen in topfartigen Behältern aus Kupfer. Diese fassen 6—10 Bobinen. Sind die Kammzugbobinen eingefüllt, so wird auf die oberste Bobine jeder Röhre ein Bronzedeckel gesetzt; er sinkt beim Zusammensinken der Bobinen selbsttätig nach. Die im Topf emporgestiegene Farbflotte durchdringt die Bobinen radial von außen nach innen, sammelt sich im gelochten Röhrenträger, steigt hier empor und läuft über den Deckel in den Bottich zurück.

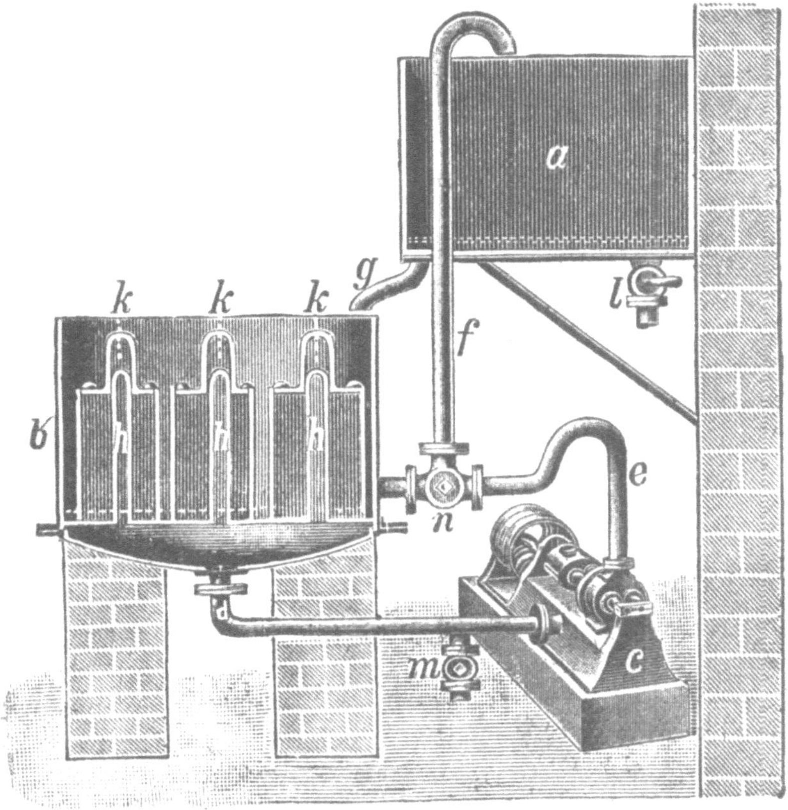

Abb. 129. Färbemaschine für Kammzug (H. Schirp, Vohwinkel.

In dem Apparat, Muster PF von H. Schirp, Vohwinkel (Abbildung 129) wird der Kammzug in Bobinen auf durchlochten Spindeln gefärbt. Man steckt über das Spindelrohr einen mit einer Schnur versehenen Bronzering, dann die Bobine und legt das Ende der Schnur auf die Bobine. Gewöhnlich wird noch eine zweite Bobine ebenso darüber gesetzt. Dann wird der Deckel aufgesetzt und durch Handrad eingestellt oder durch Hut K beschwert. Nach dem Färben lassen sich die Bobinen mit der Schnur leicht ohne Beschädigung herausziehen.

Während der Behälter b mit Ware gefüllt wird, füllt man den Flottenbehälter a mit der Flotte. Durch das Rohr g fließt die farbige Flotte in den Warenbehälter.

Um zu mustern, ist es notwendig, einen Teil der Flotte aus dem Warenbehälter nach dem Bottich a zu pumpen. Dreiweghahn n wird so gestellt, daß die Pumpe durch Rohr d die Flotte ansaugt und durch Rohr e und f nach dem Flottenbehälter a pumpt. Muß

Abb. 130. Kammzugfärbeapparat PF von H. Schirp, Vohwinkel.

noch Farbstoff zugesetzt werden, so geschieht dies im Flottenbehälter a, und man läßt dann die Flotte durch Rohr g wieder in den Warenbehälter zurücklaufen.

Bei dem neueren Apparat (Abb. 130) ist der Flottenbehälter nicht mehr aus Kupfer, sondern aus Pitchpineholz. Die durchlochten Nickelin-Aufsteckrohre stehen in direkter Verbindung mit der Pumpen-, Druck- bzw. Saugleitung. Die Bobinen werden von einem durchlochten Nickelinmantel umschlossen.

Die Kämmlinge, die Abfälle bei der Herstellung des Kammzugs, werden in der Färberei ebenso behandelt wie lose Wolle. Vielfach kcmmen sie ohne vorherige Reinigung zum Färben, zumal wenn nur geringe Ware daraus hergestellt wird. Für feinere Waren und für Küpenblau müssen sie vor dem Färben von Schmutz, Talg, Baumöl usw. befreit werden. Im allgemeinen sind die deutschen Kämmlinge leicht zu reinigen, die englischen dagegen schwieriger. Man wäscht mit Seife- und Sodalösung, etwa 1° Bé stark, bei 40—45° C. Höher soll die Temperatur weder bei der Wäsche, noch beim Färben steigen, wegen der Gefahr des Verfilzens. Für Küpenblau wird mit reiner Soda- oder Pottaschelösung gewaschen. Nach der Wäsche muß gut gespült werden.

Solch vorbehandelte Kämmlinge färben sich schöner; der Walke halten sie besser stand, und in der Dekatur werden die Stoffe weniger hart und steif.

Karbonisierte Kämmlinge müssen vor dem Färben gut entsäuert werden. Die Säure wird durch Soda neutralisiert, wobei aber die Kämmlinge nicht durch zu reichlich bemessene Sodamengen spröde und brüchig werden dürfen.

3. Die Wollgarnfärberei.

Sie hat im allgemeinen nicht die große Bedeutung wie die Färberei der losen Wolle und des Kammzugs, weil die Anforderungen an die Haltbarkeit der Farben ganz andere sind. Während alles, was in loser Wolle gefärbt wird, später die Walke oder mindestens die Seifenwäsche aushalten muß, werden beispielsweise Zephyrgarne, die zur Teppichfabrikation, zu Fantasieartikeln oder zur Buntstickerei gebraucht werden, ebenso wie Strumpfgarn nach dem Färben höchstens nachgespült, oft auch das nicht einmal. Kamm- und Streichgarne für Walkwaren müssen natürlich echter gefärbt werden, und es wird die gleiche Echtheit verlangt, wie bei der Färberei der losen Wolle. Streichgarn und Kammgarn wird immer seltener als solches noch gefärbt, da man für Streichgarn das Färben in der Wolle, für Kammgarn das Färben im Zug vorzieht.

Die Wollgarne werden, wie die Baumwollgarne auf Stöcke gebracht und in die Färbeflotte eingehängt. Die Strähne ordnet man derartig, daß man je nach der Qualität des Garnes (Streichgarn, Kammgarn, Strickgarn, Zephyrgarn) also nach ein-, zwei-, drei- oder vierfacher Drehung immer vier, drei oder zwei Strähne zusammen auf einen Stock gibt.

Jeder einzelne Strähn wird unterbunden, da sonst nach dem Färben die Garne nicht zu entwirren sind, Zeitverluste und möglicherweise auch Materialverluste eintreten. Der Fitzfaden darf nicht zu straff angezogen werden, weil an solchen Stellen des Garnes Farbstoff- und Beizlösung nicht genügend eindringen und helle Streifen entstehen.

Wollgarn wird beim Waschen und Färben in der gleichen Weise umgezogen und aufgeschlagen, wie Baumwollgarn.

Die Egalisierungsfarbstoffe sind am Platze besonders zum Färben von Zephyrgarn; dieses muß schnell fertig gefärbt werden, ehe es filzt. Man verwende Chinolingelb, Orange II, Azokarmin, Azofuchsin 6 B, Echtsäureviolett 10 B, Patentblau. Wird zugleich Lichtechtheit gefordert, so greife man zu Echtlichtgelb, Alizarinrubinol und Alizarinsaphirol.

Lichtechte Egalisierungsfarbstoffe müssen für Teppichgarne angewandt werden. Wegen des Schnittes müssen sie gut durchfärben. Auch alkaliecht möchten sie wegen des Straßenschmutzes sein. Alizarinrubinolmarken entsprechen dem. Azogrenadin S ist zwar alkaliecht, aber nicht lichtecht. Man kann es aber dem Rubinol zumischen, da wo jenes mit dem weniger lichtechten Saphirol zusammen angewandt wird, um es auf die gleiche Echtheitsstufe herabzumindern. Denn grundsätzlich sollen alle Bestandteile einer Färbung die gleiche Echtheit besitzen, damit nicht einer bei der Belichtung gewissermaßen aus der Reihe tanzt und den Farbton verschiebt. Als Gelb darf Echtlichtgelb genommen werden. Dagegen gibt es kein genügend lichtechtes saures Grün; man bescheide sich daher mit dem lichtechten stumpferen Grün, das sich aus Alizarinastrol B und Echtlichtgelb 3 G ermischen läßt.

Meistens wird in Holzbottichen mit direktem oder indirektem Dampf, seltener noch in kupfernen Kufen mit Kesselfeuerung gefärbt. Die Art der Erwärmung der Farbflotte ist bei Wollgarn von größtem Einfluß auf die Färbungen.

Die gebräuchlichste und billigste Anordnung ist die direkte Dampfheizung. Die Bottiche sind so tief, daß die unteren Enden der Strähne nicht der Dampfschlange zu nahe kommen und dem zuströmenden Dampf ausgesetzt sind. Die Dampfschlangen haben verschiedene Formen. Meist laufen sie in angemessenen Abständen von den Wandungen der Kufe in zwei oder drei Enden in Form einer Gabel aus; an den Endpunkten sind sie vollständig verschlossen und haben auf beiden Seiten der Rohrlängen mit Ausnahme des Stückes an der Stirnwand kleine Öffnungen. Diese Öffnungen, 1 mm, höchstens 1½ mm weit, dürfen indessen nicht, wie sonst allgemein üblich, im rechten Winkel zum Boden der Kufe gebohrt sein, sondern es empfiehlt sich, sie im Winkel von 35° ausführen zu lassen; die Strömung, welche durch das Ausströmen des Dampfes in der Flotte erzeugt wird, wird dann durch das Anprallen am Boden gemildert und dadurch das „Schwimmen“ der Garne und das damit verbundene Verschlagen der Strähne möglichst vermieden. Die Rohrenden lagern auf starken Holzleisten.

Mit Alizarinfarbstoffen färben sich Kammgarne gleichmäßiger bei Anwendung einer indirekten Dampfheizung mittels einer geschlossenen Dampfschlange, weil kalt eingegangen wird und die Flotte sich nicht vermehren darf. Bei direkter Dampfheizung würde während des zweistündigen Ansiedens eine bedeutende Menge Dampf im Wasser kondensiert, worauf beim Ansetzen des Bades Rücksicht zu nehmen wäre. Die Garne werden nach dem Ansieden gespült und womöglich noch geschleudert, dann aber bald in das

Färbebad gebracht, ohne zuvor anzutrocknen. In letzterem Falle würde unbedingt eine Abweichung im Farbton entstehen. Vor dem Eingehen muß die Farbflotte gut durchgerührt worden sein; die Strähne müssen sogleich fleißig umgezogen werden.

Nach dem Färben wird gespült und geschleudert; dann wird das Garn auf Stöcke gebracht und getrocknet.

Abb. 131. Wollgarnfärbemaschine Type DG mit zwei Färbezellen von T. Esser, Görlitz.

Seit langem sucht man die Handfärberei der Wollgarne durch mechanische Apparate zu ersetzen. Die meisten zeigen den Nachteil, daß beim Färben das Garn durch die Bewegung der Flotte zusammengepreßt wird. Ein Pressen während des kochendheißen Färbens verursacht einen Dekatureffekt und schädigt das Garn.

Bei der Wollgarnfärbemaschine Type DG der Firma Eduard Esser & Co., Görlitz (Abb. 131), wird ein Zusammenpressen des Garnes während des Färbens vermieden.

Ein Holzbottich ist durch Mittelwände in 1—4 Färbezellen und ferner eine Flottenheiz- und Mischkammer geteilt. In letzterer trägt eine wagrechte Welle einen Propeller, der bei selbsttätiger Umschaltung die Farbflotte bald links hinauf und rechts herunter und bald umgekehrt rechts hinauf und links hinunter treibt. (Abb. 132

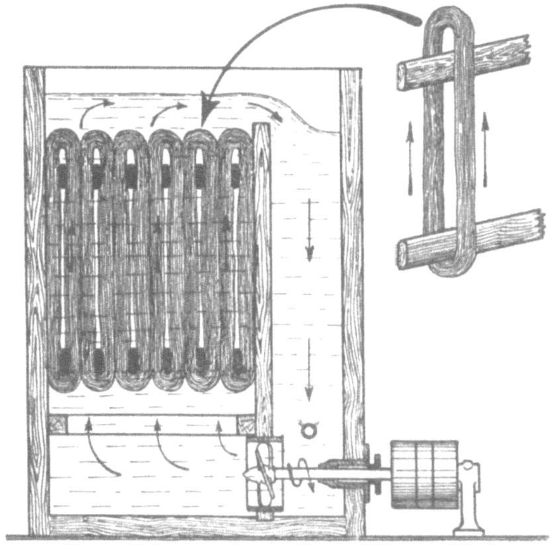

Abb. 132. Wollgarnfärbemaschine, Type DG von E. Esser, Görlitz.

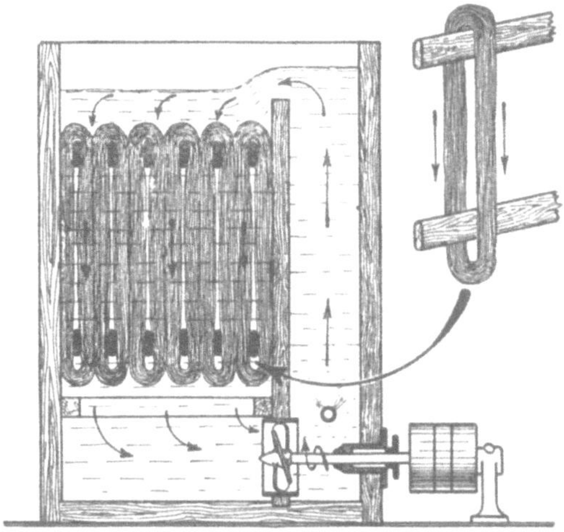

Abb. 133. Wollgarnfärbemaschine Type DG von E. Esser, Görlitz.

und 133.) Unten und oben offene Kästen mit dem zu färbenden Garn können in die Zellen hinabgelassen werden; dort finden sie unten auf einem Holzrand ihre mit Filz oder dergleichen abgedichtete Auflage und werden durch Schrauben von oben angedrückt und niedergehalten.

Durch die geöffnete Seitenwand wird eine Garnschicht nach der anderen in den Kasten eingeführt, indem die Stäbe in Nuten oben und unten gelagert und in gleichem Abstande voneinander festgehalten werden.

Da Garnsträhne von verschiedener Länge vorkommen, so ist diesem Umstande oben und unten durch je 5 parallele Lagerleisten für die Garnstäbe Rechnung getragen. Garnschicht an Garnschicht gereiht, füllen zum Schluß den Kasten vollkommen aus und hinter der letzten Garnschicht wird der Garnkasten durch eine Tür geschlossen. Die Garnsträhne bilden im Garnkasten einen in allen seinen Teilen gleichmäßig dichten Block, dessen einzelne Strähne auf den zwei senkrecht übereinander befindlichen Holzstäben nicht stramm, sondern mit einem Spielraum von 5—10 cm aufgehängt sind.

Der Garnblock ist in allen seinen Teilen gleichdurchlässig. Ein Zusammenpressen (Abb. 132) durch die Flottenströmung verhindern die in ihren Lagern festgehaltenen Stäbe. Der in bestimmten Zeitabschnitten von selbst seine Richtung wechselnde Flottenstrom hebt und senkt infolge des Spielraumes den ganzen Garnblock um ein Geringes und hebt damit die Strähne bald von den oberen, bald von den unteren Stäben ab, so daß auch die Anliegestellen von der Farbflotte durchströmt und gleichmäßig durchgefärbt werden. (Abb. 132 und 133).

Die Firma Esser versieht neuerdings ihre Färbemaschinen mit einer Bottichabdeckung, die nicht nur die Nebelbildung im Färbereiraum verhindert, sondern auch bis zu 40 % Dampf erspart.

Die Maschinenfabrik H. Krantz, Aachen, hängt bei ihrem patentierten „Reitersystem" die Strähne nicht über den Stock, sondern legt sie ohne besondere Sorgfalt auf den Stock. Die Schenkel des Strähnes hängen zu beiden Seiten des Stockes in halber Strähnlänge herunter.

Zusätze von Farbstoff und Säure werden von oben in die Flottenheiz- und Mischkammer eingeführt.

Bei dem Wollgarn-Färbeapparat der Firma J. G. Lindner in Crimmitschau (Abb. 134) wird das Färbegut zwischen den Siebböden übereinander locker eingelegt. Während des Färbens entsteht zwischen je zwei Materialfächern ein Flottenmischraum. Das Garn verändert während des Färbens seine Lage nicht, da die Flotte nur von einer Seite kommt. Die Flotte wird in dem über dem Färbebottich angeordneten Flottenbehälter angerichtet und erhitzt, breit über das Material verteilt und an acht gleichmäßig verteilten Stellen abgesaugt.

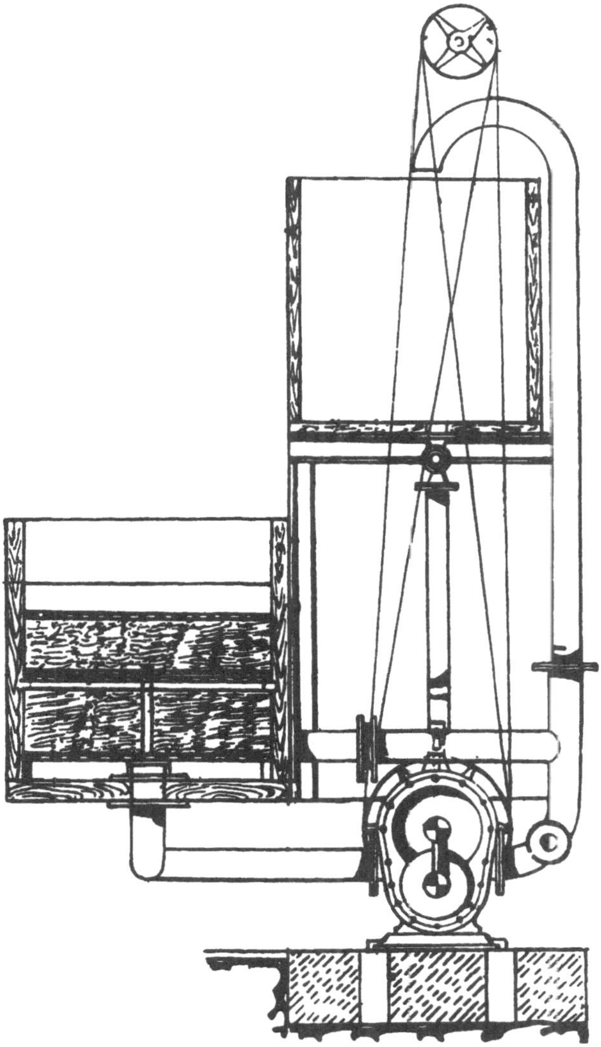

Abb. 134. Wollgarn-Färbeapparat. J. G. Lindner, Crimmitschau i. Sa.

Bei diesem Apparat ist man nicht an die Färbung bestimmter Mengen gebunden; es können auch kleinere Partien gefärbt werden ohne ein ungünstiges Flottenverhältnis zu erhalten.

Der neue Wollfärbeapparat der Zittauer Maschinenfabrik, Kastensystem VA nach Ph. Georg Vollert in Alt-

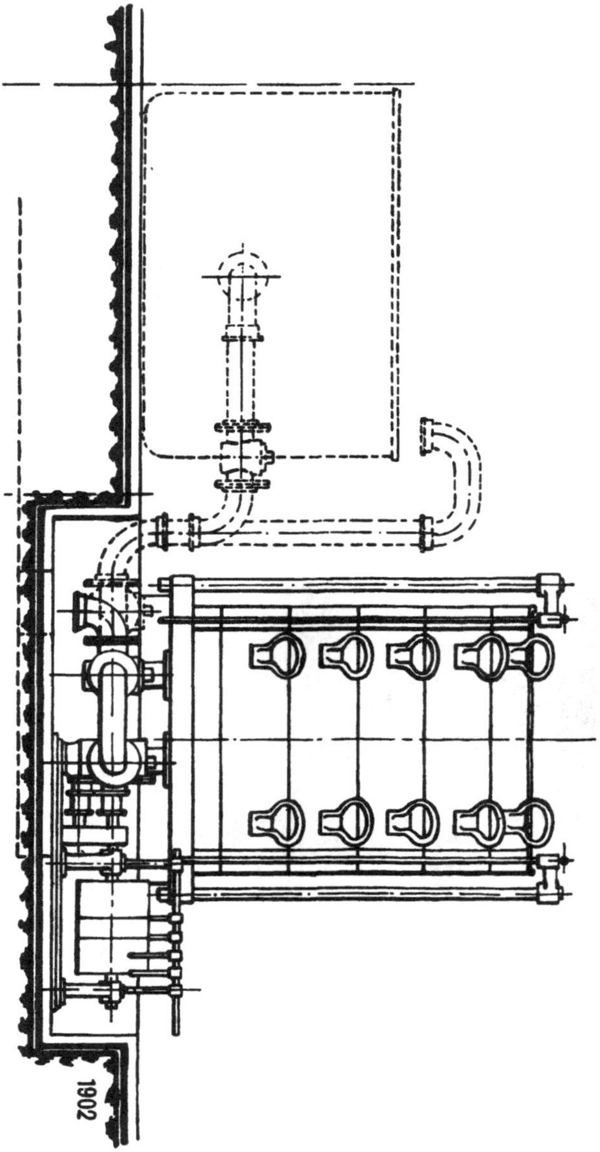

Abb. 135. Färbeapparat nach Vollert der Zittauer Maschinenfabrik.

Paulsdorf bei Reichenberg (Abb. 135), für große und kleine Partien eignet sich ganz besonders dazu, die in jeder Färberei oft vorkommenden kleinen Partien genau so wirtschaftlich zu färben, wie die großen. Wenn auch an Arbeitskraft und Personal im allgemeinen bei Anwendung eines kleinen Apparates nicht viel gespart werden kann, so muß doch unbedingt an Farbstoff soweit wie möglich gespart werden.

Der neue Apparat ist von veränderlicher Größe und doch einfach und übersichtlich. Jederzeit läßt sich genau beurteilen, ob und wie die Flotte kreist. Etwaige Undichtheiten zwischen den Materialkästen lassen sich sofort erkennen, da ein weiterer Außenkasten — wie bei den bisher angewandten Apparaten — nicht vorhanden ist. Man kann somit sofort feststellen, wenn ein Tropfen Farbflotte durch die Materialträger hindurchdringt.

Man kann die Flotte äußerst kurz halten und zwar stets im Verhältnis zur Färbepartie. Der Apparat besteht nur aus einzelnen Aufsetzkästen und ist daher sehr bequem zu bedienen.

Eine Bronzepumpe für Links- und Rechtsgang, also für Vor- und Rückwärtslauf der Farbflotte, kann vermittels Hand oder auch automatisch umgeschaltet werden und ist durch eine zweckentsprechende Rohrleitung mit dem feststehenden Apparateteil, einem Untersatz aus Holz, verbunden. Dieser Untersatz bildet mit Pumpe und Rohrleitung den eigentlichen Färbeapparat und die auf den Untersatz aufzusetzenden Kästen die Materialträger. Apparatuntersatz und Materialträger sind in zwei Räume geteilt, einen größeren für die Material- und einen kleineren für die Flottenaufnahme. In dem Apparatuntersatz befindet sich in dem kleineren Raum für die Flottenaufnahme die für die Erwärmung der Flotte erforderliche Heizschlange mit Dampfanschlußventil und Kondenstopf.

Die Aufsetzkästen für das Material sind rechteckige Holzrahmen mit einem Lattenrost am Boden. Auf diesen Lattenrost wird ein Korbgeflecht gelegt und das Material, sei es loses Material, Kreuzspulen oder Strähne, hierauf fest aufgeschichtet. Der oberste Kasten wird ebenfalls mit einer Korbgeflechteinlage abgedeckt. Durch Schrauben werden die Aufsetzkästen gegeneinander gepreßt und mit dem Apparatuntersatz fest verbunden. Hierdurch entsteht ein vollständig beschickter Färbeapparat mit einem Untersatz und etwa vier darauf stehenden Materialträgern, welcher zugleich den Flottenraum in sich birgt.

Nachdem der Materialraum durch die Pumpe bis obenan gefüllt ist, läuft die Flotte in den Flottenraum über und füllt auch diesen bis obenan. Nun beginnt der nach Belieben einzustellende Vor- und Rückwärtskreislauf der Flotte.

Neben allen Arten von Packmaterial, wie Kreuzspulen, Strähne, loses Material, Kopse usw., können auch Garnsträhne im Hängesystem gefärbt werden. Die Ausführung des Apparates bleibt genau die gleiche, nur werden anstatt der niedrigen Aufsetzkästen für loses Material höhere Kästen angewandt zum Aufhängen der Garne auf Stäben. Der Apparat faßt je nach der Zahl der Aufsetzkästen 10—100 kg.

Bei dem Spezial-Wollfärbeapparat der Maschinenfabrik H. Krantz, Aachen, werden die Kreuzspulen nach pat. Scheibensystem „Spindellos" ohne Spindeln aufeinander gestellt. Die untere und obere Stirnfläche der Kreuzspulen werden durch Scheiben abgedichtet. Die Scheiben sind in der Mitte gelocht und umschließen die vorstehenden Hülsenenden der Spulen. Die Flotte kann daher nur radial am Umfang ein- oder austreten. Jede Kreuzspulensäule wird durch einen Belastungsdeckel ganz gleichmäßig zusammengedrückt. Die Flotte hat also in jeder Kreuzspule denselben Weg und denselben Widerstand. Das ist für eine fadengleiche Färbung wichtig.

Ringel- und Flammengarne.

Unter Ringel- (Rayé)- und Flammengarnen versteht man Garne mit mehreren Farben nebeneinander. Sie sind an und für sich nicht schwer zu färben, wenn passende Einrichtungen vorhanden sind und mit der nötigen Genauigkeit vorgegangen wird.

Man unterscheidet hauptsächlich zwei Arten von geflammten Garnen: Garne mit verschiedenen Farben und mit scharf ausgeprägten Farbgrenzen, wie z. B. weiß und schwarz, die eigentlichen Ringelgarne (chinés, rayés) und anderseits die eigentlichen Flammengarne (ombrés, flammés), bei denen keine scharfe Farbgrenze vorhanden ist. Zwischen weiß und schwarz ist keine eigentliche Grenze, sondern das Weiß geht mittels vieler unmerklicher grauer Farben endlich in Schwarz über.

Bei sehr langen Garnen kommen beide Arten vor. Eine Hälfte des Strähnes wird von Weiß bis zum tiefsten Schwarz, die andere beispielsweise vom hellsten Rosa bis zum dunkelsten Rot gefärbt. Es finden sich hier zwei scharfe Abgrenzungen, und zwar bei Schwarz und Hellrosa, und bei Weiß und Dunkelrot (oder auch umgekehrt), während diese Farben selbst sich langsam abtönen.

I. Ringelgarne (Chinés, Rayés). Für Baumwollgarne verwendet man fast ausschließlich den Aufdruck der Farben mit Hilfe besonderer Garndruckmaschinen, während man sich für Wollgarne sowohl des Aufdruck- wie des Auffärbeverfahrens bedient. Man färbt den Strähn in einer Farbe und schützt mehr oder weniger große Stellen vor dem Eindringen der Färbeflüssigkeit.

Am einfachsten wird dieser Schutz hergestellt durch Anbringung von Knoten in dem Strähn.

Vielfach werden diejenigen Stellen umbunden, welche die Grenze des nicht zu färbenden Teiles des Garnes bilden. Die übrigen Teile des Garnsträhns werden vermittels einer Schnur in die Höhe gezogen.

Das Einbinden ist nichts anders, als ein stellenweises recht festes Umwickeln des Strähns, zuerst mit Papier, dann mit Tierblase, welche beide mit einem starken Bindfaden eng zusammen geschnürt werden. Ferner verwendet man Kautschuk oder Gummibänder oder daraus hergestellte Ringe. Statt des Papiers, der Bänder usw. verwendet man auch Brettchen oder Querstäbe, die mittels durchgehender Schrauben eng zusammengepreßt werden. Nach einem andern Vorschlag wendet man zum Einbinden zunächst Papier von genügender Breite an und um das Papier eine Bleiplatte, welche möglichst angedrückt wird, um das Hineindringen von Farbstoff zu verhindern.

Man kann auch mit Hilfe von Rahmen die Garne heben und senken. Auf den Rahmen ruhen Stäbe, welche die zum Färben gebundenen Garne tragen. Unter dem Rahmen befindet sich das Färbebad, in welches die Garne herabgelassen werden. Eine Vorrichtung zum Auswinden der Garne ist angebracht.

Das zum Flammen bestimmte Garn besitzt gewöhnlich eine Weife von 2—2½ m; auf diese Länge kommen 2—4 verschiedene Farben.

Bei Strickgarn bedarf man je nach der Musterung verschieden lang gehaspelter Strähne. Man haspelt auf großen Langhaspeln oder auf Scherrahmen von 8—16 m Weifenumfang, wobei man als Norm für einmaliges Herumstricken 73 cm annimmt. Hätte man z. B. ein Muster von 5 mal weiß und 5 mal braun herumzustricken, so muß die Weife oder der Scherrahmen auf 7,3 m gestellt werden, dagegen müßte bei einem Muster von 8 mal weiß, 5 mal braun und 7 mal blau der Umfang $(8 + 5 + 7 =) 20 \times 73$ cm $= 14{,}6$ m oder doppelt so groß sein.

Das richtige Einteilen bzw. Abbinden der Muster ist von Wichtigkeit. Hat man beispielsweise ein Muster Strickgarn von 6 mal blau und 7 mal grau anzufertigen, so werden von 9,5 m, das sind $73 \times (6 + 7)$ cm, langgehaspeltes Garn 5 m mit einem ungefähr 10 cm langen, festgebundenen Streifen begrenzt und bis zu diesem Streifen nach obiger Weise in Papier festgepackt, das man noch mit Packleinwand umgibt; der heraushängende Teil des Strickgarns, also ungefähr 4,5 m, wird gefärbt und zwar mit Blau, der dunkelsten Farbe.

Hat man aber ein Muster, bei dem Farben nur einmal herumzustricken vorkommen, so beginnt man meistens mit diesen. Bei dem Muster 7 mal grün, 1 mal braun, 8 mal weiß usw. beginnt man mit Braun (73 cm). Hat man Braun fertig, so packt man die Flamme um und läßt nur das grün zu färbende Ende: 7×73 cm $= 5{,}1$ m heraushängen, außerdem ungefähr 3 cm vom Braun, damit zwischen Braun und Grün keine blaßgefärbte Stelle entstehen kann, was beim Verarbeiten schlecht aussehen würde. Ungefärbt bleiben 5,8 m.

Zum Färben verwendet man ausschließlich Teerfarbstoffe. Auf scharfes, aber kurzes Kochen ist Wert zu legen; zu schwache Farbbäder sind zu vermeiden. Wesentlich ist ferner die Reihenfolge der Farben. Man fängt stets mit der dunkelsten Farbe an, damit diese nachher die helleren nicht überdecke, sowie ferner mit derjenigen Farbe, welche nur einmal vorkommen soll. Durch eine falsche Reihenfolge kann oft die ganze Arbeit verdorben werden. Namentlich trifft das sog. Überlaufen, d. h. die Verwaschung des scharfen Farbenwechsels ein.

Bevor das Garn zum Färben eingepackt wird, wird es abgekocht und wieder getrocknet, damit sich die zu färbenden Teile gut im Wasser netzen.

Die große Mannigfaltigkeit der Farben, die man herstellen kann, mag aus folgenden Beispielen hervorgehen. Man unterbinde eine Strähne an fünf Stellen:

1. Die fünffach abgebundenen Garne färbt man in einem Färbebade A. Nach dem Ablösen der Bänder zeigen sich die reservierten weißen Stellen und die durch die Färbeflotte A erhaltenen Farben.

2. Löst man nur eine Stelle a und färbt man in einem zweiten Bade B, löst danach die übrigen 4 Stellen, so erhält man folgende Zusammenstellung: Diejenigen Stellen, an welchen die 4 Umhüllungen waren, sind weiß geblieben, die Stelle der zuerst gelösten Bindung hat die Färbung des Bades B angenommen und die übrigen Stellen tragen eine Mischfarbe von Farblösungen A und B.

3. Hat man statt der vorhin gelösten 4 Stellen, außer der Umhüllung a nur noch eine weitere b gelöst und nun den Strang in einem dritten Bade C ausgefärbt, so werden jetzt nach Entfernung der noch übrigen drei Umhüllungen drei weiße Stellen erscheinen, die Stelle b wird die Färbung des Bades C besitzen, die Stelle a die Mischung der Lösung von B und C und die übrigen Stellen eine Mischfarbe aus den Farblösungen A, B und C.

Ringelgarne lassen sich also nach folgender Regel zusammensetzen: Nachdem eine Anzahl Stellen im Strang reserviert worden sind, färbt man im ersten Bade, löst hierauf eine oder mehrere Umhüllungen, oder schließt auch andere Stellen wieder in eine solche Umhüllung ein, färbt dann in einem zweiten Bade, löst nochmals einige der ursprünglichen oder später angebrachten Umhüllungen und macht wieder andere Stellen uneindringlich gegen die Farblösung und nimmt dann durch ein drittes Färbebad. Auf diese Weise erhält man eine unbeschränkte Anzahl Farben auf einem einzigen Strang.

Mit „Mignon“ bezeichnet man Ringelgarne, deren Strähn zum Teil weiß ist.

II. Flammengarne (Ombrés, Flammés). Auf dem Garnsträhn wird ein Farbton von hell bis dunkel aufgefärbt. Die einzelnen Töne gehen allmählich ineinander über und bilden keine scharfen Grenzen (Schattenfarben).

Die Strähne ist z. B. am Kopf weiß und wird nach unten allmählich hellrosa und schließlich dunkelrot. Es gibt zwei Verfahren, um dies zu erreichen. Nach dem ersten färbt man erst die dunkelste, nach dem zweiten erst die hellste Farbe.

1. Man taucht die Strähne zuerst nur ein wenig in die Flotte ein, dann etwas tiefer, nach einiger Zeit wieder etwas tiefer und so fort, bis endlich auch der Kopf der Strähne sich nahezu in der Flotte befindet. Man findet dann die einzelnen Teile der Strähne um so dunkler gefärbt, je länger sie sich in der Flotte befunden haben.

2. Die Wollgarnsträhne werden zunächst in gewöhnlicher Weise in einer hellen Farbe gefärbt. Man bringt hierauf die Strähne auf vierkantige Stöcke mit abgerundeten Kanten, taucht sie ins Färbebad und läßt die Stöcke auf den Rändern der Barke ruhen, sobald man soviel Färbeflüssigkeit hat auslaufen lassen, daß der Flüssigkeitsspiegel nur bis zu jener Stelle des Strähns reicht, an welcher die Grenze der folgenden stärkeren Färbung sein soll. Nach einiger Zeit werden die Strähne herausgeholt, das Bad wird verstärkt und nun nochmals Flüssigkeit abgelassen, um die Flüssigkeitsoberfläche wiederum um ein gleiches Stück zu erniedrigen. Die Strähne werden wieder eingeführt und auf Stöcken ruhen gelassen. Die außerhalb des Bades befindlichen Teile des Strähns behalten ihre Farbe bei die im Bade befindlichen färben sich stärker an. Statt jedesmal das Bad abfließen zu lassen, um die Oberfläche zu erniedrigen, kann man auch eine Anzahl Bäder herrichten, die sich durch die Höhe des Flüssigkeitsspiegels unterscheiden, in welche das Garn der Reihe nach auf Stöcken eingehängt wird. Die Garne dürfen auf den Stöcken nicht ihren Ort verändern. Zweckmäßig spannt man jedesmal den gefärbten Teil zwischen zwei Stäben ein.

Eine bessere Abstufung der einzelnen Farben wird erhalten, wenn man auf dem Rande der Färbebarke einen Rahmen anbringt, der vermittels eines Haspels aufwärtsgleiten kann. Auf den Rahmen legt man die mit Garn behängten Stöcke und bewegt während des Färbens das Ganze langsam nach oben.

4. Die Stückfärberei.

Sie hat vor der losen Wollfärberei und der Garnfärberei den Vorteil, daß die fertige Ware keiner Walke oder scharfen Wäsche mehr unterzogen wird. Gewaschen wird lediglich mit reinen Wasser oder in besonderen Fällen vielleicht noch mit Walkerde, die der Farbe keinen Eintrag tut. Infolgedessen läßt sich die Stückfarbe voller und feuriger herstellen, als die Wollfarbe; sie bleibt so, wie sie auf dem Färbebottich erzeugt worden ist. Man kann auf Stückware jede Färbeweise anwenden, ohne für die Spinnfähigkeit besorgt zu sein. Hingegen sind Schattenseiten der Stückfärberei, daß sich im Färbekessel sowohl die Fehler des Spinners, wie des Webers und ganz besonders die des Walkers in Form von Streifen, Flecken und Wolken unangenehm bemerkbar machen.

In der Stückfärberei kommt es wesentlich darauf an, gleichmäßige Färbungen herzustellen. Für empfindliche Farben oder bei feiner Ware wird das vorher gut gereinigte Gewebe zunächst genetzt, d. h. solange in einem Kessel mit heißem Wasser umgezogen, bis es vollkommen durchnäßt ist. Die Ware wird dann beim Eingehen in das Färbebad die Farbstofflösung gleichmäßig in sich aufnehmen. Beim Netzen sieht man gleichzeitig diejenigen Flecken, welche während der Fabrikation zufällig hineingekommen sind, als Ölflechen, Dekatur- und Stockflecken usw., da diese das Wasser nicht oder nur in beschränktem Maße aufnehmen. Gewebe, bei denen man noch Schmutz vermutet, ein wesentliches Hindernis für das Durchfärben und Gleichfärben der Stückwaren, nimmt man durch Benzin oder ein anderes Reinigungsmittel.

Nach dem Netzen folgt das Ansieden und Färben.

Man bedient sich hierzu ausschließlich hölzerner Kufen von rechteckiger, halbzylindrischer und trapezoidischer Gestalt (Abb. 113). Ein kleiner Teil des inneren Raumes wird durch eine an der Langseite angebrachte, durchlöcherte, hölzerne Scheidewand abgetrennt. In diese kleinere Abteilung führt man das durchlöcherte Dampfrohr zum Erwärmen der Flüssigkeit ein; hier kann man auch neue Farbstofflösung zusetzen, ohne das im größern Abteil befindliche Gewebe herauszuheben. Man kann auch das Dampfrohr direkt im Boden der Kufe anbringen. In diesem Falle muß man indessen den Stoff vor

Berührung mit dem Rohr schützen, durch Einfügung eines zweiten durchlöcherten oder aus Latten bestehenden sog. falschen Bodens über dem Rohr. Selbstverständlich fällt hier die kleinere Abteilung weg. Steht keine Dampfheizung zur Verfügung, so werden dieselben Bottichformen aus Kupfer hergestellt, eingemauert und mit Unterfeuerung versehen. Die letztere Einrichtung soll sich sogar für schwere Tuche besser empfehlen als Holzbottiche mit Dampfeinrichtung.

Der hölzerne, zylinderförmige Lattenhaspel ruht mit seinen Wellenzapfen in zwei gabelförmigen Lagern auf dem Rande des Bottichs. Die Breite des Haspels ist stets größer als das breiteste Gewebe, das gefärbt werden soll.

Man legt das zu färbende, genetzte Stück über den Haspel, näht die beiden Enden zusammen und beginnt das Stück in die Färbeflotte einzuhaspeln. Die Ware fällt von dem Haspel auf der einen Seite in den Färbebottich hinab, legt sich auf den Boden des Kessels und wird auf der andern Seite des Haspels wieder emporgezogen. Der Haspel ist mit einer Kurbel versehen, mit Hilfe deren das Stück so lange umgezogen wird, bis die Färbung gleichmäßig ist.

Das Wasser zum Färben soll möglichst weich sein, oder die Härte muß entsprechend gemildert werden.

Die nötige Farbstoffmenge ist kurz vor dem Gebrauch in einem besonderen Gefäß mit Wasser aufzulösen und in die Färbeflotte hineinzufiltern. Ungelöste Farbstoffteilchen, die sich an die Ware ansetzen würden, dürfen nicht in die Flotte gelangen. Nach dem Zusatz von Farbstofflösung wird die Flotte gut aufgerührt und aufgekocht, dann aber durch Hinzufügen von kaltem Wasser bis auf 70—75° C abgeschreckt. Erst dann darf man die Ware einhaspeln. Nun wird umgehaspelt und die Temperatur langsam zum Sieden gebracht. Man darf nicht zu viel Ware auf einmal in den Kessel einbringen; die Stücke müssen, wie der Färber sagt, „in der langen Flotte schwimmen“.

Sollten sich die Leisten einrollen, so näht man sie zusammen, so daß das Stück einen Schlauch bildet; dadurch ist der Gefahr heller Leisten vorgebeugt. Stoffe, deren Oberfläche durch die Berührung mit dem Haspel leiden könnten, läßt man auf der Rückseite im Schlauch laufen. Streichgarnstoffe müssen stets in der Richtung des Striches laufen.

Nach dem Färben wird das Bad vor dem Herausnehmen der Ware durch Zusatz von Wasser gut abgekühlt oder abgeschreckt, sodann trennt man die Nähte, mit welchen die beiden Enden des Gewebes zusammengehalten wurden, und haspelt die gefärbte Ware auf. Nach einiger Zeit wird sie von dem Haspel abgewickelt und auf den Bock zum Abtropfen und Abkühlen gebracht.

Würde man ohne vorherige Abkühlung auf den Haspel drehen, so entstünden „Hitzfalten", vertiefte Furchen. Diese können auch entstehen, wenn nicht genügend sauer gefärbt wird, oder, wenn nicht genügend Flotte im Bottich ist, so daß sich die Ware staut oder wenn die Enden der Stücke nicht glatt aneinander genäht sind.

Man kann die Walzen sowohl nach rechts wie nach links arbeiten lassen. Dieses ist wichtig beim Ein- und Ausgehen der Stücke, ferner kann man die Geschwindigkeit verändern, und zwar bis 60 Touren in der Minute. Die Färbebottiche hat man mit 2—3 Abteilungen versehen, so daß gleichzeitig 2—3 Stücke gefärbt werden können. Die Kufe ist an der einen Seite abgeschrägt, damit die Stoffe nicht übereinander fallen und sich verschlingen, sondern auf dem Boden allmählich nachrutschen. Bei Beobachtung der Vorschriften: gründliches Netzen, Vermeidung zu heißen Eingehens in die Färbeflotte, insbesondere beim Gebrauch der Alizarinfarben usw., fallen die Farben gleichmäßig aus. In zweifelhaften Fällen bleibt auch noch zwischen den einzelnen Gewebesträngen soviel Platz übrig, daß die Stücke abwechselnd mit dem Stock breit gehalten werden können. Bei genügend großen Färbekufen kann man auch beim Färben auf Muster Farbstofflösung zugeben, ohne die Stücke herauszuheben.

d) Färben der Kunstwolle.

Kunstwolle nennt man die aus Abfällen wiedergewonnene Wolle. Bevor die Lumpen in den Großhandel gelangen, werden sie nach alten und neuen Lumpen (Schneiderei-, Spinnerei- und Webereiabfälle), nach reinwollenen und nach halbwollenen Lumpen und schließlich nach verschiedenen Farben sortiert. Die beste und längste Kunstwolle erhält man durch Zerreißen von gestrickten, lose gewebten, kammwollenen, also nicht gewalkten Stoffresten, als Shoddy. Die Fasern sind über 2 cm lang und können ohne weiteren Zusatz von guter Wolle versponnen werden. Eine kürzere Wolle wird unter dem Namen Mungo (it must go = es muß gehen) aus den gewebten und gewalkten Tuchlumpen oder aus geringeren Stofflumpen gewonnen. Eine dritte Sorte, die Extraktwolle, wird durch die im Teil II beschriebene Karbonisation mit Schwefelsäure aus halbwollenen Lumpen hergestellt. Die beiden letzten Kunstwollsorten Mungo und Extraktwolle können, weil die Faser an und für sich kurz ist, nur mit Zusatz von guter Wolle versponnen werden.

Besonders geschätzt sind die weißen und die hellfarbigen Kunstwollen, weil sie sich zum Färben von helleren und mittleren Farben eignen, während auf mittelfarbigen und dunkel gefärbten Kunstwollen ausschließlich dunkle und schwarze Farben hergestellt werden können.

Zuweilen werden auch dunkle Tuchlumpen so weit von Farbe befreit oder abgezogen, daß sich nachher mit wenig Aufsatzfarben ein Hellbraun oder ein lichtes Mausgrau herstellen läßt. Bei diesem Verfahren wird jedoch die Walkfähigkeit des Materials sehr beeinflußt.

Abgezogen wird:

a) durch halbstündiges Kochen mit 3 % Kaliumbichromat und 5—10 % Schwefelsäure,

b) durch mehrstündige Behandlung lauwarm mit 5—10 % Soda,

c) durch Erwärmen mit 3—5 % Decrolin B. A. S. F. und 3—5 % Schwefelsäure in $\frac{1}{4}$—$\frac{1}{2}$ Stunde von handwarm bis zum Sieden (in Holzgefäßen).

Die Abfälle werden vor oder nach dem Färben, trocken oder mit Öl genetzt, auf dem Shoddy- bzw. Mungo-Wolf gerissen.

Shoddywolle wird meistens erst gerissen, dann gefärbt.

Extraktwolle wird noch vorher karbonisiert, d. h. von pflanzlichen Teilen befreit.

Sodann muß noch die gerissene Wolle von dem, vor dem Zerreißen zugesetzten Oleïn (etwa 8 %) gereinigt werden. Beim Ansieden setzt sich dieses Fett meistens mit anderen Unreinigkeiten oben ab, wo es leicht abgeschöpft werden kann. Ein auf diese Weise gereinigtes Material wird sich zu längeren Fasern reißen lassen, als wenn, wie dies allerdings häufig erforderlich wird, mit Hilfe alkalischer Mittel, beispielsweise in lauwarmer, mäßig starker Sodalösung vorgewaschen wird, um das Oleïn zu verseifen. Dann ist ein Verfilzen kaum zu vermeiden. Gutes Waschen ist jedoch stets die Vorbedingung für eine lebhafte Farbe und für ein tadelloses Gespinst. Zuweilen werden, um das alkalische Waschen zu umgehen und um eine leichtere Reinigung vornehmen zu können, die Lumpen auch ohne Fett gerissen, jedoch geschieht dies wieder nur auf Kosten der Länge der Faser.

Das Färben unterbleibt bei Indigoblau gefärbten (Militärblau), oder schwarzen Lumpen; diese ergeben gerissen und gesponnen ein schön gleichmäßig gefärbtes Garn. Häufig sind indessen solche Lappen nicht durchgefärbt; dann muß nachgefärbt werden, aber nur ein Drittel der Menge wird blau oder schwarz in gewöhnlicher Weise wie Kunstwolle gefärbt. Man färbt ein schönes volles Rotblau oder ein kräftiges Blauschwarz, trocknet die Lumpen und mischt sie mit den übrigen, ölt ein und reißt im Lumpenwolf.

Zuweilen werden aber auch sonst die Lumpen im ungerissenen Zustand gefärbt und kommen dann als „gefärbte Mungo" in den Handel.

Zum Färben bedient man sich möglichst billiger Verfahren, weil an das nicht sehr wertvolle Material keine zu große Anforderungen in bezug auf Echtheit gestellt werden. In erster Linie werden die sauren oder gar basischen Farbstoffe gebraucht, weil man mit ihnen fast ausschließlich die verlangten feurigen Farben herstellen kann; nur für wenige dunkle Farben, wie für Braun und Oliv, für Buckskinfabrikationszwecke, werden substantive oder Beizenfarbstoffe gefärbt. Im letzteren Falle bedient man sich der Einbad-Methode; nur selten siedet man in einem getrennten Bade an. Vor allem darf nicht zu lange gekocht werden. Die Färbemethoden sind im allgemeinen denjenigen für lose Wolle gleich, nur bedarf man in den meisten Fällen geringerer Beizmengen, weil noch Beizen von den vorher aufgefärbten Farben enthalten sind.

Das gut gereinigte Material wird in saurem oder neutralem Bade gefärbt. Man geht nicht über 50° C heiß ein. Enthält die zu färbende Extraktwolle noch Säureanteile, vom Karbonisieren herrührend, so muß außer bei den Egalisierungsfarbstoffen vorher mit Soda oder Ammoniak entsäuert werden (Prüfung mit Lackmus).

Substantive Baumwollfarbstoffe werden besonders bei baumwollhaltiger, nicht karbonisierter Kunstwolle bevorzugt; sie decken zugleich die Baumwolle und ersparen so das Karbonisieren.

Schwierigkeiten verursacht das Färben solcher wollener Garne, welchen Kunstwolle beigemischt ist; auch das Färben von Stückwaren mit Garnen solcher Mischung wird erschwert, denn gute Wolle verhält sich anders gegen Farbstoffe als Kunstwolle. Die Farbstoffe gehen ungleichmäßig auf die Faser, und Stückware wird häufig fleckig und zweifarbig.

e) Das Färben der Noppen.

Auf die Entfernung der Noppen, jener kleinen pflanzlichen Reste in Wollenstückwaren, die teils in der Wolle schon vorhanden waren, teils durch die Fabrikation hineingekommen sind, ist bereits im zweiten Teile dieses Werkes hingewiesen worden. Dieselben werden entweder durch Karbonisation gänzlich entfernt, oder sie werden durch Färben unsichtbar gemacht. Umständlich und zeitraubend ist das älteste Verfahren, entweder durch Nopp- oder Plüßeisen die Noppen zu entfernen oder durch Betupfen mit einer besonders hergestellten Nopptinktur, die mit einer Gänsefeder aufgetragen wird, die Noppen zu verdecken.

Das Verfahren der Entfernung mit Hilfe der Karbonisation ist nicht immer anwendbar, sei es mit Rücksicht auf die Farbe oder mit Rücksicht auf die Warengattung. Es gibt besondere Noppenputzmaschinen, die für die verschiedensten glatten Gewebe Verwendung finden.

Schnell und leicht ausführbar bleibt die Methode der Noppenfärbung. Die Noppen werden dauernd gefärbt, ohne daß das Stück selbst eine Veränderung erleidet. Das Färben geschieht in kalter Lösung.

a) Altes Verfahren mit Blauholz. Meistens läßt man eine Beize mit Gerbstoff, Tannin, Galläpfeln, Sumach, Dividivi, Mirobalanen usw. vorangehen.

Die Stärke des Bades darf nicht allein nach dem Gewicht der Ware, sondern soll auch nach der Menge der zu färbenden Pflanzenteile bemessen werden. Gefärbt wird in der Regel auf der Waschmaschine.

Für Schwarz füllt man den Bottich der Waschmaschine so weit mit Wasser, daß die Ware davon bedeckt wird, setzt auf 25 kg Ware die Abkochung von 1,75 kg Dividivi zu, welche vorher fein durchgesiebt werden muß, bringt den Stoff ein und läßt ½ Stunde laufen. Hierauf entleert man den Kumpen, nimmt die Ware heraus, bereitet ein frisches Bad aus 2½—3 kg holzessigsaurem Eisen 16° Bé und 100—120 g Blauholzextrakt und nimmt den Stoff nochmals ½—¾ Stunde durch, worauf unter Zusatz von dünner Walkerdelösung ausgewaschen wird.

Für hellere Farben ist das Eisen- und Blauholzbad entsprechend schwächer anzuwenden.

Nach einer andern Methode werden die Stoffe zuerst eine Stunde lang in einem Bad aus Mirobalanen, dann in einem Bad aus holzessigsaurem oder salpetersaurem Eisen (letzteres für hellere Farben) behandelt und mit wenig Erdelösung klar gespült. Sämtliche Lösungen müssen sehr sorgfältig bereitet und durchgeseiht werden; bei unvollkommener Lösung, besonders des Blauholzextraktes, können infolge von Übersättigung leicht braune Flecken und Streifen entstehen.

Diese Verfahren sind ziemlich umständlich, auch macht der Gerbstoff das Wollhaar etwas hart.

b) Neues Verfahren. Bei billiger und stark noppiger Ware deckt man die Noppen mit direktziehendem Baumwollfarbstoff einfach nach dem Spülen der gefärbten Ware in der Waschmaschine. Man bereitet im Spültrog ein kaltes, kurzes Bad mit 0,2—2 g Farbstoff und 10—20 g kalz. Glaubersalz im Liter je nach Tiefe. Die Ware läuft darin ¼—½ Stunde und wird dann gespült. Harte Noppen läßt man vor dem Spülen über Nacht liegen.

f) Das Mottenechtmachen.

Im Juni 1921 brachten Bayer das Eulan F heraus. Damit behandelte Wolle, Federn, Roßhaar, Borsten und Pelze werden von den Raupen der Motten nicht mehr angefressen.

Auf 1 l Wasser werden 6 g Eulan F kochend aufgelöst und 3 g Schwefelsäure konz. oder 6 g Ameisensäure, 90 %ig, hinzugefügt. Die gefärbte Wolle wird je nach Wasserechtheit der Färbung heiß oder kalt in dem Eulanbad behandelt und nach einigen Stunden gespült.

Um Eulan zu sparen empfiehlt es sich, die Wolle vor dem Eingehen gut auszuschleudern und auch das erste Spülbad stehen zu lassen und zur Ergänzung des Eulanbades zu benutzen, nachdem man auf den Liter 9 g Eulan und 4,5 g konz. Schwefelsäure gelöst und absitzen gelassen hat.

Soll gut entsäuert werden, so kann beliebig weiter gespült werden. Die Wirkung des Eulans bleibt dadurch ungeschmälert.

G. Einrichtungen und Maschinen zum Waschen und Trocknen.

1. Lose Wolle.

Die Wolle wird auf den Apparaten, auf denen sie gefärbt wurde, oder auf besonderen Maschinen (s. Teil II) gewaschen, geschleudert und getrocknet.

I. Die billigste Art des Trocknens bleibt das Trocknen in der freien Luft. Man breitet die Wolle auf Horden aus, die auf gegen die Sonne geschützten Gerüsten liegen. Die Horden können gitterförmig aus schwachen Latten oder netzförmig aus Bindfadengeweben oder Weidenrohrgeflecht bestehen; man verwendet auch gelochte Bleche und Patentdrahtgeflechte. Die Feuchtigkeit wird allmählich entzogen, und die Wolle bleibt weich und geschmeidig. Die Wärme verdampft hierbei das Wasser, während die Luft den entstandenen Wasserdampf wegführt.

II. Die künstlichen Trockenanlagen müssen so eingerichtet sein, daß die Temperatur nicht zu hoch steigt und die mit Feuchtigkeit beladene Luft abgeführt wird. Sonst wird die Wolle hart und spröde.

Die Wolle wird ungefähr 400 mm hoch auf die Drahthorden aufgeschichtet. Die Horden befinden sich in halber Höhe des Raumes auf einem starken Holzrahmen. Ein vorgewärmter starker Luftstrom wird mit Hilfe eines Ventilators durch den Trockenraum hindurchgezogen. Die Luft nimmt ihren Weg durch das ausgebreitete Material von unten nach oben oder von oben nach unten. Im letzteren Falle wird die Wolle fest auf das Trockensieb gezogen, wodurch es möglich wird, sämtliche Wärme zum Trocknen dienstbar zu machen. Am besten teilt man den Raum unterhalb der Horden durch Bretterwand oder besser durch eine Wand von Ziegelsteinen vom Fußboden bis zur Horde in zwei gleiche Teile, so daß die Luft in dem einen Teile von unten nach oben und in dem anderen umgekehrt durch das Material streicht. Unter der einen Hälfte befinden sich die Heizröhren zum Erwärmen der von außen eintretenden Luft, während in dem zweiten unteren Raume der Ventilator eingesetzt wird. Die Heizrohre sind enge Rohre oder etwas weitere Rippenrohre, die eine größere Heizfläche darbieten. Zur

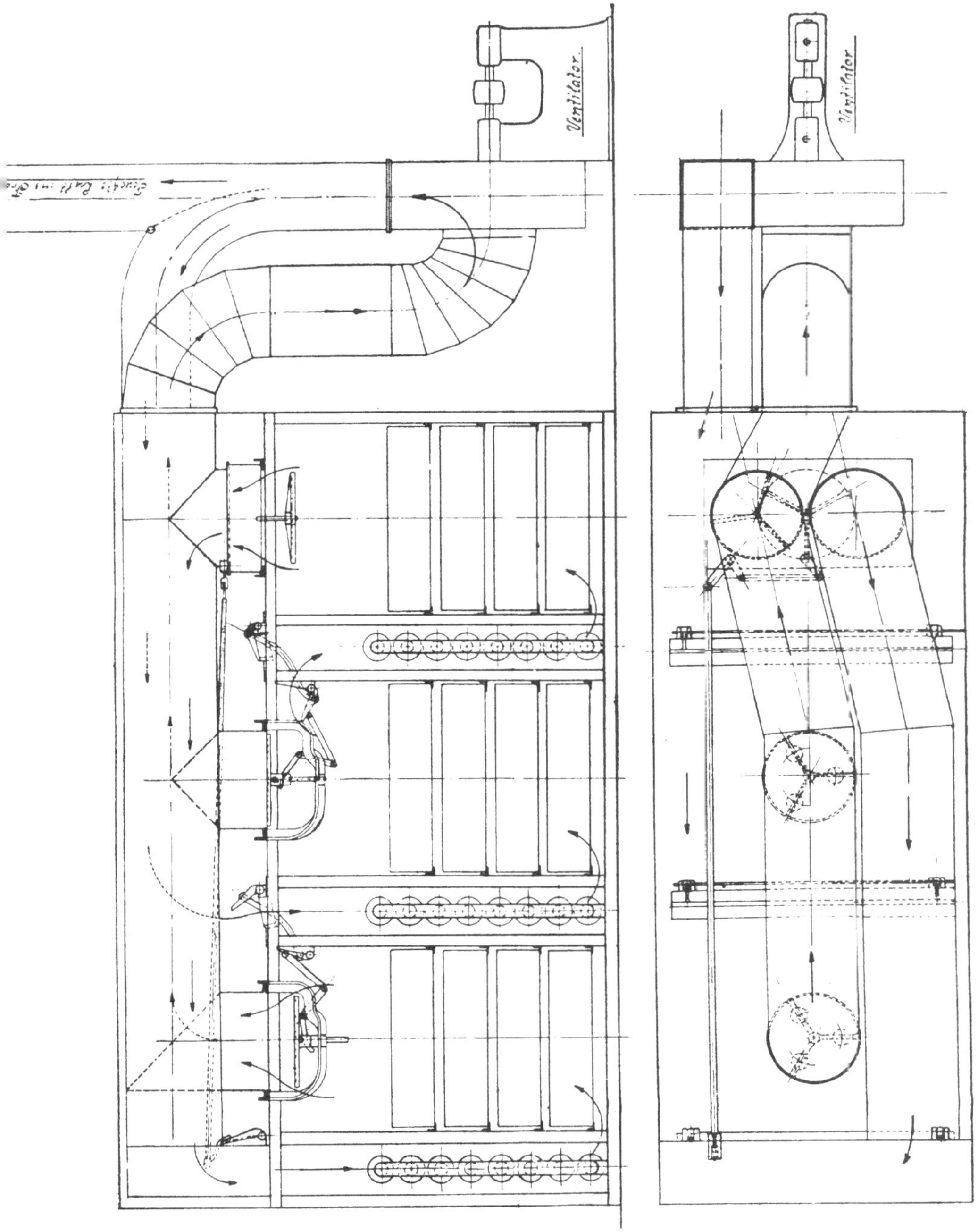

Abb. 136. Schnell-Trockenapparat (M. Jahr, Gera).

Erwärmung der Luft dient der Abdampf der Maschine oder direkter Dampf.

In allen größeren Betrieben findet man heute Maschinen zum Trocknen der Wolle, z. B. der Einkammertrockenapparat findet auch in Wollfärbereien ausgedehnte Verwendung (S. 386). Auch die Universal-Schnelltrockenmaschine der Waggon- und Maschinenbau A. G., Görlitz für loses Gut, Garne, Kopse und Kreuzspulen trocknet die Faser bei äußerster Schonung.

Der Schnelltrocken-Apparat der Firma Moritz Jahr A.-G., Gera (Abb. 136), ist zum Trocknen von loser Wolle mit Schubkästen und drei Trockenabteilungen eingerichtet. Aus den in der Zeichnung angedeuteten Pfeilen ist die Luftführung ersichtlich. Die Luft wird durch die über der Maschine liegenden Blechrohre von dem Ventilator abgesaugt und von diesem zum Teil abgestoßen, zum Teil der Maschine wieder zugeführt. Die Luft streicht von oben durch die erste Heizkammer, wird von dem Ventilator durch die Kästen mit durchlöchertem Boden und das darin befindliche Material gesaugt. Dann wird sie entweder, wie die Zeichnung darstellt in Abteilung I durch die obere Klappe direkt abgesaugt, wenn nämlich die Abteilung gerade mit frischem, nassen Material beschickt ist, und die Luft infolge der Sättigung und der niedrigen Temperatur zum Wiederverwerten nicht geeignet ist, oder sie wird, wie die Abteilung II zeigt, bei geschlossener oberer Klappe durch die nächste Heizkammer gezogen und tritt aufs neue erwärmt und weniger gesättigt in die letzte Kammer. Die hier verbrauchte Luft wird durch die obere Klappe dem Ventilator zugeführt. Durch die in die Abzweigung der Rückleitung eingebaute Klappe wird ein Teil der Luft ins Freie gestoßen, der andere mit selbsttätig zutretender Frischluft gemischt durch den oberen Umbau des Apparates der ersten Heizkammer wieder zugeführt. Das Prinzip der Trocknung ist also ein ständiger Kreislauf der Trockenluft bis zur höchsten Ausnützung der Temperatur und hoher Sättigung, wobei die unbrauchbare Luft selbsttätig ausgeschieden und die noch nicht voll ausgenützte wieder verwendet wird.

2. Garne und Stücke.

Wollgarne und Stücke werden ebenfalls auf den Apparaten, auf denen sie gefärbt wurden, oder auf besonderen Maschinen (s. Teil II) gewaschen. Danach wird geschleudert und getrocknet.

Stücke, die zu Knicken und Falten neigen, werden auf der Breitschleudermaschine geschleudert.

Zum Trocknen werden die Stücke auf hölzerne Trockenrahmen straff aufgespannt, damit sie beim Trocknen nicht einlaufen, oder man bedient sich einer Zylinder-Trocken-Maschine (S. 407) oder eines Etagen-Spannrahmens. Die 5-Etagen-3-Felder-Tuchspannmaschine von C. H. Weisbach (Abb. 137), dient für Woll- und Halbwollwaren. Die Einrichtung ähnelt der auf S. 407 beschriebenen, nur wird hier das Gewebe durch Nadeln an den Leisten gefaßt.

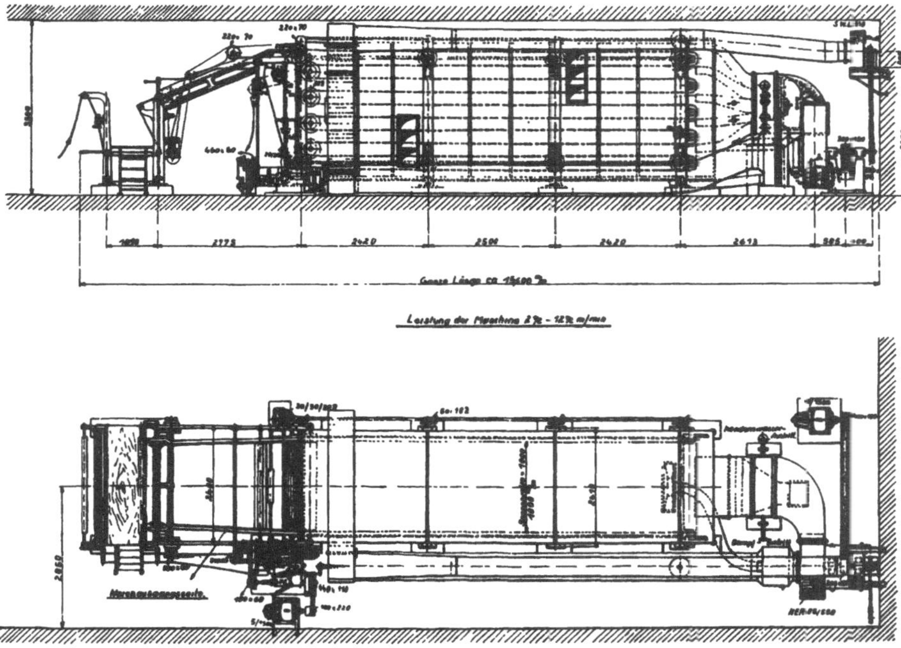

Abb.137. 5-Etagen-3-Felder-Tuchspannmaschine von C. H. Weisbach, Chemnitz.

h. Die Nachappretur der Streichgarnstoffe.

A. Die getrockneten Stücke gelangen zur Schererei. Stoffe, die nicht dekatiert werden, wie gemusterte Stoffe, Buckskin, Militärtuch usw., werden fertig geschoren, die für die Dekatur bestimmten Stoffe nicht.

Der Hauptteil der Schermaschine ist das Schneidzeug, durch dessen Höher- und Tieferstellen die Schurhöhe eingestellt wird. Genaustehende und scharfe Messer sind Hauptanforderungen für gute und glatte Schur. Die Stücke dürfen weder zu lang, noch zu kurz in Schur zur Dekatur kommen; besonders ist zu kurzes Haar zu vermeiden, da es sich nicht mehr so fest auflegen und durch die Presse und Dekatur fixieren läßt. Auch beim Spülen nach der Dekatur richtet sich zu kurzes Haar leichter auf und kann selbst durch wiederholtes Verstreichen nicht mehr so glatt aufgelegt werden wie längeres Haar.

B. Nachdem die Stücke durchgesehen sind, werden sie auf der Bürstmaschine aufgebürstet, doubliert und gelangen dann zur Presse.

C. Durch das Pressen kann dem Stoff Glätte und Glanz auf der rechten Seite des Stückes und ein festerer pergamentartiger Griff gegeben werden. Glanzware muß in der Spahnpresse, halbmatte oder matte Ware, insbesondere auch schwere Winterstoffe, in der Walzenpresse gepreßt werden.

α. Bei der Spahnpresse wird die Ware faltenweise in glatte Preßspähne (Glanzpappendeckel) eingelegt (eingespähnt) und zwischen je zwei Stücke eine erhitzte Eisenplatte eingefügt, dann wird der ganze Satz (in der Regel faßt eine solche Presse acht bis zehn Stück) durch Spindeln oder hydraulischen Druck zusammengepreßt. Nach Verlauf von zwölf bis sechzehn Stunden werden die Stücke herausgenommen und so umgespähnt, daß die vorher außen umgebogenen Falten nunmehr in die Mitte, also auch unter Druck kommen; dann wird nochmals in derselben Weise gepreßt. Nach Verlauf von einigen weiteren Stunden kann die Presse ausgespähnt werden, vorausgesetzt, daß die Platten unterdessen genügend kalt geworden sind. Nimmt man die Stücke früher heraus, so geht ein großer Teil der Wirkung wieder verloren.

β. Die Walzenzylinder- oder Muldenpresse für halbmatte oder matte Appretur besteht in der Hauptsache aus einer freien polierten Mulde aus Gußeisen, die gleichsam den Deckel eines hohlen Kastens bildet, der mit einem Dampfzuführungsrohr in Verbindung steht. In dieser Mulde dreht sich unter Druck ein Zylinder, der mit einem Filztuch überzogen ist. Zwischen Mulde und Zylinder bewegt sich das zu pressende Tuch.

Zu scharfes Pressen läßt sich durch schwaches Dämpfen auf dem Dämpfapparat mildern. Auf diese Weise kann man Ware von der Spahnpresse den Glanz matter Waren geben; Waren, deren Wolle viel Naturglanz hat, braucht, wenn für matte Appretur bestimmt, nicht gepreßt zu werden oder braucht höchstens kalt durch die Walzenpresse genommen zu werden. Dagegen müssen aus glanzloser Wolle hergestellte Stoffe zur Erreichung desselben Apprets scharf und heiß auf der Walzenpresse gepreßt werden.

D. Der Glanz, den das Gewebe durch die Presse erhalten hat, ist nicht beständig und verschwindet besonders, wenn die Ware feucht wird. Erst durch die folgende Dekatur, durch Erweichen des Haares im Dampf und nachfolgendes Erkalten unter Druck, wird Glanz und Glätte dauernd fixiert. Noch zu färbende Stoffe müssen besonders scharf dekatiert werden, einmal um das Zerknittern und Verwühlen der Haardecke möglichst zu vermeiden, und weiterhin weil die Dekaturwirkung während des Färbens teilweise wieder verloren geht.

α. Die gepreßten Stücke werden mehr oder weniger fest auf eine hohle gelochte, mit einer baumwollenen Decke umkleidete Kupferwalze gewickelt und mit einigen eben solchen Decken umwickelt, dem Dampf ausgesetzt (Dampfdekatur). Nach Länge und Stärke der Stücke werden zwei bis vier auf einmal aufgewickelt. Der Dampf tritt innerhalb der Walze ein und dringt nach außen durch. Man soll im allgemeinen nicht zu heißen und hochgespannten, wohl aber gut trockenen Dampf anwenden; für Glanzware genügt 1½ Atm, für matte und halbmatte ¾—1 Atm Druck. Zu heiße und hochgespannte Dämpfe machen die Ware hart und brüchig und können die Haltbarkeit beeinträchtigen, zu schwacher und zu nasser Dampf macht die Ware matt und pappig. Auch entstehen leicht nasse Stellen, sogenannte Wasserflecken, welche verhängnisvoll werden können, weil solche Stellen mehr Farbstoff aufnehmen. Wenn die Ware Wasserflecke enthält, so läßt sich durch nochmaliges scharfes Pressen und Dekatieren mit Wasser (s. unten) der Übelstand beheben.

Die Zeitdauer des Dekatierens ist nach Qualität und Charakter der Ware und nach dem erforderlichen Glanz verschieden. Ware mit starkem Glanz kann so fest als möglich gewickelt bis zu einer Stunde und darüber im Dampf stehen und muß bis zum vollständigen Erkalten auf der Walze bleiben. Für halbmatte Ware genügen 30—40 Minuten und ein- bis zweistündiges Belassen auf der Walze, während matte Ware in den meisten Fällen nur 10 bis 15 Minuten im Dampf zu stehen und die doppelte Zeit zum Abkühlen braucht.

β. Neben der Dampfdekatur wird die nasse oder Wasserdekatur angewendet, bei welcher an Stelle des Dampfes heißes oder kochendes Wasser tritt. Man nennt dies auch das Kochen (oder „Pottingen") der Ware. Es wird teilweise als Ersatz, teilweise als Fortsetzung der Trocken- oder Dampfdekatur angewandt. Man wickelt die Stücke wie oben beschrieben auf durchlöcherte Kupferwalzen und legt sie in ein Kochgefäß so ein, daß sie nicht unten auf dem Boden aufliegen und oben noch von einer einige Zentimeter hohen Wasserschicht überdeckt werden. Die Temperatur des Wassers ist je nach der gewünschten Wirkung 75—100° C, und die Walzen bleiben vier bis sechs Stunden stehen. Hierauf werden sie herausgenommen und in ein anderes Faß mit kaltem Wasser gebracht, damit die Lage des Stapels bzw. die Form der Oberdecke, die durch die warme Presse hervorgerufen und durch die nasse Behandlung genügend erweicht wurde, durch das rasche Abkühlen besser befestigt wird. Die Stücke werden dann rasch abgezogen, auf der Waschmaschine mit Walkerde gewaschen und gespült. Man wendet die Wasserdekatur gewöhnlich nur für feine schwarze Ware in halbmattem Appret an.

Seidenfärberei.

1. Im Strähn.

a) Allgemeines.

Ungesponnene Seide (Seidenabfälle) wird selten gefärbt und dann zur Herstellung seidener Noppen für die Buckskinfabrikation verwendet. Vorwiegend kommt die Seide zum Färben im Strähn, wie sie aus den Moulinieranstalten hervorgeht; ungezwirnt, als Grêge, oder verschieden gezwirnt, als Kettseide (Organsin) oder als Schußseide (Trame) oder als Nähseide, Stickseide usw. Außerdem wird Schappe oder Florettseide aus den Abfällen beim Haspeln und Zwirnen, sowie aus unhaspelbaren Kokons verarbeitet. Weiter werden wilde Seiden, besonders Tussah, gefärbt.

Die Seide besitzt eine noch größere Verwandtschaft zu Farbstoffen als die Wollfaser. Die Färbeverfahren sind einfach und gleichen denen für Wolle.

In erster Linie kommen die basischen und die sauren Farbstoffe in Betracht, dann weiter die substantiven und Alizarinfarbstoffe, besonders für trübe Farben. Die Alizarinfarbstoffe sind auf Seide nicht so seif- und waschecht, wie auf Baumwolle und Wolle, sie sind aber immerhin echter als die übrigen Teerfarbstoffe. Die älteren natürlichen Farbstoffe sind bis auf einige wenige, wie das Blauholz (für die Schwarzfärberei), fast verdrängt, da die Teerfarbstoffe sich auf einfachere Weise im gebrochenen Bastseifenbade auffärben lassen.

Die Seide gelangt in Strähnen zu 15—40 g (Masten) in die Färberei; dort wird sie zunächst mit einem leinenen oder baumwollenen Faden unterbunden, und in Bündel von vier Strähnen zu einer „Handvoll“ oder „Docke“ (Matteon) mittels einer Schnur vereinigt. Das Unterbändel unterscheidet die Seide im Bad von anderen Partien.

Zum Färben werden viereckige, hölzerne oder kupferne Barken verwendet, welche vielfach mit Rädern versehen sind. Die Barken sind zwischen einem halben Meter und zehn Meter lang, je nach der Größe der zu färbenden Partien. Geheizt wird durch direkten Dampf oder durch ein geschlossenes Schlangenrohr.

Geschleuderte Seide muß, bevor sie wieder auf Stöcke gelegt wird, mit der Hand am „Pol“ (Wringpfahl) ausgeschlagen werden, häufig sogar unter Zuhilfenahme des „Windnagels“ (Wringholzes), eines dicken allseitig runden Knüppels (s. S. 482).

Je nachdem die Seide roh, halb abgekocht als Soupleseide oder in ganz abgekochtem Zustande als Cuiteseide gefärbt werden soll, muß sie in verschiedener Weise vorbehandelt werden. Auch richtet sich die Vorbehandlung nach der Farbe und dem gewünschten Grade der Beschwerung.

b) Reinigung und Zurüstung für die Färberei.

α. Diejenige Seide, welche als rohe (Hart-, Ecru)-Seide gefärbt werden soll, wird nur eingeweicht und schwach entfettet. Man nimmt sie durch eine lauwarme Lösung von 6—8% Soda (vom Gewicht der Seide); nach mehrmaligem Umziehen schwillt die Seide auf, wird weich und verliert gleichzeitig eine kleine Menge fetter Substanzen. Die Behandlung darf nicht zu lange fortgesetzt werden, sonst verliert die Seide einen größeren Teil ihres Bastes. Sobald genügend entfettet ist, spült man und schleudert; die Seide ist dann zum Färben bereit.

β. Die Soupleseide (weiche Seide) verlangt eine besondere Vorarbeit; sie verliert hierdurch nur etwa 5—10% ihres Gewichtes und nimmt dennoch etwas die Eigenschaften ganz abgekochter Seide an. Die Seide bleibt fester als beim ganzen Abkochen. Zum Souplieren der Seide gibt es verschiedene Verfahren. Die rohe Seide z. B. wird, nachdem sie in einem schwachen Sodabade geweicht und gereinigt worden ist, in ein Bad mit Weinstein oder einer kleinen Menge schweflige Säure gebracht und bis auf 90° C erhitzt. Das Bad darf nicht kochen, da sonst die Seide stellenweise entschält würde. Die Seide soll auch in einer 10prozentigen Seifenlösung bei 25—30° C soupliert werden können, in welcher 1—2 Stunden umgezogen wird. Nach welcher Methode man auch immer die Seide souplieren mag, stets ist darauf zu achten, daß die Behandlung nicht zu weit getrieben wird, sonst grenzt die erhaltene Seide an schlecht abgekochte Seide und man ist gezwungen, ganz abzukochen, um die Seide überhaupt noch gebrauchen zu können. Gelbe Bastseide wird vor dem Souplieren gebleicht und geschwefelt; weiße Bastseide wird nur geschwefelt (s. Teil II).

γ. Die ganz abgekochte Seide (Cuite-Seide) wird durch Abkochen mit Seifenlösung erhalten. Zuweilen schaltet man noch für helle Farben ein zweites Seifenbad, das Repassierbad, ein; das Seifenbad enthält dann die Hälfte der Seife des ersten Bades. Die Seidensträhne werden in kochend heißer, nicht aufwallender Seifenlösung degummiert. Das Bad enthält 30—35 % Seife vom Gewicht der Seide; die Temperatur wird auf 95—100° C gesteigert und die Seide eine Stunde lang auf dem Bade gelassen. Der größte Teil des Bastes löst sich, und der natürliche Farbstoff wird entfernt. Man zieht nur einmal um, läßt auf jeder Seite eine halbe Stunde und zieht zum Schluß noch einhalb Mal um.

Wird zu lange gekocht, so wird die Seide rauh und verliert zugleich an Stärke. Kocht man nicht lange genug, so bleibt noch Farbstoff und Bast zurück. Es ist daher wichtig, sowohl die Zeit des Abkochens wie die Stärke der Seifenlösung richtig zu wählen.

Gelbe und grüne Seide verliert mehr als die weißbastige, ferner verlieren die gezwirnten Seiden mehr als Grège-Seide. Der Gewichtsverlust schwankt zwischen 17 und 27 %. (Japan, weiße Grège 17 %, China 20 %, gelbe Organsin 27 %).

Das Abkochen hängt viel von der Beschaffenheit der Seife und des Wassers ab.

Die Anwendung schlechter Seife hat zur Folge, daß die Seide sich schlecht spült und infolgedessen ungleichmäßig färbt, oder auch daß sie einen unangenehmen Geruch erhält, manchmal sogar einen unerwünschten Farbton. Zu stark alkalische Seife würde die Seide angreifen. Das Seifenbad, in welchem abgekocht wurde, wird unter dem Namen „Bastseife“, zum Färben gebraucht, mithin ist eine gute Seife doppelt wichtig. Am besten wendet man zum Abkochen eine gute Marseiller Seife an.

Ebenso wichtig ist reines Wasser, zumal die Seidenfärberei wohl im Verhältnis die größten Wassermengen verbraucht. Das Wasser sei so wenig kalkhaltig wie möglich, da der Kalk während des Degummierens und Abkochens unlösliche Kalkseife bildet und so einen Teil der Seife unbrauchbar macht. Diese Kalkseife wird von der Seide zurückgehalten, gibt ihr einen grauen Ton, ruft Flecken hervor, beeinflußt den Glanz, vermindert die Farbstoffaufnahme und verleiht ein schmieriges Gefühl.

Neuerdings hat sich die Entbastung im Seifenschaum eingeführt; die Seide leidet hierbei weniger und Seife wird gespart. Insbesondere bilden sich weniger leicht die Seidenflöckchen („Seidenläuse“), feinfaserige Nester, die die Fäden umschlingen und nach W. Wagner (T. **1925**, 118) aus Sekundärfädchen im Bast entstehen.

Die Seide muß nach dem Abkochen möglichst bald sorgfältig gewaschen werden; dem ersten Spülwasser setzt man etwas Soda zu. Da sich die Seide beim Abkochen kürzt, wird sie häufig auf der Streck- oder Lüstriermaschine um 2—3 % gestreckt, wobei sie erheblich an Glanz gewinnt.

δ. Schappe wird in „Flotten" oder „Masten" in Strähnform von 70 g Gewicht mit einem Baumwollfaden unterbunden. Man zieht fünfmal in einem kochenden Bad mit 10 % Soda krist. um, und spült. Schappe für helle Farben bringt man nach der Sodareiniguung noch 1/2 Stunde auf ein kochendes Bad mit 10 % Marseillerseife. Zum Schlusse wird nochmals gespült. Für ganz helle Farben wird Schappe gebleicht (s. Teil II).

ε. Tussahseide färbt sich schwieriger als gewöhnliche Seide. Dies liegt an der abweichenden Struktur der Faser und an der chemischen Zusammensetzung. Zunächst entbastet man die Tussah wie Schappe. Während aber bei gewöhnlicher Seide der Seidenleim auf der Oberfläche der Faser liegt, sitzt er bei Tussah tief in der Faser und ist daher schwerer zu entfernen. Außerdem verhindert ein geringer Kalkgehalt der Tussah einen kräftigen Angriff der Seife beim Entschälen. Wegen des Kalkgehaltes wird nach dem Spülen von der Seife mit 1 1/2 g Salzsäure im 1 Wasser abgesäuert und wieder gespült. Die Seide verliert beim Entbasten 28—30 % ihres ursprünglichen Gewichtes. Nach einem andern Vorschlag soll man vor dem Abkochen mit Seife die Tussahseide erst in Wasser waschen und dann eine Stunde in ein schwaches Salzsäurebad einlegen, mit Wasser gut auswaschen, dann erst kochen.

Nach dem Abkochen besitzt die Seide noch einen schwach gelblichen Schein; Schappe und Tussah sind noch dunkler gefärbt. Für Weiß oder lichte, klare Farbtöne muß die Seide daher gebleicht werden.

Rohseide und Souple werden mit Königswasser, noch besser mit salpetriger Säure gebleicht. Man verwendet auf 1 kg Seide ein Gemisch von 35 ccm Salzsäure 20° Bé, 125 ccm Schwefelsäure 66° Bé und 30 ccm Natriumnitrit 34° Bé. Die Mischung wird auf 20—25° C erwärmt, und die Seide 1/4 Stunde lang darin umgezogen. Wird die Seide zu lange in dem Bade belassen, so nimmt sie durch die Einwirkung der salpetrigen Säure eine gelbliche Farbe an, welche sich nicht wieder entfernen läßt. Jede Spur von salpetriger Säure muß durch sorgfältiges Waschen aus der Faser entfernt werden. Früher verwendete man auch Nitrosylsulfat, eine mit Dämpfen von salpetriger Säure gesättigte Schwefelsäure.

Nach dieser Behandlung wird die Seide geschwefelt, wie die Cuite-Seide. Das Schwefeln geschieht im Schwefelkasten, in welchem die Seide wie Wolle 6—8 Stunden lang oder über Nacht den Dämpfen der schwefligen Säure ausgesetzt ist. Nach dem Schwefeln muß gründlich gespült werden.

Flüssige schweflige Säure wird nicht zum Bleichen verwendet, dagegen findet Hydrosulfit, besonders seit der Einführung des haltbaren Natriumhydrosulfit-Pulvers und der reineren Marke unter dem Namen Blankit immer mehr Anwendung.

Vielfach wird noch Wasserstoffsuperoxyd und auch Kaliumpermanganat zum Bleichen, besonders der Tussahseide, angewendet (s. Teil II).

Über Seidenbeschwerung für Bunt (s. Teil II), für Schwarz Seite 78.

c) Nachbehandlung.

Die verschiedenen Behandlungen, denen die Seide in der Färberei unterworfen wird, zielen nicht nur dahin, die Seide als rohe, halb abgekochte oder ganz abgekochte in einem bestimmten Farbtone herzustellen, sondern man wünscht auch verschiedene besondere Eigenschaften hervorzurufen, wie Glanz, Geschmeidigkeit, Elastizität, und die Erzeugung eines bestimmten Griffes. Die hierauf abzielenden Arbeiten faßt man zusammen als

1. Die chemischen Mittel bestehen im Eintauchen der Seide in gewisse Bäder, welche zuweilen die Farben befestigen, aber den Hauptzweck haben, der Seide Griff zu verleihen und den Glanz zu erhöhen. Man bezeichnet dieses Verfahren als Avivage. Vor dem Avivieren muß gewaschen werden, um die auf der Oberfläche haftenden Farbstoff- und Seifenteilchen zu entfernen. Nach dem Waschen muß geschleudert werden, um die nachfolgenden Bäder schneller in das Innere der Faser gelangen zu lassen. Man unterscheidet die Avivage für krachenden (Rauschend- oder Griffigmachen) und für weichen Griff.

A. Avivage, um die Seide krachend zu machen. Man zieht die Seide durch etwa 1½ % emulsioniertes Olivenöl vom Gewicht der Seide, für beschwerte Seide etwa 3—6 %, je nach der Beschwerung, für Trame mehr als für Organsin, für Cantonseide mehr als für Japan und europäische Seide und schließlich je nach der Bestimmung z. B. zu Taffetstoffen mehr als zu Atlas. Das Olivenöl wird mit dreifacher Wassermenge und mit der Hälfte Pottasche oder Soda vermischt, am Dampfrohr aufgekocht, bis sich eine Milch bildet. Unterdessen wird das Bad mit Zitronensäure, Weinsäure oder Essigsäure (selten mit Schwefelsäure) hergerichtet und auf 30—35° C erhitzt. In dieses Bad rührt man rasch die Emulsion ein, zieht ungesäumt die Seide um, wringt ab und trocknet.

Zuweilen zieht man die Seide erst einige Male auf dem mit der Milch versetzten Bade um, wirft auf und säuert erst dann das Bad an, wobei man gleichzeitig etwaige Schutzmittel wie Rhodansalze und dgl. zusetzen kann. Voraussetzung ist, daß die Farben in der schwachalkalischen Milch nicht abgezogen werden.

Als Säure verwendet man vorzugsweise Zitronensäure, weil diese nicht nur einen guten Griff gibt, sondern auch einen angenehmen Geruch hinterläßt. Weniger eingebürgert haben sich Weinsäure und Oxalsäure. Bei Anwendung von mineralischen Säuren ist große Vorsicht geboten, weil diese die Faser und den Farbton unter Umständen angreifen. Schwefelsäure nimmt man auf 1000 Liter Wasser 1 kg Säure. Auch mit 10—12 % Essigsäure erreicht man einen guten Griff, der jedoch nicht so haltbar ist.

Um der Faser Steifheit zu geben, setzt man manchmal dem Avivierbade etwas Tischlerleim oder Gelatine zu; der Farbton leidet etwas durch diese Behandlung.

B. Avivage, um die Seide weich zu machen. Ist die Seide für Artikel bestimmt, die Moiré-Appret oder Wasserglanz erhalten sollen, so gibt man ihr einen weichen Griff mit Hilfe von „verbranntem“ Öl. Zu diesem Zweck wird die Seide in einem Sulfoleatbade (s. Teil I, S. 193) behandelt. In 3 l = 2,75 kg Olivenöl trägt man nach und nach 3/4 l = 1,38 kg konz. Schwefelsäure allmählich ein. Am anderen Morgen neutralisiert man mit 1½ kg Soda in 4½ l Wasser bis zur schwachalkalischen Reaktion. Man nimmt etwa 0,3 % Olivenöl vom Gewichte der Seide. Die Seide wird darin 5—6 mal schnell umgezogen.

C. Schutzbehandlung, um die Seide haltbarer zu machen.

a. Besonders am Licht werden beschwerte Seidenstoffe schnell morsch. Meister (Ch. Ztg. 1905, 723) schreibt der Umwandlung der kolloidalen Zinn-Siliziumverbindungen in Kristalloide, Ristenpart (Z. a. Ch. **1909,** 18) dem Übergang des Zinnhydroxyds in Metazinnsäure zerstörende Einflüsse zu. Meister hat 1902 (Z. a. Ch. **1911,** 2392) die Nachbehandlung mit Rhodansalzen als Schutz empfohlen.

An die Stelle des Ammoniumrhodanids ist heute der ihm chemisch gleichwertige Thioharnstoff getreten; man gibt 5—15 g in den Liter Avivage.

β. Eine Art Schutzbehandlung stellt auch die Nachbehandlung mit Tannin und Brechweinstein (S. 98) dar, die die Farben licht- und wasserechter und die Faser haltbarer macht.

2. Die mechanischen Mittel sollen vor allem den Glanz erhöhen.

A. Das Strecken der Seide (sécouage). Die Strähne werden meist, ehe die Seide trocken geworden ist, an den sogenannten Chevillier- oder Wringpfahl, der in wagerechter Richtung in der Mauer befestigt ist, gebracht und mittels eines anderen

Abb. 138. Streck- und Schwingmaschine.

Stockes, der durch den herabhängenden Strähn gesteckt wird mit der Hand gezogen und gleichmäßig durch kurzen Anschlag gestreckt. (Der Färber nennt dies „einen Schlag geben“). Die Fäden werden hierdurch parallel angezogen und nehmen ein übereinstimmendes Äußere an. Der Strähn bietet dann der Einwirkung der Luft eine größere Oberfläche. Die Seide wird hierbei um 2—3 % ausgedehnt, wobei die Festigkeit nicht leidet (s. a. S. 477).

In größeren Färbereien wird diese Bewegung mit Hilfe einer Maschine ausgeführt.

Die Maschine von Corron (Abb. 138) ahmt das Ausstrecken der Strähne durch Hand am Wringpfahl nach. Auf einer drehbaren Oberwalze und einer auf einem durch Daumen zu hebenden Brett gelagerten Walze wird der Strähn ausgebreitet aufgelegt. Mit der unteren Walze wird durch Drehung der Daumenachse eine schlagartige Bewegung ausgeführt, unter gleichzeitiger

Abb. 139. Streck- und Lüstriermaschine, doppelseitig mit je 2 Walzen.

Drehung des Strähns durch die obere Walze. Hierdurch erhält der
anhaftende Staubteilchen usw. entfernt.
Strähn eine regelmäßige Lage und gleichzeitig werden mechanisch

Dasselbe erreicht die Streck- und Schlagmaschine der Zittauer Maschinenfabrik (Abb. 95).

B. Das Chevillieren der Seide. Das Garn wird öfters sehr stark mittels des Wringholzes (chevillon) gedreht. Die einzelnen Fäden müssen unter Lageveränderung des Strähns am Wringpfahl (cheville) sich aneinander glatt reiben. Hierdurch erhält die Seide ein glänzendes Aussehen. Das Chevillieren ist besonders wichtig für Näh- und Cordonnetseide, sowie für Souple. Es wird noch vielfach mit der Hand ausgeführt, wird aber regelmäßiger mit Hilfe der Maschine.

Die Chevilliermaschine besteht in der Hauptsache aus drehbar gelagerten, kurzen Haspelköpfen mit darunter befindlichen, durch schwere Gewichte belasteten quer drehbaren Haken zur Aufnahme eines Seidensträhns. Durch Umdrehung des unteren Haspels mittels einer durch Dampfmaschine bewegten

Abb. 140. Lüstriermaschine, doppelseitig mit je 4 Walzen.

Zahnstange wird jeder Strähn in sich gewunden unter gleichzeitig starkem Zug durch die angehängten Gewichte. Beim Rückgang der Zahnstange öffnet sich der Strähn und wird durch eine kleine Umdrehung der oberen Walze um ein bestimmtes Maß verschoben, worauf das Zusammenwinden von neuem beginnt und so fort, bis der Strähn fertig ist. Der Zweck der Maschine ist, die Seide zu strecken, glänzend und hauptsächlich weich zu machen.

C. Das Lüstrieren. In noch stärkerer Weise wird der Glanz der Seide durch Strecken unter gleichzeitiger Anwärmung erhöht.

Die Lüstriermaschine besteht aus einem gußeisernen Kasten mit verschiebbaren Türen mit zwei Stahl- oder Messingwalzen, über welche die Strähne gelegt werden. Die Walzen werden mit der Hand durch Zahnradübertragung und Zahnstange voneinander entfernt, während sie durch Hand- oder Riemenbetrieb gedreht werden. Die Walzen werden durch Dampf geheizt.

Man verwendet auch doppelseitige, ferner vierfach ein- und doppelseitige Lüstriermaschinen (Abb. 139 und 140) mit zwei bzw. vier von innen durch Dampf heizbaren Stahlwalzen. Nach dem Schließen der Türe läßt man, zur Erreichung eines höheren Glanzes, durch ein am Boden des Kastens befindliches Rohr Dampf eintreten und arbeitet wie bei der vorigen Maschine.

2. Im Stück.

a) Vorbereitung zum Färben.

Rohseide im Stück wird auf den „Stern" gehaspelt und so ausgekocht. Der Stern (Abb. 141) besteht aus einer eisernen Achse mit zwei seitlichen Blechscheiben. An diesen sind je sechs Arme mit Nuten zur Aufnahme von 300 Stäben befestigt. Auf diese wird das Gewebe mit Hilfe des Auf- und Abwickelgestells spiralförmig gewickelt. Dann wird der Haspel von der Laufkatze in den schmiedeeisernen Auskochbottich befördert. In diesem befindet sich ein offenes und ein Stopfbüchsenlager mit von außen durch Schneckenradgetriebe umgedrehten Mitnehmerzapfen. Angetrieben wird die Längswelle durch Fest- und Losscheibe.

Im Stück wird solche Seide gefärbt, welche nach dem Abkochen und Färben das Weben nicht mehr aushalten würde. Daher werden sehr leichte Gewebe, wie Crêpe, Crêpe de Chine usw., im Stück gefärbt. Der Färber muß indessen mit den besonderen Schwierigkeiten der Stückfärberei rechnen. Die Färbung muß gleichmäßig, ohne Streifen sein. Weiter verlangt die Bindung Vorsicht, um das Gewebe nicht zu zerreißen oder zu verziehen.

Das Seidenstück wird zunächst auf einer Gassengmaschine gesengt, wenn es sich um helle Farben handelt; bei dunklen Farben oder Schwarz kann das Gasieren auch nach dem Färben vorgenommen werden. Hierauf wird gebleicht oder, wenn dunkle Farben oder Schwarz gefärbt werden soll, nur gespült. Zum

Spülen werden die Stücke in einer schwachen Sodalösung ¼ Stunde lang umgezogen. Sie werden dann auf der Waschmaschine mit flie-

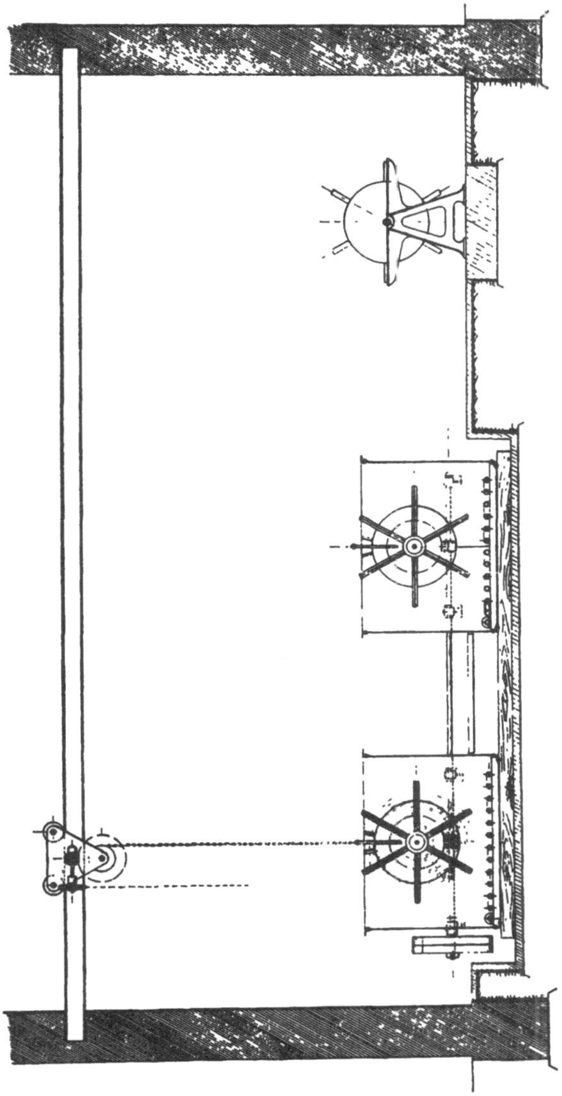

Abb. 141. Sternauskocherei „Muster QI“ der Zittauer Maschinenfabrik.

ßendem Wasser nochmals gründlich ausgewaschen und sind zum Färben fertig.

Auch Seidenstück wird heute bereits mit Zinnchlorid erschwert, ähnlich wie Seide in Strähnform, nur nicht so hoch.

b) Färben.

Gefärbt wird auf der üblichen Haspelkufe, häufig noch mit Handbetrieb.

Abb. 142 zeigt die neue Färbemaschine für Stückseide im Strang, Bauart SSF von C. G. Haubold in Chemnitz. Der kräftige Holzbottich zur Aufnahme der Farbflotte wird durch eine

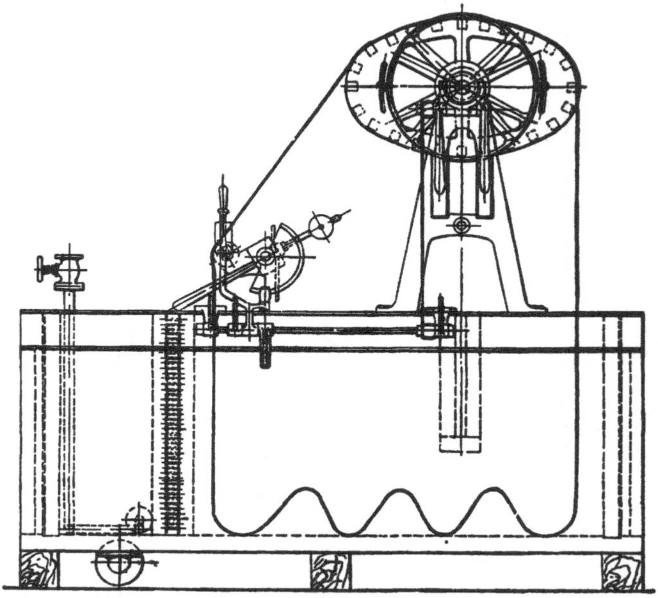

Abb. 142. Färbemaschine für Stückseide im Strang. SSF von C. G Haubold, Chemnitz.

durchlöcherte Wand in 2 Hälften geteilt. In der kleinen Hälfte liegen die Heizschlangen, in der größeren läuft der Strang mit einer Geschwindigkeit von 70 m in der Minute um. Er wird von einem Holzhaspel mit auswechselbaren Stäben umgezogen. Der Haspel hat eiförmigen Querschnitt, übt daher eine schlagende Wirkung auf den Strang aus und befördert so das Durchfärben. Ein feststehender Holzrechen und eine Holzleitwalze führen die Ware. Der Holzrechen rückt bei etwaiger Schlingenbildung die Maschine aus. Nach dem Färben wird in derselben Maschine gespült und darauf geschleudert.

Das Trocknen der seidenen Gewebe in Trockenstuben und einfachen Hängen wird wirksamer in Universal-Hänge-Trockenmaschinen von Ernst Gessner in Aue i. Erzgb. vorgenommen

(Abb. 143). Auch hartgesteifte Baumwollwaren — der laufende Meter 100 g schwer bei 80 cm Warenbreite — ferner Halbseiden-, Leinen-, Jute- und Wollstoffe werden so getrocknet. Die Warenbahnen werden selbsttätig in Schleifen über wandernde Stäbe gehängt und so durch den Trockenraum der Maschine gefahren. Die Stäbe sitzen an endlosen Führungsketten und werden auf Rollen getragen. Besonders wichtig ist die Spiraleinhänge- und die zwangsweise geführte Aushebevorrichtung der Stoffbahnen. Durch das zwangsweise Ausrollen der Stoffschleifen durch eine ab- und aufsteigende Ausrollwalze am Ende der Bahn wird bewirkt, daß auch harte, beträchtlich gestärkte Gewebe sich glatt und knitterfrei aus der Hänge ausheben lassen. Gelüftet und geheizt wird nach dem Gegenstrom-Umwälzungsgrundsatz durch Ventilatoren und Heizkörper. Die Ware wird aber mit allmählich abfallender Temperatur getrocknet. Das kommt in seiner Wirkung der schonenden Naturtrocknung am nächsten. Die Heißluft wird durch Filter gereinigt; die Ware bleibt daher fleckenfrei.

C. Appretur. Die Appretur der Stoffe aus reiner Seide ist verhältnismäßig einfach, da sie bereits einen

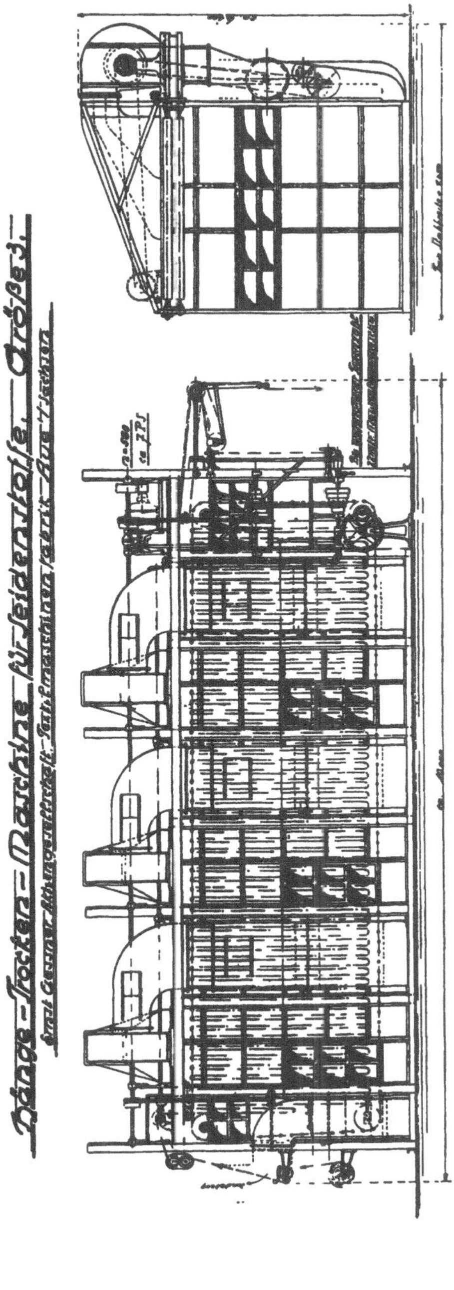

Abb. 143.

natürlichen Glanz besitzen, der durch leichtes Kalandern hervortritt. Vorher wird das Gewebe sorgfältig geputzt und mit einem Stahlblech gerieben, um die Fäden gleichmäßiger zu legen.

Dies genügt bei glattem Taffet, nicht aber bei gemusterten oder lose gewebten Stoffen. Die Ware wird entweder einseitig oder auf beiden Seiten appretiert. Der Appret muß vollständig klar und durchsichtig sein, da er sich sonst verschleiernd auf den Faden auflegt.

Einseitig wird die Appreturmasse auf der linken Seite aufgetragen, darf aber nicht auf die rechte Seite durchdringen. Das Gewebe durchläuft die Gummiermaschine, wird dann auf einer Trommeln oder auch nur einer einzigen großen Trommel getrocknet und läuft schließlich unter leichtem Druck durch einen Dreiwalzenkalander. Der Glanz des Gewebes kann dabei durch kurzes Dämpfen erhöht werden.

Beiderseitig wird das Gewebe in einer Stärkemangel appretiert, auf der Maschine getrocknet und dann zweimal durch einen Kalander genommen, wobei die Lage des Stoffes gewechselt wird.

Kunstseidenfärberei.

a) Allgemeines.

Die im Handel befindlichen künstlichen Seidensorten unterscheiden sich durch die verschiedene Art ihrer Herstellung, nämlich:

1. Kollodiumseide aus Zellulosenitrat (Chardonnet, Lehner), auch Nitro- oder Nitratseide.
2. Glanzstoff aus Kupferoxydammoniakzellulose (Pauly, Bronnert), auch Kupferseide, Bembergsche (Adler)-seide.
3. Viskose aus Zellulosexanthogenat (Cross & Bevan); aus Viskose sind auch die Vistra und die Stapelfaser.
4. Azetatseide aus Azetylzellulose (Celanese silk).

Von den physikalischen Eigenschaften der Kunstseiden ist für den Färber besonders die leichte Aufnahme- und Abgabefähigkeit von Feuchtigkeit bemerkenswert. Fasern, die hierzu neigen, rufen, wenn sie als Garn verwebt oder verwirkt worden sind, leicht die Erscheinung des „Bolderns" in der fertigen Ware hervor (E. Ullrich, „Das Boldern der Taffete" T. **1922,** 178 und A. Oppé, „Boldrige Kunstware" T. **1925,** 185). Das Boldern kommt dadurch zustande, daß Fäden, die mit größerer Feuchtigkeit als die übrigen eingeschossen wurden, sich nachträglich beim Trocknen in der Ware straff spannen. Dadurch können einerseits die übrigen Fäden zusammengezogen werden, andererseits die strafferen Fäden selber mehr Glanz erhalten, wodurch sie heller erscheinen. Dem Strangfärber wird dann zu Unrecht der Vorwurf ungleicher Färbung gemacht.

Die chemischen Eigenschaften der Kunstseiden sind verschieden, und es ist daher für den Färber unerläßlich, die Art der Kunstseide zu kennen, um nicht durch Auswahl ungeeigneter Farbstoffe Mißerfolge zu haben. In der Regel ist die Art der Kunstseide aus der Fabrikmarke ersichtlich, und es ist notwendig zu wissen, welche Seide von den einzelnen Fabriken erzeugt wird.

Chardonnetseide erzeugen: Savar, Kunstseidefabrik Schwetzingen, Oburg, Tubize.

Glanzstoff: I. P. Bemberg (Barmen), Martin Hölken (Barmen) und als „Zellvag" Fr. Küttner (Pirna), Glanzfäden A. G. (Giesche's Erben) Berlin (Petersdorf, Breslau).

Viskoseseide: Besançon, Samuel Courtauld & Co., Coventry, Vereinigte Glanzstoffabriken A. G. (Oberbruch bei Aachen, Sydowsaue, Kelsterbach, Bobingen), Spinnfaser A. G. Elsterberg, Fr. Küttner (Pirna), Spinnstoffabrik Zehlendorf, Köln-Rottweil, Borwisk A. G. (Herzberg i. H.), Neue Bayreuther Baumwollspinnerei, Herminghaus & Co. (Vohwinkel), Berlin-Neuroder Kunstanstalten, Viskose A. G. Arnstadt, Kunstseidenspinnerei Münchenbernsdorf, Herzinger Spinnfaser G.m.b.H., Wittenberge.

Chardonnetseide hat ausgesprochene Verwandtschaft zu basischen Farbstoffen, die daher ohne weiteres im essigsauren Bade aufgefärbt werden können.

Glanzstoff verhält sich färberisch wie Baumwolle, läßt sich sogar noch etwas leichter wie diese substantiv färben.

Viskose steht in der Mitte zwischen Chardonnetseide und Glanzstoff.

Azetatseide verhält sich ganz abweichend.

Einige Fabriken wechseln manchmal ihre Darstellungsmethode; der Färber ist daher häufig zu chemischen Reaktionen gezwungen, zu denen er auch Proben bekannter Seiden hinzuzieht.

Zur Untersuchung sind erforderlich: eine Lösung von 0,085 g chemisch reinem Diphenylamin in 190 ccm salpetersäurefreier 25 %iger Schwefelsäure mit konz. Schwefelsäure auf 500 ccm aufgefüllt (Tillmann-Sutthoff's Reagens) und Fehlingsche Lösung. Die Diphenylaminlösung wird in ein sauberes Prozellanschälchen gegossen und die Fäden hineingelegt. Mit der Fehlingschen Lösung wird gekocht. Über den Nachweis von Glanzstoff auf Grund des geringen Kupfergehaltes (s. K. Lang T. **1923**, 237 und E. Ristenpart und K. Petzold T. **1925**, 179).

	Verbrennung	Diphenylaminlösung	Fehling'sche Lösung
Naturseide.	Kohliger Rückstand, unangenehm riechend.	Faden bleibt farblos.	Ungelöst, die Lösung wird grünlich.
Chardonnetseide.	Schnell ohne Geruch verbrennend, wenig Asche.	Faden färbt sich tiefblau.	Ungelöst, die Lösung wird grünlich.
Glanzstoff	Schnell und fast ohne Rückstand verbrennend.	Faden färbt sich schwach gelbbraun.	Ungelöst, die Lösung bleibt blau.
Viskoseseide.	Schnell und fast ohne Rückstand verbrennend-	Faden färbt sich schwach rötlich braun.	Ungelöst, die Faden-Lösung bleibt blau.
Azetatseide	Schmilzt und verbrennt flackernd.	Braun.	

b) Das Färben.

Die gleiche Seidenart verschiedener Fabriken kann sich färberisch verschieden verhalten und selbst beim Färben von Seide gleicher Herkunft werden beim Einhalten gleicher Färbebedingungen bei verschiedenen Partien Unterschiede im Ausfalle beobachtet.

Kunstseide wird im allgemeinen wie Baumwolle auf hölzernen Kufen gefärbt. Das Flottenverhältnis beträgt 1:25—1:30. Vor dem Färben wird zu Strähnen von 250—300 g gut zusammengebunden. Je zwei solche Strähne werden auf einen sehr glatten Stock aufgezogen und die Partie auf der Färbekufe durch 2—3 maliges Umziehen in Wasser von 45—50° C genetzt. Nur in wenigen Fällen muß vorgebleicht werden.

Da die Kunstseide in nassem Zustande nur geringe Festigkeit besitzt, muß jedes Ausspannen der Fäden oder unvorsichtiges Umziehen vermieden werden. Kunstseide soll so wenig wie möglich umgezogen werden und überhaupt in kürzester Zeit gefärbt werden.

Der Verlust an Reißfestigkeit im nassen Zustand ist am größten bei Viskose (80 %), geringer bei Glanzstoff (65—70 %), am geringsten bei Azetatseide.

Die Färbetemperatur soll möglichst niedrig (50—70° C) gehalten werden. Doch kann Glanzstoff auch heißer gefärbt werden. Dem letzten Spülbad gibt man ½% Olivenöl in Emulsion zu.

Im Zusammenhang mit den mannigfaltigen Verwendungsarten stehen auch die Ansprüche, welche an die Färbungen gestellt werden. Wegen der Wasserunbeständigkeit der Kunstseide werden waschechte Färbungen kaum verlangt, und man kommt meist mit substantiven Farbstoffen aus. In dunklen, kräftigen Farben dürfen die Färbungen nicht abreiben. Werden besondere Echtheitsansprüche gestellt, wie Licht- und Wasserbeständigkeit, so sind Farbstoffe zu wählen, welche sich mit Metallsalzen usw. entwickeln oder diazotieren und kuppeln lassen. Für Effektfäden in Wollstoffen verwendet man säurekochechte Farbstoffe, und es ist darauf Bedacht zu nehmen, daß Färbungen auf Kunstseide fast durchweg weniger echt sind als auf Baumwolle.

Zum Färben mit basischen Farbstoffen können Glanzstoff und Viskose wie Baumwolle 2—3 Stunden mit 2—4 % Tannin und ½—1 % Salzsäure bei 50° C und 20 Minuten mit Tannin und ½—1 % Salzsäure bei 50° C und darauf 20 Minuten mit 1—2½ % Brechweinstein kalt gebeizt werden. Chardonnetseide erfordert Vorbeizen, nur wenn besondere Ansprüche an die Echtheit der Färbungen gestellt werden. Die Färbungen werden auch wesentlich satter. Die Viskose hat auch größere Verwandtschaft als Glanzstoff, aber weniger als Chardonnetseide. Man kann daher helle bis mittlere Töne ohne Beize färben, während für dunkle eine Tanninbeize vorteilhafter ist. Tannin kann durch Katanol ersetzt werden. Nur Nitroseide wird durch Katanol leicht glanzlos.

Man färbt mit 5—10 % Essigsäure 6° Bé, geht kalt ein, erwärmt das Bad langsam auf 50—60° C und gibt den Farbstoff nach und nach zu.

S u b s t a n t i v e F a r b s t o f f e werden mit Salz und ½—1 % Soda, wie für Baumwolle üblich, gefärbt. Bei hellen Farben, namentlich bei Glanzstoff, unterbleibt der Salzzusatz. Auch wird die Temperatur nur bei 30—40° C gehalten. Sonst wird die Temperatur während des Färbens bis auf 70° C — bei Viskose zwecks besseren Aufziehens etwas weiter — erhöht. Ein Zusatz von 1—2% Türkischrotöl zum Färbebade erleichtert das gleichmäßige Aufziehen der Farbstoffe und gibt der Seide einen weichen Griff.

Das Nachbehandeln der Färbungen mit Metallsalzen, das Diazotieren und Entwickeln usw. geschieht in der für Baumwolle üblichen Weise (S. 120), ebenso das Übersetzen mit basischen Farbstoffen (S. 148).

S c h w e f e l f a r b s t o f f e sind von geringerer Bedeutung, da die Kunstseide in den schwefelalkalischen Färbebädern den ursprünglichen Glanz verliert. Wo eine Beeinträchtigung des Griffes und des Glanzes nicht zu befürchten ist, wie bei künstlichem Roßhaar,. werden zur Erzeugung echter Färbungen die Schwefelfarbstoffe in gleicher Weise wie bei Baumwolle angewendet, jedoch bei niedrigerer Temperatur, nicht über 60° C. Außerdem veringert man die Salz- (höchstens 10 %) und Sodamengen (1 %) und setzt Türkischrotöl zu.

Die K ü p e n f a r b s t o f f e finden neuerdings erhöhte Aufnahme für das Färben von Kunstseide. Ihre Anwendungsweise ist die gleiche wie für Baumwolle, und die Echtheitseigenschaften der Färbungen genügen den höchsten Ansprüchen. Man färbt von 25 bis 30° C an mit 1—2 g Lein oder 3—5 g Dekol im l und steigert langsam auf die vorgeschriebene Temperatur.

Die erst vor Kurzem zur Bedeutung gelangte A z e t a t s e i d e netzt sich nicht und läßt sich daher nicht auf dem üblichen Wege färben. Zwei Möglichkeiten bieten sich für ihre Anfärbung.

Entweder man verseift sie, indem man durch alkalische Behandlung Azetylgruppen herausnimmt. Dadurch wird sie chemisch den übrigen Kunstseiden wie Glanzstoff und Viskose ähnlicher und läßt sich dann wie diese netzen und färben. Dabei ist es nicht nötig, alle Azetylgruppen herauszunehmen.

Oder man wendet ganz besondere Farbstoffe und Verfahren an, die nur für Azetatseide in Betracht kommen.

Nach Cassella Handbuch **1923**, 411 gibt man bei der Verseifung noch Glukose als Schutzmittel hinzu und behandelt ½ Stunde bei 60—70° C mit 5 ccm Natronlauge 40° Bé und 10 g Glukose im Liter. An dem eingetretenen Gewichtsverlust und an dem geminderten Glanz hat man einen Maßstab für den Grad der Verseifung. Danach wird gespült und gefärbt wie bei den übrigen Kunstseiden.

2. Daß Azetatseide gewisse basische Farbstoffe der Oxazinreihe ausnahmsweise bevorzugt, war schon lange bekannt.

Inzwischen machte A. G. Green auf die „Ioamine" aufmerksam, die sich einer ebensolchen Vorzugsstellung erfreuen; sie sind im einfachsten Falle aromatische Alkylamine, die im Alkylrest eine beim Färben leicht abspaltbare Sulfogruppe enthalten (T. **1924**, 690). Bald brachten dann die Farbstoffabriken weitere für Azetatseide geeignete Farbstoffe heraus. So die Agfa die Azole, Cassella die Azonine, Griesheim-Elektron die Silkone und Meister Lucius die Azanile.

Infolge der Abspaltung scheiden sich die Farbstoffe verhältnismäßig schwer löslich auf der Faser nieder. Durch darauffolgendes Diazotieren und Entwickeln erhält man waschechte Färbungen. Die Lichtechtheit hängt von der Natur des Entwicklers ab.

Merkwürdigerweise haben auch einige Küpenfarbstoffe trotz ihrer Schwerlöslichkeit ausgesprochene Verwandtschaft zur Azetatseide, z. B. Indanthrenviolett RREX, Indanthrengoldorange RRT und Alizarinindigobraun.

Man färbt im allgemeinen im ganz schwach ammoniakalischen Seifenbad bei 70—80° C, lieber etwas kälter, um den Glanz nicht zu mindern.

Mit Rücksicht auf den Glanz soll auch die Azetatseide vor dem Färben möglichst schonend gereinigt werden. Man behandelt sie etwa 15 Minuten bei 40—50° C mit 1—2 ccm Ammoniak (24 %ig) und 2—3 g Seife auf den Liter Bad, spült, säuert mit Salz- oder Essigsäure ab und spült wieder.

Den Ionaminen dürften die Azolfarbstoffe der Agfa nahestehen. Sie sind keine eigentlichen Farbstoffe insofern, als sie farblos auf die Faser ziehen. Diazotiert und entwickelt liefern sie die gewünschten Färbungen.

Nur Azol AG, AR und AZ geben auch direkt brauchbare Färbungen. (Gelb 04 bzw. 03 bzw. Kreß 17).

Azol 6 GL und R färben direkt ein praktisch belangloses Grünlichgelb.

Besonders lichtecht sind Azol AG, AR, AZ, CB und 6 GL.

Die Azolfarbstoffe färben Baumwolle und die übrigen Pflanzenfasern nicht an. Man kann daher hübsche Zweifarbenmuster auf Baumwollstoff mit Azetatseide erzeugen, indem man zuerst die Azetatseide mit Azolen vorfärbt und dann die Baumwolle substantiv nachfärbt, z. B. mit Chrysophenin G, Kolumbiaechtscharlach SG, Chikagoblau 6 B, Kolumbiagrün und Kolumbiaschwarz FBW.

Gelöst werden die Azole, abgesehen von dem in heißem Wasser leicht löslichen 6 GL, nach vorherigem Anrühren mit Salzsäure in der 100fachen Menge kochend heißem Wasser. An Salzsäure 20° Bé brauchen je 100 g Azol AG und AR 100 ccm, AZ 150 ccm, B, D, R, T 75 ccm und CB 50 ccm.

Gefärbt wird 1 Stunde bei 55—65° C in möglichst weichem Wasser. Hartes oder alkalisches Wasser ist vorher ganz schwach mit Salzsäure anzusäuern. Für helle Färbungen setzt man, damit sie besser gleich werden, noch etwa 0,2—0,5 % Salzsäure vom Gewicht der Seide hinzu. Man zieht anfangs gut um. Für dunkle Färbungen kann man nach einer ½ Stunde 3—5 % Natriumazetat zusetzen, damit das Bad besser auszieht.

Nach dem Färben wird kalt gespült.

Diazotiert wird mit 3—6 % Natriumnitrit und 7—14 % Salzsäure 20° Bé vom Gewicht der Seide 20—30 Minuten kalt. Danach wird kalt gespült und sofort entwickelt.

Entwickelt wird bei 45—60° C ½—¾ Stunde mit 2—6 % Entwickler vom Gewicht der Seide.

Azol B, CB, D und T brauchen verhältnismäßig mehr Entwickler als die übrigen Azole.

Die brauchbarsten Entwickler sind Phenol, Resorzin, Betanaphthol und Azolentwickler ON.

Die mit Phenol entwickelten Färbungen sind alkaliempfindlich, die mit β-Naphthol nicht so lichtecht als die mit Resorzin und Azolentwickler ON.

Phenol und Resorzin löst man in warmem Wasser, β-Naphthol durch Aufkochen in zwei Teilen Türkischrotöl und 20—30 Teilen Wasser, Entwickler ON durch Aufkochen mit zwei Teilen Natriumazetat krist. in 20—30 Teilen Wasser.

Nach dem Entwickeln wird gespült, geschleudert und bei 50 bis 60° getrocknet. Lebhafter wird die Färbung durch Seifen mit 2—3 g Seife im Liter 10—20 Minuten bei 40—50° C. Nach dem Seifen wird mit Essigsäure abgesäuert.

Die Färbungen können im frischen Bade mit basischen Farbstoffen abgetönt werden.

Die Azetatfarbstoffe geben schon für sich brauchbare Färbungen. Sie sind bis auf das Rot recht lichtecht.

Die Farbstoffe lösen sich leicht in Wasser.

Gefärbt wird mit 10—15 % Glaubersalz krist. und 4—6 % Essigsäure (30-%ig) vom Gewicht der Seide 3/4 Stunden bei 60—70°. Nur Azetatbraun O wird ohne Essigsäure mit 15—20 % Glaubersalz gefärbt.

Die Azetatfarbstoffe lassen sich mit basischen Farbstoffen übersetzen, indem man auf frischem Bade mit 1—2 % Essigsäure bei 60° C färbt.

Einige basische Farbstoffe lassen sich, wie gesagt, ganz gut direkt auf Azetatseide bei 60—70° C ohne weitere Zusätze färben. So Auramin, Chrysoidin, Fuchsin*, Rhodanmin B*, G*, Methylviolett B*, Methylviolett 6 B*, Viktoriablau B, 4 R, Methylenblau, Malachitgrün*, Bismarckbraun.

Die mit * versehenen Marken sind gut lichtecht.

Die Anfärbbarkeit durch diese basischen Farbstoffe beruht jedenfalls auf dem hohen Dispersitätsgrad ihrer Lösungen. Sie wird noch erhöht durch Zusatz des von Bayer 1923 herausgebrachten Celloxans. Man verwendet je nach Farbstoff 5—20 ccm Celloxan auf den Liter Flotte und 2 % Farbstoff und färbt 3/4 Stunden bei 70° in 20facher Flotte. Zur Erhöhung der Wasserechtheit behandelt man 20—30 Minuten mit 3—6 % Katanol kalt nach (Rundschreiben By. 1923 Nr. 2654).

Nach dem E. P. 219349 der British Celanese Ltd. vom 27. Jan. 1923 sollen die Farbstoffe keine Sulfogruppen enthalten, weil diese der Befestigung auf der Azetatseide entgegenstehen. Dagegen erleichtert die Gegenwart von Türkischrotöl das Aufziehen. Die sog. S. R. A.-(sulpho-ricinoleic-acid)-farbstoffe werden hergestellt, indem man die Farbstoffe mit Sulfofettsäure oder ihrem Alkalisalz verrührt, mit Wasser kocht und in das Färbebad durch ein Tuch filtert (T. **1925**, 216).

Nach dem F. P. 542892 von René Clavel in Basel wird Azetatseide von Farbstoffen mit Hydroxyl-, Amino-, Imino-, Nitro-, Nitroso- oder Azylamino-, aber ohne Sulfogruppen, gefärbt. Bei Gegenwart einer Sulfogruppe müssen mindestens zwei der erstgenannten Gruppen vorhanden sein.

c) Die Nachbehandlung.

Die Maschinen zum Trocknen und weiteren Ausrüsten der Kunstseide sind im allgemeinen die gleichen wie bei Seide s. a. Ånke: Die Viskose-Kunstseide. L. M. f. T. Ind. **1925**, 184).

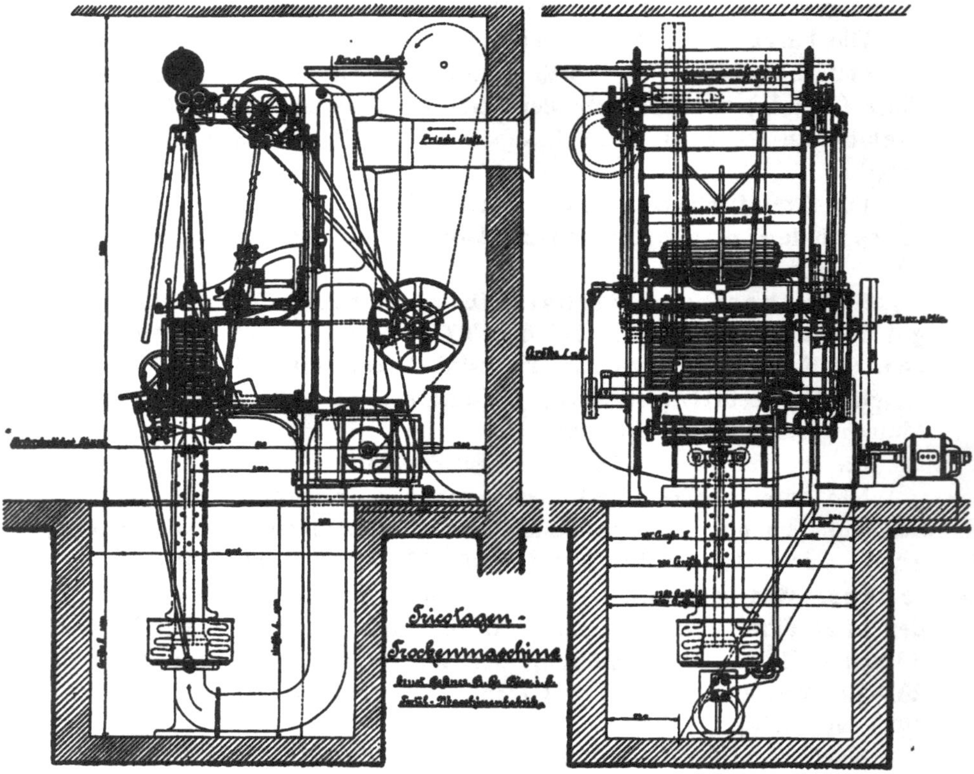

Abb. 144.

Eine Besonderheit ist die Schlauchtrockenmaschine für Kunstseide von Ernst Geßner A. G. in Aue i. Erzgeb. (Abb. 144.) Sie gestattet Trikotschläuche als solche, also ohne sie aufzuschneiden, zu dämpfen, zu trocknen, auszubreiten und aufzuwickeln. Der zu trocknende Schlauch wird in der Punktlinie der Abbildung an dem Topf am Boden hochgezogen. Aus dem durchlöcherten Standrohr inmitten des Schlauches strömt Warmluft unter Druck von innen nach außen, bläst also den Schlauch auf. Der Schlauch wird weiter

Frictions-Glättkalander für Tricotschlauchwaren.

Ernst Gessner, Aktiengesellschaft, Textilmaschinenfabrik, Aue i/Sa.

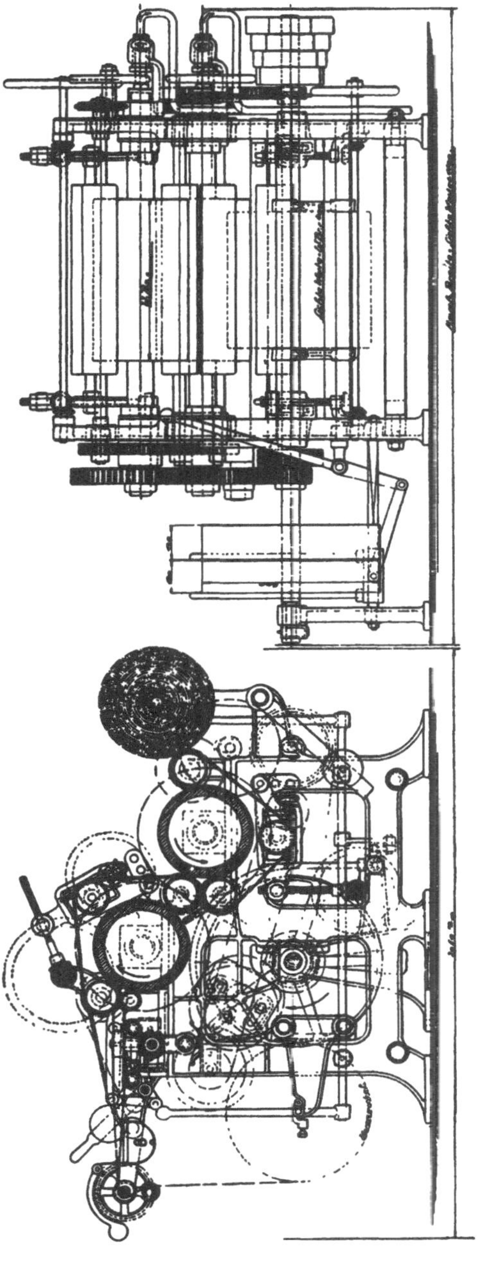

Abb. 145.

zwischen zwei flachen Röhrenheizkörpern hindurchgeleitet. Im obersten Teil der Maschine wird er von zwei kleinen Abzugswalzen ergriffen und auf eine Wickelhülse aufgerollt. Der Vorzug der Maschine besteht darin, daß die Maschen nicht breit gedrückt werden und daher das geschätzte perlige Aussehen behalten. Ferner entstehen keine seitlichen Längsfalten.

Sollen Kunstseiden-Trikotschläuche gepreßt und geglättet werden, so geschieht dies am besten auf dem Friktions-Filzkalander von Geßner (Abb. 145). Die Ware wird nicht gequetscht wie bei der Muldenpresse, der Plattenpresse oder dem Kalander, sondern nur auf beiden Seiten gebügelt. Sie behält ihre natürliche Weichheit. Sie geht von der Abwicklung durch den Drehspanner über einen Dämpfapparat. Im Innern trägt der Schlauch den Breithalterschützen. Die Schlauchunterseite liegt auf drehbaren Walzen auf, um nicht zu bremsen und zu verziehen. In einem ersten Glättwerk, einer geheizten Walze und angespanntem endlosen Filz, wird zunächst die Unterseite des Schlauches gebügelt, in einem zweiten, ganz gleichen Glättwerk die Oberseite. Die Ware wird vom Filz mit 3—12 m Geschwindigkeit geführt; die geheizten Walzen drehen sich geschwinder, bügeln also.

Kunstseidene Gewebe oder aufgeschnittene Schlauchware werden auf den für Gewebe üblichen Maschinen getrocknet und ausgerüstet (S. 487).

Das Färben gemischter Fasern.

In den vorhergehenden Kapiteln wurde jeweils nur das Färben einzelner Faserstoffe behandelt; es wird aber auch in großem Maßstabe die Färberei solcher Gewebe betrieben, die aus verschiedenen Fasern hergestellt sind. Bei der großen Verschiedenheit im Verhalten der Teerfarbstoffe zur Pflanzenfaser und zur tierischen Faser ist es leicht erklärlich, daß solche Gewebe beim Färben ganz besondere Kenntnisse und große Erfahrung beanspruchen. Die Gewebe aus verschiedenen Gespinstfasern sollen das Aussehen erhalten, als seien sie aus im Strähn gefärbten Garnen hergestellt.

In beschränktem Maße ist diese Art Färberei schon vor der Einführung der Anilinfarbstoffe bekannt gewesen; seitdem es möglich geworden ist, mit Leichtigkeit die verschiedensten Farbenzusammenstellungen zu erzeugen, ist sie zu außerordentlicher Ausdehnung gelangt. Man färbt:

a) Wolle mit Baumwolle, besonders in Damenstoffen, wie halbwollene Kachemire, Alpacca (baumwollene Kette und wollener Schuß) usw., in Futterstoffen, wie Zanella und in Wollplüsch (Grundgewebe Baumwolle, Flor Wolle);

b) Seide mit Baumwolle, als sog. halbseidene Kleiderstoffe, als halbseidenes Band;

c) Seide und Wolle in sog. Popeline in Jacquard-Seidenplüsch (Grund Seide, Flor Wolle);

d) Seide, Wolle und Baumwolle in Schirmstoffen oder auch in Zanellafutterstoffen;

e) Wolle und Leinen in Beiderwand (Kette Leinen und Schuß Wolle);

f) Leinen mit Baumwolle in sog. Halbleinen;

g) Wolle und Jute und andere Mischungen mehr.

In der Färberei solcher gemischter Gewebe wird meist ein einziger Farbton auf dem Gewebe verlangt, also die tierische und Pflanzenfaser auf den gleichen Ton, wie dies bei Damenkleiderstoffen fast stets geschieht; es wird aber auch verlangt, jede Faser in einer anderen beliebigen Farbe zu färben, beispielsweise gemusterter Seidenplüsch oder halbseidenes Band in zwei Farben. Beide Arten der Färberei gehören zu den schwierigsten Aufgaben des Färbers.

a) Halbwollfärberei.

Halbwollene Gewebe erhalten, wie reinwollene Stückware, vor dem Färben eine Vorbehandlung oder Vorappretur; die Vorbehandlung von Zanella sei hier etwas ausführlicher dargestellt; die Herrichtung anderer Gewebearten weicht hiervon nur gering ab.

Die Vorappretur bezweckt auch hier, die Gewebe von Schmälze, Schlichte und sonstigen Verunreinigungen zu befreien und ihnen Eigenschaften zu geben, die sich nach dem Färben schwer annehmen und nicht dauernd festhalten würden.

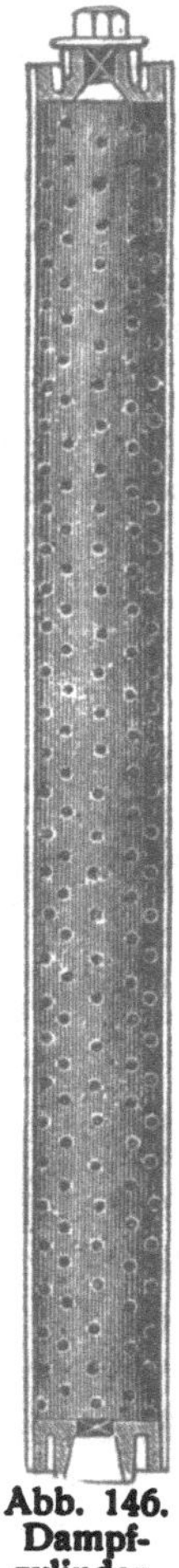

Abb. 146. Dampfzylinder.

A. Im rohen Zustande werden die Stücke in einer bestimmten Anzahle, je nach Qualität und Länge, zu einer Rolle aneinander genäht.

B. Die Ware wird je nach der Schwere auf der Gassengmaschine oder auf der Plattensenge gesengt.

C. Zur Entfernung von Spinn- und Kettenleim wird auf einer Rollenkufe in breitem Zustande ohne Walzendruck in lauwarmer schwacher Soda-Seifenlauge gespült.

D. Die Ware kommt dann auf die Krabbmaschine. Hier soll im Gewebe das Wollhaar die Krimpfähigkeit, die Eigenschaft sich zu kräuseln, verlieren, oder es soll das Gewebe in einen solchen Zustand übergeführt werden, daß es bei den nachfolgenden Behandlungen nicht an Breite einbüßt. Gleichzeitig wird der Ware ein bleibender Glanz erteilt. (Abb. 111).

Beim Aufwickeln der Ware muß sorgfältig jede Falte vermieden werden, da solche beim späteren Ausfärben zu Brüchen oder zu dunkleren Stellen Veranlassungen geben. Für Zanella wird in den ersten Trog der Krabbmaschine eine schwache Seifenlösung gegeben, etwa 2 bis 3 Liter einer Lösung von 1 kg Kaliseife in 50 Liter Wasser. Für andere Waren wird manchmal noch ½ kg Soda hinzugefügt. Der Trog wird mit Wasser angefüllt, bis die untere Walze von Flüssigkeit bedeckt ist, dann wird die Flüssigkeit durch Dampf ins Sieden gebracht und die Ware auf die untere Walze aufgewickelt, wobei die obere Walze einen gewissen Druck ausübt. Sobald die ganze Rolle aufgewickelt ist, wird die Flüssigkeit nochmals zum Sieden gebracht, während man die untere Walze noch einige Umdrehungen machen läßt. Hierauf hebt man die obere Walze weg und die Ware geht unter denselben Vorsichtsmaßregeln auf die untere Walze des Walzenpaares im zweiten und schließlich ebenso auf die entsprechende im dritten Troge. Beide Tröge sind mit siedendem Wasser gefüllt.

E. Zuletzt wird die Ware auf einen hohlen, auf seinem ganzen Umfange siebartig durchlöcherten, schmiedeeisernen Zylinder (Dekatierwalze oder Dämpfzylinder) aufgewickelt, der an beiden Köpfen eine Verbindungsschraube zeigt, welche auf den Stutzen einer Dampfleitung schließt (Abb. 146). Im aufrechten Zustande wird das Gewebe 8 bis 10 Minuten lang mit Dampf von einer Spannung von 3 bis 3½ Atm. durchtränkt. In der Regel läßt man es auf dem Zylinder erkalten. Auf keinen Fall darf heiß abgetafelt werden.

Bei Rips und Croisés ist das Verfahren etwas verschieden, insofern als sich in allen Trögen der Krabbmaschine nur kochendes Wasser befindet. Die Ware wird auf die untere Walze ohne Druck aufgewickelt und nur 3 bis 4 Minuten gedämpft.

Nach dem Dämpfen wird die Ware, falls sie für Schwarz bestimmt ist, auf einer Paddingmaschine durch ein lauwarmes Wasserbad genommen, ist sie für Bunt bestimmt, so wird nach dem Dämpfen nochmals auf einer Plattensenge gesengt und hierauf erst auf der Paddingmaschine mit warmem Wasser behandelt.

Beim Färben der Halbwolle lassen sich 4 Wege einschlagen: 1. die Baumwolle kann zuerst als Garn gefärbt werden, dann wird die Wolle im Stück gefärbt, oder 2. man färbt im Stück zuerst die Wolle und dann die Baumwolle oder 3. umgekehrt (s. a. S. 192), oder 4. man färbt beide Fasern zugleich.

1. Für die erstgenannte Arbeitsweise, bei welcher die Baumwolle entweder lose oder als Garn im Strang oder in der Kette gefärbt wird, verwendet man säurekochechte Baumwollfarbstoffe, Schwefelfarbstoffe, Küpenfarbstoffe, diazotierbare Farbstoffe u. a. m., d. h. solche Farbstoffe, welche beim Färben der Wolle im Stück mit saueren oder anderen Farbstoffen sich weder in Farbton noch in Farbtiefe verändern. Im Stück wird dann die Wolle im Tone der Baumwolle nachgefärbt. Dieses Verfahren wendet man hauptsächlich für dunkle Farben oder Schwarz an, besonders für Kleiderstoffe, Futterstoffe, Lüster, Orleans, Zanella usw.

Baumwolle in nicht karbonisierter loser Kunstwolle wird vorteilhaft mit Thiogenfarbstoffen nach dem Höchster Bisulfitverfahren

(S. 322) vorgefärbt. Man arbeitet auf dem in der Wollechtfärberei gebräuchlichen Küpenapparat mit Siebeinsatz und Quetschvorrichtung aus Eisen. Das kalte Färbebad enthält im l 5—10 g Thiogenschwarz BRR konz., 5—10 g Natriumsulfid krist., 5—10 g Natriumbisulfit gemahlen (Höchst) und 4—8 kg Glaubersalz.

2. A. Ein altes, heute noch besonders für lebhafte, reine Töne vielfach benutztes Verfahren für Halbwollstückware und auch für Garn besteht im Vorfärben der Wolle mit sauren oder Beizenfarbstoffen usw. und nachherigem Beizen und Färben der Baumwolle mit basischen Farbstoffen. Zunächst wird die Wolle nach dem gewöhnlichen Verfahren gefärbt und gewaschen, wobei der Baumwollfaden keine oder nur geringe, beim Waschen wieder verschwindende Färbung annimmt. Nachher wird die Baumwolle auf dem Jigger, Bottich oder Waschmaschine mit Tannin oder Sumach in möglichst kurz gehaltenem Bade 2—3 Stunden gebeizt und mit Brechweinstein oder Eisenbeize im besonderen Bade fixiert; dieses geschieht alles in kalten Bädern, um die Farbe der Wolle so viel als möglich zu schonen. Nach gutem Spülen färbt man die Baumwolle auf frischem kaltem Bade mit Essigsäure oder Alaun, wobei es indessen nicht zu vermeiden ist, daß die Wolle noch immer Farbstoff anzieht. Man nimmt hierauf von vornherein Rücksicht, indem man die Wolle etwas heller färbt als das Muster und somit auf das Dunkelwerden beim Färben der Baumwolle rechnet. Der baumwollene Faden muß stets dunkler gehalten werden als der Wollfaden, wenn die Farbe voll erscheinen soll. Gleichzeitig müssen aber auch die Farben übereinstimmen. Das Beizen und Färben kann auch in einzelnen Fällen in einem Bade geschehen.

2. B. Das Mehrbadverfahren gestaltet sich einfacher, wenn man die Wolle sauer vorfärbt und die Baumwolle nach gutem Spülen mit substantiven Farbstoffen nachdeckt.

Zum Vorfärben der Wolle verwendet man je nach den verlangten Echtheitseigenschaften saure oder Chromfarbstoffe, welche die Baumwolle weiß lassen, färbt in der üblichen Weise und spült gründlich nach unter Zusatz von etwas Ammoniak. Die Baumwolle wird dann auf frischem kurzem, kaltem oder lauwarmem Bade unter Zusatz von 30—50 % Glaubersalz krist. mit substantiven Farbstoffen auf den Farbton der Wolle oder für Zweifarbeneffekte auf den gewünschten Farbton gebracht.

Wo es sich nur darum handelt, auf einfache Weise Noppen usw. zu decken, z. B. bei nicht karbonisierten Buckskins und Loden, färbt man mit geeigneten substantiven Farbstoffen in der

Walke nach. Der Farbstoff wird in möglichst wenig heißem Wasser aufgelöst und die Lösung in die Walkseife eingerührt. Einige Minuten vor beendigtem Walken fügt man etwas konzentrierte Glaubersalzlösung hinzu und spült dann warm und kalt.

3. Zum Vorfärben der Baumwolle werden diazotierbare und Schwefelfarbstoffe empfohlen.

A. Bei Verwendung der Diazotierfarbstoffe verfährt man in der für Baumwolle üblichen Weise (S. 122), wählt aber Farbstoffe, die die Baumwolle tiefer anfärben als die Wolle, färbt in möglichst kalter, kurzer Flotte, spült und färbt die Wollfaser.

An Stelle der Diazotierfarbstoffe können auch solche Farbstoffe verwendet werden, die durch Chrom-, Kupfer-, Diazo-p-nitranilin- oder Formaldehyd-Nachbehandlung genügend kochecht gemacht werden können.

Schwarz in Kunstwollwaren kann man ausnahmsweise auch beim Walken vordecken, z. B. mit Patentdianilschwarz FF konz., muß dann aber die Wolle im stark sauren Bade möglichst kurz überfärben.

B. Für das Vordecken der Baumwolle mit Schwefelfarbstoffen sind eine Reihe von Verfahren angegeben worden, welche den Gefahren bei der Behandlung der Wolle im schwefelalkalischen Bade vorzubeugen suchen. Obgleich diese Verfahren keine allgemeine Aufnahme gefunden haben, seien sie der Vollständigkeit halber hier aufgeführt.

Nach den Vorschriften der Elberfelder Farbenfabriken (tabellarische Übersicht 1921, 273) löst man den Schwefelfarbstoff mit der nötigen Menge Natriumsulfid, gibt diese Lösung dem Färbebade bei 20° C zu, setzt 10—15 g auf 1 l Flotte Kochsalz nach und schließlich langsam unter ständigem Umrühren mindestens die gleiche bis 1½fache Menge saures milchsaures Natrium (1 Liter Milchsäure 50 %, 150 g Soda kalz. in 1 Liter Wasser) wie Natriumsulfid krist. Man färbt 1—1¼ Stunde bei 20—30° C, spült und säuert mit Essigsäure ab. Ein Überschuß an saurem milchsaurem Natrium hat günstigen Einfluß auf die Wolle, fällt aber den Farbstoff leicht aus.

Cassella & Co. (Handbuch I, 1923, 364) empfehlen den Schwefelfarbstoff durch Kochen mit einer seinem Gewicht gleichen Menge Natriumsulfid und doppelt soviel Glukose zu lösen, diese Lösung nebst 2 g Soda kalz., 2—3 ccm Türkischrotöl und je nach Tiefe der Färbung 10—20 g Glaubersalz krist. auf den Liter Flotte in das lauwarme Färbebad zu geben und bei 30—40° C einzugehen.

Man färbt ½—¾ Stunde im Jigger mit Quetschwalzen; bei entsprechend verstärkten Bädern kann auch in Kontinuemaschinen gearbeitet werden. Man spült rasch, behandelt bei 60—70° mit 2 bis 3 ccm Salzsäure und 1—2 ccm Bisulfit im 1 nach und spült.

Die Höchster Farbwerke (Ratgeber 1921, 202, s. a. S. 98) empfehlen zwei Methoden, das Bisulfit- und das Phosphatverfahren.

α. Beim Bisulfitverfahren, das sich nur für dunkle Farben und Schwarz eignen soll, bestellt man das Bad mit Farbstoff und Schwefelnatrium und gibt soviel Bisulfit hinzu, daß sich nur noch schwache alkalische Reaktion zeigt. Phenolphtalein soll noch deutlich gerötet werden. Man läßt die Ware 2 Minuten die kalte Flotte in einer Rollenkufe durchlaufen, quetscht beim Auslauf ab und spült sofort.

β. Das Phosphatverfahren deckt sich in seiner Ausführung mit dem eben beschriebenen Bisulfitverfahren, nur daß eine entsprechende Menge Natriumphosphat an Stelle des Bisulfits tritt. Man rechnet auf den 1 Bad 2,5—10 g Natriumsulfid krist., 5 g Farbstoff und 50 g Natriumphosphat krist.

4. Für solche Halbwolle, welche einen größeren Anteil Baumwolle enthält, und auch in Fällen, wo keine besondere Wasch- und Walkechtheit der Färbung verlangt wird, eignet sich der einfachen Arbeitsweise und der Zeitersparnis wegen die Einbadmethode.

Wolle und Baumwolle werden gleichzeitig in einem neutralen Salzbade gefärbt. Die substantiven Farbstoffe lassen sich in Gruppen einteilen, nämlich a) solche, welche Wolle und Baumwolle nahezu gleichmäßig in Ton und Tiefe färben und b) solche, welche die eine Faser stärker anfärben als die andere. Eine weitere Gruppe bilden diejenigen Wollfarbstoffe, welche im neutralen Glaubersalzbade gut auf die Wolle ziehen und deshalb zum Nachdecken dienen, wenn substantive Farbstoffe allein nicht ausreichen.

Das Anfärben der Wolle und der Baumwolle hängt außerdem wesentlich von der Temperatur des Färbebades und von den angewendeten Salzmengen ab; es ist daher nicht möglich, die einzelnen Gruppen scharf gegeneinander abzugrenzen. Hohe Temperaturen begünstigen das Anfärben der Wolle, bei niederen Temperaturen wird die Baumwolle stärker gedeckt. Außerdem wirken Zusätze von Alkali dem Aufziehen der substantiven Farbstoffe auf die Wolle entgegen.

Halbwollstückware wird in der Haspelkufe in 25—35 facher Flotte gefärbt. Zum Erwärmen dient am besten indirekter Dampf, da offener Dampf die Flotte stark verdünnt. Man besetzt das

Färbebad für helle Farbtöne mit 10 g, für dunkle bis 20 g Glaubersalz krist. auf den l, geht mit der Ware, besonders für lichte Töne bei 50—60° C ein, damit die Wolle nicht sogleich den größten Teil des Farbstoffes aufnimmt, treibt in 15 Minuten zum Kochen und kocht ½—¾ Stunden. Für dunkle Farben geht man kochend ein, und läßt, falls die Baumwolle zu hell ausfällt, auf erkaltendem Bade nachziehen. Beim Färben von satten Tönen werden die Bäder nicht erschöpft und können zum Weiterarbeiten mit der nötigen Menge Farbstoff und etwa ⅓ der Glaubersalzmenge aufgefrischt werden. Für helle Farben verwendet man längere Flotten als für dunkle Töne.

Man hänge nach dem Färben nicht über Böcke, damit nicht dunkle Leisten entstehen.

Tiefe Färbungen sollen nicht zu heiß getrocknet werden, da sie leicht bronzieren. Bronzierte Färbungen verbessert man durch Spülen mit warmem Wasser oder einer schwachen Seifenlösung oder kaltem, dünnen Ammoniak.

Für die meisten Halbwollgewebe genügt im allgemeinen die Echtheit der direkten Farbstoffe, doch wird zuweilen, besonders für Halbwollgarn und Kunstwolle, höhere Walkechtheit gewünscht, und es wird dann in bekannter Weise mit Metallsalzen (2 % Kaliumbichromat und 1 % Essigsäure ½ Stunde bei 90°), Formaldehyd (3 % Formaldehyd und 1 % Essigsäure ½ Stunde bei 60° C), durch Diazotieren und Entwickeln oder durch Kuppeln mit Diazoparanitranilin nachbehandelt.

Verhältnismäßig wasch- und walkechte Färbungen, z. B. auf baumwollhaltiger Kunstwolle erhält man, wenn man im selben, schwach essigsauren, Bade neben substantiven Farbstoffen Einbadchromfarbstoffe mit Chromkali färbt. Man nimmt außer den Farbstoffen 2 % Essigsäure (50 %), ¼—½ % Chromkali und 25 % Glaubersalz und färbt wie oben.

Nach dem Färben wird die Ware gespült, aufgetafelt, auf Farbflecke usw. durchgesehen und der Nachappretur unterworfen.

A. Sie wird auf einer Dämpfwalze aufgewickelt und wie bei der Vorappretur, während 10 bis 12 Minuten gedämpft.

B. Das Gewebe geht hierauf zweimal über die Plattensenge. Nach dem Sengen wird gelüftet, da die Ware in heißem Zustande nicht zusammengelegt werden darf. Die Stücke laufen dann auf der Paddingmaschine mehrere Male durch Wasser.

Bei besserer Ware wird der Trog an der Paddingmaschine mit siedendem Wasser gefüllt und das Gewebe kurz vor den Walzen mit kaltem Wasser abgespritzt. Geringere Zanella und Croisé werden auf der Paddingmaschine appretiert. Man wendet zu diesem Zweck ausschließlich Gelatine in verschiedenen Mengen an, manchmal unter Zusatz von wenig Glyzerin. Jedes andere Appreturmittel ist aus dem Grunde nicht anwendbar, weil beim nachfolgenden Pressen leicht ein sogenannter Papierglanz entsteht, der die Ware unverkäuflich macht.

C. Nach der Appretur auf der Paddingmaschine folgt das Trocknen auf dem Spannrahmen im Trockenraum, wobei die Einrichtung getroffen ist, daß die Ware an Breite etwas gewinnt. Das Gewebe wird zu beiden Seiten von einer Nadelkette gehalten und gelangt in ausgebreitetem Zustand in einen erwärmten, abgeschlossenen Raum.

D. Nachdem gelangen die Stücke auf die hydraulische Presse Das Gewebe wird 8 Stunden lang lauwarm gepreßt. (S. 473).

b) Halbseidenfärberei.

Gewebe aus Seide und Baumwolle.

Während man früher Seide und Baumwolle für halbseidene Gewebe einzeln in Garn färbte, wird heute fast ausschließlich im Stück gefärbt.

Die halbseidenen Stücke werden in rohem Zustande in einer bestimmten Anzahl, je nach Qualität und Länge der Ware zusammengenäht und gleichmäßig breit aufgedockt. In der Regel nimmt man fünf Stücke von 35 bis 40 Meter zusammen.

Zuerst wird die linke Seite des Gewebes viermal auf einer Gassengmaschine gesengt; auf der Doppelsengmaschine mit zweifacher Sengvorrichtung genügt zweimaliges Sengen. Nach dem Sengen spült man in lauwarmem Wasser zur Entfernung der Teilchen, welche von der Senge her dem Stoff anhaften.

Die ausgequetschten Stücke werden dann zum Entbasten 1 bis 2 Stunden in einem Seifenbade mit 25 % Marseillerseife behandelt; man geht bei 80° C ein und bringt zum Sieden. Die Ware kommt hierauf für eine halbe Stunde auf 5 % Soda bei 60 bis 70° C, wird in Wasser von 50 bis 60° C gespült, auf einem frischen, mit Schwefel- oder Salzsäure angesäuertem Bade von 35° C gesäuert und fertig gespült.

Das Abkochen muß besonders vorsichtig geschehen, da leicht Bruch- und Fehlstellen entstehen, die erst nach dem Färben bemerkt werden und nur schwer, oft auch gar nicht entfernt werden können.

Schirmstoffe werden häufig noch gekrabbt, gedämpft und nochmals gesengt.

Gebleicht wird für helle Farben 4—5 Stunden im Wasserstoffsuperoxydbade, mit Wasserglas alkalisch gemacht. Man geht bei 40° ein und erwärmt allmählich auf 95° C. Hierauf wird gespült, mit etwas Schwefelsäure abgesäuert und fertig gespült. Die so vorbereitete Ware gelangt jetzt in die Färberei.

Gefärbt werden basische und saure Farbstoffe nach der Zweibadmethode, da diese die Baumwolle gar nicht und jene die Baumwolle nur nach dem Beizen färben. Zur Einbadfärberei eignen sich nur die substantiven Farbstoffe.

1. Zweibadverfahren. Die Färbeverfahren sind den für Halbwolle üblichen gleich. Man färbt zuerst die Seide mit sauren oder basischen Farbstoffen etwas tiefer als die endgültige Farbe. Hierauf wird gespült, die Baumwolle in bekannter Weise 6—8 Stunden mit 2—4 % Tannin bei 30° und ½ Stunde mit 1—2 % Brechweinstein kalt gebeizt, gespült und bei 40° mit basischen Farbstoffen überfärbt. Das Färben geschieht kalt und rasch, damit der basische Farbstoff nicht von der Seide aufgenommen wird.

Man kann auch die Seide in saurem Bade mit leicht egalisierenden sauren Farbstoffen vorfärben und die Baumwolle im frischen Bade mit solchen substantiven Farbstoffen färben, welche vorzugsweise die Baumwollfaser, dagegen die Seide wenig oder gar nicht anfärben.

2. Einbadverfahren:

α) Am häufigsten werden substantive Farbstoffe in der Halbseidenfärberei angewendet, und zwar auf der Haspelkufe oder auch in besonderen Fällen auf dem Jigger im Seifenbade unter Zusatz von 2—3 g Natriumphosphat, 1—4 g (für dunkle Färbungen bis zu 7 g) Kochsalz oder Glaubersalz und 0,1—0,2 g Soda im l. Zu reichlich bemessene Salzmengen verursachen ungleiches Aufziehen auf die Seide.

Die Temperatur des Färbebades beträgt 80 bis 90° C. Man geht mit der Ware bei 50° ein, treibt langsam auf 90° und behandelt dreiviertel bis eine Stunde. Längeres Kochen bewirkt neben tieferer Färbung der Baumwolle auch stärkeres Anfärben der Seide. Zur Bereitung der Bäder verwendet man weiches Wasser oder kocht mit Soda und Seife auf und schöpft die Kalkseife ab. Nach dem Färben werden die Stücke gut gespült und mit Essigsäure aviviert.

Man übersetzt mit basischen oder seltener mit sauren Farbstoffen in einem kalten bis 40° C warmen Bade, welches mit 3 % Essigsäure 50 % oder 1½ % Schwefelsäure angesäuert wird. Saure Farbstoffe verwendet man nur, wenn die Seide allein einen Aufsatz erhalten soll. Basische und saure Farbstoffe sollen nicht im gleichen Bade angewendet werden.

β) Für höhere Ansprüche an Waschechtheit, denen selbst durch diazotierte und entwickelte Färbung nicht genügt wird, z. B. bei Schirmstoffen, Bändern, Strümpfen und dergl. kann man Schwefelfarbstoffe nach dem Phosphatverfahren anwenden (S. 505). Man färbt 1 bis 5 Minuten bei 50 bis 60° C mit 150 bis 200 g Natriumphosphat im l, spült und aviviert mit Essigsäure.

Zweifarbige Effekte.

a) Substantiv-Sauer. Man verwendet solche Farbstoffe, welche die Seide möglichst ungefärbt lassen, und arbeitet, wie oben angegeben, mit erhöhter Seifenmenge bei nur 50° C. Nach dem Spülen wird die Seide in saurem Bade mit geeigneten sauren Farbstoffen bei 50° C nachgefärbt. Als Einschlag dient vorteilhaft merzerisierte Baumwolle.

b) Sauer-Basisch. Man färbt die Seide bei 70 bis 80° C mit sauren Farbstoffen und 3—5 % Schwefelsäure ½ Stunde, spült, beizt die Baumwolle mit Tannin und Antimon und färbt kalt mit basischen Farbstoffen.

c) Schwarz-Weiß-Artikel (Grisaille). Ein Verfahren zur Herstellung durch Färben mit Schwefelfarbstoffen wurde Cassela & Co. patentiert, D. R. P. 138621. Durch den Zusatz von Leim oder Gelatine zum Färbebade wird die Seide gegen die Aufnahme von Farbstoff geschützt. Bei Einhaltung nicht zu hoher Temperatur und besonders bei Benutzung von vorher merzerisierten Waren ist es möglich, die Seide fast gänzlich ungefärbt zu lassen.

In einem Bade, welches auf ein Liter 10 bis 20 g Farbstoff, 10 bis 20 g Natriumsulfid krist., 5 g Soda, 20 bis 40 g Leim und 20 g Glaubersalz kalz. enthält, färbt man dreiviertel Stunden bei 40° C, spült in kaltem Wasser mit 2 g Soda und 3 g Leim im l und aviviert mit 5 g Natriumazetat im l. Die fast ungefärbte Seide kann beliebig überfärbt werden.

c) Das Färben von Geweben aus Wolle und Seide.

(Gloriastoffe).

Die Vorappretur der Wollseidenstoffe ähnelt der der reinen Wollstoffe. Es wird gesengt oder geschoren, gekrabbt, gedämpft und gewaschen. Bastseide enthaltende Ware wird nach dem Krabben im kochend heißen Seifenbade entbastet, gespült und gedämpft.

Auch in der Färberei von Geweben aus Wolle und Seide unterscheidet man Unifärbung, bei welcher beide Faserstoffe in gleicher Farbe erscheinen sollen, und Changeantfärbung, bei welcher die Seide weiß bleiben oder in einer anderen Farbe gefärbt werden muß.

1. Für Unifärbung verwendet man saure oder substantive Farbstoffe, welche Wolle und Seide gleich oder doch nahezu gleich anfärben.

Beim Färben mit sauren Farbstoffen muß berücksichtigt werden, daß die Wolle in schwach sauren Bädern und bei höherer Temperatur vorwiegend angefärbt wird, während bei niederer Temperatur und unter Verwendung von mehr Säure die Seide sich stärker anfärbt. Der Färber hat es demnach in der Hand, durch geeignete Auswahl der Färbebedingungen die eine oder die andere Faser stärker oder schwächer zu färben. Man färbt mit Weinsteinpräparat oder Essigsäure und Glaubersalz in üblicher Weise, wobei man bei 50 bis 60° C in das Färbebad eingeht.

Die substantiven Farbstoffe werden besonders für schwer durchzufärbende Stoffe verwendet und werden nötigenfalls mit neutralziehenden sauren Farbstoffen abgetönt. Man geht bei 50° C mit der Ware in das glaubersalzhaltige Bad ein und färbt bei Siedetemperatur.

2. Um einen Changeanteffekt zu erhalten, färbt man erst die Wolle in stark essigsaurer langer Flotte mit sauren Farbstoffen, welche die Seide möglichst ungefärbt lassen, und dann die Seide in frischem, kalten Bade mit basischen Farbstoffen unter Zusatz von Essigsäure. Soll die Seide weiß bleiben, so wird die gefärbte Ware nochmals auf einem 70° C warmen Bade mit 0,5 g Ammoniumoxalat im Liter kurz behandelt, gut gespült und aviviert.

Das Färben von Geweben aus Baumwolle, Wolle und Seide.

Für das Färben von Geweben aus Baumwolle, Wolle und Seide verwendet man fast ausschließlich substantive Farbstoffe und tönt mit sauren Farbstoffen ab. Durch Regelung der Temperatur und der übrigen Färbebedingungen bewirkt man kräftigeres oder weniger kräftiges Anfärben der einen oder der anderen Faser. Bei Temperaturen von 70 bis 80° C zieht der Farbstoff hauptsächlich auf die Baumwolle und Seide, während bei Siedehitze die Wolle mehr Farbstoff aufnimmt.

Man färbt in glaubersalzhaltigem Bade kochend, bis die Wolle genügend gedeckt ist und läßt die Baumwolle und Seide in erkaltendem Bade etwa eine halbe Stunde lang nachziehen.

Farbstoffanalyse.

Die allgemeinen Untersuchungsmethoden, nach denen Farbstoffe bestimmt werden, unterscheidet man zunächst in qualitative und quantitative, je nachdem die Art oder die Menge des Farbstoffes zu ermitteln ist. Ferner unterscheidet man die Analyse von Farbstoffen in Substanz und auf der Faser. Schließlich kann man sich chemisch-physikalischer Verfahren bedienen oder man kann auf rein färberischem Wege vorgehen.

Es handelt sich also um ein weitverzweigtes Arbeitsgebiet, das nur derjenige Färber betreten sollte, der im Besitz eines entsprechend eingerichteten Färbereilaboratoriums ist. (Teil I, S. 286). Zweckdienliche Angaben findet er in der einschlägigen Literatur, z. B. E. Ristenpart, Organische Farbstoffe, 2. Aufl. **1924**, S. 263, oder W. Zänker und H. Rettberg, Erkennung und Prüfung von Färbungen. Der Textilchemiker, **1924**, 1811. Ferner F. Erban, Laboratoriumsbuch der Tinktorial-Chemiker, Koloristen, Ingenieure und technische Reisenden 1908.

Hier möge nur eine vor kurzem (T. **1925**, 914) von L. Löchner veröffentlichte Methode zur Untersuchung von Naphthol AS-Farben auf der Faser nachgetragen werden.

Bereits F. M. Rowe und Miß C. Levin haben (J. Soc. Dyers & Col. **1924**, Nr. 7; L. M. f. T. **1925**, 21) eine Methode zur Bestimmung der unlöslichen Azofarbstoffe auf der Faser und in Substanz veröffentlicht. Danach wird die Probe in konz. Schwefelsäure gelöst und der Farblack nach Ausfällen und Umkristallisieren aus einem geeigneten Lösungsmittel mit Hilfe des Schmelzpunktes bestimmt. Dazu braucht man aber eine größere Probe und ziemlich viel Zeit zur Untersuchung.

Löchner übergießt 0,1 g Baumwolle im Probierglas mit 5 ccm Eisessig, kocht kurz und gießt auf ein Uhrglas. Einige Tropfen der Lösung werden auf einem Objektträger eintrocknen lassen und die ausgeschiedenen Kristalle bei 500facher Vergrößerung betrachtet. Die nachstehende Übersicht weist für die einzelnen Azofarbstoffe eigentümliche Kristallbilder von bestimmter Färbung auf:

	Kristallbild:	Färbung:
Naphthol AS-Echtrot **GL**	weitverzweigte Büschel	braun
„ „ „ 3 GL	unverzweigte Nadeln	braun
„ „ Echtscharlach RC	schlecht entwickelte Nadeln	braun
„ AS-SW-Echtrot KB	breite Nadeln	rot
„ **AS-BS**-Echtscharlach RC	keine Kristalle	veil
„ AS-RL-Echtrot RL	rechteckige Waben	dunkelblau

Löchner unterscheidet weiter die in den Azofarbstoffen enthaltene Azokomponente durch die Verfärbung bei der Kochung der Probe mit 33 %iger Natriumsulfidlösung und nachherigem Abspülen des abgeschiedenen Schwefels.

Echtrot GL Base		rosa,
„ RL	„	veil,
„ B	„	schwarz,
„ KB	„	unverändert,
Echtscharlach RC	„	dunkelbraunrot.

Dagegen lösen sich: Türkischrot veil, Eisrot rot. Küpenfärbungen werden reduziert und kehren an der Luft zurück.

Die Reaktionen der Küpenfarbstoffe sind Seite 220—227 verzeichnet.

Prüfung der Echtheitseigenschaften von Färbungen.

Mit Recht hebt A. Kertesz, T. **1925**, 178, die große Schwierigkeit hervor, die darin beruht, daß wir keine absoluten Maßstäbe zur Prüfung der Echtheiten haben. Wir können nicht von einer Färbung sagen, sie sei echt oder unecht, sondern nur sie sei echter oder unechter als eine andere. Wir können also nur vergleichen, indem wir die Echtheit der einen Färbung an derjenigen der anderen messen.

Damit ist aber den praktischen Bedürfnissen durchaus Genüge getan und es handelt sich nur darum sogenannte Normen aufzustellen, mit denen verglichen werden soll, damit einheitlich jeder an derselben Färbung mißt.

Die Anregung dazu ist P. Krais zu verdanken, der in der Schaffung solcher Normen mit Recht ein Mittel erblickte, die Bestrebungen zur Erhöhung der Echtheit von Färbungen zu fördern. Krais forderte anfänglich sogar, daß Normen für die Echtheitsansprüche aufgestellt werden sollten, die an die verschiedensten Gebrauchsartikel der Textilindustrie gestellt werden dürfen. Dieser an sich gesunde Gedanke stößt auf Schwierigkeiten in den Kreisen des Handels, die sich keine Beschränkung im Warenverkehr auferlegen lassen wollen. Folgerichtig müßten nämlich dann auch dem Handel die Preise vorgeschrieben werden, die er für echte und unechte Ware fordern darf.

Auf Vorschlag von Krais wurde 1911 die „Echtheitskommission" der Fachgruppe für Chemie der Farbstoff- und Textilindustrie im Verein deutscher Chemiker gegründet mit der Aufgabe, die Echtheitsprüfungen auf dem Gebiete der Färberei zu vereinheitlichen. Auf Vorschlag von Kertesz wurde dann diese Aufgabe schärfer umgrenzt dahin, daß versucht werden sollte, maßgebende Normen für die Echtheitsbestimmungen festzusetzen. Nach diesen genauen Vergleichstypen sollte jeweils der Grad der betreffenden Echtheit ermittelt werden.

Die Echtheitskommission beschloß für jede Echtheitseigenschaft als Normen 5 Grade festzusetzen: I solle die geringste, V die höchste Echtheit bezeichnen. Nur für die Lichtechtheit waren 8 Grade erforderlich.

Auf Antrag von P. Heermann wurden die Arbeiten der Kommission 1914 veröffentlicht (Z. a. Ch. 1914, I, 57; F. Ztg. 1914, 45; Ch. Ztg. 1914, 154).

Ferner liegt das Ergebnis in einem Heftchen vor, das den Titel trägt: „Verfahren, Normen und Typen für die Prüfung der Echtheitseigenschaften von Färbungen auf Baumwolle und Wolle" und im Verlag: Chemie G. m. b. H. Leipzig-Berlin erschienen ist.

Die bis jetzt ausgearbeiteten Echtheitsbestimmungen beziehen sich auf Licht-, Wasch-, Reib-, Bügel-, Schwefel-, Schweiß-, Alkali- und Säurekochechtheit für Baumwolle und Wolle; Wasser-, Säure-, Bäuch-, Chlor- und Merzerisierechtheit für Baumwolle und Bleich-, Walk-, Karbonisier-, Potting-, Dekatur- und Seewasserechtheit für Wolle.

Die Echtheitsbestimmungen für Seide sollen noch folgen.

Keine Färbung vermag mit Bezug auf alle Echtheiten vollkommen zu sein. Das ist aber auch nicht nötig und je weniger übertriebene Anforderungen an die Echtheit von Eigenschaften gestellt werden, die beim Gebrauch der gefärbten Ware nur eine untergeordnete Rolle spielen, um so höher werden die Ansprüche sein dürfen an die Echtheit der Eigenschaften, auf die es wirklich ankommt. So wird man bei einem Regenschirm mit geringer Lichtechtheit vorlieb nehmen können, wenn nur die höchste Wasserechtheit vorhanden ist. Ein Handschuh wird licht- und wasserecht sein müssen, da er ja im Sonnenschein wie im Regen getragen wird. Das gleiche gilt von einer Kravatte, obwohl gerade hier die Anforderungen meistens am wenigsten erfüllt werden.

In den wenigsten Fällen trifft den Färber die Schuld an der ungenügenden Echtheit. Denn nur selten wird ihm gesagt, zu welcher Art Ware der zu färbende Stoff später verarbeitet wird. Der Fabrikant glaubt auch häufig seiner Pflicht bereits genügt zu haben, wenn er dem Färber vorschreibt, „besonders echt" zu färben ohne näheren Hinweis auf die Art der gewünschten Echtheit.

Häufig versteht man unter Echtheit schlechthin die wichtigste, nämlich die Lichtechtheit. Für sie hat die Echtheitskommission folgende Typen aufgestellt:

	Baumwolle		Wolle
1.	5% Chigagoblau 6 B	3%	Indigotine Ia Pulver
2.	0,8% Methylenblau BG	1,5%	Ponceau RR
3.	1% Indoinblau R in Pulver	2,75%	Amaranth
4.	20% Kryogenviolett 3 R	4,5%	Azosäurerot B

	Baumwolle	Wolle
5.	2,5% Benzolichtrot 3 BL	5% Säureviolett 4 RN
6.	10% Hydronblau G Teig 20%	2,5% Dianinechtrot F
7.	8% Schwefelschwarz T extra	4% Anthrachinongrün GXN
8.	25% Indanthrenblau GC Teig	Indigo so tief wie 2,4% Sulfozyanin GR ausgefärbt

Man wird also bei der Prüfung auf Lichtechtheit mit dem zu untersuchenden Muster unter den vollständig gleichen Bedingungen jeweils einen der angeführten Typs belichten und denjenigen heraussuchen, der gerade so stark in derselben Zeit verschießt.

Dem stellen sich aber zwei neue Schwierigkeiten entgegen. Zunächst dauert das Verschießen der Färbung wochen-, ja selbst monatelang. So lange möchte man aber auf das Ergebnis nicht warten. Um die Belichtungszeit abzukürzen, hat man Apparate — Höhensonnen-Farbprüfer-Original Hanau — gebaut, in denen die Belichtung mit genau abmeßbaren, gesteigerten Lichtmengen vor sich geht. Eine Quecksilber-Quarzbogenlampe befindet sich in der Mitte eines zylindrischen Kastens, in dessen Mantel die zu belichtenden Proben wie in einer photographischen Kasette untergebracht sind. Die Proben fangen schon nach wenigen Stunden an zu verschießen.

Die zweite Schwierigkeit besteht in der Beurteilung des Grades des Verschießens. Das Verschießen kann nach zweierlei Richtungen hin erfolgen.

Erstens kann die Färbung lediglich an Reinheit einbüßen und grauer, trüber werden, aber der Ton bleibt als solcher erhalten. In diesem Falle kann der Vorgang des Verschießens sehr schön durch eine Linie im farbtongleichen Dreieck festgelegt werden.

Zweitens kann die Färbung aber auch ihren Ton verschieben und das ist für den praktischen Gebrauch viel unangenehmer. Auch hier kann die Farbmessung zu Hilfe kommen und Ermittlung der Kennzahlen von Zeit zu Zeit den Ort der Färbung im Farbkörper bestimmen.

In beiden Fällen können die von der Färbung im farbtongleichen Dreieck oder im Farbkörper zurückgelegten Weglängen dazu dienen, um an ihnen den Grad des Verschießens zu messen. Es darf aber nicht vergessen werden, daß für unser Auge die Tonverschiebung weit mehr empfunden wird als die Trübung.

Zu einem vollständig absoluten Maß der Lichtechtheit werden wir nie kommen können, weil die zerstörende Wirkung des Lichtes von zu vielen Umständen abhängt. Außer der Menge und Art des Lichtes spielen noch die Temperatur, der Feuchtigkeitsgehalt der Luft und deren Sauerstoffgehalt eine wichtige Rolle. Der zerstörende Einfluß der Luft geht z. B. daraus hervor, daß man Färbungen dadurch lichtechter macht, daß man sie mit durchsichtigen, aber luftdichten Lacken umhüllt.

Auf der gleichzeitigen Einwirkung von Feuchtigkeit und Luftsauerstoff baut sich ja auch die Theorie von K. Gebhard (F. Ztg. 1914, 393) auf, wonach das Licht Farbstoff-Peroxyde erzeugen soll. Läßt man nämlich eine belichtete Färbung auf Kaliumjodidstärke einwirken, so bläut sich diese. Feuchtigkeit und Luft bilden zunächst Wasserstoffsuperoxyd, dieses dann das Farbstoffperoxyd.

Die Gebhard'sche Theorie stützt sich noch auf folgende Tatsachen:

1. Alkali beschleunigt, Säure verlangsamt das Verschießen, genau wie die sonstige Wirksamkeit des Wasserstoffsuperoxyds.

2. Sauerstoffüberträger „Autoxydatoren" beschleunigen ebenfalls durch ihre Gegenwart das Verschießen, genau so wie sie sonst die Sauerstoffabgabe an „Akzeptoren" vermitteln. Z. B. beschleunigt Terpentinöl das Verschießen, genau so wie es die Oxydation der Sulfite zu Sulfaten beschleunigt.

3 Starke Reduktionsmittel, die also nicht als Sauerstoffüberträger wirken können, verzögern das Verschießen. Diese Art Lichtechtmachen wird schon von alters her in den Seidenfärbereien betrieben in Gestalt der Gerbstoffnachbehandlung. Später hat dann Meister das Verfahren mit Rhodanammon gefunden; daran haben sich alle möglichen Reduktionsmittel angeschlossen. So empfiehlt neuerdings O. Bizioli (Bergamo) in „Progressi delle Industrie e tessili" **1925**, 164, für Baumwolle ein Schlußbad von 1 %igem Hydrochinon kalt, für Wolle 1 %ige Hydrochinonsulfosäure bei 85°.

Abkürzungen.

A oder Agfa	Aktiengesellschaft für Anilinfabrikation, Berlin.
B oder BASF	Badische Anilin- & Soda-Fabrik, Ludwigshafen a. Rh.
By oder Bayer	Farbenfabriken vorm. F. Bayer & Co., Leverkusen.
C oder Cassella	Leopold Cassella & Co., Frankfurt a. M.
D H.	Farbwerke vorm. L. Durand, Huguenin & Co., Basel und Hüningen i. E.
D. F. Ztg.	Deutsche Färberzeitung.
D. R. P.	Deutsches Reichspatent.
Färb. Ztg.	Lehne's Färberzeitung.
F. P.	Französisches Patent.
G. oder Geigy	J. R. Geigy, A.-G., Basel.
G_1	Ausfärbung 1 der Musterbeilagen von Geigy.
G. E. oder Griesheim	Chemische Fabrik Griesheim Elektron, Frankfurt a. M.
J. Ch. I.	Journal of the Society of chemical Industry, U. S. A.
J. Col.	Journal of Dyers & Colourists.
I. oder Ciba	Gesellschaft für chemische Industrie, Basel.
I_1	Ausfärbung 1 der Ciba.
K oder Kalle	Kalle & Co., Biebrich a. Rh.
L oder Leonhardt	Farbwerk Mülheim, vorm. A. Leonhardt & Co., Mülheim a. M.
L.	Löslichkeit.
1	200—20 g im Liter (leichtlöslich).
2	20—10 g im Liter.
3	10—5 g im Liter.
4	5—1 g im Liter (schwerlöslich).
L. E.	Lichtechtheit (s. S. 516).
L. M. f. T.	Leipziger Monatsschrift für Textilindustrie.
M. L. B.	Farbwerke vorm. Meister, Lucius & Brüning, Höchst a. M.
Mol.	Molekel oder Grammol.
P. E.	Pottingechtheit (S. 474).
Rev. gen. mat. col.	Revue générale des matières colorantes.
S oder Sandoz	Chemische Fabrik vorm. A. Sandoz.
T.	Textilberichte.
t. M. oder t. Meer	Chemische Fabriken, vorm. Weiler ter Meer, Ürdingen a. Rh.
W oder Wülfing	Wülfing, Dahl & Co, A.-G., Barmen.
W. E.	Waschechtheit.
Wa. E. oder W. K.	Walkechtheit.
Z. f. ges. Text. ind.	Zeitschrift für die gesamte Textilindustrie, Leipzig.

Verzeichnis der Namen.

Verzeichnis der Stichwörter.

ZITTAU
MASCHINEN
FÜR
BLEICHEREI
MERCERISATION
FÄRBEREI
DRUCKEREI
Hochdruck-Kochkessel
mit erhöhtem
Vorwärmer
1747
ZITTAUER MASCHINENFABRIK A.-G. ZITTAU.

FSC
www.fsc.org
MIX
Papier | Fördert gute Waldnutzung
FSC® C083411

Kolibri 360 GmbH
Ferdinand-Jühlke-Straße 7
99095 Erfurt, Deutschland
produktsicherheit@kolibri360.de